让生命更流畅

人格问题研究

邵明 著

人民出版社

目　录

《阿维农少女》与人格困境

1904 年，年轻的毕加索（Pablo Ruiz Picasso, 1881—1973）从西班牙的巴塞罗那来到法国巴黎。这时的他虽然才华横溢，有着卓越的绘画天赋，却完全意料不到自己很快就会成为西方现代艺术的开创者。

在巴黎的头两年，他总是忙着与几个诗人和作家朋友徜徉于巴黎的画廊、酒廊和咖啡馆，沉醉于琳琅满目的艺术时尚之中。在巴黎的巴贝大道一栋破旧的建筑里，他们租了一个画室，并戏谑地称之为"洗衣船"①。这是毕加索的"玫瑰时期"，其生活和画作都充满了粉红色的浪漫色彩，完全甩脱了早前在巴塞罗那的"蓝色时期"那种阴郁的黯淡色调。

1906 年，毕加索开始构思一幅奇特的画，这可以从他预先准备的大量草图中看得出来。不过，这幅画具体想表达什么意思，可能当时连他自己也不是很清楚。1907 年，这幅巨大的画作完成后，就一直被随便地放在"洗衣船"画室里，直到 1916 年才拿出去展览。在这么多年的时间里，毕加索就和他的

---

① 　[美] 玛丽·安·考斯：《毕加索》，孙志皓译，北京大学出版社 2017 年版，见第三章"巴黎：洗衣船"。

那些年轻伙伴们经常"晚上围着一张覆盖着报纸的桌子狼吞虎咽吃着面包和沙丁鱼，几个人共用一块餐巾。工作室散发着松节油的味道。《阿维农少女》①占据了主要位置，油画或者挂在或者靠在墙上"。②他们已经习惯了这幅画作中那些怪异的构图，可是其他的朋友或客户却似乎难以忍受这种"怪异巨大的女人，像阿拉斯加图腾上的人物，辟出的立体图形，残酷的色彩，令人恐惧、震惊!"③

这幅画现在的名称《阿维农少女》（图1）并不是一开始就有的，也不是毕加索命名的，"实际上是1916年安德烈·萨尔蒙④为这幅画在昂坦沙龙展出的时候取的名字。他用巴塞罗那阿温约大街上一家很有名的妓院为这幅画

图1 《阿维农少女》（*Les Demoiselles d'Avignon*），帕布罗·毕加索（Pablo Ruiz Picasso），1907年，帆布油画（244cm×234cm），现藏美国纽约现代艺术博物馆（Museum of Modern Art, New York, USA）

---

① 《阿维农少女》原名是 *Les Demoiselles d'Avignon*。有不同的翻译，如"阿维农少女"、"亚维农少女"或"阿维尼翁少女"等。本书按国内较通常的译名。
② ［美］玛丽·安·考斯：《毕加索》，孙志皓译，北京大学出版社2017年版，第44页。
③ ［美］玛丽·安·考斯：《毕加索》，孙志皓译，北京大学出版社2017年版，第45页。
④ 安德烈·萨尔蒙（Andre Salmon）是毕加索在巴黎"洗衣船"画室的友人，是一位作家和诗人。

命名"。① 据说毕加索本人对这一名称并不满意，不过他一开始也是用"我的妓院"或"妓院"为其标题的②，因而现在的这一名称也并不算离谱。

在艺术史上，人们普遍认为毕加索是 20 世纪现代艺术最主要的开创者，特别是立体主义的创始者：

> 在产生的全球性影响，以及广泛的国际意义方面，第一个能够与印象主义③竞争的艺术运动就是立体主义。……立体主义作为一个艺术运动，在发展起来不久，就被认为是 20 世纪绘画艺术最具原创性的创造。……立体主义公认的开拓者和实践者是西班牙人巴勃罗·毕加索。④

而他的《阿维农少女》就正式标志了立体主义的诞生：

> 毕加索的《阿维农少女》堪称现代艺术运动中最知名的绘画作品。如果说某幅最终打破了 19 世纪的美术创作观念并且开创了绘画新领域的话，那毫无疑问就是这幅作品了。⑤

这种绘画方式给人的视觉冲击和震撼力如此巨大，使得以其为代表的现代艺术相对于文艺复兴时期以来的传统古典艺术而言，堪比后者与基督教绘画之

---

① ［美］玛丽·安·考斯：《毕加索》，孙志皓译，北京大学出版社 2017 年版，第 59 页。
② ［美］玛丽·安·考斯：《毕加索》，孙志皓译，北京大学出版社 2017 年版，第 62 页。
③ 印象主义指 19 世纪后期欧洲最有代表性的艺术流派，以马奈（Édouard Manet, 1832—1883）、德加（Edgar Degas, 1834—1917）、塞尚（Paul Cézanne, 1839—1906）、莫奈（Claude Monet, 1840—1926）和雷诺阿（Pierre-Auguste Renoir, 1841—1919）等画家为代表。
④ ［美］理查德·布雷特尔：《现代艺术 1851—1929》，诸葛沂译，世纪出版集团、上海人民出版社 2013 年版，第 42 页，也见第 116 页。
⑤ ［英］马丽娜·韦西主编：《艺术之书——西方艺术史上的 150 幅经典之作》，姚雁青等译，山东画报出版社 2010 年版，第 284 页。

间的关系一样，其差异是惊人的。

> 他（毕加索）因此放弃单一视点和正常的比例，大量减少组织学的解剖构造，取代以菱形和三角等几何图形，完全重组人类的意象。这种与长久以来的传统背道而驰的做法，使得《阿维农少女》成为一件革命性的艺术品。该作品的产生牵涉许多知识上的突破，它不但开启了空间与形式处理的新方法，同时也唤起了原先未表达的情感、心理状态，并且排斥所有客观派艺术安逸、精心设计的一贯性，它甚至更进一步拒绝风格上的统一。[①]

夏皮罗（Meyer Schapiro, 1904—1996）在其《现代艺术：19 与 20 世纪》一书中这样评价毕加索的《阿维农少女》：

> 立体主义的作品开创了绘画的一个新时代，在那里古老意义上的再现被掩映于由不连续的线条和斑点组成的自律性结构，以及从最先进的自然主义作品中得来的复杂性之中。然而他远不是死守这一基础性的创造，而是随后不久便在频繁的震荡中，在两种倾向中自由地穿行：一方面是建构性的，有时显得怪异的形象，另一方面是带有古典形式和典故的意象。[②]

不过这幅画的这些意义恐怕还是会出乎毕加索和他的伙伴们在当时的意料

---

① [英] 修·昂纳、约翰·弗莱明：《世界艺术史》，吴介桢等译，北京出版集团公司、北京美术摄影出版社 2013 年版，第 771 页。

② [美] 迈耶·夏皮罗：《现代艺术：19 与 20 世纪》，沈语冰、何海译，江苏凤凰美术出版社 2015 年版，第 151 页。

之外，因为他们在它完成之后就随便把它扔在"洗衣船"画室里近十年，都没有太当一回事。"事实上人们对《阿维农少女》的认识并不很深刻。这幅画直到1916年才被展出，而且展出后也只是被认为是绘画史上令人难以置信的创新，如同一种具有原始力量和肆无忌惮的革命的展示。"①立体构图和视点散乱的技术创新并不容易一下子被人们接受和肯定，但是画中人物的原始性确实是有目共睹的，几乎每个观者都立刻感受到了其中所蕴含的某种力量。那么，这种"原始力量"究竟是什么呢？

一、原始意象

尽管《阿维农少女》的绘画技巧和构思与西方艺术传统之间有着千丝万缕的关系，特别是19世纪后期的艺术风格在它上面留有较为明显的痕迹，不过从直觉上来看，它那令人吃惊的突兀感所显示出来的迥异于欧洲式的艺术手法，却显然源自非洲或太平洋波利尼西亚人的面具和木刻图腾（或者也有一些伊比利亚山区异教木刻的艺术味道）。当然，在19世纪末期，非洲、亚洲、大洋洲和美洲印第安人等的宗教和艺术作品在巴黎都已经很流行了。②毕加索就曾经常去巴黎特洛卡代罗（Trocadéro）广场的人类博物馆（当时叫"人种博物馆"）参观这类展品，且承认那些"非洲面具"对自己产生了深深的影响，③

---

① ［美］玛丽·安·考斯：《毕加索》，孙志皓译，北京大学出版社2017年版，第69页。

② 这也是欧洲人在全球殖民化过程不断延伸出来的一个结果：由对世界各地民俗风情的好奇，转变到对他们的传统宗教和艺术作品的理解和欣赏。特别是像非洲的木刻制品和泥质雕塑、日本的浮世绘，还有太平洋群岛、大洋洲和美洲印第安人的装饰品和木刻制品等等，都给欧洲人留下了极为深刻的印象，对西方现代艺术的产生影响深远。同时异域世界的社会和文化也对西方现当代的哲学、宗教和社会思想等等领域都有着很大的触动，甚至使西方人对自身的理解也达到了一个全新的高度。

③ ［美］玛丽·安·考斯：《毕加索》，孙志皓译，北京大学出版社2017年版，第66页。

并导致《阿维农少女》这幅画最早构思的产生：

> 那些面具一点也不像其他的雕刻品，一点也不像。它们是神奇的东西……它们在抗拒着什么——在抗拒着未知，在威胁着灵魂。我总是会注视着偶像。我知道我也在抗拒着所有的事……灵魂、无意识（人们在这方面还谈得不多）、情感——这些都是一样的东西。我知道我为什么是一位画家，独自在那可怕的博物馆里，四周都是面具、红土做的偶像和积满尘埃的矮人。亚维农的少女一定就在那一天来到我的脑海，但不是因为那些形式，而是因为那是我的第一幅驱邪图——绝对是的！①

看来这些非洲艺术作品对毕加索的启发，还不仅仅是《阿维农少女》中对人物形象的立体构图，而有着更为深层的思想内涵。那些来自非洲草原的木刻面具和泥塑人偶，究竟有什么神奇之处打动了毕加索呢？它们在抗拒着什么？又是什么在威胁着人的灵魂？在灵魂、无意识和情感的深处，毕加索似乎与这些面具和人偶之间，产生了某种令人震颤的共鸣：

> 毕加索称：黑人的作品是中间媒介……神物偶像是武器，帮助人们避免再次受到神灵的影响，帮助人们变得独立。②

原始宗教的图腾就介于人与神灵之间，有着特殊的魔力，勾联着人和神灵这两者共同形成了一种相即不离的关系之网。这些图腾有着若明若暗的意义，

---

① ［英］修·昂纳、约翰·弗莱明：《世界艺术史》，吴介祯等译，北京出版集团公司、北京美术摄影出版社 2013 年版，第 773 页。

② ［英］马丽娜·韦西主编：《艺术之书——西方艺术史上的 150 幅经典之作》，姚雁青等译，山东画报出版社 2010 年版，第 284 页。

随时变换着不同的形象和角色，在操纵与被操纵，或控制与被控制的功能之间不断游离着。我们可以理解，毕加索正是在这些非洲面具和泥塑偶像游离的意义空间中，寻觅到了某种意味，并与他灵魂深处的某种节拍相合，产生出情感上的共鸣来。随着这种共鸣旋律在他脑海中缓缓地盘旋，阿维农少女们的骇异身影以一种原始意象的方式隐隐浮现出来。于是，"恐惧"—"威胁"—"控制"—"抗拒"—"驱邪"—"独立"等原始意念，交织出一幅前所未见的景象来。

> 《阿维农少女》是镇服邪魔的咒语，不仅仅是对毕加索个人身上的恶魔而言，更重要的是对传统意义的完美而言。这幅错综复杂、煞费苦心的作品以其对性欲的高度表现力和风格上的离经叛道，已成为 20 世纪艺术"摧枯拉朽"的原动力的象征。①

不难明了，毕加索是在这个渗透着原始审美的意象显现中，感受到了一种原始生命力量的萌动，而且仿佛即将产生出某种惊人的事件来。当然，非洲面具和木刻人偶的魔力，与毕加索所企望的"驱邪"功能或摆脱那种源自欧洲精神传统的压抑感的心理倾向，都未必有着同样的意义内涵，而可能只是都带有相似的韵味而已。"非洲艺术对他而言是一种创造性的启示，也是一种解放的能量之源头。这股力量促使他一头栽进了一路莽撞的艺术旅程，最直接的影响就可以从《阿维农少女》中看到。"② 而我们很想探寻的就是：《阿维农少女》显示出毕加索的灵魂深处浮现出了某种特别的审美意象、精神渴求或原始力量，这一切究竟又意味着什么呢？

---

① ［英］马丽娜·韦西主编：《艺术之书——西方艺术史上的 150 幅经典之作》，姚雁青等译，山东画报出版社 2010 年版，第 285 页。

② ［英］修·昂纳、约翰·弗莱明：《世界艺术史》，吴介祯等译，北京出版集团公司、北京美术摄影出版社 2013 年版，第 771 页。

《毕加索》的作者猜测《阿维农少女》反射出毕加索对梅毒或死亡的恐惧感："毕加索或许在思考他内心对患梅毒的恐惧——驱魔可以抗拒永远萦绕着他的对死亡的恐惧。"[①] 这种判断当然是有根据的，因为在《阿维农少女》的草稿中还存在两个人物，除了现在这五个裸体女子之外还有两个男子：一名水手和一名医学院的学生。水手在画作场景的前面，被这群妓女包围着。而那个医学院的男生手里拿着一个骷髅头沉思着从侧面进入。很明显，水手代表着欲望或梅毒，而手持骷髅头的医学院男生则意味着疾病和死亡。[②]

这种隐喻的方式在欧洲绘画史上是屡见不鲜的。我们确实可以说，在毕加索对这幅画的创作中，这样的含义——对欲望和死亡主题的考虑，至少是构思的起点，而且一直都是很重要的。可是，这两个男性人物后来却被毕加索去掉了，现在一盘水果静物（葡萄、苹果和西瓜在西方文化语境中同样隐喻着女性的性别特征或男性的本能欲望）代替了水手的形象，而医学院男生的位置已经完全被左侧那个正在拉开窗帘的女子（隐喻着某种揭示，或呈现，或即将爆发的事件）所遮盖掉。这样，原有的欲望和死亡主题变得稍微隐晦一些，或者说，成为更加抽象化的符号，且隐含了更为丰富的意义。

那么，毕加索做这样的修改难道只是说明或隐喻方式上的不同，或者只有构图上的差别，因而在精神意义上就显得无关紧要吗？对此，我们有必要更进一步地追问。因为，毕加索取消了这两个男性形象的同时，也就是让观画者的视线几乎完全聚焦在那五个女子身上时，虽然欲望和死亡的含义仍然保留着，可是"恐惧"、"威胁"、"控制"、"抗拒"、"驱邪"和"独立"等原始意象的精

[①] ［美］玛丽·安·考斯：《毕加索》，孙志皓译，北京大学出版社 2017 年版，第 66 页。

[②] ［英］马丽娜·韦西主编：《艺术之书——西方艺术史上的 150 幅经典之作》，姚雁青等译，山东画报出版社 2010 年版，第 284 页；［英］修·昂纳、约翰·弗莱明：《世界艺术史》，吴介祯等译，北京出版集团公司、北京美术摄影出版社 2013 年版，第 771 页；［美］玛丽·安·考斯：《毕加索》，孙志皓译，北京大学出版社 2017 年版，第 60 页。

神内涵却有了更深一层的变化。这是在稍早时期也一样强调欲望和死亡主题的梵高（Vincent van Gogh, 1853—1890）和蒙克（Edvard Munch, 1863—1944）的绘画作品里所没有的，在同样渲染原始艺术风格的高更（Paul Gauguin, 1848—1903）和"关税员"卢梭（Henri Julien Félix Rousseau, 1844—1910）的绘画作品中也缺乏的。而正是《阿维农少女》中的这种变化，隐约指向了灵魂深处的某种人格困境。这一点也是我们在这里要仔细探讨这幅艺术作品的理论意图。

二、人格困境

对《阿维农少女》，我们不能仅仅停留在它那粗暴张扬的原始艺术风格之上，只关注它的立体构图或原始意象所产生的不同于传统的艺术效果，而要意识到这些立体构图或原始意象所揭示出来的心灵状况或意义空间是十分耐人寻味的。也就是说，如果《阿维农少女》最初的构思是从情欲主题延伸到生命主题的话，那么，当毕加索从画作中移除了那两个男性人物形象之后，作品的生命主题就再次得到转化，上升进入了一个更高的境界，即人格主题。并且，在它的这一升华过程中间，还存在着许多复杂的转折或层次。更准确地说，《阿维农少女》瞄向了人的生命成长如何面对和消除内在困境的问题。对此，我们也可以用自古希腊以来就流行的西方传统概念加以描述，即人究竟如何能够解决自由或"to be"（是或存在）所蕴含的悖论问题。当然，在这里，"自由"（与"奴役"）所涉及的，已经不单单是约翰·密尔（John Stuart Mill, 1806—1873）在《论自由》①中所针对的社会主题了，而指向了人格自身的内在困境。

---

① ［英］约翰·密尔：《论自由》，许宝骙译，商务印书馆 2012 年版。约翰·密尔（John Stuart Mill）又译约翰·穆勒。

同样，"to be"（与 "not to be"）所关联的，也已经不限于莎士比亚（William Shakespeare, 1564—1616）在悲剧《哈姆雷特》中所描写的"生存或死亡"的文学主题，而渗透进了最深层的哲学领域。

还是让我们来认真地审视一下《阿维农少女》的画面吧，看看这些立体构图或原始意象究竟是怎样传递出许多令人匪夷所思的含义的。

画作最初的主题仍然还是明显的，那就是欲望与死亡。作品的标题表明这是一所妓院中的五个妓女形象，裸体且夸张的人物造型渲染着情欲泛滥的气氛，扭曲且错位的形体也暗示着不祥的含义，尤其是两侧的三个女子那种变形的木刻脸庞，似乎戴着死神般的面具，更增添了这一主题的阴暗色彩，就像我们在蒙克 1894 年画的《灰烬》中所感受到的。不过，如果毕加索的意图仅此而已，那么，这幅画作就难以具有开创性意义。

让我们再次注意这五个女子的造型和眼神。中间两个女子胳膊向后仰起，站立着稍稍扭动身体。这样的姿势在文艺复兴以来的绘画传统中是很令人熟悉的，如古戎（Jean Goujon, 约 1510—1566）的泉水系列雕塑，波提切利（Sandro Botticelli, 1446—1510）的《春》和维纳斯系列绘画。这两个女子还双眼圆睁，直视观者。她们的眼神初看起来显得天真幼稚或无知，却又大胆而毫无羞耻或扭捏之意。这与马奈（Édouard Manet, 1832—1883）在 1863 年所画的《草地上的午餐》和《奥林匹亚》中女子的那种眼神可以说如出一辙。另外，在画面右侧前坐在地上的女子则是张开双腿，面对着观者。这三个女子的姿势和直勾勾的眼神（尽管坐着的女子的眼睛完全是扭曲和错位的），一下子把观者拉近到了她们的身体范围之内，圈定了一个共同的关系领域。在这一领域中，观画者与画中人分享着共同的心灵诉求和情感内涵。这一分享主题随即又得到加强：左侧一个女子正在拉开帘幕，宣示着某种情境的发生；而右侧后面的女子舞动着正在进入这一情境场面。这两个女子都是以侧面示人，且似乎戴着非洲木刻式的面具。面具的颜色是黑色或棕色的，眼睛呈黑色或黑暗的空洞。这两人的动作似乎在揭示或昭告着什么，大概是一个事件或故事的开始？这个事件或故事看起来是令人兴奋和期待的，却又可能隐藏着一个让人胆寒心颤的结局。

这五个女子的敏感身份和放肆姿态都旨在向观者传达一个鲜明的伦理态度。当然，我们还可以加上五个女子前面的那一盘水果静物（苹果、葡萄和西瓜）所隐喻的意义。这个态度包含了大胆的挑战和公然的蔑视，在西方传统和西方社会的特定情境中当然是直截了当地针对基督教伦理教条的。显然，她们已经不再把情欲的满足视为基督教的原罪（苹果）了，宁愿加入异教徒的狂欢（葡萄）而享受欲望满足的酣畅（西瓜）。她们的良知不再与虔诚和忏悔联结在一起，也否定了对家庭和社会的传统责任。她们仿佛从自身的行为或生活中产生了另一类荣誉和骄傲，与社会传统的主导性观念是截然不同的。就是这样，这些柔弱女子虽然身处社会底层，却在以令人吃惊的勇气坦然嘲笑着社会主流的道德观念和伦理教条。对这一层伦理主题，我们从《阿维农少女》中还是能够较为明显地感受到的。

不过这一层伦理主题在19世纪后期的印象主义画派那里也同样能够得到，例如在马奈或梵高的作品中。如果再追溯到15世纪文艺复兴时期以来的艺术，类似的主题也不鲜见。事实上，这样的"酒神"精神①或异教传统，自古希腊时期就始终潜藏在西方人的心灵深处，也一直伴随着西方社会的发展。可是，毕加索的画笔似乎还勾勒出了更多的含义。那就是，这些从社会底层向上层的伦理观念公然挑战的弱女子们，她们身上的道德勇气究竟来自何处呢？如果她们不再有对上帝的虔诚信仰，不再忏悔自身的原罪，那么她们的良知何在呢（如果还有的话）？她们就真的完全不想再承担任何对家庭或社会的责任吗？这样的话，她们又如何能够得到社会的承认，以至于还能够获得来自社会的荣誉，又如何能够产生源于内心的自豪感，还倍感骄傲呢？难道她们就是要与社会决裂

---

① ［德］尼采：《悲剧的诞生：尼采美学文选》，周国平译，作家出版社2012年版，第69页。

吗？还是说，她们只是蔑视传统道德社会规范，力图脱离传统社会的束缚，而决心重建一种全新的社会规范呢？是单纯的抵制和反抗，还是重构和创造？是要像尼采（Friedrich Wilhelm Nietzsche, 1844—1900）那样"重估一切价值"①吗？反抗需要勇气，而重构则需要智慧。那么，从阿维农的这些弱女子身上，我们能够发现她们的勇气和智慧何在呢？难道她们的勇气和智慧只是源自西方古老的"酒神"精神或异教传统吗？如果是这样的话，那么同样的抵制和反抗就应该早已发生，而不仅仅是到了 20 世纪之初才被构想出来的。历史的事实也证明的确如此。那么，毕加索再次来表现这种伦理主题究竟又有什么新的意味呢？

正是在这里，我们再次看到，毕加索引入的原始意象发挥出了特殊的作用，即转化了传统的伦理主题，将一般性的抵制和反抗含义转换到了本能欲望的正当性上。或者说，"酒神"精神或异教传统已经不再是传统意义上的消极力量，抵制或反抗着社会主导性的伦理观念，而开始捍卫自己的正当性，要成为积极、正面的道德力量，并据此重构社会主导性的伦理规范。她们不啻在向世人宣告：妓女也同样可以成为人们心目中美善和爱的化身——维纳斯②。

原始意象所具有的这种特殊意义表明，毕加索对这一新鲜元素的引入是经过精心设计的，而绝不是出于一时心血来潮的好奇。非洲部落木刻面具和泥塑人偶的原始艺术（当然也包括太平洋的波利尼西亚艺术或比利牛斯山脉中的异教徒风格的艺术）蕴含的是一种原始力量。或至少在 19 世纪后期到 20 世纪初

---

① ［德］尼采：《权力意志——1885—1889 年遗稿》（上、下卷），孙周兴译，商务印书馆 2013 年版，第 190 页。

② ［英］E. H.贡布里希：《偏爱原始性——西方艺术和文学中的趣味史》，杨小京译，广西美术出版社 2016 年版，第 209 页。在这里贡布里希谈到现代艺术家对原始性的偏爱时说："我把一幅典型的沙龙绘画——布格罗（William-Adolphe Bouguereau, 1825—1905——引者注）创作的《维纳斯诞生》（*The Birth of Venus*）和具体让人忆及部落面具的第一幅里程碑式作品进行了比较，那就是毕加索的《阿维农少女》（*Les Demoiselles d'Avignon*），我把它们并列在一起，是想暗示，如果没有前者，后者也就不会产生。"

期的欧洲人眼里，这些粗犷的原始艺术显示出了原始生命不可遏止的欲望和冲动。并且，最重要的是，这种原始生命力量还具有不可否定的普遍意义和正当性。正是这一点得到了这些非欧洲艺术风格作品中所蕴含的原始力量的有力支撑。同时，也正是这一点，使得毕加索像高更、卢梭和马蒂斯（Henri Matisse，1869—1954）等人一样，对这些充满原始气息的艺术风格或部落生活心醉神迷。

可是，在这种原始冲动的背后，仍然有一缕挥之不去的阴影始终笼罩着这些狂迷的灵魂，那就是由于性泛滥带来的梅毒或死亡[1]。正是水手这一特定群体在西方的航海时代象征着不洁的欲望和致命的性病。虽然在《阿维农少女》的画面里水手的形象被取消了，可是水手所代表的欲望和死亡的含义仍然在场。这是通过黑色面具和扭曲的人体所渗透出来的恐惧氛围暗示给观者的。在正派的基督徒眼里，梅毒所引起的死亡威胁正是对不虔诚者的谴责和惩罚。在基督徒看来，只有对上帝的坚定信仰才有可能使人过着圣洁的生活，而避免堕落和犯罪，否则就不得不在末日审判后被罚入地狱。那么，如果"上帝死了"[2]，而由人自身来主宰自己的生活，又是否能够逃脱这种堕落的命运和致命的威胁呢？没有上帝的光芒，人如何来消除自身行为所导致的恐惧感呢？而如果人们在挣脱上帝所定教条的束缚之后，却无法逃脱这种致命的威胁和内在的恐惧，那么，好不容易从上帝那里获得解放的这种自由结果，对人们又有何积极的意义呢？

为了摆脱这一生存困境，18世纪以来的人们似乎发现了一条解脱之路，那就是人的理性。运用理性来控制激情，正是人们所赞赏的美德。如果强大的原始本能冲动能够以理智进行很好的驾驭和控制，那么，人的道德状况就有了实质性的希望能够获得改善，而人的自由和独立地位也就有了坚实的保障。对

---

[1]　一直到20世纪40年代的二战期间，随着青霉素开始批量生产和临床应用，一般的性病（尤其是梅毒）才得到有效的控制。

[2]　[德]尼采：《查拉图斯特拉如是说：译注本》，钱春绮译，生活·读书·新知三联书店2014年版，第6页。

此，毕加索通过画作中五个女子特殊的人物造型给我们传递出了某种微妙的信息。这一信息显示的正是理性与激情交织的主题。

理性可以说源于古希腊早期的商业活动，即物品交换需要符合一定比例的数量关系。这也是"rational"（理性的、合理的）这一概念来自"rate"或"ratio"（比率或比例）的缘故。而比例的最佳范例就是几何图形，如有比例关系的线条、三角形或四方形（如正方形或长方形）等。我们看到，《阿维农少女》中的人物造型正是以变体的三角、矩形或立方体的块状形式构成的。它也由此被视为立体主义的代表作。完全不像传统绘画中人物的圆润肉体，阿维农少女们的立体块状结构，在当时几乎是惊世骇俗的，令人感到极为"恐惧"和"震惊"①。

我们可以说，如果毕加索让这些立体的块状人体给人一种美感，那么就应该表明他对理性驾驭激情的能力充满信心。可是现在，情况刚好相反，这些块状人体结构完全缺乏人体的有机组织，空洞、畸形而扭曲，呈现出一幅碎裂、怪异的画面，毫无审美意义。再加上她们被毕加索配以黑色的恐怖面具和怪诞的姿态，其突兀的丑陋感和碎裂感就似乎达到了极点。那么，以这样的立体配置，《阿维农少女》是想表达什么样的含义呢？

我们的进一步解读可能有脱离毕加索思路的嫌疑。对这一点，读者应该能够给予理解。毕竟每一件艺术作品的含义可以是无限丰富的，并不限于作者本人创作时的考虑，其意义空间是在时间过程中被无数的理解和解释加以扩展和充实的②。毋宁说，艺术作品的意义或价值恰恰在于其开放性的无限状态，而

① ［美］玛丽·安·考斯：《毕加索》，孙志皓译，北京大学出版社2017年版，第45页。

② ［德］汉斯－格奥尔格·伽达默尔：《真理与方法——哲学诠释学的基本特征》，洪汉鼎译，商务印书馆2007年版，第170页。在这里伽达默尔谈到艺术作品的诠释学问题时说："我们要探究在时间和情况的变迁过程中如此不同地表现自己的这种作品自身（dieses Selbst）的同一性究竟是什么。这种作品自身在变迁过程中显然并不是这样被分裂成各个方面，以致丧失其同一性。作品自身存在于所有这些变迁方面中。所有这些变迁方面都属于它。所有变迁方面都与它同时共存。这样就提出了对艺术作品作时间性解释的任务。"

从不会被限制于封闭性的狭隘空间之内。

　　从《阿维农少女》的画面中，至少我们可以从直觉上判断，立体主义的人体构图在这里是不会具有正面意义的，而是恰恰相反，破碎的立体结构，一定旨在表明一种消极的破坏性含义。这种消极的意义无疑也能够从其完全缺乏审美愉悦这一点得到进一步的解释。甚至我们还可以说，块状人体的负面特征发泄出了作者的一种失望情绪。实际上这种失望、沮丧甚至恐惧的氛围是很明显地弥漫于整个作品当中的。那么，就理性与激情的交织关系这一主题而言，这种负面心理状态是指向什么呢？我们恐怕无法否定这一点，那就是这意味着在理性与激情之间出现了一种断裂的关系。或者，更准确地说，在强大的原始生命欲望冲击下，理性的控制作用似乎是微不足道的，反而导致人自身被冲击得七零八落，分裂为无数的块状结构，无法聚合成就自己的同一性。对此画面，我们可以用"人格分裂"来加以形容。

　　如果理性的掌控不能应对原始生命的狂野力量，那么它也就丧失了根本性的规范价值和伦理意义。用基督教的语言来说，就是缺乏最终的救赎力量，无法把人从堕落或地狱中解脱出来。对毕加索而言，就是理性不能使人摆脱对死亡的恐惧，且由于理性本身甚至也成了一种对生命力量的束缚，在它被威力巨大的原始生命力量冲决溃散之后，导致人自身陷入一种人格分裂的境地。那么，面对这种令人沮丧和焦灼的人格困境，毕加索能够为人们提供什么根本的解救之道呢？我们看到，正是这一考虑才是他（或许还有高更和"关税员"卢梭）沉醉于原始意象这种非理性因素的心理根源，因为原始意象所具有的"驱魔"功能及其强大的控制能力（如原始宗教中的祭祀或巫术那样），在他看来，给人们暗示了一条摆脱人格分裂的可能途径。如果原始宗教的图腾具有驱邪或控制神灵的魔力，那么，作为毕加索"第一张驱邪图"的《阿维农少女》是不是也能够被赋予法力，起到相应的作用以消除人格解体的威胁呢？

三、人格完善

原始意象所具有的神秘力量，给毕加索带来了希望。他不仅期待着这种原始魔法（图腾）能够自如地控制生命欲望和冲动的狂野泛滥，而且能够以其非理性力量来成功地驾驭理性对生命欲望的过度束缚。只有这样，人们才能够有可能真正从至高无上的上帝笼罩之下走向自由，在"上帝死了"之后获得真正的独立，而不至于又被原始生命的本能欲望和冲动带来的致命威胁所摆布，或者被理性的强硬控制或必然性约束所困扰。也就是说，只有到这种时候，人们才有可能真正地解决自身的人格完善问题，而不是无可奈何地陷于人格分裂的囧境。于是，在这里，"恐惧"—"威胁"—"控制"—"抗拒"—"驱邪"—"独立"交织的人格主题，就有了确实而深刻的内涵。

尽管如此，这一主题及其复杂的内涵只是通过《阿维农少女》画面的多种隐喻而曲折地表达出来的。对这些表达，我们还只能说，它只是点明了这一主题而已，还远谈不上真正地解决。作为毕加索的"第一张驱邪图"，《阿维农少女》无疑激发了毕加索面对人格威胁和恐惧的一些勇气和自信，可是这种勇气和自信却在画面所呈现出来的那种刺目的撕裂感和怪诞氛围中变得沉寂和黯淡了许多。不仅如此，画作完成之后被随意地搁置近十年，也表明毕加索和他的伙伴们似乎并没有从这幅艺术作品中得到太多的精神鼓舞。当这幅画在 1916 年终于被拿出去展示的时候，欧洲已经处于第一次世界大战的滚滚硝烟之中了。对此，毕加索会作何感想呢？如果将第一次世界大战连同随后的第二次世界大战和其间的经济危机放在一起考虑，西方人的精神危机或人格困境的状况可以说得到了一次集中的宣泄。著名心理学家荣格（Carl Gustav Jung, 1875—1961）在其辞世前分析西方现代心理状况时就指明了这种人格解体所导致的灾难性后果：

现代人使自身摆脱了迷信的束缚（或者说如他所相信的那样），但在摆脱迷信的过程中，他却在一种极为危险惊人的程度上丧失了他的种种精神价值，他的道德和精神传统解体了，而现在他正在为全世界范围的混乱、分裂之中的这种解体付出代价。①

尽管这种人格分裂在《阿维农少女》中被毕加索鲜明地揭示了出来，可是他所暗示的解脱之道却似乎毫无效果。我们可以想见毕加索将将会有多么失望和沮丧，甚至愤怒，就像他在后来的作品《格尔尼卡》中所表现的那样。

我们欣赏《阿维农少女》的丰富内涵，而不必去做无谓的批判，例如不必抱怨毕加索暗示的精神诉求不尽如人意，而应该着重探究不尽如人意的根源何在。因为我们知道，《阿维农少女》所显示出来的原始生命的本能欲望和死亡主题，信仰、理性与激情交织的主题，以及隐约表达的情感和意志主题，共同构成了西方由来已久的精神传统，形成了西方文化的意义空间，融合而成了西方社会的人格世界。因而它所潜存的人格困境，也几乎必然地与这些主题都有着内在的关联。甚至我们还可以说，即使是毕加索的"驱魔"这一心理活动，很可能都暗藏着内在的悖论，即，"驱魔"本身就带来了魔障，因而成为导致人格分裂最深层和最隐秘的精神根源。因为"驱魔"行为本身也仍然处于"恐惧—威胁—控制—排斥"这样的心理状态之中，不过是以一种"魔"代替了另一种"魔"而已，始终都无法使人真正超脱出这一困境的束缚。如果情况确实如此，那么毕加索的失望或沮丧，就是完全可以理解的。因为传统社会规范作用的失败，根本不只是引起了他个人的思想困惑，而是渗透于整个西方文化中一种普遍的心理情结。这一点也已经被查尔斯·泰勒（Charles Taylor,

---

① ［瑞士］荣格：《探索潜意识》，见荣格等：《潜意识与心灵成长》，张月译，上海三联书店 2009 年版，第 72 页。

1931 —   ）所指出。他认为某些人类的"最高精神理想和渴望"（如宗教、世俗伦理或理性等）无法从根本上解决西方现代社会所存在的自我认同的道德困境，而必须对此保持"谨慎"：

> 尽管它（指宗教或世俗伦理——引者注）或许是生活于其中的良好方法，它并不能避免困境，因为这种困境包含着它的"支离破碎"。它包含着我们对人们所设想的某些最深刻和最强劲的精神追求的令人窒息的回应。这也是要付出的沉重代价。①

不论是荣格所说的人格"解体"，还是泰勒分析的西方现代自我认同上的"支离破碎"，都表明这种人格困境真正的根源并不来自外部的自然世界（或者更准确地说是与外部世界只有着间接的关系），而宁愿处于我们自身的精神空间之中。这既是最为令人困惑之处，同时也可能是我们不能不正视的最为严峻的挑战。从这一角度我们可以说，《阿维农少女》已经以艺术手法从心理上预示了西方社会在 20 世纪的剧烈动荡和严重冲突。

正是基于这些考虑，人格完善所可能隐含着的内在的精神困境，就成为本书旨在深入探讨的主题。

---

① ［加拿大］查尔斯·泰勒：《自我的根源：现代认同的形成》，韩震等译，译林出版社 2012 年版，第 756 页。

第一部分　内在世界

天神为了规范人类的言语行为，

制定了许多最高的法律条文。

它们的父亲是宙斯，不是凡人，

是神在天上的奥林匹斯定出的，

人类谁也不能忘记它们，或者，

置之不理。

天神正是因为它们

才得以伟大，得以永恒的。

啊，命运之神呀，

愿你依旧看出，

我的一切言行遵守神律保持清白。

—— [古希腊] 索福克勒斯：《俄狄浦斯王》，第二场，第二合唱歌

| 第一章 |
潜意识领域

从《阿维农少女》多重含义的画面上，我们其实可以很容易地看出它与弗洛伊德（Sigmund Freud, 1856—1939）思想之间的关联，因为类似的主题和时间上的巧合使这种关联实在是过于明显了。尽管如此，我们并不能就说《阿维农少女》的创作确实受到了弗洛伊德的影响。因为弗洛伊德关于人的内在动力的精神分析思想是在《梦的解析》这部书里提出的[1]。而这部著作虽然是1900年出版的，却直到近十年之后才开始引起学术界的一点点反响[2]。并且它的英文版是1913年出版的，西班牙版是1922年出版的，法文版更是晚至1926年才出版[3]。在出版之后的很长一段时间里，这部专业性较强的著作都只是在医学领域内才受到关注。目前我们也没有文献资料显示在1906年和1907年创作《阿维农少女》时，毕加索听说过弗洛伊德的名字或了解其理论。

---

[1] 虽然弗洛伊德的相关思想也在更早些年的几篇医学论文中提到，如《论歇斯底里病症的心理机制》（1893年）、《歇斯底里病症研究》（与布洛伊尔合著，1895年）、《性欲在神经症病因中的地位》（1898年），但是在医学界之外尚未产生影响。

[2] ［奥］弗洛伊德：《梦的解析》，高申春译，中华书局2014年版，见"第三版序言"，第17页。

[3] ［奥］弗洛伊德：《梦的解析》，高申春译，中华书局2014年版，见"第八版序言"，第22页。

不过，虽然这两人的作品之间大概没有什么直接的关系，可是这反而使他们在思想上的相似主题更加引人注目。因为从他们随后在社会中所引起的巨大反响来看，他们所关注的焦点在 19 世纪末至 20 世纪初期一定是有着非常普遍的社会性背景，绝不能仅仅视为某种个案。实际上，他们已经不限于早前西方社会对政治权力、宗教和理性的批判，而开始了更为深入的思考。他们关注的方式（一个是从艺术，一个是从心理学）可能并不重要，他们持有的具体观念也还有很多讨论的余地，而真正让人吃惊的是（至少当时的人们从他们的作品中所感受到的），他们二人都被同一种现象所震撼，那就是，人的本能欲望居然强大到所有传统的社会性道德(世俗性伦理、政治和法律，传统宗教和艺术，理性和科学等）羁索都不足以使之乖乖地顺从，不足以消除其原始野性，反而可能被其冲击得七零八落，或者也会导致人出现各种精神障碍甚至人格解体。人的原始本性与传统社会性规范之间的这种紧张关系使人类似乎蓦然面临一个"原始状况"，即不得不重新考虑道德原则，不得不重新构建各种社会化规范，以容纳原始生命本能这头"巨兽"，而不至于引起自己人格的"支离破碎"，甚至由此引发的世界性灾难（如两次世界大战）①。

如果说毕加索是通过艺术作品为我们暗示出了人格世界很可能出现了某种令人忧虑的状况的话，那么弗洛伊德就是以科学方法（或准科学方法）轻轻揭开了心灵世界的一角，并对之进行了物理学式的经验观察。今天的心理学或精神分析理论已经有了多种多样的发展，不过还是弗洛伊德从理论上最早注意到了人的本能欲望与社会道德原则或规范之间的内在紧张关系所产生的精神困

---

① [奥]弗洛伊德：《精神分析引论》，高觉敷译，商务印书馆 2014 年版，第 111 页。在这里他说："请看一看现在（指 1915—1917 年。该书即为作者此时在维也纳大学的讲座稿，而当时欧洲正处于第一次世界大战之中。——引者注）仍蹂躏着欧洲的大战：试想大规模的暴戾欺诈正盛行于文明各国之内。你真以为几个杀人争地的野心家如没有百万同恶相济的追随者，便能使这隐伏的恶行尽情暴露吗？"他也在其他著作中多次提到两次世界大战的发生与西方人的人格缺陷之间存在着密切关联。这也是 20 世纪西方心理学理论发展的一个重要社会背景。

境，并由之延伸到了人类社会原始时期伦理规范的起源问题，因而他的理论及其后继者的思想对我们的研究至关重要。所以我们有必要从分析讨论弗洛伊德及其后继者的理论开始，进而探讨原始规范与人格形成问题。

第一节　潜意识领域与"压抑"现象

弗洛伊德是在研究人的潜意识所导致的各种心理症状时，注意到原始本能欲望的作用及其对人的心理影响的。他不满足于传统方式对于人的意识、精神或心灵性质仅仅给出自然哲学或形而上学的解释，而希望在精神生活与人的躯体变化之间寻求到某种因果联系机制[1]，由此而创立了基于生理学的精神分析理论。

当他分析人的梦境时，注意到人的意识活动只是处于表层的一种心灵活动，在它背后还有更深层的区域有待认识，那就是前意识和潜意识[2]。这三者之间形成了非常复杂的关系，以至于在每个人的成长过程中都会产生出千差万别的情况来。各种心理疾病往往都是由于这三者之间出现了各种不相应的状况而引起的。前意识的内容可以通过某些意识功能（如注意或回忆）从而进入意识领域，但是潜意识内容却很难通过前意识的"稽查"而进入意识领域，只能以其他方式表现出来，如梦境或下意识的非理性现象，也会导致心神不安或焦虑等各种心理疾病[3]。这样，对各种不同的梦境进行心理分析而设法理解潜意识、前意识和意识之间的缠绕状况，以寻求治疗心理疾病的有效方法，就成为《梦的解析》和精神分析理论的主要内容和目的。这同时也使得人们可以以科学的经验观察方式来谈论心灵的内在空间了。特别是"潜意识"领域，自古以

---

[1] ［奥］弗洛伊德：《梦的解析》，高申春译，中华书局 2014 年版，第 58 页。

[2] ［奥］弗洛伊德：《梦的解析》，高申春译，中华书局 2014 年版，第 452—453 页。

[3] ［奥］弗洛伊德：《梦的解析》，高申春译，中华书局 2014 年版，第 509—511 页。

来始终就像灵魂中一个阴暗的"黑洞"一样，困扰着人类的精神世界。

潜意识是一个巨大的领域，意识只是其中一个很小的组成部分。任何意识事件都经历过一个潜意识的初始阶段，而潜意识事件却可以保持在潜意识阶段，但却拥有精神过程的全部价值。潜意识才是真正的精神现实，对于它的内在本质，就像对于外部现实一样，我们尚知之不多，而且，就像我们通过感官对外部世界的把握一样，意识资料对潜意识的表现也很不完善。①

精神分析的第一个令人不快的命题是：心理过程主要是潜意识的，至于意识的心理过程则仅仅是整个心灵的分离的部分和动作。②

在对意识、前意识和潜意识三者关系的考察中，弗洛伊德认为其中最重要的症结，就在于人的心灵世界中出现了某种"压抑"（repression）现象，是心理疾病的根源所在。这种"压抑"是指一种特殊的精神情境，即潜意识由于各种原因被阻碍或压制而无法进入前意识或意识领域③。这即是表明在潜意识、前意识和意识这三者之间出现了某种不"和谐"的关系④。

人的潜意识对人的影响之大，在弗洛伊德看来，是因为潜意识构成了人的"存在本质"，是人作为生物体的本能欲望，是最早自发产生出来的。他称之为"原发过程"。而前意识和意识都是人后天逐渐培养出来的，是"继发过程"。他说：

① ［奥］弗洛伊德：《梦的解析》，高申春译，中华书局 2014 年版，第 507 页。
② ［奥］弗洛伊德：《精神分析引论》，高觉敷译，商务印书馆 2014 年版，第 8 页。
③ ［奥］弗洛伊德：《精神分析引论》，高觉敷译，商务印书馆 2014 年版，第 274—275 页。
④ ［奥］弗洛伊德：《梦的解析》，高申春译，中华书局 2014 年版，第 543 页。

这些起源于婴儿期的愿望冲动，既不能被毁灭，也不能被抑制。其中有些愿望冲动的实现是与继发思想中的目的性观念相冲突的，这些愿望的实现不再能够产生快乐情感，而只能产生痛苦情感；而且，正是情感的这种转变构成了我们所谓的"压抑"的本质。①

这些"婴儿期的愿望冲动"就是潜意识的主要内容，而"继发思想中的目的性观念"就是指人后天的社会化环境所影响的结果。由于潜意识中的本能欲望"既不能被毁灭，也不能被抑制"，遂产生了它如何满足和发展的问题。这同时也意味着人的生命成长是否能够健康、顺畅地发展这一问题，与人的潜意识或本能欲望问题之间有着必然的关联。

如果"婴儿期的愿望冲动"就是潜意识的主要内容，是人的本能欲望和冲动，那么，这就可以进一步推论出一个重要的观点。弗洛伊德说：

在个体童年期的背后，我们可以发现一个发生学意义的童年期，即人类的发展历程，个体的发展不过是在生活的偶然条件影响下对人类发展的一个简化的复演。我们可以猜想，尼采的话是多么的正确，他说在梦中"残留着某种我们现在怎么也不能直接达到的原始人性"；而且，我们也可以设想，梦的分析将有助于我们理解人类的远古遗风，理解人的精神本质。梦和神经症对人类精神痕迹的保留，也许比我们所能想象得更多。②

这样，不仅"梦是理解心灵潜意识活动的一条光明大道"，而且由梦的分析，还可以帮助我们理解原始人类的精神历程。

---

① [奥] 弗洛伊德：《梦的解析》，高申春译，中华书局 2014 年版，第 501 页。
② [奥] 弗洛伊德：《梦的解析》，高申春译，中华书局 2014 年版，第 459 页。

　　古人对梦的推崇却是基于正确的心理洞见，是对人类心灵中无法控制、不可毁灭的力量的敬畏，是对产生梦的愿望并在我们的潜意识中活动的"恶魔般"的力量的崇拜。①

　　只是人类心灵中这种"无法控制、不可毁灭的力量"，在弗洛伊德来看，就是人的"性欲"②。这一解释引起了无数的争议。现在的精神分析领域虽然已经发展出了很多更为宽泛的提法，不过弗洛伊德的解释也还仍然有效。因为即使性欲不是对这种"无法控制、不可毁灭的力量"的唯一解释，至少也被认可为其中最主要的因素之一。当然，这种原始生命力量对于人类而言究竟意味着什么可能的影响，后来的研究有了各种不同的理论。

　　在这里，弗洛伊德的这一解释指出了一个十分重要的研究方向，那就是将人的本能欲望与"婴儿期的愿望冲动"，进而再与远古人类的精神活动及其演化而出的原始规范，几乎是直接地联系在了一起。他说：

　　　之所以如此（即归因于人的性本能——引者注），并没有什么理论的必然性；但要解释这一事实则必须指出，任何其他本能都不会受到文化教育要求如此深刻的压制，同时对大多数人而言，性本能也是最容易逃避最高心理动因控制的本能之一。我们已经知道，婴儿期性欲的表现一般都不那么显眼，而且往往受到忽视和误解，所以我们可以正当地说，几乎每个文明人都在这些方面保持着婴儿期的性欲形式，并由此能够理解，被压抑的婴

---

① [奥] 弗洛伊德：《梦的解析》，高申春译，中华书局 2014 年版，第 508 页。

② [奥] 弗洛伊德：《梦的解析》，高申春译，中华书局 2014 年版，第 550 页。另外，在《精神分析引论》中，他说："精神分析的……第二个命题也是精神分析的创见之一，认为性的冲动，广义的和狭义的，都是神经病和精神病的重要原因，这是前人所没有意识到的。更有甚者，我们认为这些性的冲动，对人类心灵最高文化的、艺术的和社会的成就作出了最大的贡献。"见 [奥] 弗洛伊德：《精神分析引论》，高觉敷译，商务印书馆 2014 年版，第 9 页。

儿期性欲愿望是怎样为梦的建构提供了最频繁而又最强烈的动机力量。①

　　按照弗洛伊德的理论，我们可以清楚地看到，如果"婴儿期的愿望冲动"具有如此本原性的"频繁"和"强烈"，那么后天的"文化教育"是否恰当，就与成人期是否会出现心理疾病之间，形成直接而紧密的关联。这种关联尽管不是必然，却至少是最主要的（与已知的其他诸情境性因素相比较而言）。类似地，如果原古人类的欲望冲动也具有如此本原性的"频繁"和"强烈"，那么早期人类社会的原始规范就与其人格状况之间有着直接而紧密的关联。而且我们也同样可以说，这种关联尽管不是必然的，却至少是最主要的（与已知的其他诸情境性因素相比较而言）。当然，个体的成长过程是持续多年的，因而他所受到的文化教育或社会环境对其成长发生的影响也是一个很长的过程。相似地，人类社会及其各种规范性原则和内容的形成和发展，对一个社会发展的影响也是一个很漫长的历史过程。这期间自然会有各种情境性因素的不断渗入，共同构成一个复杂的社会文化生态环境。但是，这仍不排除原始规范很可能已经蕴含了某些本质性特征或某种根深蒂固的内在结构，导致其对社会发展的影响深刻而长远。②

　　这种原始的本能欲望被弗洛伊德称为"力比多"（libido），"力比多和饥饿相同，是一种力量、本能——这里是性的本能，饥饿时则为营养本能——即借

---

① ［奥］弗洛伊德：《梦的解析》，高申春译，中华书局2014年版，第550—551页。同时也见［奥］弗洛伊德：《精神分析引论》，高觉敷译，商务印书馆2014年版，第155页。在这里他说："梦的工作所回溯的时期是原始的，有双重意义：（一）指个体的幼年；（二）指种族的初期。因为个体在幼年时，将人类整个发展的过程作了一个简约的重演。我相信要辨别哪些属于个体初期的和植根于种族初期的潜在的心理过程并不是不可能的。譬如象征的表示，就从来不是个体所习得的，而可视为种族发展的遗物。"

② ［奥］弗洛伊德：《图腾与禁忌》，文良文化译，中央编译出版社2015年版，第39页。弗洛伊德说："禁忌随着文化形式的不断变化，逐渐形成为一种有它自己特性的力量，同时也慢慢地远离了魔鬼迷信而独立。它逐渐发展成为一种习惯、传统，而最后则变成了法律。"

这个力量以完成其目的。"[①]力比多机能要经过长期和多方面的发展，才有可能与意识功能或其社会化环境之间形成良性的关系，否则就会导致压抑现象而难以发挥正常的作用，甚至出现各种病态的精神状况，同时还会造成力比多机能的"停滞"（inhibition）或"退化"（regression）：

> 力比多机能的……发展包含着两种危险，即停滞和退化。换句话说，生物的历程本有变异的趋势，所以不必都由发生、成熟而消逝，一期一期地经过；有些部分的机能，也许永远停滞于初期之中，结果在普通的发展之外，还有几种停滞的发展。[②]

这种情况一方面源自力比多没有被满足（即"剥夺"），另一方面也是由于与"自我本能"（ego-instincts）之间的矛盾[③]。"剥夺"是指力比多在外部的满足被剥夺的同时，其内部的转化性满足也被剥夺，从而导致精神疾病的产生。而自我本能由于受到来自社会化规范的深深影响，转而压制自身的力比多机能的泛滥，从而形成这两者之间的冲突。

这里弗洛伊德又将人的精神力量区分为"本我"、"自我"和"超我"三个角色。"本我"源于潜意识领域，是人的性本能或力比多机能（亦可称为生的本能或自我保存的本能），遵循的是"唯乐原则"（the pleasure-principle），要求获取快乐以避免痛苦。"自我"源于人的前意识和意识领域，"是在当无生命的物体开始有生命的那一刻产生的，它们要求恢复无生命的状态"[④]。自我本能遵循的是"唯实原则"（the reality-principle），即使本我的冲动适应现实的

---

① [奥] 弗洛伊德：《精神分析引论》，高觉敷译，商务印书馆 2014 年版，第 249 页。
② [奥] 弗洛伊德：《精神分析引论》，高觉敷译，商务印书馆 2014 年版，第 272 页。
③ [奥] 弗洛伊德：《精神分析引论》，高觉敷译，商务印书馆 2014 年版，第 282 页。
④ [奥] 西格蒙德·弗洛伊德：《自我与本我》，林尘等译，上海译文出版社 2011 年版，第 56 页。

需要①。不过自我与本我之间的区别也不是太严格，因为自我也是由本我分化出来的。"超我"是自我内部的一个特殊等级，也可称为"自我典范"。超我是本我的冲动和力比多转化的表现，代表着本我而与自我形成对照，是根据外界的影响而理想化的产物。我们看到，这个区分已经不仅仅限于一种空间领域的划分，而是将它们都赋予了生命的主动性意义。特别是"自我"角色，有着平衡或控制的功能。这样，这三者之间的冲动与阻遏、满足与压抑、快乐与痛苦、剥夺与实现、转化与升华、内向与外倾、习得与遗传、顺畅与退化、健康与病态等主题的交织，就成为弗洛伊德精神分析的主要内容。当然，"压抑"主题在他这里始终是人的内在世界中最核心的问题。正是压抑导致了潜意识内容的出现，因此"被压抑的东西"就成了精神分析最主要的兴趣所在②。

从社会化道德的角度来看这三者的话，根据弗洛伊德的理论，它们在压抑主题之下呈现出不同的特征：

> 可以说本我是完全非道德的；自我力求是道德的；超我能成为超道德的，然后变得很残酷——如本我才能有的那种残酷。值得注意的是，一个人越是控制他对外部的攻击性，他在自我典范中就变得越严厉——这就是越带有攻击性。……一个人越是控制它的攻击性，自我典范对自我的攻击倾向就越强烈。③

但是这种社会化特征，在弗洛伊德看来，仍然需要在人的生物机体的分子或细胞功能层面上来寻求解释。例如他认为自我本能与生命前的无机物相关，

---

① ［奥］弗洛伊德：《精神分析引论》，高觉敷译，商务印书馆2014年版，第286—288页。
② ［奥］西格蒙德·弗洛伊德：《自我与本我》，林尘等译，上海译文出版社2011年版，第205页。
③ ［奥］西格蒙德·弗洛伊德：《自我与本我》，林尘等译，上海译文出版社2011年版，第251页。

而性本能与生殖细胞的功能相关。这都可归结为细胞的分裂与结合。因此这两种本能又可以被称为"死的本能"和"爱的本能":

> 由于提出了自恋性力比多的假说,由于将力比多概念引申到解释个体细胞,我们就把性本能转变成了爱的本能(Eros),这种爱的本能旨在迫使生物体的各部分趋向一体,并且结合起来。我们把人们通常称作性本能的东西看作是爱的本能的组成部分,而这一部分的目标是指向对象的。我们的看法是,爱的本能从生命一产生便开始起作用了。它作为一种"生的本能"来对抗"死的本能",而后者是随着无机物质开始获得生命之时产生的。①

在弗洛伊德这里,生物机体的细胞活动——本我——具有本源性的主动倾向,没有任何道德或社会化观念的色彩,完全属于生物机体的本能活动。只有自我为了适应现实和避免机体整体受损而进行的调节、平衡或控制,才与现实社会的道德观念相一致。而超我作为本我和自我的替代性对象或调节性目标,是理想化产物。以个体生命的成长而言,婴儿期的本我最初是以周围的人或自己最亲近的人为性冲动对象的,随后婴儿的自我逐渐出现,开始根据社会化环境的要求来压抑本我的欲望冲动,而使本我退缩、转化、投射、补偿或升华到超我那里,从而尽可能达到内在的某种平衡状况。

弗洛伊德认为,最典型地体现这种心理过程的例子就是"俄狄浦斯情结"②。他对之进行了详细的分析。

---

① [奥]西格蒙德·弗洛伊德:《自我与本我》,林尘等译,上海译文出版社2011年版,第81页。

② [奥]弗洛伊德:《梦的解析》,高申春译,中华书局2014年版,第233页;[奥]弗洛伊德:《精神分析引论》,高觉敷译,商务印书馆2014年版,第162、265页;[奥]西格蒙德·弗洛伊德:《自我与本我》,林尘等译,上海译文出版社2011年版,第221—230页。

第二节　"俄狄浦斯情结"与原始规范

"俄狄浦斯情结"源于古希腊悲剧诗人索福克勒斯（Sophocles，公元前496—前406）的一出著名悲剧作品《俄狄浦斯王》[①]。剧中主人公俄狄浦斯（Oedipus）是古希腊一个城邦科林斯的国王波吕波斯和王后墨罗佩的儿子，因恐惧于神谕的警告，说他将来注定会杀死自己的父亲并娶自己的母亲为妻，于是连夜逃离自己的家乡。在路上他与人争执，并杀死对方。后来他又因破解人面狮身的女妖斯芬克斯之谜而当上了忒拜城的国王，并娶了忒拜城守寡的王后伊俄卡斯特为妻。忒拜城在他的治理下和平安宁，俄狄浦斯因此深受民众爱戴。伊俄卡斯特也为他生下两儿两女，一家人其乐融融，幸福达到了人生的顶点。

可是后来忒拜城流行瘟疫。俄狄浦斯为了消除忒拜城的灾难，跟随神谕的指示，追查早年杀死忒拜城原来国王拉伊俄斯的凶手。最后谜底揭开，凶手正是俄狄浦斯自己。但更悲剧性的是，原来俄狄浦斯只是科林斯国王波吕波斯和墨罗佩的养子。他的亲生父母正是拉伊俄斯和王后伊俄卡斯特。于是神谕得到了完全的应验。俄狄浦斯知道真相后痛不欲生，自戕双目，流浪荒野。

索福克勒斯对这一幕命运悲剧的构思异常巧妙，情节跌宕起伏，高潮不断。这些人生悲剧也在西方文化传统中影响深远，似乎始终缠绕在人们的心头，成为一抹挥之不去的阴影。不过，一般人从这幕悲剧中所关心的往往是人力无法摆脱神圣意志对人类命运的控制这一主题。而弗洛伊德关注的是导致人

[①] ［古希腊］索福克勒斯：《俄狄浦斯王》，见［古希腊］索福克勒斯等：《古希腊悲剧喜剧集》（上部），张竹明等译，译林出版社 2011 年版。

类命运冲突的那些特殊原因：

> 它（指《俄狄浦斯王》——引者注）的感人之处并不在于命运与人的意志之间的冲突，而应在于那些构成冲突的材料的特殊性质。在我们内心一定有一种什么东西时刻准备承认这种强加到俄狄浦斯命运上的力量。……他的命运能感动我们，只是因为那可能也是我们的命运，它是我们所有人的命运，是它使我们把最初的性冲动指向了我们的母亲而把最初的怨恨和第一个谋害的愿望指向了父亲。我们的梦证实了这一点，俄狄浦斯弑父娶母仅是告诉我们，自己儿童时期的愿望得到了满足。……我们的原始愿望在俄狄浦斯身上获得了满足，我们又以整个的压抑力量从他那里缩退回去，从而也压抑了原来心中的那些欲望。诗人展示了过去，揭露了俄狄浦斯的罪恶，同时又迫使我们去认识我们自己的内心世界，在我们的内心深处，这种冲突虽然被压抑下去，但仍可以发现。①

从弗洛伊德的理论来看，如果"婴儿的愿望冲动"确实带有"俄狄浦斯情结"，那么每个人就能够在俄狄浦斯那里发现自己内心会产生出一点点奇怪的共鸣。这种共鸣对那些文明时代的人，即早已经习惯了各种传统的社会伦理规范约束的人而言，他们恐怕是深感震惊。虽然有些人给予俄狄浦斯同情甚或大有抱不平之意，可能只是出于对主流社会规范的轻视或挑战，但是更多的人若发现自身居然产生隐隐约约的共鸣感，那大概同时也会带来某种深深的恐惧感。因为毕竟由于被长期的社会环境所熏染，人们对弑父娶母这种惊世骇俗的行为，无论如何都是难以轻易认可的。当然，从这一点我们也可以理解为什么弗洛伊德的理论在世界上会惹起轩然大波了。

---

① ［奥］弗洛伊德：《梦的解析》，高申春译，中华书局 2014 年版，第 234—235 页。

根据弗洛伊德的分析，"俄狄浦斯情结"还有着许多复杂的内涵，如双向的倾向，也使得本我、自我和超我这三者之间形成着多种可能的关系。但是有一点在弗洛伊德看来是肯定的，那就是"俄狄浦斯情结"作为一种生物性本能，与后来的社会化环境一道发生各种变化，产生出了自我和超我的道德性内容和特征，同时也导致了各种可能的健康或不健康的心理状况①。

尽管如此，即使人类身上并不存在弗洛伊德所谓的"俄狄浦斯情结"，相似的事情还是有可能发生的。因为在远古时期由于生活条件的限制，人们很可能与自己最亲近的人始终在一起相处，加上人们那时还没有任何伦理观念或规范约束的习惯，可能甚至连一般的所谓"社会"都还没有形成，因而任何人都可能成为自己的性对象。那么，最初的社会规范或伦理观念的出现，是否与弗洛伊德所说的"俄狄浦斯情结"之间有着必然的关联，就是有疑问的。不过，这一疑问暂时还不太紧要，因为在远古时代，人类必然是从生物本能的冲动开始自己的文明历程的。这种原始生命的本能冲动无论包含什么内容，都不排除这种可能性，即弗洛伊德所说的性的本能是其中非常主要的一个部分。因此，基于原始生命的本能冲动而逐渐产生的自我控制和社会规范，都应该有着大体相似的发展方式和约束内容。

这样，我们就不必仅仅考虑弗洛伊德关于"俄狄浦斯情结"的理论，而仍然可以从《俄狄浦斯王》的悲剧里寻觅出原始规范的一丝线索来。就像本章开头引述的《俄狄浦斯王》中的歌队唱词的内容所说：伟大永恒而又威严的天神制定了许多最高的法律条文来规范人类的语言行为。这种宗教观念及其原始规范形式究竟是怎样发生的，我们还需要再参考弗洛伊德的分析。

西方人的殖民过程让他们了解到世界上许多土著居民还保持着较为原始的生活状况，有着十分原始朴素的风俗习惯和社会结构，例如广布于南北美洲的

---

① [奥]西格蒙德·弗洛伊德：《自我与本我》，林尘等译，上海译文出版社2011年版，第227页。

印第安人，非洲中南部的黑人部族，太平洋上的波利尼西亚人、美拉尼西亚人和密克罗尼西亚人，澳大利亚土著和新西兰的毛利人，还有亚洲的某些部族群体等。这些部族生活中一般而言都存在着原始宗教，特别是图腾崇拜、神话传说或巫术信仰之类。这些原始宗教也一般都会有某种具体的特殊标志或图像，作为一种象征或替代物。这一象征或替代物一般会被该部族群体成员的某一个、某一些或全体所珍视和保护，并与该部族成员的观念和行为密切地关联起来，而且构成了他们对其周围事物现象（直至整个宇宙）的理解和解释的主要渠道（如主要观念和原则）。

通过对这些原始宗教内容的考察，弗洛伊德发现了能够给予自己理论有力支撑的原始材料：

> 几乎无论在哪里，只要有图腾的地方，便有这样一条定规存在：同图腾的各成员相互间不可以有性关系，即他们不可以通婚。这样就有了与图腾息息相关的族外婚习俗。①

图腾禁忌所规定的族外婚意味着任何成员不能与自己同族的所有异性发生性关系，即"乱伦"（即"俄狄浦斯情结"所带来的行为）②。这甚至已经超出了自己的父母子女和兄弟姐妹的范围。伴随着这种禁忌的就是对违反者进行严厉的报复或惩罚，且往往是全族人都不约而同地积极参与。这种禁忌不仅规定了部族成员个体之间的关系，还规定了任何一个成员与其部族整体之间的关系。这就构成了"部落内一切其他社会关系、道德约束的基础"③。

在弗洛伊德看来，原始部族对人的本能欲望容易产生乱伦的恐惧导致了他

---

① ［奥］弗洛伊德：《图腾与禁忌》，文良文化译，中央编译出版社 2015 年版，第 5 页。
② ［奥］弗洛伊德：《图腾与禁忌》，文良文化译，中央编译出版社 2015 年版，第 8 页。
③ ［奥］弗洛伊德：《图腾与禁忌》，文良文化译，中央编译出版社 2015 年版，第 14 页。

们以明确而严格的宗教禁忌来加以限制①。这是在世界各地的原始部族社会中都普遍存在的一个令人惊异的现象。这说明那些文明较为发达的社会在远古时代很可能也经历过了相同的阶段。如果确实如此的话，那么这就意味着，在人类早期历史时期，原始宗教所制定出来的社会规范就对人们的心理状况产生了深深的影响。而这种影响很可能一直持续到今天。因为这种原始规范并没有能够成功地使人的本能欲望完全消失，而不过是退缩到了潜意识领域，潜伏在那里，或者以其他各种替代方式转化出来。禁忌本身就说明这实际上就是一种有强烈的欲望，却又被严厉禁止的行为。在潜意识中就总是会有破坏这种禁忌的冲动。这与前面所说的那种心理"压抑"所产生的效果是一样的，也就是要以禁忌的方式来抑制人们的"俄狄浦斯情结"。当然，在各个社会文化中，原始规范的具体方式及其强度是很不同的，因而它对该社会所产生的持续影响效果也会有很大差异。

人们对待禁忌的态度总是很矛盾的：

> 禁忌是针对人类某些强烈的欲望而由外来所强迫加入（由某些权威）的原始禁制。然而，对禁忌破坏的欲望仍然残留在人类的潜意识里，所有遵守禁忌的人们对禁物都怀有一种矛盾的态度。附着在禁忌身上的神秘力量（玛那）是因为它能诱发人们的企图。②

禁忌的这种矛盾感有一个很重要的后果，那就是导致人们在违犯禁忌的观

---

① [奥] 弗洛伊德：《精神分析引论》，高觉敷译，商务印书馆 2014 年版，第 266 页。在这里弗洛伊德说："1913 年我撰一书，名为《图腾与禁忌》（*Totem und Tabu*）。刊布一种关于最原始的宗教和道德的研究，那时我就怀疑有史以来人类的整个罪恶之感，或许得自俄狄浦斯情结而为宗教及道德的起因。"

② [奥] 弗洛伊德：《图腾与禁忌》，文良文化译，中央编译出版社 2015 年版，第 56 页。

念或行为中，内心产生出"犯罪感"或"罪恶意识"。弗洛伊德认为，这种罪恶意识也可以称之为"禁忌良知"，是我们现在所说的"良知"的来源：

> 当人们提到禁忌良知，或在禁忌被破坏后所产生的罪恶感之中，人们已经具备有良知的素质了。禁忌良知也许是良知的最早现象和形式。什么叫"良知"？从语言的角度来说，它是和一个人的"最确实自觉"有关。事实上，我们很难把"良知"和"自觉"这两个词在某些语言里区别开。①

由于宗教禁忌的惩罚作用，人们慢慢形成了对违犯禁忌的观念或行为的恐惧感，然后在心理上再出现对这些观念或行为的排斥感和厌恶感，同时也包含着理智上对它们进行了倾向性的权衡和判断。于是，内疚感、罪恶意识和自觉自责的道德意识都将伴随出现，并逐渐形成对权威、禁忌或法律的敬畏与顺从心理。这种敬畏和顺从心理还会一点点凝固，成为人们内心根深蒂固的观念，即"心灵的固着"（Psychical Fixation）②，很不容易消除，将延续相当长的时期。

弗洛伊德还发现，人们的罪恶感也是"构成焦虑的极大因素"，或称之为"良知的惧怕"③。这是指人们总是担心自己违犯禁忌，对这种不确定性的担忧或恐惧。由于人本能的内在冲动，很多人不敢确定自己是否能够始终遵守禁忌的社会规范。实际上人们很可能会感觉到自己某一天一定会打破禁忌，从而使自己处于遭受严厉惩罚的境地，因而那种深深的担忧或恐惧就难免总是会萦绕在心头无法遣散。这一心理状态很容易导致焦虑的产生。这也是图腾在原始部落生活中成为人们重要精神支撑和依靠的理由，几乎到了不可须臾分离的地

---

① [奥] 弗洛伊德：《图腾与禁忌》，文良文化译，中央编译出版社 2015 年版，第 108 页。
② [奥] 弗洛伊德：《图腾与禁忌》，文良文化译，中央编译出版社 2015 年版，第 47 页。
③ [奥] 弗洛伊德：《图腾与禁忌》，文良文化译，中央编译出版社 2015 年版，第 111 页。

步。长期焦虑的结果无疑将会导致许多心理和生理的疾病出现。于是能够缓解或摆脱这种心理焦虑状态，就会给人们带来非常大的身心愉悦。这当然显示了图腾的重要价值和意义，是被原始部族的人们所肯定的，即使他们可能没有完全意识到这一点。

图腾的作用和功能往往是与神灵或灵魂的观念联系在一起的。神灵或灵魂通过图腾来压抑、监督或控制人们的本能欲望和冲动。人们对于图腾的崇拜也是因为图腾所代表或象征的神灵或（祖先）灵魂具有着神秘的力量，神秘和强大到了完全超出人们自己能力的程度。不过慢慢地，这一点开始被人们所了解并加以利用，那就是巫术或魔法的出现。巫术或魔法也表明人们对图腾的作用和功能有了明确的认识。

> 我们将发现，伴随着泛灵论的体系，还有一种理论指示如何去控制人类、野兽和物质，或更确切地说如何主宰他们的灵魂的指示。这些指示以"巫术"和"魔法"的形式出现。①

在原始部落生活中，巫术或魔法是能够帮助人们改善与神灵或灵魂之间的关系的，即保护自身的生命和财产的安全、给予敌人以伤害、避免遭受惩罚，或带来幸运而消除厄运等。这些实用目的都意味着神灵或灵魂通过图腾能够产生某些因果功能，且能够被人们所有效地利用。我们知道，如果图腾（神灵或灵魂）只能单纯地压抑、监督或控制人们的本能欲望和冲动，那么它所引起的心理焦虑是很难持久的，总是会被人们所抛弃。但是当它也能够帮助人们反过来去控制图腾（神灵或灵魂）本身的时候，那么它的价值就会持续得更为长久一些，因为它的作用有了更多的弹性，就不会轻易被人们所抛弃。

---

① [奥] 弗洛伊德：《图腾与禁忌》，文良文化译，中央编译出版社 2015 年版，第 127 页。

　　根据弗洛伊德的理论，图腾的控制功能也能够使心理负担得到进一步的转化。在原始部落生活中，"俄狄浦斯情结"导致部族内部的人际关系紧张。为了避免族群的分崩离析，图腾就起到了让大家相互妥协的作用：

　　　　图腾，显然是父亲形象的一种自然取代物，但他们（儿子们）对待图腾的态度似乎超出了纯粹的自责心理。事实上他们试图通过这种与父亲取代物间的特殊关系来减轻内心的罪恶感。图腾体制，就某种观念来说，它是儿子们与父亲的一种默契行为。①

　　这种双方间的"默契"包括一方为另一方提供保护和照顾，另一方则承诺不再威胁其生命。这也是最初的一种补偿意识和罪责意识，导致了最早的宗教意识和道德意识出现，也与最早的社会结构形成之间有着内在的关联。这样，在弗洛伊德看来，"俄狄浦斯情结"就成为文化结构形成中最为重要的因素：

　　　　因此，我可以肯定地说，宗教、道德、社会和艺术的起源都汇集在俄狄浦斯情结之中。这正和精神分析学的研究中认为俄狄浦斯情结构成了神经症的核心不谋而合。最令我惊奇的是，社会心理学的种种问题必须对一种最基本的事情（即人们与其父亲间的关系）做进一步研究，才能找出其中的解决之道。②

　　我们看到，"俄狄浦斯情结"所涉及的性本能、原罪意识和父子关系等主

---

① ［奥］弗洛伊德：《图腾与禁忌》，文良文化译，中央编译出版社 2015 年版，第 245—247 页。
② ［奥］弗洛伊德：《图腾与禁忌》，文良文化译，中央编译出版社 2015 年版，第 271 页。

题，与犹太教教义或《旧约圣经》的内容有着十分相似的理论倾向。尽管我们不能判断说这一定与弗洛伊德的犹太人身份之间有必然关联，不过这恐怕不会是偶然的巧合。尽管如此，我们还是可以在一定程度上认可弗洛伊德的观点，那就是，在人类社会早期的形成过程中，人的原始本能欲望无疑起到了非常重要的作用。这一点几乎不需要我们去作进一步的论证。只是在宗教、道德、艺术和社会结构的形成中，它究竟是如何发生作用的，且达到什么样的程度和造成了怎样的结果，以及更重要的，这些结果是否适应人的原始生命的成长等问题，仍然需要进行认真的讨论和研究。我们现在有所了解的是，性本能在人的本能欲望中的确占有非常主要的地位，并与其他各种本能一起，共同构成人的生命整体，促动了人类社会的形成和发展。而性本能是否可以单纯地归结为"俄狄浦斯情结"，那是可以再讨论的。

弗洛伊德将潜意识领域视为完全由性本能所主导的主张，后来受到心理学界或精神分析学界的许多批评，因为人们看到，潜意识领域还有着更为丰富的内容，是"俄狄浦斯情结"不能完全涵盖的。尽管如此，弗洛伊德的理论仍然有几点值得我们给予特别重视。

首先，弗洛伊德对人的精神空间进行了科学式的考察和解释。人类对自身心灵世界的认识经历了漫长的阶段性过程。如果我们对这一历史过程进行大体划分的话，那么可以说，在远古时期是原始宗教的泛灵论或灵魂观念，两千年前开始了沉迷于精神信仰的宗教阶段，17—18 世纪则是哲学阶段，即强调心灵空间的理性能力或情感世界等因素，而 19—20 世纪的科学阶段发展出了通过经验观察的科学方法对人的心灵空间或精神世界进行研究的心理学或精神分析理论。当然这些阶段的划分不必很严格，也会有很多相互重叠的地方或者同时存在的时候，而且宗教和哲学的解释方式时至今日也仍然有其独特的价值。甚至我们目前都还不能说，以科学方法对人的内在空间进行的科学研究和科学解释就一定是人们了解心灵世界的最好方式，但是人们还是可以承认，这种科学方式作为考察和解释的方式之一，自然有其存在的价值和正当性，而且无疑能够为我们提供关于人的内在世界十分丰富的有价值信息或知识，因而至少也是非常好的一种考察和解释的方式。

在弗洛伊德之后，将个体或群体的行为和心理现象基于生物体机能的解释方式现在也广泛地应用于心理学、细胞学、神经学或分子生物学等学科领域。这些领域的科学研究在近数十年里都已经有了很大的发展。例如，心理学对人的心理过程（包括认知、情感和意志过程）的研究，细胞学和神经学关于细胞和神经系统结构和功能的研究，分子生物学对蛋白质和遗传基因的研究等，都取得了许多令人瞩目的成就。

只要人们不把经验观察的科学方法和诉诸生物体机能的科学解释绝对化，那么，它就并不会完全排斥宗教或哲学的方法和解释。它们之间的关系可以是相容的，甚至是相互渗透的。这意味着，它们一方面是通过各自不同的方式帮助我们了解自身，而另一方面也隐含着在以相互交织（或许还是不可分离）的方式增进（或创造）人们的自我理解。这一点向来受到忽视，对此我们在后面还将进一步讨论。

其次，弗洛伊德对人的原始生命力量的强调。无论他的"性的本能"（或生的本能和爱的本能），还是"死的本能"，都源于人的生命本身。尽管人的生命本能究竟包含着什么具体的内容，以及原始生命力量究竟是如何发挥作用的等问题还存在着许多疑问，但是我们仍然可以同意说，人的生命本身有其内在的动力和倾向，始终寻求着健康或顺畅地成长，而这一点恰恰又是我们理解个体的观念或行为，以及各种不同社会现象的关键所在，毕竟社会是由一个个的人聚合而成的。像心理学、细胞学、神经学或分子生物学等学科的科学研究，或者像宗教（强调内心的信仰）和哲学（强调人的理性、情感或意志等内在精神特质，或考察人的各种生存状况）等领域的理论主张，都不再能够脱离人自身的心理机制或自然本性进行思考。因为任何外部因素对人产生的影响，都是逐渐通过在人的内在世界造成某种心理状态，然后才传递到外部成为外显的观念或行为。而这些外显的观念或行为是否能够使得人的生命成长更为健康和顺畅，是需要讨论的。因而人的内在世界的心理机制是如何对待或处理这些外部因素的，就构成人们理解外部因素的意义的关键步骤，也构成人们进行自我理解的最重要方式。

不过弗洛伊德对人的原始生命本能的重视还有更重要的一点才是尤为引人注目的，那就是对本能欲望的正面肯定。众所周知，传统宗教伦理和世俗道德对此都是持否定态度的，像基督教神学和斯多葛学派（the Stoics）就是这样。而且他们正是基于这种否定态度建立了自己的伦理理论和道德规范。因而，尽管弗洛伊德与犹太教或《旧约圣经》一样都强调了性本能、原罪意识和父子关系等因素对人或社会的重要性，却是在完全不同的意义上看待的①。根据弗洛伊德的理论，人的内在冲突的焦点从生命本能的欲望与上帝的戒律之间，转移到了与外部各种社会伦理规范之间，而生命本能欲望又是正当的且不可消除的，那么，对人的心理状况造成消极影响的原因就在于外部各种社会伦理规范不合乎人的本性，或者说无法使人的天性得到健康、顺畅地成长，因而这些世俗规范就要对人会出现各种糟糕的心理状况问题负责。而且这还不是仅仅出现在某一个别时期或个别社会中的情况，而很可能是出现在几乎所有社会的整个

---

① 他们在这些问题上几乎是截然相反的理论倾向，是否在暗示弗洛伊德作为一个犹太人，却打算要彻底清算犹太教的神学教义，而重建犹太人在欧洲人心目中的形象呢？对此我们目前还不得而知。不过这是一个颇为有趣的题目，值得探讨。因为像很多著名的心理学家或精神分析学家如阿尔弗雷德·阿德勒（Alfred Adler, 1870—1937）、卡伦·霍尼（Karen Horney, 1885—1952）、艾瑞克·弗洛姆（Erich Fromm, 1900—1980）、维克多·弗兰克尔（Viktor E. Frankl, 1905—1997）和亚伯拉罕·马斯洛（Abraham H. Maslow, 1908—1970）等都是犹太人。这当然或许只是一个巧合。不过这一群犹太人都有着这样相似的理论倾向，仍然是一件耐人寻味的事情。恐怕这一定会在犹太人的宗教界和思想界掀起很大的波澜。如果假以时日，这或许能够使得犹太人避免出现第二次世界大战时期被纳粹大规模屠杀的悲惨命运。只可惜这些心理学理论要在犹太人世界产生实质性的影响，能够实质性地改善犹太人的民族心理和性格特征，无疑需要非常长的时间和其他许多机缘。不过由于弗洛伊德较为隐晦的态度，以至于很多人认为他仍然带着犹太教传统或基督教的习惯性观念，这也是很可以理解的。

文明持续过程之中。这样一来，人们就可能需要对几乎全部的社会规范和社会结构重新考量，甚至需要重新建构全新的社会规范或社会结构。从这一点我们可以看到弗洛伊德理论的意义凸显。

当然在西方社会中，对人的生命力量的肯定和对基督教伦理或世俗道德规范的批判自文艺复兴时期就开始了，到了启蒙时期达到了高潮。特别是在弗洛伊德《梦的解析》出版的同时，一个对基督教伦理和世俗道德规范批判最为著名的斗士，也是最为强调人的生命意志的哲学家——尼采刚刚去世。但是弗洛伊德与他不太一样，并没有从哲学、宗教、科学或文学艺术等角度对各种社会规范进行直接的理论批判，也没有直接针对基督教的神学理论或世俗道德学说，而是从一个心理医生的视角，关注于心理疾病的治疗，诊断出这些宗教或世俗的道德规范很可能恰恰是导致心理疾病的原因，甚至几乎是所有人类文明中精神不健康状况的普遍性原因。这其中所蕴含的批判力量恐怕更为惊人。人们由此也可以理解为什么他的理论对当代思想会具有如此深远的影响了。

对人的生命本能力量及其正当性的强调，是可以不必像弗洛伊德那样诉诸"俄狄浦斯情结"的。但是从中延伸而出的"压抑—冲突—控制"的解释模式却仍然有效。因为无论人的内在世界是怎样构成的，具有什么具体的成分或结构，当它与外界因素之间形成矛盾或冲突时，就难免让人产生压抑、焦虑或束缚感。这种压抑或束缚感如果持续时间过长，或者力量过大，就很可能会导致人的心理状况出现各种问题。这个时候即使人们尚不知道心理内部是在认知、情感或意志上出现障碍，还是在细胞或神经系统上发生病变，或者还是在基因、蛋白质或核糖核酸层次上产生什么问题等，可能都不会影响人们得出一个基本的结论，那就是人的生命本能与其所身处的社会文化生态环境之间的关系存在着问题。这也意味着人们总是有必要从社会伦理规范或社会结构等方面进行反省或批判，而不能仅仅从个体的道德修养来考虑这一种普遍存在的问题。当然这并不否定说对外界因素的反省和对内部机制的科学研究之间是可以相互启发的。或许，对"压抑—冲突—控制"机制运行状况的不同勾画，也就是从各种不同学科角度进行的研究，如心理学、细胞学、神经生理学或分子生物学的科学研究，以及哲学、宗教、文学艺术或人类学等人文社科领域的反省和批判，都可以为人们提供很有价值的说明。

最后，弗洛伊德对婴儿期心理与远古人类社会的文化状况所进行的比较研究仍然有重要的理论意义。在弗洛伊德看来，一方面，人在成年时期心理状况的问题往往是由于其幼年时期的遭遇所导致的。同样，一个发展时间较长的社会文化所存在的问题也需要追溯至其早期社会生活的形成过程。这两者之间可以有着类比的关系。不仅如此，另一方面，远古时期人类心智发育的程度与婴幼儿的情况是很相似的，因为人的成长过程不过是浓缩了人类社会发展的历史，即社会规范或伦理观念在个人成长历程中的作用和影响，与在社会发展历程中的作用和影响是基本一致的。当然，现在的个人已经有了许多新的情况，如越来越多遗传基因的影响。这是弗洛伊德当时还没有考虑到的。再一方面，正是基于人类早期状况（婴幼儿时期或原始阶段）所显示出来的本能欲望（乱伦欲望或"俄狄浦斯情结"），人们才以图腾和禁忌这种原始规范的方式加以约束和抑制，从而产生了一般性的社会规范或伦理观念。图腾和禁忌这些原始规范所包含的约束和抑制心理，与人的婴幼儿时期所受到的来自社会文化环境的约束和抑制心理，基本上有着同样的内在结构。因为这些约束和抑制机制，即使是今天的社会规范或伦理观念，也与人类社会早期的图腾和禁忌这些原始规范有着一脉相承的历史渊源。这样，考察原始规范的形成过程及其内在结构，就对人们理解和研究一个个体的成长和一个社会的发展，都有着特别的意义。

考虑到婴幼儿的成长和社会的发展历程都有着十分复杂的情境性因素的影响，这两者的情况是不可能完全一样的，各自都会有着非常不同的表现。因此对这两者的考察如果仅仅满足于那些较为具体的现象，就难以告诉人们太多有价值的信息。所以，不论是弗洛伊德，还是后来的学者，这方面的研究都侧重于探究其内在的本质结构或特征。

不过这种研究是不能限于单纯的经验观察的，也就是把婴幼儿所遇到的外在因素或早期人类的原始规范视为事实性的现象，仅对之加以描述和分析。因为这种经验描述隐含了一个前提性观念，那就是这些外在因素或原始规范一般而言都是合理或正当的，至少这是已经发生了有效作用的历史现实。在这种情况下，人们自然是不会特别着重去对这些社会规范或伦理观念进行彻底的反思或批判，而不过是给予一般性的关注或仅仅作出某些轻微的调节而已。于是人们就将关注的重点放在了个体自身的改善上面，也就是通过调节个人自己的心理状态来消除或缓解与社会规范或伦理观念之间存在的冲突和压抑感。这也是在各个社会中出现的最为通常的情况。因为对社会规范或伦理观念的改善既不是个人所能轻易做到的，也不是在短时间内能够见到效果的，因而这对个人的精神问题确实不会有什么实际的帮助。而且这还意味着很可能会出现较大的社会变革，而这通常又令普通的个人难以承受。所以最终的情况往往是人们只好转而对自己的内在世界进行调整（所谓的"修身养性"或寻求"出世"之道），以解决当下的燃眉之急，而对社会规范或伦理观念的改善则一般而言是有所忽视的，除了在极个别的时期或极个别的社会环境下不得不然以外。

但是如果人们看到在这样的经验描述中隐约存在着一个内在矛盾的话，或许就很可能改变他们的看法了。人们都可以同意说，社会规范或伦理观念来源于人类社会早期的自我约束，并且这一自我约束也在长期历史过程中同样作用于这些社会中的每一个婴幼儿。这实际上意味着这些社会规范或伦理观念是人们长期以来自发创造出来的。那么，人们根据自身的状况而制定出来的社会规范或伦理观念，又怎么会与自己的本性（本能欲望）之间形成"压抑—冲突—控制"的关系呢？根据弗洛伊德（或者还有其他人）的理论，这种结果是因为人们把自己的某种本能欲望(如乱伦欲望或"俄狄浦斯情结")视为缺陷或罪恶，或视为与他人的社会关系之间无法相容，因而对自己的本能欲望进行约束或压制（或者使之转化与升华）。可是，这样的看法恐怕是不能成立的。因为这预设了人们已经具有了某种社会规范或伦理观念，因而才产生了这种自我克制的伦理行为。也就是说，人们已经将那些与他人的社会关系不相容的事物视为不恰当的或道德上负面的东西而加以限制。而这一点是与前提矛盾的，因为这本身已经是一种伦理观念了，而那正是我们想了解的对象。

我们也可以这样来叙述这个内在矛盾，简单地说就是：原始人类是怎么会制定出与自己的生命本能相冲突的社会规范或伦理观念的？或者说，原始人类真的是在想方设法约束或压抑自己吗？这看起来似乎是一件很可疑的事情。同样，我们恐怕也不能将这种行为放在刚刚出生、几乎还毫无思想能力的婴幼儿身上。如果没有周围成年人的教导和训练，婴幼儿仅凭自己就会考虑来约束或压抑自己本能的欲望冲动（如"俄狄浦斯情结"）吗？这大概已经预设有待论证的结果了。我们也不能把这种行为视为纯粹是被动的，因为对社会规范或伦理观念的意识明显是属于人们的主动性的自觉行为，是一种针对自我的规范性行为，既不可能是完全被迫的，也不可能是单纯出于生物本能的冲动。

当然，约束机制的形成过程是很复杂的，有着很强的社会情境性特征，不能一概而论。特别是随着这种自我控制的历程展开，它还逐渐成为一种遗传性文化，导致每个人身上的社会文化因素很可能甚至从尚未出生时就开始了。这也使该问题更不容易得到厘清。因此，我们有必要再看看其他心理学家或精神分析学家是怎样扩展弗洛伊德理论的，这对我们后面的讨论十分重要。

第三节 意识领域与社会规范的协调

实际上，在 19 世纪后期到 20 世纪初，心理学已然成为相当独立的精神学科，得到快速发展。这与西方社会当时的精神状况有着内在的关联，即受到社会政治、经济、宗教、科学、哲学和文学艺术等领域的巨大变化所带来的影响。在弗洛伊德之前，利贝尔特（Auguste Liebeault, 1823—1904）、伯恩海姆（Hippolyte Bernheim, 1840—1919）和库埃（Émile Coué, 1857—1926）就用催眠或暗示疗法来消除人们的心理困扰，被称为南锡学派（在法国南锡）和库埃方法。弗洛伊德也曾经跟随伯恩海姆学习。还有巴宾斯基（Joseph F. F. Babinski, 1857—1932）运用信念强化来排除心理焦虑和压抑，布罗伊尔（Breuer Josef, 1842—1925）提出了净化疗法的效用，亨利·埃利斯（Henry Havelock Ellis, 1859—1939）看到生物本性对人的决定性意义，雅内（Pierre Janet, 1859—1947）强调心灵的能量理论，并用联想治疗法消除心理障碍。其中较有名的就是阿德勒（Alfred Adler, 1870—1937）以创造性自我或追求卓越来克服自卑情结的心理学理论。

阿德勒是弗洛伊德的早期支持者。不过很快他就对弗洛伊德基于人的生物本能（性的本能或"俄狄浦斯情结"）来解释心理症状的理论不大满意，开始强调社会因素在人的心理问题上的主导性意义。于是他离开弗洛伊德，创立了自己的个体心理学及其心理治疗学派。

他认为每个人都不可避免地生活在"意义的国度里"[1]。人们周围的一切都被赋予了千差万别的各种意义。这些意义大体而言有三类。这源于一个人总是处于三种"联结"之中：

> 第一种联结是我们生活在这个贫瘠的行星、地球以及其他地方的外壳上。我们必须在种种限制下，利用居住地提供的种种可能性来成长。为了能够在地球上延续生命，保证人类的繁衍，我们必须同等程度地发

---

[1] [奥] 阿尔弗雷德·阿德勒：《自卑与超越》，吴杰、郭本禹译，中国人民大学出版社2013年版，第1页。

展身体和心理。……第二种联结：我们不是人类的唯一成员，周围还有许多其他成员。我们生活着，与他们发生关联。个体的缺点和种种限制使得他不可能独立完成自己的目标。……他总要与别人发生关联。……我们还受到第三种联结的束缚：人类生活在两性之中。个人生活和共同生活的保持都必须考虑这一事实。爱情和婚姻问题隶属于这个联结。①

第一种联结涉及一个人的生存方式，即现在所谓的"工作"或"职业"问题。第二种联结是指与他人的关系，也就是"社会"环境。第三种联结是指人们之间的各种性关系。这三种联结合而为一都体现在一个人身上，意味着一个人是应该在身体和心理两方面的整体上被理解的，"我们看到心理和身体都是生活的表达：它们是生活整体的一部分。我们开始理解它们在整体中的相互关系"。在阿德勒看来，最基本的相互关系就是心理为身体设定了"行动目标"："预见移动的方向是心理的基本原则。一旦认识到这一点，我们便可以理解心理如何决定身体——它为行动设定了目标。"有目标的行动就有了意义，对意义的表达就是人的心理活动。因此，"心理学的领域在于探索个体所有表达中包含的意义，寻找了解其目标的方法，并将其与别人的目标进行比较"。这些有目的的活动的意义就是人们所称的"文化"。身体的感觉和心理活动构成一个人的"生活风格"（或"生活方式"），而"个体心理学中的新观点就是，我们观察到的这些感觉从来都不会和生活风格相矛盾"。这样我们就只需要考察人的心理活动和有目标的行动，而不必特别在意人的内在生理机制：

因此，我们不再处于生理学或者生物学领域了；感觉的出现无法用

---

① ［奥］阿尔弗雷德·阿德勒：《自卑与超越》，吴杰、郭本禹译，中国人民大学出版社 2013 年版，第 2—3 页。

化学理论解释，也不能用化学测验来预测。虽然我们必须在个体心理学中预先假定生理过程的存在，但是我们却对心理目标更感兴趣。我们并不那么关注焦虑影响了交感和副交感神经，而是要寻找焦虑的目的和结果。①

阿德勒就这样与弗洛伊德的潜意识理论分道扬镳，不再纠缠于生物机体的神经功能或解剖学意义上的研究，也不会将焦虑的心理问题仅仅与性压抑现象联系起来，而是将眼光完全投向了一个人在社会环境中的生活之上。这种状况最主要的内容就是一个人与自然环境、社会环境和他人之间的关系，也叫"合作"，即是指一个人从小开始学会协调自己的心理和身体，从而形成自己的生活风格，以此应付其周围的环境。而"心理学就是对合作中缺陷的理解"。也就是应该考察人的整个生活风格，包括"心理本身以及整体的心理，考察个体赋予世界和自己的意义、目标、努力的方向以及他们处理生活问题的方法"②。

阿德勒的个体心理学在对一个人的生活风格加以考察中，最为重要的发现就是人的"自卑情结"。"自卑感就某种程度而言普遍存在于我们身上，因为我们发现自己希望改善自身。"这自然是人们意识到自身的某种缺陷或短处，因而对环境的应付就显得缺乏自信，"当个体对面临的问题没有恰当的准备或者应对，且他认为自己无法解决时，自卑情结就出现了"。自卑感的表现可以是多种多样的，并不限于懦弱、顺从或胆小，也有可能变得更加傲慢、暴躁或鲁莽。

按照阿德勒的看法，人们之所以产生自卑感，并不是单纯的心理出现问

---

① [奥]阿尔弗雷德·阿德勒：《自卑与超越》，吴杰、郭本禹译，中国人民大学出版社 2013 年版，第 18 页。

② [奥]阿尔弗雷德·阿德勒：《自卑与超越》，吴杰、郭本禹译，中国人民大学出版社 2013 年版，第 30 页。

题，而是由于"人类地位提升的缘故"。以至于他认为"我们所有的文化都是以自卑感为基础的"①。例如人们的心理目标、意义赋予或努力方向等，就都是为了消除这种自卑感而力求成功地应付环境，或者说通过追求卓越来克服自己的自卑感，即以优越感来消解自卑感。

阿德勒的自卑感与弗洛伊德的原罪意识有相似之处，都表明现实中的人会对自身的原始状态产生某种贬低或敌视心理，只是阿德勒的自卑感所包含的内容较弗洛伊德的原罪意识更多而已。弗洛伊德的原罪意识主要源于"俄狄浦斯情结"，即人们恐惧于自己本能欲望中的乱伦意识，因而力图采取各种方式加以消解。阿德勒的自卑感产生的根源就远远不只是性意识，而包含了人各种脆弱之处，如婴幼儿时期需要照顾和保护的无力感，对个人生存能力的虚弱感，对恶劣环境的畏惧感，对生老病死的恐惧感，对未来和未知世界的不确定感等。这些因素都会导致一个人自很小的时候就开始不由自主地产生自卑心理，从而慢慢形成一种自卑情结。如果这种自卑情结没有得到恰当的处理，那么就很可能会在一个人的成长过程中出现各种心理问题。

阿德勒看到，在现实生活中，人们主要是寻求或培养自己在各个方面的优越感（或理想目标）来克服自卑感，而出现消极心理症状的原因就在于这两者（优越感和自卑感）之间不能恰当地相互作用，"用错误方法追求优越感"②，导致各种失败或有缺陷的合作。对此，阿德勒认为只有很好地与他人合作才有可能真正消除自卑感的影响。这也是人们最初愿意组织成一个社会群体的宗旨所在：

　　对人类而言，最早的努力就是与同伴一起合作。正是由于对我们的

① ［奥］阿尔弗雷德·阿德勒：《自卑与超越》，吴杰、郭本禹译，中国人民大学出版社 2013 年版，第 35 页。
② ［奥］阿尔弗雷德·阿德勒：《自卑与超越》，吴杰、郭本禹译，中国人民大学出版社 2013 年版，第 43 页。

同伴产生兴趣，我们的种族才会取得所有这些进步。……原始部落以共同符号将人们聚集在一起，符号的目的在于将人们和同伴团结起来合作。最简单的原始宗教是图腾崇拜。一个部落会崇拜蜥蜴，另一个可能崇拜公牛或者巨蟒。那些崇拜相同图腾的人一起居住合作，部落里的人们情同手足。这些原始习俗是人类稳固合作的重大步骤之一。[①]

人们相互之间的社会性合作，在阿德勒看来主要就是指人所身处的三种联结关系，即其所从事的工作劳动或职业、与他人和性同伴的关系。在这些合作中，人们相互之间分享各种意义，以扩大各自的意义世界，也就是可以更好地协调各方面的关系，以应付其生活环境。当然，这需要通过家庭、学校和社会几个方面的共同努力来加以不断完善，才能让其中的人们获得越来越健康的成长。

强调与他人合作这种消解自卑感的方式在许多现实情境下确实是很有效的，不过这一方法是否能够从根本上消解人的自卑情结，是很成疑问的。因为，这种方式是以承认自卑情结的普遍存在为前提的，因而并不否定自卑情结本身，而不过是暂时缓解、转化或隐匿了那些消极心理而已。但是这样一来，也等于认可了各种优越感将与自卑感始终伴随而生，且永远都会处在自卑感之后，保持着时近时远的关系。这意味着自卑情结及其所带来的各种心理问题，就几乎是人们身上无法得到根治的痼疾，将永远伴随着人们的一生，以及整个人类社会的历史过程。这就好像是将自卑情结视为理所当然或必然存在的事物一样。可是，这样的判断真的是恰当的吗？或者说，自卑情结确实是不可能得到根本消除的吗？虽然就人类社会现实生活的目前情况看，似乎的确如此，但

---

① [奥] 阿尔弗雷德·阿德勒：《自卑与超越》，吴杰、郭本禹译，中国人民大学出版社 2013 年版，第 165 页。

是我们不能轻易地放弃希望，有必要再进一步加以探究。

按照阿德勒的理论，人们可以通过相互合作而获得某些优越感，扩大自己的意义世界，协调身心，并以此来缓解或转化自己的自卑心理。但是，这只不过是缓解或转化了浮现出来的表面心理现象，而并没有涉及自卑情结本身，以及产生自卑感的心理根基，例如人们所意识到自己的各种脆弱之处，像婴幼儿时期需要照顾和保护的无力感，对个人生存能力的虚弱感，对恶劣环境的畏惧感，对生老病死的恐惧感，对未来和未知世界的不确定感等。我们还可以增加一种恐惧感，就是担心自己不被社会认可以至于被社会所抛弃的心理。这也潜在地存在于几乎所有人的心底深处。自卑感本身就意味着人们已经形成了某种道德意识，即对哪些东西是好的，哪些东西是不好的，有着本能的评价和判断，也就是出现了卑下和崇高相互对立的心理区分。这样，无论人们从与他人的合作中获得多少优越感，人的脆弱之处仍然潜伏于人们的灵魂之中，并时隐时现地困扰着人们，在自卑情结的心理机制作用下形成着各种或强或弱的自卑感。

这种情况还将引发另一个更为严重的问题，那就是当自卑情结的心理机制和人们对自己脆弱之处的观念意识没有改变的话，那么，某种优越感越强，很可能其相应的自卑感也越强，即这种优越感反而强化了相应的自卑心理。而这两者共振的结果就是人们的精神状态或人格可能会被撕裂得越发严重。例如一个人越是从与他人合作行为当中获益，就可能越是会感觉个人能力上的有限性；人们越是在相互帮助中获得安全感，就可能越是恐惧于单独面对恶劣的自然环境或生老病死的命运，就越发害怕自己得不到社会的认可，越恐惧于自己被社会所抛弃；人们得到越多关于世界的确定性知识，就很可能越是困扰于未来或未知的不确定性等。如果这两种意识或感觉（自卑感和优越感）都是不可消除的话，那么，一方的强化就难免引起另一方的强化，导致两者之间的关系越发紧张。这还意味着，如果自卑情结内在于人的心理世界，那么它与优越感之间的对立、冲突或撕裂的状况就很可能也内在于人的心理世界之中，不可消除。这对一般人而言，无疑是一个有点令人沮丧的结论。

自卑感和优越感的对立所引起的内在冲突或撕裂，也体现在原始规范的内在结构之中，因为原始规范本身就是对这种内在冲突或撕裂状况的平衡。而在更深一层的意义上来看，原始规范又可能形成新的冲突或撕裂。对此，我们有必要讨论荣格（Carl G. Jung, 1875—1961）对人的内在空间的看法。

第 二 章

原始意象与健全心智

第一节　原始灵性

　　荣格专门研究了人的精神空间问题，即潜意识领域以及潜意识与意识领域之间的关系。他认为，人的语言、图像或声音等都象征着某种意义，特别是宗教行为中的象征意义就更为明显了。但是这些象征意义只有一部分进入了人的意识领域，还有很多内容没有那么清晰或直接，于是就隐含在潜意识空间里面了。这是由于人们不能完全感知或理解事物而产生的，表明了人们的感官感觉和理性认知能力是受到一定限制的。在荣格看来，凡是出现在意识领域中的意义，都同时也以另一种方式转换到了潜意识领域。即使是那些没有出现在意识领域中的意义，其实也很可能已经渗入到了潜意识世界里，例如像做梦的情况就是这样。这些意义以后可能会也可能不会再进入意识世界。[①] 荣格的潜意识

---

① 　[瑞士] 卡尔·古斯塔夫·荣格等：《潜意识与心灵成长》，张月译，上海三联书店 2009 年版，第 4—5 页。

领域相比较于弗洛伊德而言，可以说是包罗万象、无比丰富的，不再仅仅限于人的性本能这一单独的因素。他认为：

> 潜意识部分是由大量暂时为晦涩难解的思想、朦胧含糊的表征、模糊不清的意象所组成，尽管它们未被我们意识到，但它们却继续影响着我们的意识心理。①

这些东西"惟恍惟惚"，正是相应于意识空间中较为清晰的内容而言的。不过它们也可以与意识内容有一定的对应关系：

> 这种阈限下的材料可以由各种强烈的欲望、冲动及意向组成；可以由各种感知能力和直觉组成；可以由各种理性或非理性思想的结论、归纳、演绎，以及前提组成；也可以由各种各样的情感组成。所有这一切的各部分构成或总体构成皆可呈现为潜意识的局部的、暂存的或永恒不变的形态。②

这些东西杂乱无章地隐伏于潜意识空间之中，有时可能会被人们通过记忆、注意或思考等途径想起来，从而进入意识空间之中，也可能永远不会再出现。潜意识内容最经常出现的方式就是人的梦境，或者某些下意识行为。一般而言，潜意识内容往往是被人们有意或无意地"压抑了的内容"。

在荣格看来，人的意识和潜意识两个领域尽管可以合起来看待，但是它们的区分和同时存在意味着一个人可能存在着两个内心世界，而这两个内心世界

---

① ［瑞士］卡尔·古斯塔夫·荣格等：《潜意识与心灵成长》，张月译，上海三联书店 2009 年版，第 14 页。

② ［瑞士］卡尔·古斯塔夫·荣格等：《潜意识与心灵成长》，张月译，上海三联书店 2009 年版，第 19 页。

是不同的，且常常相互发生冲突或分裂。这是导致人的各种心理病症的直接原因。这两者之间的关系不容易把握，也就是人们很难恰当地"控制自我"。如果个体是以恰当的方式控制自我的一个部分，那么这两者就会形成协调的关系；而如果个体是在一无所知，或者不愿意（即被迫）的情况去抑制自我的一个部分，那么就可能会导致很大的心理麻烦。因此，对于"自制"这种能力，人们是需要很小心谨慎地对待的。①

与弗洛伊德一样，荣格也认为一个人的潜意识内容是不会彻底消失的，只是潜伏的深浅不同而已，无论个人如何对之进行压制。不仅如此，荣格还认为潜意识内容还会自发地产生出新的东西来，而并不需要意识能力的帮助：

> 正如意识的内容可以潜入、消逝在潜意识之中一样，从未为人所意识到的新内容同样可以从潜意识里生长、浮现出来。譬如，人可以隐隐约约地觉察到某种即将潜入意识的东西——某种"尚未确定的"东西，或者某种"令人疑惑的"东西。潜意识并不仅仅只是往昔岁月积淀的贮藏之地，它同样也满满地蕴容着未来的心灵情境和观念的胚芽。②

就像有些艺术家、哲学家或科学家偶尔会产生的"灵感"那样，也像有些宗教人士的某种"神秘体验"一样，都可以说是在人的潜意识领域中自发而出的东西，并没有得到意识或思想的帮助。

这是荣格颇为得意的一个新发现，被他视为"研究心理学的崭新途径"。这一发现又很自然地进一步涉及了"原始心灵的特性"、"神秘的参与"或"原始

---

① ［瑞士］卡尔·古斯塔夫·荣格等：《潜意识与心灵成长》，张月译，上海三联书店 2009 年版，第 7 页。

② ［瑞士］卡尔·古斯塔夫·荣格等：《潜意识与心灵成长》，张月译，上海三联书店 2009 年版，第 19 页。

遗存物"。不过，这当然难免会受到其他心理学家的批评，引起了广泛的争论。

在荣格看来，人的这种"原始灵性"有很大部分都随着文明的进展而逐渐消失了，因为人们越来越多地使用理性或道德这些"文明方式"对潜意识内容进行"压制"，从而导致"原始灵性"趋于弱化：

> 如果我们想要描述这种本源精神的特性，我们必须在古代神话的领域中，在原始森林的传奇之中向它逼近，而不应该在现代人的意识中去苦苦追寻它的踪迹。我此刻丝毫没有否定人类在文明社会进化过程中所获得的巨大成果的意图。然而，获得这些成果的代价却是无数灵性的丧失殆尽，而我们对于灵性丧失到何种程度几乎还没有开始估价。与学会"控制"自己的"理性的"现代后裔相比，原始人更多地受着他们本能的支配。在这一文明进程中，我们越来越多地把我们的意识与人类心灵深处的本能分割开来，甚至最终使意识完全脱离心灵现象的肉体基础。[①]

人类的现代文明在近三千年的时间里确实有了极大的发展，这是所有人都不能不承认的。只是人们在获得这些文明成就的同时，究竟付出了什么样的代价，却仍然是一件未知的事情。荣格敏感地意识到了这一点，看到其中很可能隐藏着造成现代社会人格困境的根源，因而主张对这一代价进行深入的研究分析。

他的想法有三点需要我们注意：首先，人的本源精神或原始灵性有其自身的创造能力，无须借助那些外显于意识领域里的理性、情感或意志能力也能够产生某种"未来的心灵情境和观念的胚芽"。尽管这些"胚芽"的形色状态对我们的意识或思想能力而言还无法轻易地加以描述，因而显得是"尚未确定的"

---

① ［瑞士］卡尔·古斯塔夫·荣格等：《潜意识与心灵成长》，张月译，上海三联书店 2009 年版，第 29—30 页。

或"令人疑惑的"，但是我们恐怕不能因此而否定它们所可能具有的、尚未为我们所理解的特殊意义，正如那些艺术家、哲学家、科学家或宗教人士的"灵感"或"神秘体验"一样。潜意识世界看来似乎就像一片茫茫无际的原始森林一样，蕴藏着无尽的秘密，玄奥难解，又令人神往。

其次，人的本源精神或原始灵性逐渐丧失，是由于人们把意识领域与潜意识领域越来越严重地割裂开来所导致的。这是文明化进程的结果，即人们的思想和情感越来越丰富，理性越来越发达，品德越来越高尚，意志越来越坚强、越来越充满自信，对生活的控制能力越来越强等。这些都是人们所自认的文明成就，但同时这些文明成就也是在将非理性或原始本能欲望等人性特点视为"弱点"、"缺陷"或"罪恶"等，并加以排斥或改造的过程中实现的，因而人的意识内容就逐渐与潜意识内容距离越来越远，两者之间的鸿沟越来越深，相互的对立和冲突也越来越严重。意识越"纯粹"，可能人格统一就越困难。就像我们在毕加索的《阿维农少女》中所感受到的，现代社会的人格解体仿佛呈现出一种撕裂的状态，难以愈合。

最后，潜意识领域蕴含着人的本源精神或原始灵性，是根源于它的"肉体基础"或生理机能。"肉体基础"或生理机能很可能与非理性和原始生命的本能欲望之间有着必然的关联。而这恰恰是文明社会历来的道德规范或伦理观念所极力排斥和否定的，并因而导致上述所讲的那种割裂现象的存在。与人的身体本身的隔离，其实也是与自然世界的隔离。而传统的社会规范或道德观念仅仅愿意将心灵世界与天上的神灵相互联系起来，而不愿意与自然万物的整体统合起来。只是，原始灵性与其"肉体基础"之间的关系，人们还不是很清楚，其生理机能也有待进一步的研究。但是，从现代社会的人格困境来看，人的意识或思想内容与潜意识领域的"肉体基础"之间，呈现出越来越紧张的关系，在"压抑—冲突—控制"的状态中缠绕胶着。

荣格认为现实社会中的每个人都需要寻求自己的"心理平衡"或"健全心

智"。而考虑个体的心理平衡问题：

> 结果绝不可能是个体适应社会"规范准则"的、完全集体性的、整
> 齐划一的。如果整齐划一的结果出现，那么个体所隶属的社会是最不正
> 常的社会。一个健全而正常的社会是这样一种社会：生活在其中的人们通
> 常观点并不一致，因为，在人类本能的特征领域之外，人们的看法完全
> 一致这种现象相对来说是罕见的。①

这不仅指个体的生理机能或遗传特征会有很多不同，而且每个人在其成长
过程中所遭遇的各种自然和社会情境性因素也千差万别，因而导致每个人的心
理状况及其倾向的心理平衡也都会出现千变万化。这意味着单一的集体性社会
规范不会适合于每一个人的心理平衡需要，反而可能会造成更多的心理问题，
使得人们的心智成长难以健康和顺畅，因而一个健全的社会应该考虑它的社会
规范或道德观念能够尽可能帮助其成员在心智上健康和顺畅地成长，即容纳各
种可能性，并始终保持开放性，而不是将其束缚或压制，导致人们的各种成长
性困难。当然，这涉及更为复杂的社会结构问题，而不是单纯的心理学研究所
能够解决的。但是荣格的意见表明人的心灵成长问题应该成为社会建构所必须
考虑的重要因素。

荣格认为现代社会中的人往往自以为能够把握自己的生活，却没有意识到
实际上自己仍然还是处于某种隐隐约约的精神控制之下：

> 为了保持自己的信念，现代人付出的代价是内省的极度缺乏。他盲

---

① ［瑞士］卡尔·古斯塔夫·荣格等：《潜意识与心灵成长》，张月译，上海三联书店2009年版，
第37—38页。

目地相信自己的理性和效力，而对于被其控制之外的"力量"所烦扰这一事实视而不见。他的神和妖魔鬼怪根本就没有消逝；它们只不过是更换了新的名字。它们使现代人不断地感到焦虑不安、莫名恐惧、心理混乱，使现代人漫无止境地需要吗啡、酒精、烟草和食品——但首要的是，一连串的神经疾病使得现代人不得安宁。①

现代的西方人可能认为，他们已经成功地应用自己的理性消除了宗教神灵对自己的严厉精神控制和政治权力对自己的人身控制，并发展了科学技术和良好的经济体系，可以安心地为自己创造美好生活。但是荣格看到，他们对源于自己内心的某种力量没有足够的了解。这种力量就是荣格强调的，在潜意识世界中原始灵性或"本原心灵"的创造力和生命力（如远古人类普遍相信的"玛那"——Mana，一种超自然神力②），它的魔力曾经困扰过原始人，而现在仍然以某种特殊的方式在困扰着现代人。现代人发达的理性距离它越来越远，不但不能消除这种内在的本原力量，反而受到它更加严重的心理冲击。因为在荣格看来，原始灵性是不会"销声匿迹"的，在遭受"压抑"之后被迫以"一种迂回曲折的方式表现自身"。

当然，返回来的不是原始灵性本身，而是原始心灵的某些活动，如荣格说的"原始类型"（archetype）或"原始意象"（primordial image）。这些原始意象反射出远古人类的"集体意象"（或集体无意识），以各种"象征"的方式出现在人们的心理活动和外显行为中，典型的如原始宗教、神话、艺术作品或哲

---

① ［瑞士］卡尔·古斯塔夫·荣格等：《潜意识与心灵成长》，张月译，上海三联书店2009年版，第62页。

② 玛那（Mana）是太平洋西部的美拉尼西亚群岛部落用语，意思是某个事物，如一个神灵、一个人、一个物体或一个行动，具有某种巨大的神秘力量，可以对他人或他物产生极大的影响，甚至带来奇迹。如果说某个人身上有玛那，那么这往往是在表明他（或她）具有很高的声望或力量。

学理论等，还有就是几乎每个人都会有的梦境。这些原始意象的象征意义并不受人们的意识、意志或理性能力所控制和支配，而有着自己独特的表现方式，可能只有凭借想象和直觉才能有所理解。在荣格看来，从古至今，这些文化象征几乎都在人们的社会生活中发生着作用：

> 这类文化象征依然保持着其本源的神秘性或曰"魔力"。人们认识到，在一些个体的内心中，这些象征能够唤起一种深刻的情绪反应，而且这种心灵负荷使得它们几乎是以种种偏见的形式发生作用。……这些象征是我们心理结构的重要组成部分，是建设人类社会的有生力量；消灭这些象征必将给人类带来严重的损失。无论这些象征在哪儿受到抑制或者遭到忽视，它们的特定能量都会消逝遁入潜意识之中，带来无法解释的后果。以这种方式仿佛消逝隐遁的心灵能量事实上在潜意识中发生着作用，复活并强化其中最主要的东西——心理倾向，也许是那些迄今没有机会表现自身的心理倾向，也许起码是那些在我们的意识之中至今未经允许留驻的心理倾向。①

在现代的很多人或科学家来看，这些文化象征往往是迷信的结果，缺乏科学证据，荒诞不经，是大可不必认真对待的。但是在荣格看来，恰恰是现代人的这种理性态度很可能导致了灾难性的后果，如两次世界大战的发生。因为这些表面上"消逝"的文化象征却仍然在暗中影响着人们内在的心理倾向，以及由此影响着人们的种种思想和行为。虽然这种影响有时是有益的，但是在受到不恰当的"压抑"之后，很可能就产生了有害的影响，甚至成为某种"恶魔般

---

① ［瑞士］卡尔·古斯塔夫·荣格等：《潜意识与心灵成长》，张月译，上海三联书店 2009 年版，第 71 页。

的力量"，带来"毁灭性"的后果。表面上看现代人摆脱了迷信的束缚，可是却不期然地使自己的"道德和精神传统解体"了。

根据荣格的理论，原始象征并非仅仅是一些符号、语词或图像，而是附加着丰富的情感，从而使原始意象具有了神秘的心灵能量，并将个体的生命与之联系在了一起，这才充满了"灵性"。因而这些原始象征的含义是不能被理性加以普遍性地解释的，而只能视其具体的生命个体和生活情境相关的方式而定。所以，它们的名称是不重要的，重要的是它与每一个人"相关的方式"，就像对某个人所做的梦进行解释那样。这意味着原始象征的潜在含义，与意识领域内容一样，也成为个体人格不可或缺的组成部分。这正是文明演化过程中社会规范或道德观念所排斥或否定的对象，从而导致了现代人的人格背离。于是，在社会力量的压抑之下，这些原始灵性的原始意象以各种方式隐藏起来，甚至还以遗传的方式保留在人类"胚胎的发生、演变、进化的种种阶段中"[①]。

对理性、宗教、世俗道德、科学技术或自由竞争的市场机制进行反省和批判，是西方当代许多学者倾力而为的事业。这是自尼采就已经开始了的事业，在 20 世纪 70 年代可以说达到了高潮。荣格无疑也是其中的一员，只是他思考的角度是心理学或人的精神状况。在此方面他的反思深度令人赞叹。

第二节　人格与原始意象

荣格的心理理论强调个体的异质性，也就是每一个人都有其自身的独特

[①]　[瑞士] 卡尔·古斯塔夫·荣格等：《潜意识与心灵成长》，张月译，上海三联书店 2009 年版，第 77 页。

性。这既是因为每一个人的生理和心理状况（原始生命）有所不同，也是因为每一个人出生之后的成长境遇（文化象征或意义）千差万别，因而形成了每一个体独特的人格内涵。他将人的心理状况分为两大类型，即内倾型（introversion）和外倾型（extroversion）。这主要源于个体心理机制的大体状况而定，是指个体心理上对于一个对象的相对关系，或者说是某一对象相对于个体心理的影响：外倾型即"外倾的兴趣是朝客体（对象）① 作外向运动，内倾的兴趣则是脱离客体（对象），朝主体和他自己的心理过程运动"②。这两大类型再分别与人的基本心理功能结合，如思维、情感、感觉和直觉，就可以形成更多的具体心理类型，如外倾思维型、外倾情感型、外倾感觉型和外倾直觉型，以及内倾思维型、内倾情感型、内倾感觉型和内倾直觉型八种。当然，就某一个人而言，并不会出现纯粹的某一类型，而都是多种心理特征交叉并存。只是相对来说，一个人大体上可以被归类为某种心理倾向的类型。③

荣格的这种心理类型分类涉及每一个体的心理机制与外界的关系，以此探

---

① "客体"或"对象"都是"object"的中文翻译。在普通情形下，这两个中文词虽然可以互用，但是在心理学或哲学中，这两个词就有了很重要的区别，是我们不能不特别注意的。"客体"一般指外在于人的内心世界的对象，往往是在与人相对而言的意义上使用；而"对象"却有着非常宽泛的含义，没有特别的位置设定，可以是与任一事物所相对的另一事物。因此"心理对象"或"意向对象"就既可以是指外在于人内心世界的外部物理对象，也可以是内在于内心世界的精神对象，如观念、情感或精神状态等，还可以指某种潜意识状态，甚至还可以是某种无限循环的状态，如"我"可以将"自我"视为对象，再将"我"视为对象，再将这个"对象"视为对象，不断回溯以至无穷。而且这里的"我"也可以是任一事物，而不仅限于作为"主体"的"我"。所以，我们可以说，"客体"不过是"对象"中的一种而已，两者不能完全等同使用。因此本书在部分引文中于"客体"一词之后标出"对象"一词，以提供读者更多的参考。

② [瑞士] 卡尔·古斯塔夫·荣格：《心理类型》，吴康译，上海三联书店 2009 年版，见"导言"部分。

③ 后来荣格认识到自己早期的心理类型理论过于简单，承认它无法把人与人之间的差别都包含在内，每一类中都存在着无数的差异。见 [瑞士] 卡尔·古斯塔夫·荣格：《寻求灵魂的现代人》，黄奇铭译，上海译文出版社 2013 年版，第 97 页。

求人的内在世界中"压抑—冲突—控制"状况的可能情形：

> 内倾型态度是一种抽象的态度；在本质上，他总是企图从客体（对象）中撤回欲力[①]，就像他不得不摆脱客体（对象）加在他身上的压力一样。相反，外倾型则与客体（对象）保持着一种过分信赖的关系。他信赖客体（对象）的重要性达至了这样的程度，他的主观态度总是与客体（对象）相关联，为客体（对象）所定向。[②]

人的内倾型、外倾型态度表明人的生理和心理机制就像呼吸或心脏的收缩和扩张功能一样，是与外界事物有着密不可分的关系。如果把这种关系形容为两个事物之间的关系，如联结心灵和某个对象，那么这种关系就需要保持一种恰当的张力，既不能太紧张，也不能太松懈。或者说，如果这个对象对心灵形成了压力，心灵就会退缩回自身，造成向内的倾向；如果心灵对这个对象有着过强的需要，那么心灵就会趋向外部，造成向外的倾向。一个人属于哪一种类型，既与其生理遗传和身体特质有关系，也与其早期成长过程的环境影响有关。在荣格看来，这就形成了一个人的气质，其性格脾气爱好或行为习惯等都有着特别的方式。这样，每一个体就有着自己独特的与社会环境之间的适应方式和补偿机制。如果个体与其周围环境之间的关系调适得好，其生命成长就能够较为健康和顺畅；如果调适得不好，其生命成长就难免会出现艰难的状况。所谓"调节得当"，就是指人的内在世界与其外部环境之间保持着一种恰当的关系；而"调节不当"，就是说内、外之间的关系出

---

① "欲力"就是弗洛伊德的"力比多"（libido）。但是荣格使用这一概念要比弗洛伊德的性欲含义宽泛了许多，是指心理能量，是用来衡量心理过程整体强度的。见［瑞士］荣格：《心理类型》，吴康译，上海三联书店2009年版，第398页。

② ［瑞士］卡尔·古斯塔夫·荣格：《心理类型》，吴康译，上海三联书店2009年版，第292页。

现了问题。①

荣格认为，与这种调节功能密切相关的是人的无意识态度，可以作为类型化心理倾向的有效补偿。当人的社会性意识观念形成了对潜意识内容的窒息或压抑时，无意识态度就会起到相应的补偿作用。例如，纯粹的外倾型态度面临着的危险就是"为客体（对象）所束缚，在它们那里完全迷失了自己"。这时意识功能就会忽视甚至"歪曲了大量的主观冲动、意愿、需求与欲望，剥夺了它们所自然应当拥有的欲力"，但是这些内在的心理能量是不会轻易被完全压抑住或消除的，因为：

> 人类携带着囊括于他的全部历史；人的结构本身就已经记载了人类的历史。人身上的这种历史因素体现了一种生命的需求，智慧的心理系统必须对此作出回应。过去必然会以某种方式活跃起来并且融入现在。②

人类的全部历史就以一种遗传的心理结构或无意识态度影响着每一个人。这些内在的无意识（包括冲动、思想、意愿、情感、需求和感觉等）由于各种社会性原因不被允许进入意识领域，从而就以受压抑形态退化回某种婴儿般的或远古的形式，在心灵内部潜藏起来。这些"遗痕"也可以称为"原初的本能"或"原始痕迹"，不会被根除，因为这是最基本的心理能量，是后代有机体形成的原初因素或基础。意识越被夸大，对无意识内容的压抑就越严重，最后总是"以灾难收场"，不是使意识功能彻底崩溃，就是使神经系统瘫痪，或者完全退回到婴儿状态。因此人的心理机制就需要恰当地调适好自己的社会性意识内容与其自身的内在世界之间的关系，而不能使其始终处于过度紧张之中。

---

① ［瑞士］卡尔·古斯塔夫·荣格：《心理类型》，吴康译，上海三联书店2009年版，第295—297、328—331页。

② ［瑞士］卡尔·古斯塔夫·荣格：《心理类型》，吴康译，上海三联书店2009年版，第298页。

　　同样，在荣格看来，强烈或纯粹的内倾型态度也会使内在无意识遭受严重压抑，无法进入意识空间，从而退缩回潜意识领域，变成为婴儿般的或远古的状态。因为内倾心理主要是由于意识功能在外部客体的影响下逐渐成为决定性的因素所造成的，这使意识自我（ego，不包括无意识）取代了人的主体自身（self，包括无意识）作为心理结构"原型"或"集体无意识"的控制中心。但是意识自我作为一种理性功能是"高度概念化的表达方式，显然从一开始就排除了各种其他观点"，它只关注那些"普遍有效的"感官知觉、概念范畴、判断推理或逻辑关联等，因而"未能意识到无意识"，形成一种意识"自我中心"或"权力情结"，导致无意识被边缘化或隐藏起来。但是这时无意识的补偿作用开始产生影响，就是使意识自我带有"对客体的恐惧"，意识到自己成为"客体恐惧的牺牲品"，变得"怯懦"和"退缩"，从而产生防御意识，"把自己安置在一种有规律的护卫系统中"，这时"任何陌生的新的东西都能引发恐惧和不信任感，似乎隐藏着莫名的危险似的；他的灵魂仿佛被看不见的线给附上了一些老掉牙的古董；即使并不存在确实的危险，但任何变动都会使他忐忑不安，就像似乎暗示着某种客体的魔力的激活一般"①。长期对客体的恐惧就导致心理状态转向内部，从而形成内倾的心理态度。这也是一种内、外世界之间的"压抑—冲突—控制"过程的自然结果，显示出防卫性特征。

　　集体无意识是荣格心理学理论的一个独特概念，指某些社会性规范长久以来沉淀在社会成员内在世界中的结果。不像一般个体性的无意识内容主要源于单纯的个体因素，如个体的身体本能欲望和冲动，个体的经验感知或情感状况，因为各种原因而没有进入意识领域，成为其无意识内容；集体无意识内容主要源于某些遗传因素，是个体所遗传下来的。这些遗传内容可能有数代人的

---

① ［瑞士］卡尔·古斯塔夫·荣格：《心理类型》，吴康译，上海三联书店2009年版，第330—332页。

感知经验，还可能有数千年的人类文明形成过程中所造成的潜在影响，甚至还可能带有自人类有意识经验以来数百万年所形成的心理习惯。这些集体无意识慢慢以遗传的方式影响着个体的大脑结构，成为一个社会中大多数人共同享有的心理结构，有着相似的本能欲望习惯，相似的感知经验和相似的情感结构。荣格认为一个社会的"神话联想、神话主题和神话意象"构成了该社会成员集体无意识的主要内容。① 当然，这些集体无意识内容在每个人心中是不会完全一样的，因为每个人祖先群的经历过程有着千差万别的情况。不过，如果一个社会的历史组成情况相对而言较为稳定，那么该社会群体中的成员在集体无意识内容上的一致程度就会较高；而一个社会在形成历史过程中较为动荡，或呈现出与其他种族之间的交往密切的情况，那么该社会群体中的成员在集体无意识内容上的一致程度可能就会较低一些。那些历史较短，或者一直是多种族杂居，且流动性很大的社会群体，集体无意识内容自然是较为淡漠或散乱的。

根据荣格的理论，意识与无意识内容共同构成了个体在心理上的相互差异性。虽然个体心理差异可以用心理类型来加以区分和归类，但是心理类型是不能穷尽个体的心理状况的。心理类型主要与其遗传的集体无意识相关，或与某种"原始意象"（"原型"）相关，"总是集体性的，即它至少对整个民族或时代来讲是共同的。最重要的神话主题在其全部可能性方面对所有的时代和种族而言是共同的"。只是这种集体性的共同无意识内容一般而言都是以原始意象潜在地影响着每个个体的心理状况，如社会早期流传久远的神话主题及其神话意象，都会在个体心理结构中遗传下某些痕迹来。而个体心理在无意识和意识领域都呈现出千变万化的差异性来，"具有某种特殊的或某些方面独一无二的心理特征"。

荣格因而强调了个体的心理差异性。他认为个体的成长，也就是个性的形成过程，是"心理个体的发展使个体从普遍的集体心理中分化出来。因此，个

---

① ［瑞士］卡尔·古斯塔夫·荣格：《心理类型》，吴康译，上海三联书店 2009 年版，第 423 页。

性化是一个分化的过程，它的目标是个体人格的发展"。当个体在胚胎中形成时，更多的是受遗传基因所决定，还不能形成自己的个性或人格。在出生之后个体就逐渐脱离遗传基因和父母的影响，开始结合自己在社会环境中的个体经历，分化出自己的个体性来，形成自己的人格。这是人的生命本身所自有的本质特征，"个性化是自然必需的"。分化就意味着差异的产生。未分化的心理功能往往"不可能单独运作，它就处在一种古代的状况中，即是未分化的，自身没有作为一个特殊的部分和独立的存在从整体中分离出来"①。未分化的心理功能等于说还没有开始成长，更谈不上成熟。而开始成长的心理功能则是从其母体或社会规范中逐渐独立出来，形成自己的特殊性或个体人格。这个过程很容易受到各种限制，特别是来自社会群体的观念或行为限制。个体人格是否能够顺畅地成长，很重要的因素就在于该社会的群体规范是否能够帮助其成员的分化过程，而不是强大得成为人格压制。这对一个社会及其成员而言都是至关重要的。

所以，荣格认为："因此，任何对个性的严厉的限制都是一种人为的阻碍，一个由受到阻碍的个体所构成的社会集群不可能是健全的和有活力的；只有能够保持个体的内在统一和集体的价值，同时又给个体以最大可能的自由的社会才具有生机勃勃的前景。"②个体的分化过程即个性的形成过程，很容易受到社会的集体性规范所限制或阻碍，导致个性同化于社会规范中而难以分化出来。个体无法形成个性或个体人格即是造成个体内在心理冲突的根本原因。在荣格看来，如果一个社会中的成员大都受到这样的限制，从而导致大多数人的心理冲突，无法形成自己的人格，那么，这样的社会就不可能是健康的，也会逐渐缺乏活力。只有当社会规范能够提供人们最大的可能以形成自己的人格时，这

---

① 　[瑞士]卡尔·古斯塔夫·荣格：《心理类型》，吴康译，上海三联书店 2009 年版，第 371 页。

② 　[瑞士]卡尔·古斯塔夫·荣格：《心理类型》，吴康译，上海三联书店 2009 年版，第 392 页。

个社会才会发展得健康并富于创造力。

荣格认为个体的分化并不是个体要彻底消除集体无意识和社会规范的影响，也不是要使自己完全脱离与社会群体之间的联系，实际上"个性化过程必然导致更深更广的集体联系，而不是走向封闭隔绝"。因为个性化并不是在形成单纯个人的个体性规范，更不是将个体的行为方式上升为社会性规范，而不过是在建立自己的个体特性而已，即把握个人的社会生活的独特方式。这是人的心理构成内在的要求，是"用以确定其社会的定向、确定个体与社会至关重要的必然联系的规范"。这也是个体生命对其意识领域的无限延伸的过程，即使自己的意义世界"变得极为丰富"。这样一个自我丰富过程与社会集体之间的关系将会越来越紧密，而不会相互隔绝。也就是说，个体的意义世界越是丰富，个体意识就越会意识到自己与社会群体或社会规范之间的联系对自己而言是多么重要。因为个体自身意义世界的建立和丰富，都需要借助于社会性内容才得以可能。"所以，个性化导致对集体规范的自然尊重"，而不是要拒绝或脱离社会集体。"但是，倘若这种定向是绝对集体性的，那么规范就会日益成为多余的，道德就破碎了。"也就是说，社会规范的强制性将导致个体人格无法形成，从而丧失其规范意义，使个体无法在意识领域自觉地尊重和遵从这样的社会规范，所谓的"道德意识"就无法形成，"道德行为"也不可能出现。因此，"人的生命越是受到集体规范的铸造，其个体的堕落就越是可怕"[1]。在这种情况下，个体的个体性或人格能否形成，完全由社会规范所左右，没有任何自己的主动性而言，因而实际上就只是在顺从其自然的生物本性而已。这时的人在意识领域可能会出现一片空白，全部被压抑进了无意识领域，一切生命变得毫无意义，可以做出任何可能的事情来，几乎没有自己的行为规范能力，就像乌合之众或机械人一般。

---

① 〔瑞士〕卡尔·古斯塔夫·荣格：《心理类型》，吴康译，上海三联书店 2009 年版，第 393 页。

荣格依据人的心理异质性，强调社会应该建立的一种特殊结构，就是需要考虑该社会中每一个成员的心理差异。他认为"没有任何社会的立法能够克服人与人之间的心理差异，它是为人类社会提供生命能量的最必需的要素"。心理差异产生的根源即在于个体生命的内在要求，个性分化和形成的过程也就是个体生命能量的产生过程，并聚合而成为社会群体的生命能量。"因此，研究人类的这种异质性能服务于一种非常有价值的目的。"个性就包含了个体的不同心理态度，以及对于个人幸福的不同要求，因而简单地强调人人平等是不行的，应该考虑到个体之间千差万别的状况。

根据荣格的理论，差异性甚至还是人们相互之间能够理解的前提条件，"要达到彼此的真正理解，只有当作为心理前提条件的异质性被接受时方有可能"。因为这种异质性即表明人们心理态度上的差异，而这种差异又是在不同的心理类型和集体无意识等共同基础上产生的。"意识的个体心理既具有一般的心理图像，也具有它的无意识基础的图像。"[1] 有差异说明人们相互之间需要理解，而作为共同根源的心理类型和集体无意识又使得人们相互之间的理解成为可能。纯粹归属于个人的观念或感受是无法相互交流的；而完全的同质性也使得交流没有必要，甚至都不会出现需要交流的问题，因为人们就像批量生产出来的同种商品一样，相互之间都不可能发生冲突或误解。

如果个体意识或个体心理本身也具有心理类型和集体无意识内容，那么这些一般化的因素就并非只能与个体成长之间形成相互对立或冲突的关系。所以荣格在他的后期思想中认为，早期社会中的某些集体性组织对个体意识的心理成长意义重大，因为"个体仍然在依靠集体组织来实现自己的与众不同性"，如在一个部落中的相互认同感，或对部落祖先和图腾的神秘认知和感受，是将

---

① 　[瑞士] 卡尔·古斯塔夫·荣格：《心理类型》，吴康译，上海三联书店 2009 年版，第 429 页。

他们自己区别于其他部落群体的首要步骤，使这些人逐渐脱离动物类而开始了人类的形成过程。在此之后，这些早期人类才有可能进一步形成个体的心理或人格。随着社会生活的发展，某些家族性集体、宗教性团体、地方性组织或行业性群体等基本上都具有这样的作用。因此，荣格认为"在未来很长的一段时间里，它（集体生活）将代表着个人生存的唯一可能形式"。但是个性化毕竟是个体成长的趋向，这意味着人们总是要从这种集体同一性意识中挣扎出来，开始个性化的历程。这就导致在人类社会的早期阶段个体与集体之间的关系始终处于令人纠结的状况之中：

> 这种集体同一性是跛足者的拐棍，胆怯者的护盾，懒惰者的温床，不负责任者的保护所；但它同样又是穷人和弱者的庇护所，遇难海员的始发港，孤儿的亲爱的家，理想破灭的流浪者与疲惫不堪的朝圣者的充满希望的国土，迷途之羊的羊群与安全的羊圈，提供促人成长的乳汁的母亲。①

因此，把社会性生活或集体同一性简单地视为对个体性意识的威胁是不恰当的，因为它同时也是个体性意识构成中的一个必不可少的因素。人们（特别是早期的人类）一开始总是需要在其类别意识中逐步意识到自己的个体存在，而且这个过程一般还总是一个不断反复的尝试性过程，不会是一蹴而就的。这样，在个体性形成的不断反复之时，原有的集体性生活或集体认同都能够反复予人以个体性的营养或支持。这种关系可以像荣格所形容的那样，既是"胆怯者"或"懒惰者"的"温床"，又是"弱者"或"遇难者"暂时安顿或休整的"家"，

---

① ［瑞士］卡尔·古斯塔夫·荣格：《荣格自传：回忆·梦·思考》，刘国彬、杨德友译，上海三联书店 2009 年版，第 294 页。

以便能够重新出发，继续个性化的艰难旅程。

　　个体性心理或意识的形成和成熟对任何一个人而言都是很不容易的，因为这要借助于个体心理的发展程度，即在思维、情感、意志、感知和直觉等方面都有着相应的进展，然后对自己身上的潜意识和意识内容进行整合，而这是他人或社会都无法替代的。所以，"结果他只好只身前行，以自己为伴"。他往往还"会与他本身发生矛盾"，因为一个人的意识内容之间、潜意识内容之间，或意识与潜意识内容之间都会出现各种各样的差异、冲突和矛盾。对这些多样性的综合统一，是需要很多适宜条件才能得到恰当处理的。如果某些条件不足，就难免会出现挫折或失败的情况。那么这时重新"加油"，也就是暂时返回"温床"或"家"进行休整，就是很有必要的了。否则恐怕对于大多数人而言，可能都难以再有勇气重新开始，以至于不得不"放弃希望，退而变得与世同流"了。

　　在荣格看来，一般情况下人们很难承受个体性的孤独感，往往都在"最后只好放弃自己的个人目标而去追求集体性的一致"，因为这很可能是他们所身处社会文化环境的"一切观点、信仰与理想所鼓励的"，而且"也没有什么论点是能够战胜环境的"，于是只好屈从于社会环境的包围和控制。但是一个人如果完全被这种社会环境所包围和控制，毕竟是与其个体人格的发育倾向构成某种压抑或阻碍关系的，两者之间终将形成冲突的结果，也就是落入一种"压抑—冲突—控制"的心理状态之中。而对个人而言，这是对个体心理多样性的综合把握，"在这里，没有路标给你指示道路，头上也没有遮风挡雨的屋顶那样的栖身之所。当他遇到了前所未有的情形如职责的冲突时，却没有先例可以指引他"[1]。个体化的历程无疑充满了艰辛，甚至危险。

---

[1]　[瑞士] 卡尔·古斯塔夫·荣格：《荣格自传：回忆·梦·思考》，刘国彬、杨德友译，上海三联书店 2009 年版，第 295 页。

这种状态将考验人们的心理能力，也就是把握和权衡自己所面临的生活状况（包括身体所处环境和自己的心灵世界）的综合平衡能力。因为个体不能再像儿童期那样单纯地以父母或集体性意识作为唯一的"法庭"衡量和判断自身的境况，而只能培养或锻炼出自己的把握能力。这只可能是在自己的内在世界中逐步形成，也就是个体的内在世界或心灵能力代替了集体性意识成为自我衡量和判断的最终"法庭"，"是量度他本身价值大小的尺度"。在这种情况下，毫无疑问，个体心灵世界对一个人而言将呈现出特别的重要意义，得到人们的特别关注。不过在个体自身的内在"法庭"上，伴随着自我心灵世界被提高到裁决者地位的同时，自身的一切也被推入"被告"的地位，成为被自己的灵魂所严厉审视的对象，即自我反省。这一点对一般的人而言，都是需要很长时间才能接受和习惯的，因为他将首先在自己的内在世界中发现许多的模糊混乱或矛盾冲突，不免会心慌意乱、进退维谷。而且这种模糊或冲突状况还不可能得到彻底的解决，因为随着个体的成长，总是会有新的内在问题不断出现。但是另一方面，这些模糊或冲突又不可能完全不被解决，始终持续着或保持着现状，因为人的自我随时都在处理着这一切，即使不能完全地加以解决，也要暂时地进行应付，或抑制下去或随意地安顿。正是这一现实情形导致了个体可能会出现各种不同的心理状况，甚至"不断地威胁人格的统一性并且一再以其二重性而使生活变得复杂化"。

内在世界的冲突状况最终总是导致某种平衡状态。虽然不能说这种平衡状态必然就是冲突状况的目的性趋向，但是以此描述也是无妨的。在荣格看来，发生在内在世界中的平衡状态（或暂时性的平衡状态）也就意味着"自我"的出现："一种自我之毕竟可能，看来产生自这样的事实：所有的对立双方都是要竭力取得一种平衡状态的。"我们也可以在这一意义上将"心理平衡性"视为在意识领域里所形成的一种"把握"，即应对各种冲突力量使之归于平静，或者更准确地说，就是尽可能使之成为对自身有益的影响，或减缓其对自身的有害性。意识的这种把握能力就可以被称为"意识自我",也是指意识的同一性或统一性能力。如果意识自我与无意识自我结合起来成为一个整体"自我",那我们也可以称之为人的"人格统一性"。"自我(the self)不仅是个中心,而且是个包含潜意识和意识的圆圈;它是这个整体的中心,正如自我(ego)是意识思维的中心。"①

荣格认为这种平衡状态或"自我"最初是潜藏于内在世界的深处,也就是在潜意识当中。然后随着人的意识能力的出现,在原始宗教阶段,人们就将其"以投射的方式出现在诸如超自然力、神祇、魔鬼等的形象里"。再到后来,这些早期形象逐渐消失,转变为一般性的社会规范或政治权力等社会性力量②。最后,"自我"回到自身,慢慢与自己同一。在荣格看来,这种"平衡性"是附带生命或心理能量的,先存在于潜意识当中,然后转移到那些"超自然力、神祇或魔鬼"身上和一般性的社会规范或政治权力等社会性力量,最后再回到人自身上来。所谓的"心理能量"是指心理的动力强度,可以引发起心灵的活动和身体的行为。心理能量越大,意味着人的内在动力越强,就越会促动或刺激起各种心灵活动或身体行为;反之,心理能量越小,意味着内在动力越弱,可能就只会对心灵和身体带来些微的影响。心理能量的凝结也就构成了"自我"的含义。

---

① [瑞士]卡尔·古斯塔夫·荣格:《荣格自传:回忆·梦·思考》,刘国彬、杨德友译,上海三联书店 2009 年版,第 331 页。

② 在这里荣格并没有提到这些"一般性的社会规范或政治权力等社会性力量"。但是结合荣格的整体性思想,我们完全有理由在这里加上这样的一个中间过程,以使人的个性化过程更为全面一些。荣格的"超自然力、神祇或魔鬼"更接近于人的潜意识,甚至与潜意识同义(见[瑞士]卡尔·古斯塔夫·荣格:《荣格自传:回忆·梦·思考》,刘国彬、杨德友译,上海三联书店 2009 年版,第 289 页)。"一般性的社会规范或政治权力等社会性力量"与意识内容相近;而"神魔"与"社会性力量"又有着相近似的关系,都是来自外部社会的控制性精神因素。因而,在"潜意识—神魔—社会性力量—自我"这四者之间,是一个缓慢的过渡过程,并几乎始终共同发挥着作用和影响。

这样，根据荣格的理论，我们可以说，当人的心理能量都集中在潜意识之中时，人就几乎完全受到潜意识的影响而行为。当这种心理能量汇集在那些"超自然力、神祇或魔鬼"身上以及社会性力量时，人们就受到这些神魔或社会性力量的控制，几乎完全听从其启示或指令行为。而当心理能量回到人自身时，人们主要就顺应于自己灵魂的声音和召唤，受自我（the self）的指引采取行动。当然，这三种情况一般不会是截然分明的，而总是相互交织，各有不同的比例轻重发生着作用，人的自我也往往总是在这三者各自不同的影响下思考、权衡或踌躇。从这个角度我们也可以说，一个人的个体性或人格的成长，就在于他的心理能量是否都能够返回到自身之上，由其自我所把握，恰当地综合平衡自己的潜意识、意识和外在社会领域这三个方面的力量对自己的影响，使其有益于自身健康、顺畅地成长，而不至于产生过度的压抑和冲突，导致对自己身心成长的阻碍或扭曲，出现病态的状况。这也就是个体性或个体人格的形成过程。因而这一"自我"相对于一个人而言就是至关重要的，否则他将无法把握任何来自内、外世界对自己的影响或控制，处于彻底的蒙昧状态。所以荣格说：

> 精神的生命及其现实性有着至关重要的意义，与它比较起来，甚至外部世界也是次要的，因为要是缺少了要把握它和操纵它的内源性冲动，世界又有什么关系呢？从长远来看，没有什么有意识的意志能取代生命本能。这种本能是从内部以难以抗拒的冲动、意欲或命令而出现在我们身上的，并且我们要是给它赋予个人的魔鬼这样的名字——这在远古时或多或少便已这样做了——的话，我们至少是恰当地表达了这种心理的状况了。[1]

---

[1] ［瑞士］卡尔·古斯塔夫·荣格：《荣格自传：回忆·梦·思考》，刘国彬、杨德友译，上海三联书店 2009 年版，第 299 页。

精神生命的"现实性"是指人的身体以及由此所产生的本能欲望或冲动。这都是产生"自我"的内在根据和动力本源。单纯依靠意识领域的内容是无法使"自我"完整的。这也是"意识自我"（ego）往往缺乏行为动力的缘故。远古时期的人们不了解自己的内在空间或灵魂世界，于是将其视为"神魔"之类的神秘对象所带来的结果。在荣格看来，这也是对人的心理状况一种原始的命名方式。

当然，个体性成长过程是可以有无穷变化可能的，在每一个时代、每一个社会和每一个人身上都会呈现出千姿百态的情况。无论如何，我们不能指望一个人或一个社会群体在短时期内就能完成这种个性化的转变过程。实际上，从人类社会几千年的文明历程来看，至今都还没有一个社会能够很好地实现这点，而大部分社会群体甚至还难以摆脱早期的原始集体同一性意识阶段。这些社会中的成员，就其绝大部分而言，也不可能脱离开其社会环境的影响而独自完成这种个性化的人格形成过程，或者说达到人格完善的程度。这往往是由于这些社会中的社会性力量过于强大，以至于其中的个体成员很难摆脱其影响或控制，也就是形成了一种不利于个体化过程的社会文化生态环境。

要解脱出传统的人格困境，在荣格看来，就需要对潜意识领域的内容有一个恰当的认识或态度，也就是能够对其给予正当的肯定，而不是想方设法地加以贬低或歪曲。所谓"正当的肯定"，就是将之与意识领域的内容同等看待，即荣格称为的"同化"：

> 我所谓的"同化"（assimilation），意思是说，要把意识与无意识的内涵都加以彻底的相互解说，而非——就像一般人所谓的方法——只凭意识便把无意识拿来评价、解释或歪曲真相。①

---

① ［瑞士］卡尔·古斯塔夫·荣格：《寻求灵魂的现代人》，黄奇铭译，上海译文出版社 2013 年版，第 26 页。

人们按照意识的内容和倾向来评价或解释无意识内容，这是自古以来就形成的心理或思维习惯。荣格极力反对这一传统习俗，认为这意味着"所有一切善良的、合乎逻辑的、美好的及值得活下去的东西都是意识国的子民！难道世界大战的恐怖还没有真正地掀开我们的眼睛吗？难道我们还看不出人的意识比无意识更可恶、与常态相去更远吗？"传统的宗教、伦理、哲学或政治等基本上都是按照这样的心理习惯看待无意识内容的，甚至还可以说这些方面的绝大部分理论也都是建立在这种心理基础之上的，即依据这种心理习惯以意识内容为衡量判断的标准来对待无意识内容或原始生命的本能欲望。而意识内容往往是社会性规范力量的反映，因此几乎必然地将无意识内容视为自己的对立面或消极因素，进而加以贬斥。这样做的结果往往给现实社会带来无尽的人为灾难。

在荣格看来，"无意识并非是个可怕的怪物，而是一种自然的东西，在道德律、美感及智慧判断方面，它是全然采取中立立场的"。因而危险或灾难并不是由无意识内容带来的，而是人们对待无意识内容的错误态度所导致的："当我们的意识对它采取一种错误的态度时，危险才会发生。而这种危险性随着我们压抑的程度而加剧。"① 无意识的中立立场也会反映在意识的原初形态中。但是当意识内容逐渐变得丰富和强大后，就开始形成了对无意识内容的压制关系，由此导致无意识内容的扭曲错乱，并最终表现在人的外显行为上，造成社会性的危险或灾难。意识内容对无意识内容的压制程度越严重，无意识内容就会越加扭曲错乱，致使人的心理或人格撕裂状况越为严重，带来的社会性危险或灾难也就越为严重。只有当意识和无意识内容相互之间的关系成为平等、协调或一致的时候，这种人格扭曲状况才能得到缓解或消除。当然，这两

---

① 〔瑞士〕卡尔·古斯塔夫·荣格：《寻求灵魂的现代人》，黄奇铭译，上海译文出版社 2013 年版，第 27 页。

者之间关系的协调同时也意味着它们还能够与外界的各种现实力量之间形成协调的关系。而这在社会现实生活中是较难做到的，因而在各个社会的历史发展过程中我们也较难见到这种情况的出现。

意识、无意识和外部社会性因素这三者之间的关系处于人的"自我"（the self）调节和平衡之下，不会总是出现严重的压抑或冲突。因为自我的最重要功能就在于对自己全身心的平衡调整。就像身体的生理机制有新陈代谢的调节能力一样，人的神经系统机制或心灵也有相似的调节能力或补偿功能，以使自己的内在世界不至于太离轨，而能够时常保持在一个平衡状态。例如，人的各种"想象性的愿望形态"就是对心理状况有可能出现问题的一种补偿方式。无意识内容越是受到压抑，则这种想象性的愿望就越是会明显地或经常性地出现，像人在口渴或饥饿时的状况那样。这种来自无意识内容的愿望是不可抑制的，更不可能消除，除非人的原始生命彻底消失，不然它就总是会以各种不同的方式表现出来。当然，在现实社会生活中，很多人也以放弃某些本能欲望为自我调节的方式，以达到自我平衡的身心状态。不过，这种方式无法从根本上解决问题，而仅仅是对紧张的身心关系有所缓解而已。

但是另一方面，荣格还注意到，就一般而言，当无意识内容以某种方式浮现出来之后，往往会引起意识功能的关注，从而进入意识领域，这时它却又很可能反过来对原有的意识内容形成压制，将其贬入无意识领域，造成新的压制关系。这也是人们在塑造自己的个体性或人格时，需要特别小心的情况。因为意识与无意识内容之间的关系是可以不断转换的，导致压制关系反复以不同形式出现，因而心灵或自我的调节功能就需要尽可能始终保持正常运作，以平衡不断出现的压制或冲突状况。这要求心灵或自我的调节能力应该不断得到锻炼或提高。或者说，心灵或自我需要更多的心理能量。这个心理能量最终还来自于无意识领域或原始生命的本能欲望。

个体的心理平衡能力显示出个体自我或人格的成熟程度。荣格认为，人们需要注意的是，自己这种心理能力的锻炼或提高在其一生中各个不同阶段是很不相同的，不能一概而论，否则将适得其反，不但无益于人格的形成，反而很容易引起更多更严重的身心问题。在荣格看来，既然人类已经有了意识能力，开始了一个独特的成长过程，虽然它带来了许多问题，引起诸多的麻烦，但是我们还是应该"扩大意识的范围"，同时，"要向那孩子般的无意识及对自然的信服告别"。就像基督教中的亚当吃下了苹果，从而不得不告别伊甸园独立谋生那样，人类也无法逃避意识领域所带来的挑战，"一味逃避问题是无法带来信心的；相反，我们所渴望的安定及清晰，除了更多而且更强的意识以外，是不可能达到的"①。也就是我们需要不断地了解、认识和研究自己的状况，即是从意识领域内反观自己的无意识领域的内容，把握好双方的关系。

孩童的感知能力还只能保持片段的记忆，这些"记忆的岛屿"夹杂着意识内容和无意识内容，逐渐"构成所谓自我"、"主观感"或"自我感"。这时，"记忆的连续性便开始了"。在自然状态或一般情形下，孩童的心理还不至于出现太大的问题，只是在现实中不断地尝试"自我"对自身的本能冲动与外界规范之间关系进行恰当的衡量和控制而已。这些衡量和控制自然不会很轻松地学好，难免会出现许多磕磕绊绊的时候，往往让父母头疼恼火。但是这属于正常的状态，不能视其为有什么心理问题，除非他的"自我"（the self）不能顺利地形成。在荣格看来，一个人真正产生精神状况的问题是在青春期至中年时期。这时的人就处于孩童时期所遗留的梦想与现实生活之间的冲突之中，"如果一个人有充分的心理准备，其遭遇到事业的难关也许会很顺利就过去的。可是，如果他的固执与其现实有了冲突和错觉，那么问题自然就会产生"②。每个人都

---

① ［瑞士］卡尔·古斯塔夫·荣格：《寻求灵魂的现代人》，黄奇铭译，上海译文出版社2013年版，第107页。

② ［瑞士］卡尔·古斯塔夫·荣格：《寻求灵魂的现代人》，黄奇铭译，上海译文出版社2013年版，第110页。

难免与其社会环境之间或偶尔或经常地出现参差不齐的关系，从偶尔的小摩擦到经常性的严重冲突都有可能。这时个体的"自我"是否能够处理好这些矛盾，使之融洽平衡，对一个人而言就十分重要了。如果处理得失败，就很可能导致人格冲突或撕裂，长久以往就可能产生人格缺陷，即无论如何他的"自我"都始终无法再继续把握这些冲突了。在这种情况下的人表现为要么逃避回孩童时期的意识境界，固执于早先的那些理想、信念或态度，拒绝一切陌生的东西，潜入无意识领域；要么就想"使一切陌生的东西屈服于我们的意志下，希望我们不做事，或一味地只图享乐或权力"。这样的人都存在心理障碍，要么"避新就旧"，要么"避旧就新"，显示出在"一个极狭窄的意识状态下去求生存"。

对这种状况，一般人的解决办法一是设法扩大或提高自己的意识境界水平，以容纳更多相互冲突的内容，或调节缓和它们之间的紧张关系；二是努力取得更多、更大的事业成就和贡献，以立足于社会，从而"逃出混乱局面"。这都会使一个人逐渐因尽力适应社会而改变自己。就一般而言，能做到这样当然是不错的，可以相当大程度上解决人格冲突问题。但是也正是在这种人格改变中，有成功，也有失败。而那些失败的人，就不免出现各种各样的心理障碍或人格困境。那些成功的人，其实也只是在阶段性解决自身的人格困扰，因为这种困扰的根本原因并没有得到真正的消除，而不过是暂时缓解了而已。荣格发现这种情况通常发生在那些三十五岁至四十五岁之间的人身上。因为这一时期正是一个人内在意识和无意识领域与外在社会性事业和问题之间交织碰撞最为激烈的时期，也即一个人的个体人格处于转变的最关键时期，因而也是人格状况最容易出现严重问题的时期。因而在这一时期的人如何能够建立一个新的"自我"（the self），即有别于其孩童时期所赋予的许多内容，或者更恰当地说是不断地调整自我的内涵，以提高把握社会生活的能力，对任何一个成年人而言，都是至关重要的。

对一个成年人而言，生命的后半程有着全新的生活体验，几乎完全不同于孩童时期和青年时期所面临的问题。例如，除了个人的事业工作以外，还有人的生老病死问题、与他人和社会之间的关系问题，和自己也成为父母的角色转换问题等，都对成年人有着特别的影响。这都是在一个人的人生早期所难以切身感受到的。"事实上，我们是不可能根据生命早晨的计划去过生命下午的，因为早晨看来美好的东西到傍晚会变得无用；就早晨而言是真实的东西，在傍晚会变成虚幻。"① 这时的人们很难通过以前的人生经验来推测晚年的生活原则，却往往总是习惯于"幻想人生后半段一定可利用其前半段的原则"。这就难免产生挫折或无力感，进而引起各种心理上的不适应。因而荣格认为人到了老年应该顺其自然，不能拘泥于过去，"一位无法向人生告别的老年人和一位无法去拥抱人生的年轻人一样软弱，一样是病态的"。这两种人可以说都"同样犯了幼稚的贪婪、恐惧、固执和任性的毛病"。甚至荣格还说："我深信，把死亡当做是人生目标是最健康的——假如我可以这样说的话——而处处想逃避死亡的人是不健全的、不正常的，这样做就等于丧失了后半生的目的。因此，我认为，相信宗教的来生之说是最合乎心理卫生的。"坦然地面对人生的终点也正是对这一无法避免的命运给以恰当地把握，这才是健康的人生态度；逃避死亡反而会给自己带来更糟糕的心理伤害。"人最好还是把死亡视为只是个过渡而已——只是生命过程中的一部分——其范围和持久性是超乎我们的知识领域的。"这种现实的态度需要人们转变关于"生"与"死"的观念，即不将此两者视为绝对对立不可通达或转换的，或者应像印度远古时期人们对"投胎转世"的信仰那样。当然，"过渡"的生死观念很容易让人们走入宗教信仰的领域。不过，在荣格看来这是有利于心理健康的。这也正是他不断强调并探究"原始意象"对当代人的影响价值和意义的出发点。因为在原始意象的象征性意义

---

① [瑞士] 卡尔·古斯塔夫·荣格：《寻求灵魂的现代人》，黄奇铭译，上海译文出版社 2013 年版，第 119 页。

中，隐含着丰富的关于来生的古老信念，并以无意识形态潜存于现代人的心灵深处。更重要的是，这些古老的象征还能够"使我们的思想和无意识的原始意象相协调"，并进而构成了"我们所有意识思想的总源泉"①。而在现代人的精神世界中，与具有协调功能的原始意象中的象征符号的对应物，却往往受到破坏无法起作用。因而探索人们潜意识中原始意象的遗存痕迹，就对了解并消除人们的心理困扰有着特殊的意义。

"原始意象"就是来源于人类社会原始时期的某些意象。它不是个人的意识获得物，而是"遗传的一般心理功能的可能性，即遗传的大脑结构。这就是神话联想、神话主题和神话意象"②。这些集体性文化意识对原始人群所形成的意象在后来的文明发展中逐步被遗忘，仅仅变成某种意识形式或原始意象存在于潜意识领域当中，然后通过遗传方式渐渐成为该社会群体中的成员大体都拥有的相似心理功能或大脑结构。这些原始意象虽然一直沉寂于潜意识领域，却能够"无需依赖于历史传统或移植就可能重新萌生于任何时代和任何地点"。例如在梦中或某些精神失常时的表现中这些原始意象就会出现，尽管可能是以各种不同，甚至十分怪诞的方式呈现出来。

原始意象可以说是一种人类的"记忆沉淀"或"记忆痕迹"，蕴含着原始人群对待外在事物或意识观念的一般性态度或处理方式。那些外在影响越"恒久而普遍"，可能相对应的原始意象也就越加"恒久而普遍"。因为处于潜意识领域的"原始意象不被其内容所决定，只被其形式所决定，而且也只是在很小的程度上"③。原始意象的这种形式化现象使它能够在许多人的内心深处普遍

①　[瑞士] 卡尔·古斯塔夫·荣格：《寻求灵魂的现代人》，黄奇铭译，上海译文出版社 2013 年版，第 124 页。

②　[瑞士] 卡尔·古斯塔夫·荣格：《心理类型》，吴康译，上海三联书店 2009 年版，第 423 页。

③　[瑞士] 卡尔·古斯塔夫·荣格：《荣格自传：回忆·梦·思考》，刘国彬、杨德友译，上海三联书店 2009 年版，第 326 页。

地保持并遗传下来，而不会轻易地消失。正是这一点吸引了荣格对原始意象或集体无意识的格外关注，因为从中可以探究出原始人类在处于"压抑—冲突—控制"旋涡中，是如何仅仅依靠非常原始简单的心理功能而努力缓解或消除心理困扰的。这种"原始努力"对于迷失于现代社会的现代人而言，始终都具有着积极的借鉴意义。

就原始意象是一种"处理方式"而言，意味着原始人类所受到的外在影响与其生命内在因素的结合过程，因而"是对生命过程的一种浓缩"。在这种原始"生命过程的浓缩"中，涉及了原初人类的心理能量是如何得到释放的。在荣格看来，当人的原始冲动涌现出来时就意味着人的原始心理能量开始以杂乱无章的方式出现，"它最初显得既无规则又无联系"。这是心理能量即将从潜意识领域"释放"的征兆。这时的意识领域还没有出现或仅仅是刚刚开始形成萌芽状态，还不能有意识地组织自己的心理能量和任何意识内容。然后，意识自我的组织和综合心理能量的功能渐渐开始运作。那些"确切的意义"慢慢出现。这同时也是心理能量从潜意识领域被"释放"到了意识领域的心理过程。最后，在"确切的意义"引导下，心理能量导致了人的行为。于是，原始生命的内在力量"通过把精神引回到自然，把纯粹的本能引入到心理形式，原初意象便释放了难以利用的被抑制的能量"[1]。或者我们可以说，个体生命能量的逐步释放过程，也就是个体生命的成长过程或人格的形成过程；同样，人类心理能量的逐步释放过程，同时也就是人类社会文明的发展过程。因为正是心理能量通过意识领域达到行为的释放过程，形成了人的有意识自主行为，或者广义而言，创造了人类几乎所有的文化成就。

不过这一过程并非是那么一帆风顺的，几千年的曲折经历揭示了无数人的

---

① ［瑞士］卡尔·古斯塔夫·荣格：《心理类型》，吴康译，上海三联书店 2009 年版，第 389 页。

苦难生存。在现实社会生活中，心理能量的释放总是难得顺畅，个体生命也总是难得成长的健康，甚至人格形成都难以进入良性发展的轨道。虽然人的心理能量在不断涌动（也很可能在不断增强），意识领域不断扩大和丰富，可是人们所面临的社会状况，所受到的心理压抑或束缚，却往往让人难以顺利地成长。例如，意识功能对于无意识领域萌发释放出来的内容可能采取否定或对立的态度，以至于在两者之间形成冲突，且最后的结果往往是导致意识功能对无意识内容的压制或束缚，使那些内容返回潜意识状态无法得到顺畅的释放，从而可能伤害到自身或者转向某种扭曲的心理呈现。即使这些无意识内容最终成功地进入意识领域，却仍然可能在意识领域之内与其他意识内容产生矛盾和冲突，导致一方战胜另一方的结果，也就意味着一方对另一方出现了压制或束缚，并使得失败的一方重新潜回无意识状态，无法顺畅地释放到外显行为中去。这个结果也同样会造成内在的伤害或进一步的心理扭曲。有时，甚至在某些意识内容得到了自我的肯定之后，也仍然会被其他更高一级的意识内容所压制或束缚，不能自如地释放，导致意识内容与外显行为之间的断裂。这种情况对于人的精神状况而言，恐怕造成的心理挫折更为严重。

因而我们看到，各种外在影响或社会规范对人的心理压力导致人们不断陷于"压抑—冲突—控制"的旋涡当中几乎难以自拔。在缺乏有效缓解或消除这种心理压力的背景下，个体或社会就都有可能产生越来越糟糕，以至于无法自我控制的精神状态或行为倾向。针对这种危险，荣格一再指出和强调，20 世纪出现的世界性灾难恐怕也与西方人的这一现实心理状况有着无法解开的交织关联。[①] 或许，这一切现象的心理根源就很可能隐含在人们遗传至今的原始意

---

① 　[瑞士] 卡尔·古斯塔夫·荣格：《寻求灵魂的现代人》，黄奇铭译，上海译文出版社 2013 年版，第 26、203、211 页。也见荣格等：《潜意识与心灵成长》，张月译，上海三联书店 2009 年版，第 63 页；[瑞士] 卡尔·古斯塔夫·荣格：《荣格自传：回忆·梦·思考》，刘国彬、杨德友译，上海三联书店 2009 年版，第 280、284 页等处。

象的内在结构之中，而尚未被我们所意识到并加以警惕。只是，在荣格眼里，原始意象的内在结构可以给我们以某种解脱的启示，即来自原始灵性的"神秘参与"① 或原始智慧。无疑，荣格的这一设想是很有可能的。不过，还可能有另一种情况却是荣格尚未注意到的，那就是在社会文明的历史演进中，原始灵性可能受到某种伤害而始终未被消除，只是暂时得到缓解或压制而隐匿了起来，却在现代社会某些情境条件的刺激下扭曲地爆发，犹如突然被惊醒的猛兽暴跳如雷，给毫无心理准备的人们带来了无尽的灾难。因此，原始意象所显示的原始处理方式恐怕未必就是一种很好的解脱之道，反而可能隐伏着某种缺陷，这大概也都是可能的。这意味着当代社会的人格困境也有可能源自古代文明的原始努力所累积的心理习惯或行为倾向。当然，这种可能性是否具有现实化的解释力量，还有待我们进一步探究。

第三节　基本焦虑和基本敌意

尽管了解原始意象的内在结构很可能有助于我们更好地理解现代人的精神状况，不过不像弗洛伊德或荣格这样强调人的婴幼儿时期或早期人类社会的经历对后期的影响，卡伦·霍尼（Karen Horney, 1885—1952）主张现实社会文化生态环境对人的精神世界的健康而言可能更为重要。因而"并不赞成片面地把注意力集中在儿童时代，并不赞成把病人后来的反应看作本质上是早期经验

---

① "神秘参与"（participation mystique）是荣格借用于人类学家列维-布留尔（Lucien Lévy-Bruhl, 1857—1939）的概念，指一个人的内在心灵世界与其外界的对象之间存在着某种特殊的心理联系，而他自己却没有很清晰地意识到这两者之间的分别，坚持自己与这一外在对象之间的同一关系。见 [瑞士] 卡尔·古斯塔夫·荣格：《心理类型》，吴康译，上海三联书店2009年版，第399页。也见[法]列维-布留尔：《原始思维》，丁由译，商务印书馆2010年版。

的重演"①。而认为人的心理状况出现问题更主要的还是由于某个特殊文化环境所造成的结果，与其当时的社会生活状况有着更为直接的关系。她并不是否认个体或社会的早期历史、个人的偶然经验，或个体的生物和生理因素所具有的影响，只是这些因素在个体所身处的特定社会文化环境中，都显得较为次要而已。

在霍尼看来，每一个特殊的社会都有其特殊的文化习惯或生活方式，且随时代而发生着或大或小的变化。由这些特殊文化习惯或生活方式产生了当时当地的人们公认的某种一般性行为模式，即判断所谓"正常"和"非正常"观念或行为的尺度标准。这也就是说，在现实社会历史中，并不存在什么绝对固定的依据。她说：

> 我们的情感和心态在极大程度上取决于我们的生活环境，取决于不可分割地交织在一起的文化环境和个体环境。因而如果我们对我们生活于其中的文化环境有所认识，我们就有可能更深刻地理解正常情感和正常心态的特殊性质。②

不过，虽然各个社会相互各异，有着相差悬殊的文化形态，她也还是承认一个共同点，即"每一种文化所提供的生活环境都会导致某些恐惧"。而在面对这些恐惧之时，每一个社会也都会采取某些保护性措施，如"种种禁忌、仪式、风俗习惯等"。

正是每一个社会文化生态环境都难免造成的某些恐惧及其相应的保护性措施，使得其中的某些社会成员有可能产生心理上的不适或精神困扰，如"焦虑"这种十分普遍的心理状态。在霍尼看来，就西方当代社会而言，可以从以下五个

---

① ［美］卡伦·霍尼：《我们时代的神经症人格》，冯川译，译林出版社 2016 年版，"序言"。
② ［美］卡伦·霍尼：《我们时代的神经症人格》，冯川译，译林出版社 2016 年版，第 6 页。

方面加以观察到是否存在这种"焦虑"的心理状态："(1) 给予和获得爱的态度；(2) 自我评价的态度；(3) 自我肯定的态度；(4) 攻击性；(5) 性欲。"[①]如果一个人对于爱或赞扬过分依赖，甚至到了"饥渴"的程度，且无法恰当地对他人付出爱或赞扬，就意味着他在内心存在着某种强烈的不安全感，同时表现出很强烈的自卑感或不足感，过度的固执或顺从，还往往带有攻击性的态度，且难以有正常的性心理，等等。这些外在心理或行为表现源于人的内心深处所隐含着的焦虑形态，而焦虑是"对危险的不相称的反应，或甚至是对想象中的危险的反应"。这种危险通常是不明的、隐而不露的，很多时候即使是本人也不知情或说不清楚，以至于处于焦虑中的人往往有着一种强烈的"无能为力"感。霍尼认为在西方当代社会中，人们一般有四种逃避焦虑的方式以建立自己的心理防御机制："一、把焦虑合理化；二、否认焦虑；三、麻醉自己；四、回避一切可能导致焦虑的思想、情感、冲动和处境。"一个人内心感受到的冲突或压抑越强烈，他可能就会建立越加强大的心理防御机制。但是这同时又导致他的观念和行为受到防御机制的影响也越大，即意味着对自己的观念和行为将处于更为严重的抑制状态。

一个人所身处的社会文化生态环境对其影响很可能是潜在的、不明显的或全方位的，使其周围蔓延渗透着一种很容易产生焦虑的氛围，如不安全感、孤独感、绝望感、恐惧感、无助感或无力感等。这种氛围就像"一块合适的肥沃土壤"，从其中特别适宜生长出各种心理困扰来。霍尼将之称为"基本焦虑"（basic anxiety）。这是与该社会文化生态环境中人与人之间存在着一种"基本敌意"（basic hostility）相互"不可分割地交织在一起的"。针对这种基本焦虑，霍尼认为在西方当代社会中，人们主要借助四种行为方式进行对抗，"这四种方式是：爱、顺从、权力和退缩"[②]。这构成了一种行为防御机制，不同于上述

---

① ［美］卡伦·霍尼：《我们时代的神经症人格》，冯川译，译林出版社 2016 年版，第 19 页。

② ［美］卡伦·霍尼：《我们时代的神经症人格》，冯川译，译林出版社 2016 年版，第 70 页。

的心理防御机制。以这些行为，人们的精神困扰得以缓解或改善，虽然还很难得到彻底消除。

尽管一个社会中的成员可能都会感受到相似的基本焦虑和基本敌意，但是由于每个人在身体或生理状况上有着种种差异，以及在从小到大的人生经历和体验上的千差万别，因而所产生的心理反应也是程度不一、形态各异。这一点霍尼也是承认的。但是她仍然认为，尽管有着无数的个人差异，一般而言，那些出现某种"内心冲突"的人，却都感受到了一些社会性因素对自己内在的欲望本能形成了一定程度上的"桎梏和障碍"，而自己似乎无法"直接应付和解决这些冲突"，因而产生了各种心理困扰。[①]霍尼总结出西方当代社会中所存在的几个因素都对人们造成了严重的心理影响，如"竞争、同胞之间潜在的敌意、恐惧、摇摇欲坠的自尊心"等。这些因素与当代人普遍存在的心理焦虑几乎都有着直接的关系，因为它们在人们的内心世界形成了几个难以调和的矛盾。"第一个矛盾是以竞争和成功为一方，以友爱和谦卑为另一方，即这两者之间的矛盾。"这是两种相互冲突的社会性观念同时共存，困扰着人们。"第二个矛盾是我们各种需要所受到的刺激和我们在满足这些需要方面实际受到的挫折。"特别是商业性刺激所造成的高期待与有限的经济收入之间的"差距和脱节"。"另一个矛盾存在于所谓的个人自由和他实际所受到的一切局限之间。"这是社会性理想与现实状况之间的"差距和脱节"。

并不是每个人都能够很好地调和这些内心冲突。很多人可能就无法应付这些困境从而导致自己的"人格受损"，或者即使勉强应付过去却还是付出了巨大的"人格代价"。以至于霍尼也得出了类似于弗洛伊德和荣格的结论："我们不妨说神经症患者正是我们当今文化的副产物。"[②]

---

① 〔美〕卡伦·霍尼：《我们时代的神经症人格》，冯川译，译林出版社 2016 年版，第 225 页。
② 〔美〕卡伦·霍尼：《我们时代的神经症人格》，冯川译，译林出版社 2016 年版，第 232 页。

按照霍尼的说法，大概所有社会在其历史发展过程中都会出现各种各样的精神性妨碍现象，即某些社会规范或伦理观念造成了当时人们的精神困扰。这无疑是很可能的，至少我们从当代社会状况中可以较为清晰地看到，许多精神困扰确实与现实中的社会文化生态环境有着十分密切的关联。因此，毫无疑问，如果能够一方面有效地改善现实社会环境中的某些因素，或者另一方面使社会中的成员对这些因素具有更好的适应能力，那么，我们就可以合理地期待，社会中的精神困扰现象应该会得到一定程度上的缓解或改善。但是，仅此是否能够从根本上消除人们精神困扰的根源，就是一个很大的疑问了。对此，我们可能仍然需要追溯那些造成精神困扰的因素究竟是怎么会不断出现的，还要追溯人们为什么不能从根源上摆脱或解决掉各种可能的困扰因素，尽管看起来这样的问题涉及面十分广泛，其内容也将异常复杂。

霍尼提到了西方当代社会上普遍存在的"基本焦虑"，且认为这是与社会上普遍存在的"基本敌意"有着连带关系的，共同构成了一个很容易造成心理困境的"母体"或"氛围"。"基本焦虑"和"基本敌意"这两个词是霍尼的创造，很好地显示出这种母体或氛围带有着不健康的"土壤"或"气息"，即不利于社会中成员生命的健康和顺畅地成长。我们还可以根据弗洛伊德和荣格的理论进一步判断，基本焦虑和基本敌意实际上绝不仅仅是西方当代社会才有的，而是自有文明以来在人类社会中就始终普遍性地存在着。尽管在不同的社会或时代中，其呈现方式或严重程度是千差万别的，有着各自的特征，但是某种"不健康性"或"有害性"却大体都是相似的。那么，这种不健康的土壤或气息究竟来自何处，究竟是如何形成的，又如何消除呢？无疑这是十分耐人寻味的问题，要想很好地解决似乎并不容易。因为不论是弗洛伊德、荣格，还是霍尼，都看到这种不健康的因素很可能与人类文明本身有着千丝万缕的内在关联。也就是说，它是伴随着人类文明的发展和成就而来的，是人类文明的伴随物。当然，这样一般性的说法对我们的研究不会有什么太大的帮助。重要的是，我们需要了解这种内在世界的"伴随现象"究竟是怎样发生的，是哪些具体的文明内容、成就或创造物产生了这种伴随现象，其中的伴随机制是怎样的，是否有可能在不伤害人的生命成长的情况下消解这种伴随现象，而又能够继续文明的发展和创造。正是在这里，我们看到，这一问题的历史维度和社会维度具有更重要的价值，而不仅仅是针对个人的心理困扰寻求某些有限的解决。这也是我们将探究原始意象的内在结构所含有的深远意义。因为原始意象本身就是一个社会古往今来对于精神困扰的传统性或习惯性处理方式，即是一种把握自己生活的能力，其中隐含着人们的心理、思维和行为模式，显示出一般性的精神内涵和观念特征，能够揭示该社会中的人们在心智结构上的发展状况，也一般性地表现了该社会中的人们是怎样成长的，其人格是怎样形成的，其社会形态又是如何演化的。

如果原始意象作为人的一种把握生活的能力，具有某种一般性的内容或结构，那么，它与意识领域的关系就不能简单地加以划分了。两者之间可能就存在着许多交织相融的地方。对此，维克多·弗兰克尔（Viktor E. Frankl, 1905—1997）有一定的洞见。他认为对人的理解不能像弗洛伊德和荣格那样仅仅强调生物本性或潜意识领域的动力机制，而应该看到即使在意识领域也存在着某种本能的痕迹。如"心灵维度"中的意义、良心或爱，即不完全是潜意识的本能冲动，也不是超我的道德标准，却同时包含了这两者的特征或内涵。这种心灵维度是在人"选择对自己的态度"时所打开的新世界，在自我反思中超越了自己的身体维度。这一维度的内容即反映出人的生物本能特征，也可以"用来反抗超我所传达的那些习俗与标准"①。当然我们可以说它就是指人的意识领域。不过它又明显不是单纯的思想性认识，因为它所包含的内容要广泛得多。弗兰克尔也只是强调人的这种自我超越性就是人的开放性，"意味着指引和指向自身以外的物或人"，突破其

---

① ［奥］维克多·弗兰克尔：《追求意义的意志》，司群英、郭本禹译，中国人民大学出版社2015年版，第17页。

"环境障碍"。就像人的意向性总是指向其他对象一样，虽然也能自指，却仍然是以"指向"的方式将自己当作一个"对象"加以"指向"的。

心灵的这种"指向性"也就是人面对世界的超越性，或人在世界中的开放性。这三个概念的意思可以说是一样的。它们又都可以用弗兰克尔的"意义"来加以刻画，即在指向、开放或超越的过程中形成了人的意义世界，"一个充满了要遇到的其他人以及要实现的意义的世界"[①]。这就与弗洛伊德的力比多所遵循的快乐原则有了本质的区别，也不仅仅简单地是想在内心世界维持某些平衡状态了。在弗兰克尔看来，意义世界的首要原则是"意义意志"，即"为人发现并实现意义和目的的基本努力"。正是意义意志对意义的追求，才有可能为人带来成功和幸福，或自我实现。而像快乐或权力则都不过是意义意志的"纯粹衍生物"，即意义实现的结果或工具，而不是人的努力的目标。意义意志对意义的追求被他用来解决当代社会中出现的"存在空虚"问题，即当一个人缺乏自身的本能动力或外界的价值导向而有的一种消极感受。此时的人就很可能只是去模仿"其他人做的事"，或者只是去"做其他人希望他做的事情"[②]，而没有了自己的主动性意愿。这本来是一种社会性问题，却严重到引起了许多人的心理健康。

弗兰克尔的"存在空虚"虽然不同于霍尼的"基本焦虑"所意指的现象，却都是指一个糟糕的社会文化生态环境给其成员带来的成长危害。两者最终也都会导致在一个社会文化生态环境与其个体成员之间形成某种敌视的关系，即人与人之间的"基本敌意"转变为人与其社会文化生态环境之间的"基本敌意"。无疑，这种社会性敌意更为普遍，也更为有害，不论是对一个社会的健康发展而言，还是对其中成员心智的健康成长而言，都是如此。

[①] ［奥］维克多·弗兰克尔：《追求意义的意志》，司群英、郭本禹译，中国人民大学出版社2015年版，第26页。

[②] ［奥］维克多·弗兰克尔：《追求意义的意志》，司群英、郭本禹译，中国人民大学出版社2015年版，第71页。

第三章

人的个体化过程及其社会文化生态环境

第一节　个体化过程与权威依附心理

　　一个社会中的成员如果出现普遍性的心理问题，也可被判断为该社会文化生态环境很可能存在着问题。而在长期的历史发展过程中，一个社会往往经历过多次较大的变化。虽然每一次变化所形成的社会新形态未必都能够很好地顺应人的生命成长，可是这些变化一般而言还是在一定程度上会对以往的扭曲状态有所缓解。无论如何，我们可以想见，一个社会文化生态环境多次变化的结果通常是会反映在其成员的原始意向结构之中的。这将成为我们研究的一个方向。对此，我们有必要再讨论艾里希·弗洛姆（Erich Fromm, 1900—1980）的理论，因为他看到社会文化生态环境与人的心理机制之间存在着更为深刻的关联。

　　弗洛姆也像霍尼一样，认为人的社会文化生态环境对个体所产生的特别影响造成了人总是处于某种"基本焦虑"状态。不同于霍尼的是，他称这是一种面对"自由"的焦虑状态。他将社会的历史发展区分为两个阶段：前个人状态社会和个人状态社会。区分的标准在于人的"个体化"程度，即"个人日益从原始纽带中脱颖而出的过程"，也是一个自由的过程，"自由是人存在的特征，而且，其含义会随人把自身作为一个独立和分离的存在物加以认识和理解的程度不同而有所变化"。① 所谓"原始纽带"或"始发纽带"是像婴儿出生时与母亲之间连为一体的"脐带"一样，将个体与其周围环境（自然和他人）联系在了一起，是"器质性的"联结着"母与子、原始共同体成员与其部落及自然、中世纪人与教会及其社会阶层的纽带"。这些原始纽带使人缺乏个体性，束缚着人的个性发展，却能够保护尚处于弱势阶段的个人生存上的安全，以抵御来自自然界或他人的很多危险。

弗洛姆所谓的"前个人状态社会"就是指人开始逐渐从其"原始纽带"的束缚中摆脱出来，但是尚未有个体性的自觉和意识，还没有形成独立的个性或人格，而只是被动地从属于社会中的一个等级群体。到了现代社会，人相对而言摆脱了在前个人状态社会中那些明显的社会性束缚，如原始信仰、政治权力、体制性宗教或社会伦理道德规范等，获得了人身和思想的自由，开始有了明显的自觉意识要形成和发展自己独立的个性或人格。这就是弗洛姆所说的"个人状态社会"。在他看来：

> 人类的历史便是个体化不断加深的历史，但亦是自由不断增大的历史。追求自由并非一种形而上学的力量，也不能用自然规律来解释；它是个体化进程的必然结果，也是文化进步的必然结果。②

虽然人在前个人状态社会和个人状态社会这两个阶段都会面临着自由带来

---

① ［美］艾里希·弗洛姆：《逃避自由》，刘林海译，上海译文出版社 2015 年版，第 15 页。

② ［美］艾里希·弗洛姆：《逃避自由》，刘林海译，上海译文出版社 2015 年版，第 159 页。

的问题，弗洛姆却认为其中存在着本质上的差别。在前个人状态社会，人主要是从原始纽带中摆脱出来，力争获得人身的自由。而在个人状态社会，人尽管有了个人自由，却仍然会发现自己还是不能够"自由地表达自己的思想、情感及感官方面的潜力"。因为在这些方面他无法不受到社会性因素的影响，无法从这些社会性因素中识别出自己的特性来。这导致他会逐渐地感到自己的无能和渺小，且没有人能够知道、理解或帮得了他，于是这又进一步产生孤立感和焦急的心情。因此，"自由虽然给他带来了独立与理性，但也使他孤立，并感到焦虑和无能为力"①。这使人很容易产生对自由状态的恐惧，甚至想逃避自由，"重新建立依赖和臣服关系"。于是这种自由状况使人处于了一种危险的境地，促使他"必须自我定位"，即似乎在无人的茫茫荒漠中"寻找不同于前个体存在状态所具有的更安全的保护方式"②。所以，在前个人状态社会，人是处于一种对社会性束缚的焦虑状态，不断努力破除限制，追求着自由；而在个人状态社会，人似乎获得了自由，但往往处于一种对自由状态的茫然或恐惧心理之中，以至于要逃避这种自由状态。

在弗洛姆看来，一个人自儿童时期开始，"达到断绝始发纽带的程度越高，他渴望自由与独立的愿望就越强烈"。因为他在肉体、情感和精神上发育得越来越强壮，逐渐形成了"有组织、完整的人格"，即"自我"。这个自我的力量是随着个体化的进程日益增长的。这个时候的人还没有意识到个人行动的各种可能性，还不知道个人面对世界的独立责任，因而也不知道害怕。只有当他真的从世界中分离出来，才马上会感受到一种独自面对世界的孤立状态。这时候的人立刻需要重建与世界的"新纽带"，以获得安全感，否则"便产生了放弃个性的冲动，要把自己完全消融在外面的世界里"。弗洛姆认为，解决这一难

---

① ［美］艾里希·弗洛姆：《逃避自由》，刘林海译，上海译文出版社 2015 年版，"前言"。
② ［美］艾里希·弗洛姆：《逃避自由》，刘林海译，上海译文出版社 2015 年版，第 16 页。

题的良性方法就是"与人和自然的自发联系，它把个人与世界联系起来，但并没有毁灭其个性"。这种"自发联系"主要是"爱与劳动"。

弗洛姆将人的成长过程视为一个人的"个体化进程"，也即是"个人人格不断完善的过程"。而这个过程又意味着一个人逐渐脱离了他的原始纽带或"与别人共有的原始共同性"。这同时还伴随着他的"内心力量和创造力"的发展。这是"与世界建立新型关系的前提"，即提供了他能够不断去"爱与劳动"的精神动力，追求一种"积极的自由"。

如果一个人的生命成长与其人格的完善、内心力量和创造力的增长相一致，都是健康和顺畅的，那么他当然很幸运，不大会有糟糕的身心状况问题出现。但是人类社会的历史现实却表明事实往往并非如此。弗洛姆认为：

> 在个体化进程自发进行的同时，一些个人及社会的原因却妨碍了自我的增长。这两个趋势间巨大差异的结果是人产生了一种无法忍受的孤立与无能为力感，还导致心理逃避机制的产生。[1]

一个人从出生之日起对父母的依赖是正常的，是人的动物本性的自然结果。但是随着人的成长，人的自主能力逐渐形成，本能的限制就越来越少，不再被迫受制于自然环境的先天约束，开始其主动性的自由历程。这时的人个体化日益加深，各方面的能力也得到了很大的增强。但是，如果他的家庭、经济、社会、政治或宗教等方面的条件无法为他的成长继续提供有益的基础或养料的话，那么他在逐渐失去其原始纽带的同时，就无法成功地建立新的纽带，从而使自由状态成为一个令他难以忍受的负担，生命也"等同于一种缺乏意义与方向的生命"。这时的人就很容易产生"逃避这种自由的强烈冲动，或臣服，或与他人

---

[1] ［美］艾里希·弗洛姆：《逃避自由》，刘林海译，上海译文出版社 2015 年版，第 20 页。

及世界建立某种关系，借此摆脱不安全感，哪怕以个人自由为代价，也在所不惜"。在弗洛姆看来，西方社会自中世纪结束之后便开始了个体化的历史进程，人们消除了那些外在的权威，日益独立，却也在新的社会环境下倍觉孤独，深感个人的微不足道和无能为力，"人在经济秩序中天经地义、毋庸置疑的固定地位不复存在。个人陷入孤立；任何事情都要依赖自己的努力，而非他的传统社会地位的安全保护"①。他与荣格和霍尼等人一样，也认为西方现代社会的这一精神状况与 20 世纪当代社会的世界性灾难之间有着几乎直接的关联。

　　弗洛姆很细致地讨论了逃避自由的心理机制是怎样形成的。这无疑是在一个既定的社会文化生态环境无法为个人幸福提供可能的土壤这一背景下产生的，即社会结构的功能与个人充分发展的目的之间出现了矛盾冲突。在这种情况下，某些人似乎很好地适应了社会，但是"代价是放弃自我，以便成为别人期望的样子。所有真正的个体性与自发性可能都丧失了"②。这些人一般都会被社会视为是"正常的人"，即按照社会所确定的观念标准去思想和行为。而那些在社会看来"不太正常的人"如神经症患者，却可能是在"争夺自我的战斗中不准备投降的人"。只是他们"挽救个人自我的企图并未成功，他并未良好有效地表达自我，相反，却借神经症症状和幻想生活寻求拯救"。在弗洛姆看来，这些人"从人类的价值角度来看"，"要比那些完全丧失了个体性的常人更健全些"。这样的社会，也就是"从社会成员在其人格发展过程中被弄得不健全的意义上讲，可以称为病态社会"。在这种病态社会中，个人的幸福不被重视，社会重视的是那些集体性目标，而个人的自我实现就更谈不上了。于是，这种病态社会中的成员都难免会普遍地产生"不安全感"。正是这种不安全感，又导致人们不得不"逃避自由"，尽可能地融入和适应社会，力争消弭个人自

---

① ［美］艾里希·弗洛姆：《逃避自由》，刘林海译，上海译文出版社 2015 年版，第 39 页。
② ［美］艾里希·弗洛姆：《逃避自由》，刘林海译，上海译文出版社 2015 年版，第 92 页。

我与社会之间的鸿沟，以寻求一定程度的安全感。

问题在于这种对自由的逃避是无法从根本上解决人的不安全感的。因为人与其原始纽带已经分离，不可能再返回到与世界环境原初的一体化状态，因而也不可能给予人那种原初的安全感。它只能缓解对自由的恐惧和焦虑，使继续生活得以可能，"但它并未解决根本问题，所谓的生活常常只是些机械的强迫活动"而已。由于逃避自由的这种强迫特征和不能根本消除不安全感，所以这种生活态度和生存方式也不可能给人带来真正的幸福或健康的生命发展。

弗洛姆认为逃避自由的心理机制有三种：第一种是权威主义，第二种是破坏欲，还有一种是机械趋同。权威主义就是"放弃个人自我的独立倾向，欲使自我与自身之外的某人或某物合为一体，以便获得个人自我所缺乏的力量"。如果一个人忍受不了自我独立所面临的孤独状态，可能就会像孩童一样躲回家里，到父母身边寻求庇护。而社会中的成年人在某种权威者身上也能得到同样的被庇护感、依赖感或被支撑感，例如原始宗教的图腾、世俗社会中的君主、体制性宗教的神或教会机构，以及各种社会性组织等。他们的自卑感和无能为力感使他们或被迫或自愿地臣服于这些权威者，期待着得到这些权威者的主宰，就像心理学中的受虐冲动一样。"他们贬低自己，自甘懦弱，不敢主宰事物。他们不敢伸张自我，不去做想做的事，而是臣服于事实上或假想的这些外在力量的命令。他们常常无法体验'我想'或'我是'的情感。"[①]而当他们意识到自己的这种懦弱时，又难免痛恨自己，于是就想"伤害自己，使自己受苦"，以此惩罚自己。这些病态心理在现实中还往往以一种理性的方式表现自己，即将这些病态行为视为是"爱"、"忠诚"、"虔诚"和"谦卑"等的美德，从而使自己安心于逃避自由的心理状态。

弗洛姆发现权威主义还有另一种看似相反的心理或行为倾向，不是去臣服

---

① ［美］艾里希·弗洛姆：《逃避自由》，刘林海译，上海译文出版社 2015 年版，第 94 页。

于权威者，受权威者的主宰，惩罚自己，而是让自己成为主宰者或权威者，迫使他人臣服于自己，主宰他人，摧残他人，并在对他人的主宰和摧残中获得乐趣或心理上的满足。这种对他人的摧残，可以是肉体上的，也可以是精神上的；有政治上的，也有经济上的；有对个人的，也有对群体的；有偶然表现出来的，也有长期持续的；有的只限于斗室之内或家庭之中，唯恐外人知道；也有遍及天下，危害整个国家的。在现实社会生活中，这种摧残他人的心理和行为同样也经常被美化为合理的，如"这是为了你（们）的利益，是为你（们）好"，"我如此仁慈伟大，大家都应该服从于我"，"我已经为你（们）付出那么多，因此你（们）应该回报于我"，"我不过是以牙还牙而已"，"我不过是想让大家免受伤害"等。这些理由表面上看起来都符合一定的道理，不容易被人们怀疑或拒绝。特别是在较为原始的时代，当人们的理性能力或社会经验都还很不丰富的时候，这些理由就更为有效。甚至即使在今天的社会生活中，也仍然有许多人都难免时不时地落入这样的心理陷阱之中。

从权威主义这两种心理倾向看，主宰者和臣服者的心理和行为都属于逃避自由的现象，都处于同样的心理结构之中。因而弗洛姆得出了这样的结论：主宰者与被主宰者是相互依赖的。被主宰者对主宰者的依赖是很明显的，那么主宰者又是如何依赖被主宰者的呢？他分析说，主宰者（或统治者、施虐者）"需要他所统治的人，而且是非常需要，因为他的力量感是植根于统治他人这个事实的"。① 他在主宰他人的过程中得到了某种快感，或者达到了缓解或摆脱自由带来的孤立无助感的目的。因而主宰者（或统治者、施虐者）在心理上无法离开被主宰者（或臣服者、受虐者）。一旦被主宰者脱离主宰者的控制，主宰者往往会立刻陷于虚弱无力的状态，因为他失去了自己力量的支撑，无法通过主宰行为来为自己提供精神动力以继续逃避自由。

① ［美］艾里希·弗洛姆：《逃避自由》，刘林海译，上海译文出版社 2015 年版，第 96 页。

我们看到，权威主义这两个相反倾向形成了一种心理结构，即主宰者与被主宰者（或统治者与臣服者、施虐者与受虐者）之间的相互依赖关系。当然，在现实生活中，很多人是介于这两者之间的，或者在这两者之间不断地转变。例如有的人在家庭中的父母与子女关系、夫妻关系、兄弟姐妹关系或成人与孩童关系，在社会中的统治者与被统治者关系、主人与奴隶关系、领导与被领导者关系、老板与雇员关系、个人与集体关系，或强者与弱者关系等，都可能处于不同的地位和身份，并在这种变换中获得不同的感受，以平衡、缓解或消除自己的内心冲突和焦虑。

在弗洛姆看来，这两种相反的心理倾向有着共同的根源，即"帮助个人摆脱难以忍受的孤独和无能为力感"。他的这一解释与弗洛伊德、阿德勒、荣格和霍尼等人的观点有着很大的不同。弗洛伊德以人的性本能来解释这两种心理现象，认为这是由于人在儿童时期性本能受到压抑或伤害导致的性倒错现象，或一种扭曲的补偿性心理平衡。后来弗洛伊德还以人的死亡本能与性本能结合起来分析这种病态心理。阿德勒是从人的自卑感和权力欲来看的，将权力欲视为对自卑感的克服和对自身的合理保护。而荣格则以内倾和外倾的性格倾向来解释内、外因素冲突之下的可能状况。霍尼也视来自社会的（基本）敌意为导致人的（基本）焦虑的最主要原因。这四个人的解释理由虽然不同，但是他们的解释方式都有一个共同的特征，就是都归结于人的内心世界与外在因素之间的冲突之上。无论是弗洛伊德的性本能和死亡本能、阿德勒的自卑感，还是荣格的潜意识或集体无意识，都属于生命内在世界的某种力量或心理状态。当这些内在状态或早或晚遭遇了外在社会性因素的压制性影响而无法调和之时，就往往通过这种病态式的心理或行为来加以缓解或平衡。

而弗洛姆的解释没有过多考虑外在的社会性因素的影响，而主要是从人自身的意志薄弱或人格软弱这一点出发。这时的人可能已经获得了外在的自由，那些束缚性的社会力量也可能已经基本被消除，不再给人以难以摆脱的压迫，从而使人进入了自己长久以来一直追求和期待的自由状态。只是这时的人还并没有做好充分的思想准备，还无法独自面对自由带来的孤独寂寞，因而感觉自己无能为力或微不足道。在这种背景下，人才产生了权威主义这两种相反的心理和行为倾向，力图"除掉自由的负担"。因此，弗洛姆的解释方式没有基于人的内在世界与外在社会性因素之间直接的冲突之上，而是基于人自身的心理状态之上。这时的外在社会性因素不过是影响了人的意志或创造性力量的成长而已，所起的作用是间接的。而直接的原因则是人自身的人格软弱。这意味着人在自己的个体化过程中还尚未培养出适当的人格力量以应对未来的状况。

弗洛姆将权威主义这两种相反的心理倾向所形成的心理结构视为一种"共生"（symbiosis）现象，即主宰者（或统治者、施虐者）与被主宰者（或臣服者、受虐者）都基于共同的心理需要和目的。他说：

> 在这种心理学意义上，共生指一个个人自我与另一个自我合为一体（或自身之外的任何一个其他权力），双方都失去自我的完整性，完全相互依靠。[1]

这种相互依赖显示出一方是将自己消解在一个外在权威中，另一方则是通过使他人成为自己的一部分来扩大自我，以获得独立的自我所缺乏的力量。双方可以说都无法忍受独立的自我所面对的孤独感和无力感。

因此，根据弗洛姆的理论，在这种共生现象中，双方都有心理或意志上软弱和无力的缺陷。这一观点对于我们理解主宰者（或统治者、施虐者）的权力和主宰行为的本质有着特殊的意义。因为这与日常普通的看法完全相反，有权力者并非因其有着优势或强大的力量而具有权力：

---

[1]　［美］艾里希·弗洛姆：《逃避自由》，刘林海译，上海译文出版社2015年版，第105页。

从心理学角度看，渴求权力并不植根于力量而是植根于软弱。它是个人自我无法独自一人生活下去的体现，是缺乏真正力量时欲得到额外力量的垂死挣扎。[①]

这样的人"缺乏真正力量"，是指他无法依靠自身的精神力量去做自己想做的事情，对自己内在的本能冲动欲望或意图感到无能为力，无法将之付诸现实。这是一种精神上的"无能"，甚至还会导致身体官能上的无能，"权力就是有能的倒错，恰如性虐待狂就是性爱的倒错"。但是这样的人却能在对他人的主宰（或统治、施虐）的行为中在某种程度上重新恢复自己的能力，以对他人的支配和控制缓解了自身的心理障碍。因此当他发现了主宰或支配行为对于自己具有这种精神补偿或支撑作用时，他就很可能沉醉其中，产生无法解脱的依赖性。而他一旦失去这种主宰或支配行为的可能，则往往会再度陷于无能或委顿不堪的境地。相反，一个人的自我或人格如果是完整和自由的，就意味着有能力可以实现自己的各种本能欲望或意图，从而也无须依赖对他人的主宰或支配，因而也必然缺乏对权力的迫切渴求，更难得贪婪地去追逐权力了。

弗洛姆还区分了两种权威关系：合理性权威和抑制性权威。前者指双方的利益一致，是相互帮助的关系，因而会"充满了爱、敬佩和感激"，且慢慢会导向双方的平等，权威关系就自动解体，例如老师和学生之间的关系就是这样。而后者就像奴隶主和奴隶的关系一样，双方的利益是截然相反的，"其中一方的利益就是另一方的灾难与痛苦"，双方不是相互帮助，而是相互压制，因而在这种权威关系中"充满了憎恨与敌视"，只有冲突和苦难。很特别的是，这种状态下的被主宰一方经常会"压抑这种仇恨，甚至有时用一种盲目的崇拜之情取代它"。因为这种仇恨对被主宰者而言是很危险的，随时可能促动他不

---

① 　[美]艾里希·弗洛姆：《逃避自由》，刘林海译，上海译文出版社 2015 年版，第 107 页。

顾性命起来反抗，或者因恐惧于反抗反而被仇恨情绪所吞没。而且对主宰者的崇拜还可以减少自己因受到奴役而产生的耻辱感，缓解自己沮丧的心情，避免完全丧失生活下去的勇气。当然，在现实社会生活中，更多的人际关系是介于这两种权威关系之间的，如父母与子女、丈夫与妻子或雇主与雇员等。很多人也在各种不同的关系中变换着角色。而且各种关系在不同的社会情境下也会呈现出十分不同的内容和特征来，不能一概而论。

权威的形象也有多种多样，不一定非要是某一个人，也可以是某种象征符号、某个机构组织或某种社会势力等。这些权威被称为"外在权威"。权威还可以是神、职责、义务、良知或超我等道德观念。这样的权威就可以被称为"内在权威"。很多抑制性权威就是以这种道德观念来伪装的。在弗洛姆看来，西方现代社会的宗教改革到德国古典哲学的观念发展，就可以说是从内在权威取代了外在权威。当人们以自己的良知取代了外在权威对自己的主宰或支配之后，就认为自己真正获得了自由。这样，人们对自由的理解也有了现代的意义，不再仅仅将脱离原始纽带视为自由，而是认为应该只遵从自己内在的良知才行。这时，"人的理性、意志或良心征服人的自然倾向，建立起其对个人自然部分的统治，似乎成了自由的本质"①。但是这在弗洛姆看来不过是虚假的自由，因为人的理性、意志或良心对自己的本能冲动和欲望的主宰或支配，实质上是与外在权威对人的主宰或支配一样的，不过一个是由外部、一个是由内部进行的而已。人们往往是受到了外在社会规范或道德观念的影响而形成了自己的理性、意志或良心。这些理性、意志或良心很难说真正是自己的，并不源自于自身，而只是外在权威的内部缩影，或戴着一副面具的外在权威而已。它们并不源自于个人内在的本能冲动或欲望，而几乎完全受社会伦理观念所左右。因而理性、意志或良心对待自己内心深处的本能冲动或欲望的态度，是与

---

① ［美］艾里希·弗洛姆：《逃避自由》，刘林海译，上海译文出版社 2015 年版，第 110 页。

外在权威的态度同样的，没有本质的区别。

但是，尽管这两种主宰或支配性质上一样，只是一个来自外部，一个来自内部，可是它们的严厉程度就大为不同了。或者说，人的内在本能冲动或欲望所受到的影响，被主宰或支配的程度，是有很大区别的。来自外部的主宰或支配可能很严厉，也可能较为宽松，视各种社会情境而定。特别是当人的内在力量较为强大而外在权威较为弱小时，这种主宰或支配就可能是很小的，甚至到了微不足道的程度，让人们感觉不出来。或者，即使人们能够明显感受得到，却能够很容易地加以缓解或消除。只有在外在权威很强大，而人自身的力量很虚弱时，人才感觉到自己的无能为力，难以摆脱这种受主宰或支配的状况。然而，来自内部的主宰或支配就很不同了。因为这是自己的理性、意志或良心，即使自己感受了某种束缚，可是你怎么可能反抗自己呢？良知的命令是自己所下，自己怎样反对呢？一般情况下，人们都会主动放弃抵抗，甘愿服从自己良知的主宰或支配，不得不遵循其要求去思想和行为。因而这种来自内部的主宰或支配更加隐蔽而不引人注意，也更加有效而令人难以摆脱。

弗洛姆还发现在西方现代社会生活中还存在着另一种隐藏更深的"匿名权威"，例如"常识、科学、心理健康、道德与舆论"。即使是在人们意识到并设法加以消除内在权威对自己的主宰或支配之后，这种匿名权威也仍然存在于人的内心深处难以发觉。这种权威没有"强制"的外衣，显得十分温和，似乎不对人施加任何压力。文化娱乐、流行时尚和商业广告等也都属于这类匿名权威。它们共同营造了一种无形的"气氛"，让人不自觉地顺从其引导，以"劝说"或"建议"的方式，以诱惑人效仿的手段暗中影响着人的内心世界，消弭着人的独立意志，瓦解着人的精神勇气和自我判断的能力，最后使人彻底丧失心理上的抵抗力，不得不接受其主宰或支配。弗洛姆认为人们很难抵御这种匿名权威的控制，因为这种权威几乎完全是无形的，不像那些传统的外在权威以有形的方式出现，如某个发布命令的人和命令本身；也不像那些内在权威有着较为明显的观念形态。匿名权威就像弥漫在人四周的某种浓浓的氛围，令人仿佛无法逃避，也无法抵抗。

根据弗洛姆的理论，一般的人总是在各种不同的权威之间程度不同地放弃自己的自由，受其宰制，或者让自己成为各种不同的权威来宰制他人。绝大多数人可以说都摇摆于这两种状况之间，成为一种普遍性的社会现象。其中很多人甚至还能够在某些情境下以抗拒权威的方式表现自己，看起来似乎已经解脱于权威主义的困境。但是这不过是一个迷惑人的表面现象。因为这种人对于某些权威的抗拒不过是由于自己找到了更高更强的权威而已。在这种情况下，这样的人就敢于反抗一般的权威，或自认为不合理的权威，或已经感觉到这些权威的弱点因而有了勇气进行抵制。但是究其实质，这样的人对那些自己所信服、仰慕或崇拜的权威，仍然还是甘愿受其主宰或支配，仍然还是无法获得自我独立人格的完整性，因此也仍然缺乏意志或勇气去独立面对自由的孤独。

具有这种权威主义性格的人，在弗洛姆看来，一方面，对于权威的宰制行为或权力的运用过程有着特别的迷恋和依赖性。因此我们也可称他分析的这种权威主义性格为"权威—依附"型性格，即对某种权威的依附成为其必不可少的精神支撑，而且这种依附是在几乎完全丧失自我的独立人格情况下不由自主的依靠。因此，我们可以理解，如果感觉到某种权威或权力已经遭到削弱，那么这样的人就会不由自主地蔑视或憎恨它，而不是从松动的权力支配和控制下得到轻松感或自由感，反而很可能会产生更大的恐慌与焦虑。为什么很多人无法接受或面对自己被解放于受主宰奴役之后的境况？甚至在被解放之前，这些人恐怕就开始产生了慌乱的情绪，甚至不愿意接受或面对可能的自由未来。另一方面，那些习惯于主宰他人的人还会觉得今后可能没有了支配他人的机会，因而无法再从主宰行为或权力运用的过程之中得到乐趣，以缓解或消除自己对于自由的恐惧和焦虑，所以很可能无论如何都不愿意接受或面对那种人人都能自由的社会环境。这样的人可以说甚至"喜欢"上了"那些限制人类自由的条件，喜欢被迫臣服于命运"。只不过他所愿意认可的"命运"可能是"社会地位"、"自然规律"、"上帝的意志"、"责任义务"、"经济规律"等任何能够具有权势力量的神灵或事物。已经从权力作用中得到过心灵慰藉的人就像悬挂在权力杠杆上的依附物，无论是主宰或被主宰，都能够从权力杠杆的上下运动中得到快感或减缓痛苦，因而似乎已经与权力杠杆不可须臾相离，难舍难分了。他愿意将自己的一切寄予权力的支配和控制之下，而至于支配和控制的对象是他人还是自己，那是无所谓的。

从弗洛姆所分析的权威主义性格看，具有权威主义性格的人并不乏"行动、信念或勇气"。因为他总是要力图以某种行动来克服自己的"无能"，反而经常会显示出急于行动的样子，实际上是不敢停止，担心一旦停止恐怕就不再能够重新行动起来。他的内心也总是充满了各种崇高的信念，如"上帝、过去、自然或责任义务"等，因为这些信念能够促使他不停地感受到权力作用的力量，而那些"未来、未出现的事物、无权力的东西或生命之类"，他只会蔑视和憎恨，因为任何缥缈或虚弱的事物无法给予他力量的感受。如果缺乏崇高信念的支撑，这样的人将会立刻感觉到自己的空虚和无能。那正是他依凭自身所不敢面对的境地。在这些崇高信念的鼓舞和权力杠杆的支配下，权威主义性格的人就会马上信心满满，自觉力量无穷，勇气倍增，睥睨一切。可见，这种人虽然看似具有行动、信念或勇气，但只会在权力杠杆的支配下才能实现，只会不断地依附于越来越高的权力去攻击那些弱小的事物。这样的人甚至还具有"无怨无悔地忍受苦难"的美德，因为他实际上都没有勇气去"结束苦难"，不想"改变命运，而是臣服于它"。

弗洛姆的这种"权威—依附"型性格在现实社会生活中其实是普遍存在的，只是其中很多人表现得没有那么明显或极端而已。一般的人总是难免与各种权力或势力之间存在着千丝万缕的关系，因而其所思所想、所感所做都脱不开权力的影响，并隐隐希望得到权力的"照顾"或"保护"，对自己可能的不当行为"负责"或"承担后果"。这些权力对象除了常以"上帝、自然规律、父母或上司"等的人物或拟人形象出现外，还有各种社会组织机构、社会规范、理论学说或流行时尚等也容易被权威化。最为特别的是情感对象，如自己所"爱"的人，也很可能会成为"权威—依附"型性格的人所崇拜的偶像。因为这种人经常会将对权威的依赖感误以为是一种"爱情"，混同于自己爱的情感状态。就像弗洛伊德所说的那种"俄狄浦斯情结"一样，与"父母"这一对象的情感纠结对于一般人而言，是十分难以厘清的。在弗洛姆看来，这并非简单地如弗洛伊德的性因素所导致的结果，而更是"孩子的自我成长与自发性受阻及由此引发的焦虑"[①] 的结果。因为孩童自小对父母的依赖是正常现象，并不必然意味着性因素的决定作用。只是当父母仅仅依据社会规范而作为"社会的代理人"开始对孩童的成长和独立性进行压制时，才会造成逐渐长大的孩童越来越缺乏独立意识和人格，从而越来越不敢独自面对独立自我的孤立状态，这样就会慢慢形成程度不一的"权威—依附"型性格。

对于逃避自由的第二种心理机制，弗洛姆认为是一种破坏欲，即希望"消灭对象"。这同样也植根于人面对自由境地时的无能为力和孤立感，以及由此产生的焦虑和生命发展受到挫折的屈辱感。当这样的人无法与对象共处于主宰和被主宰的关联结构之中时，他很可能就希望消除对象的存在，以证实自己的力量或躲避被主宰的可能。这种破坏欲作为一种逃避自由的心理机制，不是一时的偶然情绪或行为，而是一直横亘在这样的人心中，深深地隐藏在灵魂内部，虽然不是随时发作，却也是经常性地表现于他的各种不同情绪和行为当中，即以各种方式破坏各种不同的对象。

在现实生活中，这种破坏欲往往被"合理化"为"正当的"行为，即以社会公众认可的名义"合法地"进行破坏事物或摧残他人，如"爱、责任、义务、

---

① 　[美] 艾里希·弗洛姆：《逃避自由》，刘林海译，上海译文出版社 2015 年版，第 118 页。

良心或爱国主义"等就始终成为人们"毁坏他人或自己的伪装"。弗洛姆认为，这些貌似冠冕堂皇的理由会让大多数人以为这种情绪或行为是合理和真实的，因而加以认可。于是具有破坏欲的人就可以堂而皇之地经常发泄自己的破坏欲望了。实际上，破坏欲的对象并不重要，很可能是任意选择的，重要的是要发泄出内心的破坏冲动。如果这种人一时不能找到合适的破坏对象，则很可能会将矛头对准自己，让自己成为破坏冲动的指向对象。

在弗洛姆看来，虽然人的破坏欲是面对自由时的无能为力和孤立感，以及由此所产生的焦虑和挫折感，不过归根结底还是在于人的生命成长受到阻碍的结果。他说：

> 生命有它自己的内在动力，它要生长，要得到表达，要生存下去。似乎一旦这种倾向受到阻碍，生命的能量就会分解，就会转化为破坏能。换句话说，生命欲与破坏欲并非各自独立的，相反，二者是相互依存的、相互转化的。生命欲受阻越严重，破坏欲就越强烈；生命越得到实现，破坏欲就越小。破坏欲是生命未能得到实现的后果。[1]

可见这种破坏欲的动能来自生命本身的能量，是生命受到外在因素的阻碍时所转化而来的。这种"阻碍"看来并不是指人们在普通的事情上受到阻碍或挫折，而是指生命的成长在整体上受到阻碍或挫折，无法健康、顺畅地发展，如"生命发展的自发性"受到挫折，人的"感觉、情感及思想潜能"无法表达出来等；而且"破坏欲的强弱似乎与个人生命的成长受阻程度的大小成比例"。虽然这在个人身上的情形有着很大的差异，不能一概而论，但是就社会整体而言，也可以说大致存在着这样的心理规律。特别是当一个社会出现动荡混乱状

---

[1] ［美］艾里希·弗洛姆：《逃避自由》，刘林海译，上海译文出版社 2015 年版，第 121 页。

况导致大部分人都难以健康、顺畅地成长时，这一点就表现得十分明显。那时将会有许多人都由于普遍性的社会焦虑和受挫感而变得格外具有破坏欲或攻击性，在社会群体之间产生几乎无法消解的相互敌视、相互摧残，最终使得社会陷入战争或分崩离析的状态。在无数人为此付出健康、幸福或生命的代价，社会受到重创之后，才会重归平静，又开始另一次生命周期的循环。

弗洛姆还谈到逃避自由的第三种心理机制，即"机械趋同"。这是指将自己的观念和行为都保持得与他人或社会一致，"个人不再是他自己，而是按文化模式提供的人格样板把自己完全塑造成那类人，于是他变得同所有人一样，这正是其他人对他的期望"①。与他人相同，是使自己逃避于孤立状态的有效方式，使自己不再独自面对某些情境，不再独自承担任何责任，无须独自处理各种困难，而将自己完全交给了社会群体或社会规范来主宰。这样，"我与世界之间的鸿沟消失了，意识里的孤独感与无能为力感也一起消失了"。就好像一个人让自己成为"机器人"，或成为批量生产的"商品"，与成千上万的其他"机器人"或"产品"完全一样，都无法被辨认出来。当然，这也意味着人彻底放弃了自我的个性或人格，以此作为解除焦虑和孤独的代价。

但是放弃自我而趋向与他人同一的人却往往并不认为自己的这种观念和行为是在放弃自我，丧失个性，反而还是以为这都是自己的思考、感受、选择或判断等。这种情况在现当代西方社会中是十分常见的。因为人们也都知道社会性的思潮都在推崇自我的独立意识和独立人格，所以并不愿意被周围的人们视为是一个缺乏个性的人，于是就会在自己潜意识要逃避自由时却伪装成并未丧失自我或个性。这种"伪装"可以表现在思想、情感、愿望或感觉等方面，都是受到外在的影响而并非真正来源于自己的内心。结果是"伪活动取代思想、感觉和愿望的原始活动，最终导致伪自我取代原始自我"。虽然人们在日常生

---

① ［美］艾里希·弗洛姆：《逃避自由》，刘林海译，上海译文出版社 2015 年版，第 123 页。

活中也总是在"扮演"着各种角色，可是"伪自我"却非真自我，而是被自己"认为"是真的自我，以至于连自己都完全不知道真正的自我究竟是什么了，反而一直以伪自我"代理"着自我的角色。这样的结果是真实自我的丧失，或者是对真实自我的压制，使真实自我始终处于窒息状态。弗洛姆分析道：

> 自我丧失，伪自我取而代之，这把个人置于一直极不安全的状态之中。他备受怀疑的折磨，因为由于自己基本上是他人期望的反映，他便在某种程度上失去了自己的身份特征。为了克服丧失个性带来的恐惧，他被迫与别人趋同，通过他人连续不断的赞同和认可，寻找自己的身份特征。①

由于每一个人都是从小就开始深受社会的各种影响，因此已经在内心深处形成了根深蒂固的心理习惯，即按照社会性规范和期望来塑造自己。虽然在一个人成长过程中，这种心理习惯不断被打破，以逐步形成自己的个性或人格，但是一旦这种社会性规范的影响过于强大，或者个人的自我意识较为淡薄，那么就很有可能导致个体越来越习惯于以社会性自我（伪自我）来取代真实的自我。但是个体的成长又不免总是在力图破除这些社会性限制对自我所造成的压抑，只是这种破除的力量不及限制的力量那么强大，因而导致个体心理将始终处于被压制而无法自拔的痛苦之中。这种痛苦在意志较为薄弱的人身上，就几乎必然地促使他通过趋同的方式来逃避自由，同时也是逃避真实的自我，或者，在他人或社会的认可之中，去茫然地寻找自我。处于这种状况之中的人，对社会群体的依赖性是无法消除的，否则将可能马上带来心理上的恐慌和焦虑。可是这种依赖性已经不是健康地参与社会的行动，而是没有自制能力的紧

---

① ［美］艾里希·弗洛姆：《逃避自由》，刘林海译，上海译文出版社 2015 年版，第 136 页。

紧依附而已，即可以由社会性意识加以随意地主宰和控制。弗洛姆认为希特勒的德国社会就是这样的一种状况。

要从根本上消除这种逃避自由的心理倾向并不容易。这需要人们能够具有真正的个体性或独立人格，而不至于在面对自由的孤独状态时感到焦虑或无能为力。在弗洛姆看来，"只有内在的心理状况能使我们确立自己的个性时，摆脱外在的权威，获得自由才是永久的"①。也就是说，一个人的内在世界要能够依靠自身而具有独立的能力，即可不必去依附于任何外在的权威，或者深受外在社会规范的压制而无法解脱，以至于不得不扭曲自己而造成病态的结果，付出了健康、幸福甚至生命的代价。可是，在内心世界形成独立的人格是否可能呢？如何处理人格形成与外界社会影响之间的关系呢？这将是最为令人深思的问题。

弗洛姆认为现代的教育（包括家庭、学校和社会环境）"常常是扼杀了自发性"，以"灌输的感觉、思想和愿望取代了原始的心理活动"。即使人们有了表达自己感觉、思想和愿望的自由，可是如果一个人没有自己的感觉、思想和愿望的话，那么他能表达什么呢？而一个人自己的感觉、思想和愿望，却很容易在自小开始的各种教育环境中逐渐丧失。例如，人们总是教育孩童从小就要怎样对待他人（如"要友善"），要如何克制自己（如"不要敌视他人"），都习惯于以各种社会所公认的规范或伦理观念灌输给孩童（如"友好、欢愉及微笑"之类），要求孩童也以这种方式感觉、思想和愿望。然而，这样做的结果，"直接受到压抑的不仅仅是敌视"，"被外加的虚假友善扼杀的也不仅仅是友善"，更重要的是"大量自发的情感受到了压抑，并被伪情感取而代之"。像弗洛伊德所说的"性压抑"就是很典型的这种情况。只是在弗洛姆看来，性压抑不过是人的自发反应受到抑制的一种而已，虽然他也承认这可能是其中最为重要的

---

① ［美］艾里希·弗洛姆：《逃避自由》，刘林海译，上海译文出版社2015年版，第160页。

一种。这些压抑情形是可以得到很多现实中的例子证明的。

一个人自小在情感和性意识方面受到的压抑本身，将对其成长有着很大的有害影响，这是自不待言的。然而更为关键的是，由于情感和性意识上的压抑，还会导致人在其他各个方面的发展都受到影响，使其难以健康、顺畅地成长。例如，这样的人在思想上就可能变得贫乏空洞，意志上可能十分软弱无力，感觉上较为麻木迟钝，情感上又很饥渴难耐，情绪上不稳定，很容易走入极端偏激，等等。这些人格上的缺陷几乎都与人在青少年时期所身处的教育环境（家庭、学校或社会）有着内在的关联。而且很明显，糟糕的教育环境无疑是糟糕的社会文化生态环境所造成的结果，同时又构成了其中很重要的一个部分，并使其持续地恶化下去。

人自身的原始心理活动受到压抑，导致原始自我的丧失，也无法形成自己的独立人格。这个过程是与"权威—依附"型性格同时出现和逐渐加深的。正是对各种权威的依赖且无法摆脱，或者在摆脱了一个权威的同时又落入了对另一个权威的依附之中，或者干脆依附许多权威以缓和某个权威的强力控制，都很容易导致人对形成真实的原始自我或独立人格失去信心。弗洛姆也看到了现代西方社会中的权威转换造成了人更深的权威依附性：

> 在现代历史的进程中，国家的权威取代了教会权威，良心权威取代了国家权威，到了我们这个时代，常识及作为趋同工具的公共舆论之类的匿名权威又取代了良心权威。因为我们已把自己从旧式的公开权威中解放出来，所以我们看不到自己又成了一种新权威的牺牲品。我们变成了机器人，生活在个人自决（self-willing）的幻觉中。[1]

---

[1] ［美］艾里希·弗洛姆：《逃避自由》，刘林海译，上海译文出版社 2015 年版，第 169 页。

在对教会权威和国家权威的抵制中，人们是依靠自己的理性或良知权威。可是理性或良知本身又以普遍性为其特征，因而导致人们又陷入一种心理习惯，即特别愿意遵从"公意"或"公共舆论"权威。因为这被视为是由"自己的意见"所组成的，反映了每一个人自己的观念和主张，因此遵从公意或公共舆论就不算是对某种权威的依附，而只是在遵从自己的内心而已。可是，人们最后还是会慢慢发觉，这种普遍性的意见大多并非自己的意见，而自己的意见却被这些公众意见所埋没，几乎要了无痕迹了。结果人们还是不免落入寻找自我的徒劳和茫然之中，甚至对"我是谁"的疑问都彻底地茫无头绪了。也正是在这种心理背景下，趋同的倾向可能更为强烈而不能自制。这反过来与自我的丧失一道，更加恶化了这种处境。

在现实社会生活中，这种"权威—依附"型性格可以说是普遍存在的，自古及今都难以消除。很多人已经习惯了这种心理结构，感觉到自己在对权威的依附中很安逸舒适，几乎没有了内心的冲突，甚至无论如何都不愿意从中解脱出来了。可是在弗洛姆看来，丧失自我的"代价实在太昂贵了"，因为这将导致人的"生命受阻"。这就好像当一个人成了机器人时，虽然他还是一个活着的有机物，可是在情感和心智上可以说已经没有了生命，与死亡状态无异，"他的生命却像沙子一样从指缝里溜走了"。这样的人可能看起来也很渴望自我的独立性，却又难以找到自我究竟在哪里，"他所有的兴奋与刺激，如吃喝、参加体育活动，看到银幕上的人物形象时产生的激动，都非自发的"，而是来自对公众的模仿，或者不得不以公众的普遍方式进行自己的感觉、思想和愿望，也就是遵从于各种匿名的权威。

具有"权威—依附"型性格的人失去的不仅仅是生命的意义，还缺乏思想和意志上的自信与自主能力。虽然他可能有吃有喝，生活看起来也还不错，可是由于没有自信和自主能力，他很容易被任何意见或权威所左右。弗洛姆认为：

如果我们只看到了"常人"的经济需求，如果我们看不到机器化了的普通人潜意识里的痛苦，那么，我们就看不到来自于人的基础方面的对我们文化的威胁，即，欣然接受任何一种意识形态和任何一个领袖，只要他许诺使人兴奋激动，只要他能提供一种自称使人的生命变得有意义、有秩序的政治结构和象征旗号即可。[①]

这种人与驯养场里的家禽几乎没有区别，一切生活需要全部依靠驯养场主人来提供，自己完全可以不必操心。但是这种家禽的命运就不可能掌握在自己手里，而只能依赖主人的仁慈了。主人当然也就有了对其任意摆布的权力，生杀予夺，随意由之。当一个社会中的群体都处于这种状况时，也就意味着他们的主宰者或掌控者可以驱使他们去达到任何自己的目的、为所欲为了。在弗洛姆看来，纳粹德国时的社会状况就是这样。

第二节　自发性

人们在古代社会努力摆脱君主或教会权威的束缚和压制，可是在现代社会中即使达到了这一目的，却仍然无法摆脱自己的内在良知、公众舆论、意识形态或科学技术等权威的束缚和压制，导致人们进入到一种恶性循环当中，"自由—摆脱束缚的自由—又给人套上了新的枷锁"。那么，自由是否仅仅意味着"孤立和恐惧"呢？是否还存在"一种积极的自由状态，其中个人作为独立的自我存在，但并不孤立，而是与世界、他人及自然连为一体"呢？对此，弗洛姆给出了自己的肯定性答案，表达出自己的信心，即这种自由的获得要靠"自

---

① ［美］艾里希·弗洛姆：《逃避自由》，刘林海译，上海译文出版社 2015 年版，第 171 页。

我的实现"，也就是要靠自己，而不是靠任何权威来面对自由的处境和人格的独立。可是，依靠自己又与依靠自己的良知有什么区别呢？在弗洛姆看来，如果人的良知或理性与其整体的人格相分离，导致两者之间形成对立的关系，那么，人格就会受到伤害，其理性和情感也都会受到伤害。因此，自我的实现就需要"全部人格的实现和积极表达其情感与理性潜能来完成"。所谓"积极表达其情感与理性潜能"，就是指人的自发性活动，即"自我的自由活动"①。在这种自发性活动中，理性与人的天性不再割裂，不再压抑自我的内在本能欲望或冲动，使自我得以恰当地表现出来。例如像艺术活动就属于这类自发性的创造活动。

　　弗洛姆之所以将人的自发性活动视为对付恐惧孤独的积极办法，是因为在这种活动中，"人重新与世界连为一体，与人、自然及自我连为一体"。自发性活动本来就属于人的自然本性，因而无疑也是自然世界的一个部分。同时它又是自我最内在的本性，因而也是人的自我或人格最为核心的成分。这样，人的自发性活动就将人的自然本性和自我人格这两者统一起来，构成一个整体，形成一个完整而健全的人格世界。他认为爱和劳动就是自发性活动中的两种最主要的组成部分。

　　属于自发性活动的爱是那种在"保存个人自我的基础上，与他人融为一体的爱"。这种爱不是将自我完全"消解在另一个人中"，也不是"拥有另一个人"，而是每个人都保持着自己独立的人格或自我，却又能够相互融合。属于自发性的劳动也是一种创造活动，即在劳动中人与自然融为一体，且能够创造出新的自然来。这种自发性的劳动不能是强迫的，也不能是为了主宰自然，或仅仅为了得到劳动的果实。实际上人的自发性活动有很多，并不仅限于爱和劳动，如很多思想、情感或感官感觉等。即使是日常的感官愉悦，或自愿地、无

---

① ［美］艾里希·弗洛姆：《逃避自由》，刘林海译，上海译文出版社 2015 年版，第 173 页。

拘束地与他人谈话、从事各种社交活动、进行各种政治商业活动等，其实也都伴随着人的自发性因素，只要是在完全自然状态下而不是被动或被强制性地发生。这些自发性活动能够很好地将自我与他人或社会连为一体，不再感到自己的孤独，而同时又不使人丧失自我的独立完整性，即保持着各自独立的人格。因此，弗洛姆认为，人的自发性活动"在更高的基础上解决了自由与生俱来的根本矛盾——个性的诞生与孤独之痛苦"。

这样的自发性活动还有一个更重要的作用，那就是能够克服人在面对自由状态时的无能为力感。因为人的内在本能欲望或冲动实际上为人提供了最基本和最主要的力量。就像荣格的心理能量一样，弗洛姆也认识到这一点，将人的自发性活动视为自我的力量来源。不过弗洛姆不是像荣格那样主张自发性活动直接提供了心理能量，而是认为由于自发性活动能够使得自我保持完整，是"自我完整性的基础"，因而才使得自我具有了真实的独立能力，不必依附于其他任何权威，就能够发挥自己的作用。也就是说，只有当一个人能够具有自我的完整性，才能够顺畅地表达自己真实的思想、情感和感觉，才能够自主地进行各种活动。或者说，只有当一个人能够顺畅地表达自己真实的思想、情感和感觉，才表明这个人具备完整的自我。无疑，自我的完整性与顺畅地表达这两者是一起逐渐形成的。在弗洛姆看来，像自卑感或软弱感，都是由于不能够自发地活动，不能够顺畅地表达自己，于是就用伪自我来取代真实自我，从而陷入人格缺陷的境地，自我也就缺乏了真实的人格力量。就像一个有缺陷的机器很难正常运转一样，一转动起来就要出现故障，工作效率自然低下。

我们也可以将弗洛姆所说的这种自发性看作人的原始生命，以及原始生命的本能欲望或冲动。这是原始生命自身的力量，提供了人从事各种活动的内在动力。弗洛姆认为，在人的自发性活动中，自我得以实现，而且自我与整个世界联系在了一起，这时的自我就不再是一个孤立的原子，也不再与他人、社会或世界相分离或隔绝，由此其内心就不再会出现那种根本的不安全感，焦虑和无能为力感也因而消失。这个时候的人能够感受到自己生命的意义就在于"生存活动本身"，而不再因被迫性或机械性的活动怀疑自我价值或生命存在的意义。

当一个人能够顺畅地展开自发性活动，如表达自己的真实思想、情感和感觉的时候，我们可以说这个人处于自由的状态。弗洛姆认为正是这种能够顺畅展开自发性活动的自由状态，才能够给予人一种真正的安全感。这种安全感来自生命本身处于自由状态当中，表明生命有了真实的安全保障。这种安全感是真实的，而不是虚幻的，因为人的自我或生命都能够自发地、顺畅地展开和扩充，不断得到丰富，而不是被限制或被压抑，或那种生命被控制之下的虚假安全。

自发性活动的展开也是一个人自我实现的过程。这其中必然涉及每一个人在身体和心理上的差别，还涉及展开过程中无数情境条件交织的状况，因此，这种方式的自我实现就意味着每个人都是独一无二的，难以出现两个完全相同的个人。这要求我们应该尊重自己的自我个性，同时也尊重他人的自我个性，这样才有可能使每一个人都健康、顺畅地成长，而不至于使个体人格被压抑或阻碍。在弗洛姆看来，"尊重并培养自我的独一无二性，正是人类文化最有价值的成就"。

如果每一个人的自我或个体人格能够得到尊重，那么就可以达到一种本质上的人人平等的关系，即人与人之间不仅仅是在具体的物质、权利或幸福等方面相互平等，更重要的是不再形成人与人之间的主宰与被主宰关系（或统治与臣服、支配与被支配、控制与被控制关系）。因为对他人的主宰（或统治、支配和控制），就意味着对其自我或个体人格的否定，而不是尊重。

根据弗洛姆的理论，人的自我或个体人格被视为最高价值所在，对人的生命成长具有最为重要的意义，因而也应被视为"最终目的"："除这个独一无二的个人自我外不应再有更高的权力，生命的中心和目的是人，个性的成长与实现是最终目的，它永远不能从属于其他任何被假定的更具尊严的日的。"① 当然，要对他的这一论点给予恰当的理解，需要了解他的自我或个体人格观念已经不是传统意义上的自我，因而也避免了陷入那种与社群主义对立的单纯的自我中心主义、个人主义或无政府主义中去。

例如，针对理想、牺牲和社会群体等观念而言，弗洛姆就认为需要视其是否有益于人的生命成长来看待，而不能抽象地推崇。人有理想或希望是正当的，但是有必要看这种理想是否"合乎个人成长和幸福之目的"。这里的"合乎"，并不是在抽象的形而上学意义上的理论衡量，而是可以通过"分析人的本性及具体环境对人的影响"加以解答的。因此，弗洛姆主张恰当的理想（"真理想"）是"为所有促进自我的成长、自由及幸福的目标"，而不恰当的理想（"假理想"）是"主观上吸引人（如臣服渴望），但实际上对生命有害的强制性非理性目标"。牺牲也是需要看是否是对生命和自我的肯定，而不是以"否定生命、消灭自我"为目标。至于自我中心主义、个人主义或无政府主义的情况，在他看来，都属于人的生命受到阻碍导致的破坏欲所引起的问题，而不是来自人的本性所产生的结果。"如果人的自由是一种自由自在发展的自由，如果人能充分而又不妥协地实现自我，他的非社会性冲动的根本原因就会消灭。"②"非社会性冲动"即指人对于他人或社会的一种敌意。这种敌意并非人的本性使然，而是根源于生命受到束缚，自我或人格受到威胁时所导致的破坏欲或攻击欲。在自然的正常状态之下，也就是当人的自发性得到恰当的发展时，人能够主动地产生对他人或社会的善意，即爱和安全感，以及与他人协调融合的欲望和要求。这种情况下，人的非社会性冲动或对他人与社会的敌意是很难出现的，或至少是很微弱的。

---

① ［美］艾里希·弗洛姆：《逃避自由》，刘林海译，上海译文出版社 2015 年版，第 177 页。
② ［美］艾里希·弗洛姆：《逃避自由》，刘林海译，上海译文出版社 2015 年版，第 180 页。

这样，"个人以及个人的成长和幸福"就成为弗洛姆理论中文化的最终目的，即每个人都能"充分实现个人潜能"，每个人都能"有能力积极自发地生活"。因而在传统社会中那种个人的功成名就和荣华富贵等所谓事业的成功，并不是对生命健康顺畅成长的证明，而很可能还是有害的，如果它使人的自发性受到阻碍的话。而要保持人的自发性得到自由地顺畅发展，人就不能被任何自身之外的力量所主宰、支配、控制或操纵，无论这种力量是宗教、政治、经济，还是社会舆论、科学知识或技术等权力；或者，即使是自己的内在良知或理性，也应该是发自内心的结果，是"源自其自我的独一无二性"的，而不是简单地将外在要求内在化的结果。

第三节　社会性格与社会文化生态环境

尽管如此，各种社会性力量（如宗教、政治、经济或技术权力等）无疑还是会对人形成巨大的影响，即使不是决定性的影响，至少也是身处于该社会中的个人所难以抗御的。对此，弗洛姆提出了"社会性格"这一概念，以分析个人心理与社会影响之间交织的关系。所谓社会性格，即指一个社会群体"绝大多数成员所共有的那部分性格结构"。虽然一个社会群体中的每一个人都不相同，各有其独一无二性的个体人格，但是"在一个群体共同的基本经历和生活方式作用的结果下，发展起来的该群体大多数成员性格结构的基本核心"[1]，是有一定相似性的，即成为这个社会的社会性格。在弗洛姆看来，"社会性格是理解社会进程的关键概念之一"。

社会性格的形成无疑与一个社会中的宗教、政治经济或文化传统习俗等方

---

[1]　［美］艾里希·弗洛姆：《逃避自由》，刘林海译，上海译文出版社 2015 年版，第 186 页。

面都有着密切的关联，从而具有各个不同社会的文化特征，就像荣格的原始意象一样。但是，无论各社会之间的差别有多么巨大，社会性格作为人的群体精神状况或心理习惯的指称，毕竟也与人的内在生物本性有着直接的关联。因而我们并不能说社会性格单单受一个既定社会的文化生态环境的影响，当然，它也不可能单纯地只是生物本性的外在表现。这一点无论在个人身上，还是在一个社会身上，都是一样的。只是社会性格与该社会的文化生态环境和人的生物本性之间错综交织的关系究竟是怎样的，确实是一个十分复杂的问题，需要进行特别的研究，尤其是人类学式的考察。而这一问题无疑既有心理学意义，同时也有社会学和伦理学上的意义。

弗洛姆也清楚地认识到社会性格所表现出来的这种复杂内涵，认为虽然一个社会的特定生存方式将其成员塑造成某种性格，这种性格决定着这些人的思想、感觉和行动；然而成员群体的思想、感觉和行动反过来又影响着该社会的生存方式，进而重塑自己的社会性格。在一个一般性的社会中，一个人所具有的社会性格往往会"引导他去做对他来说从某种实际的立场出发必须要做的事，同时还使他在活动中获得心理上的满足"。这种观念和行为的一般性倾向特征造成了一个社会中群体性的共同观念和行为，且逐渐进一步固化该社会性格，并成为该社会中绝大多数人的习惯性生活方式。这意味着，特别是在现代社会，群体思想和行为往往不是通过强制的方式，而是以影响个体性格的方式所产生，"社会性格把外在必然性内在化了，从而驱使人把精力用在某一既定的经济和社会制度的任务上"[1]。如果当这种社会性格形成了某种特定的需求，那么与该需求一致的行为就能够同时从心理和物质这两方面满足人们。于是，社会性格成为一种"心理力量"，也能够"整合社会结构"。当然，这种"整合"，既可能是"好的"，也可能是"坏的"。所谓"好的"，是指社会文化生态环境

---

① ［美］艾里希·弗洛姆：《逃避自由》，刘林海译，上海译文出版社 2015 年版，第 191 页。

与人们的成长和幸福之间形成了良性的互动。而所谓"坏的",则是指这两者之间产生恶性循环,造成破坏性的后果和影响,如战争、奴役、贫困或愚昧等社会性灾难。我们尤其不能否认的一种现实恶果是,这种"整合"是可能被人为操纵的,即通过影响和控制来操纵群体的心理需求,以获得预料的群体观念和行为,进而就可以较为容易地达到一定的社会性目的。特别是当"制造"出了某种突出的心理需求之后,那些能够相应于这种心理需求的观念和行为,在社会中就能形成强大的驱动力量。

如何避免社会性格所可能导致的恶果呢?在这里弗洛姆又回到他一贯的主张,即强调"人的成长、发展及实现潜力"。因为这是人在自己的历史进化中逐渐形成的,有着"表达展示"的倾向。而这种自然倾向是"同生物成长倾向相一致的"。很明显,人的自然成长和实现潜力的倾向,要求有一个自由和公正的社会环境。"憎恨压迫",这是人的成长得以顺畅的前提条件。否则,压抑的结果将导致"憎恨"情绪的产生,这也是渴望自由和公正的一种表现,却无疑会给社会带来一定伤害。

"人的成长、发展及实现潜力"作为人的"生存冲动",在弗洛姆看来构成了社会进程演化的"原动力"。但是这并不意味着人有一个确定的本性或人格,而是在社会历史演化中始终保持开放的,并非仅仅作为一个自给自足的生物体,封闭在自己的生物系统之内,而应该在"与世界、他人、自然及自我的关系"中来加以理解。这是他与弗洛伊德单纯从生物学上来解释人性的方式不同之处。根据弗洛姆的观点,人的成长是与社会环境之间保持着"动态适应"关系的,即,一方面,"变化的社会环境导致社会性格的改变";另一方面,"性格并非对社会环境的消极适应,而是或者以人性中固有的生物天性,或者以在历史进化过程中成为人性固有组成部分的因素为基础的动态适应"[①]。可见社会

---

① [美]艾里希·弗洛姆:《逃避自由》,刘林海译,上海译文出版社2015年版,第200页。

性格是作为一种媒介因素在社会和人性之间发挥作用的，以所呈现出的各种心理状况显示出这两者之间的适应关系，特别是心理需求和心理焦虑对于社会性思想和行为的影响是极为关键的。

弗洛姆随后在《逃避自由》的姊妹篇《自我的追寻》中进一步讨论了人的成长、发展及实现潜力与社会环境之间的动态关系，并从中引申出社会人际伦理和道德生活的问题，即自由状态下的人如何能够健康、顺畅地成长而不至于要逃避自由。同样，这种社会生活仍然需要建立在人的"自发创造性"之上。这种自发创造性是让"人使用他的力量实现其固有潜能的能力"①。"自发"的意思说明这是人自己在使用，是自主的，而不是靠其他力量来控制。"创造性"虽然可以是指各种创造物，但最重要的还是对人自己的创造，即自己的人格。而且这一创造过程不会有完结的时候，因为人的潜能和人格可以说是无限和开放的。尽管人也"可以适应奴役"，"适应充满着互不信任和敌意的文化"，"适应要求压制性的社会环境"，但这是以"降低其智力和道德上的素质"，"变得软弱和无能"，"产生情绪上的紊乱"为代价的②，受损害的正是人自身的这种自发创造性，导致个体或社会的人格都无法形成。

社会性格很大程度上受该社会成员之间的人际关系所影响，如爱人和爱己的关系，利人和自利的关系。这在许多社会或时代被视为相互矛盾的关系，难以处理妥善。在弗洛姆看来，"对别人的态度与对我们自己的态度，其间不但毫无矛盾，且彼此休戚相关"。因为"原则上爱是不可分的"，"真正的爱，是一种创造性的表现，它意味着关切、尊重、责任感及智慧。它并非令人'感动'，而是积极地促使被爱的人得以成长与获得幸福，它发自个人本身爱人的能力"③。一个人有了这种"爱的能力"，即能够相应地对自己的生命、幸福、

---

① ［美］艾里希·弗洛姆：《自我的追寻》，孙石译，上海译文出版社 2013 年版，第 70 页。

② ［美］艾里希·弗洛姆：《自我的追寻》，孙石译，上海译文出版社 2013 年版，第 18 页。

③ ［美］艾里希·弗洛姆：《自我的追寻》，孙石译，上海译文出版社 2013 年版，第 111 页。

成长和自由加以肯定。也就是说，这种"爱的能力"，实际上就是人的自发创造性的一种展现。如果不是源于人的自发创造性，那么所形成的爱，很可能就是不完全的、单向的或不一致的，甚至是有害的或病态的。

社会性格还与人的良心有着密切的关联，因为：

> 在良心形成过程中，父母、教会、国家及舆论这类权威，往往有意或无意地被视为伦理和道德的立法者，他们的法律与制裁为人们所接纳，因而变为他们所已有的权威。当外在法律与制裁的权威变成某人本身的一部分时，这个人便会感到不是对身外某物负责，而是觉得对他的内在某物——他的良心负责。[①]

传统社会中人们的良心意识主要由社会性观念所灌输而得，而很少源自个体自身的自发创造性意识。即使人们在接受和根据这些外在观念形成自己的良心意识时，自然也包含有一部分自己的内在创造性，但是还是以外在观念为主导。而良心的变化和成长，都意味着外在观念与自身的自发创造性这两者之间的消长关系。就像弗洛伊德的"超我"概念，如果完全由外在观念所形成，且十分强大，那么它就对意识自我和潜意识领域构成了压制。因此，简单地将外在权威内在化，并不一定能有助于自发创造性的培养。弗洛姆将之称为"极权的良心"，是根源于对权威的畏惧和崇拜，导致顺从的性格，并以"严厉与残酷的态度对待自己"，使自己丧失人格的完整性。

弗洛姆认为，恰当的良心意识是与人的潜能或内在本性是否得到自发地顺畅实现，或人的整个人格是否得到恰当地形成直接相关的。他称这种良心为"人本的良心"："如果有助于我们整个人格的正确发挥与恪尽职责的行为、思

---

① [美]艾里希·弗洛姆：《自我的追寻》，孙石译，上海译文出版社 2013 年版，第 124 页。

想及观念，产生一种内心赞许与'正直'的感觉"，那么这就是良心的恰当反应；而如果"有损于我们整个人格的行为、思想及观念，则产生一种焦虑和不安的感觉"，这都是良心恰当的负面反应。良心应该是"真正自我的心声，把我们召回到自我的境界，使生活具有创造性，使我们获得健全而和谐的发展——那就是使我们成为彻底发挥潜能的人"[①]。在良心处于恰当反应时，也说明人格得到了良好地形成；而良心处于焦虑或不安时，那就说明人格的形成受到了阻碍。当人的自发创造性得到顺畅地展示时，那么良心也能很好地发挥影响和作用。

恰当的良心意识不仅仅涉及一般的观念、思想和行为，也涉及人的身体状态，即与人的身体本能欲望的满足和幸福感有着直接的关系。但是在弗洛姆看来，身体本能欲望的满足和幸福不是仅仅以单纯的享乐或痛苦为好坏的标准，并不像古老的享乐主义所以为的那样，而是需要看人的整个生命是否得到顺畅地成长为依据。因为"幸福是个人整个有机组织的感受，并且影响到整个人格。幸福与活力、感觉意识、思想，及创造力的增进具有连带关系；不幸福则与此等功能的退减具有连带关系"[②]。这当然不排除身体上产生的快乐和痛苦，因为这是人的愉悦和幸福与否最直接和明显的表现。而且身体上的状况也必然会影响人的心理与情绪的好坏，以及人的理智和感觉功能是否能够顺畅地发挥作用。只是说，如果一个人仅仅是主观上有快乐的感觉，却在人格整体上有更大的损失，那么这就与人的真正幸福无关了，而只能称之为"虚假的幸福"。

欲望的满足或痛苦的解除是较为普遍的快乐。然而当不满足或痛苦持续超过一定限度，那么就可能导致心理上的失常，甚至使人格产生缺陷。弗洛姆认为"一切非人类需要的不合理欲望，如渴望名位、权势，或屈从，以及羡慕与

---

① [美]艾里希·弗洛姆：《自我的追寻》，孙石译，上海译文出版社 2013 年版，第 136—137 页。
② [美]艾里希·弗洛姆：《自我的追寻》，孙石译，上海译文出版社 2013 年版，第 157 页。

嫉妒，也是源于个人的特质与内在的缺损或偏差"。这类渴望就很难通过满足得到解除，即无法由得到所欲望的对象而消解。所谓"个人特质与内在的缺损或偏差"，就是指"缺乏创造力及其引起的无能与恐惧"。这种情况造成的结果是内在的恐惧、孤独、怨恨或焦虑，外在的显示则是贪婪和破坏欲。这些不合理的欲望一般是由于"缺乏"所引起，而不是"充裕"的结果。

"充裕"的领域"是人类所具有的一种现象，它是创造力的领域，一种内心活动的领域"①。就像对食物的需求一样，由缺乏带来的是对饥饿的满足，而由充裕带来的则是品味和欣赏。品味和欣赏正是"自由与创造力的表现"，因为它们不是基于缺乏的需要才产生的。因此品味和欣赏带来的就不是单纯欲望的满足，而是身心的愉悦。这种身心的愉悦，也可以说就是人的幸福，是将自己的潜能作了创造性发挥的结果，是保全和成就了自己的人格。

人的信仰同样也需要与人格的完整联系在一起来看待。在弗洛姆看来，由于人格的不完整或缺陷，人就会产生无能或无依无靠的不安全感，这导致意志的瘫痪和难以消除的疑虑心理，于是人们不由自主地信仰权威或偶像。但是，这并不等于信仰本身是不应该的，只有将自己的思想或信念完全依赖于权威才是有问题的。正常的信念是生活和人格的必要成分，充满于人们的观念思想和日常行为之中。而不恰当的信念等于丧失了自己思想的能力，也等于中断了人格形成的过程。因而适当的怀疑是正当的，就像孩童在成长过程中从完全依赖父母到怀疑和批判父母的意见，尝试自己思考一样，都是建立自己独立人格的必由之路。在现实社会中，恰当的怀疑正是产生思想文化的源泉。人们以怀疑的方式不断脱离各种社会性权威，如祭司、君主或教会等，以培育自己的独立人格。不过，人们是不可能走上彻底怀疑境地的，因为就像笛卡尔所证明的那样，人们的怀疑也总是依靠对自己的体验、思想、观察或判断力等的信任为基

---

① ［美］艾里希·弗洛姆：《自我的追寻》，孙石译，上海译文出版社2013年版，第161页。

础。而这种基本的信任属于"合理的信仰"，因为是"出于以自己创造性的观察和思想力为基础的独立判断"①。

同样，对他人的信任也必然源于对自己和他人人格的肯定。一个人只有对自己的人格完整有信心，才会对自己的真实性和完整性有着充分的信赖。这被弗洛姆称为"本体感觉"。在此之后，一个人才会具有信任他人的能力，确知自己或他人的思想和行为将会如他现在所期望的那样。也正是基于这种本体感觉，人才能够具有"承诺"的能力和资格，即肯定自己的思想和行为的未来预期。

一个人能够对自己和他人的人格给以肯定、具有信心，也意味着相信自己和他人的潜能能够实现，生命能够成长和创造。这几乎已经成为人类的本能信仰或生存天性，从出生之时起就存在于父母与子女之间。基于这种本能的信仰，教育对一个人而言，才有本质的意义。因为那正是帮助人们实现自己的潜能，帮助生命的健康和顺畅成长，帮助人们培养自己的创造性能力的方式。与教育相反的行为，就是"操纵的方式"，即"认为唯有成人驱使儿童做合意的事与制止做那些看来不合意的事，才会使他们获得正常发展"。这与人的生命成长本身背道而驰，因为这将使儿童的潜能或创造性无法得到实现和发挥，也导致其独立人格无法正常地形成。所以，信心是来自自己创造性活动的体验，而对各种权威的依赖心理则是对自己缺乏信心的表现。

社会性格问题涉及人与人之间的伦理关系。在弗洛姆看来，社会性道德原则应以是否与生命本身的要求相界定，即"就人类的道德而言，一切邪恶的活动皆与生命相违背，良善的活动则有助于生命的维护和发展"②。因此道德活动就是对生命的存在和发展有益的事情，而非道德活动就是对生命的破坏，导致

---

① [美]艾里希·弗洛姆：《自我的追寻》，孙石译，上海译文出版社 2013 年版，第 177 页。
② [美]艾里希·弗洛姆：《自我的追寻》，孙石译，上海译文出版社 2013 年版，第 185 页。

生命和创造性的阻碍。不过弗洛姆认为破坏性活动也有两类："反应性"的破坏行为（如憎恨）和"基于性格"的破坏活动。前者属于正当防卫式的破坏，如一个人对自己或他人的生命和自由遭受威胁时所产生的反应。这是作为生物本身所具有的正当功能，与维护生命的道德活动是一致的。后者就不同了，是一种对他人固有的敌意，深藏于人的性格之内，可能与某一具体的对象无关，而是习惯性的心理反应。即使他所破坏或憎恨的对象消失了，他的破坏欲或憎恨情绪却仍然还会保持下去。这种类型的破坏欲对社会伦理关系而言，具有相当的危害，导致人们相互之间总是存在着紧张关系，难以消除。

那么，这种基于性格的破坏欲或恶的行为是如何产生的呢？弗洛姆认为，"破坏欲的产生，是因为生活不合理想的后果"，也就是由于一个人在其生命成长过程当中遇到了来自他人或社会的各种阻碍性力量，如"在意识、情绪、生理，及智慧等能力上"受到了挫折，就会产生破坏性的力量，成为社会中"各种邪恶表现的根源"。而且，如果他的智能受到的阻碍程度越严重，那么他的破坏欲一般也就越强烈。这表明人的破坏欲来自自己的生命活动本身所遭受到的阻碍，且主要正是来自他人或社会，因此才会对他人或社会产生一种普遍性的敌对情绪，就像霍尼的"基本敌意"一样，并由此导致各种不道德的行为。特别是当来自他人或社会的阻碍性力量过于强大，或者持续时间过长，或者涉及得过于全面，那么就很可能导致人的破坏欲或敌意逐渐深入性格之内，形成根深蒂固的习惯，难以消除了。这意味着"邪恶没有独立的存在性"，只是由于缺乏有益于生命成长的环境条件所带来的结果。

从这样的角度而言，一个人的人格或自发性的形成有自身的动力来源，即生命的成长和完整。这使人具有行动的能力。而且人所具有的这种能力本身又使人产生"运用这种力量的需要性"。如果不加以运用，或丧失了这种能力，反而会对人自己造成伤害，使人无法获得幸福。如人的行走、运动、语言和思想的能力就是这样。对这些能力，人是不能放弃或逃避的，而只能加以创造性地运用。这是人基本的生存之道，也是基本的生存方式。

就现实社会生活而言，可以说每一个人从出生之后就开始了运用自己能力的过程。这是几乎没有什么例外的。但是很多人逐渐还是会出现缺乏自发性、不能成熟，无法形成自己人格的情况。主要原因就是他人或社会对人们自然能力的运用产生了消极的影响，以至于严重到可能一个社会中的许多成员都存在这种问题。弗洛姆认为，"这一现象是社会性的缺陷"。更糟糕的是，当一个社会中的大多数人都处于这种状况时，很可能他并不会感觉到自己的缺陷，或者不认为这是一种缺陷，而以为这属于正常的情况，就像思想已经习惯于受到禁锢的人或狂热的宗教信徒把自己思想能力的萎缩从不视为缺陷一样。他可能也并没有因这种缺陷而导致生活困难，或被该社会群体所孤立和抛弃。在这种情况下，这个社会群体都难以认识到这种问题，或有意地加以忽视，甚至还会将这种缺陷视为"美德"。那么，这些存在生存能力缺陷的人就不会去积极地改善自己的问题，还可能有意识地纵容或加深这一状况。不怀疑自己的状况可能反而对他有一定的好处，因为不会因此而苦恼和痛苦，更不会因这一状况的无法改变而趋于疯狂。这种情况说明，这种普遍性的人格缺陷是一种文化现象，而不是个人的问题，即只有在某一特定的文化环境之中，人才会出现这种人格缺陷；而不处在该特定的文化环境之中，也就未必会发生这种情况。

当一个社会出现这种普遍性的性格缺陷时，并不是很容易就能够将其所带来的人格问题简单地加以消除。但是如果不作应对的话，这些问题就很可能引起严重的社会问题，如战争、贫困或各种不公正现象，导致社会无法维持稳定的秩序或人际关系。因而一般而言，每个社会都会逐渐形成自己的相应措施来应对这种情况，例如原始信仰、政治权力和法律，还有宗教或道德等也都是较为普遍的方法。宗教或道德观念和理论都主张某种伦理行为，以抑制人的破坏性或自私的态度和行为，即那些被视为是"坏的"或"恶的"心理或行为。这也就是说，政治法律、宗教信仰或道德伦理等都是出于社会性的特定需求而产生的。它们通过抑制恶的冲动所引起的意识和行为来形成一定的社会生活秩序和人际关系。这种"抑制"有的是以外在方式进行的，如图腾信仰、法律或政治权力等的约束；也有的是以内化的方式进行的，如宗教信仰和道德伦理观念等。不过不论是外在的还是内在的方式，也都按照奖励和惩罚的原则进行，即：如果是符合该社会中的观念和行为准则，就可以算是"好的"或"善的"观念和行为，就可以得到人们的奖励；如果不符合该社会中的观念和行为准则，那么就算是"坏的"或"恶的"观念和行为，就将受到该社会的惩罚。

但是，这种社会性力量的抑制，就像弗洛伊德所称的"压抑"一样，是会引起严重问题的。因为外在的压制不可能促使人们产生主动的观念和行为，这是与人的生命活动本身相矛盾的。因此最终的压制总是会通过内化的过程转变为人的内在压抑，即通过人自己的意志力对自己的观念和行为进行压制。可是，人的意志力与自身的潜意识领域或意识领域的对立是不可能一直持续的。毕竟，意志力的获得终究是源于自己的潜意识领域或生命本身的力量。而这种内在冲动也同样是源于人自己的潜意识领域，且是不可消除的。所以，即使这种内化的方式取得了暂时的效果，却由于所导致的人格撕裂而最终将出现精神崩溃的结果。也就是人们要么最终不得不放弃这种内化过程的功能，不再以外在社会性规范来抑制自己的观念和行为；要么是在不断压抑自己的过程中导致意志力的越发薄弱，最后只好以某些物理方式来麻木自己，如性、赌博、酒精或毒品之类。这些都表明这种抑制方式是极不可靠的。

弗洛姆也看到这种抑制的消极作用，因而认为这些类型的压制或麻木自己的方式，都是不恰当的，不可能产生真正的道德行为，而只有充分发挥人自己的自发性或潜在创造性，才有可能真正消除因受压抑而带来的恶果。因此，他认为一个社会"必须重视培养发展创造性的各项环境条件。其中首要的条件，是一切社会与政治活动皆以每个人的发展与成长为目标，人是唯一的目标与对象，人除了他自己之外，不是任何别人或任何事物的手段"①。这一康德式的原则即使从心理学的角度来看，也是有道理的。只是康德（I. Kant, 1724—1804）强调的是一种普遍性的理性原则，而弗洛姆从心理学角度看到的则是每个人的特殊之处，即自发性的培养。这是一个很重要的区别。

根据弗洛姆的理论，社会政治、经济、法律和宗教道德等不能以严厉的态度从外部作为社会规范来对人的自发性或潜能进行压制，而只能创造条件来帮助人的自发性或潜能得到恰当地培养和发挥。否则将形成"恶性循环"，即越是要求人们具有所谓的"美德"，结果却越是使得人们的人格陷入撕裂状态、意志力薄弱甚至精神崩溃，导致人的无能、焦虑、恐惧或心神不安，产生难以消除的心灵饥渴或破坏欲。这是任何外在社会规范的奖励和惩罚都不可能真正解决的问题。只有当人们能够正视自己的潜能或自发性，发挥自己的创造性，才有可能增强自己的内在力量、信心和幸福，才有可能逐渐形成自己的健康人格，得到顺畅地成长。这个时候人的观念和行为也才有可能彻底消除心灵饥渴或破坏欲，主动寻求与他人的友好相处和伦理关系，从而建立正当的社会秩序或结构。这种情况被弗洛姆称为"德性的循环"，即人的意志力和道德意识都随着生命发展的过程而不断提高。因此，人的道德意识或道德行为主要并不是依据外在社会规范进行自我的道德修养所得到的结果，而是改善社会文化生态环境使之有利于人的生命发展和成长的结果。

对社会文化生态环境的改善当然并不是一件容易的事情。特别是在人类文明刚刚出现的初期，就像一个婴幼儿一样，只会学习如何去适应自己所身处的环境，还远谈不上根据自己的需要去加以改善。但是，经过一段时间被动地适应之后，随着人的生理机能的发育，人的良知、意志、理性和情感等方面都有了一定程度的成长，从而开始有了意愿和能力对自己周围环境进行适当的改

---

① ［美］艾里希·弗洛姆：《自我的追寻》，孙石译，上海译文出版社2013年版，第198页。

造。从对自然生态环境的改造到对文化生态环境的改造，可以说正是文明自身的必然发展过程。虽然在现实社会生活中，对社会文化生态环境的改造并不是所有社会都能够如愿做到的，而有着程度上相差很大的不同状况。这种程度差别源于其中人们的整体文化结构和社会结构，当然也不乏外部环境中其他因素的偶然影响。

社会文化生态环境的形成虽然受到许多特殊现实历史情境因素的影响，但是原则上应以每个人的成长和发展为目标，培养个体的自发性和创造性，形成弗洛姆所说的"德性的循环"。在这个循环过程中，各种社会规范是需要不断加以改善的，应保持对人的成长的"最适宜性"，而不能依赖权威不容置疑的优越性或永不犯错的正确性。如果一个社会不能构成"德性的循环"或对人的成长具有"最适宜性"，那么，很可能就会使其中的社会成员经常性地处于道德选择的困境之中，即无论如何选择都无法成为道德的选择。特别是人们会经常发现在服从社会规范与自身人格的完整性之间难以做出恰当的判断和抉择：要么服从社会规范的道德要求，却伤害了自身的人格发展；要么顾及自身的人格发展却不得不违背社会规范，从而导致被社会视为不道德的对象。很明显，这种道德困境本质上并不是个人的道德修养问题，而是一个社会性问题，即社会本身存在着不合理的结构和状态，才导致了这种道德困境的普遍出现，使得其中的社会成员总是面临无法圆满解决的冲突和矛盾。当然，这种社会中的主导群体往往是对此加以否认的，因为他们在这种文化生态环境中总是得到利益的，且该社会规范也往往是由这一主导群体所制定的，因而也总是强调所有社会成员应该遵从这些社会规范，并将这种遵从视为"美德"，将抵制这些社会规范视为"道德缺点"甚至"罪恶"。

遵从自己所身处的社会文化生态环境中的权威或规范，是人们在社会生活中不得不面对的现实。人不仅仅是纯粹观念性的存在，而有着必不可少的身体需要，因而各种社会力量可以十分容易地支配或控制一个人。特别是在较为原始的古代社会，一般的人更难以摆脱社会力量的影响或主宰。当一个人的基本生存受到了威胁或控制，同时又求助无门或无处逃避，那么就难免会感到自卑、恐惧、焦虑或心神不安，结果也往往是不得不屈服和顺从。而长此以往，这一处境是会影响人的心智状况的正常发育的，即很容易使其丧失心智功能的正常发挥，或者出现很大的偏差，甚至导致整个心智功能的瘫痪。这被弗洛姆形容为权力的"瘫痪性影响力"，即权力对人的威胁作用和控制性影响，可以让人产生内在的恐惧心理——一方面不得不顺从；另一方面又期待着该权力给自己以保护，因为自己已经成为顺从权力的"弱者"，而权力也往往会对顺从的弱者给予某种"安全承诺"，也就是希求权力掌握者能够"仁慈"地对待自己。于是，在这种顺从心理的影响下，成为弱者的顺从者就希望该权力能够保证这一权力体系始终持续下去，并能够让自己也成为该权力体系中的一个成员，因而获得相应的地位和利益，这将使他暂时缓解或消除那些自卑、恐惧、焦虑和心神不安，得到一定的安全感，即使是需要自己竭心尽力地取悦权力掌握者也在所不惜。不过，在这种处境中的人由于不断地"自我弱化"，最终将导致自己的整个身心实质性地逐渐被弱化，以至于依附性越来越强。

在弗洛姆看来，"人的真正'堕落'，便是屈服这种权力的威胁与许诺"，因为"屈服于权力，等于在支配之下丧失他的权力。他丧失了用以使他真正成为人的权力"[①]。这也是说，屈从于权威的力量便是丧失了自己的能力，即能够使自己形成独立人格或自发性的能力，如理智、爱或从事道德行为的能力，而成为"偏见与迷信的牺牲品"。因为他的理智只知道权威力量所规定的"真理"，而不再具有怀疑和思考的能力。他对他人或事物的爱，也是依据权威力量的要求去做，而不再是遵从自己内心的声音。他虽然也在做他认为是"对的"事情，这都是按照权威力量所指定的标准来衡量的，而不是依照自己内心的声音去做

---

① [美] 艾里希·弗洛姆：《自我的追寻》，孙石译，上海译文出版社 2013 年版，第 212—213 页。

自己认为对的事情。他对权威力量所制定的所有规范，只剩下遵从和执行，而没有了质疑或批评的能力，也没有了去做进一步探讨和思考的能力。他对自己心灵的声音，也不再认真倾听、认真对待，而只知道去听从权威力量的命令和指挥。这正是人的"堕落"，虽然他可能在一个特定的社会中得到了一定的地位和利益，却基本丧失了成为一个独立的人的可能性。因而摆脱对权威力量的顺从而得到自由，对一个人而言就具有本质的意义，"自由是幸福与美德的必需条件"，就是使一个人能够按照自己的天性健康、顺畅成长和发展的社会环境条件。从这一角度也可以说，自由是使人维护人格完整的基本条件。只是自由并非仅仅针对政治权力或宗教权力而言。在当代的社会现实生活中，自由问题还涉及社会舆论、商品市场、技术产品或各种世俗道德观念等。这些因素也都可能成为支配或控制人的权威性力量，使人们在不知不觉中丧失自己的个体意识或自发性能力。要彻底消除这些社会性因素对人格完整的威胁，并不容易。

当代西方社会有自己独特的问题，受到多重因素交织的影响。在弗洛姆看来，"我们的道德问题，是人对他自己的冷漠"，即忽视了"个人重要性与独特性"的意识，将自己仅仅当成了某种外在目的的工具、商品或物，产生了对自己的不信任，并由此也产生了对他人的不信任。这使得人们有可能丧失自己生命的活力，丧失自己的创造力，却茫然于四处寻求可能的出路。因此，他认为要解决当代社会的道德问题，就必须回归人自身，"其决定全在于人，在于他能够认真地关切他自己、他的生活及幸福，在于他愿意面对他与所处社会的道德问题，在于他有成为自我以及为自我而生活的勇气"[1]。

虽然回归自我、成就自己的人格和不断丰富自己的意义世界对一个人而言是重要的，可是个人的整体生命能够健康发展的问题却不是单靠个人所能解决

---

[1]　[美]艾里希·弗洛姆：《自我的追寻》，孙石译，上海译文出版社2013年版，第216页。

的，而更主要的在于社会本身的结构问题。对此弗洛姆是很清楚的，也是他所一贯主张的。所以他在后来的著作《健全的社会》一书中就特别强调了社会建构对个人成长的重要意义：

> 我们不能从个人是否"适应"社会这一点出发来给精神健康下定义；恰恰相反，我们必须先看社会是否适应人的需要，在促进或阻碍精神健康的发展方面，它起了什么样的作用，然后再来下定义。一个人的精神是否健康，从根本上讲，并不是个人的事，而是取决于他所处的社会的结构。①

一个人的精神健康并不仅仅是个人的心理问题，而主要是由于其基本的生存状况出现问题所导致的，即一个人的基本生存条件受到了来自外界社会性力量的威胁或破坏，造成人的焦虑、恐惧或心神不安等心理现象，就像霍尼所说的"基本敌意"和"基本焦虑"那样。这样就会在社会范围内产生普遍性的精神困境。不仅如此，当一个社会的组织结构使其成员产生这种普遍性的精神困境之时，这样的社会结构也往往不可能帮助其成员恢复精神健康，最多只能以某些补偿性的方式加以缓解。当然也有可能会进一步恶化，但是这就必然会引起社会成员的反抗，导致该社会结构可能的崩溃。因而在社会结构的维护者（社会力量的掌握者）与普通成员之间就会渐渐形成某种平衡状态，以双方的妥协或忍让为条件维护社会秩序的稳定。只是这种稳定是否能够持久是很有疑问的，要视其是否从根本上适合人们的需要，特别是从精神上的健康需要而定。这正是弗洛姆所关注的焦点问题。在他看来，虽然人可能适应任何受支配、控制或奴役的对待，但是即使是历史上那些严酷的专制暴君和统治集

---

① ［美］艾里希·弗洛姆：《健全的社会》，孙恺祥译，上海译文出版社 2011 年版，第 58 页。

团都"无法阻止人民对这种不人道的对待作出反应",如"惶惶不安、猜疑和孤独"①,而这些心态的最终结果都不利于社会的稳定发展,如果持续时间较长或者恶化的话,那么或者会导致人们的心智受损、创造力消失,也就弱化了社会整个机体;或者人们被迫进行反抗,重新建立新的社会秩序。这些反抗一般而言并不容易重建新的社会结构,而只是促使新的社会性力量不至于形成过度的压力而已。至于具体可能会出现什么样的情况,当然要视社会中各种因素的情境变化而定。

现实的社会结构或文化生态环境不会是完美的,不可能对其中的所有成员都起到有益的帮助作用。这些成员由于个人的多重原因,总是会处于千差万别的状况之中,因而可以说无论什么社会都难以满足所有人的要求。但是这并不是要对一个现有的社会结构进行辩护,视其为合理的不再加以修正,而恰恰是需要保持对任何一个社会的批判态度,才有可能使其在最大限度上能够对人们的生命成长产生有益的帮助,而不是相反。即使一个社会文化生态环境已经按照人的健康发展的要求得到建立,也不意味着它总是合理的,或者能够对所有人都有益。因为当人们的心智状态得到一定程度的发展之后,原有的文化生态环境可能就不再适合新的要求,产生了新的压抑,因而需要加以改变,有时甚至是相当大程度的改变。因此,社会文化生态环境总是需要不断地进行批判和改善,以防止其出现对人性的压抑而不是促进。

尽管如此,现实社会与人性之间的关系仍然还是极为复杂的。例如社会结构本身与人的生命成长之间是否存在着必然而不可解的冲突?或者,人的成长过程本身是否就是一个不断自我冲突或与他人冲突的过程?即使一个社会结构已经按照符合人的生命成长的方式来建构,是否也仍然不可能避免这些冲突呢?社会结构本身都是人们的群体行为的结果,可是自原始阶段出现至今,似

---

① [美] 艾里希·弗洛姆:《健全的社会》,孙恺祥译,上海译文出版社 2011 年版,第 13 页。

乎世界上绝大多数社会状况都难以令人满意。为什么会出现这种状况，究竟是什么原因所造成的呢？这些问题都需要更多地深入探讨。弗洛姆是认为社会本身总是存在着问题："社会不仅同人的非社会的方面相冲突，这一方面部分地是由社会自身造成的；社会常常也同人的最有价值的人性的品质相矛盾，社会不是促进而是压抑了这些品质。"① 所谓"人的非社会性的方面"是指人的生物本性中存在的某种破坏性因素或与他人相敌对的倾向，如弗洛伊德的"俄狄浦斯情结"，霍布斯（T. Hobbes, 1588—1679）假设的人与人之间存在基本敌视态度，达尔文（C. R. Darwin, 1809—1882）的"生存竞争"理论，或经济学作为前提的人的自利原则等等。而"人的最有价值的人性品质"，在弗洛姆这里就是人的人格或自发性，包括理性、爱和创造性能力。也就是说，一个社会本身总是难免与人的两方面因素都有着冲突关系，而并非是相互适应的。不过，这样的说法可能误解了弗洛姆的意思。因为实际上他是认为人的那些非社会倾向并非是人性的内在成分，不是必然会出现的现象，而不过是社会本身对人造成的压抑所导致的结果，即如果社会压抑了人的自发性，使人的人格无法正常地形成，那么人的创造性能力也无法得到正常地发挥，就将必然导致那些负面的心理状态产生。因此，按照他的设想，一个健康的社会就必然指向了如何培育人的自发性，如何帮助人获得自己的独立人格，使其创造性得以顺畅地发挥，能够正当地运用自己的理性，能够正当地去爱他人，能够创造性地工作，得到创造性的自我体验。也就是使人的生命向着积极的方向顺畅地发展，而不是相反。只是，社会规范为什么总是会构成对人性的压抑，却仍然还是一个悬而未决的问题。

在现实生活中，社会结构及其规范所形成的社会文化生态环境并非那么容易改变。特别是其中某个或某些因素的改变可能仍然无法带来积极的后果，反

---

① 〔美〕艾里希·弗洛姆：《健全的社会》，孙恺祥译，上海译文出版社 2011 年版，第 62 页。

而时常会出现令人意外的情况，即导致了更严重的压抑状态。因为社会结构在多重层面存在着内在关联，部分因素的变动造成整个社会系统的不稳定状态，从而在形成新的稳定状态之前可能带来更大的灾难性后果。弗洛姆也看到这一点。因此他在考察了西方现代社会状况之后认为：

> 如果我们了解到这些不同的方面是如何相互关联的，我必定会得出这样的结论：只有在工业和政治的组织、精神和哲学的方向、性格结构及文化活动这些领域同时发生变革时，才能达到精神健全和健康。只注意某一个方面的变化而忽视其他各个方面，对整体的变化来说是有害的。①

这种情况在现实社会的历史过程中是屡见不鲜的。毕竟人的生命是一个整体，有基本的生存需要，也有自己的思想和感情。如果缺乏了基本的生存保障，那么人就会产生不安全感或基本焦虑，就不得不依附于那些控制着其基本生存保障的社会性势力。而如果人在心理上缺乏独立意识，有着很强的依附性，或者在一个缺乏思想自由的处境之下，那么这样的人即使有了生存的保障，甚至过着锦衣玉食的生活，可是在精神上还是难以成熟或健康。社会发展的不平衡性无疑将导致其中的成员存在着普遍性的困境。虽然它也能通过某些方式加以弥补，但是毕竟不能解决根本性的人格缺陷。就像民主体制在古希腊、基督教在中世纪和理性精神在现代社会中的发展情况那样，都难以解决社会整体所存在的问题，也无法对人们始终起到有益的作用，最后往往是给社会带来某些灾难性的后果。这被弗洛姆称为"孤立的进步"。当然我们也不能单单依据这些后果就来判断它们的价值和意义，而只是表明社会结构需要有一个相应的复合机制才能发展成有机整体，组合出有益于生命成长的文化生态环

---

① 　[美] 艾里希·弗洛姆：《健全的社会》，孙恺祥译，上海译文出版社 2011 年版，第 230 页。

境。就像一个人的生命本身也是一个有机整体，需要复合机制才能使得生命整体得到顺畅地成长。因此，"对于人类进步来说，在生活的全部领域整体迈进的一步要比宣称的在一个孤立的领域迈进的一百步——即使这种进步可持续一小段时间——具有更深远的意义，效果也更持久"。这并不否认孤立领域的进步当然也是一种进步，只是还不容易对人的成长产生确定的积极作用，甚至还可能由于这种"孤军深入"所引起的灾难性后果导致社会整体文化生态环境出现暂时性的退化。

所谓社会整体文化生态环境的"进步"与"退化"，并不依据任何外在的标准，而是看它对其中绝大多数人的生命成长的影响而定的。因为个人的人格形成就是一个多样性因素交织融合、协调发展的复杂过程，因此与社会文化生态环境之间就呈现着变化的动态关系。这一点也被罗洛·梅（Rollo May, 1909—1994）所强调。在他看来，人格就相当于一个人对自身各种机能的"整合"，是一个人能够健康顺畅生活的"力量中心"，是不能通过依附于其他外在力量来代替的[①]。如果一个社会以过于强大的社会性力量对其中的个体成员产生巨大压力甚至威胁的话，无疑将给他们的生命成长造成非常大的伤害。这是被几乎所有心理学家都指出来的。不仅如此，罗洛·梅还认识到，如果一个社会过于强调人们应该适应社会，力争被这个社会所接受的话，同样也会对人们造成很大的伤害。因为这虽然看起来是在缓解人的焦虑，但是又由于使人害怕不能适应社会，不被社会所接受，因而将造成更深的焦虑或孤独感，导致人们内在的"力量中心"或"自我的核心"总是处于受威胁的状态。这也是社会文化生态环境的不平衡发展对人们所具有的潜在消极影响。

个体的生命成长总是处于一个冲突状态之中，即不断地破除自己的原始依附性，并在更高的层次上力求把握各种现实的限制，以实现自己的潜能，发展

---

① 〔美〕罗洛·梅：《人的自我寻求》，郭本禹等译，中国人民大学出版社 2013 年版，第 8 页。

自己的创造性能力。这其中表现出的是一种生命活力，因而必然会对现存的社会规范、社会结构或社会性权威力量进行挑战。这种情况实际上对成长中的个体和社会中的权威个体而言，都是具有威胁性的状态，如果不能得到恰当平衡的话，就很容易使双方都产生焦虑情绪。传统社会结构中的道德伦理观念和制度虽然是为此出现来进行协调的，却往往被当做"对其群体标准的'适应'"，以至于"道德越来越倾向于与服从相等同。只要一个人服从社会和教堂的支配，那么他就是一个'好'公民"①。这样的社会规范可以说忽视了人类道德的本质，即个体人格的主动性行为，无法在个体人格整合力量的调节下建立自己与他人的创造性关系。因而罗洛·梅认为，"道德洞见是在攻击对现存习俗的顺从中诞生的"。这将避免使自己成为社会性权威力量的牺牲品，将自我人格交给支配者。否则，如果一个人长时间服从于外在权威力量的话，就可能因个体人格的无法形成而丧失从事道德行为或承担道德责任的能力，也丧失了自己选择和判断的思考能力，最后就是彻底失去创造性能力。而如果人们又抱以自己应该从服从中得到某种补偿的期待的话，那么在现实社会的历史过程中人们最终会发现，所有的这类期待基本上都是落空的，几乎没有能够得到真正实现的时候。结果这些失望情绪又反过来对社会造成了各种破坏性的影响。因此，在罗洛·梅看来，任何社会中的人都不能将自己的"内在完整性"或"内在自由"的决定权交给社会或任何他人，而必须尽一切可能把握在自己手里，因为"没有一个'完美整合的'社会能够替个体完成一切，替他们完成获得自我意识以及负责任地自己作出选择的能力这一任务，或者让我们解除这一任务"②。在传统社会中，这种"替代"的威胁总是存在的。而在现代社会中，这种"替代"的威胁也随时以某种潜在的方式出现，在人们不知不觉中消解人们思想上的心

---

① ［美］罗洛·梅：《人的自我寻求》，郭本禹等译，中国人民大学出版社 2013 年版，第 143 页。
② ［美］罗洛·梅：《人的自我寻求》，郭本禹等译，中国人民大学出版社 2013 年版，第 212 页。

理防御，进而使人堕入受支配、控制或奴役的人格与生存困境之中。

心理学的研究揭示了人的心理现象所可能隐含着的问题。这些问题涉及个人的心灵空间，也关联到个人所生存的社会文化生态环境。因此，尽管精神分析的宗旨或许在于改善个人的心理状况（至少这是弗洛伊德、阿德勒、荣格、霍尼和弗洛姆等人的出发点），但是同时也指向了某些一般性的人与社会主题（这应该也是他们所希望探究的），因而也自然地进入了我们的关注范围。

从这些心理学理论我们可以看到，人的内在世界有着无比广阔的空间，包含着无限的可能性。这种无限的可能性不仅是意识领域的特征，也是潜意识或无意识领域内在的特性。而这是与自然世界的无限的可能性有着一致性关系的。如果我们把人视为自然世界中的一员，那么对这一点就不难理解。

尽管对人的内在空间所可能有的结构或功能，我们可以进行多种描述和解释，例如从生物学、心理学、伦理学、社会学、形而上学或文学艺术等角度进行刻画，但是从生命成长的意义上来看，这些描述和解释都不排除一个价值导向，那就是一个生命的成长总是倾向于健康和顺畅，而避免受到伤害或压制。这其实也可以说是生命机体自身的内在要求。

这一基本的价值导向构成人的生存活动的基本倾向。我们可以把这一基本倾向称为"道德的"，事实上我们可以进一步意识到，人的内在空间中未知的部分可能已经是这种探究本身的一个构成性伴随物。也就是说，探究本身也同时在创造着未知世界，探究与未知永恒相伴，无限延伸。由此也意味着，人的探究活动与未知世界一起，在创造着人本身的无限可能。探究，就意味着创造。

"俄狄浦斯情结"并不意味着人会单纯由性欲就导致弑父娶母，而是指向了人本身的成长困境。《俄狄浦斯王》说明古希腊社会的伦理观念是人们自然形成的，而不是由祭司灌输的，不是祭司文化。人们在自我教育，而自由成长的结果也同样能够产生良好的伦理观念。

　　只不过人类以往的历史记述中通常并没有将个人的心理状况视为是值得注意的现象，因而使我们不容易得到这方面的历史证据而已。当然我们可以从流传至今的某些文学艺术作品、宗教现象、风俗习惯、社会政治状况或传统观念等方面，间接地了解和研究古代社会的可能情况。而对当代社会精神状况的关注和研究就很不一样了，因为我们可以从活生生的个人得到大量相关的信息。考虑到人格形成的社会历史文化生态环境的影响，我们就有必要对之作人类学的考察和分析，特别是发生学式的研究可以让我们更好地探寻在社会文明发展之后出现的人格困境究竟有着什么样的历史根源。

第二部分　原始心灵空间

确实，

在太初，这个世界唯有梵。

它知道自己："我是梵"。

因此，它成为这一切。

众天神中，凡觉悟者，便成为它。

众仙人中也是如此。

人类也是如此。

——《大森林奥义书》，第一章第四梵书

|第四章|

原始心灵空间的内在结构

　　人的道德实践指向的是人的生存状况。心理学的研究给出了评估这一生存状况的一个可观察证据或现象。依此，我们可以基本判断一个人或社会的状况是良性的，还是有缺陷的；其思想和行为是处于健康和顺畅的成长当中，还是相反，受到了阻碍或压抑，而不得不寻求某些特别的方式以避免遭受更大的伤害。当然，在任何社会或任何时候，总是有个别人难免会面临比其周围的人更多、更严重的困境或遭受各种不幸。只不过我们这里所关注的是较为一般性的问题，而不是单纯个人的特殊情况。这并不是说个人的不幸不值得关注，而是说有很多的个人问题，实际上根源于其所身处的社会本身存在的问题，即是该社会中的某些普遍性状况所导致的，而并非其个人原因所致或个人的偶然遭遇。例如生活于古代社会中的一个奴隶，其道德困境就不能仅仅从个人角度来看待，而需要追究当时当地的社会性根源。这也是说我们对一个社会普遍性生存状况的研究，可以帮助我们更好地理解生活于其中的个体心理或行为特征。

　　不过即使是一个社会的普遍性状况，也同样是历史情境性的产物，而不能简单地以历史必然性加以描述或解释，更不能以现实合理性为之辩护。因为那些看起来像是规律的必然性力量发挥其决定性作用的方式、范围或时间等，实际上都是难以确定的，说它只是一个复杂情境结构中起影响作用的诸因素之一似乎更为恰当。而所谓的现实合理性也要视其"理"为何理，其理的根据何在。除非我们已经有了一个"完美社会"的现实存在，否则就很难做出任何"合理性"的判断。就世界范围的历史现实来看，除了人成长本身的自然要求以外，我们还不容易找到更有说服力的合理性范畴。那些"理"即使有，恐怕也需要在复杂情境结构中才能得到更好的理解，而不能指望它们具有某种基础性或独立性的解释力量。这也是我们要从心理学的角度来讨论人的生存状况的原因。基于同样的考虑，我们还有必要再从人类学的角度做进一步的考察。这样，我们或许能够得到一个历史情境性的价值依据，以判断人的观念或行为的道德状况。

要了解人这样一个有机体的生命存在，固然离不开生物学或生理性的科学研究。但是当人成为一个有心灵的生命存在，要衡量人的思想和行为状况，就有必要将之置于人与社会的关系之中来加以分析，即考察的对象是社会文化生态环境中的人的生存状况。这并不意味着将人的生物属性与社会属性分离或对立起来，而是将人的社会性诉求也视为其生物本性的一个有机部分而已。同样，社会文化生态环境也并不是在与自然环境相互对立的意义上进行理解的，而不过是自然环境中与人相关的部分而已。我们当然可以说这是人的创造物，只要我们不把"创造"这一行为从自然世界中完全孤立出来，就没有什么太大关系。人是心身统一体，其思想和行为无疑也应该是在这一统一体基础上被看待的。因此，对人的生存状况或道德实践进行探究，无论单纯从生物学或生理学角度进行，还是单纯从抽象的哲学理论角度，恐怕都是不完全恰当的，而应该结合起来综合地看，尽管单方面的研究都有帮助，也有必要。

虽然我们强调人的历史情境性或影响因素的复合结构，但是即使抛开历史眼光去看待古代或今天的人或社会，当然也可以说点什么，而且还可以说得很多。不过，考虑到社会的历史传统习俗的影响，也考虑到生物学上的基因关系或荣格所说的集体无意识的遗传性，那么，我们应该能够理解，一个社会从形成之初以至于今的历史发展状况，都会对生活于其中的人有着深远的影响，给他们的生活方式或人格特征带来或深或浅的印痕。就像一个人的某些观念或行为与其小时候的成长过程有着关联一样，这些历史痕迹对一般人而言总是存在的。这一点我们在上一部分的心理学讨论中已经涉及了很多。荣格的原始意象可以说就是古代社会人们的历史记忆所形成的一种心理现象，是无意识领域中的历史遗迹。

因此，我们这里就有必要区分个体的人格与人格结构这两个不同的概念。一个人的人格特征是其心理和行为较为稳定的倾向，体现了他自觉把握生活的程度。而"稳定的倾向"意味着这是一个历时性过程，也就是一个人个体化的过程，包含着潜意识领域、意识领域和社会规范这三者之间的复合关系，显示了在历史情境下这三者之间所形成的一般性人格结构。无疑，个体的人格结构并不是先天就有的，而是在长期的社会历史发展中缓慢形成的，并不断地传承下去。但是它也不是一旦形成就不再变化的，而是有可能被改变——或局部性改变，或整个结构都逐渐发生根本性的改变。

个体的人格有其个性化的特征，呈现无限多样化的差异性，但是其人格结构却有着较为一般的特性，构成其人格的背景性图案，且隐含着与集体意识或集体无意识的底层结构之间的相互一致性。一个社会中个体和集体的人格结构，也成为该社会中几乎每一个体的人格背景或底层结构。不同的社会所具有的人格结构尽管有很大的不同，但是也可能有许多相似之处。一个社会中每一成员的个体人格可以说都是独一无二的，但是相互之间在背景结构上会有着很大的相似性，因为都来自同样的社会传统和习俗，并复制在各自的遗传链条上。正是在大致相同的人格结构基础之上，或者说在某种人格结构的影响下，人们形成着千差万别的个体人格特征。换句话说，一个社会的人格结构与该社会中几乎每一个人的人格形成或生存状态都有着密切的内在关联。

一般性的人格结构更多地涉及社会性生存状况，不像个体人格的形成主要基于其个体的成长环境。因此，我们从人类学角度讨论人的道德实践或生存状况就以这种一般性的人格结构为核心概念，而不像从心理学角度主要讨论的是个体人格。就我们所关注的主题而言，人的原始心灵结构、社会性生存方式和支配性权力关系这三个方面构成了人类学意义上对人的道德实践最重要的影响因素，我们将分别详细地论述。同时这也构成了本书以下这三个部分内容的主题，即原始心灵结构、社会文化生态环境和意义的动力机制。

当一头迅捷而凶猛的狮子在大草原上捕食羚羊的时候，它的动作是那么协调和优美，令我们赞叹，同时也难免对那头漂亮可爱的羚羊心存怜惜。这是人类早已习惯的一种意义评价。可是，狮子或羚羊也会有相似的反应吗？也就是说，狮子或羚羊也会对自己的行为产生某种有意识的价值评判吗？对这一点我们不得而知。但是，从捕猎之后狮子脚踏战利品，踌躇满志、为之四顾的神态，和躺在地上的羚羊那楚楚哀怜的眼神，我们不难推测，它们对自身的行为和命运至少有着某种特别的感受，反映出对自己生存的成功或失败有着不同的生物学差异。同样，如果在一个明朗的清晨，当我们听到小树林里的画眉鸟或黄鹂在欢快地婉转歌唱，那么我们也能猜想出这些小鸟现在一定相当愉快。而如果它们在某个时候突然发出短促而凄厉的叫声，那我们就可以很肯定地判断出这些小鸟一定是受到了什么致命的威胁，处于惊慌之中。这仅仅是人类心理的一种"移情"功能吗？恐怕我们还不能否认人类心灵所具有的意义赋予能力。

这里我们不想强调人与动物之间一定存在着某种"本质上"的差别，而只是说，至少相比较于其他动物而言，人类对自身行为确实有着更加明确的意识、判断或评价，即有着关于"好"和"坏"的意义区分。这当然可以通过我们现在几乎所有的文明成就来证实这一点。而在早于旧石器的远古时代，人类（类人猿或原始人）的行为意识和价值评价的清晰程度或许与普通的动物相差不大。但是到了石器时代，人类对石器的打造、火的使用和居住地的选择等活动已经明显表明，人的这种意识对其生存活动开始逐渐有了越来越大的影响，使原始人类的生存能力一点点得到提高，因而他们获得食物的效率和安全保障都相应地得到改善。而在狮子或羚羊的身上就难以有那么明显的效果体现。同时，这又促使人们更加重视自己在行为意识和价值评价上的自觉能力，而语言的使用和社会群体的形成，无疑加速了这种能力的成熟和发展。

就一般而言，对"好"和"坏"的行为区分或价值判断可以涉及人们日常生活中的所有行为，即包括学习或工作之类的有意识、有目的的社会性活动，也包括每天的吃喝拉撒睡等生物性活动。有人可能会以为自己的某些行为活动谈不上什么好或坏，如完全无意识地抬胳膊踢腿什么的，下意识地眨眼闭眼之类的事情，或者就像呼吸一样普通的活动等。这些人体活动表面上看起来确实是无意识或下意识的现象，也没有对自己或他人造成任何好坏或大大小小的影响，因而似乎也无所谓好坏之分。在日常生活中我们也的确不必去对这些微不足道的小事过多关注。但是从理论上来看，这些行为活动就并不是完全无意义的，而说明了一个人的身体或心理此时此刻正处于一种正常状态。更进一步，这表明了一个人的生命正处于正常的成长状态。因而，我们当然可以说，这些活动都可归属于一种"好"的行为范围。

人们这种"好"和"坏"之分的观念并不仅仅限于评价判断自己或他人的行为活动，而可以是对任何事物的态度。例如，面对山川草木的自然景色，人们会有心旷神怡的感觉；如果气候环境都十分宜人，人们就心情舒畅；看到或闻到美食，人们不免胃口大开。这些情况下人们都会产生一种"好"的肯定性评价。而在相反的情况下，例如面对荒山秃岭、令人难以忍受的气候环境或恶劣的食物等等，人们心里自然会有一种"坏"的意义感出现。因此，尽管人们可能并没有做出任何行为活动，却仍然可以在内心对自己周围的任何事物产生出或好或坏的感受、意识或评价。虽然有些时候这些心理活动可能很微弱、倏忽而逝，甚至都不被自己所察觉（处于下意识或无意识的状况），但是我们不能说它们完全没有。因为，毕竟人是生活于世界中的生物，随时随地都在与自然或社会发生着多种多样的关系。这种"发生"相对于普通的动物而言，可以说是完全的自然事件；但是相对于人类而言，就应该说是一种"遭遇"，即人总是处于与他者（他人或他物）的"会面"之中，而不是单纯的自然事件，因为这种"遭遇"已经有了某种意义的色彩或内涵。

好坏的观念是一种意义评价，可以按照各种方式加以区分。例如，人们对事物所产生的或好或坏的判断，可以有程度上的不同，有性质上的不同；有视角上的差异，有参照物的差异；有评价者自己在身体或心理上的不同状态，或者在不同的情境条件下所导致的差别；还有因人而异的各种情况等。因而，我们不能说某一现象或事物有绝对的好或坏的意义，所有的意义都离不开某种意义赋予的框架，或者按照传统的说法，都离不开某种价值评价的体系。这是说，我们不能肯定有某种形而上的或本体世界的意义标准，例如上帝或某种最基本的世界原则（物理的或伦理的）。如果这个世界确实是上帝所创造的，那么我们恐怕只能顺从上帝的喜好，凡事都按照上帝的意志进行。但是对上帝是否存在这一点，我们至少现在还不能确定。同样，这个宇宙是否都以一个最基本的统一原则或规律运行，我们现在也不得而知。不过，即使这些情况属实，从逻辑上说，它们也是某一种意义标准或评价框架。而至于它们是否可能是唯一的或绝对的一种，那又不是我们现在所能够给予任何肯定性判断的。因而我们目前只能将这些看法存疑，而不妨将任何好与坏的意义评价都根据某一种标准或框架来看待。这也就是说，对某一事物的好或坏的评价，我们可以说在某一评价框架内是确定的，就像"5+7=12"这样一个等式，在自然数的算术规则下就是确定的；"三角形的三个内角之和等于180度"这样的定理，在平面几何的规则内就是无疑。但是如果换一种规则或范围，它们就需要重新考虑了。如果整个宇宙都塌陷为一个黑洞，这对人类而言确实是一个悲剧，但是相对于宇宙而言，这到底是好还是不好，我们就不能单单按照人类自己的标准去随意地判断了。这并不是说我们不能随意对此加以判断，而是说我们可以有无数的判断，这些判断也都可以说是有意义的，而不能说其中只有某一种判断是绝对正确的，无论那种判断是相应于上帝、物理宇宙或人类生命的意义框架内都一样。

但是另一方面，人们的各种好坏观念也不是完全杂乱无章或不可能形成较为一致的意见的。毕竟，人都属于同一种生物，都有着大体相同的身心结构，都适应着大体相似的自然环境，也都有着大体相似的成长过程，因而人们在其经验活动中所形成的那些好坏观念，也都大体相似。尽管这些观念有着许许多多的具体差异，但是也总有不少观念能够得到人们的一致赞同或反对。而且，由于赞同或反对本身也有着千差万别的情况，因而使得大体上一致的情况也较为常见。例如，对"不能随意杀人"或"不能偷盗抢劫"之类的规范，尽管每个人对此的理解或许不同，但是人们一般而言都能够同意。而对"随意杀人"或"偷盗抢劫"之类的行为也一般都会反对，虽然这样的同意或反对往往还是经历了一个相当漫长的历史过程才达到较为一致的程度。不过，像"人同此心，心同此理"这样的说法，在日常生活中说一说是无关紧要的，却不能从理论上得到严格的认定，因为无论任何"理"，都是经验的产物，也都有相应的评价参照，而谈不上什么所有人都不得不认可的理。

对人而言，好坏的意义区分本质上是一种行为规范，也就是对人类行为活动的一种引导、建议甚至规定。那些能够被人们视为"好"的行为，也就意味着鼓励人们去那样做；而被人们视为"坏"的行为，也就意味着阻止人们去那样做。所谓的"好"，就等于说"可以那样做"、"应当那样做"或者"最好那样做"；而所谓的"坏"，就等于说"不可以那样做"、"不应当那样做"或者"最好别那样做"。好的行为就是说能够帮助人们达到某种目的，满足某种欲求，产生某种情感享受，遵守某种规则，造成某种有益的生存状态，或者避免了某种损害和危险等等；而坏的行为就是指会导致人们不能达到自己的目的，不能满足某种欲求，产生某种情感上的拒斥，违背了某种规则，没有造成某种有益的状态，或者带来了某种损害和危险等。因而好坏的意义区分实质上也是一种对人的行为活动的后果预期，即如果一个人这样去做，那么就有可能产生什么样的后果，而这个后果相对于人而言具有什么样的影响，再从这样的影响而言，这种行为活动才可以说是"好"或"坏"。如果一个行为活动所造成的结果并无所谓特别的影响，几乎没有产生任何差别，那么，这样的行为还能谈得上好坏吗？这种情况其实就属于"可以这样做"的范围，自然也可以归为好的行为，只是它的意义特征看起来没有那么明显罢了。当然，有许多行为活动的后果可能很复杂，不是那么容易看清楚，对人们的影响和作用也不是能够简单地得到了解，还需要很多分辨，但是这并不足以反对我们说，好坏的意义区分本质上是一种行为规范和后果预期。有人认为，我们应该只考虑行为规范而不必涉及行为后果，也有人主张，我们应该只根据行为后果来考虑行为规范。我们不打算纠缠于这些理论争议，而只是强调好坏的意义区分与行为规范或后果预期之间都有着内在的关联。

与行为规范和后果预期有着内在关联的这种意义区分，意味着那些好的或坏的行为就是人们从意志上更愿意或者更不愿意趋向的行为，从理智上更容易遵从或者拒绝的行为，从信念上更明确相信或者不相信的行为，从情感上更喜欢或者厌恶的行为，从审美上更欣赏或者反感的行为等。概而言之，好或坏的意义区分是与人们的生存状态紧密相关的，有着相应或不相应的关系。当然，这也同时意味着好坏的意义评价具有更明显的情境特征，即相对于不同的人，或者同一个（些）人在不同的时间和地点，在不同的环境状态条件下，都会产生差别性的意义区分。这种经验性和历史性的情境特征将使某一个具体的意义赋予(如针对某一事物）产生差异，甚至也会使意义框架产生出一定的差异来，如转换为"真假"、"善恶"、"美丑"或"是非"等意义区分，这与好坏的意义区分就有了不同的性质而被应用在不同的对象、领域和范围上。只是，当我们需要一个非常一般的说法时，就可以用好坏这样的范畴笼统称之。

如果有一些观念或行为活动能够得到大多数人（我们不必非要给出一个统计学上的标准）的肯定性同意，而有一些观念或行为活动得到了大多数人的否定性反对，那么，这就产生了人们通常所说的"道德行为"和"不道德行为"的观念，或者说"善"和"恶"的观念。所谓的"道德行为"就属于"好"的行为，得到了大多数人的认可、肯定或赞同，例如像有爱心、乐于助人、努力学习或认真工作等；而所谓的"不道德行为"，即属于"不好"或"坏"的行为，得到了大多数人的拒绝、否定或反对，像随意杀人、偷盗抢劫或欺骗撒谎等。如果泛泛而言，我们可以将那些与真、善、美等观念相关联的行为活动，都当做好的行为，而将那些与假、恶、丑等观念相关联的行为活动，都视为坏的行为。当然，也有很多行为活动似乎没有明显的特征，因而不会引起人们刻意地同意或反对，似乎谈不上什么道德不道德的性质，如呼吸和走路之类的活动。这实际上就像我们上面所说的那种微不足道的小事一样，大多是可以归为好的行为的，只是当它们没有对人们造成明显的影响时，我们不去专门关注或讨论它们而已。但是这并不意味着这些寻常的行为活动是完全无意义的，不能得到某种价值评价或意义判断。

人们对行为或事物产生了好与坏的观念或意义评价，这在人类文明史上可以说其影响是较为深远的。即使我们不说这是人类文明最重要的一个标志，至少也可以说它对人类的生存发展，对人类文明成就的取得，起到了至关重要的作用。因为正是在这种意义区分的引导、建议或鼓励下，原始人类开始脱离单纯的自然生物范围，而逐渐培养了自觉的生存能力，使自己的生存状态得到不断改善。像原始人类对火的使用、工具的制作、居住场所的选择和建造、捕猎和农耕技术、语言的发明、社会群体或人际伦理关系的形成、宗教意识的出现，还有时间和空间观念的产生等，都与人们的好坏意识的意义区分密切相关。我们不能断然说意义区分就是造成所有这些历史现象的原因或根据，但是我们至少可以说，意义区分帮助了人们在所有这些相关人的生存方面不断取得积极的进展。当然，人类的这些文明进展或经验历程同时也使得自己的意义赋予能力和意义空间不断得到积累、加强和丰富。这从近几千年以来人类社会的组织结构、哲学宗教、科学技术或文学艺术等文明成就中都可以得到较充分的反映。

尽管如此，人类文明的进程却始终包含着诸多的复杂性，而并非是一条直线向前的，存在着许多曲折和波澜。当一个人按照人们通常所认可的好观念去行事时，如果他总是能够得到好的结果，或者说，总是能够达到某种有益于自己生存的期望，那么，他当然会很愿意按照这些观念去规范自己所有的或大部分的行为活动。毕竟，他何乐而不为呢？他有什么理由拒绝这样做呢？他怎么会对这些观念产生任何疑问呢？同样，对一个社会而言道理也是如此。如果这个社会群体总是人遂所愿，形成了一个人人都满意的社会状况，且能持续经久，那么，这个社群也没有理由改变现有的观念和大家所选择的道路，而更可能会去主动地维护和捍卫这样一个理想的社会样态。但是现实的情况却不会这样简单明了，很多时候人们难以按照通常所认可的那些好的观念去行事。这也就是说，人们的现实行为与人们通常所认可的道德行为或人们理想中的道德行为之间，有着一定的差异。这种差异很普遍地存在于一个人的日常生活行为之中，对任何一个个体的人而言，都是我们不能不承认的。同时，这种差异也很普遍地存在于某一文明内或文明间的社会性活动之中，就像 20 世纪发生的两次世界大战就让几乎所有当代的文明人都意识到，尽管人类文明已经取得了如此巨大的进步，却不代表人类的社会性道德程度或自觉程度也在同步进展，反而深藏着某些一直被忽视的危险因素，促使人们不能不有所警惕并深入思考。

正是在人和社会身上所出现的这种现实差异向我们提出了一个必须考虑的问题，那就是一个人或一个社会为什么并不都会按照人们通常所认可的或理想的好观念（道德观念）去从事好的行为（道德行为）？这当然涉及现实中的各种复杂情境状况，也意味着人们"通常所认可的"或者"理想的"好观念本身可能往往是有问题的，还表明这些行为规范与其后果预期之间经常会出现不一致的情况，这都导致人们不能、不愿、不会或不想按照好观念去思考、行为或生活。例如，古罗马色雷斯的角斗士斯巴达克斯（Spartacus, 约公元前 120—前 71）成为奴隶后率众起义，被罗马执政官克拉苏（M. Licinivs Crassvs, 公元前 115—前 53）和庞培（Gnaeus Pompeius, 公元前 106—前 48）所镇压，被俘的奴隶几乎全部被杀。这些奴隶的反抗行为在当时违反了"奴隶应该服从主人"的社会规范，也违反了当时的罗马帝国对奴隶的法律规定。当然，我们现在的人都会根据现代社会的价值观念很容易地判断这些奴隶起义的正义性，以及古代社会有关奴隶的行为规范和法律的不道德性。可是，对古代社会中那些遵守了奴隶规范和法律的奴隶们的行为（不论他们是被迫的还是自愿的），我们又将怎么说呢？我们只能给予他们一些同情吗？还是去苛责他们？如果我们设身处地替他们着想一下的话，那么，他们究竟怎样做才算是恰当的呢？是服从那些奴隶规范和法律呢，还是不吝惜生命而起来反抗？或者，他们应该在什么情况下服从，又在什么情况下反抗？我们要告诉每个奴隶"不自由，毋宁死"吗？或者，我们只是去谴责那种不合理的奴隶制度吗？让我们再想想 11—13 世纪的十字军东征和 13 世纪多明我会（Dominican Order）成立的宗教裁判所。他们以各种方式从肉体上消灭了无数的异教徒或异端人士，遵循了中世纪整个西方社会的道德信条，有着虔诚的信仰，为上帝和基督奉献了自己的一切，坚定地捍卫着信仰的纯洁性（他们所以为的），并建立了几所世界上最早的大学。如果我们用今天的眼光去衡量或评判他们，那不会令他们信服。那么，我们应该谴责他们，还是赞扬他们呢？或者，我们一边批判他们的不宽容，一边又对这些"浪漫骑士"或"黑色传奇"予以同情的理解？可是那些因此而死亡的众多异教徒或异端人士，又会怎么想呢？而那些坚持了正统信仰的教徒又怎么样呢？我们能对他们说点什么，而又不至于被视为废话呢？

让这些古人按照我们现代的世俗社会标准去思想或行为，自然是很不恰当的。可是，这仅仅是由于道德意识上的差异，或者说不同时代的人们有着不同的道德标准吗？这仅仅是由于随着历史的发展，道德意识在进步吗？如果是这样的话，那么很可能在未来的某一天，人们将发现我们今天的观念或行为都是错的，甚至可能错得离谱，简直是在加速使人类自身趋向灭亡，例如像核弹或生态危机所引起的恐慌那样。即使是在 21 世纪的当代社会，我们对某些跨国公司在非洲和拉丁美洲"合法的"资源掠夺行为，恐怕就只能无语了，也对"合法的"区域战争（如阿富汗或伊拉克）和"合法的"军备竞赛都不能轻易地评价了。不过，时代间的差异不能表明我们不能正当地以某一种尺度去判断和评价其他时代的人或社会的状况。更多的人会认为，我们现在的意义区分或价值标准更有道理，是对的，或至少可以说，大体上是正确的。而且很多人以为，我们已经找到了某种真理性的道德标准，如功利的、理性的或实践美德式的。当然，即使在今天，也仍然有人认可某种宗教真理或某种形而上的哲学真理。可是，我们确实找到了某种真理了吗？我们真的有这个自信吗？

即使是某种一般性的意义区分或价值标准，也不能使我们完全摆脱道德行为的现实差异性。即使是让我们暂时抛开历史的眼光，忽略时间因素所造成的范式差异，而只是从一般性的角度去看，实际上也不难发现人和社会的现实行为与其道德意识之间总是存在着难以弥合的鸿沟。例如，尽管人们都认可说人应该有爱心，可是大部分人却往往自顾不暇，甚至尽其可能地维护自己的利益，而对他人的痛苦和困境视而不见，要么表现出爱莫能助的态度。对此我们应该说些什么呢？难道我们要去批评他们的道德水平不够，再劝说他们提高自身的道德修养吗？还是把这种情况视为一种道德冷漠（或道德情感的缺乏）来加以剖析？人们也都知道不应该撒谎欺骗，可是在日常的生活中，有几个人能够做到自己的每句话都是真的呢？人们不是总在琢磨如何使得自己的行为和语言能够对别人"显得"怎样吗？也就是能够使自己在别人眼里看起来"呈现"出某种理想的形象吗？这几乎成了一种生活"习惯"、一种社会性的生存策略或生活智慧，与真实地展示自己的真诚行为距离越来越远，甚至连"真诚"本身都成为一种人际交往的策略性手段或工具，例如要"显得老实"。可是我们能指责说这是一种道德虚伪吗？能批评说这是个人缺乏道德修养的缘故吗？甚至，我们能质疑这种如何"做人"的生活常识或人生智慧吗？

基于种种现实状况的考虑，我们就不免会对自己提出这样一个问题：我们是否能够在一般性的道德要求与人们的道德努力之间发觉到某种深深的裂痕？而且这一裂痕是某一个人、某一个社会或某一个时代的文明都似乎无法把握住的，因为它仿佛隐藏于人们灵魂的深处，甚至是某种依靠人类自身都几乎无法探求的心理倾向或思想结构？当然，或许它也一直都漂浮于人们的眼前，弥漫在人的意义世界氛围中，只是始终被茫然的人们所无法感知或意识到而已？也许它也曾经引起过某些人的心灵颤动，让某些人的精神焦虑或心神不宁，或者使某些人的思想偶尔澄明过，就像在迷蒙的薄雾中隐约闪现一样，却由于某种不明的原因（如内在的恐惧或绝望）而不由自主地加以拒绝或逃避？

尽管我们还需要更多的勇气和智慧，我们仍然不能放弃可能成功的希望，而应该进行不懈的探求。因为这一探求基于生活现实中人们的思想或行为所存在的某种差异性或复杂性，所以需要首先对那些影响人们思想或行为的现实因素加以仔细的分析。将这些现实因素一起综合而言，我们称之为"道德动力"，也就是指在现实生活中那些促使一个人或一个社会群体做出某种好的行为（道德行为）的原因或力量，而不论这些原因或力量是内在的还是外在的。通过这一概念，我们可以考察社会现实中一个人或一个社会把握自己生活的程度和能力是怎样的，其人格是如何形成或完善的，其生命成长是否健康和顺畅，从而或许能够感受到心灵世界或意义空间中的些微脉动所呈现出的某种特定韵律，并品尝出其中含义丰富的韵味来。

第一节　意象图案的联结

如果我们认可人的道德行为是一种自觉的主动性行为的话，那么这就一定是在人的意识领域产生之后才会发生的事情。这当然是一件难于精确定位的事情，不能指望从考古学那里获得直接的证据，因为人的大脑神经中枢和身体其他部分的变化过程可能跨越上百万年。从两百万年前的直立人一直到几万年前的智人，再到几千年前原始人类的整个石器时代，大约都可以说处在隐隐约约的有意识活动阶段。他们切割打磨石器和动物骨头，合作捕鱼打猎，设法保持篝火不灭，改善居住环境，搭建茅屋，储存食物，开始制作陶器等。他们还知道在居处周围挖掘壕沟，树立木桩，以防止猛兽的侵袭。虽然他们还没有像样的语言，可是也能够通过发出各种不同的声音或以肢体动作来相互传递简单却重要的信息，例如在遇到危险或发现食物时。种植农作物和驯养野生动物，可以说已经属于十分复杂的有意识活动了，需要相当的远见和筹划。

但是这些原始生存活动与人的动物本性之间距离有多远，我们还不能遽下论断，并不能将其单纯地视为与生物行为截然有别的"人"的活动，而最多可以说，这些文明活动的萌芽都以自然的生存活动为基础或背景。正是长期的生存活动，逐步培养了原始人类在行为上具有了价值导向，即关于"好"或"坏"的原始意识：被切割打磨的石器明显要好用很多；动物骨头和牙齿经过加工才能用来穿针引线，或漂亮得可以被当作装饰品穿戴在身上；捕鱼打猎如果合作进行就比单打独斗要有效，要是再有合手的工具或武器那很可能收获多多了，而且还能对付大型猛兽的威胁；钻木可以取到火种，木材如果准备得不够，到了半夜篝火就会熄灭，那时人就或许会被冻醒了；茅屋比山洞要舒适，大的茅屋比小的好，如果茅屋搭建得不好，雨水寒风就会灌进来，让人狼狈不堪；把多余的食物储存起来到了冬季就不会挨饿；陶器可以有很多用处，对原始的居家生活大有帮助；在住处四周挖掘壕沟、树立木桩，晚上就能安枕无忧了等。

　　这些价值导向当然来自于原始的生存感受，与他们的自然经验相一致，例如，吃饱喝足了围着篝火唱歌跳舞会很开心，而忍饥挨饿或天寒地冻就很难受；被老虎吃掉是件很糟糕的事情，而捕获到一只老虎就是个值得炫耀的勇敢行为；身体健康强壮会让人充满自信和勇气，而受伤或生病就令人很不舒服，甚至使人丧命；到了青春期就会发觉异性格外有吸引力，而如果这时始终找不到佳偶，就难免会有欲火焚身的煎熬感，让人坐立难安；黑夜令人恐惧，火山爆发或地震洪水都会使人惊慌失措。这些自然经验及其价值差异在原始人类的心灵之中逐渐产生，慢慢地引导着他们的意识和行为，并一点点地融入他们的人格结构之中，始终渗透在人类心智空间之内，成为几乎无法消除的历史痕迹。

　　原始行为所表现出来的价值差异当然不会是单独出现的，而一定伴随着原始感知、情感、意愿或审美经验上的共鸣。同时，我们也不能忘记，这些又都与人整个身体的发育有着密切关系。我们完全可以想象，在人类文明出现之前，这些因素与人的自然生存感受交织相融着，恐怕已经在原始心灵中回荡几万年，甚至几十万年之久了。而语言、理性、宗教、伦理、情感或审美意识等方面更为复杂的心灵现象或行为活动，则应该是在新石器时代与部落或社会这种群居方式一起形成的。原始心灵结构及其与社会共生的发生学状况，构成了人类文明的原始意象，是各个地域文明的人格结构基础或演化背景，对后世社会文化的发展影响深远，值得我们深入探讨。

　　就像各地民间传说的创世神话一样，人类的意识也有一个"混沌初开"的萌发过程。当中枢神经系统在人的头脑中开始产生知觉活动的时候，零星的意象或知觉图案就一点点地多起来，再一点点清晰起来。虽然我们目前还不能具体而准确地描述这一生化过程，不过仍然可以看到，这总是一个"关注"的场景和意象差别化的经验过程。

关注行为是指原始人对某一现象或事件的注意。虽然很多动物会留意周围的环境以寻找食物或避免危险，甚至也会"聚精会神"地盯着某个对象使劲地看，但是它们所接收到的现象信息在它们的神经系统（如果有的话）内发生的传递过程慢慢地开始不如原始人那样能够进行越来越复杂的加工过程。当原始人头脑中逐渐出现越来越多意识火花的时候，他们的注意力也相应地越来越有内涵，即注意力更加集中，关注的内容更加丰富或清晰，注意的频率更高，注意的结果也对它们的生存越来越有帮助。关注的行为当然还伴随了许多其他的因素，但是关注本身提供了一个原始生活的场景，与神经中枢系统的活跃程度和意识领域内容的丰富程度共同发展，成为意向性和意义赋予方式的原始根源。

意象差别化的经验过程是指那些零星的个别意象或神经信号出现在原始人的头脑或神经中枢系统中不会都是一样的，也不会一直都是模糊无法区分的，就像他们眼前的自然景象如山川树木、风雨雷电或日月星辰等一样，都有着形态各异的感知特征，如形状、颜色、气味、触感或声音等。这些感知特征逐步丰富和清晰起来的生理过程，可以说同时也就是一个差别化意象的显现过程，即人的感知方式所导致的经验差异。正是在心灵图案的这种经验性差异基础上，才有可能形成以后的分类、联结、持续、功能、时间、空间、变化、排列、抽象、种属、传递、因果、相似、相同、状态、秩序、结构或指代等更为复杂的思想世界。虽然我们可以用意象、意念、表象、观念、意象图案、神经反射、神经元信号或神经细胞的质感差异等不同的概念或方式来描述这些心灵现象，得到各种不同的分析依据或描述图案，但是都不妨碍我们从这种最初的经验性差异来讨论它所演化出来的原始心灵结构。

就像人的神经中枢系统十分精致复杂一样，心灵的关注行为和意象差异所带来的原始行为也伴随着多重因素的作用，呈现为一种协调运行的复合结构。我们判断旧石器时代远古人类已经具有某种人类的基本特征，并不仅仅是看其大脑容量和四肢变化，而更重要的还要考察他们的某些行为特征，如打制石器或获得火种之类。因为这些原始行为已经显示出与动物的本能行为之间存在着一定的差别，即渗透着某种有意识的主动性活动的意味，即使不是本质上的差别，至少也有着复杂程度上的很大不同。而这种有意识的主动性活动，就包含了心灵世界多重因素的影响。这些影响在原始人的关注行为和意象差异基础上逐渐产生，并交织着感知、情感、意愿、审美和价值导向的综合运行。

打制石器对于我们现代人而言当然是一件十分简单的事情，可是对于数十万年前的一个原始人来说就并非那么轻而易举了。让我们想象一个尼安德特人（Homo Neanderthalens）①的例子，看看当一个以狩猎和采摘食物为生的原始人在莱茵河畔打制石器时，在他身上可能会发生什么。这个尼安德特人先是注意到河边没有危险，又知道那里有许多较为合手的石头，然后慢慢寻找并挑出几个来，再蹲在那里用另一块似乎更加坚硬的石头敲打新找来的这几块石头，敲开之后他还会在河边的大石头上磨制几下，以便让石头的一边更加锋利，或者使以手拿握的地方能够更合手一些。完成这些工作之后，他很满意地拿起石头来比划了几下，又向四周看了看，然后跑回去寻找他的同伴了。此时的他还不太会去欣赏莱茵河两岸的鲜花烂漫以及后面一望无际的翠绿森林，也不会感慨那醉人的落日余晖撒在河上泛起的波光粼粼。他只想尽快回到他的伙伴群中，做好明天去狩猎的准备工作，期待着如果运气好的话明天或许能够捕获到一只驯鹿，那他就可以用刚刚磨制出来的、有着锋利边刃的石头切割鹿皮和鹿肉了。一想到裹着鹿皮的温暖和鹿肉的香味，他就激动不已。

我们并不知道这个尼安德特人是什么时候以及如何掌握打制石器的技术的。这肯定有遗传因素的作用，让他能够通过学习长辈的类似行为并不断练习

---

① 尼安德特人（Homo Neanderthalens）是考古学上的一个人种名称，指大约在五万至十二万年前生活在欧洲和西亚部分地区的原始人种，以 1856 年发现于德国杜塞尔多夫（Düsseldorf）附近的尼安德（Neander）山谷中的人头骨化石而命名。

才获得的。要能够做出这样的行为，不仅需要他去关注这一件事情，有这样的意向性，有相应的技术、预期和计划，而且还要有能够付之实现的能力和意愿。很明显，他的意识领域之内已经有了较为丰富的意象或信息，例如能够区分出石头的大小、形状、功能或质感，还有是否趁手的感觉差异。这些感觉内容上的差异一方面是以其个别意象的丰富为前提的，如果没有长时期且足够多的个别意象出现在他的头脑或神经中枢系统之中，这个尼安德特人就不可能产生出几块石头之间在大小、形状、功能、质感或适用性上的差异，同时也难以想象会有关注石头和打磨石器的情况出现；另一方面，这种感觉差异又意味着他对丰富的个别意象已经有了区分能力，能够区分出不同或相似的石头（在大小、形状、功能、质感或适用性上）；再一方面，这种感觉差异又使他产生了判断能力，即对不同或相似的石头（在大小、形状、功能、质感或适用性上）进行最简单的判断，尽管他可能还不是很有意识地去这么做，但是至少他已经有了这种能力的雏形。同样，伴随这种基本的判断能力的是他也因此有了初级的选择能力，即对不同或相似的石头(在大小、形状、功能、质感或适用性上)进行实际的取舍，是在许许多多石头中进行挑选，因为这些感觉差异和现象区分给他提供了很好的判断冲动和选择理由。我们看到，打制石器所包含的感觉差异意味着感觉内容的丰富、区分、判断和选择等因素构成了原始心灵空间的初步格局。

从关注带来的意象杂多，到意象的区分、判断和选择，再到打击和磨制动作，这一系列的行为并不仅仅是感知片段的连续，而且是身体机能的倾向性变化，如运动神经系统也在与中枢神经系统协调并进，共同完成这一有所筹划的活动。我们当然不能否认人的血液循环系统、内分泌系统、消化系统、呼吸系统或生殖系统等方面在其中不可缺少的辅助性作用。它们与运动系统和中枢神经系统相互关联的生理过程，都使得打制石器的系列动作得以可能。如果这个活动受到某一身体机能的抵制，或引起某一机能的伤害，那么我们是难以见到这个尼安德特人在平静的心态中以连贯的动作完成石器的打制的。当他有了打制石器的意图和计划，并来到莱茵河边实施这项工作的时候，他整个身体机能的各个部分也一定在听从中枢神经系统的调配，通过适当的神经信息传递过程使数十万亿个机体细胞组合出一系列的完整动作。

那么，这与机械的动物本能不断进行重复性的行为是不是一样呢？如果这种活动仅仅涉及某些感知片段和身体机能的应用，那么我们可能确实不太容易区分这个尼安德特人打制石器的活动与动物的本能行为之间的差别。不过我们看到尼安德特人的这一次活动还有很多个别性意义显示出来，从而逐步具有了进行人格结构分析的发生学价值。

这种个别性不仅是说这个尼安德特人的这一次打制石器活动并没有与他以前的类似活动完全一样，需要重新调集感知片段和身体机能，且随时都有变更的可能，还能看到其中已经交织着他的心理欲求和情感因素所产生的影响。我们应该注意到，在打制石器这一现代人眼里看似简单的动作所包含的复杂生理结构中，如果没有特别的心理欲求是不会产生这项活动的目的和计划的，而且整个活动的实施过程似乎始终也离不开这一因素的持续性影响。在自然状态下的有意识行为，我们可以说是一种主动性的活动，是由活动主体的意志所支配的身体行为。打制石器的每一步过程，可以说都是他自身的意愿结果。一方面他可以随时停止这项活动的进行，另一方面他还要随时观察、区分、评估、判断和选择每一步骤的进展状况。他对河边的石头是挑挑拣拣，看到差不多合适的就拿起来试试，不行就扔掉，然后再去寻找。感觉不错的石头就打几下看看，有时候用的力气大一些，有时候小些，视其打击的结果怎样。打完之后还要再考虑是否需要磨制一下，如果需要的话就进行加工，磨几下再看看是否足够锋利，如果不行就多磨几下，直到感觉满意为止。这其中每一个动作可以说都离不开他的个别性意愿，在观察、区分、评估、判断和选择的进行中不断权衡继续下去的必要性，并一一加以实现。当他最后打制好几个趁手的石器满心喜悦地离开的时候，我们可以认为这个尼安德特人具有了足够的意志力去完成这样的一项活动，而且，很可能地，这次成功的石器打制，又令他的意志力增加了几分。换句话说就是，他对自己又多了几分自信，能力得到提升，意志更加坚强。这前后的过程表明，他的这一活动本身是非重复性的，有着个别性的行为特征。

这一个别性的行为特征还继续被他的情感注入所强化。他的意愿之所以作出这样的而不是那样的倾向性行为，又意味着他的心理欲求以及身体的系列动作本身内含着自己的情感偏好，如喜欢更锋利和更合手的石头，而讨厌迟钝或拿着别扭的石头。对不同石头的倾向性选择，也说明这个尼安德特人一定像其他原始人一样更喜欢鹿肉的美味，而讨厌土拨鼠的味道，除非没什么可吃的时候才不得不去考虑土拨鼠，毕竟这总比忍饥挨饿要好很多。如果我们再往远一点考虑的话，就可能还会发现他对自己在第二天的集体捕猎活动中的表现如何很在意，因为那意味着他是否能够在伙伴中得到更大的"荣誉"。如果他现在能够打制几个趁手的锋利石器，那么明天他就很有可能表现得神勇许多，并因此而得到同伴们的称赞。他对此也十分期待，这表明他的荣誉意识也在一点点地强化之中，使得他的这次打制石器的活动与他前后的类似行为都有些许不同的意义，尽管可能只相差那么一点点。当然这种荣誉意识很可能是发生在新石器时代才会有的情况，也就是某种社会性诉求的结果。但是我们不能说在尼安德特人身上就绝对没有一星半点儿，而可能只是非常隐微的萌芽而已。毕竟，这种意识也是要在长时期的经验过程中才能逐步产生出来，且内在于人格结构的构成性要求中，才会对人具有那样神奇的影响和吸引力。

第二节　经验过程的独特性

我们看到，在这个尼安德特人的不断关注中，他的感知意象差异、身体机能变化、技能实践、意愿强化和情感投入等，都使他的这一次活动具有某种独特的意味。这种独特性不仅是说该次活动不同于其他时候的类似活动，也是说即使在该次活动本身的进行过程之中，也呈现出差异性的内涵特征，并因而才对原始心灵的人格结构具有着特殊的发生学意义。

普通动物的日常行为当然很可能也有着与人的行为相类似的情况。就像蚂蚁和蜜蜂之类的昆虫会有精致的行为结构，或者像猿猴和大猩猩之类的哺乳动物其行为举止在外表上看起来甚至都难以与人类有什么本质上的差异，而只不过在程度上有所区别而已。那些区别都不足以将人独特的人格结构揭示出来。要做到这一点，就必须再考虑意识领域的出现在人的行为活动中的特殊作用。

我们一般会说普通动物的行为基本上都是机械式的重复行为，它们在其整个生命过程之中即使经历了很多，也难得会有太大的行为习惯变化，而仍然以基因遗传的结果为其终身的行为导向。虽然很多哺乳动物也有一定的记忆能力，且在出生之后还要经过一个学习生存技能的阶段，但是就每一个动物而言，其记忆和学习能力与其他同类动物都没有太大的差异，前后几代的该类动物也难以有很大的变化，而且通过记忆和学习所锻炼出来的生存能力一样，都不会产生什么突变的情况。动物的基因变化和行为结构可能需要很长时间才会出现考古学意义上的突出差异，例如几千年甚至几万年。人类的基因变化当然与动物的情况相似，较为稳定。但是在近万年的时间里，人类的行为结构却发生了令人吃惊的变化，有了我们称之为"文明"的现象，导致了人类的生存状况有了巨大的改变。这对人类的命运而言究竟意味着什么，正涉及我们要探究的主题。

从考古学上看，尼安德特人的脑容量与现代人类差不太多，虽然他们的智力水平要低得多，但是意识功能开始产生并对身体活动有着直接的影响，这一点是可以肯定的。当人或动物的中枢神经系统缺乏足够的容量或者活跃度的时候，该系统的整合与调节平衡功能将作用有限，更多的是依靠生物基因遗传的本能机制。而当人的脑容量逐渐丰富并活跃起来的时候，事情就变得大为不同了。

我们知道，当这个尼安德特人在莱茵河边沉浸在打制石头的活动过程之中时，他的知觉系统也一并活跃起来，头脑中会夹杂着以往记忆的许多意象图案，也有河边场景的刺激刚刚带来的神经信号。这些感知片段有着各种经验性的图像差异，他需要关注和区分，接着要进行评价和归类（尽管可能还都是特殊的意象图案，而不是抽象的一般性观念），然后是选择和判断，最后还要去将自己的判断付诸实施。需要我们特别注意的是，这一系列心灵和行为上的动作并不是完全按照基因遗传的本能方式进行的，而有着新奇之处，也就是在他的整个活动过程（无论是内在的还是外显的）之中，有着与其他时候的同类活动不一样的东西出现。那么，这个新奇之处是什么呢？

在一般的情况下，如果头脑中的意象图案很少，或者神经信号很微弱，也就意味着中枢神经系统不够发达，很迟钝，那么这个时候这些意象图案就难以组合成很多且很复杂的结构，可能就会出现几种很简单的意象联结。这几种简单的意象联结自然对整个身体的支配作用或影响是极为有限的。而当意象图案或知觉片段较为丰富的时候，它们的组合联结也自然可以变得较为复杂起来。它们相互的差异更为明显，类别更多，差异的层次更为丰富，可进行比较和评估之处也更多、更突出，可组合的方案也同时呈几何级数地增长。这意味着在这个尼安德特人的头脑中可供他判断和选择的对象数量已经远远超过普通的动物了。不仅如此，这还意味着对他而言，想象力成为十分关键的要素。

意象图案的丰富表明神经信号活动的频繁和活跃。这看起来好像仅仅是一个生理学意义上的变化。对此我们当然是不能否认的，只是还应该进一步看到，这种生理变化所引起的心理变化，以及由此带来的精神空间或人格世界的飞跃，并又进而影响了人的生存状况和命运的改变。这一主题才是我们所关注的焦点，尽管在远古时代它还并不那么明显。

中枢神经系统的功能增强和活跃度增加都会导致神经信号不断地涌现于意识领域，使头脑中的意象图案渐渐丰富并清晰起来，现象事物的物理特征引起的感知片段也越来越明显，例如，我们已经提到的关于各种事物的大小、形状、功能、质感或适用性上的差异。除此之外，当然还有物理对象的重量、颜色、气味、触感、声音或味道等的五官感受。物理对象在时空上的差异现象，如快慢、持续、位置或远近等变化的状况，使得人们逐渐产生关于时间和空间的意识框架，为五彩缤纷的意象图案构筑了一个内涵越来越丰富的知觉空间。物理对象在状态上的经验性差异也慢慢有了些抽象的意味，即有经验上的比较意识，如同异、浓淡、隐显或刚柔等知觉感受。而像石头的锋利或趁手与否的意识，就相当敏锐了。原始人开始时是不会有抽象意识的，所有的意象图案或神经信号都呈现为个别的状态，然后才会渐渐感受到它们之间的相似性。相似性是抽象的基础，而大量意象图案的不断涌现，正是相似性产生的经验性条件。如果不是每天都知觉到许许多多的意象图案，经过反复频繁的神经刺激，在头脑中要想产生明确的相似性意识对原始人而言恐怕是难以想象的。由意象图案或知觉片段的相似性，原始人又能够开始将相似的意象放在一起，或归为一类。这就是区分意识的萌芽。在不同时间或不同地点所接收到的某些意象图案有着十分相似的物理特征，如那些石头、水、树木、水果或动物等。这在有一定记忆能力的尼安德特人身上是比较容易被培育出来的。对意象图案的原始分类成为意识领域能够发生更多、更重要的功能变化的心理基础。

有了对知觉片段的原始分类之后，在原始人持续活跃的知觉空间中，物理对象如日月星辰、山川树木或动物植物等的意象显现渐渐地能够形成与外界现象相应的某种秩序。当然也有很多时候这些意象图案是呈现杂乱无章的状态的。然而原来乱作一团的知觉片段会逐渐被有意识地分别联结起来。例如，太阳的意象与圆的、热的和明亮的意象能够被放在了一起。当一个原始人举头望日的时候，他就会联想到圆的、热的或明亮的意象。石头的意象与硬的、各种形状的、地面的意象联系起来，这样，当这个尼安德特人想打制石器时，就会低头去地面寻找各种形状的很硬的那种东西。而驯鹿的意象也跟肉、美味、犄角和花斑的皮毛等意象相关，因而让他在打制石器之余会浮想联翩到这一堆意象图案，并令他兴奋起来，有了强大的动力猛击石块，希望制作出几个很棒的石头武器来。这就是意象图案的排列和结构，从简单到复杂，从平面到立体，从短暂到长久，从眼前的一个小局部到整个视野，从杂乱无章到井然有序。

抽象意识的作用在逐渐放大，使得原始人的知觉空间在层次和结构上都不断丰富。例如，打制石器就意味着这个尼安德特人有了功能的意识。石头不仅是脚边的东西，还能够击打动物、切割肉块或皮毛，还有搭建围墙的功能。这都是从石头的物理外表上轻易看不出来的事情。这不会是偶然受到触动的结果，例如某一天被山上的滚石击中后产生的灵感，就像牛顿在苹果树下被落下的苹果打中那样。功能意识也一定是在长期的无数意象图案的编织过程中逐步出现的，而且可以想见是从比较简单的身边事物的发生中引申出来的。例如，抬起腿来可以走路，摆动胳膊可以拿起东西来吃喝，可以驱散蚊虫，可以挥舞棍棒等。从二百万年前的原始人类开始逐渐直立行走，到了十万年前的尼安德特人时，历史的长河已经默默流淌很久了。直立起身使人的两只手有了更多的活动余地，可以攀爬，还可以不时地拿起东西来摆弄或抛投，当然更重要的是经常去采摘植物上的各种果实。还有更精细一些的动作，例如像猴子那样搔痒或捋毛发。特别是相互间的捉虱子就需要一定的技巧和准确度了。正是直立人的胳膊和手掌与各种其他物体之间长期的连动，不断进行着有用或无用的活动，并在他们头脑中激发出相应的意象图案，逐渐使直立人产生了功能的意识。这对原始人进化的影响是不言而喻的。因为这意味着他们的行为开始不再是身体自己的本能动作，不再只是受生物基因的遗传控制，而是能够通过大脑中意识领域的综合能力进行活动，即属于有意识的主动行为了。当然，尼安德特人的主动性活动还主要限于基本的生存性活动。不过，这已经有了足够重要的意义，成为原始人的生存状况得以飞跃性发展的一个实践性基础。

意象图案在知觉空间中的多重排列和结构，以及功能意识的产生，使得原始人的内在世界更加活跃起来，并在时间的变化中形成一种动态的过程。意象图案的这种动态结构导致了传递意识的出现，即不同的意象相互之间的联结关系可以延伸至其他多个意象图案之上，或者完全不同类型的意象图案之间的联结可以将某个意象传递到无数其他意象的关联网络之中去。可以有连贯性的意象联结，如捡起石头、挥舞胳膊、抛出石头、石头飞出、石头击中野兔、野兔受伤躺倒在地等。也可以是非连贯性的意象联结，如石头可以与锋利联结起来，而锋利又与捕猎活动联系起来，捕猎又涉及动物，动物关联到山川河流，山川河流与日月星辰有关系，由日月星辰带来黑夜与白昼，黑夜引起人的恐惧，而由白昼自然又可以想到几乎所有的各种生存活动等。多种不同形态的意象联结，我们也可以称之为"编织"，即将无数的意象图案以各种不同的传递方式编织起来，形成种种或宏大或精微的意象世界。

对于尼安德特人的心智状况，我们还不能说他们达到了某种较成熟的抽象意识程度，那要等到旧石器时代末期至新石器时代之际的前后才可能会出现。因为抽象意识意味着更多的东西，不是打制石器、狩猎捕鱼或维持篝火这样较为简单的活动所能够蕴含的了，还需要伴随以声音或符号的方式来进行意向交流的群体性经验。也就是说，那是与社会形态共同出现的。当然，这无疑也是一个长期而缓慢的演化过程。同样的，种属意识以及更复杂的意义赋予活动，如语言，也需要到那个时候才能发展到较为确实的程度。原始人只有形成一定抽象能力，才有可能产生种属意识，即由各种具体的意象图案到普遍性意象，进而成为普遍性观念。在普遍性意象或普遍性观念稍微丰富和成熟之时，原始人就能够以手势、声音、物体或符号等的方式进行赋予意义的行为，并在指称、叙述和因果联结的意义赋予行为中创造语言这一人类文明产物。这都有一定的考古证据可资参考，后面还将仔细讨论。

第三节　心灵努力与心灵能力

虽然尼安德特人的打制石器相比较后来的人类行为而言还很简单和原始，但是其中所包含的某种特殊结构却已初露端倪。从他的关注开始的一系列动作，显示出他的头脑中已经有了内涵较为丰富的知觉空间。在其中，意象图案有着明显的经验性差异，而且由于海量神经信息的不断涌入培育出了相似性意识，使得区分、秩序、功能或传递等意识都能够伴随出现，甚至还有可能锻炼出微弱的抽象能力。意识领域内慢慢发生的这一切所导致的结果是，无数千差万别、形态各异的意象图案，从杂乱无章的状态被编织或关联成某种有意义的意象结构。正是这一意象结构所蕴含的某种特殊"意义"，引导了这个尼安德特人打制石器的一系列动作。而无数个别的意象图案组合成某种意象结构，是需要一种特殊的意向能力的，那就是想象能力。因为大量涌入的意象图案不会自动地形成秩序结构，就像蚂蚁或蜜蜂那样。而是在某种意愿的带动下，由想象力进行编织或关联。并且，最重要的是，这些编织或关联每一次都不会是一样的。也就是说，每一次的编织或关联，都带有偶然性的特征，都是"灵机一动"的结果，都有其个别性的独特之处。尽管这个尼安德特人每一次打制石器都可能是极力在重复自己以往的经验，甚至也有自己基因遗传的某种行为特征，但是，当这一活动是伴随着他的头脑中无数意象图案多重形态杂乱交织的现实情境之时，他就不再可能精确地复制以往的机械行为了。

他的行为不再能机械复制的原因是：由于时间性的差异，他的每一次活动可以说都基于不同的海量神经信息的参与；这些海量神经信息引起的无数意象图案，每一次也都会有所不同；即使是相似的意象图案，也存在着大量的经验性差异（例如每一次来寻找石块时的各种情境性特征都不会一样。这是由于他的知觉能力已经足以区分出这些差异来了）；每一次活动时的意象图案都会在分类、秩序、功能、传递或抽象的程度上出现多重差异等。所以，每一次打制石器的活动对意象图案之间的编织或关联都是不可能完全一样的。

这种关联性差异也体现在这个尼安德特人打制石器的每一个步骤当中：从寻找石头，到拿起某块石头来在手里掂量掂量，再到用力击打，打几下之后再拿到眼前看一看，权衡一下，然后再打几下，反复几次之后，才满意地起身，继续寻找下一块石头。这其中每一步他都要感受几下：石头的大小、形状、重量、石头的摆放位置、用力大小、击打部位、击打效果、锋利程度、是否趁手、是否继续进行击打、比划几下试试效果等。每一次感受又都伴随着无数的知觉片段出现，从而使他的每一次观察、衡量、评估、判断和选择结果都会产生差异。而每一个差异又都导致下一个步骤出现更大、更多的偶然性特征。另外，我们前面提到过，由于每一次活动时他的身体状况、环境因素或经验丰富程度上的差异，也让他的情感投入、理智水平或意愿强度上次次不同，从而又造成各种特殊的情境状态，使得这个尼安德特人每一次活动时对意象图案关联的特殊性越来越明显。而关联的特殊性也意味着他运用了自己的想象力在每一次活动过程当中发挥着作用。正是想象力的参与，造成了关联的特殊性。而关联的特殊性，同时又进一步提高了想象力的丰富程度。

我们还可以更进一步地看到，想象力也是创造能力的基础，因为创造力也正是对意象或观念的某种全新联结。例如，意象图案或感知片段之间的相似关系是不会自动产生的，需要原始心灵在记忆背景下的主动性联结。这个尼安德特人看到了很多石头。对其中的绝大部分他都不去理会，而只挑选出几块来进行加工。那些石头在大小和形状上当然是有区别的，可是在硬度和材质上基本一样。他会拿起每一块石头都仔细端详一番，考量其是否可以使用。当然这是有可能的，毕竟对每块石头的观察给予他的感官刺激是不同的。这些有着稍许差异的意象图案在他的头脑中会发生什么情况呢？如果只是零星几个意象图案的话，可能难以有什么新奇之事出现，而只会被遗传的生物机能简单处理一下，然后飞快地飘逝而过。但是当大量的意象图案堆积在脑海里，且由于记忆力的提高不容易挥之而去的时候，就会迫使中枢神经系统进行某种加工处理。否则的话，原始人的大脑中就会充斥着无数的神经信号，且杂乱无章地相互激荡，不能形成一定的秩序，那么中枢神经系统也就无法为身体的其他系统给出下一步动作的明确信号，或其他身体机能是否运作正常的反馈。这也就意味着他的心智出现了紊乱，自己的行为不能把控，那么其基本的生存恐怕都无法继续维持了。

对海量意象图案的处理，也就是要调出有用的，而忽略掉无用的。这样的选择要根据他的意愿和需要进行，又要在比较和评估的帮助下实现。刚开始时他自然未必能够挑出恰当合适的意象图案。这需要长时期的实践过程，当然也离不开遗传经验的帮助（当他能够熟练掌握这些能力之后，他的某些意识经验也会慢慢地刻画在他的后代的基因遗传链上）。逐渐地，他能够挑选出自己头脑中的海量意象图案中哪些是有用的，而哪些是无用的了。有用的意象图案更可能会保留在记忆里，而无用的大多数就慢慢被忽略掉或者被遗忘了。有用的那些意象图案之所以有用，很可能就是与记忆片段中以往的那些意象图案有着一致性的感知特征，即这一块石头好像与前几天他打制的那几块石头很相像。这种相像性也就促成了他的相似性意识，开始了原始区分的经验过程。那些无用的石头所给他的意象图案被一起抛弃，逐渐也会形成某种一致性的感觉特征，从而也对相似性意识的形成起到积极的作用。

如果不是基于生存活动的需要和意愿，仅仅是出现在头脑中的海量信息本身，是难以帮助原始人产生相似性意识的。因为他们大可将其全部都挥之而去，不予理睬，而仅仅依凭自己的生物遗传本能继续生存。某种特别的动力，伴随着原始人生存的需要和意愿，促使他们逐渐形成了处理海量意象图案的心灵能力，并在长期的实践过程中，不断得到提高和成熟，才得以创造出后世的人类文明成就来。那么，这种特别的原始动力是什么呢？这就需要我们继续更细致地考察想象力在原始心灵结构中所起的独特作用。

调出有用的意象图案是一个需要努力的思想行为，不像忽略掉无用的那些意象图案是无须费什么力气的。对于我们现代人而言，由于已经习惯了这种头脑操作，自然不会有什么程序上的难度，只需视每个人的记忆能力高低，或者原有意象图案给予每个人的印象深浅而已。但是这对于刚刚才有一点点记忆能力，且缺乏熟练比较能力的尼安德特人而言，就不是一件那么容易的事情了。他可能仅仅隐隐约约地记得以前的类似情况，却还不是很清楚那与眼前的知觉片段集合之间又有什么样的关联。他需要去"想"，去努力想，想出以前的某种情况，几天前曾经也打制过的石器。然后才会发觉眼前的意象图案与之似乎有那么一点"关系"。这点"关系"给了他似曾相识的感觉，即眼前的这串意象图案仿佛曾经见过，有一点熟悉。恍惚之间，仿佛见过的一种感觉，就像闪电一样掠过他的脑际。他要更加集中微弱的一点精神能力，捕捉那瞬间飘过的某种模糊意象。那种意象对于他而言，可能是完全不熟悉的，虽然含糊不清，时隐时现，却能够令他有一种十分新奇的感觉。这种感觉就是在他的脑海中才能出现的"相似"的意象。不像其他的那些海量感知片段在现象世界都有大体相应的物理对象，可以给他某种确实的感受，"相似"的意象却是他从未在现实世界中遇到过的。他以前的脑海中可能也偶尔闪现过这种模糊的影像，却始终无法把握住，总是飘忽而逝。这也让他不以为意，只当自己的一时迷糊而已。但是每当他集中精神关注一事的时候，例如像现在这样打制石器，或者捕猎大型野兽，在黑夜里聆听虎豹豺狼的嗥叫，围着篝火唱歌跳舞，与心爱的性伙伴一番云雨等的时候，都难免会有那样一些新奇的意象蓦然间浮现出来，刺激得他倍感惊奇，或令他激动得浑身颤抖，于是他都可能会忍不住地拼命喊叫，让自己缓解稍觉不安却又兴奋莫名的情绪。

生存需求、关注、大量感知片段和差异性经验特征等因素，共同烘托起了一种热切的氛围。这种氛围促使这个尼安德特人努力去想现在的和以前的意象图案。正是在这样的"想—象"中，相似性的意象隐约再现，并渐渐清晰起来，能够帮助他衡量、评估、判断和选择眼前这块石头的价值，形成某种肯定的态度，再进一步反馈到他的运动神经系统中，导引出下一个动作，是打击加工，还是抛掉它重新去寻找。

如果现在的考古学和生物学成就值得我们信赖的话，那么我们能够了解到，"想—象"是大脑新具备的一种功能，并非原来就有再通过基因遗传到了我们这里，而是需要每一个原始人在自己的生存活动中不断实践锻炼，同时加上许多外界条件（例如饮食和气候等生物环境），才有可能渐渐产生的。

想出来的某个像，已经不是普通的感官图像，如这块石头的意象，那棵树的意象，或那只驯鹿的意象，而有着独特之处，即不是在外部世界中存在的物理对象所直接引起的某种影像，而是在这些物理对象的意象图案之间发生了某种"关系"的意象图案。我们当然也可以说意象图案的差异性同样也能够带来某种特殊的"差异"关系的意象图案。这种看法无疑是能够获得一定的正当理由的。毕竟相异与相似的意象和观念确实是相互伴随而生的，不可能各自独立来谈。只是差异的关系意象不像相似性那样更需要原始人的"心灵努力"才能得到，而很可能只是潜伏于他们的茫然之中，不会被他们特别注意，因而也难得产生相应的"差异"关系的意象图案。如果我们分析得更仔细一些的话，那么实际上应该说，相异与相似这两种意象图案是同时产生的。这并不是一个需要更多实验证据的问题，也不是一定要有生物学上相关知识的完整性问题，而是我们这里所要着重讨论的焦点有着额外的特殊意义。这一特殊意义源自我们的特殊主题，那就是对原始心灵的人格结构进行发生学意义上的考察。这意味着我们关注的焦点并非单单是感知和理智行为中的生理过程，虽然这也并不能被忽略，只是它将与外显行为和道德实践等线索相互参照，共同构成我们分析和讨论的领域。

还是让我们把视野返回到原始人的"心灵努力"问题上，因为它更可能告诉我们，原始想象力的新奇之处对于原始人而言究竟意味着什么。相异和相似的感觉对一般的动物来说，未必有什么价值，因为它们大可以凭借自己的生物本能从事各种生存行为，无须（或者也没有）中枢神经系统对意象图案进行加工后再去引导自己的下一步动作。但是当原始人的头脑中逐渐有了丰富的意象图案之后，情况就开始有了很大的不同。他们的生物基因所遗传的处理方式不再能够有充分的能力应对越来越多的意象图案对自己行为的影响，这都需要他们进行一番"努力"才有可能"摆平"那些意象图案对他们精神和行为的干扰，以至于越来越多的生存活动，都要他们经过头脑去"想"一"想"，去"考虑"一下，才有可能"理"出头绪来，形成一个连贯的"思路"，然后才有可能将之付诸行动。于是，"努力思想"以获得行为的引导渐渐成为原始人的一个行为习惯，在他们日常活动中的作用、影响力或重要性也持续增加。

在不断思考相异和相似的意象图案的过程中，原始人慢慢锻炼出来了相应的区分能力，也就是将相异的东西分开，以不同的处理方式对待，或者采取不同的态度。有用的就要继续进行考虑，而无用的就可以弃之不顾了。有用的对象相互之间是相似的，而无用的对象相互之间可以是相似的，也可以是不相似的。相似的东西视为可做同样处理的对象，如那些被挑选出来的石头，都进行几下加工，然后就可以用作武器拿去捕猎了。当我们说，原始人经过某种思考之后再采取行动，也意味着思考的过程和结果无论是什么，实际上都不能不用到区分的能力。这也是原始思维中最为基本的思想能力之一。而区分的类型却不是现成可得的，需要原始人在自己的头脑中逐步积累。"石头"或"驯鹿"，"水"或"土"，"太阳"或"月亮"等作为类别，当然是较为容易的，但是将会有越来越多的类型却不是那么直观的，而有着一些抽象的意味了，如"好吃的"和"难吃的"，"锋利的"和"迟钝的"，或者"好看的"和"丑陋的"等。

当然，原始人思想的对象一定是不断丰富的，除了直观的感知对象，还有我们已经分析过的那些更为复杂一些的意象图案，如时间、空间、功能、秩

173

序、传递、结构或抽象的意象图案等。这些意象图案产生的同时也意味着原始人的相应能力的增长。这些意象或能力使得原始人头脑中的意义世界越来越丰富，形成多重层次和结构，并可以延伸至无限深远和广阔的范围。而伴随着这个意义世界无限丰富过程的，就是原始人的思想能力，即编织或架构越来越复杂的意象图案集合的能力。这种能力对任何一个原始人而言（即使对我们现代人而言也一样），都是需要不断学习和锻炼的，因为其难度越来越大，要求越来越高，迫切性也越来越强，甚至每一个原始人对自己能力的期望值也在不断增长。而思想能力受惠于基因遗传的因素却几乎很少，对某个个体来说，恐怕并不是很重要。这也就是说，思想能力主要是依靠每个人自己在经验生活中去学习和锻炼，才能逐步掌握和提高的。

对这一点我们并不难理解。物理对象或意象图案相互之间是一样的还是不同的这一点，是无法遗传的，而只能在自己的实践中去慢慢了解。石头或动物骨头有什么功能，又怎么去发挥这些功能，需要自己去摸索。打制石器或钻木取火的整个过程是怎样的，也必须自己去经历、琢磨和发挥想象力。什么动作能够导致什么结果，什么结果又会带来什么影响，什么影响还将引起什么反应等，都是要每个人自己不断地尝试和思考，努力去想象，才有可能逐步领会的。即使看到其他人这么做而想去模仿，自己也需要形成一个连贯的思路或想法，才能独自完成这些动作，才算是自己"会"做这项活动，才算是自己掌握了这项技术。否则，下次自己独自一人时要想进行这个活动，就很可能由于头脑中相关意象图案集合缺乏适当的程序，而无法形成连贯的行为，导致一个失败的结果，不能实现自己的这个意图。这对一个原始人而言，很可能引起致命的后果，因而是有着生存迫切性的。

获得关于相异性和相似性的意象图案，或者关于类别、时间、空间、功能、秩序、传递、结构或抽象的更复杂的意象图案，需要原始人的尝试、学习或实践锻炼。这不是仅仅依靠被动的接收就能够做到的。虽然这其中都离不开他们的生存需求、身体状况或意愿程度等因素在背后发挥着影响，但是在心灵世界内的努力却有着直接的作用。他们要努力去想，去思考，尽可能发挥自己的想象力，才能逐渐编织出令他们感觉满意的意象关联图案来。这种心灵的努力当然也深深地渗透在他们每一次观察、衡量、评估、判断或选择的思想行为之中，并导致每一次活动的结果有所不同，有成功，有失败。有的石头在第二天的狩猎活动中让他很满意，而有的就可能效果不佳，令他失望。每一次活动带来的差异感，又会促使他下一次更加专注于行动的效果，并由此使其中所包含的各种差异性意象图案更为丰富，从而逐渐增强了他努力思考的兴趣，也锻炼和提高了他的想象能力。也即是他会变得更加努力。

正是想象力在原始心灵结构中产生新事物的作用，我们可以将之视为创造力的内在部分或素朴阶段，即还只是发生在心灵空间之中，对各种各类意象图案的编织或架构，而没有达到现实的创造性活动。但是在本质上，这两者可以说都是一样的，都是在心灵努力的主动性前提下，将事物（意象图案或物理对象）联结出新的形态。新鲜事物就是被原始人这样一点一点地创造出来的，直到我们也几乎以同样的方式创造了这个时代所有的文明成就。

相异性和相似性的意象图案是从来没有过的，类别、时间、空间、功能、秩序、传递、结构或抽象的意象图案更是全新的东西，观察、衡量、评估、判断或选择的思想行为也是令人称奇的事物。如果没有原始人的心灵努力，没有他们的想象能力和思考能力的帮助，那么这一切恐怕都是不可能出现的。当然，作为创造能力的结果，我们仍然不能忘记，这一切现象的背景下他们的生存需求、身体状况或意愿程度也始终在产生着不可低估的影响。

想象能力、思想能力或创造能力的运用，都会产生出新鲜事物。只是相比较而言，想象力更为自由一些，不像创造力几乎可以说完全是一种有意识、有目的行为。人们是可以任意想象的，不必有方向或界限，不必有目的地非要琢磨出什么来，无所谓有用与否，也无所谓能否实现，尽管随意好了，甚至可能是不经意间的灵机一动。而创造性活动就专注很多，不那么任意而有着确定的方向或界限，是在一定意图引导下的倾向性行为，并一般以现实化为其目的。思想能力的含义更为广泛，可以包括各种心灵活动，像想象或创造也都属于思想活动。就能够产生新生事物的意义而言，思想能力也同样是创造，即联结出各种未曾有过的意象或观念。

当莱茵河畔的这个尼安德特人专心于他的狩猎准备活动时，他脑海中丰富的意象图案在他的关注下汇集起来，形成一个复杂背景下的聚焦结构，即关于石头的锋利与合手的感受场景。石头的形状是否合手，能否较容易地打制成一个单边锋利的武器，以进行一次成功的捕猎，这是他正在努力思考的问题。他围绕该问题的整个行为，涉及我们上面提到过的几乎所有那些思想因素，如意象图案的丰富、相异性和相似性、区分和类别、时间和空间、功能、秩序、传递、结构或抽象等，还离不开观察、评估、判断或选择等思想能力。不仅如此，我们也考察了他的心理欲求所形成的意愿和情感灌注在其中所产生的影响力。那么，这许许多多因素交织在一起，是否足以说明他打制石器行为的发生过程呢？例如，这个尼安德特人选择用石块而不是用土块；他对很多石块不屑一顾，而对某几块石头多加了些注意，直到他拿起一块来而停止再去挑拣；他用另一块石头敲打了几下被选好的石块，经过几次停止、尝试、再敲打、再尝试，直到满意为止；最后他打制好五块石头武器，就不再继续，而是高兴地跑去找他的小伙伴去了。这些动作都有一个从起动到停止的过程。不仅是整个打制石器的行为，而且其中所包含的无数局部行为，甚至每一下身体的动作，可以说都是有方向性和规范性的，并且，也都在他的有意识地控制之下发生。那么，这种方向性、规范性和控制性又意味着什么呢？

行为的方向性表明其中的目的性。不过，原始的目的性是不会直接来自最初零星而模糊的意象图案的，因为那时还形成不了任何目的性的意象图案。开始的动力只能是生命本身的心理欲求。这种心理欲求所产生的意志力量对意识领域中的意象图案具有促动作用，也就是能够驱动那些本来是杂乱无章的意象图案逐步形成某种秩序或结构，以与原始的外显行为相一致。例如，当一个原始人看到一棵苹果树上的红苹果时，如果他脑中没有任何意象图案出现，那么他在一般情况下（不考虑环境的危险性）是不会犹豫地去摘那些苹果的。这时我们称这种行为为生物性行为，即依靠生物本能引导的生存行为。而如果他的脑海中浮现出某些模糊意象的话，那么，他恐怕就不会直截了当地去摘那些鲜红苹果的。这时的他会犹豫。犹豫什么呢？他需要首先辨别清楚自己脑中的那些意象图案可能意味着的情况：确实是他经常吃的那种东西（苹果）吗？还是一片树叶？抑或是一团火？甚至还可能是雪豹的眼睛？他需要区分这些意象图案的差异性，并将之与外界对象加以比较，不断校正，再进行评估和判断。没有辨别清楚这些意象图案之前，他大概是不会贸然行动的。等他把一切都搞清楚了，他才会进行下一步动作：或者去摘苹果，或者无视它，或者快速逃离。也就是说，如果他判断出那个红的东西是苹果，那他就去摘；而如果他判断那是一片树叶，那他就忽略过去；而如果他判断那是一团火或者是食肉动物的部分躯体，那他就会小心起来。我们说过，他是需要有一段时间的练习和实践才能掌握这一切的。而掌握之后的结果就是，他对那个意象图案的清晰了解构成了他的目的性活动的一个部分，即意象图案的澄清，或以后的秩序化，逐渐成为原始人有目的活动的可能性条件。在他们慢慢学会掌握更多的意象图案及其联结系列之后，他们就会用来引导自己日常的大部分行为，而不再盲目地依靠本能生活了。

行为的方向性或目的性也表明了原始人行为具有了一定的价值或规范意识。合目的性自然也是一种价值规范，能够引导人的行为向着某一目标进行，有着明确的行为导向性。不过不仅如此，实际上在这个尼安德特人打制石器的活动中，每一步骤也同样蕴含着一定的价值意识。我们不如说，如果抛开源自生命的心理欲求因素的话，那么一个行动目的更多的是由其具体的步骤中所包含的价值导向累积而构成的。具体的行为步骤从简单到复杂，从身体本身的活动到外部对象的活动，都与意识领域之内意象活动的规则化有着连带的关系。同样，即使是单单在意识领域之内，从开始时只是零星意象图案的清晰化，到大量具体和抽象意象图案复杂联结的秩序化或结构化，也都有着规则的形成或引导作用在其中存在。那些很清楚的石头的意象图案系列在差异性的比较中就有一定的价值意义，如这块石头要比那块大小更合适，每一下敲打所产生的差异性效果导致石头一个边刃锋利性上的不同。这与胳膊的挥舞都有着同样的价值含义，因为每一下挥舞都涉及力度、方向和速度等因素需要权衡和判断，也就是在差异性中不断进行着某种评估的过程。每一个动作，无论是身体的某一个部位，还是外部物理事物的状况，都被纳入逐渐细致的考量之中，产生着无数微妙的差异性价值意涵。而这些价值意涵，就在一步一步地引导着这个尼安德特人每一个动作的进行。如果他感觉到自己身体部分有运作良好或糟糕的反应，那就会继续或调整动作；如果石头的尺寸大小或合手程度出现舒适或不舒适的感觉，那他就可能会想一想是保留还是扔掉它；石头的锋利与否也几乎决定了他是接着敲打，还是停止下来等。这里的每一步对于他而言可能都已经很熟悉了，因为在长期的生存活动中不断得到锻炼。因此，他能够将这些经验集合起来，形成一个打制石器的目标，并付诸现实。进而，这又构成了他将打制石器作为从事狩猎目的的一个准备性活动。

　　连续的差异性价值感受构成一个个带有导向性的意象系列或集合，指导着原始人的意向性活动。这个价值性意象系列当然可以是无限的，也不限于具体的范围，而是能够涵盖几乎所有原始人的生活领域。但是就现实的日常活动而言，原始人的每一次有意识行为并不会简单地跟随着这个无限的价值性意象系列一直延伸下去，没有止步的时候，而是随时都能够中断，并转换到另一个价值意象系列上去，开始其他的行为。例如，这个尼安德特人先找石头，找到一块大体合适的就停止寻找而开始打制，每打几下就停下来端详一番，再继续进行，可能反复几次，最后停止打制，站起身来，离开莱茵河畔。这一系列动作是可以分成许多不同部分的，需要不同的注意或意向，脑中会变换多次意象图案结构以调整适应新的动作。而且我们还可以将他打制石器的活动视为一个整体，与他在部落里的生活、捕猎活动、采摘活动或夜晚的睡眠等行为区别开来，构成不同的活动系列来看待。这时意象图案结构之间的持续、中断、转换到再持续的过程就更为清楚，同时价值性感受的多种系列或集合也随之以相同的方式发生。那么，这些意象图案结构之间的中断或转换的发生是如何可能的呢？

这就涉及某种审美意识的作用了。无论我们怎么看待审美意识的本质，它都与人的某种内心愉悦的感受相关。这种愉悦感可能是神经系统的某种反应，因某种官能刺激而产生的神经兴奋。它也可能仅仅出现于无意识领域与意识领域相互之间的某种关联上，因某种相互融洽而产生心灵的喜悦。不过我们不必特别在意它的生理机制，而只探讨它对行为的影响。这样就可以只认可它在无意识和意识领域都有某种迹象出现，而不论其生理原因，就像我们一般人都能够感受到审美愉悦往往引起自己全身心的某种积极感受，如舒适感或兴奋感之类，尽管每一种或每一次的愉悦程度不一。我们还可以将痛苦的缓解或解除也视为是一种愉悦感受，尽管类别不同，但在对行为的影响意义上而言，都是相似的。

如果把程度不一的各类兴奋感都考虑进去的话，那么可以说在人的每一个行为中都包含着某种由兴奋感所控制的行为方式。人的每个动作都与身体机能的舒适度有关，如一般都以自己感觉舒适的方式吃喝、看听、走路、跑跳、说唱或舞动身体等。在普通情况下，人也以自己感觉合适的方式做各种事情。如果不是出于某种特殊的原因或目的，一般的人是不会有意地以自己感觉不适的方式行为或生活的。这种舒适感对人的行为就起到了一般性的调节作用。这种调节作用体现于从人的最基本身体动作到日常生活中的绝大部分事情之中。

虽然原始人还没有很明确的审美意识，但是这种身心愉悦或兴奋的感受源自生物机体的本能，对他们也不例外。只是这种感受对行为的影响作用可能还没有那么清晰，而是从含糊不清的状态逐步演变成为一种明显的调节机制。这种模糊性与原始人意识领域还处于较为混乱的状态有关系。就像尼安德特人那样，他们的意象图案还较零乱，缺乏清楚的条理或秩序。特别是他们对自己意象图案的调度能力还很弱，还并不是很容易在意识领域与无意识领域之间得到很多令人能够兴奋起来的相互融洽性，更不容易有意识地使这种相互融洽性成习惯地出现，或按照自己的意愿进行控制发生的方式。对意象图案结构的调度能力是需要经过很长时间的学习和锻炼才能不断得到提高的。

当原始人对意象图案的调度能力还很微弱的时候，他们会表现出更多的迟疑来。就像莱茵河畔的这个尼安德特人一样，他在挑选石头的时候，或者在打磨石头的时候，都难免出现多次迟疑不决的神态。这块石头合手还是不合手？继续打磨还是停止打磨？石头的锋利度够不够？这些判断都需要自己的某种感受来作为标准进行衡量评估。而以哪一种感受来作为哪一种情况的标准，这对他而言，可能还是一个困难的问题。当然，他需要不断练习。不过，他也总是能够慢慢地感受到自己有一种隐隐约约的"感觉"。这种感觉与石头的情况有关系，能够促使他继续或中止眼前的动作。他当然会经常地犯错误，即做了错误的判断。例如挑选了一块不太合适的石头，或者打磨过头，将石头打碎了，或者打磨完之后却在第二天捕猎时发现这块石头远不够锋利等。这使得不断练习对他而言显得格外重要，能够使他打制石头的技术不断提高。同时，这也让他对自己的那种感觉越来越清晰，因而对意象图案的调度能力也将得到不断提升。

这种能够作为判断动作应该继续或中止的依据的感觉，就是身心愉悦或兴奋与否的感受。这种感受是与价值性意象图案系列共同发生作用的。也就是当一个人受到价值意象系列的引导，而使自己的动作不断趋向某一个系列目标的过程中，这种感受就告诉自己（显现给自己的意识或出现在意识领域中），以让自己来决定是持续进行还是停止下来并转向另一个动作系列。我们可以用"满意"或"不满意"来称呼这一节点，即自己是否有一种满意的感觉来决定行为的继续或中断。而一个人是否满意，对原始人而言，最初的意义可能就是无意识领域是否浮现出某种兴奋的迹象，然后逐步发展到意识领域也有了同样的感受。当一个人的意识领域出现了很明显的兴奋状态时，我们就可以轻松地判断出来他有了一种满意的感觉，因而也意味着这一动作可以中止并转向其他动作了。否则的话，当一个人没有意识到自己的这种兴奋感觉，也就意味着他还没有满意，因而可以判断该动作应该继续进行，除非这时受到其他因素的干扰。

价值规范意识对原始人的行为起到了方向性的引导作用，而兴奋与否带来的身心愉悦状态形成一种审美意识则作为判断行为继续或中止的心理依据。这两种意识类型之间实际上并没有什么本质上的差别，在日常生活中都可以用"好的"或"坏的"这一对概念或范畴来加以形容，再逐步演化出各种具体的差异性描述，如"对错"、"美丑"、"是非"，或其他肯定与否定、积极与消极的范畴组。某些事物状态在原始人的内心会得到积极的感受，因此很可能受到肯定的判断；而某些事物状态则会产生消极的感受，因此很可能受到否定的判断。这种基本的方向性差别在原始人的意识领域逐渐清晰起来，并在引导其行为走向的过程中产生着越来越重要的影响。

如果某一种事物给一个人带来的兴奋或喜悦的感受程度十分强烈，那么这可以称之为"兴趣"，即对人产生了很强的吸引力，且很快形成了心理惯性，同时还表现于外在行为中，成为一种有明显意识的倾向性行为。另一方面，让人产生痛苦或厌恶的感受就会形成相反的心理和行为倾向。例如，围猎驯鹿、捕捉鲑鱼或聚会歌舞等活动，都可能会让原始人兴奋莫名、激动不已，从而形成某种心理期待，并能够影响他们日常生活中的很多活动。就像我们的尼安德特人为了第二天狩猎驯鹿的活动，揣前来到莱茵河畔专心地打制石器一样，我们可以说他对狩猎活动兴趣浓厚，或者说他打制石器是一件目的性很强的有意识行为，还可以说他为了狩猎成功而来打制石器是不错的做法，还可以说他制造石器的技术不错，甚至还可以说对这一系列行为的安排有条不紊等。这一切说法都意味着他对自己内心众多的意象图案有了一定的把握能力。如果用我们今天的方式来形容的话，就可以说他差不多是一个有头脑的人了，或者可以说他有一定的干事能力等。

价值规范和审美意识对行为的影响作用是逐步通过意识领域而产生的。这也就是说原始人需要通过慢慢练习来掌握安排意象图案的能力，而且这个安排的难度也会越来越大。因为随着生活的持续，原始人脑海中的意象图案会相应丰富起来，且日趋复杂，而这又伴随着原始人神经中枢系统的逐渐发达。于是，他们对意象图案的安排把握能力也将渐渐增强，能够以此去做的事情也增多，难度也越高，活动范围也越大。例如，原始人从打制石器到使用金属来制作刀剑或弓箭，从简单的采摘植物果实到农耕种植，从狩猎到驯养动物，还有制作陶器、建筑居舍或织布烹饪，生存范围的扩大等，都有一个从简单到复杂的演化过程，更不用说那些原始艺术的创作了。

对意象图案安排的难度和复杂性的增加，与行为难度和复杂性的增加，是相互伴随的。这种复杂性显示出意象图案在数量、种类、结构或层次等方面的差异加大，也在价值规范和审美意识方面更为多样化和内涵丰富，因而进行安排或架构的方式也有了更多类型的不同，需要一个人有更活跃的想象能力、更强大的思想能力和更出色的创造能力。这对原始人而言始终都是一种挑战，来自生活本身的挑战，也是来自自身的挑战。他很可能不得不尽力去应对这种挑战，因为否则的话就可能意味着生活能力的弱化，并由此会导致生存处境上的艰难。当然，他努力去锻炼这些能力也可能是来自这些能力本身给他带来的那种吸引力，即这些能力的提高会使得他获得越来越多的兴奋或全身心的愉悦，使他得到更多的满足，并渐渐开始享受着其中的乐趣。尽管我们可以从人的生理机能中去寻求这种愉悦感的生物性根源，不过掌握意象图案本身所带来的积极意义也同样有着相当的解释力。

我们可以将人的想象能力、思想能力和创造能力等意识领域内的运作机制合称为人的心灵能力。我们已经知道这种心灵能力对原始人而言可以说意义是极为重要的，因为不像我们现代人基本上都已经有了相对比较高程度的心灵能力，且对社会性生活的依赖度也很高，因此对个别人来说心灵能力多一点或少一点，一般并不太会对其生活产生致命的影响。但是心灵能力却可能直接影响一个原始人的生存状况，导致他的生存或死亡。比如说我们设想的尼安德特人，他是否能够制造合手的武器，对他的狩猎活动来说就是至关重要的，涉及他在狩猎中是否会受伤甚至丧失性命，同时狩猎是否成功也意味着他和他的那些伙伴们在一定时期内的生存能否得到一定程度的保障。

第四节　原始人格

对意象图案的安排或筹划涉及我们上面所提出的那些内涵。这些内涵综合起来构成了原始人的一项活动所具有的意义。我们可以像传统方式那样，从多重角度对之进行勾画，例如感知、情感、意志、价值或审美意识等，也可以将之分别归于他们的想象能力、思想能力或创造能力等这些心灵能力。这成为他们的生活方式，在生存体验中不断变化。由人的心灵努力和这些心灵能力共同形成的行为机制，我们可以称之为一个人的原始人格特征。它显示了一个人对自己意识领域的内容进行把握的状况，并由此也是对自己整个身心进行把握的状况，再进而也是对自己的整个生活进行把握的状况。对莱茵河畔的这个尼安德特人而言，他还远不能够具有对自己的整个身心或生活的把握能力，而只能慢慢练习把自己那些零乱的意象图案理出一定的关联秩序来，因为他在这方面还显得十分笨拙，毕竟他几乎完全没有以往的经验可资借鉴。这些意象图案对他来说还都是很新奇的事情，他似乎完全不了解它们。他需要很多时间去熟悉和琢磨这些稀奇古怪又瞬息万变的东西。这并不是一件容易的事情，因为他从自己的先辈那里好像没有继承到太多有用的知识，除了一些基本的生存本能。而对这些千差万别、丰富多彩的意象图案，他的先辈们仿佛也处于懵懂无知的境地，仅仅显露出很困惑的样子。个体原始人格最初的发生过程，就是这样从对意象图案的困惑转变为去适应和积极地应对而逐渐产生的。

构成原始人格基本内容的心灵能力看起来似乎只是在意识领域之内对意象或观念进行安排，但是这种安排却不是自行其是的。也就是说，对意象图案的关联并不是在意识领域之内独自发生的事情，而涉及人的整个身体机能与外界生活环境这两端的所有因素。实际上，心灵能力的作用就是通过在意识领域内的工作，将自己的身体机能与外部生活环境之间勾连起来。如果没有意识内容的参与，而是人的身体机能与外部生活环境之间直接发生关系，那么这可以称之为动物式的本能活动，即无意识的生物行为。而有了意识因素的中介作用，人的行为就成为有意识的目的性活动，具有一定的价值导向或理性因素。用我们这里的术语来说，就是人的心灵能力通过想象、思想或创造活动，赋予了行为的意义性，使得人的行为具有人格意义，并在衡量或评估中得到显现。

具有人格意义的行为，将人的身体系统、意识领域与外部生活环境这三者之间联结起来，成为一个整体的生活场景。这三者之间形成一个怎样的关系，对人的行为以及人的生存而言，都是至关重要的。至少，从原始人开始，这种关系逐渐变得越来越重要，构成人的生存方式的根本性特征。随着人类社会的发展，外部生活环境也从主要以自然环境为主，演化为以社会环境为主，或者以自然与社会两者交织的社会文化生态环境为主。这一主题也就变成为我们在上一部分的心理学研究中所提到的人的无意识领域内的本能欲望、意识领域和社会文化生态环境这三者之间的关系。当然，除了这三者之外，一般人们还会提到另一个角色——自我。因为，将这三者联结在一起进行整体把握的，正是"我"的任务。不过，自我的本质实际上就是我们所说的个体人格，即自我的本质特征或内涵，而"我"仅仅是"我的人格"的一个方便名称而已。

意识领域内对意象或观念的结构化安排产生系列的意象或观念群，并通过中枢神经系统传导至人的运动神经系统，促使身体在外部环境中发生各种外显的行为。这当然是就一般情形而言的。具体来说，意识领域内的活动并非是自发产生的独立性行为，以自身为根据来发出命令，而是需要在与身体的本能欲望（无意识领域）和外部环境之间的关涉中加以产生。如果说意识活动还要服从自我的命令的话，那么，这个自我或人格实际上是由人的身体机能、意识活动和外部环境这三者共同构成的整体，即生成于世界中的生命整体。由此，作为这三者合一的整体所遵循的基本或首要的原则，就是使这三者之间的关系保持协调一致或通畅，而不是滞涩或相互阻隔，更不能造成相互的对立或冲突。这也是由自我或人格本身的内在要求所规定的，或者说是生命本身的内在要求。虽然意识领域无疑也属于身体机能之一种，只是由于其特殊作用，我们可以将它单独看待来加以分析，不过这并不意味着认为意识领域与身体各机能之间有着根本的区别，而只是将其视为较为特殊的一种机能而已。

我们知道当原始人还没有或几乎没有出现意识领域内的神经信号或意象图案的时候，他们是按照已有的生物本能从事各种活动。这时的人（或者说"猿"）作为自然的一部分也与其他自然事物一样，融合在物理世界的交织关系中，没有从自然中分离出来，不具备什么特殊的性质。而当意识领域出现在人的头脑中之后，情况确实有了一些不同。那就是在人的生物本能与外部物理环境之间，有了意识的中介，要对人的生物本能进行加工或引导，再将人的行为介入到外部环境之中去。如果不把这种情况视为神的旨意或某种奇迹，而看作为自然发展的一个自然结果，那么，我们可以基本判断，意识中介的作用应该使人的生物本能与自然环境之间更为融洽或流畅，而不至于变得比动物更糟糕才对。除非自然环境出现巨大的改变，导致人的生存受到很大威胁，否则我们看不到有什么理由认为意识功能将会与人的生命存在本身之间形成不可避免、不可缓解或不可消除的矛盾或冲突。

但是在现实生活中，这三者之间的关系确实经常出现相互参差的状况，导致各种人格困境，就像我们在第一部分心理学考察中所看到的那样。对这种令人困惑的现象，我们有必要追究其原因，看看究竟是什么原因造成了这三者陷入某种相互隔离、对立甚至内耗的状态，使人无法健康、顺畅地成长，甚至产生各种人格缺陷。相较于人的原始状态，我们可以推测说，这有可能是人的心灵能力培育不足，因而难以解决困难而造成的，或者也可能是由后来的某些社会因素引起的。当然，事实到底如何，需要我们做进一步的深入考察才有可能得到澄清。但是至少，我们的目光不会局限于某个单一领域，如人的生物学领域、意识领域或社会领域，而是在这三者综合场景的历史演化中分析人的生存状况。

意识领域发展的程度，取决于心灵努力和心灵能力的状况。心灵努力和心灵能力都是生命本身的欲求。当身体某一部分出现情况时，身体机能会有所反应。如果这一情况有利于生命的成长，那么它会愉快地接受这些外来的刺激；而当这些刺激不利于生命的成长时，它就会立刻对之进行排斥、缓解或消除。我们目前还并不是很清楚人的中枢神经系统是否是有机体必然的发育结果，但是它的出现确实对有机体的生长有积极的意义。因而当中枢神经系统所接收到的神经信号或意象图案大量涌现，对身体行为造成越来越大的影响时，身体机能做出积极的反应对它们进行调适或安排，使得人的行为有了更多样性的选择或能够做出更复杂的动作，从而也能够更好地应对环境的挑战，以改善自身的生存状况。身体机能的这种积极反应，被我们称为"心灵努力"。而积极反应的方式或内容，被我们称为"心灵能力"。心灵努力意味着人对意识活动的正面态度，给出一种倾向性的方向选择，即不是将意象图案加以排斥或消除，而是接受和吸纳。在意象图案被接受下来之后，要使它们能够对身体其他各机能起到有积极意义的影响，就需要对它们进行相应的安排处理，将之整理成有条理秩序或结构的意象关联，能够给予行为以明确的指令。这就是心灵能力的作用，即通过想象、思想或创造的方式，使本来零乱的意象图案构成富有意义的联结。

神经中枢系统是身体机能的一个核心部分。它通过遍布全身的神经突触接收到各种神经信号，再进行加工处理，并将处理的结果反馈回身体的其他部分，以形成与周围环境之间适当的身体行为。中枢神经系统接收并加工处理神经信号的场域，被我们称为"意识领域"。而那些神经信号就是我们所说的"意象图案"，例如人的各种情绪状态和感知片段。意识领域与身体其他各机能或本能欲望之间的这种生物学关系，表明它们两者之间原则上应该保持通畅而不是滞涩的关系，否则生命机体就难免陷入生存艰难的境地。

这意味着人的意识活动并非独立自存的一个领域，而要在与身体其他各机能的畅通关系中发展。尽管意识活动在有了一定基础之后看起来似乎可以只遵循其自身的规则进行，如概念联结的意义可以自动发散，就像数学或逻辑一样，但是这其中每一步都包含着心灵努力和心灵能力的参与，而这两者本质上都是身体机能或本能欲望的产物，如我们前面所分析的那样。有人可能会说，像自然数这样的连续无须人的参与，而仅仅按照自身的逻辑就能够无限扩展下去。这听起来仿佛是有道理的。不过当我们设想或应用这种扩展的时候，一方面要以认定和坚持算术的基本规则为背景，另一方面头脑中要形成一个意象图案联结的持续序列，而这都离不开心灵努力和心灵能力的作用。即使我们可能已经习惯于这种简单的运算，却不能否定在习惯背后的心理影响，而仅仅视之为机械化的自动过程。除此之外，概念意义的发散同样也不能免除情感、价值或审美意识的参与，而这些因素本身也都源于生命系统的内在机制。

意识活动并不仅限于与身体其他各机能之间保持畅通而已，更重要的意义在于这种畅通本身是对身体机能的一种贡献，即使得身体的本能欲望不再被封闭于基因遗传的机械性生存习惯之内，而能够在更多选择中获得抒发的崭新渠道。这意味着人的生存活动进入了一个开放性的意义空间，即在意识活动的帮助下，人的行为通过多样性的选择平台，可以叠加出无限丰富的意义来。因为我们已经知道，在意识领域内心灵能力的本质特征就在于产生出新的意象或观念的联结方式，也就是不断创造出新的意义来。无限的意象图案之间可以有无限的关联方式，因而创造出无限丰富的意义世界不仅是观念上可能的，也是现实中可能的。

如果意识活动不能与身体其他各机能之间保持通畅，那么人的活动就仍然只限于生物性的本能习惯。或者，即使它们之间保持了通畅，可是如果意识活动无法提供新的意象图案系列，那么人的生物性本能习惯就仍然还是没有得到根本的改变。再或者，虽然意识活动偶尔提供了一点新的意象联结，却不能持续下去，那么无限丰富的意义空间也同样不能成功地产生。畅通的含义在于一种开放状态，而开放状态又意味着新的意义被不断创造。这正是心灵能力的作用，也是它在意识领域之内的活动对生命而言具有的价值所在。从中我们看到，意识活动的作用是通过这三点实现的：首先，与身体其他各机能之间保持通畅；其次，能够不断创造新的意象系列；最后，这种创造过程能够始终持续下去。

意识领域对意象图案的加工活动应该与身体的本能欲望之间形成一致和通畅的关系，这是源自生命本身的内在要求，即使得生命成长更加健康和顺畅。否则的话，如果中枢神经系统的意识功能对有机体本身无意义，甚至只会带来危害，那么它将很可能在长期历史演化过程中遭到弱化或消失。不仅如此，意识领域内对意象图案的各种加工安排活动依赖于心灵努力和心灵能力的作用，而这两者的根源又都在于身体各机能的正常运转，就像我们在前面所分析的那样。如果缺乏身体其他各机能的支持，或者生命的本能欲望受到压抑变得扭曲或微弱，那么同时也将不可避免地使心灵努力和心灵能力这两者都处于受困或弱化的境况之中，由此意识功能也将受到伤害，意识活动将逐渐变得暗淡、僵化，而不是趋向于越来越活跃。

意识活动应该是在不断创造新的意象系列，以供行为选择处在一种开放性平台之中，这样才能体现出意识功能的价值，使其对身体机能的良好运转发挥出正面的影响，也就是对生命成长起到积极的意义。否则的话，如果意识领域没有新的意象系列出现，而只是重复以往的联结方式，那么这就意味着意识所发出的行为指令也成了机械式的本能习惯，而不再处于开放性的场域之中，没有了多样性的行为选择利益。这也将导致意识领域成为身体机能中多余的一个部分，而难免面临逐渐被淘汰的命运。

意识领域创造过程的持续也就意味着意识领域的开放性始终存在，或意象图案联结的丰富性呈现出无限的扩展状态。这使多样性的行为选择得以保持，从而也有助于生命成长的健康和顺畅。如果这种创造过程不能持续，出现中断的情况，那么也就意味着不再有新的意象联结出现，多样性选择活动也将呈现出停顿状态。这样身体机能就又回归到自然的生物性状态。

从上所述我们可以看到，意识领域内的心灵活动需要保持与身体其他各部分之间的顺畅关系、不断创造新的意象系列和将创造性过程一直持续下去。这是从意识功能的性质本身得出的结论，也是生命成长本身的要求，还由生命成长提供其不断发展的动力。但是在人的现实历史过程中，这些条件却往往很难得到维持，而总是会受到干扰或破坏。例如，意识领域的活动经常会与身体其他各机能之间形成冲突而不是顺畅的关系，还经常在创造能力上出现迟滞的状况，或者创造性活动在一定时间段内陷于某种停顿状态。我们从第一部分的心理学考察中了解到，这些情况在某些个人或社会群体中都并不鲜见。

要让意识功能与身体其他部分之间形成良好的关系，看起来似乎是一件很简单自然的事情，然而实际上并非那么轻松。这需要人对自己的意识活动和本能欲望这两者都有着恰当的认识，且能够恰当地对待，还需要始终保持清醒的意识，尽力免于各种外界的诱惑、干扰或破坏。而这些在现实生活中对一般人而言，都不是那么容易就能够做到的事情，还需要得到多方面情境性因素的帮助和配合，同时也往往呈现出很不稳定的波折过程。

一个人要想保持不断创造的能力，需要他的心灵努力和心灵能力都能够持续得到增强。这本来也是意识活动的自然过程。只要有正常的生活经验，人的意识活动就总是处于锻炼和活跃当中，这样持续的结果无疑会对人的心灵努力和心灵能力产生积极的意义，使它们得到不断的提升。这在一般情况下是没有问题的，而到了现实生活中心灵世界却往往受到束缚或伤害，以至于影响了心灵努力和心灵能力的作用正常发挥，妨碍了创造能力的增长，无法持续不断地产生新的意象关联，最终在某些特定的社会文化生态环境中弱化了人的生命力，阻滞了生命的健康成长。

同样，如果人的正常经验过程能够始终持续下去，那么一般而言意识领域的创造性活动也能够随之延续。我们似乎都可以将经验过程的持续视为某种给定的前提，不该成为什么问题。比如说我们还没有恰当的理由假设明天世界会停止，尽管这在逻辑上是可能的。不过自然世界的持续状态固然较少需要我们担心（虽然当代社会的生态问题已经严重到了我们不得不担心的程度），我们却不能不认真考虑到来自社会环境的某些限制性因素。因为在社会性的经验活动中，人们的创造性过程往往会受到一定的干扰、限制或破坏，导致人们即使愿意付出努力，且具有创造能力，却仍然不能正常地使自己的创造性意识活动对生命成长产生富有成果的积极意义。例如大规模的战争、长期的贫困或整体性的不公正之类的社会状况，就不仅会给人的心灵努力和心灵能力带来十分消极的影响，也会使行为的多样性选择受到限制，造成意义的开放状态不能持续。这都极不利于个体生命的顺畅发展。

　　这就涉及社会性因素对于人的影响，同时也是人与社会之间如何保持协调融洽关系的问题。前面我们已经讨论了人的意识领域与身体机能的本能欲望之间的关系，看到它们之间能否形成一个良好的状态还取决于社会文化生态环境这一重要因素的作用。同时，这三者之间又是否能够处在顺畅的关系中，以使整个生命保持健康成长，正是我们要着重探究的核心主题。

| 第五章 |

意义空间

当我们想象那个莱茵河畔的尼安德特人时，并没有特别去考虑他的心灵状态所关联到的社会性因素，而主要分析的是他自身内在的原始人格结构。这并不是说个体人格与他人或他所生活的社会群体之间没有什么关系，而是认为个体人格的形成首先是一个人的个体化过程。尽管这其中包含着多重因素的影响，特别是他人或社会因素的参与，但是心灵努力或心灵能力对意象图案的筹划安排毕竟是任何其他人所无法代替的，源自个体生命自身的内在要求，就像个人的成长也不可能由他人代劳一样。

在遥远的旧石器时代，当一个原始人的中枢神经系统中开始浮现出零星意象图案，并设法（心灵努力）去进行安顿（心灵能力）的时候，这无疑还是应该被视为一个自然现象，而不是某种特殊的非自然现象。我们没有理由将这一现象从自然界中割离开来，看做一个神秘的奇迹。因此我们考察的是在自然状态下，那些自然因素如何汇集而形成某种心智结构，并对原始人的行为渐渐产生了越来越重要的影响。

当然我们也不必否认，在原始人格结构的缓慢演化中，他人或社会群体的相关作用很可能是始终并行的。而且中枢神经系统中神经信号的涌现和加工都必然有着人种基因遗传的影响，单个的原始人恐怕是不可能产生意识功能及其意识活动的。即使碰巧某个特殊的原始人具备了这种神奇的能力，大概也不会在远古人类的演化史上留下什么痕迹，而不过是像一颗流星那样瞬间闪过。因为在其他原始人都还未面临过意识领域内的魔幻景象时，对意象图案的处理问题就无法进入他们模糊的视野。所以我们考察莱茵河畔的这个尼安德特人并不是因为他有什么独特之处，而是将他视为那个考古阶段的一个普通原始人，是其同类群体中的一个成员，有着同类群体相似的心智状态或人格结构。因而对他们群体成员之间有着相互影响这一点，是可以肯定的。同时我们还可以承认，群体成员之间的这种相互影响，对其中每一个个体的成长也都是至关重要的。只是这种社会性影响暂时还与其他自然因素一样，谈不上特殊的意义，还不必从其他各种自然因素中分离出来给予个别的对待，而不妨全部放在一起加以分析。

但是，当原始人的意识领域有了初步发展、逐渐成形之后，情况就明显不同了。这时社会性因素对意识功能的作用越来越大，对原始人格结构的影响也在很大程度上超过了其他自然因素或某些偶然性因素，以至于我们有必要对之进行单独的考察和分析。

社会性意识并不是人类所独有的。许多生物都以群体的方式生活。像一般的草食性动物都是群居，海洋性动物大多也是这样，还有很多昆虫如蚂蚁、蜜蜂或蝗虫之类也主要以群体方式行为。跟人类比较接近的灵长目动物也基本上如此，如猿、猴、猩猩或狒狒等。所以人类对群体的依赖性应该是源自生物本性的。通过群居的方式，人们得到了一定的安全保障，也能够在食物获取上有很大的益处。人类的繁殖养育更需要群体的合作才能顺利进行，因为母亲在生产婴儿前后的好几个月里不容易独立谋生，而婴儿甚至要在数年之后才能离开父母自己去闯荡世界。在人类开始有了更多技能，可以合作狩猎、捕鱼或采摘，或建立定居地时，他们相互之间的依赖性就更密切了，因为大家一般都能够很明显地感受到合作对生存带来的积极影响。而那时单独一个原始人恐怕还难以在大自然的丛林中生存长久，更谈不上舒适了。

不过这种生物本性上的相互依赖关系在石器时代开始出现了变化。那就是当人有了意识活动之后，自然的群体关系掺杂了意象图案的介入，使得原来基本上同质性的自然个体及其本能习惯相互之间产生了差异，导致人际关系变得复杂化了，而不再像蚂蚁或蜜蜂似的仅仅按照自己遗传基因的安排进行各种生存性活动。这可以说也是导致随后出现具有一定结构特征和伦理关系的社会形态最为原始的根源。

旧石器时代早期的远古人类已经开始有了微弱的意识活动。这从他们打制石器或使用火的行为中可以断定。不说远古的猿人，即使是像尼安德特人的祖先海德堡人（Homo Heidelbergensis）① 在数十万年前就已经能够用石头打制出石刀、石锥或刮削器之类的石制武器或用具。但是有特定关系的社会形态却是直到一万年前左右的新石器时代才慢慢开始形成。其间的演化经历了漫长的过程，甚至很可能跨越了一二百万年。看来原始的心灵能力是需要许多情境条件的配合才能逐渐培育出来，并达到一定成熟度的，例如气候、植被、食物或动物群的变迁等地理生态环境因素，以及人自身的机体变化。到了旧石器时代晚期，也就是新石器时代之前的考古阶段，晚期智人出现，人的进化过程变化得迅速和显著起来。这是人类社会和文化诞生前的关键时期，也是人的心灵能力或人格结构基本形成之前的关键时期，因此值得我们认真考察。这时期的一个代表性人种——克罗马农人留下了许多富于意义的考古遗迹，呈现出文明之光的朦胧状态，因此非常适合作为我们探讨的对象，可以让我们不再像前面对待尼安德特人那样主要依凭想象的类比，而有了更加直接的研究材料。

---

① 海德堡人（Homo Heidelbergensis），生活于约60万—10万年前的远古人种，分布于欧洲、亚洲和非洲等地，在考古学上属于尼安德特人的祖先，根据1907年在德国海德堡市南部郊区河床中发现的一件下颌骨命名。

第一节 意义流动

克罗马农（Cro-Magnon）是法国西南部多尔多涅地区（Dordogne）一个河谷中山洞的名字。1868 年考古学家在这里发现了几具大概生活于三万至两万年前的人类化石，并将之命名为"克罗马农人"。这一人种在旧石器末期分布在欧亚非三洲，其脑容量和身体结构已经与现代人大体相同，虽然他们的智力水平还远没有达到现代人的程度。据考古学家研究，这些克罗马农人来自非洲，在大概五万至三万年前替代了欧洲的尼安德特人，并使其灭绝消失，而且克罗马农人还是现代欧洲人的直系祖先。不过这些看法尚未定论，缺乏考古学上的充分证据，我们暂时不必过于认真地看待。

克罗马农人在欧洲地区留下的最有名文化杰作也是在多尔多涅地区发现的，就是韦泽尔河谷（the Vezere Valley）的洞窟壁画。这些石灰石岩洞有数百个，分别散布在上千平方公里的区域中，曾经作为克罗马农人的居住场所。已经确认的史前遗址有一百多座，包含了大量的远古石器、燧石、篝火灰烬和动植物化石。其中令人印象最为深刻的就是二十五座洞穴中的岩画和石雕，年代在大约距今三万至一万年前。壁画内容以动物为主，有野牛、野马、犀牛、驯鹿和熊虎等数十种哺乳动物，也有少量的鸟类和昆虫，有一些人物形象图案，另外还有许多点、线或各种不规则状的几何图形等符号。这些作品是用石块、木棍、碳棒或动物骨头等工具，掺和着矿物质与动物血液或油脂等颜料画上去的，有红、褐、黄、灰或黑等颜色。也有一些画面是用手指勾画的，还有一些线条是用石头刻上去的。很多岩画经过测定显示是在不同时期叠加上去的，有的甚至多达十几层。这些洞窟壁画中规模最大、画面最精美的是拉斯科（Lascaux）洞窟，有六百多幅画作，被誉为"史前卢浮宫"。这个洞分为好几个部分，前洞很大，有三十米长，十米宽，就像一个大厅一样。现在它确实因

图 5-1　拉斯科洞窟的"公牛大厅"壁画，法国多尔多涅地区
韦泽尔河谷拉斯科山，约 12000—18000 年前

其石壁上超过五米长的巨大公牛画像而被称为"公牛大厅"（见图 5-1）。

从"公牛大厅"再往里去的一个较小洞穴中有一幅画很有意味：一头受伤
的公牛站立着，身上插着一支矛，肠子从伤口流出；公牛旁边躺着一个人，脚

图 5-2　拉斯科洞窟壁画，法国多尔多涅地区韦泽尔河谷拉
斯科山，约 12000—18000 年前

边有一个断为几截的棍状物，旁边地上还插着一根树枝，上面站着有一只鸟（见图 5-2）。

除了韦泽尔河谷的洞窟壁画之外，在离它不远的西班牙北部坎塔布利亚地区（Cantabria）的桑坦德市（Santander）附近，1879 年，考古学家在一个叫做阿尔塔米拉（Altamira）牧场的山洞里，也发现了克罗马农人的历史遗迹（见图 5-3）。阿尔塔米拉洞窟的壁画与法国韦泽尔河谷的洞窟壁画年代相近，大概也是一万至三万年前。其中主要的作品可能距今约一万五千年。这些壁画的主题、内容或绘画方式也都与拉斯科洞窟壁画类似。

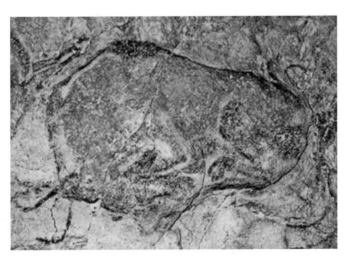

图 5-3　阿尔塔米拉洞窟壁画《受伤的野牛》，西班牙北部坎塔布利亚地区桑坦德市，约 11000—17000 年前

虽然这些岩壁上夹杂着不少看起来似乎只是混乱涂抹的痕迹，但是总体而言，大多数画面已经不能说是原始人的"涂鸦"了，而明显有着很清晰的创作意图，并且它们的精美程度也无疑值得我们赞扬：很多岩画描绘得十分细致，轮廓分明，线条流畅；画面色彩也很丰富，对比有力；大多数的构图都很生动，比例也较适当，动物形象栩栩如生，动物特征也把握得比较准确，有立体感，

简洁明快，富于生气，运动感强烈；而且作者仿佛还能够很好地利用岩壁表面凹凸不平的变化，使画作内容相互协调均衡，以增加视觉效果；很多画作显示，作者知道怎么使用阴影来表现动物的形式，甚至有些还使用了焦点透视的绘画技术。不过对这些考古遗迹我们不能单单从审美角度来看待，也不能仅仅满足于了解原始人当时的生活方式（尽管这些也都很重要），而应该品味出一些更特殊的意义，即它们所折射出来的原始人格特征或心智状态。

从这些原始岩画的内容上，我们能够很好地感受到这些原始艺术家视线所关注的焦点，并进而体会出他们的精神凝聚方式。为什么这些动物会成为他们绘画最重要的主题？人们无疑会想到狩猎很可能是他们生活中最主要的活动内容，提供给他们最主要的食物（至少是肉类食物），因此狩猎活动与他们的生存息息相关。从欧洲克罗马农人的考古遗址，人们也可以得出相应的结论，即他们主要以狩猎为生，以采摘为辅助性生活方式，而农耕对他们而言恐怕还是很陌生的事情。特别是在三万五千年前的冰河时代后期，法国西南部到西班牙北部一带三角形的狭长平原受益于大西洋暖流的影响，气候一直十分温和，一直都成为动物栖居的天堂，使得这里的克罗马农人享受了两万多年的美好生活。这自然很可能是他们有余暇和好心情，留下了如此多精美岩画的缘故。同时，我们也可以从世界各地最古老的艺术作品（如岩画、石雕或陶器制品上的图案）中看到很多相似的动物主题，表明这一主题确实是原始人普遍关注的焦点。可以肯定，动物主题即使不是原始人最为关注的，至少也是他们最为关注的主题之一。

我们不会认为这一主题是原始绘画艺术家们深思熟虑之后选择的结果。这个时期的原始人大概还不会有意识地专门去思考（或讨论）绘画主题的选择问题，而很可能都是凭借着冲动、直觉或下意识地就想要勾勒出他们脑海中所闪现的意象图案。从这一点我们可以认为，这些意象图案一定是最经常浮现在他们脑际的，或者一定是在他们的各种意象图案中最清晰的。"最经常浮现"或"最清晰"的意思其实也就是在说，动物主题很可能是令他们印象最为深刻的，也可能是让他们感受最深切的，或者还可能是最使他们兴奋莫名的，当然也有可能是曾经让他们深感恐惧的，再或者还可能是他们最为期待的，并且，还有可能是最令他们全身紧张的对象等。而正是这样的精神因素，将动物主题与克罗马农人的心智状态或人格结构的形成紧紧联系了起来。

当这些原始艺术爱好者们在白天的狩猎活动以及大餐结束之后，黑夜降临。于是他们都返回到居住的山洞之中，点着篝火，准备入眠。可是这时候的他们在激动之余，情绪大概久久都无法平静，会一直回味着日间的高潮时刻，眼前难免不停地浮现出那些刺激性的画面，一幕接着一幕。因为，在那些特定时刻的画面中，除了紧张和兴奋以外，一定还有他们的得意或自卑、荣耀或羞愧、勇气或畏惧的情感洋溢其中，并弥漫着令他们身不由己地颤栗的氛围。当然，掺杂在这种氛围中的，也不乏欲望的满足、舒适或温馨的感受，或者是饥寒交迫、痛苦或焦虑的侵扰。我们可以想象，正是在这种氛围中，他们从篝火中拿起一截烧得漆黑还带着火星的木棍，在旁边的岩壁上涂抹起来。而所画的内容，无疑首先就是在他们眼前倏忽飘荡的豺狼虎豹或牛羊马鹿等的动物意象。当然，这些动物意象所代表的很可能正是他们在白天所进行的狩猎场景。

当我们想象那个尼安德特人在打制石器的情景时，觉得他的脑海中也难免会出现动物的意象图案，毕竟那正是这一行为的目的所在。不过对这一点，我们并不能十分肯定，因为将该行为与其目的关联在一起的还有可能主要依靠本能的习惯，就像其他某些动物那样。当然我们可以较合理地推测，打制石器是这个尼安德特人的一种有意识行为，是他将动物捕猎与石制武器这两种意象图案关联的一个恰当结果。然而尽管这种推测是合理的，也是实际上很可能的，我们却仍然不能不承认，即使是在尼安德特人的脑海中确实有这样的意象关联，也很可能是相当模糊不清的，或者仅仅是隐隐约约地似乎有那样的意象关联而已。但是，到了两三万年前的克罗马农人这里，我们就有了相当确凿的证据表明，这种情况在现实地发生着。

与绘制岩画相比，打制石器与动物捕猎活动之间，有着更为直接的关系。那是一种目的与方法、行动与效率、实施与准备之间的内在关联。而在岩壁上涂鸦，却与日间的捕猎活动之间几乎没有任何实质性的瓜葛。确实有考古学家认为，这些岩壁上的动物图案很可能是出于原始宗教目的而创作的，可能是原始人为了第二天狩猎活动的顺利进行而举办的祭祀性质活动的一部分，是出于祝愿、辟邪、祷告或赎罪等宗教意识的结果。这样的观点无疑是有道理的，世界各地类似的原始图像大多都有图腾禁忌的原始宗教含义。不过这种宗教意识所引导的图腾绘制是较后来的事情，是在宗教意识首先产生之后才有可能发生的。这一点我们后面将会专门分析。而在这里我们考察的是包含宗教意识在内的各种分类意识活动的发生学状况，即各种特殊的意识活动最初是怎样形成的，是从一种什么样的原始混沌结构中分化出来的，因而不能将后来才出现的解释因素前置为原始根据，颠倒了其中的因果关系或其他可能的相互关系。

当然，即使是在打制石器这样的简单行为上，也会有意识活动的直接与间接相关性。无须说，狩猎工具以及后来的生活或农业工具的制造都有一个逐步专业化的演变过程，从简单到复杂，从粗朴到精致，种类也愈加繁多。例如我们现在已经有考古证据表明，一二十万年前的尼安德特人使用的石器大多都是直接挑选的结果，而不是完全打制的人工制品。看起来尼安德特人主要还是在石块残片中把那些较合手的，或较锋利的石头直接挑选出来作为武器或工具，而并没有进行太多的打磨。或者他们只是简单地将大石块打碎，然后挑出合适的而已，较少进一步加工。比较而言，克罗马农人的石器技术就不可同日而语了。他们不仅直接把自然物体当作武器或工具，而且已经能够挑选出合适的石材，然后进行仔细的加工打磨，制作出各种较为复杂的石器。克罗马农人也已经能够使用弓箭了，因而有足够的专业能力运用在石器打制上。这种意识间接性的工具制造能力也在相当程度上反映出克罗马农人的心智发育状况。

但是，最原始的岩画与这些工具制造活动之间有着本质的区别，即并非属于生存性系列行为的一个部分，而是较为特殊的一类活动。我们现在把这种活动称为艺术创作，在表现原始人的意识状况上有着较为独立的意义。当然我们也可以用"无聊之举"来形容最初在岩壁上的那些胡乱涂抹。这无疑也是很自然的事情，确实有很多图案都难以否认是人们的随意为之，甚至完全是无意识的偶然结果。即使今天我们也可以到处发现这样的现象，连我们自己有时候也都难免会在不经意之间留下一些零乱的划痕。不过对于洞窟岩壁上那些勾勒细致、形象生动的动物图案，我们就不能不以另一种方式来看待了。

克罗马农人怎么会想到将自己脑海中的某个意象图案付之于画笔呢？这一举动虽然在文明社会中很普通，大家都已经习以为常，没有什么可奇怪的地方，但是对于几万年前尚栖身在山洞中的原始人而言，就显得颇为耐人寻味了。因为他们所面临的生存性需要迫使或诱惑他们去做的，不大可能会是这一类型的行为。至少，在生存需要与艺术创作这两者之间缺乏直接可见的关联。这可是与我们现在很多人以艺术创作为谋生手段的情况完全不同。那么，在这些黑暗、潮湿和阴冷的山洞中，有什么特殊的因素触动了克罗马农人的艺术灵感而将之转变为"史前的卢浮宫"呢？

或许其中的现实因素很多，对每一个执画笔者而言，可能真实的原因也有不同，而后来者也往往仅仅是在模仿前辈的行为。不过，无论具体情况如何，我们恐怕都不能否认在这些岩壁作品背后的创作冲动，而且事实上我们是能够真切地感受到那种激情所渲染出来的精神氛围。即使是那些模仿行为也不能排除其中的精神性因素对他们产生的影响，更不用说那些独特画面的原作者了。例如，即使同样是画一头公牛，后画者可能在画法上是对原有的画作进行一定的模仿，但是他所画出来的那头公牛，却仍然是独一无二的，是"他"自己心目中的一个神圣图案，他的"牛"是他所认识的，具有他所赋予的特殊意义，与其他人所画的牛完全不一样。其他人所画的牛都是牛群中的其他牛，而他自己画的牛，才是他所特意关注的"那头牛"。

如果不考虑这些横跨上万年时间段的原始艺术家群体之间的差别，而只留意他们身上共同的精神因素，那么我们可以称这种创造性的激情为一种原始创作冲动，即将自己心灵世界中变得狂野的意象图案群以某种方式展现出来。当然，对这种原始的创作激情，克罗马农人也一定早就有了很多其他的展现方式，例如高声喊叫（演变为后来的语言和歌唱）、强烈的身体动作（演变为后来的舞蹈或运动）、丰富的表情或手势（演变为后来的舞台表演）等。只是对克罗马农人这类行为的痕迹我们已经无从得知了，而只能在迟至大约五千年前左右的时候，当某些古代社会有了文字之后，我们才能从中有所了解。

尼安德特人的神经信号或意象图案与克罗马农人相比，显然要少得多。这当然与中枢神经系统的发育状况相关。我们并不知道克罗马农人的大脑具体是怎样发展到某一程度的，也并不了解中枢神经系统需要达到什么水平才能促使原始人开始产生这种创作欲望。但是，不管他们的生物性条件有了什么重要变化，我们从这些洞窟壁画中至少可以判断出克罗马农人脑海中的意象图案一定是丰富到了几乎快要爆炸的程度，以至于他们不得不，或身不由己地，或兴奋地冒出要将这些意象图案从自己的头脑中引导出来的念头，并付之实施。只是最初的创作行为可能主要是由激情或本能的冲动所触发和控制，而未必是在很明确清晰的意图下进行的。

由原始创作激情所引发的艺术行为附带有一个必然的后果，那就是创作者要对自己意识领域中的意象图案群加以关注，即用自己的"灵魂之眼"去聚精会神地"观看"自己头脑中那些五彩缤纷的意象图案，然后聚焦于灵魂之眼所停驻的对象，再挥舞手臂将其描绘在岩壁之上。这一"关注"是一种精神性的活动，从其外表是看不出来的，因为是灵魂之眼的神奇目光"照射"在心灵空间中的无形影像上。我们今天把这种精神行为称为"反思"或"自觉"。虽然在原始创作冲动中，"思"和"觉"都还处于十分微弱的状态，但是毕竟，克罗马农人的艺术家们开始踏上了自己的精神历程，尽管他们还并不清楚这一历程对于他们而言，究竟意味着什么。他们可能只是在自己的意象图案喷涌而出之时，感受到了遍及全身的快意，体会到了宣泄激情带来的颤栗。这都是他们所从未见识过的，在新奇感中或许也隐现着恐惧心理的阴影，但更多的是兴奋和欲望满足后的惬意，使他们纵横激荡的灵魂慢慢地复归平静，可以安然入眠了。

在原始艺术家们不断自我关注下，伴随着这种从内向外的流畅感受，意识领域的整体视野逐渐呈现在他们眼前。各种意象图案从模糊不清，倏忽而来，又倏忽而逝，到能够在心灵努力下被捕捉到，视点慢慢聚焦，然后定格。一开始这可能仅仅是一个自发的过程，再变成有意识的努力，最后成为一种被把握得较为熟练的心灵能力。这是每个人都需要不断学习和锻炼才能逐步掌握的。而对于几万年前的克罗马农人而言，无疑是出于某种内在的强烈冲动，即一种灵魂或生命成长的要求，才使得这种看似脱离基本生存需要的创作活动得以可能。

很明显，克罗马农人头脑中的意象图案已经不再是零星浮现的了，而一定是以海量的方式涌现。那些有着显著差异的感知片段和情感欲求，在心灵努力下，被逐渐熟练起来的心灵能力以各种方式区分为几乎无数的类别，随后再以无数的结构、秩序、功能或因果关系等相互叠加排列，然后又在不断抽象或变化中，沿着心灵空间的广袤无垠持续地传递着，呈现出仿佛不可穷尽的状态或联结图案，赋予一个或隐微或清晰的意义世界。尽管对于克罗马农人的心智程度而言，这一意义世界无疑还显得有些杂乱，有时候甚至杂乱到了让他们无法忍受的地步，脑海中如风暴来临，掀起滔天巨浪，以至颇令他们在兴奋之余也难免有些恐惧或抓狂，但是毕竟，他们现在有了很好的渠道，能够将这些狂荡不羁的意象图案慢慢梳理出来，成为一个意义之泉，汩汩流淌而出，源源不息。流畅状态所伴随的是全身心的愉悦或灵魂的安宁，以及更重要的，是心智的发育成长或人格的完善成熟。

意义释放的方式当然有很多，几乎遍布原始人的日常行为，如狩猎捕鱼采摘、器具制作、饮食男女或嬉戏歌舞等活动。只要他们具备了意义赋予的能力，产生了意象图案的各种联结，就难免会以自觉或不自觉的方式体现在每日每时的各种行为举止当中，将原本生物性的习惯动作，逐渐转变为有意识的行动。只不过相比较于其他那些日常行为而言，在山洞岩壁上的绘画有着不一样的含义，即克罗马农人的艺术家们开始有意识地专注于自己的精神世界，而不是那些外在对象。同时，他们是以某种特殊的方式将意象联结引申而出，而不是在从事普通生活行为中的自然流露。这种艺术创作看起来似乎并不是出于自然的生存目的，也不是由于生存性的必要。这意味着它与原始人其他那些日常行为的意义有着实质上的区别。不过对于这种区别的含义，我们还不能过度解读。

当我们强调这种原始艺术活动的特殊意义时，并非指它具有什么超自然的含义，如宗教神学或形而上的哲学意义，而是指它成为克罗马农人一种全新的自然生活方式。这种方式是全新的，因为对原始人而言，它还从来没有出现过。原始人以往的行为是从自然本能习惯过渡而来的，即使有了意识领域意象活动的参与，也仍然都与其基本的生存性行为有着直接的关联，而不会单单去关注自己意识领域内所出现的特殊状况。

这种自我反观式的行为当然也经历了漫长的发展过程，即通过像打制石器、钻木取火或筹划较大规模的狩猎捕鱼等活动而逐渐形成。只是要开始进行这种艺术创作活动时，才可以说对自己精神世界的关注成为一件专门的特殊事情，是他们以往所从未经历过的。这一现象形成的过程，表明这种活动属于自然的，并没有什么神学性质的意义，谈不上超自然的奇特性。我们只能说它不同于其他自然活动，却仍然还是自然活动之一，是充满意义的心灵世界本身的自然欲求。因为这毕竟是人的身体机能发展到一定程度之后所出现的状况，源于人的神经中枢系统逐渐培育出来的一种功能，是这一功能在外界条件刺激下引发意识领域的形成之后的一个结果。这也意味着这一活动本身是不可能与身体机能其他部分的功能之间产生无法协调的对立或冲突的，而只可能是这两者之间以某种融洽的关系使生命整体获得更加顺畅的成长。

　　对这时期的克罗马农人开始专注到自己的意象世界这一点，也许有人会不以为然。他们可能认为原始人在洞内石壁上的涂画也是在关注某个外在对象进行的，如石壁表面，或者自己所画的点线色块之类的符号，这样就与有意识地打制石器行为完全类似，即虽然脑海中有某些意象图案，可是两眼所关注的对象仍然还是外界事物。这样的说法当然也是有一定道理的。如果我们单单根据这些原始艺术家的两眼视线所见，来考虑这一行为意义的话，那么它或者与打制石器这样的活动确实区别并不是很大。但是，我们不妨多分析一下这些原始艺术家的举动，看看其中的关键之处究竟是什么，而强调这样的区别对于我们的人格主题来说又有什么特殊的意义。

　　当夜晚降临，这些克罗马农人回到山洞里，围坐在篝火边。这时的他们可能还对白天的激动场景余兴未尽。或者也可能某一天外面狂风暴雨、电闪雷鸣，迫使他们不得不躲在山洞里而不能像平常那样出去活动。这时的他们可能在百无聊赖之中又不由得回味起了曾经有过的刺激场面。他们的语言功能还不足以让他们相互之间交流较为复杂的想法，可是以往的激情时光却给予了每一个在场的人几乎同样的切身体验。这一刻的余暇让他们暂时离开了日常的生存活动，而沉浸在一种浓厚的精神氛围之中。这种氛围触动了他们某种异样的欲望，想要将自己似乎纷乱然而强烈的意象状态表达出来，可能是为了交流，也可能仅仅是为了表达出来而已。这时候他们可能偶然用手里的石块或烧得半焦的木棍在地上随意地比划，却发现所划出来的条块图案让他们有所心动。于是他们继续在洞壁上尝试，并逐渐画出能令他们激动不已的画面来。我们可以看到，余暇、氛围和意象表达对这种创作活动的发生很可能是至关重要的，赋予了这一行为的精神意义。而他们的两眼视觉所见仅仅是其中的一个构成部分，与相互交流的需要一样，都不能刻画出这一行为的独特含义来。

当一个原始艺术家拿起石块或木棍准备在洞壁上描绘什么的时候，他当然很可能正处于饥饿状态，或因某种原因而感到恐惧，或亟须与同伴交流各自的感受。但是这些身体或情感状态此时的作用，只是在烘托出一种精神氛围，以触动他的表达欲望产生，而并没有直接导致相应的生存行为，如抓取食物、躲避危险，或向同伴发出喊声和打手势等。此时的他目光并不会急于去寻求真实的食物、查看某种真实的危险或真的要注视眼前的同伴，而很可能反而变得模糊迷离起来，投向了山洞中的黑暗之处或闪烁着的篝火之光。但是视觉的茫然却不影响灵魂之眼的明亮，脑海中的意象图案却能够逐渐清晰起来，在心灵的聚焦之下像是有了生命，变得活跃而生动。那正是他将要描绘出来的对象，也是他的灵魂之眼所关注的对象。

余暇可以让原始人的紧张精神放松下来，不再纠结于日常生存性活动的得失，不受生存处境中外在事物的牵引，而能够在整个身心的舒缓中渐渐感受到某种精神性的氛围，闪烁的心灵之光的照耀。如果这种余暇得以经常性或持续较长时间地出现，而又不至于造成他们的生存困难，那么，他们就很容易在一种愉悦状态中享受到这种氛围的感染力，并逐渐习惯于这种精神气息，甚至慢慢开始期待着这种氛围的出现。当他们最终能够自己创造出，而不是被动地等待着这种精神氛围的时候，这一令人神往的场景就将会越来越经常地出现在他们的生活之中，而不再受时间、地点、环境或生存状况等条件的过度限制或影响，有了一定程度的独立或自发的可能。

精神氛围的长期浸染必然会带来精神性的行为或成果，那就是像在石壁上绘画这样的艺术创作活动，以及我们今天能够欣赏到的这些精彩壁画。这种创作活动是一种表达，即意识领域内的意象图案以某种方式向外呈现出来。表达的方式当然可以有无数种，像我们提到过的狩猎捕鱼、制造工具、唱歌跳舞、饮食男女或养育后代等各种日常生活，都或多或少，或显著或隐微，或直接或间接，或长久或短暂，或强烈或和缓地被原始人附带上了可能的意象活动，成为一定程度的有意识行为。只是，就较为纯粹的表达而言，就距离生存性习惯而言，这些日常活动与洞窟内的绘制壁画这种艺术创作活动，还有着相当的差别。

是不是只有在这种精神性氛围的长期熏陶中才有可能触动一种纯粹表达的欲望和行为，否则就不可能出现？对此我们还不得而知。我们只能合理地推测，情况或许确实是这样。我们能够了解的是，在这种氛围中的长时间沉浸，能够很好地培育出某种纯粹的表达活动，而这种纯粹性的表达，又是对意象图案进行的创造性关联活动。

对意象图案的创造性关联，正是在这种无需焦灼于生存性需求的时候才最有可能发生。当一个克罗马农人的艺术爱好者有着较同伴更为敏锐的感知、情感或心灵世界的时候，他的头脑中也一定充满了五彩缤纷的意象图案，以及幻如迷宫般的关联结构。他是很可能因此而比他那些淳朴憨厚的同伴更加苦恼的，因为这些意象图案在他的脑中飘忽不定又奔涌不息，困扰着他，使他心神不宁，在时而兴奋、时而惊惧中，他几乎难以安眠。于是他会经常性的神情恍惚，在不知不觉间就进入了某种精神性的氛围之中，让自己的想象力游荡起来，就像现在的我们在进行沉思那样。这种状态可能还很让他陶醉，因为此时他能够慢慢梳理那些狂荡不羁的意象图案，给它们找到合适的位置或顺序，让它们安顿下来，从而也使得自己的心情平静了许多。这就是对意象图案自由的关联或安排。而如果他的生存状况还处于一种受威胁的状态，例如可能很久没有得到食物，或者受到附近猛兽或邻族的不断侵扰，且一直都看不到摆脱的希望，那么，他的关注焦点就不能不受到外在对象的强力牵引，如食物或威胁，而无法自由自在地随意梳理自己不断涌现出来的那一群群意象图案。

对意象图案进行关联或安排的精神活动是不会停止的，而只会越来越加剧。因为随着他安顿好意象图案的次数增加，他对意象图案的接收和安置的能力（即心灵能力）也越来越强，那么他就会在无意间接收得越多，同时安置得也越多。而这又意味着他需要更宽阔、深远的意义空间，需要更复杂、精致的关联方式，以不断使自己获得心灵的宁静舒缓和身心的愉悦畅达。但是同时，这也会让他愈发喜欢和享受那种精神氛围的环绕，能够令他在一个纯粹的精神世界中更容易发现新的关联方式，好顺利应付源源不息地奔腾而出的意象图案，然后再流畅地表达出来。

表达是意识活动的外显过程，不仅仅通过语言、手势、表情或肢体动作这些方式进行，还包括像绘画、音乐或写作这样的文学艺术创作和人际交往，以及宗教信仰活动等。到最后人们所选择的生活方式及日常生活行为等，都可以有表达的含义交织其中。表达的出现源于意识领域内的意象图案丰富到了一定程度，开始渗透到人的身体动作当中，要求这一动作是在神经信号或意识活动的参与下进行的，即一种有意识的行为。人对意象图案的关联可以提供行为的目的、计划、方式、路径或秩序等预先考虑和安排，从很简单的肢体运动，到十分复杂的理性筹划，都是意识活动发生作用的结果，以至于人的整个生存状态都离不开意识活动的参与和影响。而由于意象图案的内容和形式（关联方式）有无限的可能，使得每一个人的每一个行为也呈现出无限的可能性，无法简单地重复。这也是为什么每一次成功的表达，都可能带来令人兴奋的感受。

表达的这种不可复制性意味着人们对表达活动的掌握需要一个不断学习和锻炼的过程，特别是对于原始人而言，就更是如此。因为他们还刚刚领略意象关联对自己行为的干涉作用，从而可能感觉这扰乱了他们原来的生物性习惯状态，而这对他们本就艰难的生存状况影响巨大。他们还并不清楚意识活动对于他们的生活或未来究竟意味着什么，也不是很清楚表达活动是需要不断学习和实践才能逐步掌握的。他们很可能只是被动地产生了某种欲求，即消除自己头脑中的混乱状态和心灵中的不安情绪。当然，他们也一定会在很多时候感受到意象关联的参与或表达的顺畅带给他们的兴奋和激动，因为那意味着食物的增加、危险的缓解或心灵的敞亮等积极的变化。这都能够使他们的生存状况得到很大改善。而这是在原有生活方式之下恐怕无法想象的。因而被动欲求也会不断地转化为主动性的心灵努力。或者说，在心灵欲求所导致的心灵努力，使他们的生活发生了奇妙的变化。

表达的成功或顺畅使克罗马农人体会到某种前所未有的新感受。这不仅仅是说在各种意象关联的参与下，他们有了许多意想不到的生存性物质收获，而更重要的是在不知不觉间他们还有了新的苦恼或困惑，然后又在自己的心灵努力之下消解了这些负面的情绪或心理状态，并从中感受到某些新奇的情感变化。这种心灵体验对于克罗马农人而言恐怕还是十分新鲜而奇特的，令他们着迷并开始神往。对这一点，当我们站在拉斯科洞窟的"公牛大厅"（见图5–1）里面，静静地观赏这些动物图案时，是很容易产生出某种内在共鸣的，因为上万年前这些克罗马农的原始艺术家在其中所赋予的意义或灌注的心理能量（让我们借用荣格的术语），一定会引发人们灵魂上的些微波澜。

第二节　意义特征

克罗马农人大概也并不知道这种新奇的心灵体验，对于他们而言究竟意味着什么，他们恐怕只是为此着迷而已。他们可能仅仅觉得好玩有趣，并乐在其中，而没有刻意地想达到什么目的或追求什么效果。这也说明表达在原始人身上仍然还属于心灵世界的一种自然诉求，只是这种心灵诉求始终伴随着特殊的情感体验，像微风一般轻拂着他们初露霞光的灵魂，滋润着他们稚嫩的生命。原始的表达是那些联结着的意象图案的自然流出，通过对身体行为的影响而使他们参与到自然世界变换的旋律中，一道弹奏出天然的乐曲。因此原始表达逐渐熟练和丰富的过程，也可以说是原始心灵或生命就像花朵一样慢慢绽放的过程。表达的流畅也意味着绽放的尽情尽兴，而没有滞涩或阻碍。原始生命的绽放又意味着人的意义世界得以建立并不断丰富。

意象图案的关联通过表达体现在人的各种行为之中，使得人的活动被赋予各种意义。当人的活动具有意义而不再是单纯的生物性行为时，人的生活也就开始成为富有意义的生活，从而在人的周围建立起一个意义的世界来。人的意义世界能够得到建立，正是由于意象图案的联结以各种表达方式源源不断地进入人的各种行为之中的结果。从有意识的行为到有意识的生活，在自然世界中的人开始形成了富于意义的氛围，并在这种意义氛围中展开生命的历程。如果意识领域的出现对于人而言是一个自然的过程，那么，建立人的意义世界，并在意义世界中成就人的生命，就同样也是一个自然的过程。如果意识领域对于人来说是一个自然进化的突现，那么，意义世界的建立对于人来说，就是必不可少的。不仅如此，意义氛围对于一个精神生命的成长而言，也都是必不可少的，因为意义世界所形成的意义氛围正是有意识的人生进程内在的构成部分。

我们前面已经讨论过，意象图案关联的本质特征是一种创造性，而创造性要求的前提又是意识领域的开放性。只有意识领域始终呈现出开放的状态，意象图案的无限联结才能得以持续下去。一旦这一领域被关闭，那么意象图案的联结也就很快停滞，因为没有新鲜意象内容的不断进入，也没有意义空间来安置意象图案新的联结，以至于意识领域的创造性也就无法实现。所以意识领域的开放性对于心灵世界或人格生命的成熟和发展是至关重要的。而顺畅地表达正是使意识领域始终保持开放状态的必要条件。通过表达，被关联后的意象图案得以渗透在全身心的各种活动之中，通过外显行为的方式融入自然世界，并构建出一个人的意义空间，使他的整个生活富有意义而不再显得机械、单调、空虚或零乱，改变了单纯生物行为下意义的苍白状态。

只有意义世界不断地丰富，才能使得人的生命成长得健康和顺畅。而意义世界要得到不断丰富，意义的涌现能够充沛，就需要心灵能力持续地对意象图案进行创造性的关联，再通过各种表达方式将新的意义源源不断地输送到人的各种活动中去，以成就意义世界的无限丰富，从而滋润心灵生命的顺畅发展。如果意义世界逐渐萎缩或停滞，那么生活于其中的生命将因无法得到养料而陷入困境，心灵也将趋于枯萎或空洞，就像身体的新陈代谢出现了问题一样。因而，心灵能力在意识领域内所进行的创造性活动，以及表达和开放的过程是否顺畅，对于意义世界中的生命能否健康成长，都有着决定性影响。

在意识领域的开放性中，意象图案之间的关联方式可以是无限多样的。因而一个人对意象图案的安排整理很可能每一次都不同，从而使每一次的外显行为也都有所差异。正是这种内、外空间的意义差异性，造成了人们相互之间的区别。每一个人都在各种情境状态下对意象图案进行了千差万别的联结，并反映在每一个人的每次行为之中，构成了个体的特殊形态。人的这种个体性也就是个体人格的差异性，即个体意义空间的独特性。

虽然一个人可能经常会遇到某种相似的境况，因而在这种熟悉的境况中对类似的意象图案都进行着相似的关联，并形成某种心理习惯，在日后的同样境况下也照此办理，但是这种意象图案关联的相似性不可能产生完全一样的结果，毕竟在无限复杂而丰富的意识领域内，在不同时间或地点所呈现的状况是不可能完全一样的。而且心灵努力和心灵能力在不同的情况下也不可能完全一样，总是会出现程度不同的差异。另外，被关联的意象在流向外显行为时，其身体状况或表达方式也会产生各种不同的结果。这种种情境条件都使得意义的涌现是一件十分独特的事情，而并非能够依据本能或程式化的方式无差异地重复出现。当然，如果我们忽略这些情境条件，而单单谈论意象图案的某种关联方式，或关联意象的表达方式，是可以形成某一种类型化或结构化的观念的。只是这并不能否定个体意义空间首先具有的独特性而已。

意义空间的独特性是它的首要特征，这是由它本身所决定的，是它的内在本性。每个人对自己意识领域中的意象图案都会有自己所倾向或喜欢的关联方

211

式，对意义表达也同样有着自己所倾向或喜欢的关联方式，因而也造成了个体行为的独特性。这是由于每个人意识领域内意象图案的无限复杂或丰富性，关联方式的无限复杂或丰富性，表达方式的无限复杂或丰富性，以及个体身体和心灵状况的无限复杂或丰富性等的多重情境性因素所造成的，且几乎必然是不可重复的。因为这些背景下的无限可能性除了会使它们组合的方式具有无限可能之外，还导致每个人会产生独特的倾向或喜欢的形式。个体的"倾向或喜欢"正是背景下的无限可能性所孕育出的个体特征的反映。一个人在日常生活中由自己经常性的倾向或喜好而慢慢形成了自己的独特人格，即对自己意识领域中的意象图案进行独特的关联或安置，对自己的表达有独特的偏好，对自己在周围环境中的遭遇有独特的行为展示，进而形成了自己独特的意义世界。

个体意义空间的独特性也是由心灵的创造性而带来的。心灵能力对意象图案的关联或安排，本质上是一种创造性活动，因为这是在心灵努力而不是本能习惯的前提下，对意象图案的尝试性处理。每一次处理都不是必然的，也不是只能如此的，更不是简单地复制。所有意象图案相互之间没有必然的关联性，是可以任意搭配组合的，由心灵能力随意选择。所有意象图案的搭配组合也不是唯一的，而可以有着无数的方式。这些搭配组合的方式又是无法复制的，因为在意识领域之内既没有现成的复制样本，也没有复制的机制。那些看起来像是现成的样本，实际上只是由遗传或记忆所唤出的另一个意象图案而已，而这样的意象图案都需要进行一定的修改之后才能得到模仿，而不是简单地复制。并且，每一次记忆和模仿又都需要心灵努力的帮助和心灵能力的应用，而并没有简单复制的机制存在于意识领域之内。即使一个人似乎已经有了习惯性的关联、表达或行为的方式，看起来并没有做什么新的创造，但其实每一次仍然不能离开心灵努力的重新帮助和心灵能力的重新应用。

从意义产生的创造性本身，我们能够明了，如果一个人受到压力而不得不复制某一种意象图案关联的方式、表达的方式或行为的方式，无疑都有违心灵世界的内在本性，将给个体的意义空间带来十分消极的影响。因为这将使心灵能力丧失自主的可能，从而不再能够依据自身的愿望、兴趣或喜好等形成的自然倾向，而选择或安排各种意象图案的关联、表达的方式或渗透到行为的方式等，于是将在被动的复制行为中削弱其赋予意义的动力和能力。这对于个体意义空间的未来发展而言，自然是一种根本性的伤害。

个体意义空间具有独特性还由于心灵世界的开放性。人的神经中枢系统随着身体各机能的发育也始终处在不断变化之中，同时随着生命的进程人的经验对象也在永恒地持续丰富之中。因而经验历程的不会停止，就意味着心灵世界将永远保持一种开放状态。在这一开放状态中，意象图案的关联、表达和行为方式都将具有无限的复杂或丰富性。由此，个体意义空间的无限丰富性也将使其独特性始终持续下去，而不会有完结的时候。所以，只要人的意识领域或心灵世界一直具有开放性的特征，个体意义空间的独特性就是一个必然的结果。只有当意识领域被封闭起来，才有可能导致意义空间丧失其独特性，而可能逐渐趋同化，因为在这种情况下，心灵能力将难以再进行创造，而只能不断重复以往的关联方式，其新奇的特征将越来越少，甚至最后归于沉寂。意识领域的封闭对意义空间的丰富无疑是致命的，将对人的心灵世界造成极为负面的作用。

尽管我们强调每个人的意义世界都是独特的，但是这不否认可以对它们加以一致或类似的描述。每个人的意义空间都是意义的涌现，而涌现的独特性存在着各种程度上的不同。我们可以根据这种程度上的差异来形容各种意义空间，如复杂还是丰富。我们不妨用"意境"这个词来进行甄别，即每个意义空间的境界有高低不同，深浅之分，明暗之别，或广狭之差。当然，这种区分意义空间的方式实际上也可以是无限多样的，如有远有近，有刚有柔，有丰富有贫乏，有活跃有迟钝，有蓬勃有萎靡，有清澈有浑浊，有鲜活有滞涩，有敏锐有麻木，有宽容有狭隘，有灵动有呆滞，有深厚有浅薄，有充实有浮泛，有强劲有虚弱，等等。有无限多种意义空间，也意味着可以有无限多样的区分方式来加以形容。

对意义空间的描述方式虽然是以各种对立的词汇来表示，却不是说意义空间也呈现出相互对立的状态，而只是说它们呈现出各种不同的特征，可以在各种不同的方面进行比较。但是就总体而言，我们也可以评价一个人的心灵努力是强劲还是虚弱，或者心灵能力是始终活跃、不断增强的，还是逐渐迟钝、慢慢萎缩的，或者意义空间是不断得到丰富，还是越来越贫乏，等等。并且，由这样的心灵努力和心灵能力所创作出来的意义是通过恰当的方式被表达出来，再形成相应的行为，还是相反，这些意义被阻滞于内在世界之中，无法得到有效或恰当的表达，更无法形成相应的行为活动。依据这些情形，我们可以初步判断一个人的生命成长处于什么样的状况当中，是健康或顺畅的，还是不健康或不顺畅的，甚至可能处于恶化或灾难当中。这也为我们评价、判断或衡量个体的观念或行为提供了一个最为基本的规范标准，即根据生命自身的状况，视其整体上是处于一种流畅还是阻滞的状态来确定基本的价值规范。同时，这进一步为我们评价、判断或衡量相关的一个社会文化生态环境是否健康或正当，提供了一个最为基本的价值尺度。

意义内容原则上是可以得到无限丰富的。只要身体机能健康和经验生活持续，意象图案就会海量地涌入意识领域，而对意象图案的类型化分类、结构、种属、抽象、秩序、传递或选取等的方式都可以是无穷尽的，因而可以无限地进行架构，堆叠出无数的意象图案之间的关联来。表达的方式也可以是无穷的，即通过无数种方式将自己所赋予出的意义传递出来，贯彻到自己的各种生活行为中。人们能够进行什么样的表达或行为，原则上也是不受限制的。尼安德特人可能还没有发现太多表达的方式，仅限于很少、很简略的几种，例如较为初级的打制石器、钻木取火、狩猎捕鱼或嬉戏打闹等。他们的行为大多数还处于本能的习惯之下。而克罗马农人就要明显活跃得多，已经能够从事较为复杂的生活行为，特别是还能够以绘画的艺术方式专注于对意义进行表达，那就更不用说他们的其他日常生活行为一定大都有着程度不同的意义灌注了，例如唱歌跳舞或人际交流。只是其具体内容无法流传下来，我们无从得知而已。再往后随着社会文明的发展，人们以语言文字、社会活动、宗教信仰、哲学思索或科学研究等，加上更加丰富的艺术创作活动，建构出了越来越丰富的意义世界。人类今后还能够再继续创造出什么样的意义表达方式或行为，我们现在无法定论，因为这很可能是一个无限持续的展示过程。

第三节　意义限制

虽然意义可以得到无限丰富，但是要现实地做到这点，却并不那么容易。这是需要一定条件的，那就是心灵努力能够始终保持，心灵能力一直活跃，或者它们还都能够得到不断强化。只有这样，心灵的想象能力、思想能力和创造能力才能发挥出良好的作用来，赋予出无限的意义。只是在现实生活中，人们的心灵努力和心灵能力却往往会受到各种各样的意义限制或阻碍，以至于可能会逐渐变得虚弱或迟钝，无法顺畅地进行意义的关联、表达或行为，从而使得意义空间也难以得到不断丰富和扩展，甚至还会经常性地出现趋向贫乏或萎缩的现象。这是需要我们给予特别关注和探讨的问题。

个体意义空间在现实生活中受到各种限制或阻碍，不能得到丰富或扩展，原因是多种多样的，且随着情境条件的不同而会呈现出极大的差别，如在不同的社会或时代都可能有不同状况。不过从意义的产生和流动过程来讲，可能有如下三个方面的主要原因：第一，个体的生命或基本的生存受到威胁或伤害。丧失了生命或者身体机能受到严重伤害，无疑会导致心灵功能的丧失或弱化，从而失去赋予意义的能力。或者，如果一个人缺乏基本的生存保障，如饥寒交迫或流离失所等等，也同样会造成很糟糕的结果。再有，一个人如果被囚禁隔离，失去人身自由，也无疑会对心灵功能带来很大的打击。第二，个体心灵能力的培养和发挥受到束缚或阻碍。当一个人由于各种现实原因导致不能做出自己的心灵努力时，心灵能力也就无从应用，意识活动可能都会陷入停顿状态，意义也就不再产生。而当一个人的想象能力、思想能力或创造能力受到各种限制或阻碍而无法解脱时，也会发生同样的事情。或者，如果这些心灵能力不能得到持续的学习培养或锻炼，那么，它们也难免会逐渐变得弱化或迟钝，而不再有创造新意义的能力。第三，个体表达或行为的方式受到限制或阻碍。当个体所产生的意象关联要求得到恰当的表达时，如果缺乏适当的表达和相应的行为方式，或者受到束缚和阻碍而不能顺畅地表达和行为，那么，人的心灵努力或心灵能力也同样会受到伤害或弱化，导致迟钝或萎缩。而如果这种状况经常性地持续，那么情况就会更加严重。就具体的现实而言，由于情境性因素的影响，难免还会有许多种不同的受限制状况。上面我们只是从意义的产生和流动过程归纳出大致这三方面可能出现受到限制的情况。

如果考虑这些限制因素的现实来源，也大体主要有三个方面：自然限制、社会限制和自身限制。

自然限制来源于自然世界。自然界的生存环境经常会出现某些不利于人的因素，如食物匮乏、猛兽威胁或气候严酷等，或者像地震火山和洪涝灾害这样的自然灾害，还包括各种疾病和身体机能的衰老死亡等。这些自然条件或自然环境上的限制对人的意义空间的影响是很基本，也是很明显的。有些自然限制每个人都不可避免地会遇到。这些自然限制可能是通过伤害个体生命或基本生存的方式导致人的心灵努力和心灵能力受到伤害或弱化，也可能是迫使意义的产生和流动只能被局限于某种方式或状况，从而削弱了意义空间丰富和扩展的潜力。自然限制也会迫使意义的流动过程变得局促或滞涩，如意义无法得到有效或适当的表达，或者表达无法被体现到恰当的行为中去等。

社会限制来源于他人或社会。很多社会性现象都会对人的意义空间造成妨碍，如各种规模的战争或社会动荡，各种社会不公正状况导致的贫困、奴役、歧视或排斥等。一般的社会环境中也难免会出现人与人之间无法相互平等、友好对待的情况，甚至还会相互斗争或摧残达到你死我活的地步。还有，像政治权力这种对人的强制性干涉也会对意义的产生和流动过程造成很大的阻碍，使人们无法自主地对自己精神世界内的意象关联和外在行为的选择进行处理。这些情况都会对个体意义空间的丰富和扩展起到十分消极的作用。另外，像一般性的社会规范，如法律、道德或传统习俗等，也会形成各种不同的束缚。特别是情境条件变化的情况下，这些社会性规范对人的心灵能力方面的限制往往以潜在的方式体现，不容易察觉，也更不容易被消除。

自身限制来源于个体自身。一个人可能由于各种原因导致自己精神上出现痛苦、虚弱、懈怠、麻木、慌乱或焦虑等状况，以至于心灵不再有努力的欲望，意志变得薄弱，使心灵能力遭受削弱或无法正常发挥作用，从而新的意义也不再产生，意义空间变得迟钝或贫乏。也可能一个人虽然在尽力做出自己的努力，可是心灵能力却满足于原有的程度，不再有新的想象、思想或创造，只是重复着意象图案原有的关联或安排，也导致新的意义不再产生，意义空间无法丰富或扩展。同样，如果在意义的表达和行为体现上无法更新，也意味着意义空间将趋向滞涩或萎缩。

就限制的程度而言，有些限制对意义的产生是致命的，如身体受到重大伤害甚至丧失性命等情况，将导致意义产生过程的中断，或几乎中断。这些限制无疑是需要人们尽力避免的。而大多数限制一般来说没有那么严重，是可以被人们所缓解或消除的。这些限制就需要人们有意识和能力去加以破除。有些限制持续的时间很短，可能只是暂时性的，或者只是在很小的范围之内发生影响，如一时的食物缺乏或各种自然灾害带来的影响，或者是与他人之间的较小争执等。这些限制相对而言，是较容易被人们所克服的。而有些限制却可能持续时间很长，或影响范围很大。如贫困或受奴役可能终其一生，而宗教权力对心灵的控制或政治权力对人身的控制之类的情况，甚至可能达到几百上千年，并覆盖到一个社会的几乎所有人身上。这样的限制恐怕就不是个人自己能够轻易破除得了的，而需要很多其他条件的配合。

有些限制确实是很严重或很普遍的，就像那些很致命的威胁或遍及某个社会几乎所有人的限制。对这些限制，就个人努力而言，加以破除当然是很困难的。或者在某些时候、某些地方而言，一个社会要想消除这一类限制可能都是很不容易的。一个人可能终身都难以改变自己所遭受的某种命运，而一个社会可能历经数百年、上千年甚至都无法消除自身所受到的某种根深蒂固的限制。这是我们在现实的历史中常常能够看到的情况。对身处这种状况的人或社会而言，这自然是很令人叹息或悲哀的。但是我们不能因此而以为，这种限制似乎是不可消除的，或这种命运大概是无法摆脱的。我们当然更不能以为，这样的限制或命运无论在哪里或什么时候，都是必然会存在的。实际上，恰恰是这样的想法或误解，才是我们一时无法破除这类限制的真正障碍。而这类限制本身，却不可能对我们造成真正无法解除的障碍。

就限制的方式而言，有些限制是现实中可直接经验到的，有物理上的可见性，如那些来自自然界的威胁，还有像战争或受奴役等来自社会动荡或社会不公正原因的限制。这些限制直接对人的身心都产生威胁或束缚，如果不摆脱将可能使生命成长都难以持续，更不用谈意义空间的拓展了，因而历来是人们首先要加以消除的对象。就像尼安德特人通过将石头制作成更有效的武器和利用火来对付野兽，而克罗马农人已经能够制造弓箭和长矛，可以很好地应付自然界的困难或威胁，得到较充分的食物和较舒适的居住环境，以至于有余暇可以专注于令人兴奋的艺术创作了。但是像战争、奴役或贫困这样的社会性现象却难以轻易地消除，虽然人们长久以来都很明确地有了如此欲望和要求。

另外，还有一些限制没有物理上的可见性，缺乏能够直接经验到的可感性，如传统宗教、道德或政治权力对普通人灵魂的控制力量，或者由某些社会原因造成的普遍性焦虑、恐惧、麻木或虚伪等心理现象，都具有很强的限制效力。而这些限制由于不容易被直接经验到，因此经常被人们所忽视，不大去深究，更缺乏强烈的抵制欲望或破除能力，从而对人产生了更隐蔽、持久或深层的心灵束缚，导致个体或社会的意义空间在较长的时期内可能都难以得到丰富或扩展，而经常性地处于贫乏或迟钝状态，甚至渐渐停滞或萎缩。而身处其中的人很可能还没有察觉，或者即使察觉到却毫无办法改变现状，有时甚至连自己都在身不由己地助推着这种消极的趋向。

对意义的丰富造成阻碍的原因虽然很多，但是我们可以注意到，这些限制最终都是要通过弱化心灵努力或心灵能力的发挥，妨碍意义的表达或行为体现的方式，才能对意义的产生和流动造成现实的干扰，并导致意义空间出现消极化的趋向。一个人在各种外界因素的限制下，如果仍然还能够设法保持并强化自己的心灵努力和心灵能力，或仍然能够保持并拓展自己多种表达方式和行为体现的选择，那么，他的意义空间确实还是有可能得到丰富的。这当然是值得人们赞赏的现象。只是对于一般人而言，要做到这点却很不容易。而且，在多种或严重限制的环境下，如果个体心灵缺乏破除限制的能力，而只是被动承受的话，那么他的意义赋予或传递方式就总是可能处于被弱化的地步，否则的话，他的意义空间可能会得到更大的扩展。

在现实生活中，由于情境因素的影响，人们是始终会面临各种限制条件的作用的。心灵不会在完全自由的状态下去努力，因为那将无需努力即可达到目的；心灵能力也不会在完全自由的状态下去想象、思想或创造，因为那将无需任何想象、思想或创造，一切可能的选择已经被完全给予了，一切皆已现成，因而都没有了想象、思想或创造的空间和必要。同样，表达和行为体现在完全自由的状态下也不再需要，因为这也已经没有了任何空间和必要留给它们了。实际上，在完全自由的状态下，意义或意义空间都已经完全现成并完善，因而也都不再有额外的空间或现实的需要。从这种角度来看，我们需要对自由重新定义。自由不能从事物相互之间脱离联系的意义上理解，而应该从破除限制的意义上理解，即相对于限制而言的自由。这种自由指一种努力的倾向，是使事物之间的联系不是形成相互限制，而是形成流畅的关系。这种流畅是指对任何一方都有益而不是有害的状态。而要保持事物之间的流畅关系，就需要认识到意义是有无限可能的，因为意义的无限可能性所蕴含的正是意义的本性，即流畅或趋向无限丰富的可能性。

意义的可能性本身就意味着限制的存在。由于限制的存在，导致意义处在被阻隔或遮蔽之中，呈现出未知或未明的昏暗状态，因而只是可能达到或出现，而不是或尚未现实地展示出来。因此我们不能说有逻辑上不可能产生的意义，而只能说有尚未产生的意义。而之所以尚未产生，是由于各种现实限制因素的干扰，还尚未被心灵所破除，因而这些限制因素的作用还在发挥作用，还在阻隔或遮蔽着意义的出现。这种状态下的意义对于我们而言还是未知或未明的，是暧昧不清而不是澄明的。因而当我们说意义可能性的时候，正是指限制性因素始终存在的状况。

意义的可能性也意味着对限制的破除。虽然各种限制对意义的产生或流动会造成或大或小的消极影响，但是意义总是可以在无限的经验过程中得到无限丰富和扩展。这是意义产生和流动方式本身所决定的。意象图案的关联方式没有逻辑上的必然限制，可以是任意的，可以有无限多重安排或架构的可能。意义的流动原则上也可以是无限的，可以通过无数种方式传递或发散。尽管我们现在可能还有很多尚未知道或掌握的关联或流动方式，但是这不意味着我们永远都不可能知道或掌握。因此，从本质上讲，虽然意义始终会受到限制，却是不可能被限制住的。它总是能够在某些时候被产生出来，又总是能够在某些时候发散出去。虽然理论上的可能性与现实中的可能性总是难免有着或大或小的距离，但是这些距离都不意味着永远不可能被跨越。这也就是说，虽然在现实中意义的产生或流动始终处在被限制状态，或严厉或宽松，但是这种被限制状态并不表明它的不可破除性。任何单一的限制，是不可能永远持续而不可能被消除的。至少我们没有恰当的理由将某种限制视为永恒或绝对的，因为，毕竟，所有的限制都是情境性的，也就是它们都是有现实条件的，因而从逻辑角度而言，它们都不可能具有永久性或绝对不可消除性。只要针对其存在的条件，就有可能将之破除。或者至少，也能够将之缓解或暂时性地消除，并在有恰当的情境条件配合下彻底破除。

意义的无限性意味着限制和对限制的破除都将始终存在。意义本身是一个经验性的产物，是经验条件的汇集、交织或碰撞，因而必然蕴含着经验条件的多种影响，也必然蕴含着多种限制的存在和干扰。无论是人的身体机能和神经中枢系统，或心灵努力和心灵能力，以及表达和行为体现等，都是经验环境中的存在。而经验存在本身也可以说是无限的，因为某种具体的经验存在可能消亡，但是其他的经验过程又将开始，各种不同的经验方式也将持续。虽然我们可以想象人的经验历程有一天或许会全部结束，但是恐怕不容易想象所有的经验历程都将结束，毕竟还是会有其他可能的经验方式在演化。而意义的产生或流动也都有可能以其他经验方式继续，或者能够在不同的经验方式之间相互流动。这需要人的精神世界始终保持开放性和创造性，意义的流动也一直呈现通畅的状态，那么，意义也将在各种不同的经验方式之间形成相互渗透的关系，并能够逐渐相互畅达。而这种不同经验方式之间的畅达关系也是意义本身的特性所蕴含的，即不同事物间的汇集、交织或碰撞所产生的新事物，一种创造性的结果。

意义是创造性的产物。创造性也可以说是事物本性的一个部分，是事物自身存在的一种方式。如果创造性不是事物本身的内在特性的话，那么我们就只能将它归之于上帝了。而这恐怕是自相矛盾的，因为上帝本身也是意义的一种，或者说是心灵创造出来的结果。虽然一种意义也可以出于另一种意义，意义可以在相互之间堆叠架构发生，但是将所有的意义归根于某一种特定的、非创造性的意义，并非是恰当的。

意义的无限可能性也就是创造性或开放性本身，即是对限制的破除。虽然人总是受到各种现实的限制，但是又总能够破除这些限制，从而产生出各种意义来。创造性是新的意义产生，而开放性是指向新的意义视域。新的意义及其新的视域都显示出意义的无限可能性。新的意义是对个别限制的破除，而新的视域是对类别化或结构化限制的破除。破除又意味着消除限制或阻隔，使意义得以生成，并在不同介质之间流动。所以限制与意义的流畅是对立而生的，即限制是对流畅的阻隔，而流畅即指限制的破除。意义的流畅或破除限制也都是意义无限可能性的具体展示或现实化表现。

尽管各种现实的束缚原则上都能够被破除，意义的流畅原则上也能够现实化，但是这毕竟需要心灵努力和心灵能力的实施才有可能得以实现。而这又进一步需要有一定的身体机能或生存保障来维护心灵努力和心灵能力的持续并不断得到提高。同时，意义表达的方式和行为体现的选择也离不开情境条件的配合。而这都意味着要破除限制或保持意义的流畅，并不是现实中的一件轻松事情，因为这些情境条件涉及自然和社会环境中的事物或他人，不是个体的意志和能力所能轻易改变的。这也使自然中的某些特定事物和社会中的特定他人在意义空间的发生之时就成为被关注的焦点所在。

生存保障相关的生活场景牵动着原始人的每一根神经。缺乏生存保障的生活将使他们总是处于焦虑、恐慌或痛苦之中，虽然这可能会促使他们在短时期内作出尽可能大的努力以改变现状，但是如果这种消极状态持续的时间过长，或者过于严重，就很可能会对他们的心灵努力和心灵能力都造成难以弥补的伤害，并可能使意义的表达或传递状态也逐渐趋于迟滞或停顿，导致意义空间的贫乏或萎缩。与群体成员的有意识合作，慢慢地开始让原始人看到某种希望，那就是能够将生存保障问题纳入他们的意象筹划之内。

意象筹划是指对意象图案关联方式的把握。如果对意象图案的安排几乎是随意的，或者主要是被动的，那么这样的安排就谈不上一种有意识的把握。杂乱的意象关联也对生存活动难以有太大的帮助。这时心灵努力的程度也很低，对心灵能力得以锻炼和提高的效果也较差。同时，这对意义表达方式的选择和行为体现也可能是随意的，甚至都可能没有欲望或要求。这种情况下所产生的意义对意义空间的丰富和拓展都贡献有限。当然，我们可以称这种情况属于意识活动的初期或较为微弱的阶段。而随着心灵能力的提高，意识领域内的活动就开始慢慢变得更有序一些，有了像样的意象结构或层次，也能够有意识地选择相应的表达方式和行为，将意义展现出来。这意味着意识活动的结果或所产生的意义对人的现实活动有了越发明显和有效的影响。例如集体狩猎、钻木取火、制作工具或建造居住地等，就对尼安德特人或克罗马农人改善自己的生存处境有着巨大的帮助。而这些有意识的活动都体现了他们在一定程度上已经能够恰当地"把握"这种意象关联及其意义的流动了，也就是对意义发生和传递的整个过程都能够进行适当的安排，而不再是偶然的随意之举、碰巧所为了。

能够很好地进行意象筹划，表明克罗马农人的心灵能力达到了一定的程度。在这种程度上，那些想象、思想或创造能力不再仅仅是一种自然的流露，而是在有意识地经过培养和锻炼的基础上，对整个过程有了适当的理解和认识，并在心灵努力的帮助下进行整体性的筹划。这种整体性的筹划行为意味着意识活动的自觉性，即产生了行为主体的自觉意识，知道是"我"在进行这样的筹划活动，也因而可以对"我的"筹划活动进行相应的评估和判断。在洞窟壁画这样的艺术创作活动中，行为主体的自觉意识就更浓厚了，因为这种专门的意义创造、表达和行为选择的过程，也是主体意识的独立性展示，即是对"我"本身的一种关注和表现，一种较为纯粹的意义行为。在这种纯粹的意义行为中，外在事物的影响很微弱，不再能够对意义的产生或流动造成太大的限制，甚至可以说是在无需外界事物的意象触动中主体意识的自行创造和表达，然后才通过外界事物的偶然帮助得以现实化。这也就是说，这个克罗马农人艺术家先有了自己独特的想象，自主地创造出某些意象图案及其意象图案的关联。当他的这种内在激情已经充沛到了一定程度之后，他才有意识地去寻找适合的工具或表达方式，将自己的创造物传递出来。此时如果没有适当的工具或表达方式，他可能将选择其他任何并非适当的工具或表达方式，也同样能够达到一定的目的，即使是曲折地展示。例如，他可以唱歌或跳舞以抒发自己的兴奋之情，或者他可以借助手势或表情与同伴交流心得，甚至他还可以在黑暗中仅仅盯着闪烁的火苗出神，也同样能够在头脑中创造出一个意义丰富的世界。这意味着克罗马农原始艺术家的意识主体已然能够脱离外在限制的羁绊，而自由地创造意义及其流动的方式了。

克罗马农人的意象筹划显示了他们心灵能力和自我意识所达到的程度，以及破除限制的能力和对情境条件的把握程度。这一程度的标志就是意义独立性的诞生，也即意义不必被限定于某种特别的产生方式，也不必限定于某种特别的表达方式或行为体现方式，而能够根据意识主体的意愿，选择任何可能的方式组织起这整个过程。意义的这种独立功能不仅使得克罗马农人在山洞内的艺术创作活动得以可能，而且更重要的是，还使得新石器时期的原始人类能够成功地运用符号文字进行各种意义创造活动，并因而导致原始宗教和人类社会的出现，以及其中所伴随的各种文化活动，如哲学、科学、文学艺术或道德伦理等。文化或各种社会性活动，从本质上说，正是意义的创造和表达的体现。而社会文化生态环境，指向的也正是意义的生发及流动的整体场景。

在世界各地新石器时期的考古挖掘中，我们经常能够看到有很多奇特的符号或图案出现。这些符号或图案后来慢慢演变成了语言文字，如尼罗河流域古埃及的象形文字、两河流域苏美尔的楔形文字、印度河流域的梵文、黄河流域殷商时期的甲骨文，以及西亚腓尼基、克里特岛和希腊地区的线形文字。不过在旧石器时代的韦泽尔河谷山洞和阿尔塔米拉山洞，或者其他时期大体相同的考古遗迹中，主要还只是一些绘图，而在那些图案周围某些疑似符号的划痕还很难说有什么特别的意义，很可能仅仅是在绘画之余的随意涂抹而已。不过，艺术创作和语言文字也正是从这样的随意涂抹之中逐渐转化而来的。

那个在莱茵河边打磨石器的尼安德特人可能并不知道"石头"这一普遍性概念是什么意思，也不会有"石刀"、"石锤"或"锋利"这样更抽象一些的概念。他的眼里只有一块一块的石头呈现出来，都以单个的意象为他所注意。他挑选出那些有"价值"的石头。他可能会感觉到这些石头的某种特别作用，因为那是与他的生存状况紧密相关的。要改善生存的强烈愿望促使他"喜欢"那样的一些石头，而不去关注另一些没有"价值"的石头。他有各种各样石头的意象图案在脑中闪烁不定，但是他还并不是很清楚这些意象图案之间究竟应该如何关联才更好，对他的生存会更有利。他只是模糊地感觉到，像这样的某些关联是他所想要的。他对意象图案之间进行条理化或秩序化的方式，还不是很清晰，还不能与眼前的"这块石头"相分离。如果有人问他"你今天准备打制几个石刀"，或者跟他建议"你应该把石头磨制得更锋利一些"之类的话，那他恐怕是不会明白的，因为他还很难将不在眼前的某一块具体石头的意象从脑海中调出来，然后去进行谈论。如果不是谈论眼前的这块石头，那他大概就无法展开像样的交流。虽然他可能已经有了一些记忆的能力，却似乎还无法了解脑海中那些飘荡而过的意象片段究竟是怎么回事。

但是这对于居住在韦泽尔河谷地的克罗马农人来说，很可能就不算太难的事情了。克罗马农人恐怕已经可以与同伴进行一定程度的讨论（当然是以他们可能采取的方式）关于"牛"的事情，而无需某一头特定的牛出现在眼前。那可能是他们白天所捕获到的一头公牛，就像图5-1上所画的那头身长五米的牛，或者图5-2和图5-3中所画的那头受伤的牛。这头牛可能已经被他们吃掉了。牛的巨大肩骨和牛皮都在山洞外面晾晒，备作他用。而长长的牛角可能一直被他们拿在手里把玩欣赏。这头牛带给他们的兴奋情绪一整天都洋溢在他们身上，烤牛肉的香味也可能还挂在嘴角，都久久没有散去。他们围着篝火，想象着白天紧张激烈的捕猎场景：公牛拼死挣扎引发的危险瞬间，他们的弓箭和长矛在公牛身上穿过的洞眼，鲜血在流淌，公牛在哀鸣，克罗马农人奔跑跳跃，眼光中交织着恐惧和激情。这样的场景对他们而言，可能是生活中最高潮的一个时刻。而这一高潮所激发出的情感氛围或印象，很可能将持续笼罩他们好一段时光。或许此时，一个已经有了一些艺术细胞的克罗马农人拿着烧焦的木棍，在地上涂画着什么。他对木棍所画出的黑色线条很着迷，总是隐隐然感觉到其中似乎有些什么东西在吸引着他，仿佛有某种影像在闪动，在向他招手，在向他显示着什么。旁边的同伴也可能会兴奋地向他指一指他所画出的那些线条，因为那些弯弯曲曲的线条看起来就像是他们所熟悉的某一个对象，比如说，公牛！对，没错，正是"那头公牛"。可是这些弯弯曲曲的线条怎么可能会是那头公牛呢？这些线条所构成的图案跟那头他们捕获到的又被他们吃掉的公牛之间能有什么关系呢？那头公牛已经被他们吃到肚子里去了，又怎么会跑出来到了岩洞石壁上呢？难道这个克罗马农的原始艺术家掌握了什么魔法才创造出一个奇迹来吗？这头由线条构成的公牛能吃吗？还是来向他们报仇的？这一切究竟是怎么发生的呢？对他们而言，这无疑是一件令人十分吃惊的事情，让人百思莫解。

我们是能够看到克罗马农人洞窟中的这头公牛图案与尼安德特人的石器之间所存在的进化关系的。石块或石刀经常能够在地上、树上或其他石头上划出痕迹来。那些划痕有什么意义吗？现在的我们当然不会给予特别的关注，除非我们有意识地想画出点什么来。但是尼安德特人也好，或者克罗马农人也好，总是慢慢地会留意到这些划痕的奇特之处，因为这些划痕对于他们简单的神经中枢系统来说，是很新奇的。就像小孩子也喜欢到处划一划，然后认真地查看那些划痕，好像能在里面发现点什么奇妙的东西来一样。原始人跟婴幼儿相似，都还不习惯于去注意远处的事物，而大多被近处的景象所吸引，因为眼前的这些图案就够他们困惑好半天的了。所以当尼安德特人或克罗马农人用石器或木棍经常在地上或树上比划的时候，他们是有所见或有所感的，一定会隐隐约约感受到其中可能躲藏着某些影像，而且这些影像中又会有一些是他们所熟悉的，如山川河流、动物植物或日月星辰等日常事物。或者说，是他们"感觉"到在这些划痕中隐藏着像是那些日常事物的东西。只是，这些东西究竟是什么，他们恐怕还没有太清晰的意识。

如果由意象所来的意义只有在外界感知的刺激（包括来自身体外和身体内的两类）下才能产生，那么稍微复杂一些的意象就不可想象了。例如，"石头"与"硬的"确实经常联结在一起被感官所给予，"太阳"与"热的"也一样。可是"石头"与"投掷"和"野兔"是怎么联结到一起，从而让原始人能够知道使用石头去击打野兔呢？"石头"又是怎么与"切割"和"兽皮"联系在一起，从而让他们知道用石头来干活呢？如果意义不能够任意地关联，那么这样的行为恐怕永远都不会发生，更不用说山洞石壁上那些奇妙的艺术创作了。

意象在头脑中的出现实际上已经表明了它们有着自己独特的运作方式，即与人们经验中的物理场景有所不同。这就是相对于物理场景而言，意象图案及其相互关联的方式具有无限可能性，并不受时空等现实条件的制约。我们前面已经分析过，意象图案的堆叠架构或整理安排在无限可能中可以产生无限可能的意义。日常生活中人们称意象的各种关联为想象、回忆、希望、计划、推理、猜测、幻想、做梦或幻觉等，有些甚至还干脆被称为纯粹的胡思乱想，而其表达则被视为完全的胡说八道。但是正是这些胡思乱想却蕴含着无穷的创造可能性，不过人们需要很长时间才能慢慢理解这一点，从而珍惜自己的意义赋予能力，并保持意义传递的流畅，而不是进行压抑或阻滞。

虽然克罗马农人对意义的可分离性确实已经能够有所了解，但还没有像现代人那样对概念做出具体和抽象、特殊和普遍、现实和可能等的区分。在他们心目中，这些意象都是具体、特殊或现实的，都有着自己的生命，或者，像后来所以为的那样，都有着自己独特的灵魂。这也是原始宗教产生的心理原因。他们也知道，这些意象或意象的特殊体现与现实生活中的那些物理对象之间，存在着某种特别的关系。在这一点上原始人与现代人是同样的。只是这种关系究竟是什么样的，原始人还保持着很朴素的认识，还没有像现代人的语言学中那样复杂的看法。很多时候，人们都只注意到原始人想法或做法的这种朴素性，而仅仅考虑由朴素到复杂的进化问题，却不知道，恰恰是这种朴素性才蕴含着最大的可能性，也因而才为创造性提供了最多的潜力。而那些看似高级或先进的文化成就，却很可能已经呈现出创造性潜力在很大程度上的弱化。实际上，我们看到，拉斯科山洞中的石壁上那头由线条所组成的"公牛"，与这些克罗马农猎手白天所捕获到的那头公牛之间，具体关系的内容是次要的，更重要的是，它们有着某种关系，而这种关系的含义可以是无限的。所以我们不能因自己确定了其中的某一种关系而自鸣得意，以为找到了真相、知识或真理，而其实只不过是丧失掉了无数可能是更有价值的关系种类而已。在这一点上，至少克罗马农人还不会如此肤浅，满足于已取得的成就并蔑视前人的愚昧，因为他们还正处于意义的不断发现过程之中，还在为每一次或每一点意义的澄明而激动不已。

意义的独立性也可以称为可分离性，即与现实场景中的事物相脱离，而能够自我生发出各种关联方式或意义，以及各种独立的表达方式或行为选择来。而分离性也意味着创造性，即产生了现实场景中从未有过的新的事物。这其中最主要的结果之一就是由语音和文字所构成的语言。实际上原始人的很多其他活动也是意义分离性或创造性的表现，如农业种植、动物养殖、居住地建造、工具制作、人际交往、物品交换、原始宗教、社群组合或艺术创作等。这些活动都是在原来的生物性行为中见不到的，无疑是伴随着意义的创造性出现才得以产生的。这也就是说，在克罗马农人对意象图案关联的有意识筹划中，各种意义及其传递的方式被创造出来，从而也创造了他们的新生活。而这其中我们今天所能亲眼见到的，就是像拉斯科或阿尔塔米拉洞窟中这些栩栩如生的动物绘画。另外，如果我们还想对克罗马农人的新生活了解得更多，就只能从篝火灰烬、动物骨骼、石器陶片或弓箭长矛等遗留物中，去进行推测了。不过，到了新石器时期，如一万至五千年前的古代人类就可以有许多更直接的文化遗产，告诉我们他们是怎样发现或创造一个新奇的意义世界的。

意义的可分离性使得原始人在心灵努力之下可以任由心灵能力进行意义的创造，而意义的开放性又进一步使得这种创造具有无限的可能性。这对于我们现代人而言固然较为容易理解，已经不再会引起我们什么特别的惊奇感，可是对于几万年前的克罗马农人来说，恐怕就并非都是些轻松愉快的事情了。当他们看到在洞壁上那些线条组成的公牛图案时，他们无疑是会惊讶的，因为他们并不明白这头"线条牛"与白天他们所捕获到的那头公牛之间究竟有什么关系。他们只是感觉到在这两者之间有一种关系，而这种关系一定是很神奇的。他们不明白这头"线条牛"怎么会跑到山洞里的石壁上，又一动不动地待在那里，天天如此。它不吃不喝，也不跑不叫，可是它的神态却那么活灵活现，好像马上要冲向那些野兽，用巨大的牛角去顶撞它们。根据新石器时代人们的理解，这头"线条牛"是有灵魂的，很可能就是某头最大最健壮的公牛化身而来的，或是来报复人类给它带来的灾难，或是来为人类提供食物，或是来保护人类免遭猛兽的侵袭和伤害，等等。而至于它出现在此地的目的、作用或影响等是好是坏、是吉是凶，则要视它的情绪或人们对待它的态度而定。而此时（旧石器时代末期）的克罗马农人似乎还没有这样的原始宗教意识，但是这些线条图案能够让他们感受到某种惊奇感这一点，大概是难以避免的。

不过当克罗马农人能够在洞窟石壁上画出如此精致的图案时，我们可以合理地推测，他们应该已经对各种方式所传递出的意义，有相当的经验了。例如，当早一些的克罗马农人知道模仿公牛叫声以吸引牛群或猛兽的注意时，这种模仿就能够带给他们类似于洞窟壁画的心理效果，让他们感觉到模仿者一定是受到了公牛的某种神秘作用，才会真的发出公牛般的叫声的。同样，当一个克罗马农人用自己打制的石器真的打到一只野兔时，他也一定会以为这个石器被赋予了某种神奇的力量。而不管他们用木棍、石块，还是手指头在地上、树上或石壁上划出某些痕迹时，几乎每一条痕迹似乎都具有某种特别的意义，尤其是当某些痕迹在他们看来仿佛是类似什么对象的时候，就更是如此。当他们感受到某些迹象，无论是划痕、声音、物体或影像等，只要在他们头脑中出现了相应的不同寻常的意象图案，那种惊奇感都会促使他们去努力将其纳入一种常规的状态之中。也就是说，他们将力求消除这种惊奇感带给他们的某种惶惑，甚至恐惧。只有当这种惊奇感被他们确认为没有危险，或者有利时，才有可能从中得到快乐、兴奋或激动。当然，究竟是危险（凶）还是有利（吉），他们始终在尝试进行各种各样、五花八门的关联，以探索出其中存在的某种确定性。而这种意义确定性的追求，就与意义限制有着内在的关联。

正是在寻求意义确定性的过程中，自我与他人也随着各种事物开始进入原始人的视野之内，并形成了富于意义的人际关系和伦理意识，以及由此组合出相应的社会结构，并伴以各种文化成就构成了整个社会文化生态环境。

第六章

意义空间中的他人与社会

第一节　意义交往

当原始人头脑中出现意象图案时，他人无疑就已经夹杂在其中了，因为这是一个人自出生时就会不断接触到的现实景象，如父母或兄弟姐妹们。只是他人要想从不计其数的普通意象图案之中脱颖而出，引起原始人特别的关注，那就需要某种特定的影响才有可能发生。否则，他人就可能与各种自然事物一样，都只是一般性的对象而已，并没有什么特别的意义，即使是在头脑中出现，也只是普通的一种意象，与他物无异，也没有什么特别的意义。那么，其他的人相对于一个原始人而言的重要意义，是怎么出现的呢？这就涉及我们上面所说的，即对意义确定性的寻求所导致的结果。

任何一个原始人其实也像我们今天的人一样，都是从小的时候，由父母（或许更早的尼安德特人只由其母养育，对此我们还不得而知）照顾和教授某些基本的生存技能的。这其中就包括最为基本的意义识别，即某些信号或符号所代表的意义，如声音、表情、手势、动作或人工痕迹等。婴幼儿要学会识别这些信号或符号分别意味着什么，是安全的还是危险的。或许这属于动物生存本能的基因遗传。但是当尼安德特人开始有一定的意识能力时，这些信号或符号所具有的含义就变得复杂起来，而不再是简单的直观对象而已，例如那些声音、表情、手势、动作或人工痕迹等都要比其他动物的同类行为呈现出更多的表达方式，也因此包含了更多的有效或无效的信息。对这些信息的识别却不是一般的生物性本能就能够很容易地习得的，而需要经过相当的教授和训练。因此，上一代人对意义的掌握程度，以及培训后代的程度如何，对任何一个人而言都是至关重要的。这一点特别是对原始人来说就更关键，因为复杂意义对于他们简朴生活的影响，很明显要远比我们现代人大得多。例如制作工具或武器、群体合作狩猎的方式，或居住地的选择和修建等，都是他们生活中的头等大事，稍一不慎就可能遭受灭顶之灾。

对复杂意义的掌握当然不限于父母的传授或训练，而有越来越多的将是在与同伴的共同生活经验中获得。当一个动物没有意识领域的时候，意义也将不会出现，因而上一代所教授的生存技能是简单可学会的，且不需要再作进一步的更新或完善，从小所学的那一点就已经足够了。有些动物甚至几乎无需上一代的教授或训练，仅仅依凭本能的基因遗传，就能够掌握这一类动物所需要的生存技能。但是，当原始人开始有了意识领域的活动，也就是随着意义的出现且逐渐变得复杂化，生存的方式就变得很不同了。

自尼安德特人或者更早的海德堡人开始，意识领域内的活动状况就对他们的日常生存行为渐渐有了影响。尽管这时候的影响还较为微弱，但是这种影响会不断加大，以至于到文明社会时代，人的大部分日常行为都可以说是在意识活动的参与下进行的。在克罗马农人时期，我们从韦泽尔河谷地区和阿尔塔米拉地区的洞窟壁画中可以看到，他们的心灵能力已经发展到了相当的程度，能够从事独立性很强的意义表达和行为选择了。这意味着他们意识领域内的活动十分活跃，不但能够产生大量意象图案的关联，而且这些关联还能够达到相当复杂的程度，以至于可以影响到他们许多日常生存行为。例如，他们的狩猎活动不再只是针对某些小型或温顺的食草动物，像野兔、鸡鸭、山羊、驯鹿或小牛之类，还能够成功捕获较大型且有一定危险性的动物，如公牛、野马或野猪之类。在有了弓箭、长矛或投石器这样更有效的武器，以及更复杂的合作方式和捕猎技巧之后，他们甚至还能够对付灰狼、剑齿虎、长毛象、穴居熊或毛犀牛之类非常凶猛或体型巨大的动物。

一个原始人群体如果在意象筹划上没有创造性的发展，要想将狩猎能力改善到这种程度，恐怕是不可想象的。这需要他们能够制作和运用远远超过双手搏斗能力的武器，如弓箭和长矛，还有陷阱或尖桩坑之类的设施。他们还要对集体捕猎有一定的了解并达成共识，如目的、人数、捕猎对象、方式、时间、地点或地理环境等。同时，他们也都需要掌握一定的集体捕猎技巧，并知道如何进行配合，如引诱、合围、驱赶、喊叫、敲击、投掷、攻击或防御等。另外，他们还要知道自己应该克服慌乱和恐惧，如何做到镇静和有条不紊，知道应该遵守集体狩猎中的安排和规则，注意他人的动作、信号或状况，并对之作出恰当的反应。像这样捕猎猛兽或大型动物可不是像打野兔或猎山羊那样简单而无危险的事情，稍有不慎，狩猎就可能失败，而且很有可能会导致自己或他人丧失性命。而在这种集体狩猎的整个过程之中，涉及一系列的意象筹划，且不是仅仅一个人具备了聪明头脑就能够做到的，而是需要许多人的共识和配合，也就是有着共同的意象筹划能力和努力倾向。这意味着这个群体的心灵状况需要达到某种程度，才有可能筹划出这样的群体活动。同样，不仅是集体狩猎活动，还在其他的群体性生活，如采摘捕鱼、制作工具或居住地建造等方面，也都呈现出类似的情况。更不用说那些几乎是纯意义性的活动，如艺术创作、语言文字的发明和使用、原始宗教信仰或社会结构的形成等。

原始生存状况的改善可以说都基于意象联结的复杂化进展。没有逐渐复杂的意象安排，也就不会有逐渐复杂的意义表达出来，也就不可能产生越发复杂的外显行为。而在意象联结和流动获得了相当独立性之后，由于意义空间得到了极大程度的丰富和扩展，意象联结的复杂化进程也开始加快了，以至于引起了人类社会的巨大变化。从克罗马农人的洞窟壁画，我们可以看到他们已经摆脱了物理实体的限制，能够进行较为自由的意象联结，并掌握了较为自由的意义表达方式或行为选择，而不再局限于刺激—反应的固定模式开展意识活动了。在这种情况下，他们的意义空间被彻底打开，呈现出无限的可能性，他们的原始心灵得以有了任意发挥、纵横驰骋的可能。

尽管如此，意义的自由奔放对于克罗马农人而言，却是一个极大的挑战，因为这并不是能够轻松掌握的。实际上，这种挑战性即使是对于我们现代人来说也同样存在，虽然具体内容有所不同。在原始人那里，如果一只剑齿虎的意象总是浮现在脑海里，那绝不会让他感觉无所谓，恐怕都会令他惊惧得一直心神不安、难以入睡了。更不要说，那些克罗马农原始艺术家们往往就是意识活动相对而言比较活跃的人（按现在的说法就是比较敏感或敏锐的人）。他们可能经常会由于自己头脑中那些稀奇古怪，却又挥之不去的意象片段而寝食难安。在石壁上作画正是排解意念纷乱的一种方式。不过，对一般人而言更通常的办法，就是在与同伴的相互交流中消除这种恐惧感，同时也获得各种可能更好的意象安排，以使自己从中得到的是心灵的愉悦，而不是畏惧或痛苦。

意象联结的复杂化及其可能带来的消极心理影响，都会促使原始人去寻求从同伴那里得到帮助。否则又还有哪里能够给予他们以支持呢？而他们是很难有足够的勇气去独自面对这种内在困境的。当一个人出现内在困境的时候，几乎难以避免的是，他不得不从外界去寻找摆脱的力量。至少，在相互帮助中，人们大都能够感受到某种如释重负般的轻松或兴奋。不仅原始人是这样，现代人似乎也同样如此。

这种帮助可以是对意象联结方式的解疑答难，也可以是对心理情绪的安慰或鼓励。当原始人不再依凭生物性本能行动或生活的时候，就意味着他们不断面临着多项选择的局面，既可以这样做或者那样做，也可以什么都不做或者什么都做。而具体的做法无疑也呈现出越来越多的选择项，甚至多得不计其数。他们对这些办法也慢慢有了衡量或评价能力，知道哪一些更好，而哪一些较糟糕。但他们仅仅依靠自己是很难想出很多好办法的。这需要在意象关联方面有很好的想象、思想或创造能力。而这种心灵能力发展的程度又是一个无限的过程，因而使得他们对更高境界或确定性的追求也没有止境。

同伴间的相互帮助所达到的效果还导致了一个重要的影响，那就是许多原始人会感觉到在心灵能力方面，个人很难与他人或集体的智慧相比，特别是那些长者或者有较丰富经验的人。越是在意识活动程度较低的时期，这种感受对绝大多数的人而言，就会越发明显。因为个体都还没有太多经验，也没有太多能够预先通过学习掌握的知识或技术，所以他们大部分的生存能力还是在成长过程中通过群体生活的方式习得的。一个小规模的原始群体在生存能力上达到什么程度，会很快，也很决定性地影响着其中的几乎每一个成员。或者说，一个小型原始部族的生活方式、观念意识或传统习俗几乎造就了其中的每一个成员。在这种环境中成长起来的个体，很难脱离该群体的传统影响。当然，如果一个个体在很小的时候就离开其原生部族而在另一个部族中长大，那么他就会受到后来部族的决定性的影响。这也是说，越是在原始时期，人们的心灵能力都还处在较弱的阶段，仅仅通过自己的努力还较难达到高度的想象、思想或创造水平，因而受到其所身处文化环境的影响程度也会越深。同样，这时候原始人的个体精神力量也较薄弱，也很难独自面对或克服许多困难或危险，因而他人的帮助对于他们就有着难以抵御的诱惑力，几乎成为他们不可或缺的一种心理需求。例如，任何一个克罗马农人的日常生活总是与食物短缺、猛兽侵袭或伤病疼痛等麻烦交织在一起，另外他们也会对电闪雷鸣、漫长黑夜或偶然的丧命等现象心存余悸。而这个时候同伴的安慰、鼓励或陪伴都是很好的精神支撑。我们从前面图 5-2 中看到在一头受伤的公牛旁边地上躺着一个受伤的人，就能感受到同伴在狩猎活动中的不幸遭遇这样的场景已经开始让克罗马农人极为揪心了。

在尼安德特人时代，他人或集体很可能还没有正式进入他们的视野，并没有以特别的方式去关注，而只不过是简单地有所依赖而已。但是到了克罗马农人时期，情况就有了明显的变化。虽然我们对尼安德特人的社群情况还不是很了解，但是也可以想象和推测出来。在他们眼里，他人与他物之间，恐怕并不存在太大的区别。他人也不过是众多动物中的一个而已，无需给以特别的注意，甚至他人也只是可食的对象之一，或与自己争食的对手之一而已，除了自己的父母或兄弟姐妹以外。当然，他们那时也缺乏足够的心灵能力去加以注意。他们相互之间只是保持着一般性的生物关系，血缘相近的就会在一起生活，相互之间要比那些血缘较远的同类更亲近一些，更可信赖一些，更多一些相互之间的帮助，大概仅此而已。也就是说，他们之间的关系可能还没有涉及意识领域内的问题，没有因为这种内在问题而对他人产生出某种特别的需要或关注，形成某种非生物性的关系，例如，相互学习、赞扬、敬佩、安慰或鼓励之类的事情。那么，人与人之间，究竟是怎样从可食的对象这种生物性关系，逐渐过渡到应该给以尊重的社会性关系呢？

克罗马农人的视野开始聚焦到了人的内在世界之中。心灵空间中无限丰富的意义内容吸引着他们的注意力，因为他们生活中有越来越多的主要行为与这些意义内容有了直接的关系，从而对他们的生存状况造成了越加重要的影响。如捕猎和采摘这样的谋生活动、对付野兽威胁的安全活动、制作工具或对居住地的选择和修筑等的日常活动，都逐渐成为有意识的行为，即充满了意象筹划的含义，如目的、计划、衡量、评价、选择、技巧、合作、准备或安排等。因此，他们从他人心灵能力的学习中，获得了越来越多的益处，进而对他人或群体的依赖性也逐步增强。这些都使得他人或群体对每一个成员的成长起了至关重要的作用，也因而在其心目中开始成为与自己的命运紧密相连的一个有机成分，不容易相互分离。

对克罗马农人来说，那些"他人"或"他物"已经慢慢转变成了"你"，即是一个正在面对着"我"的对象。"我"看着"你"，"你"也正在看着"我"。"我"与"你"一起共同构成了"我们"。我们相互注视，虽然还是用双眼，却在眼里闪现出某种意味来，那已经与以往动物之间的"看见"不同了。"我们"已经不仅仅是在用各自的肉眼相互观察，而是在用各自的"心灵之眼"相互"打量"，相互"探寻"，相互"交往"了。这样的打量—探寻—交往，使"我们"相互之间得以进入各自的内心世界，开始了精神上的交织、融合，也就是意义的相互交流。意义的氛围笼罩着"我们"，在"我们"之间相对流动，从内而外，不断循环往复，不断丰富和充实，形成了"我们的"意义世界。以此为基础，伦理意识和社会结构也得以产生。

原始部族的人际关系出现这种性质上的变化，对人的影响是深远的。这使得在其后的新石器时代和文明时代，人们的生命成长几乎都无法脱离开这种影响，始终处于这种影响或良好或糟糕的作用之下。由于这种影响从根源上说来自人自身的需要，因而也就不可避免地融入了人的人格构成之内，进而渗透在几乎每一个有意识的行为当中。

除了那些山洞中的壁画以外，我们现在还有一个可能年代更早一点的艺术作品能够展示出克罗马农人真实的心灵世界，就是一个石制女性雕像（见图6–1）。这个著名的作品可以说是我们目前得到的最早的艺术作品了。性意识很突出地从这个小雕像中得到体现。这一主题也是许多远古艺术作品共同蕴涵的，像在法国、德国、捷克、意大利和西班牙等地方发现的一些

图6–1　威冷道夫的女子像，奥地利出土，制作于约三万年前，石灰石，高11.5厘米，现存维也纳自然历史博物馆

石画、石刻或石雕等，都有明显的女性特征或生殖意象，更不用说后来的陶塑制品和专门的绘画了。类似的主题在世界各地许多原始艺术作品中也都有同样的表现。如果把这一主题单单解释为母系社会或原始生殖崇拜，虽然并无不可，但是很可能是极不充分的。因为原始社会或原始宗教意识似乎都是在这之后才出现的产物，恐怕还不能成为约三万年前克罗马农人艺术创作的因缘。实际上可能恰恰相反，那就是从这样的石制作品中所体现出的心灵状况，才是后来的原始社会或原始信仰得以出现的原因。这一点值得我们加以留意。

性意识可能是最早、最频繁地涌现在尼安德特人或克罗马农人脑海中的原始意象之一。毕竟性活动是原始生命最本原的一种体现，能够给人以几乎是最强的神经刺激。因而这一类意象对原始人的影响无疑也是最为深刻的了。生物学家或人类学家目前还不知道究竟是什么原因让人类摆脱了一般动物都有的发情期限制，可以在青春期之后到更年期之间的几十年间都保持性的欲望和活动。这或许跟人类的食物变化有一定关系，也可能是人类的直立行走导致的结果。不过，更有说服力的理由还应该是意义的独立性所产生的结果。随着人的神经中枢系统或意识领域的出现和发育，性行为所产生的性意象能够一直活跃在意识领域之中，留下深深的印象，以至于无需做太大的努力，原始人就可以很容易地从记忆库中唤回这些意象图案，从而不断地引起性的欲望，并导致性行为的发生，以至于造成发情期限制的弱化直至消退。这也意味着性意象及其关联已经能够脱离性的物理刺激而主动产生关于性的意义空间了。

性意识的活跃无疑是意识领域内的意象活动中很主要的一个部分。而意义产生和流动的独立性当然也包括性意义的变化。威冷道夫的女性雕像表明克罗马农人不再像普通的动物一样，把性或生殖行为仅仅当作日常生活中的一项本能活动，只是在性冲动的支配下去完成的一种生物行为。他们的意识领域已经明显有了大量关于性的意象图案，并在激情的帮助下发挥出自己的想象力和创造力，通过反复的多重关联，将这些意象图案架构出各种有性吸引力的形态，并选择多种表达方式将这一意义传递出来，如石雕、石刻、泥塑或壁画等。当然，可以肯定他们还会在相互谈论中不断再现这些意象关联，或者在唱歌跳舞中进行体验。甚至，即使是一个人在黑暗清冷的山洞中枯坐，也很可能会抚摸着这样的小雕像，对着篝火的闪烁火苗而默默出神，在一种温情的氛围中将有关的意象图案都释放出来，感受着性意义的精神能量。这种性意义及其所附加的精神能量，到了后来的文明时代，就被人们赞美为"爱情"。

当然对于克罗马农人来说，爱情这样的观念还属于未来世界中的缥缈境界，他们尚不能想象。但是大量狂乱的性意象不断从他们单纯的脑海中涌现出来，将性对象、性行为或性刺激，以及有关性的各种现实场景，都推向关注的焦点，就如同牛羊马鹿等作为生存保障的焦点一样。在这个焦点中，性对象无疑是其核心。这是一种特殊的"他人"，以这种方式被带入克罗马农人的心灵世界，并成为其中最为关键的一个角色。这也是性意识发展所带来的最重要后果之一。从此基于性意识所形成的意义空间，就在克罗马农人的生活世界中占据了一个十分重要的地位。

这样我们可以看到，在克罗马农人对意象图案的复杂关联过程中，有三类角色起着至关重要的作用：父母、同伴和性对象。虽然在现实生活中，这三类人是以不同的方式对一个人产生影响，如父母是养育并教授基本的生存技能，同伴是共同成长并在生活的各个方面相互帮助，性对象是保持性关系并繁殖后代。而这三种方式又可以说都围绕着两大主题，即生存与繁殖。这两大主题也在最原始的艺术活动中得到体现，或者说，是原始人最为关注的两大主题。这两大主题同属生命成长的内容。如果从我们的角度来看的话，那么这两大主题也是原始意义空间中两个最主要的领域，涵盖了最大量又最为频繁出现的意象图案及其关联。而上述这三类角色之所以重要，也是因为他们在这些意象图案及其关联的过程中处于最关键的位置，并由此被带入克罗马农人关注的焦点场景之中，成为其意义空间中不可或缺的部分。也因此，这三类角色及其影响在个体人格的构成中几乎起着支柱性的作用。正是在这种支柱性作用的基础之上，各种社会伦理意识和社会性人际关系得以展开，社会结构或社会文化生态环境得以搭建而成，社会文明得以出现。

以这三类人为核心的他人群体开始在原始人的意义空间中占据主导性地位。这并不是由个人的血缘纽带或情感偏好所造成的结果，而是由于他们在个体意义空间中对意象关联的关键性作用才导致的。血缘纽带或情感偏好是人们通常所认可的解释因素，但是这其实并不能对人与其他动物在同类群体关系上为什么会慢慢出现越来越大的差异这一点给出恰当的说明。其他动物可能在居住的习性方面有很大的不同，相互之间也存在多种多样的关系，不过总体而言，它们都是在按照自己的本能方式生活而已，并没有出于自己有意识的筹划或选择，因而没有呈现出什么特别的意义来，也不会对某一动物个体的生物本性造成太多的影响。而当人的心灵世界被打开之后，情况就发生了极大的变化。为什么人际之间会产生爱或恨、敬佩或鄙视、赞扬或批评、尊重或歧视、友善或欺诈、喜欢或讨厌、真诚或虚伪、安慰或威胁、关怀或忽视、团结或斗争、反抗或压迫、鼓励或打击、爱护或摧残、摆脱或控制、自由或奴役等关系呢？这些情况在其他动物那里都是难得见到的。就我们目前所知，大概也只有在人类社会中，才有这么集中的表现。而如此复杂的人际关系又是如何从单纯的原始意义发生之初演化而来的呢？这是一个值得我们认真思考的问题。

至少我们可以相信，克罗马农人的伦理意识和社会性关系恐怕还不太可能达到这样的程度，应该仍然还保持着较为素朴的群体关系。只是这种素朴性在意识领域活动越来越深度的参与下正在慢慢消失，逐渐变得丰富或复杂起来，能够让我们探寻到社会性演化的某些端倪。

海量意象图案杂乱无章地涌现是很扰人心神的，尤其是对原始人而言就更为如此。就像在睡眠中做梦一样，如果一个人总是梦见各种稀奇古怪的景象，而又让他完全无法理解，那么他醒来之后一定会感觉忐忑不安，严重的甚至会引起心理疾病。精神分析学家或心理学家们已经有了许多这样的案例。从韦泽尔河谷地区和阿尔塔米拉地区大量的洞窟壁画中，我们也能够很强烈地感受到克罗马农人在尽力梳理脑海中奔腾激涌的意象图案。这些意象场景中，有的可能会让他们感觉很兴奋、很开心，也有的可能会引起他们的困惑、惊惧或恐慌，还有的可能会带来不安、焦虑或悲伤，其中也难免夹杂着期望或失望、甜蜜或痛苦。而这种种状况，都搅扰得他们稚嫩的心灵不能平静。毕竟，这些意象图案所环绕的两大主题是最令他们揪心的：生存与繁殖。而整理大量杂乱无章的意象图案，在他们来说，还并没有非常丰富的经验。每次较大规模的狩猎、捕鱼或采摘活动，每天都能见到的凶猛野兽，每个相处的异性，每场疼痛难忍的疾病，都可能让他们情绪紧张和激动。而恰恰是对这些场景的感知片段，又不断地会闪现在他们的脑海中，久久不能散去，令他们几乎总是心神不定、寝食难安。因而如何使这些意象图案得到恰当的安顿处置，以不再拥塞在尚还狭小的意义空间之中，对他们来说，就成为迫切需要解决的当务之急。而恰当的处置，又需要将结构成井井有条的意象关联表达出来，成为恰当的外显行为，以得到他人的认可或肯定，这样才能够被安心地放入备存的记忆库中，随时可加以调用或暂时封存。当克罗马农人的类别化或抽象化能力还不是很发达时，这些任务对于他们而言，就不是那么轻松易做的，而需要作出很大的心灵努力，将尚还羸弱的心灵能力发挥到极致，才可能勉强应付过去。

对海量意象图案的安顿无疑需要每一个人与周围的同伴经常性地交流、讨论或相互学习，当然也难免时常会有相互争执、反对或拒绝的情况发生。群体间的相互交流即包括父母与子女之间、长辈与晚辈之间以传授为主的交流，也包括各类同伴之间以探讨为主的相互交流。在一个原始部族生活中，这些交流有一个很重要的作用，就是能够使大家在许多事情上达成共识。而这正是共同生活的基础，即在各种日常活动上，大家能够相互配合协作并承担各自的义务，同时也能够共同认可对各种自然资源和社会资源的分配，从而使群体生活得以顺利进行。如果其中有个别成员不能参与这些交流（并非由于年幼年老或病患之类身体方面的问题），或虽然参与却不能与其他成员达成主要事项上的共识，那么，这个成员就可能很难在这一部族中生活下去，因为他可能无法理解其他人的行为，或虽然理解却无法赞同，或虽然赞同自己却不能参与、不能配合，或不能承担自己的义务，或不能认可对各种资源的分配等。这种情况很可能导致他不断与其他成员之间发生对立或冲突，以至于最后可能不得不离开，一走了之，否则就可能会因为对该群体的意义方式造成威胁而受到该群体的惩罚。

群体间的充分交流不仅使得个体和群体能够在同一种生活方式下顺利地生活，实际上还附带一个很重要的结果，就是个体成员的人格认定。这表现为两个方面：一个方面是对个体成员在群体中的身份予以认可，另一个方面是对个体成员作为成人的资格的认可。这两种认可都是在相互间充分交流基础上很自然地产生的，也因此该群体才能够对这一个体成员充分信赖。同时，这种认可也意味着这一个体成员对该群体的人格认定，也就是认可该群体的人格特征或意义结构，即认可该群体的生活方式，也认可该群体对自己人格的肯定，就像我们经常听到的那样"我们很高兴你能加入"和"我很高兴大家愿意接受我"。个体与群体间的相互认同表明他们都同意或愿意在同一个意义空间中活动，能够相互学习和接受对意象图案某种类型的联结方式。

一般人总是认为，在原始时代这些部族群体都是由于血缘关系才聚合而成的。这种观点仅仅看到了表面的原因。虽然原始群落绝大部分确实都是基于血缘关系组合而成的，但是血缘关系并不能直接导致他们相互之间产生出社会性关系，因而也不能解释由克罗马农人到新石器时代社会文明出现的演化过程是怎样进行的。我们必须要考虑这些原始人在意义空间中是如何交往的，因为正是这种意义交往才造成伦理意识或社会性关系的逐步形成，才使得人与人之间从可食的对象这种生物性关系，过渡到了值得尊重的社会性关系。

在每一个个体的意义空间中，父母、同伴或性对象成为越来越重要的关注焦点。他们不仅对一个原始人安顿好自己海量的意象图案有很大的帮助，同时他们本身又是这些意象图案中最重要的一部分。这意味着每一个原始人都需要在自己的意义空间中考虑怎么处理好父母、同伴或性对象的问题。于是，在不经意之间，这些周围的人就由帮助解决问题的旁观者，转换为被安顿的对象。这一转换过程在伦理意识、社会关系或结构的形成过程中，有着特殊的意义。

父母当然是最早进入婴幼儿眼帘的意向对象，成为既帮助他学习如何对待那些令他眼花缭乱的意象图案的人，同时父母又是他视野中意象图案之一的对象。婴幼儿一开始总是混淆这两者之间的差别，需要很多练习才能逐步区分出来。例如，他耳朵里听到一个声音，但是不知道这个声音就是身边的妈妈发出来的。他要慢慢学会将这两个事情联结到一起，即"妈妈发出声音了"或"妈妈在说话"。如果妈妈是指着一杯水说"水"，那么他还需要学会将眼睛看到的那杯水与妈妈的声音和手势联系起来，才知道"妈妈在说水"或"妈妈给我水"之类的话。他看到了那杯水，可能拿过来就喝，而实际上他未必知道这是"妈妈给我水"的意思，更未必知道妈妈发出的声音和手势跟"妈妈给我水"这句话之间的意义关系。这都需要经过一段时间父母的传授和练习才能慢慢掌握。而这种练习也往往是以自己为样板进行的，如妈妈经常指着自己的鼻子说"妈妈"，通过这种方式来传授视野中的对象和手势、听觉中的声音和语词的意义之间的复杂关联。当儿童看到自己在镜子中的影像时，更是会困惑好一阵子才能渐渐区分出内外两个意象的区别来。

由此我们就不难理解，同伴或性对象在一个原始人的意义空间中也是同时占据着两类角色，一类角色是帮助他来梳理意象图案的关联，另一类就是扮演着被梳理的意象图案本身。当然，当一个人面对同伴和性对象的这两类角色时，他已经不会有什么困惑了，因为早就在小时候的训练中习惯了这一切。同伴的意义更多是与原始人的生存状况联系在一起的，因为要共同处理生活中种种事情。而性对象则主要是与性意识交织缠绕，因为原始人脑海中大量关于性的意象图案都离不开性对象的中心作用，需要围绕着性对象来编织所有关于性的意象图案或意象结构。而这又是单单一个性对象本身不能完成的任务，必须在与性相关的各种活动中逐步架构起来，才能成为一个含义丰富的意义空间。当然，同伴这一群体也包括很多性的对象，例如在一个人尚未成年或刚刚成年时，还没有确定的性对象，而需要在众多群体成员中寻找自己的性对象。或者是在与众多异性成员共同参与的群体活动中，也会有许多关于性的意象图案产生。同样，性对象也会涉及生存状况。当一个人与自己的性对象形成较为稳定的关系之后，两个人再加上共同繁育的后代，都将一起面临生活问题。这一个最小的群体单元，将生存与性（或繁殖）这两个主题，或意象图案与意象图案的处理这两种角色，都紧紧联结在了一起。另外，如果弗洛伊德的想法是正确的，那么在父母与子女的关系中，就也存在着性或类似于性的意象关联。当然，对这些关系可以用更为宽泛的形容，就是爱的关系。正是这种关系包含了一个人将几乎是必然要同时扮演的两种类型角色。

如果没有与意义空间中对意象图案的联结和传递问题交织在一起，周围的人是难以进入一个人的心灵视野的。众人之间可能仅仅保持着生物性的关系，遵循着遗传基因的机械习惯，不会出现多样性的情感或行为选择问题，自然也谈不上人际或社会性的伦理关系。对一个原始人而言，其周围的人确实主要是由血缘关系而组成的，如父母、子女、兄弟姐妹和各种表亲等。例如，克罗马农人可能就是这样，在同一个山洞或相近的山洞中居住的大概都是血缘相近的同族人。这些人构成了原始人最初的生存环境或社会环境。只不过相比较于其他的群居动物来说，克罗马农人相互间的关系已经不再是单纯的生物性关系了。在他们中间逐渐弥漫起意义的氛围，将他们笼罩于一个意义空间之中。就像我们在观看拉斯科或阿尔塔米拉洞窟壁画时所能感受到的那样，在这些原始灵魂之间，浮现出了富于精神内涵的意义纽带。

当意象图案的关联及其意义传递被渗透到原始人日常生活的主要活动，并使得他们相互之间进入各自的意义空间中之后，心灵努力和心灵能力的培养和锻炼就很可能开始逐渐成为每一个克罗马农人自小就必须要面临的最重要任务，如同普通的动物一出生就必须掌握基本的生存技能那样。婴幼儿要开始学习理解和应用在声音、动作或各种符号中的意义，就像要学会自己吃饭和走路一样重要，因为此时心灵能力与身体能力一道成为对人的生存而言最为基本的保障，成为必不可缺的生存技能。心灵能力如果很弱甚至没有，就意味着在自己的社会群体中几乎无法生活，至少不能成为社会群体中的一个合格成员。而对于一个克罗马农人而言，这很可能就意味着命运难卜了。因此，对人类而言，如何协调意识领域内的意义内容与自己的身体活动之间的关系，或者与外界事物之间的关系，就构成生命成长中最为重要的内涵。这很可能也是人类需要这么长久的时间来长大成熟的缘故。

培养和锻炼自己的心灵能力也就是学习掌握如何对意象图案进行更恰当的关联，以及将意义更流畅地传递出来。这一过程就是建立自己的意义空间，并不断地丰富或充实它，以形成更恰当的外显行为。恰当的外显行为也就是能够改善自己的生存状况，使生命成长得更健康和顺畅的活动方式。个体意义空间的建立和丰富，就是一个人的个体化过程，或一个个体人格的形成过程。这一过程虽然离不开他人的影响和帮助，却又是他人所不能代替的，即不能由他人来替代进行，而只能由自己独立完成。因为，一方面这是首先在个体意义空间之内发生的事情，是对自己心灵世界中的意象图案进行安置，他人只能起到提醒或指导的作用，而不可能亲身替代。另一方面只有在自己从事这种意识活动的过程中，心灵能力才能得到实际的锻炼。否则的话，如果不是在自己的心灵努力和心灵能力运用的情况下出现什么行为的话，那么我们就只能称这种行为是"被迫的"了。这要么可能是由于严重的伤病，要么就可能是一种强制。

所以，就一般而言，个体意义空间的建立和丰富本身就是一种主动性的活动，即由一个人在自己的心灵努力下发挥心灵能力所产生的结果。个体化的过程也意味着一个人主动性能力的培养和锻炼过程，个体人格的形成也同样是一个人主动性能力或倾向的构建结果。个体生命的成长也是这种主动性能力或倾向的发展。这种主动性能力包含两方面内容：一方面是自主地对意象图案关联以及意义传递的方式进行选择；另一方面是消除在心灵能力培养和锻炼过程中所附带产生的被动性。这两方面的内容都涉及个体与他人的社会性关系。

当一个婴幼儿在接受父母的养育或传授生存技能（身体能力和心灵能力）时，或者在成长初期接受其他同伴的传授时，无疑是会形成一定的被动心理。当一个人在进行性活动时，同样需要性对象的合作。而当他在部族内从事各种群体活动时，也都离不开对他人合作的依赖。这些情况都会使得一个人的心灵能力不断受到他人的牵挂，并不总是能够独立进行意义赋予活动的。

但是当周围所有的人都作为某一个体意义空间中意象图案的一部分时，他们就成为这个人要处理的对象，也就是要将他们安排在自己意义空间内某个适当的位置。这使得"他人"总是成为个体主动性行为的被动对象。同时，我们也能够发现，由于他人也同样具有意义赋予能力，总是处于多种意义选择的状况之中，因而他人的行为或传递出来的各种意义，就不可能总是能够被自己所把握，即不可能被简单地纳入到某一类别的意义框架之中。这也是他人心灵的不可测度性。毕竟，当每个人都有了自己的意义空间之后，就具有了无限的可能性或丰富性，不可能按照生物性规则进行机械的简单重复。于是，他人就成为个体要经过自己心灵的一番努力才有可能得到一定程度适当安置的对象。但是他人心灵的不可测度性又让他人的行为或传递出来的意义总是超出一个人的掌握，很难轻易地处理，因而对他人在意义空间中如何更好地安置，就成为几乎每一个人始终都要特别关注的焦点。这是意义的无限可能性必然导致的一个社会性结果。

当人类还没有出现意识领域内的活动以至于引起了行为上的变化，我们说这个时候人与人之间仅仅有着生物性的关系，相互之间也只以个体生物的角色对待，没有选择变化的可能性，即不存在行为上具有其他选择的可能性。这种情况下古人类的群体还谈不上社会组织或结构，相互之间没有形成社会性关系，而仅仅保持着动物式习惯的自然生活方式。但是当意识活动使得意象图案有了无数种关联的方式，也就是产生了各种不同的意义，并且这些意义通过多种渠道得到表达或传递到行为当中时，人的活动就出现了蕴涵各种不同意义的选择，因而也造成了相互之间的关系变得不容易测度，而需要在解释中进行相互的理解或认可，从而使得人们相互之间形成了各种不同意义的关系，并基于这些关系而产生了社会性的组织或结构。

在这种社会性关系中，每个人都不可避免地具有两种身份，即一方面从外部帮助他人调节意象联结的方式；另一方面自己又是他人意义空间中的一个部分，要被他人在其意义空间中进行安排，置放于意象结构中某个适当的地方，承担其意义空间中的某种责任或义务。但是，由于个体意义关联具有无限的可能性，也就是心灵的不可测度性，导致每个人对任一"他人"的把握都有相当的难度，都是一件并不容易的事情。这种情况带来一个意想不到的结果，那就是使得人们很可能会产生某种焦虑感，即对自己意义空间内容的不可确定性很焦虑，有某种不安、心神不宁或慌乱感，严重的甚至还会产生恐惧感。当然，如果这种不确定性较弱，或者更准确地说是相对于某个人的心灵能力而言还较弱的时候，这个人受到的消极影响就不会很大，因为他可以轻松地应对。而当不确定性相对于某个人的心灵能力较强烈时，这对他就可能造成很严重的消极影响。要消解这种消极影响，无疑需要不断提高一个人的心灵能量或能力，才有可能降低各种不利影响的破坏程度。这意味着在人们之间心灵能量或能力的相对强度，对个体的人格形成就具有特别重要的意义。

但是意义的不确定性（无限性）或心灵的不可测度性并非只会带来消极影响，也会带来积极影响。事实上这种影响原本就是积极的，如丰富或拓展个体的意义空间。意义的不确定性也使心灵始终保持开放性，以趋向无限的可能。这是意象图案的关联方式本身具有的特性，也是心灵的想象、思想或创造能力的表现。当一个人感受到意义的不断丰富时，首先是会产生惊奇或兴奋感的，即被意象关联的新奇方式所促动，又被意义流动在行为选择上的新奇结果所振奋。这也是引导人们愿意尽可能去作出自己的心灵努力，以获得更多、更丰富的意义内容，从而在现实生活中能够改善自己的生存状况。那么，意义的不确定性为什么又会给人们带来消极影响呢？这恐怕不仅仅与人的心灵能力高低程度有关系，而很可能与人们所身处的意义氛围也有一定关系。

意义氛围也存在好的或不好的情况，如有利于或不利于意义的产生和流动，有益于或不益于生命的健康成长。这是在现实情境中常见的情况。当意义氛围较好时，人们的身心也处在较好的状态，因而会对新奇的意义有良好的预期，愿意学习和锻炼自己的意义赋予能力，以丰富或拓展自己的意义空间。例如，一个婴幼儿在父母传授他各种生存技能时，他一般是会很高兴地接受的。此时的意义氛围是安全、适宜和健康的，有利于意义的产生和传递，因而新意义往往带来积极的影响和效果。同样，在学校学习时，在各种专门的练习场所实习时，家人或亲朋好友在一起聚会时，在日常的生活或工作时，一般也都会有较好的意义氛围。特别是当一个人没有其他因素的干扰，而专心于意义的发现或创造时，往往会对新意义的出现正向的敏感度很高，即主动接受并很快地纳入自己的意义空间之中，且总是伴随着愉悦或兴奋的积极感受。

但是有一些环境或场合的氛围就不是那么友好了，例如战争、饥饿、贫困、不公正或其他各种威胁到生命安全的情境下。在这类有敌意的氛围中，意义的不确定性往往会引起人们的消极心理，以至于很不利于意义的产生或发现，更不利于意义的流动和传递，从而对生命的健康成长也起到妨碍的作用。处于这类困境中的人对于新意义一般都有很强的负面预期，即担心、焦虑或恐惧等。意义的不确定性也总是在放大这种负面心理或预期，使得人们感觉自己始终被危险的可能性所笼罩。这种心理抑制了对意象图案的联结可能采取的方式，使得意象的安排难以顺畅或恰当，意义的表达和行为的选择也因此受到各种限制。这对意义空间的丰富或拓展是有消极影响的。

像战争、饥饿、贫困、不公正或各种威胁到生命安全的状况，一般而言都有很明显的物理可观察性，即是人们直接可见或知道的。但是还有另一类困境就不那么明显了，例如人的身体或心灵受到了某种观念性威胁或控制，而这种威胁或控制往往是非物理可观察的，即可能是直接看不到的。这种隐形的威胁或控制在历史的现实生活中也经常出现，像人身遭受奴役就是这样。一个人如果成了奴隶，他可能并没有直接受到物理伤害，却不能轻易摆脱这种受奴役的状况，否则物理伤害就会紧随而至。表面上看他有吃有喝，生活受到他人的照顾和安排，也没有被囚禁，似乎生命都得到了保障，甚至连配偶和养育后代都没有问题。但是他只能有一定范围的行为选择，生活方式也受到一定限制，谈不上真正的自由。当一个人处于这种状况时，他是很有可能产生相当严重的负面心理或预期的，也因而对他的意义空间造成了很大的危害。

另一种情况的心灵受到限制一般也会产生类似的后果。例如，宗教对信徒的心灵影响可以达到很深的程度，以至于这样的信徒可能完全按照预定的方式进行思考和行为，及对意象图案的联结差不多都是依据指定的途径从事的，自己几乎都不会再独立赋予出新的意义来。特别是意义的表达和传递方式，虔诚的宗教信徒就只能在给定的框架里选择了，不可能由自己任意地进行。因而我们可以看到宗教信徒往往有着差不多类似的观念和行为，仿佛军队一般，步调一致，整齐划一，基本上都不能再有各种独立的意愿或情感偏好，也逐渐都丧失其独立的人格特征。

在现实情境中，人们的心灵能力经常会受到各种限制，特别是那些不恰当的教育方式。教育正是帮助一个人来协调其意象关联和传递的方式。恰当的教育是提高一个人的心灵能力使其通过自己的心灵努力丰富和拓展自己的意义空间，保持意义的流畅，更健康地成长。这就要求教育应该帮助一个人培养出意义领域的自主性，在开放性的意义空间中能够顺畅地表达和选择自己行为的方式，以形成独特和完善的人格，按照其天性健康地成长。而不恰当的教育则相反，不是注重培养和锻炼人的自主能力，而是设法弱化甚至消除其自主性；不是帮助人提高自己的心灵能力，而是进行压制，使其无法去不断发现或创造新的意义及其传递方式；不是帮助人开放和充实其意义空间，而是将其局限于某一狭窄的范围之内，或封闭起来。这种教育导致的结果对一个人的成长而言无疑是灾难性的，因为其人格始终得不到发展和完善，只能在局促的情境下扭曲着生存，个体生命无法顺其天性健康和顺畅地成长，而只能被强制性地纳入到某一种方式中来依据他人的需要或原则成长。这种情况在人类社会的历史发展过程中也是屡见不鲜的，从不恰当的父母教育，到满足宗教教条或政治需求的教育，还有很多技能性教育，都会出现上述不恰当状况，使人表面上看好像是学到了一些知识或生存技能，但是从根本上来说，几乎都在一定程度上造成对个体意义空间的限制，这也是对人性本身的伤害或摧残。

当人的基本生存受到控制或威胁的时候，其心灵世界也很容易遭受伤害，导致其意义空间的发展被限制或威胁，变得滞涩或僵化，进而影响了其生命的顺畅成长。人的基本生存受到限制就不仅仅限于生命直接处于危险当中（如战争或饥饿）那样，还可以包含很多其他的情况，如某个人及其家庭赖以维生的食物来源如果被他人所控制，就会使他们产生为自己的生存而忧愁、焦虑或不安的负面心理状况，从而就很可能接受某些苛刻的限制条件，如顺从他人的主宰，按照他人的指示被迫去做自己本不想做的事情。就像是如果某个人的氧气被其他人所控制，让他随时有窒息丧命的危险，那么他恐怕就只能乖乖地听从控制者的命令，任其驱使了。在古代社会，典型的食物来源主要是土地，也可以是牛羊等养殖的家畜，还可以是某种工作职业的营业场所，如米店、布店、茶馆餐饮或铁匠铺之类。当然，影响人的基本生存的因素可以有很多，比如说金钱、身份、地位或名誉之类，或者某项工作的资格或机会、政治经济活动的资格或机会等，都可能会对某些特定的人有着十分重要的生存意义。

我们可以将对人的基本生存有重要影响的因素合起来归为两大类：自然资源和社会资源。自然资源主要是自然世界中与人的生存密切相关的对象，如土地、山川河流、森林草木、矿产水利、居住场所或生态环境等。这都是自古以来人们的生活几乎无法离开的自然环境。社会资源主要是指社会中与人的生存密切相关的对象，如金钱财富、经济活动、交易权利、分配资格和方式、政治权力、法律地位、工作资格和机会、婚姻和生育、身份权利、地位和名誉、教育和医疗、文化艺术活动、娱乐方式和资格、居住和流动方式和权利、言论和思想的方式和权利，以及社会环境等。社会资源的内容与一般人有着或远或近的关系。在较为原始的时代，社会资源中的大部分内容可能与普通人的关系较远。但是在现代社会，这些内容恐怕就与绝大部分的人直接相关了，很少有人能够脱离开社会环境而独立生存，除非隐居深山或远离社会的个别世外之人。自然资源和社会资源也可以放到一起，统称为社会文化生态环境。

当一个社会群体所赖以谋生的自然资源受到威胁或被控制起来的时候，该社会群体中的人就很可能不得不放弃该社会的社会资源，以换得维持生存的自然资源。当然，人们首先想到的是进行抗争，并不惜以战争来应对。以暴力手段捍卫自己的生存权利，这是自古以来十分常见的现象。不过一般来说，战争都是最后才考虑的手段。人们总是试图首先以和平方式解决各种争端。我们不能排除原始人类之间会有小规模的个别争斗，例如为了争夺生存空间或性伴侣，也可能是为了锻炼打斗的能力，还可能仅仅是展示自己体能上的优势。不过在直立人或智人之间发生大规模的种族冲突，却是令人难以想象的。而考古学界有一些学者推测，从晚期直立人到智人的几十万年间，有过几次原始人种的消失，其原因很可能是由于后来人种在智力上的发达从而轻松地打败并灭绝了更早期的人种，例如，大约在十万至二十万年前，遍布亚洲、欧洲和非洲的直立人（如亚洲的爪哇猿人、北京猿人和欧洲的海德堡人等）被来自非洲的早期智人（如大荔人、丁村人和尼安德特人等）所取代；再到大概三万年前，早期智人又被也是来自非洲的晚期智人（如山顶洞人和克罗马农人等，即现代人的祖先）所灭绝。对这样的说法其实我们不必认真看待。因为一方面那时的人口还很少，据估计，直到旧石器时代末期，也就是大约一万年前，原始人类可能也就只有五百万人左右。这么少的人口以小群落的方式(一般为几十人左右)遍布在亚非欧三大洲，恐怕相互之间都难以有太多的直接联系，更不至于产生生存空间上的焦虑感。另一方面，我们知道即使是食肉动物也很爱惜自己的羽毛，轻易不会冒着受伤甚至丢失性命的危险去捕食，而那时的人类抵抗伤残的能力还很弱，依凭动物本能的行为倾向更多一些，因而也不至于为了不太必要的原因就去进行大规模打斗。再一方面，那时的原始人类恐怕还没有产生过度的仇恨或报复心理，会促使他们甘冒受伤或生命危险以寻求公平或安宁。因此我们可以很合理地推测，在一万年前以至于更久的旧石器时代，原始人类之间似乎不太可能出现类似于后来人类战争的行为。当然我们对几万或几十万年前的情况还不能很确定地判断，而有证据显示的人类之间的大规模战争，基本上都发生在大约五千年前的新石器时代，如古代上埃及的美尼斯（Menes, 约公元前 31 世纪）征服了下埃及，美索不达米亚平原两河流域上游的阿卡德国王萨尔贡（Sargon, 约公元前 2276—前 2221）占领了下游的苏美尔城邦，黄河流域上游有熊氏部落的轩辕黄帝（约公元前 2717—前 2599）打败了中下游的神农氏炎帝、东夷伏羲氏和九黎的蚩尤等。这表明正式的战争很可能是人类文明社会结构出现之后的产物，而并非直接出现在人类社会文明发生之前的原始人类群落之间。

战争的出现，或者人的基本生存受到威胁时，在人类社会群体中所产生的消极影响，都涉及"控制"与"反控制"，或"控制"与"压抑"之间的关系。这是需要我们认真讨论的主题。

第二节 意义确定与意义冲突

在正常的情况下，人的身体和心灵活动是由其神经中枢系统所主导和控制的。这是任何其他人都无法代替的事情，除非受到伤害或强制。人的神经中枢系统或大脑意识领域在生命成长的初期开始发挥作用，也就是学习和锻炼把握自己的思想和行为。而该系统或意识领域的成熟，也就是能够自主地将自己的思想和行为顺畅地传递出来。这一过程也可以被表达为意义的创造和流动，或个体意义空间的丰富和扩展。它直接的结果是个体人格的形成，而最终体现在生命的健康成长之上。从中我们可以看到，意义的创造和流动，其本质特征就是个体人格的培育，即自主地对自己的意义空间不断进行开拓和充实。而这一自主的过程，很容易表现出两种不同的方式：把握或控制。也就是说，一个人出于自己意义空间的考虑，是对自己及周围的一切加以恰当地把握，还是进行控制？这一区别具有非常重要的意义。

控制某一个对象意味着使其不能任意地活动，而必须按照既定的安排或计划在一定的范围内以一定的方式行为。被控制的对象也在一定程度上处于受支配的地位，如被影响和管理，甚至还被占有，只有从属身份，而没有主动资格、能力或地位。控制者也可能允许被控制者在一个局限的范围内可以有一点点主动行为，或者授权被控制者在某个具体事项上可以有决定的权力，但是本质上被控制者是没有自主权力的。被控制者对超出范围的事项是不允许独自做出决断的，否则就可能遭受控制者的惩罚。

控制功能也可以是指某种机体、系统或结构中，某个部分作为控制中心对其他部分具有控制型关系，就像人的中枢神经系统对身体的其他各个部分或机能进行控制一样。各部分接收到各类信息并传递到中枢神经系统去进行处理，然后将处理结果再发送到相应部分以采取行动。所有的决定都由中枢系统作出，其他部分只能根据这些决定去具体执行。中枢系统一旦出现问题，整个机体、系统或结构就可能都陷入瘫痪状态，因为其他各部分几乎完全没有能力进行信息处理并做决断，可以说是完全被动型的和受支配的。各个部分也可能有某种本能的反应机制，不过还不能算是对刺激信息的自觉整理或综合调节，更不会有相应的评价、判断或权衡等思考过程。当然我们也可以不必把中枢神经系统与系统其他部分之间的关系看得过于绝对，但是当它们有不同功能区分时，是应该各自有相应的功能运作机制的。系统的这种功能区分和发挥可能有一个长期的形成过程，未必能清晰地断定非控制系统与控制系统之间的关系，而我们只是就一般情况而言来谈论这两者的差异。

如果一个社会群体采取了控制型系统或结构，就意味着该群体的控制者拥有对该群体生存至关重要的自然资源和社会资源的所有权或决定权，而该群体中的成员都必须遵从控制者所制定的行为规范，甚至在一定程度上还必须接受控制者所制定的思想规范。这一群体可以有统一的行动、计划、标准和方法，由控制者作出，每个人都必须（或在一定程度上）按照这样的方式生活。该群体中的所有成员可能都被确定了在群体中的特殊身份或地位，并有着相应的思想和行为规范。这也意味着所有成员在金钱财富、经济活动、交易权利、分配资格和方式、政治权力、法律地位、工作资格和机会、婚姻和生育、身份权利、地位或名誉、教育和医疗、文化艺术活动、娱乐方式和资格、居住及流动方式和权利、言论及思想的方式和权利，以及其他各种社会文化生态环境等方面，可能都需要遵守某种被给定的社会规范，或至少是较为确定的社会规范，否则就可能受到该群体中心或全体成员的惩罚。

如果我们只是描述一般机械式的控制系统，或者像大脑神经中枢系统与身体各机能之间的关系，或者如饲养场里主人对动物的驯养那样，或者是由于某个特殊需要而临时组建的专门组织等，那么用"控制"这个词语就没有什么太大的问题。但是，当涉及意义的创造和流动时，"控制"这个词就引起了不同的后果，因为这与意义的无限可能性、创造性、开放性或独特性等性质之间都可能存在着严重的冲突，并导致心灵努力和心灵能力的弱化，使得意义空间变得滞涩或萎缩，从而阻碍了生命的健康和顺畅成长。

当人的神经中枢系统开始形成一个意识领域之后，人的身体结构就不再是封闭或机械的系统，而是有了多样性的选择可能。这又是由意象图案相互联结的无限可能性带来的。人们在经验过程中，海量的意象图案不断出现在意识领域中，且由于相互之间的差异性，使得意象图案在分类、联结、持续、功能、时间、空间、变化、排列、抽象、种属、传递、因果、相似、相同、状态、秩序、结构或指代等方面都存在着无穷的多样性，因而能够以无限的方式被安排或编织。而且意象图案的许多关联方式自身就具有无限递延性或弥散性，因此意义总是呈现出可以得到无限丰富和扩展的潜力。同时，具有无限丰富内涵的意义也可以有无数的表达方式，且在任何一种表达方式中都可以传递出无穷无尽的意义来。人们根据这些意义来评估和判断现实的境况，并作出相应的行为选择。这一选择也具有无限多样性，或者可以在每次选择时都采取相似或不同的行为以传递出相似或不同的意义。

正是意义图案的联结、表达和行为选择的无限可能性，使得个体的意义空间呈现出能够被无限丰富和扩展的潜力，而这又意味着生命成长也具有无限的发展可能性。但是意义或生命的这种无限可能性都可能被控制行为所破坏。如果一个人的意象图案只能以某种特定的方式联结，而不能以其他无限可能的方式安排，就使得意义只能以该种特定的方式出现，而丧失了无限可能性。同样，如果该意义只能以某种特定的渠道表达，而不能在无限可能的渠道网络中流动，那么人们也就只能见到一个单调和刻板的意义关联及其外显行为，因为行为的多样性选择也同时消失，不再需要。这种状况无疑将使得个体的意义空间无法得到丰富或扩展，而只会逐渐变得贫乏或萎缩，并不可避免地影响到个体生命的生存状况之上。因为对于个人而言，意义的贫乏或萎缩也意味着生存的艰难或威胁，特别是像尼安德特人或克罗马农人这样的原始人类，当他们面临食物短缺、气候寒冷或猛兽威胁时，如果缺乏应对的办法就可能有灭顶之灾。这一点对于现代人也是类似的，只不过大多不是在自然环境方面出现问题，而是在社会生活方面与他人或社会之间很容易造成各种困境。

控制行为也会造成意义创造性的逐渐丧失。意象图案的关联具有无限可能性，这也意味着这些意象关联不断会出现新奇的、意想不到的或全新的方式，从而使得各种新意义被不断创造出来。新意义又意味着新的表达方式或行为选择也将随之出现，它们都会在这种创造性活动中得以现实化。这是个体意义空间在现实生活中能够真正得到丰富和扩展的根本途径。如果没有意识领域内的创造性活动，那么新意义也就不可能产生，新的表达方式或行为选择也无从谈起。这意味着所有的意象关联和意义传递都是在重复着原有的运行方式，或者仅有简单的几种可能来自遗传的选择，因而也都是机械式的生物行为，使生命运行回到了低级原始的程度，始终处于原样复制的阶段，丧失了持续演化的活力和可能性，也因而丧失了生命成长的无限潜力。就像克罗马农人如果被限制其生存方式，那么他们也就不可能创造出那些新奇的意义或意义的流动方式，而今天的我们也就不可能有机会来欣赏他们在几万年前遗留下来的艺术神韵了。甚至很可能，如果遍布世界各地的原始人类群体都被某种力量控制起来，那么后来的人类演化恐怕都需要从头改写，也许我们这些现代人也仍然挣扎在艰难生存的边缘，瑟缩在阴暗寒冷的山洞中还不知文明为何物。

控制行为对意义的开放性也同样是致命的。意识领域的出现意味着人的生命形态出现了新的机遇，意义的多样性使得外显行为的选择也有了多重可能。这使具有无限可能性的意义通过无数方式得到表达并渗透在人与环境的交织活动之中，从而使社会文化生态环境中的人可以有无限的生存或演化方式。这表明人的动物性生存不再处于机械运行的封闭状态，而是面向未来或未知的世界敞开了大门，意义空间能够涵盖无限丰富的可能性，人的生命也由于这种开放性而具有了无限的可能性。而如果意义的产生和流动被限定于一个狭窄的范围，只能被迫在一定的空间中呈现，那么意义就等于被封闭起来，不再具有无限丰富或扩展的可能，无法弥散到无边无际的广阔空间中去，于是不得不陷入逼仄或萎缩的状态了。即使此时有某些新意义产生出来并传递出去，却只能在一个狭小空间中流动，对意义世界的改变没有根本的作用或影响，因而也不能够使局促的生命成长得真正健康或顺畅。我们要知道，人类今天所能取得的文明成就是与像克罗马农人这样的原始人类当初保持的意义开放性分不开的。没有从他们那里一路承袭下来的这种意义开放性，原始生活的蒙昧状态就可能一直持续到现在，或者进展极为缓慢。

控制行为导致意义无限可能性的丧失，也使得创造性意义难以产生，并将意识领域封闭起来，无法在开放性中不断丰富或开拓意义空间。这些消极现象让个体意义世界变得贫乏或萎缩，同时也意味着个体意义空间的独特性逐渐丧失，结果是个体人格不能顺利形成或完善，甚至还有出现分裂或解体的可能。个体意识领域内的活动一旦产生，本质上是无法复制的，因为意义本身具有无限多样的可能性，即海量意象图案及其关联方式、意义的表达或行为选择等，都不可能以完全一样的形式重复，除非意识功能消失，人又回复到动物性的生存状态，仅仅按照遗传信息进行活动。而意义的无限可能性、创造性或开放性都使得个体意义空间指向了无限丰富和广阔的领域，并在这种丰富和开拓性的过程中逐渐形成个体意义空间的独特形态，即个体的人格。

个体人格就是个体在自己的遗传、经历和心灵能力等基础上所形成的意义空间的整体倾向，即对意义的产生和流动的综合把握能力及其发展的程度。在正常状态下，个体能够很好地把握意义的产生和流动，使自己的意义空间有利于意义的发散，趋向于无限丰富或充实，从而也使得自己生命的成长呈现健康或顺畅的状态。但是当一个人处于受控制状态时，情况就发生了变化。他将无法掌握自己意义的产生和流动过程，不得不采取某种指定的意义方式，即只能按照给定的原则、标准或规范从事自己的思想或行为，或者只能千篇一律地机械重复某种生存方式。在这种情况下，他对意象图案的关联方式是没有选择余地的，对意义的表达不能有自己的考虑，更谈不上行为的多样性。强制性的重复状态导致他不再需要自己的心灵努力和心灵能力的应用，因而也不会再有自己的新意义产生或创造，个性化的意义表达或行为选择也由此消失。于是至少从外在角度来看，该个体的意义空间可能显得破碎混乱或空洞贫乏，表明该个体可能已经不具备掌握自己意义空间发展趋向的愿望或能力，也弱化或丧失了应对复杂现实情境的愿望或能力。此时个体的精神状况可能是麻木的或焦虑的，显示了其个体人格陷于难以整合的困境之中。尽管这种情况中的个体可能暂时没有性命之忧，但是其意识领域内的活动却可能是迟滞或停顿的。这导致他的生命无法顺畅地成长或趋于病态的延续之中。

控制行为导致意义的无限可能性、创造性、开放性或独特性等性质逐渐丧失。这只是它给个体意义空间带来的消极影响，而更严重的实质性伤害可能还是造成个体心灵努力或心灵能力的弱化，甚至受到完全损坏。我们知道意识领域的产生可能是生物演化的一个自然现象，不过意识领域内的活动却是在心灵努力和心灵能力作用下进行的。虽然这也可以被视为一种自然现象，但毕竟是一种较为特殊的自然现象，与其他自然现象有着很大的或甚至也可称之为根本的区别。意识领域内的意象图案看起来是自然发生的，不过还是需要心灵的关注才得以可能，完全不被关注的对象是很难成为意象图案的，可能只是飘忽而过的闪现罢了。而关注本身就是心灵努力的一种形式，是将肉眼视觉和"心灵之眼"的焦点同时集中到某一对象，并使之成为自己的意象图案的心灵努力。意象图案之间的联结或安排所产生的意义，更不用说几乎完全是心灵努力的结果。这些联结或安排有一定的秩序或条理，并可以叠加或架构出无穷无尽的意义来。这也无疑是心灵努力和心灵能力发挥作用的结果。当意义出现之后，心灵努力和心灵能力还将持续地运作，以选择各种可能的表达方式并在现实情境中寻找到恰当的外显行为，这样意义就被传递出去形成了个体的意义空间。这整个过程都离不开心灵努力和心灵能力的作用。心灵努力和心灵能力越是强大，就会创造出越加丰富的意义，并使得意义的传递也越是流畅。而它们越是虚弱，则越难以创造出更加丰富的意义，意义的流动也难以畅达。这都将导致意义空间的贫乏或萎缩。

控制行为所产生的消极后果正是这样。当一个人处于被控制状态时，一方面，由于他必须按照给定的方式生存（思想或行为），这让他可能无需自己的心灵努力，或这种努力受到了压抑，即使努力了也无效，从而可能使他不再作出自己的心灵努力，弱化或丧失了心灵努力的愿望；另一方面，他也可能无需使用自己的心灵能力，或即使使用也无效，或这些能力受到了程度不一的抑制，导致他可能不再运用自己的心灵能力，使得心灵能力逐渐被弱化或甚至丧失。这两类情况对个体意义空间的伤害都可以说是致命的，因为心灵努力和心灵能力对个体意义空间的形成和完善具有根本性的作用：意义的产生和流动不仅都是它们发挥影响所产生的直接性结果，并且其强化之后能够使意义空间不断丰富和扩展，而其弱化之后则造成意义空间的空洞或暗淡。最终，这种情形也将相应地反映在个体生命的成长状况之上。

心灵努力的程度是与个体的生存状态和对生命的信心有很大关系的。当个体处于受控制环境时，其生存努力由于总是受到挫折，因而会严重影响心灵努力的持续作用，变得随遇而安、随波逐流，麻木而懦弱，不再愿意作出更多的努力以尽可能改善其生存状况。特别是当现实生存经常性地让生命遭受摧残时，一个人就难免对生命丧失信心，不再留恋，甚至可能希望尽快地摆脱，以转世到另一个世界才得以安心，即产生了对来世的渴望。在这些情况下，意义的产生和流动都成为无谓之事，对生命难以起到积极的影响，无法发挥出应有的作用，导致个体可能都不再去关注现实中的一切，对意象图案的各种联结也难以引发出任何兴趣，甚至对美好事物的接触或想象都成为精神上的沉重负担。

个体的想象能力、思想能力或创造能力都需要在长期的丰富经历或实践应用中才能得到锻炼和提高，都不可能在短时期内有巨大的变化。而这是在受控制状态下不可能做到的。如果想象能力长期受到抑制，不被鼓励，那么它就可能逐渐弱化或萎缩，能够想象的空间越来越狭窄局促或滞涩，由此造成意象图案及其联结的贫乏和单调。思想能力也同样是不可能在受抑制状态下得到发展的，因为它需要对无穷无尽的意象图案进行多层次、多结构或多角度的尝试性关联，以探寻各种可能的意义发生。因此一旦人的思想受到压制或束缚，思想的活力将不复存在，严重时甚至连思想本身都将变得不再可能，也就是心灵陷于迟钝或麻木状态，意义及其流动终将渐渐归于沉寂。在这种情况下，心灵的创造能力自然也谈不上应用和提高，而只可能萎缩或消失，生命也由之趋向暗淡的未来。

个体心灵的想象、思想或创造能力的锻炼和提高是很难由个人完成的，而总是受到群体的影响，或者说是在群体的共同生活中经过不断的相互交流才有可能得到实质性的锻炼和提高。如果控制行为成为一个社会中的某种普遍性现象，那么它就很可能是针对多人进行的，即某些群体成员会经常性地处于受控制状态。这种情况将使该社会的心灵能力在整体上都遭受伤害，因为它限制了群体间的交流，导致很多个体无法从与他人的交流中获得对意义创造和流动的经验或智慧，不能在群体生活中得到丰富或拓展意义空间的机会，反而还可能受到损失或伤害。因而社会性的控制行为对该社会整体的心灵努力和心灵能力都将是致命的消极因素。

由于控制行为对个体或社会意义空间的极端负面影响，使得如何缓解、摆脱或消除这种社会现象，就成为对个体或社会的生命成长而言最为重要的问题之一，也是一个社会文化生态环境所面临的最主要任务之一。当然，这种问题对于尼安德特人或克罗马农人来说，恐怕都还完全不存在。他们应该都还处于十分原始的自然状态，不大可能受到来自他人或社会的控制性行为所影响。控制现象几乎完全是新石器时代才出现的事物。准确地说大概是直到约五千年前的时期，也就是几个较早的古代文明萌芽发端的时候，控制行为才逐渐在人类社会中产生很大影响。例如西亚两河流域的苏美尔文明、非洲尼罗河流域的古埃及文明、南亚印度河和恒河流域的古印度文明，以及东亚黄河流域的华夏文明等，就都有着非常明显的社会性控制行为出现，并都在相当程度上阻碍和限制了这些文明的健康发展，某些不利影响甚至一直持续至今。

尽管社会性控制现象迟至大约五千年前才开始产生显著的社会影响，但是其根源在更早的时期还是可以有所发现的。限于考古材料，尼安德特人恐怕无法给我们提供什么有意义的参考材料，不过在克罗马农人的考古遗址里，我们似乎还是能够感受到些微的迹象，只是这需要我们将自己的整个灵魂沉浸到克罗马农人的洞窟壁画所烘托出的艺术氛围中才有可能体会出来。因为我们不能确切地了解他们的所思所想，而只能凭借直觉来推测他们心理能量所灌注的意义空间可能的形态样貌及其精神特征，探寻其中隐含着的那些很可能对后世的人类社会具有重大影响的内在因素。

对克罗马农人岩画所构筑的意义空间，我们前面已经做了许多描述和分析。当我们走进法国韦泽尔河谷地带或西班牙阿尔塔米拉牧场那数十座石灰石岩洞，能看到山洞岩壁上数不清的野马、野牛、野猪、驯鹿、灰狼、剑齿虎、长毛象、穴居熊或毛犀牛等的动物图像，还能看到人物、鸟类、昆虫或植物之类的简单素描。这些形象看起来只是克罗马农人在自己的现实生活中所见到的普通场景，可是克罗马农人的意义空间也得以形成。在其中，有他们所关注的对象，也有让他们揪心的现实。我们能够很强烈地感受到他们时而紧张不安，时而兴奋激动，时而恐惧焦虑的情绪，也能够揣摩出一丝他们面对生存或死亡、光明或黑暗的心境。我们还能够发现他们的心灵之眼透视的焦点所在，他们所钟情的意义表达方式和流向，以及他们意义空间的丰富程度或拓展的广远范围。我们仿佛能够感觉到他们就在我们身边，坐在黝黑的山洞里，围着篝火，借着闪烁不定的火光，双眼困惑地直视着我们。我们能够理解他们的疑虑吗？能够走进并徜徉在他们的心灵空间中吗？能够解开他们意象筹划中的秘密吗？能够在他们的意象筹划中看到有什么我们所熟悉的东西吗？能够与他们进行意义交流吗？我们与他们是不是会为了某些共同的原因而欢笑或哀伤、愉快或叹息、安宁或忧虑？如果是的话，那么又究竟是些什么原因呢？在他们的意义空间中，究竟有什么东西使得我们这些后来人经历了某种特别的命运呢？

意识领域内的活动就是要安顿那些意象图案，将不断涌现的海量意象以各种方式联结起来，形成某些有秩序、结构或层次的特殊场景。这些场景被我们视为可理解的意义，是心灵能力将内外经验所得的知觉片段进行不断的组合或叠加出的效果图。效果图的形成过程也可以称为思想或创造过程。这些效果图以各种方式可以与现实环境有一定的关系，也可能看起来没有任何关系，或人们一时想象不到其中有什么样的关系。这些意义是发散的，呈现无穷的可能，并能够通过无数种方式得到表达。这些表达也是意义的流动或弥散，渗透到了人们的各种行为当中。每一种意义可以用无数种表达或行为来加以体现，而每一种表达或行为也可以充满无数种意义在其中。意义的流动弥漫出一个个独特的意义空间，可以趋向无限丰富或广远的范围。意义产生和流动的整个过程都是由个体的心灵努力和心灵能力所创造的，形成了个体的意义空间或人格世界，既是每个人个体化的过程，也是每个人的生命成长过程或人格形成过程。我们也可以称这整个过程为个体的意象筹划，即在心灵努力之下以心灵能力对意象关联及其流动方式进行安排。这些安排寻求的是意象关联的清晰明朗，或具有可理解的确定性，或使意义空间能够不断活跃和充实。从克罗马农人的洞窟壁画，我们可以感受到他们的意象筹划已经有了相当自觉的程度，他们的意义空间已经有了独立的特性，可以自发地丰富或扩展起来。

克罗马农人意义空间的形成，对于人类社会而言，也是最初的意义世界刚刚萌芽的形态。很明显他们还远没有我们现代人那样多的经验和教训，还没有经历过太大规模的挫折或灾难。他们还不曾在意义的海洋中尽情地遨游，而只是朦胧地领会着意义带来的神秘感受，在稚嫩的意义空间中还只顾惊叹意义的奇妙，犹如石壁上的动物群像都是附带魔力的精灵似的。对克罗马农人而言，这些意象图案的关联所引发的氛围忽明忽暗、闪烁不定，就像篝火吐出的火苗一样令人惊惧又兴奋。这些意义似乎都难以有明确可理解的确定性，是如此难于捉摸，特别是对当时身临其境的克罗马农人来说，恐怕每一个人都会产生出截然不同的心境或体会，以至于各自可能都会有某种预感，似乎有什么事情将要发生。可究竟是什么事情将要发生，他们却完全不得而知。而正是预期的不确定性，又不免令他们在黑暗的山洞中心神不宁、寝食难安。他们有的人甚至很可能还会为此争吵不休，心生不满。

心理预期是意识活动开始活跃之后一个很重要的产物，对人们的心理状况影响巨大，尤其是对原始人的影响更加显著。因为相比较而言，我们现代人已经有了足够多的现实经验，对许多意义相关的不确定性有了一定程度的思想准备，因而大部分时候是不会为此去做无谓操心的。不过，即使是我们现代人，如果在某些重要事情上产生不确定的预期时，也难免会与克罗马农人一样，心神不安或忧虑重重。而这一点与社会文化生态环境状况的关系十分明显。

心理预期就是对意象图案关联的把握程度。预期的确定性就是对意象图案之间的关联方式有一定的把握。而预期的不确定性就是对这种关联缺乏一定的把握。如果用古代的语言描述这种意义预期的不确定性，就是前程未卜、吉凶难测，而"天行有常"的原始观念，就能够为人们提供很大程度上对预期的确定感。对意义内容的心理预期是在已有的意义流动或弥漫所引发的氛围中形成的，即对意义的趋向有一定的心理把握。而这种心理把握是基于原有的意义产生和流动方式形成的。

对一个个别的人而言，如果他对自己面临的意义趋势缺乏把握，也就是预期很不确定，那么这就很可能说明自己原来的意义创造和流动方式是有问题的，甚至是错误的。这将意味着自己可能不得不推翻以往的思想和行为习惯或倾向，重新寻求其他的意义关联及其流动方式。而这又将导致自己意义空间在整体结构上的不确定性。这一结果对任何一个人而言都是难以轻易接受的，特别是对原始人来说就更是如此。因为每一个人所习惯的意义关联及其流动方式有很大一部分源自基因遗传、父母自小所传授和个体成长过程中的习得，几乎都已经成为一个人根深蒂固的心理结构，深藏于自己的心灵世界最底层，难于否定或消除。因此，对意义趋势的预期存在不确定性，对任何一个个别的人，恐怕都是一件十分重要的事情。不用说，像克罗马农人这样在意义世界尚属稚嫩的原始人，对意义的这种不确定性就更为敏感了。

我们不难理解，对意义清晰性或确定性的追求会很自然地成为人们的心理倾向。就现实情况来说，普通事物的意象关联及其流动都较容易被清晰或确定地了解，也较容易得到人们的一致肯定。例如，克罗马农人对眼前的石头土块、山川树木、河流湖泊或牛羊马鹿等较为固定和常见的物理对象，一般来说都不太会有确定性的问题出现，而像风雨雷电和日月星辰等就可能稍微模糊一些，至于日夜交替或寒来暑往的变化，就需要琢磨一番。要是出现洪水干旱、地震海啸或火山爆发之类难得一见的自然异常现象，克罗马农人恐怕只会惊惧不已了。自然界的普通场景很容易让他们习以为常，成问题的主要是那些因自然变化而引起的感知异常。这在最初级和原始的意识活动中需要适应相当一段时间。

不过除了打雷闪电这样既不算多，也不算少的自然现象会让克罗马农人印象深刻以外，引起他们特别关注的主要还是在关键性生存活动中的变化异常现象，那就是牛羊马鹿和虎豹豺狼这些动物，还有他们自己所形成的意义领域，以及这些意义领域所带来的某些变化。本来对这些动物或他们自己，原始人一般都有来自遗传和自小经历的适应性，不大会给予格外注意。但是当他们的意义空间形成之后，情况就开始不一样了。一方面，这为他们的生存行为带来了更多的选择性，如集体性的大规模狩猎。这促使他们在这类活动中要集中精神、提高捕猎能力、加强相互合作，以及采用更多、更好的工具或办法，如投石器、弓箭长矛或陷阱暗沟之类。这样狩猎活动中的场景及其细节就逐渐成为他们关注的焦点。另一方面，狩猎活动中的主角们——猎手和动物无疑是首先进入他们眼帘的。特别是这些角色在狩猎活动中的表现，就越发引人注目了。因为在几乎每一次狩猎活动中，他们的表现都可能会呈现出很多的差异来。比如有的猎手勇敢、敏捷、力气大、投得准、跑得快、会合作，而有的就怯懦、力气小、动作缓慢或不知怎么合作；同一个猎手上次表现得很好，而这次就显得很糟糕；有的人狩猎之后安然而归，而有的人就受了伤甚至丧失性命；等等。再说狩猎中的那些动物，有的牛很温顺，容易捕捉，有的就脾气很大，拼死冲撞，难于捕捉；上次碰到的剑齿虎很笨，一下就捉到了，而这次碰到的就很狡猾，猎手们千方百计也没成功，反而有几个人还受了伤；等等。另外，每一次捕猎活动是否顺利，收获如何，伤亡情况怎样，合作是否有效等，都取决于许多细节，需要猎手们的特别关注和思考，并在事后不断进行讨论和商量，才有可能逐渐提高他们的生存水平。这些细节上的差异，如果没有活跃的意识活动，就难以进入他们的意义空间或关注对象，很可能作为习以为常的惯例而被忽略掉了。

我们从韦泽尔河谷和阿尔塔米拉地区的岩洞壁画中可以很清楚地看到，这些猎手和动物就是这样成为他们意义空间中的焦点，成为他们的心灵之眼所关注的对象。同样，我们还可以推测到，在集体性的捕鱼采摘、居住地建造、饮食睡眠、唱歌跳舞、武器或工具制作等日常活动中，他们自己也不断地成为相互之间关注的焦点对象。而那些外在对象，如动物、植物、居住环境或生活事务等，将渐渐退居到较为次要的地位。这并非说这些事务不再重要（它们当然还很重要），而是相对于他们自己而言，关注度要稍微少了一些而已，因为它们在意义内容的确定性程度上开始逐渐产生了很大的差别。

他们相互之间成为关注的焦点，这并非是由于他们之间有血缘的亲族关系，或者他们在一起生活，有共同的经历，而是因为他们在各自的意义空间中是不确定性的最重要渊源。其他的对象，那些自然现象、物理客体或生活事务等，在他们的心里是能够逐渐大体加以安顿整理好的。因为那并不是很难，只要他们相互之间不断进行交流和讨论，就能够给自己一个较为满意的答案。尽管他们的这种安顿整理在我们现代人眼里还显得很原始和素朴，不过那已经足够让他们暂时获得心灵的安宁了。但是，"他人"、"同伴"或"群体"这样的对象就完全不一样了，并不容易轻易地处理好。即使他们一直加以认真的安顿，也未必能够始终让他们满意。而这一点，正是令原始人开始有了最初的社会性焦虑的缘由。为什么"他人"在自己的意义空间中得不到很好的安顿，以至于成为"我"所焦虑的对象呢？这是一个十分耐人寻味的问题。

或许，"他人"所引起的疑问对于克罗马农人而言，还太过超前。从那些山洞的壁画上我们可以看出，他们恐怕还没有产生这样的问题，因为同伴似乎刚刚成为他们关注的焦点，就像那些野牛、野马、野猪、驯鹿、灰狼、剑齿虎、长毛象、穴居熊或毛犀牛一样。同伴还处在这些自然对象的群体之中，还没有从中凸显出来，变成一个独特的焦点对象。这一方面说明克罗马农人相互之间的交流程度还较低，因为毕竟语言还没有出现，他们可能只能依靠简单发音、手势或表情来表达几个最简单的意思，还谈不上深入地进行意义的交换。另一方面也说明他们的生存性活动可能仍然处于较原始的阶段，还没有太多复杂的活动。例如他们还居住在山洞里，尚不会自己建筑房屋。他们的打猎捕鱼采摘等活动可能也只是较初级的自然行为，还不能采取稍微复杂一些的策略与合作。或许他们都还不会进行唱歌跳舞这样的娱乐活动，饮食睡眠也可能只是随意而为。克罗马农人的原始状态是我们不能否认的。当然，这些生存性活动的水平从原始到复杂高级之间是一个长时期的演化过程，不会一蹴而就。而克罗马农人大概正处于这个过程的起始阶段，其意义空间还只是略具雏形，还远谈不上完善和成熟。其中所隐含的许多问题也只是初露端倪而已。不过，这对于我们主题问题的讨论和分析，已经足够了。

如果某一个经验对象总是以恒常的方式出现，也就意味着它在意义空间中也往往以较为固定的方式与其他意象图案相联结。如果一个物理对象及其运行总有着相似的联结方式，那么这对于原始人而言就成为一个较为容易掌握的对象，可以较轻松地"了解"或"知道"。就像拿起一块石头，根据它的大小形状，你可以掂量出它的大概重量一样。经过一天的日子，到了黄昏，人们都知道天要黑了。而到了凌晨，大家也都会有"天要亮了"的预感。人坐在屋里，周围的事物不会突然消失，大地也不会忽然塌陷，使人仿佛要堕向无底的深渊。对这些日常景象你都可以放心，不必为此焦虑。这些现象不会带来"意料之外"的变化，也就是总在人们的"意料之内"。日常规律性的经验使人们形成了有稳定预期的心理习惯，并在这种稳定预期中安心生活。意外的事情虽然偶尔出现，也难免会令人们产生某种慌乱、不安或惊惧，但是稍过一段时间，一切又都归于风平浪静，人们也就回到了习以为常的生活之中。

心理预期是伴随着意识领域内的活动而来的。没有意象图案的联结引起意义的出现，也就难得会有预期这种感觉发生。普通的生物或许也有程度轻微的预感能力，就像在地震来临之前很多动物会显出反常的举动一样。我们不能否认这些动物可能也有一点意识活动，但是它们的心灵能力肯定还远远达不到人类的程度。当几万年前像克罗马农人这样的原始人有了如此丰富的意义空间之时，我们可以想象出他们的预期感觉比起其他动物来，应该强烈许多了。

尽管人们在自然世界中较为容易形成稳定的心理预期，但是随着意识领域内活动的活跃，"他人"逐渐开始成为心理预期不确定的最重要来源之一。意义空间的丰富是与他人密切相关的。在前面的分析中，我们已经看到，父母、同伴和性对象是三类对个体意义空间影响最大的因素。他们帮助培养了一个人基本的心灵努力和心灵能力，以搭建出自己的意义空间。因而每个人的意义空间都不可避免地渗透着这三种人遗留的痕迹，也就是在意象关联和流动方式上的某些倾向性特征。甚至我们还可以追踪到某些遗传因素和社会历史文化传统习俗的影响，也同样会在每个人的心灵世界中烙上或深或浅的印痕。但是，由于每个人的意义空间总是处于不断的变化之中，不是逐渐丰富或充实，就是变得暗淡或萎缩，似乎永远呈现出动态的流变状态，因而他们对于一个人的影响也同样是变幻不定的。父母与子女之间、同伴之间或性对象之间的关系及其相互影响，在经验环境中随着生命的成长过程而交织着无穷的可能性。早期社会的人们可能对此并没有做好充分的思想准备，也就是并没有预料到他人会成为自己意义空间中最主要的不确定性来源，因而有关他人的问题，也成为早期社会中令人们普遍地产生基本焦虑的一个最主要原因。

从本质上说，他人成为预期中不确定性最主要原因这一现象，还是在于意义的无限可能性、创造性、开放性或独立性。由于意义所具有的这种基本特征，使得每一个体的意义空间都有新意义层出不穷地涌现。虽然个人在心灵努力和心灵能力的表现上强弱程度不同，因而各自意义空间中的新意义也有多有少，千差万别，但总是会有新意义不断出现这一点却是无疑的。当一个人所赋予出的新意义流淌而出，弥漫到周围人的意义空间之中时，对每个人而言，这都会产生一种新奇感，或将构成一种挑战，因为这往往是在周围人的预期之外的。人们对这些新意义的适应或不适应、接纳或拒绝、肯定或否定、欢迎或反对等，都需要一定的时间才能习惯，或者说是将其如何恰当地安置于自己的意义空间之中。也正是由于这一点，社会环境相较于自然环境来说，充满了更多的意义不确定性，也因而给人们带来更多的不确定预期。这种不确定预期既有可能让原始人兴奋莫名，也有可能造成人们的严重精神焦虑。这也是我们将社会环境称为"社会文化生态环境"的缘由。

由于他人对个体意义空间的重要影响，以至于他人自原始阶段就开始成为人们关注的焦点，就像克罗马农人那样。但是他人被特别关注的现象又反过来加重了他人不确定性的程度，因为不仅他人一般性的行为举止被注意到，即使他人的一颦一笑这样的细微之处，也逐渐开始牵动着人们的神经，即人们开始特别地"关心"起他人来。这是我们从图5-2和图6-1这样的场景中能够很清晰地感受到的意义。所谓的"关心"，很明显，不仅仅指关注他人的外在行为，而更重要的是关注和推测他人内在心灵的变化。因为在他人的灵魂深处隐藏着意义变化的根源，而这才是人们关心或焦虑的真正对象。于是，在这种强烈关注的聚光灯下，他人所赋予的每一个新意义都似乎显出十分不寻常的迹象，并由此引起自己的意义变化。本来并不重要的一件事情或一个举动，在特别关注下就会被视为对自己有了特殊的意义和价值。例如周围人的一个咳嗽或皱眉，尼安德特人可能视若无睹，无论这个人是谁，但是克罗马农人对此大概就会心里一紧，尤其当这个人是他的父母子女、同伴或性对象的话。这种差别正是由于他们对他人的关注度不同所导致的，也就是他们对他人的关心程度有很大的差异。而这并不是个别人的问题，而是整个群体的意义筹划或意义赋予能力处于不同水平的缘故。这一点即使对我们现代人而言，也是一样的，即我们对他人的关注程度或方式，都与整体的意义筹划或意义赋予能力的状况相关。

他人在意义空间中的不确定性使他人成为几乎每个人都不得不给以特别关注并加以处理的对象。子女在父母眼里总是一个变动的对象，对同伴也总是需要认真考虑的，性对象就更不用说了，始终都难以离开被关注的目光。这些对象的想法愿望、情绪心境、追求努力、习惯爱好或生活状况等各个方面的细节都可能导致他们的不确定性，因而都需要加以好好地打量，并琢磨出可能的变化倾向。如果了解了这些内容，那么这些人在自己眼里就成为能够较为容易地把握的对象，使自己与他们的相互协作、共同生活成为可能。如果不了解这些内容，那么这些人相互之间就成为无法把握的、很怪异的对象，令人不可捉摸。这样一来，人们相互之间的协作也难以进行。

　　就像父母需要了解一个婴幼儿的需求一样，这是养育子·女最基本的前提。或许有些基本的生存需求是人们通过遗传基因的生物本能就了解的，无需额外的学习就能掌握。但是当人有了意识领域的活动，使其心灵和身体有了特殊的变化之后，情况就有所不同了。婴幼儿的意识活动也很快就与成人有着相似的活跃程度，因此仅靠本能的传授是无法满足婴幼儿的意义需求的，也就是很难使其迅速丰富和扩展自己的意义空间。例如一个人类婴幼儿如果成长在动物群体中而没有人类社会的接触，那么他的心灵世界恐怕也只能与那些同他相处的动物类似，无法掌握更复杂的意义变化。而人类的父母既要教授婴幼儿传递意义的方式，也需要不断了解婴幼儿所赋予的各种新意义及其传递方式。一开始父母可能主要靠猜测婴幼儿的哭闹究竟是什么原因，或者用试错法来看吃喝拉撒睡玩哪一项可以让婴幼儿高兴起来。但是随着婴幼儿的成长，就需要父母与婴幼儿之间练习某些较为固定的意义关联，即将吃喝拉撒睡玩的欲望和行为与某些特定的意义表达方式联系起来，并逐渐发展到形成一些初级的动作或语言表示。这一过程将持续很长时间，直到子·女离开父母。而在子·女成长到十几岁达到青春期时，相互之间的意义交换就包含了极为复杂的内容，甚至不是一般的父母或子女能够轻易把握好的，而需要双方以至于整个社会群体不断地认真讨论和研究，才有可能了解到一定程度，并有可能作出适当的反应，因为这些内容还会随着社会文化生态环境的变化和发展而不断出现更新，因此不可能一劳永逸地掌握。由于个体和社会文化生态环境的变化因素交织在一起，新意义及其流动方式不断变化，子女相对于父母而言就始终是一种意义变动不定的对象，不容易被确定地把握。除非父母与子女之间能够形成恰当的意义交往方式，使双方在长时期内保持充分和通畅的意义交流，否则子·女将总是难免让父母倍感困惑或焦虑。

　　同伴或性对象之间的情况也类似。他们都需要尽可能地相互了解，如果能够从同伴或性对象身上了解到某些自己尚未掌握的新意义及其新的表达方式，以提高自己赋予意义的能力，丰富或拓展自己的意义空间，那么这也能够使得自己与对方之间进行更好的配合，或了解自己是否得到对方的认可，由此可以共同从事某些较为复杂的活动，以得到更大、更多或更好的生存益处，如食物、安全、性或繁殖等的需求满足。

同伴之间（也包括与某一群体中的任何他人之间）需要尽可能地相互了解，还有一个很重要的意义，就是这样还能够了解自己在这个群体中的状况，以获得对未来生存的稳定预期。将自己融入一个群体，就存在接受或被接受的问题。这不是简单地身处其中就可以算是其成员的，而关涉到对该群体意义空间的契合与否问题。如果不能契合或接受，那么这个人恐怕就只能离开这个群体，否则可能就会遭受这个群体的惩罚，甚至还有性命之忧。即使双方相互接受之后，还存在相互契合的好坏程度问题。如果经过一段时间，双方无法契合，那么这个人仍然有可能不得不离开该群体。

与某一群体意义空间的契合好坏程度，在人类社会中往往是以荣誉、名声、地位或身份这些社会性尺度来衡量的，也就是我们在《荷马史诗》中看到那些古希腊英雄会对自己在群体中的名誉那么看重的缘故。如果一个人在某个群体社会中得到了很好的名誉或地位，那么这一般就意味着他在其中有着很高的意义契合程度。而高度的意义契合程度也能够让一个人了解到自己在该群体中是受欢迎的，低契合程度所反映的情况就很可能相反。高契合程度往往能够给予一个人在该群体中得到良好生活的稳定预期。否则，如果他在一个社会群体中缺乏好的名誉或地位，也就意味着他很可能在该群体中并不太受欢迎，于是他恐怕就得认真思考如何得到众人的认可，并努力去实现；否则的话，他将很可能在该群体中生存艰难，甚至不得不考虑离开这个群体了。

因此，同伴间关系是否有稳定预期，对一般人的行为选择而言有着很重要的影响。但是由于个体的成长和社会文化生态环境都存在诸多的不确定性，导致一个群体内部的成员之间也相应地成为意义不确定的根源。而且，一般地说，一个群体的规模越大，不确定性也越严重；群体规模越小，确定程度就会越高。但是，当一个群体规模大到一定程度之后，这种关联就可能出现变化。足够大的群体规模反而可以给一个人提供较为充分的某些确定性，如生活、工作或交友的机会等等，因为他一般而言总能找到适合自己的机会。

本质上说，由于个体意义空间中的新意义及其流动方式是不可能完全确定的，因而在个体之间的交往中也同样不可能有完全确定的意义关系，这同时又导致他们所形成的社会文化关系也处于不断的变动之中，因此，个体和社会整体的意义空间将都会始终呈现意义的流变状态，不可能被其中的任何一个人所完全地把握。而且这还没有考虑到该社会群体或个人所受到的外部影响，将使不确定性程度更高。因此，在任何一个社会群体中，群体成员（同伴）之间都会成为相互关注的焦点，以努力使得不确定的预期稳定下来，尽可能得到确定的预期。这种情况会让每个成员要么感受兴奋，要么感到焦虑。当然，这中间也会出现暂时的平静，但是由于平静的生活环境更容易产生新意义，因而又造成平静状态的破坏，重新陷入动态的意义预期不确定性之中，于是人们又不得不需要重新去寻求稳定预期的方式。

性对象之间的意义契合关系对双方的性预期有着非常重要的影响。一方面是双方是否能够彼此接受对方的意义空间，另一方面是双方是否能够很好地在意义领会上相互契合。如果彼此无法接受对方的意义空间，那么性关系也就可能无法持续。而如果双方不能很好地相互理解各自的意义赋予或传递，那么性关系即使持续恐怕也难以令双方满意，同样会导致性关系的中断。性对象彼此在意义上的理解和接受也是肯定各自的性吸引力，是稳定的性关系得以持续的前提。这影响了双方对性关系能否有稳定预期，以决定自己的行为或生活如何进行。如果在这方面缺乏稳定预期，那么这对一般人而言就很可能产生焦虑或痛苦心态。当然，如果预期顺利，双方相互契合，那么这种意义交往无疑会给双方都带来愉快的积极感受。

打量对方并推测其可能的行为变化，以决定自己的行为选择，这是个体意义空间相互交织的过程。这从很早就开始逐渐成为人类群体生活的核心内容，是身处其中的每一成员几乎都必须掌握的基本任务。这也是一个社会得以形成的前提。在众人共同从事这样的任务当中，人们相互之间变得熟悉、亲密和协调，使得集体性的活动，如原始人的狩猎捕鱼、采摘耕种或营建居住地以共同生活成为可能。同时，共同从事意义交往这一任务，也使得该群体能够逐渐形成共同的理念、习俗或传统，并使每一成员认同它们。而这一认同又构成该群体成员的身份资格，以及相互之间的社会关系，并基于这些社会关系形成社会结构。这一切又给了所有成员在这一群体中生存行为或心理的稳定预期，以至于形成了众人认可和习惯的行为倾向。由此，社会或群体的意义空间也得以形成。

社会意义空间也与个体的意义空间一样，总是处于变动之中，要么不断丰富或扩展，要么可能就变得贫乏或萎缩。而这种不确定性都源于意义本身的无限可能性、开放性、创造性或独特性。新意义源源不断地被创造出来，新的意义表达方式或行为选择也相应地不断产生。这都使得社会性的意义交往始终在变化，并造成各种新的社会关系或社会结构。这些意义变化给社会群体中的几乎每个成员都可能带来积极或消极的影响。如果一个人在意义交往中能够适应多种新的意义及其流动方式，那么他将在自己的意义空间不断丰富或扩展中受益；否则，如果他不能够适应这些新意义及其流动方式，就可能在意义空间的贫乏或萎缩中遭受伤害。因此，新的意义及其流动方式为人们带来的可能是兴奋或愉快的好作用，也可能是痛苦或焦虑的糟糕影响。这一点在人类社会形成的早期阶段体现得更为明显，而到了后期，由于人们已经有了一定的心理准备和应对手段，并有意识地尽可能加以缓解或消除其不利影响，因而所造成的伤害一般而言就会小很多。尽管如此，这些解决措施还存在着许多潜在的问题。

由于意义的不确定性使得人们在意义交往中经常会出现相互的不适应。这种状况也可以被称为意义冲突，即在意义产生及其流动方式上相互间不能肯定、接受或欣赏，而是相互否定、拒绝或贬低。在这种情况下双方的意义空间形成抵触，不能互相丰富或扩展各自的意义空间，反而会导致互相排斥、限制或压迫。意义冲突传递到行为选择上，可能就是人们相互间的各种个人或社会冲突，严重的可能就会危及人们的生命及其成长，如战争、贫困、奴役或其他各种社会不公正现象，都与此有着几乎直接的关系。

意义的不确定性引起的社会问题使得人们力图将其缓解或消除。人们在对他人的关注和思虑中意识到这些他人呈现出意义的不确定，于是如何能够让他人身上不确定的意义逐渐确定或稳定下来，就成为社会群体所关注的焦点问题，也被视为是使得一个社会得以形成，趋于稳定，或让人安心的主要途径。但是这种稳定意义的社会性倾向很容易演化为对他人的意义控制，即不仅在身体上，而且更主要的是在心灵上进行控制，以达到确定或稳定意义的目的。这在人类社会的现实历程中是很常见的事情，是许多社会现象出现的重要原因，或轻微或严重地反映在政治、经济、法律、家庭、宗教、哲学、科学、教育、伦理习俗或文学艺术等社会文化生态环境中的几乎所有方面。

那么，人们是怎样进行意义控制以缓解或消除意义不确定及其可能产生的意义冲突呢？如果双方经常性地存在意义冲突，既无法避免，却又都不希望这种冲突发展到伤害双方的地步，那么占优势或主动的一方就会设法对弱势或被动的另一方作出意义控制，即限制对方于原有的或某种特定的意义框架之中，避免产生新的意义或流动方式以造成对自己一方的破坏性影响。这也就是将双方已经习惯的某种意义交往方式固定化：限制意义的无限可能性，仅仅承认有限的可能性；限制意义的开放性，使之封闭在一个确定的空间之内；限制意义的创造性，使之不能创造出新意义或新的意义流动方式，或者仅仅能产生出有限的一种或几种；限制意义的独特性，使对方的意义空间保持与自己的大体一致甚至完全一致，而不允许对方形成自己的独特性。这几种方式就是意义控制，以及相应的控制欲望，即通过对某一个体或社会意义空间进行限制，以达到缓解或消除意义冲突的目的。这是恐惧于意义的不确定性可能造成的结果，因而希望限制意义及其流动方式来确定或稳定意义，缓解或消除意义的不确定性，也同时缓解或消除人际之间的意义冲突。但是要想达到这个目的，还需要限制个体的心灵努力和心灵能力，否则意义的不确定性就始终存在，不会消失，而最多不过是在程度上有所减弱，且终将再次导致新的意义冲突。

因此，对个体意义空间的限制，仅仅是意义控制的结果，其更根本的方式是限制个体的心灵努力和心灵能力，即弱化或降低个体心灵努力和心灵能力的程度。个体的心灵努力是生命意志的体现，是生命能量在心理或精神上的反映。因此要想控制人的心灵努力，就需要通过控制人的生存保障条件来实行，即控制人的生存所必需的自然资源和社会资源，即人身控制，从而能够控制心灵努力的方向和强度。在人类社会的历史现实中，人身控制最典型的方式就是对人的囚禁，或者是像君主或奴隶主对臣民或奴隶的权力控制。而战争也主要是对自然资源和社会资源控制权的争夺，也即对社会群体的人身控制权的争夺。战争、贫困或奴役等社会不公正现象可以说都是对这种控制权力进行争夺和运用的结果。

心灵能力是指意识领域中人的想象、思想和创造意象图案及其关联方式的能力，也是对意义的流动方式及其行为选择的能力。因此控制心灵能力也就是对如下几个方面进行限制：（1）限制意象图案的出现。意象图案的丰富也有助于心灵能力的提高和意义空间的丰富，而限制人们活动的范围，就可以减少人们获得多种意象图案的机会，由此也限制了想象能力的提高。（2）限制意象图案之间的关联方式。意象图案之间可以有无限多种关联的方式，这是意义无限可能性的来源。限制关联的方式也就是只允许有特定的某一种或某一些关联方式，这样就限制了意义的多样性，由此也将逐渐弱化心灵的思想或创造能力。（3）限制意义表达的方式。意义的表达也可以有无限多样的方式，因此限制了意义表达的方式，即只允许某一种或某一些特定的意义表达方式，就使新的意义无法得到有效的表达。这样无论意义有多么丰富，也难以传递出来，从而导致意义空间趋于封闭，新意义或意义创造机制也都将趋于弱化。（4）限制行为选择的范围。意义的无限可能性可以渗透在无限多样的行为当中，以丰富个体的意义空间，使得人们的生存具有无限的可能性。限制了行为选择的范围，也就迫使意义被封闭在狭窄的空间之内，无法不断丰富或拓展个体的意义空间，从而也造成心灵能力趋于弱化。像社会历史现实中宗教信仰或政治权力对人际交往或思想和行为的控制等，都属于典型的对人心灵能力的限制，最终导致的是意义的滞涩或贫乏，使人的生命无法健康或顺畅地成长。

心灵努力和心灵能力的弱化都造成意义的创造及其流动遭受消极影响，却能够给人们带来一定程度上意义的确定性或稳定性，让人们较容易地把握意义的内容，并较容易地进行意义交往，从而获得一时的心神安宁或社会秩序。不过按照我们上面的分析可以看到，从长远或根本的意义上而言，这都将造成负面的作用，对个体或社会的意义空间都可能会形成灾难性的后果。这说明出于对意义不确定性的恐惧而采取的稳定措施往往是适得其反的，并不利于生命的健康成长，反而很可能会导致相反的结果。

对意义不确定性的恐惧感在意识活动出现的初期尤为明显。毕竟在旧石器时代的远古人类生存能力还较弱，在自然界中与其他动物相比并没有什么特别突出的优势，反而总是受到那些猛兽的威胁。同时原始人类对自然世界的依赖性还很大，无法自主掌握食物的来源，几乎完全是靠天吃饭。生存的艰难必然导致对危险有着很强和敏感的恐惧意识。像尼安德特人可能还处于不是很有自觉意识的阶段，因而他们的恐惧感可能与其他动物或更早期的古人类差别不会很大，都保持着一般生物性的趋吉避凶本能。但是对克罗马农人而言，情况就有很明显的不同，因为他们的意识活动能力相比较来说要活跃得多，因而对危险的意识能力也强化了许多。那些尼安德特人可能还没有意识到的危险，却能够被克罗马农人感受到。例如在狩猎活动中，猛兽造成的伤害就会给克罗马农人更深刻的印象，从而会对可能的危险有更多的预期。他们也因而能够采取更多的防范措施，以避免潜在的威胁。另外，他们还会对气候、动物习性、地理环境、植被状况、动物迁移和繁殖等情况比尼安德特人有更多的了解，因而在食物的获得和储备、居住地的选择和修建、对相互关系的处理等方面，有较清晰的预期并进行相应的计划安排，以排除更多的潜在危险而得到更安全、更有保障的生存环境。这些都与克罗马农人更强烈或敏感的恐惧意识有着直接的关系，也是意识领域活跃或意义丰富性所带来的几乎是必然的结果。

随着克罗马农人恐惧意识的增强，以及对意义不确定性的恐惧感增加，使得他们对意义的控制要求也相应出现，并首先体现在对他人这一不确定意义的主要来源之上。对他人的意义控制包括父母与子女之间、同伴之间或性对象之间要求意义的确定性或稳定性，以避免相互间的意义冲突，从而能够有较好的意义交往。在此之后意义控制的现象还会逐步投射到其他社会成员之间的其他各类社会关系之上。

父母总是希望能够与婴幼儿之间形成一个较好的意义交流方式，这样就可以顺利地养育好自己的孩子。于是父母将自己已知的意义及其表达方式和行为选择不遗余力地传授给婴幼儿，让他们尽快或尽多地理解和掌握这些意义内容，以便孩子自己能够作出心灵努力和锻炼出自己的心灵能力来，以应对现实生活的各种状况。这几乎成了所有父母的心理习惯或行为定式。这与人类的生物本能并不矛盾，在人类的基因遗传中也是有根据的。对一般的动物而言，动物幼崽急需的是掌握独立生存或应对自然环境的能力。一旦具备了独立生存的能力，它们就可以离开父母，坦然走进大自然。而长大的动物所具有的生存能力也与其上一代并没有太多的变化，基本上还是保持了生物遗传的特征。但是在人类社会中，父母与子女之间的关系始终存在，并没有随着孩子的独立生活而消失。可是由于意识活动的参与，父母与子女之间存在着意义交往，这种相互关系就与单纯的生物性关系不再一样，而变得复杂化了。

如果父母与子女都始终接受并安心于原有的意义空间，那么双方之间的关系就不会出现太大问题，或许这就与其他动物的情况相似了，因为并不出现代际之间的变化。但是父母所习惯的意义产生和流动方式有着自己的特征，而子女虽然自小接受了父母的意义传统，却还是会有自身的意义创造和表达方式，且在与其他同伴的意义接触或在社会情境的改变中也会发生相应变化。这都是人的生命成长中不可避免的过程，却导致父母与子女之间可能不断出现意义冲突。弗洛伊德所发现的性意识冲突只是这其中的一种，实际上父母与子女或一般性人际之间的意义冲突是可以有无限多种可能的。

父母与子女之间的意义冲突可以在起始阶段就得到改善或缓解，甚至还能够被消弭于无形。只是这需要父母能够意识到意义本身的不确定性将带来自己与子女之间难以避免的意义冲突，并能够很好地寻求到意义交往的恰当方式，使这种意义交往能够对双方的意义空间都起到积极的作用和影响，那么意义冲突才有可能得到真正的改善或消除。但是这对于一般的父母而言，都不是很容易的事情，因为他们总是在以习惯性的方式延续着以往的意义交流，而难以不断变化意义交往的方式或内容，所以总是与子女之间处于相互不适应的状况当中。

在父母与子女之间总是存在意义冲突的情形下，很多父母会利用自己已经习以为常的优势地位限制子女对原有意义框架的突破，即对子女进行意义控制。毕竟子女在较小的时候是不会想到要进行意义控制的。如果在意义冲突中有一方希望能够将意义空间限制在一定的程度或范围之内，以避免意义冲突的话，那么这一方一定是父母，而不可能是年龄尚小的孩子。这是意义空间存在等级差别的一个必然结果，父母总是首先具有较高的意境等级，然后就可能很自然地以自己的意义优势对子女进行意义控制。父母的初衷当然是不错的，以为稳定的意义方式能够使得双方的意义交流顺利进行，也就是父母可以顺利地养育子女，子女可以顺利地长大。如果意义总是处于不明确状态或相互不适应，那么双方就难免产生意义冲突，导致父母不能顺利地养育子女，子女也不能顺利地成长。所以稳定心理和行为预期的要求可以说是很自然的，一般的父母也总是认为这样的做法理所当然。但是当父母产生了较为强烈的控制欲望，即以自己一方采取意义控制的方式，希望以此来稳定预期时，更大的问题就会出现。

当婴幼儿还几乎完全处于父母的照顾之下时，他们尚未形成自己的意义赋予能力，还不能掌握自己意识领域内的活动，心灵努力和心灵能力都还在萌芽阶段。此时的婴幼儿只能被动接受父母的意义框架，按照父母所教授的意义表达和行为选择方式学习，学习的内容或对象都来源于父母的意义空间。但是，当他们借助于父母的意义能力成长时，并非是完全被动的，而是在培养自己的心灵努力和心灵能力，获得自己的意义赋予能力，以形成自己的意义空间，即能够具备独立生存的能力或形成独立完整的人格。这一过程并不能由父母所代替，例如，父母只能帮助婴幼儿学会自己吃饭喝水，自己走路说话，而不能越俎代庖去代替孩子吃饭喝水或走路说话。当孩子慢慢长大，有了一定的意义赋予能力时，他们就开始逐渐形成了自己的意义空间，有了自己的独立特征，尤其是到了青少年时期就更为明显。如果此时父母对子女进行越来越严厉的意义控制，那么子女尚处于稚嫩阶段的心灵能力所受到的伤害就会很严重，并且引发不断的意义冲突。如果这种冲突持续的时间很长，始终得不到缓解或消除的话，就很容易使得子女心理上形成强烈的破坏欲。在社会文化生态环境没有根本好转的情况下，这种破坏欲还会不断地遗传下去，形成社会性的传统习俗，并对社会文化生态环境也将产生灾难性的影响，形成一种恶性循环的状态。强烈的控制欲及其相应的意义控制，导致强烈的破坏欲及其相应的破坏活动；在这种环境中成长起来的孩子自己成为父母之后又很容易产生强烈的控制欲并实施相应的意义控制，结果再一次导致下一代更强烈的破坏欲和破坏行为。

我们在前面已经分析过，意义控制的方式有很多种形式。在现实生活中，父母对子女的意义控制主要表现为对其心灵努力和心灵能力的限制，即一方面控制其生存的基本保障，如在生活或经济上的限制，在人身自由上的限制，在行为习惯上的限制，在社会交往上的限制，在工作选择上的限制，或者在文化娱乐上的限制，甚至还在性对象的选择上进行控制等；另一方面控制其言语方式、思想意识、创造意识、信仰意识或审美意识等。当然，这些限制一般而言都不是单单以父母的能力就可以轻易做到的，而往往是掺杂着社会多方面力量的共同作用，如政治、经济、法律、教育、宗教、哲学、伦理规范、传统习俗或社会舆论等因素的协同影响。虽然就个别的父母而言，会有很多不同的表现程度，有的轻微而有的严重，有的持续时间长而有的持续时间短，有的在各个方面进行控制而有的可能仅仅只在某一方面进行控制，有的尽力想避免控制而有的却极力要加强控制等。但是就总的情况来看，主要影响因素还是在于社会整体的状况是否能够得到较根本的改善，不过这又涉及很多复杂的社会情境条件，呈现出复杂的动态变化，不能一概而论。

同伴之间的意义交往也很容易引起意义控制欲望及其控制行为。这无疑也是由于意义的不确定性带来的。当一个人身处某一社会群体之中，如果他认可或不得不认可这一社会时，那么他将努力融入这个群体，也就是努力与该群体中的他人进行尽可能融洽的意义交往。这样的努力目标自然是很正常的，就一般而言几乎是每一个群体成员都具有的自然倾向。但是融洽的意义交往总是被人们视为有清晰或稳定的意义预期，即对他人的意义倾向有较好的把握，这样自己就可以有相应的意义产生以及意义表达，可以进行恰当的行为选择，以与他人之间形成较好的互动关系。我们不能否认，当人们相互之间有了较为清晰或稳定的意义预期时，就有可能进行更好的合作或交往，相互的配合度就会更高，相互的关系也会因此而更密切。就像几个老友相聚，因为相互之间有很好的了解或情感契合，就可以在一起开怀畅饮、把酒言欢、高声谈笑，形成一个良好的氛围。而如果是几个陌生人在一起，相互之间缺乏了解，或者是几个互不投契的人碰到一起，那么他们之间就很可能出现一个尴尬的氛围，会令大家都不自在。偶然的碰面是否能有良好的氛围，在一般情况下并不要紧，最多大家不欢而散，各奔东西而已。但是一个人在自己的群体中是否能够融入这个社会的意义空间，对任何一个社会成员而言，都是十分重要的事情，因为这将涉及他是否能够有一个良好的生存处境问题，可能会影响到其生活的几乎所有方面。

　　担心不能很好地应付意义交往的忧虑或恐惧，以及期待清晰或稳定的意义预期的控制欲，大概自意义空间在人类社会中出现以来就随之产生了。就像我们从韦泽尔河谷地带和阿尔塔米拉牧场的岩洞群中那些令人称奇的石壁绘画中所能感受到的意义氛围一样，当倔强的公牛怒视着呲牙咧嘴的灰狼、剑齿虎、长毛象、穴居熊或毛犀牛这些猛兽，当健美的驯鹿或牛羊奔跑在一望无际的原野上，当躺在地上的伤亡同伴与身中长矛、血流不止的野牛一同浮现在脑际的时候，这些克罗马农人似乎已经沉浸在独特的意境之中，因某些神秘的原因而兴奋、激动、恐惧、焦虑或伤心。他们抑制着自己心神不安的情绪，用颤抖的手抓着被烧成炭黑的木棍，在黝黑的山洞石壁上将自己眼前闪烁不定的意象图案涂抹出来。这些神奇的意象图案传递出令人捉摸不清的意义弥漫在他们周围，充满了整个山洞。那么，在这个幻觉般的氛围中，究竟是什么神秘的力量紧紧抓住了他们的灵魂呢？那正是意义的流动，或者是在这些克罗马农人之间的意义交往，不断地拨动着他们还十分脆弱的心弦，令他们稚嫩的心房剧烈地颤动。流动的意义在他们心里可能是那些凶猛的野兽或某些可怕的场景，也可能是生老病死的感受，还可能是神灵或魔法的威力，不过更多的恐怕还是他们在日常生存中同伴间相互的心灵感应，如狩猎、捕鱼或采摘时的刺激或愉悦，一起烧烤美味时的扑鼻香气，制作工具或武器时的技巧和专注，夜晚篝火边的欢歌笑语等。毕竟这些日常生活中的意义交往是牵扯他们目光关注最多的事情，也是他们绝大部分的日常行为中呈现出来的意义内容。只有意志坚强或曾经常性地从意义交往中获益的人，才有可能较好地承受和欣赏源源不断的新意义在自己心灵世界中的激荡不已、奔流不息，而意志薄弱或不能很好地把握意义交往的人就很可能对此难以适应。这导致同伴间的意义交往并不都是那么令人愉快的，相互之间发生意义冲突的情形也很常见，并由此引起很多特殊的社会性问题。

由于每一个成员的意义空间都有着自己一定的独特性，即使是经常在一起交流，也难免会产生相互不适应的情况，就像阿伽门农与阿基里斯之间的冲突一样。因而这些成员都会很自然地希望对其他同伴的意义倾向有一个较为清晰或稳定的预期，以形成更好的协作或人际社群关系。但是当双方都具有很强的意义赋予能力时，就很难做到这一点，因为双方的意义空间都随时有新意义被创造出来，且随时有新的意义流动方式和行为选择的可能。这本来是对双方的意义空间都很有益的事情，可以相互丰富或扩展各自的意义空间。但是缺乏意义把握能力的人就会感觉到不能适应，而还是会希望有更清晰或稳定的意义预期。于是在意义能力不对等的双方之间，或者在意境等级相差较大的双方之间，就很容易导致产生对意义的控制欲望，即意义赋予能力较强的人会对较弱一方的意义空间进行限制，以使得双方都能够得到清晰或稳定的意义内容，从而形成相互间虽然简单却很容易被接受的意义交往。但是这种意义交往本质上属于意义控制，即一方对另一方的意义限制，将相互间的意义交流限定在某一种或某一些意义内容、关联方式、表达渠道，或者行为选择的框架之内，而这一种或几种意义框架又是由单方面决定的，另一方没有决定权，也无法否定或拒绝，而只能接受。

在一般的情况下，同伴间的这种意义控制还不太会引起十分消极的后果。特别是当同伴之间有较友好的关系时也可能有暂时的益处，如兄弟姐妹、部族同胞或朋友之间，尽管从长远来说，这种意义控制还是会产生消极影响的。不过如果人们之间的意义控制仅仅是偶尔发生的，或者只是在很轻微的程度上出现，或者人们相互能够意识到其中的问题并随后加以弥补，那么就不是很要紧。但是，如果这种意义控制是经常性地发生，或者是在很严重的程度上出现，或者是相当大规模存在的，或者人们不但不在事后加以弥补，反而还变本加厉地继续进行，那么就会导致很糟糕的社会现象。

在人类社会的历史现实中，同伴之间这种类型的意义控制经常发展到相当严重的程度，导致很多人具有强烈的控制欲望和控制能力，例如君主对臣民的统治或奴隶主对奴隶的控制就是这样，某些神灵或祭司对其信徒的控制也有类似的情况。君主、奴隶主或祭司不仅会控制人们生存所依赖的自然资源和社会资源，还会控制人们的人身自由，以及社会交往或工作自由等，同时，这种控制也会延伸到在言语方式、思想活动、创造能力、信仰倾向或审美意识等方面的限制。不仅如此，君主、奴隶主或祭司还往往会将政治、经济、法律、教育、宗教、哲学、伦理规范、传统习俗或社会舆论等方面都转变为控制的措施和手段，以全方位的社会性措施加强对人们的意义控制，达到完全掌控的程度。这种情况对于受控制者来说，无疑是灾难性的，将会使他们的意义赋予能力遭受无情的打击，并极大地阻碍他们去作出心灵努力，削弱他们的心灵能力，迫使他们的意义空间不断地趋向萎缩或贫乏，以至于使他们几乎不再能够创造出任何新的意义或流动方式，甚至使现有的意义也处于滞涩或僵化状态。

与性对象的意义交往更会促使人们寻求意义的确定性，以获得清晰或稳定的意义预期，因为只有这样才能够使得双方更有可能相互契合，满意于这种关系并将之保持下去。否则一方就可能会对对方缺乏性吸引力，而导致双方的关系难以维持。如果在性行为和繁殖活动中，人们得不到清晰或稳定的意义预期，那么这对人们的心理压力是很大的，很容易由此产生严重的焦虑或心神不宁。从威冷道夫的女子像（见图6-1）我们就能够很强烈地感受到克罗马农人的这种心境。在世界各地出土的许多原始艺术或宗教作品中，也同样有着类似的主题。而这种焦灼心态在性对象之间更容易形成意义控制的情况，即一方对另一方的意义限制，以获得清晰或稳定的意义预期。我们现在看到的大多数情况是男方对女方的意义控制，不过由于社会情境条件的不同，也会有不同的情形出现。在近五千年的大部分社会里，男方对女方的意义控制现象一直都是很严重的，例如在婚姻家庭、传统习俗、道德舆论、政治经济、法律规范或学校教育等方面都存在相关的意义限制。

对意义确定性的追求以获得更清晰或稳定的意义预期，是几乎每一个人都可能会有的心理倾向。而意义赋予能力在人们相互之间总是存在差异这一状况却往往使得这种心理倾向以意义控制的形式体现出来，即在人们之间形成支配—依附型的意义关系，进而形成支配—依附型的社会关系。强势的一方通过在意义的产生和流动方式上支配弱势的一方以获得意义的确定性，而弱势的一方相应地以依附于强势者来得到意义的确定性。当这种支配—依附型的意义关系转变成社会关系之后，还会进一步作为社会结构影响社会的几乎所有领域，如政治、经济、法律、教育、宗教、哲学、伦理规范、传统习俗或社会舆论等。当然这一社会现象是到了新石器时代才明确出现的。而在旧石器时代，即使存在支配—依附型的意义关系，却大概并没有转变成社会关系或社会结构。但是，在旧石器时代人们很可能在不由自主地逐渐培养出越来越明显的支配—依附型意义关系。例如，尼安德特人或克罗马农人就可能在对自然物的意义控制中慢慢强化了对他人的意义控制倾向，像对植物果实或动物繁殖的意义预期就会如此，如同狩猎捕鱼、保存火种、制作工具或掌握语言等生存活动一样。

原始人类始终以狩猎动物和采摘植物果实为获得食物的主要方式。大概在一万年前，人类开始有意识地驯养动物和种植植物。这无疑与周而复始的自然现象在漫长的几十万年时间里帮助原始人类形成了较为稳定的预期有着很大的关系。各种动物一代又一代地不断繁殖，各种植物一年又一年地盛产果实。这提供给那些开始有了意识活动的如海德堡人和尼安德特人，再到克罗马农人等原始人类大量而丰富的意象图案，使他们逐渐形成了越来越清晰的规律性意象关联，从而自然地产生了稳定的意义预期。有了这个基础，大约一万年前在亚洲、非洲、美洲或欧洲的原始人类就知道了驯养动物和耕种植物可以获得较为稳定而充足的食物来源。于是他们驯化了狗、牛、羊、马、猪或鸡等食草的或较温顺的动物，又种植了较易存活且很高产的小麦、大麦、燕麦、高粱、豆类或薯类等农作物。这对原始人类极大地改善自己的生存状况显然有着十分重要的影响。而这一切自然都是原始人类积极地进行意象筹划的结果，即根据某种清晰而稳定的意义预期，产生一定的意图或目的，安排实施的路径或方法，再准备相应的材料和工具，并在一个预定的时间段内选择和进行某些确定的行为，最后达到预期的效果，并满足了自己的特定需求。如果对这一过程没有较为完整的意象筹划，那么它恐怕是很难转变为现实的，而仅仅保持在自然生长的状态。这一过程中的每一步可能都需要很漫长的时间以形成清晰而稳定的意象关联，最后的综合统一无疑也是在长久的实践摸索中完成的。

我们看到这种意象筹划本身就与意义控制有着很相似的形式，很容易形成一种控制意义过程的心理结构。对动物和植物成长过程的控制，也可以说是对"他物"的意义控制。虽然这与"他人"不同，因为他人还有灵魂，是"他心"，具有意义赋予能力，而不像动植物仅仅是被动地接受人的意义赋予。因此，人与他物之间完全没有对等的意义交往，人都是按照自己的意义赋予方式将意义赋予在各种普通的事物之上。这种完全不对等的意义关系是最容易形成一种意义指定现象的，即具有意义赋予能力的人将自己的意义随意地赋予在物理对象之上，并能够让该物理对象满足自己的各种意图。如果在两者之间出现这种情况，即完全由一方指定意义，而另一方只能被动地接受该意义的内容和形式，那么我们可以称之为完全的意义控制。人对他物的意义控制就属于这种完全的意义控制。当然，他物也并非都只会被动地接受意义控制，像动物或植物也是有生命的，会出现各种不同的生命形式或阶段，呈现出某些较复杂的变化来，而那些没有生命的自然物也会发生多种物理或化学的变化，想对它们进行完全的意义控制也并不容易，如同现代科学所力图达到的效果那样。

对动植物生长过程的意义控制是对他物的意义控制中较高级的一种，因为动植物的生长过程相对而言有一定的复杂性，要形成一个完整的控制过程并不那么容易，而对那些纯粹的自然物进行意义控制就简单一些，例如像保存火种或制作工具就是这样。原始人类想到要利用火来抵御严寒、黑暗或猛兽，要制作石器、骨器、兽皮、木制物或陶土器等工具和用品来改善生活。每一种活动都是意象筹划的结果，也是人对自然物进行意义赋予、意义指定或意义控制的结果。而像那些集体性的狩猎捕鱼、居住地的建造、烹饪煮食、唱歌跳舞，或者符号使用和语言发明等日常活动，又是在一定程度上交织着对他人和他物的这种意义控制关系。

当人的意义筹划能力达到一定程度，人们就可以进行有计划的活动，以实现某些预期的目的。这是人类的创造性意识活动带给人们的礼物，由此产生了人类文明的几乎所有成果，例如宗教、哲学、道德伦理、科学或文学艺术等精神性成果，或者像政治、经济、法律、建筑、习俗传统或文化娱乐等社会建设性成果。这些文明成果无疑使人类的生存能力得到极大提高，使人的社会生活相对于原始自然状态而言产生了根本性的变化，显示了开放视域中意义的无限潜力。但是通过追求意义确定性的意义筹划本身，又使人们逐渐形成了意义控制的心理或行为习惯，导致在人与自然、人与人之间出现了紧张关系，甚至给人类社会带来许多灾难性的影响。

由于意义具有无限可能性、开放性、创造性或独立性等特征，意义本身是不可能被完全确定的。对此，人们始终难以恰当地看待。但是确定意义的行为本身并不必然走向意义控制。只有当人们不敢正视意义的不确定性，而一味执着于追求意义的确定性时，才可能产生强烈的意义控制欲望，并因此带来难以消除的挫折感或失败感，进而在长期的心神不安中产生越来越严重的焦虑或恐惧心态。这种恐惧是对意义不确定性的恐惧，也是对未知或未来的不确定性的恐惧，并会逐渐演变为现实恐惧，即对他人、社会、自然或人生等对象所具有的不确定意义的恐惧。当控制欲望、挫折感、焦虑或恐惧心态聚合而形成一种浓厚的社会性精神氛围，紧紧地裹挟住人们的心灵时，许多社会性灾难的出现就往往难以避免，例如 20 世纪的两次世界大战，还有像大范围、长时期的贫困和整体性的社会不公正现象等。因此，究竟如何保持意义世界的开放状态，使其无限可能的创造性为人类生存和人的成长带来积极而非消极的影响，对于今天的人们来说，仍然是一项充满困难的挑战。

第三部分　社会文化生态环境与人格形成

吉尔伽美什把下巴放在他的膝盖上支撑，

降临人间的睡眠就拉他入梦。

他半夜醒来，

站起身向朋友问个究竟：

"朋友，你没喊过我吗？

我为何睡而又醒？

你没碰过我吗？

我为何吃惊？

神没有走过吗？

我为何手足麻木不灵？

朋友，我做了三个梦，

而且我的梦仍然令人心疑、惊恐——"

——《吉尔伽美什》史诗，第五块泥板

第七章

两河流域古代社会的意义空间

社会文化生态环境就是意义生发和流动的场所，包含了个体意义空间可能涉及的所有领域，因而也对个体意义空间影响巨大而深远。

当人的意识领域发展到一定程度之后，人的行为以至于整个生存都发生了实质性的变化，即进入到开放性的意义空间之中，呈现出无限可能的意义选择，能够逐渐在意义筹划中创造出无限丰富的人格世界，使生命成长得更加健康和顺畅。只是这一过程并不总是风调雨顺、阳光灿烂。习惯了莽莽荒原的人类始终对自己突如其来的命运缺乏足够的了解和心理准备，因为这一"了解"本身同样也由不确定的意义所构成，充满了变幻的意义内涵。而人类要想达到较为自觉的成熟程度，能够对此充满自信，似乎还有待时日。因此人们在执着地试图去把握确定的意义时，其内在的动力和约束机制总是造成各种意义冲突，给人们带来出乎预料的现实障碍和困扰，甚至造成严重的社会灾难，就像世界性战争、大范围持久性贫困或社会整体性不公正等现象那样，为人类的意义世界蒙上浓厚的阴影，令人们心生疑惑、踟蹰不前，导致社会文化生态环境难以生发出清新爽朗的气息，甚至都无法踏上一条健康、良性的发展轨道。人类的这种生存困境究竟是如何产生的，无疑还需要我们不断进行艰难的探究，方有可能在问颐的澄清过程中摸索出一定的解脱之道。

我们今天看到的西方文化并不直接承袭自尼安德特人或克罗马农人的意义空间，而更主要的是在西亚两河流域文明和北非埃及文明的背景下相应产生的。这一历史现象与社会性的意义控制状况有着几乎直接的关联。这一点我们可以从史诗《吉尔伽美什》（*Gilgamesh*）中略窥端倪。

第一节 《吉尔伽美什》史诗的意义结构

就我们目前能够解读的文字而言，《吉尔伽美什》可以说是最古老的史诗了。世界上或许还有比它更早的文学作品，但是我们无法翻译，不知其意。这一史诗流传于四千多年前两河流域的苏美尔（Sumer）地区，即由底格里斯河（Tigris River）和幼发拉底河（Euphrates River）流经的美索不达米亚（Mesopotamia）平原。当两河流域上游的阿卡德人（Akkadia，与苏美尔人一样都属于闪米特人）征服了整个苏美尔地区建立阿卡德帝国（约 4300 年前）之后，其君主萨尔贡一世（Sargonl of Akkad, 可能活跃于公元前 24—前 23 世纪）的事迹就被人们口头编排起来，在民间流传，并在数百年后的古巴比伦（Babylon）和亚述（Assyria）帝国时期以楔形文字（用芦苇秆做成的笔戳在潮湿的泥板上所形成的三角状文字）在泥板上写成了较为固定的文本。自 18 世纪以来西方学者就不断发现各种古代文字（从最早的阿卡德文和苏美尔文到后来的巴比伦文、亚述文或波斯文等）的泥板，很多包含《吉尔伽美什》史诗的片段内容。其中最为完整的泥板是 1872 年由英国的考古学家乔治·史密斯（George Smith）在古代亚述帝国首都尼尼微（Neneveh）的遗址中发现的（见图 7–1）。全部史诗记载在 12 块泥板上，约 3600 行。

这些泥板虽然破损较为严重，但是由于该史诗在两河流域的古代各时期都有相关记载，有多种文字可以相互印证，因而其内容在 20 世纪初即被西方学者所破解。这一史诗讲述了主人公吉尔伽美什（Gilgamesh）和英雄恩启都（Enkidu）之间友谊的故事，其内容很明显地分为四个部分：第一部分描写吉尔伽美什作为阿卡德帝国时期乌鲁克城（The city of Uruk）① 的国王，进行着残暴统治，激起了民愤，人们祷告天神，于是天神就创造了一个勇士恩启都来惩罚他。恩启都与吉尔伽美什大战一番，不分胜负，最后两人相互敬佩，结为好友。第二部分叙述他们两人联手除掉了为害民众的森林怪人芬巴巴（Humbaba）和天牛。第三部分描绘他们由于拒绝女神的求爱并杀死神灵

图 7-1　《吉尔伽美什》史诗的第十一块泥板，约公元前 7 世纪，楔形文字的亚述语，1872 年被发现于伊拉克尼尼微（Neneveh）古城遗址，现存于英国伦敦大英博物馆

派遣的天牛而得罪了众天神，恩启都受到惩罚而病死，这让吉尔伽美什伤心欲绝，于是他为探索生死奥秘而远行，历尽艰辛以寻求复活和永生的方法。第四部分记述了吉尔伽美什到阴间与恩启都的灵魂进行对话。整个史诗情节曲折离奇，内容丰富，且颇有思想内涵。

从《吉尔伽美什》的叙事结构和意象联结来看，两河流域文明的原始意义空间到了大约四千年前已经发展到了较为完备的程度，六千年前出现的苏美尔文字经过两千年左右的演化，已经有了很好的叙事能力，对意义的表达在质朴中显示出惊人的发展潜力。与世界其他地区文明相比，《吉尔伽美什》可以说是最早出现的由文字所传递出来的意义空间。史诗中涉及人类社会生活、自然

① 乌鲁克城，位于幼发拉底河下游的北侧，处于乌尔古城与古巴比伦城之间。

世界、天神世界、阴间和梦境等各种空间场景，还包括过去、现在和未来的全部时间历程，以及这些时空场景相互交织的转换过程。其中各类角色如统治者、平民、英雄、父母、子女、配偶、朋友、神妓、猎人、神灵、怪物、幽灵、动物和植物等都有着各具特色的意义空间，以差异、分离、并列、抽象、传递、因果、秩序、功能、种属或层级等方式堆叠架构出多重、多维的意义生成复合机制，将他们的身体能量、欲望、情感、理智、信念、意志、审美或伦理意识等特征都清晰地展示出来。其意义形态虽还稚嫩，却已然能够在广阔的多维时空世界中纵横驰荡了。

从史诗人物的兴奋、激动、得意、焦灼、忧虑、悲伤、彷徨、迷惑、犹豫、恐惧或平静等各种情绪心态中，我们可以衡量出他们的心灵努力所凝聚的方式和达到的程度。他们的意象关联或意义筹划的过程也可以告诉我们，他们的心灵能力是怎样被培育或锻炼出来的。同时，更重要的是，我们也会隐约地觉察到，在苏美尔文化所倾向的意义控制中，面对意义的不确定性，他们又是多么的脆弱、焦虑或恐惧，特别是梦中世界、他人心灵、生命的变化、本能的欲望和冲动，或者未来和未知的世界等最主要的几种意义无常的渊薮，颇令他们魂不守舍、精神恍惚、难以把持。对此我们也会不由自主地从心底浮现出来某种感受，即当他们这种脆弱、焦虑或恐惧的心态逐渐沉淀下来，累积成某种根深蒂固的心理结构之后，那一丝难以抑制的挫折感仿佛就一直紧紧攫住了他们稚嫩的灵魂，无法排解或消除，使他们在意义冲突中似乎始终难以正视意义的无限可能性或开放性，也因而导致意义的独立性或创造性都受到巨大的伤害。而这一点对两河流域的社会文化生态环境或文明的后续发展影响深远，也因此对西方文化产生了特定的发生学影响。

史诗中肯定了促动个体意义空间变化的三个最主要因素，即父母、同伴和性对象。这三者是人们在世俗社会生活中首先有着最为密切关系的"他人"，或最初的社会关系，是原始意义最为便捷和直接的来源，也是每个人的心灵能力得到培育的原始土壤。当然，也正因此，作为意义确定性的原始提供者，这三者同时又被笼罩上了浓厚的意义不确定感，成为人们极为焦虑的关注中心，并与梦境、生死、欲望或未来等奇特现象的意义变幻交织缠绕，使整个史诗的主题产生了对人类而言的某种永恒意义。

同伴关系是《吉尔伽美什》的第一主题，吉尔伽美什与恩启都的友谊贯穿史诗的始终，引领了史诗几乎所有场景的展开。吉尔伽美什怎么会从一个民怨沸腾的暴君突然转变为一个备受民众爱戴、为民除害的英明君主的呢？从史诗第一块和第二块泥板的描述①中可以看到，这基本上是受到了与恩启都结成友好的同伴关系这一事件的影响。这样一个奇特的情节被四千年前的原始人特别地构想出来是很耐人寻味的。或许这确实是历史的真实情节，但是这一情节能够被当时的人们如此关注，也是很有人类学意义的。虽然史诗对吉尔伽美什在心理、人格和形象上转变的过程还缺乏足够细致的描述，需要我们作出一定的推测，但是一个特定的"同伴"居然会产生如此巨大的影响力量，无疑让我们这些现代读者印象深刻。

在第二块泥板的最后部分，看起来吉尔伽美什是因为与恩启都势均力敌、不分胜负，因而双方惺惺相惜，进而才打消了敌意，与他结为好友的。这固然是较为通常的情节安排，能够让一般人感觉合情合理。武力较量是自古以来成年男子之间交往相识的常见方式，体能上的相互感知在社会性人际关系上包含着特殊的意义。这本身已经说明了人们相互之间形成友好同伴关系对社会结构有着不同寻常的影响。但是在吉尔伽美什的心理转变过程中，除了与恩启都之间单纯身体上的武力较量这一方式之外，还存在更为重要的影响因素，那就是在原始意义提供者——父母和性对象——的帮助下，这一种更为普遍的意义来

---

① 《吉尔伽美什》，赵乐甡译，辽宁人民出版社 2015 年版，第一块泥板内容见第 15—25 页，第二块泥板内容见第 26—36 页。

源方式——同伴关系——才得以建立，并受到人们特别的重视。同时，史诗中还表示，这种同伴关系又是从原始的血缘或姻亲关系中转变而来的，即原始生物性的血缘或姻亲关系（兄弟或姐妹），被转变为一种意义关系——好友，因为按照史诗上的说法，吉尔伽美什和恩启都两个人都是由同一个女神所创造。从动物学上讲，单纯的兄弟姐妹这种血缘或姻亲关系，在还不存在相互间通过意义交流来建立友好关系时，是很容易出现对立和竞争的（特别是雄性动物之间），或者他们就只是单纯的动物群体成员而已，仅仅以本能习惯形成该物种的同伴关系。这种同伴关系谈不上是友好的，因为只是本能习惯，而不具有自觉的意识。并且那些生物性的同伴行为在很多代的进化中也难以出现明显可见的变化。

从史诗中我们可以看到，这些"他人"因素对吉尔伽美什的人格影响，与人们对意义确定问题的态度又有着几乎直接的关联。他人心灵和梦境等渠道促使他预先就产生了心理转变的可能，使父母、性对象或一般性的他人等这几种原始的生物性关系在意义转变之后，形成交叉架构，支撑起具有广泛意义的同伴关系，以作为一个社会组织结构中的关键性因素。可见，吉尔伽美什的人格转变这一特定情节的含义是相当丰富和复杂的，值得我们进行认真探讨。

史诗的第一块泥板首先讲了吉尔伽美什和恩启都之间的原始对立，即恩启都是作为对吉尔伽美什的惩罚者才被女神创造出来的。这时他们两个还属于互不相识的"他人"关系。这种陌生关系在原始状态下总是作为意义不确定的根源之一出现的，被视为一种威胁。这种现实威胁更可以被看作一种"意义威胁"，即对弱者一方已有意义联结方式的不予认可，因此要加以挑战，进行打击或毁灭。那么，这样的"陌生人"如何能够转变为确定意义的基本提供者——同伴——，即一种使意义内容得到丰富或扩展的意义来源呢？这就需要陌生人之间能够"相识"，即在原始生物性关系之上形成相互友好的关系，在日常的生存交往中还能够产生"意义交往"，使双方有更多的交流，双方的关系或行为被赋予更多的"意义"。而这又需要陌生的灵魂之间能够达成"共识"或相互理解，即同时进入一种意义交织的场景之中。于是，问题就变成了：陌生的心灵之间怎么能够共同认可某一种意义氛围呢？在原始状态下要做到这一点并不容易，是单靠双方的身体较量难以办到的，还必须借助于其他更强大、更可信赖的原始力量才有可能完成，而且这种原始力量还应该是意义的最基本提供者，才有可能将陌生的心灵同时纳入共有的意义氛围之中。无疑，这就只能是"父母"和"性对象"了。这就是为什么吉尔伽美什和恩启都从相识到结为好友，一定要有父母和性对象这两者的帮助才能得以成功。并且，父母与子女的关系和性对象之间的关系，也都需要从生物性的原始自然状态转入意义空间之后，才可能产生意义促进作用，对同伴间的意义关系形成实质性的影响。

在第一块泥板中，"父亲"的角色是通过一个普通的"他人"（猎人）和他的父亲引出的，而"母亲"角色是作为创造者的形象出现的，即吉尔伽美什和恩启都的创造者母亲——天神阿鲁鲁（Aruru）①，而"性对象"的角色则是一名"神妓"（harimtušamhat）②。吉尔伽美什与恩启都两人的关系转变就得益于这几个中间人的牵线搭桥或意义转换的中介作用。

一个年轻猎人在山野中"跟他（恩启都）相遇"，最初的表现是"望望他（恩

---

① 阿鲁鲁（Aruru），在苏美尔文化的原始神话中，女神阿鲁鲁也被称为宁胡尔萨格（Ninhursag）、宁胡尔桑伽（Ninkharsag）、宁孙（Ninsun）、宁图（Nintu）、玛玛（Mamma）或宁玛赫（Ninmah）等，是生育女神、母神、子宫之神或创造神，被称为"众神之母"，亚述帝国的首都尼尼微（Nineveh）就以她的名字命名，她是该城的保护神。两河流域古代的许多统治者将她视为自己的母亲。

② "神妓"（harimtušamhat）是指古代西亚、南亚和北非一带流行的一种风俗，即在神庙中为人们提供性服务的妓女，其收入归所在的神庙所有。公元前 5 世纪的古希腊历史学家希罗多德（Herodotus，公元前 484—前 420）在其所撰写的《历史》一书中多次描述过西亚地区的这一风俗传统。见［古希腊］希罗多德：《希罗多德历史》，王以铸译，商务印书馆 2016 年版，第 117 页。《圣经》中的《旧约》也曾提到某些西亚民族流行着这样的习俗。

启都），脸色僵冷"，被"[吓得]①颤抖，不敢稍作声息，他满脸愁云，心中[烦恼]"，然后"恐怖［钻进了］他的心底"。这很清楚地表明了在原始状态下，一般性的"他人"具有着意义不确定性或意义威胁，且这种不确定的意义又对原始人产生了惶惑的心理效应。而解除他对不确定性意义的恐惧心理的正是他的"父亲"。他的父亲给他出了一个计策（"授计"），他按照父亲的计策去做，结果顺利地解决了自己所感受到的麻烦或威胁。在这里，"父亲"首先作为安全的提供者和帮助者出现，能够消除这个猎人的"恐怖"心理。这是"父亲"的原始角色，进而"父亲"又成为确定意义的原始提供者或启发者出现，能够提供解决难题的办法，以缓解或消除他的儿子可能产生的焦灼心理。这样，"父亲"身份就有了一个根本性的递进或转换，即从原始生物学关系转变为一种意义关系，引导儿子获得积极或确定的意义内涵，是人们意义得到丰富和扩展的基本来源。这种递进或转换可以说对所有的原始人都具有重要的意义，因为几乎每个人都是在"父亲"或"母亲"所提供的意义氛围中成长起来的，都会不由自主地首先受到"父亲"或"母亲"的意义空间的长时间熏陶，导致自己的意义空间总是被无可避免地打上了"父亲"或"母亲"的烙印，就像基因遗传一样。

不过，在史诗中，年轻猎人的父亲只是作为意义的启发者或引导者，并没有以自己的确定意义去限制儿子的意义空间，而只是提出了一个计策而已。这个"计策"也可以理解为一个"建议"。尽管这个猎人作为儿子很顺从地完全按照他的父亲所谋划的办法去做，但是毕竟，他明显已经开始在依靠自己来独立谋生，并尝试着建立着自己的意义世界，有了一定的独立意志或人格。例如从史诗中看，这个年轻的猎人总是自己去打猎（"一位猎人常在这一带埋设套

---

① 文中的引语为《吉尔伽美什》中的译文原文，引语中方括号部分原为泥板的缺损内容，现在的文字为译者根据西方研究者的解读所补充。如方括号内为空白则表示缺损内容目前尚未能够被解读出来。

索"），"［我］挖好的陷阱"和"我［设下的］套索"，还向父亲抱怨"我野外的营生遭到［恩启都的干扰］"等。当听完了父亲给他出的主意之后，他不是等着父亲去做什么，或央求父亲带着他一起去做，而是很爽快地自己单独去实行这项计策（"［聆听了］父亲的主意，猎人便动身去找"），且连续多天的行动，显示出他很有耐心（"三天后他们来到预定的地点，猎人和神妓便各自在暗处隐蔽，一天，两天，他们坐在池塘的一隅"）。作为意义引导者的"父亲"对于这个猎人而言，只是一个意义的帮助者角色，而不是意义的限制者来对他进行意义控制，这对他建立自己的意义空间或独立人格无疑都有着积极影响，使其心灵努力和心灵能力都能够得到适当的发育。而这样的情节显然也是史诗的某种特意安排，显示出父亲这一角色相对于年轻猎人的特定意义在原始社会文化生态环境中的最初状态，已被人们明确地意识到了。由此我们将特别关注后来随着社会文化的发展，父亲角色在意义恐惧的背景下从这种最初的自然意义状态，又一次出现了转变，即从意义丰富和扩展的提供者、帮助者、启发者或引导者，转变为意义的限制者。这一转变与社会结构的形成之间呈现出因果交织的关系，是社会文化生态环境中影响巨大的因素之一。

　　父亲的意义角色发生社会性转变的迹象实际上在第一块泥板中就已经有所显示，只不过是以神灵的隐喻方式出现而已。当乌鲁克城的百姓向神灵们抱怨吉尔伽美什的暴行时，众神之父天神安努（Anu）就命令创造女神阿鲁鲁再按照吉尔伽美什的样子仿造一个，来对抗并约束吉尔伽美什，以安抚乌鲁克城的百姓（"［阿努听到了他们的申诉］，立刻把大神阿鲁鲁宣召：阿鲁鲁啊，这［人］本是你所创造，现在你再仿造一个，敌得过［吉尔伽美什］的英豪，让他们去争斗，使乌鲁克安定，不受骚扰"）。对子女的行为约束习惯当然是来自生物性的遗传和生存本能，然后在意义交往的方式下，又逐渐转变为意义控制的。父亲对子女的意义控制只是生物性本能的习惯性遗迹，或者是子女早期接受父亲意义联结方式的习惯性延伸。而当子女建立了自己的意义空间之后，父亲的意义角色就应该转变为意义的引导、启发或帮助者，从而使父亲与子女之间形成新的意义关系，就像上面提到的年轻猎人与他的父亲之间的那种意义关系一样。但是在现实社会的发展过程中，这一转变并不一定能够顺利进行。由于某些深层的原因，导致父亲与子女之间的意义关系被固定在了意义约束这一早期阶段之上，而不再能够继续发展，形成了父亲对子女的意义控制，使得子女的意义空间受到来自父亲强大力量的压制而趋于萎缩或停滞状态。这是我们在许多社会的历史演化过程中经常见到的情况。这意味着父亲角色的社会性意义转换在一定程度上的失败。而这种失败与人们对意义不确定性的恐惧心理有着密切的内在关联，对社会组织结构的形成有着巨大的影响，是导致社会文化生态环境不健康的主要原因之一，严重阻碍了人们的顺利成长。因而，父亲角色社会性意义转换的失败究竟是怎样现实地发生的，将会是我们探讨的重点问题之一。

不过在《吉尔伽美什》这里，父亲角色的意义控制特征还不是很突出，还没有给当时的人们带来太多的困扰。这种意义困扰的现实化是在这之后才逐渐明显起来的。而在史诗中，父亲的角色刚刚从自然状态进入意义世界，更多的时候也是作为意义的初级探索者或学习者出现的，尚未发展到足够的程度。可以对子女或一般性的他人进行意义控制，这需要通过将那些神灵的意义角色有所转换之后才有可能发生。

史诗中的母亲角色也从原始的生物状态递进到意义空间之中。在第一块泥板中，母亲角色首先是以自然的生育者面目出现的：创造了吉尔伽美什和恩启都两个人。但是母亲的生育角色又很快转到了意义的提供者或引导者角色，即作为释梦者的形象出现。这是第二块泥板的开始部分，吉尔伽美什做了两个奇怪的梦，不解其意，于是就向母亲求助（"吉尔伽美什为了解开他的梦，站起身来对他的母亲说"）。此时他的母亲——生育女神——就转变成了"全知的母亲"，为吉尔伽美什解释他的两个梦究竟是什么意思，成为意义的帮助者或启发者，为他缓解或消除意义不确定性所带来的困扰。

母亲角色的这一意义转换，与年轻猎人的父亲角色的意义转换是一样的，都促使每个人自小就开始进入意义世界，并逐渐形成自己的意义空间。可以说，个体的意义空间都是在父母的帮助（教导）下发生和展开的，直到个体具备了一定的意义赋予能力之后，就由自己的心灵努力和心灵能力来独自从事这一任务，也即个体生命的独立成长。父母的意义确定角色对每个人的意义空间而言，都是最基本和原始的。这种遗传或继承性也是社会文化生态环境能够逐渐形成，并长期流传为一种文化传统的原因。但是父母作为确定意义的原始提供者这一点，又使人们很容易陷于对父母的意义依赖，即当自己的意义赋予能力受到削弱时，不得不依赖于父母的意义提供。当然，也可能是由于自己对父母的意义依赖，自己的意义赋予能力才受到削弱。这两者之间也有着互为因果的关系，因为它们都与对意义不确定性的恐惧心理有着内在的关联。当一个人到了一定的成长阶段时，如何尽可能消除对父母的意义依赖，这对许多社会文化而言，都是一个富于挑战性的主题。

尽管如此，母亲的意义角色并没有像父亲角色那样在现实社会中逐步演变为意义控制的力量，更多的时候是作为意义的被控制对象而存在的。因为当父亲逐渐开始进行意义控制的时候，母亲也成为意义弱势的一方，受到很强大的意义限制，无法随意进行意义联结。看来父亲要比母亲更容易形成意义控制的心理倾向，即男性更倾向于确定的意义，而对意义的不确定性更难以适应。从生理学角度来说，母亲由于生育功能的影响，对生命的自然进展有更强的适应能力和心理，更愿意顺着生命的自然成长，而不会妄加干涉或阻碍。这表现在意识领域里，就是更愿意保持意义空间的开放性或无限可能性，而不愿意固化自己的意义确定，因为任何导致意义流动无法顺畅的行为，也都在本能上感受为对生命健康成长的阻碍。因而，如果说父亲与母亲在意义空间的特征方面有什么差异的话，那很可能就是母亲的意义空间在保持自然性或开放性上更明显一些，或者说，在受生命成长的影响上，更加白然一些。尽管如此，父亲和母亲的意义角色受到太多的社会历史情境因素的影响，很难做一般性的概括。生理学上的解释不过是提供了一种改变的可能性而已，不足以充分说明父亲和母亲这两者之间意义上的现实差别。《吉尔伽美什》在这方面也只是稍有体现，然而要恰当地理解这一点，还需要结合性对象的意义角色一起讨论，才有可能逐步显示出其中所隐含的特征来。毕竟，繁殖活动与性意识是有紧密关联的，而女性在母亲与性对象这两种角色上总是难免要交织在一起，只是到了近现代社会，这两种角色才逐渐可以分开进行讨论。

在《吉尔伽美什》史诗中，性对象的特定意义是由猎人父亲的计策引出的。在第一块泥板中，猎人父亲的计策很有趣，就是让他的儿子去给那个"野人"（恩启都）找一个"神妓"，以消除他的野性造成的恐惧感。他让猎人把神妓"领到此地"，让她"用更强大的魅力［将恩启都制服］。趁［恩启都跟野兽］在池塘饮水，让［神妓脱光衣服］，［展示出］女人的魅力。他［见了］女人，便会［跟］她亲昵，山野里［成性的］兽类就会将他离弃"。性对象在史诗中出现了几次，不过这个"神妓"始终是一个较主要的角色。正是她引导了恩启都的人格走向，使他从一个山野莽汉转变为多情多义的人间英雄（"六天七夜他与神妓共处，她那丰肌润肤使他心满意足"）。她对恩启都有着直截了当的影响（"恩启都变弱了，不再那么敏捷，但是［如今］他有了智慧，开阔了思路"），使恩启都很听她的话（"他返回来坐［在］神妓的脚边，望着神妓的脸，并且聆听着她的语言"）。于是神妓告诉他应该到乌鲁克城去找吉尔伽美什。这让恩启都很高兴，立刻听从了她的劝告（"如此这般一说，她的话有了效果，他满心欢喜，正希望有人作伴"）。

神妓的角色首先是在性对象这一原始意义上被理解的。不过正是在这一生物性本能的基础之上，人们性的交往活动激发了意识领域的活跃度（这一点对意识功能尚不发达的原始人而言，就更为明显），从而使得性对象成为原始状态下最基本和最主要的意义提供者之一，性意识也成为意义空间中最重要的意义赋予来源之一，与父母对人的影响可以相提并论。当然，性对象的意义也包含了生殖活动，即性活动与繁育后代的行为共同构成了性对象的内涵，尽管这两方面的内容也逐渐被分开来考虑。在世界各地的早期文明中，我们可以从人们所创作的艺术作品中很清楚地了解到性意识对生命成长的突出影响，例如威冷道夫的女子像（见图6–1）。当性意识在男人和女人身上初步活跃起来之后，性对象作为确定意义的原始提供者就很快取代了父母亲的角色，如第二块泥板中描写神妓与恩启都两人在共处数天之后的关系："他听从了她的话语，他把女人的指点，记在心里。她扯下一角衣裳，往他的身上披，其余的，她自己穿起。她牵着他的手，领着他走，像个母亲似的。"因为恩启都是由创造女神阿鲁鲁用土所捏制而成，所以他只有这个女神母亲而没有父亲（"阿鲁鲁洗了手，取了泥，投掷在地，她［用土］把雄伟的恩启都创造"）。因此，神妓在此时就等于完全取代了女神母亲阿鲁鲁对恩启都的作用和意义。

从史诗中看，神妓对恩启都的作用并不仅仅是在性爱方面，还有着更深层的含义，那就是在神妓的帮助下，恩启都开始知道关注并改善自己的生存状况，了解并掌握了文明的生活方式，成为一个"文明人"。在第二块泥板中，当他和神妓刚刚从野外回到城里时，还只知道像一个野兽那样活着的"恩启都任什么也不懂"，"吃也不会吃，喝的，他也不知，他对这些毫不熟悉"。于是在神妓的引导下，恩启都"这才像个人似的"。以至于当他后来在第七块泥板中即将病死之前，懊恼地"竟把神妓诅咒一番"[1] 时，太阳神舍马什（Shamash）马上劝告他并诉说神妓对他的好处："恩启都啊，你为何要把神妓诅咒？她教给你吃的面包，神人都可口，让你喝王爷爱喝的美酒。她给你穿上整洁美丽的衣服，而且给了你吉尔伽美什这个好友。"而这一番话也立刻让恩启都平静下

---

① 《吉尔伽美什》，赵乐甡译，辽宁人民出版社2015年版，第七块泥板内容见第67—74页。

来（"恩启都［听见］大力神舍马什这番话，他那颗烦恼的心镇静如常"）。可见史诗将恩启都的人格变化几乎完全归因于神妓这个性对象的帮助，是神妓不仅开启了他的意义空间，而且启发和引导他进行了最初的意义赋予，形成了自己的心灵能力。即使是他与吉尔伽美什之间的同伴关系，也是在神妓的帮助下才得以产生的。因为猎人父亲、猎人和提供神妓的吉尔伽美什这三个人当初都并没有说要让神妓带领恩启都去找吉尔伽美什，并与之结成好友关系。这可以说只是神妓自己的创意（在第二块泥板中，神妓说："恩启都啊，走吧，我领你，向阿努居住的埃安那转移。那儿有武勇而又［出众的吉尔伽美什］，而且你将像［ ］似的［ ］，你会［爱他］，像爱你自己"）。正是神妓的引导，使恩启都的整个人生都发生了实质性的变化，不再是一个野人，而成了一个人世间的英雄人物。这种人格意义上的转变取决于一个神妓的引导，这是《吉尔伽美什》史诗所反映出的一种原始意象，即性对象对于人们的原始影响或意义丰富是多么重大。

不过，由于男人和女人属于两类不同的人，因此相互之间一方面虽然能够作为确定意义的提供者，但是另一方面又是意义不确定的主要对象，是不确定性的根源之一，因为双方意义空间的变化是持续一生的，且又随时会受到社会文化生态环境变化的极大影响，要想完全把握住对方的意义空间，几乎是不可能的事情。不仅如此，在性意识的激情刺激下所赋予出来的特殊意义，与恒常的感知意义差别很大，难以在日常的生活经验中持久地发生稳定作用，就像炽热的爱情所迸发出来的火花在平凡生活中会显得分外明亮耀眼、不同寻常那样，令人晕眩和迷恋，但是对普通人的日常情形而言就不足以依凭了，因为这些火花总是忽闪忽灭、难以把捉。因此，性意识所赋予的情爱意义在社会文明的早期发展阶段就总是被视为不确定性的根源之一，令人们神往又难免会有所惶惑。所以我们也可以理解，性对象所提供的意义空间往往被人们消极地看待，因而通过宗教或道德戒律加以束缚。对情爱意义的这种矛盾心理在《吉尔伽美什》中也表露无遗。不过这种消极态度从第一块和第二块泥板中的神妓这里看不到，要等到第六块泥板时才体现出来。而第一块泥板中神妓带来的性活动却完全是被正面对待的，显示出相当积极的伦理价值。史诗的这一处理颇为耐人寻味。

恩启都与神妓相处几天之后所发生的变化，让我们看到性意识对意义空间的开放性所具有的重要作用。意识领域内的活动与身体的本能欲望之间有着直接的内在关联，人们通过心灵努力将自己的生命能量灌注在意义的赋予活动之上，使意义的无限可能性得到现实地展示，从而打开了个体原本可能处于封闭或迟钝状态的意义空间，而这又是伴随着想象、思想或创造能力的活跃和提高同时绽放出来的。心灵能力的成熟也将改善个体的生存状况，使个体生命更有可能成长得健康和顺畅。史诗没有将恩启都的人格转变设置为性的本能欲望受压制之后的结果，就像后来的宗教或道德理论通常会认为的那样，而是相反，将之视为本能欲望得到恰当的满足之后，在舒缓的宽松情境下意义流淌的自然过程。正是充分的性活动激发了恩启都的意义空间从封闭或迟钝状态开始活跃起来，然后在意义散发中与神妓的意义空间自然融合，获得了远为丰富的内涵，令他逐渐从麻木和混沌状态走向澄明。我们看到，史诗为了追求艺术效果，将恩启都与神妓相处之后发生的人格转变过程视为奇迹一般，而在我们看来，这实际上不过是其心灵空间中意义的自然流淌过程罢了。

只有意义的自然流淌过程才有可能给人带来如此巨大而有益的影响力，导致恩启都从野兽到英雄的神奇转变。这一点是要与吉尔伽美什的类似行为相比较来看，才能更加清楚的。性对象和性活动并不意味着必定会产生意义的激发或丰富，在不同的情境下是有可能出现不同的，甚至完全相反的效果。在第一块和第二块泥板中，当吉尔伽美什尚未发生人格转变之前，就是这样的情况，以至于我们会很奇怪，为什么在史诗中相似的性对象或性活动，却呈现出完全不同的效果。而且很明显地，史诗是在有意识地对他们两人的人格转变进行比较。那么，史诗作者(长期流传过程中多人的创作) 的这种意图究竟是什么呢?为什么性对象能够使恩启都发生从野兽到英雄的转变，而在吉尔伽美什这里却完全相反，让他从一个英雄变成了暴君? 又为什么一种特别的同伴关系能够使吉尔伽美什从暴君恢复成一个人人爱戴的英雄，却反而给恩启都带来了不祥的命运? 这难道只是作者的偶然设计吗? 如果我们将这种对比仅仅视为一种文学手法的巧妙构思，认为这只是为了使内容显得跌宕起伏以吸引读者，那就可以说是彻底忽视了这种原始作品的人类学意义，也看不到源自社会生活的原始情感或心理结构所蕴含的原始心灵空间的社会意义或文化价值。要知道原始文学艺术作品的创作，并不像后来的职业作者那样几乎可以完全凭借自己的想象任意地构思各种匪夷所思的情节，而是与原始人类的生存状况有着更为直接的和密切的关联。

在第一块泥板中，史诗一开始是赞美吉尔伽美什作为乌鲁克城的君主多么有智慧和远见卓识：

> 此人见过万物，
>
> 足迹遍及天边；
>
> 他通晓 [一切]，
>
> 尝尽 [酸甜苦辣]；
>
> 他已然 [获得] 藏珍，
>
> 看穿 [隐] 密，
>
> 洪水未至，
>
> 他先带来了讯息。

然后又赞赏他的伟业、英姿和神力，说"他修筑起拥有环城的乌鲁克的城墙"、"堂堂丰采、姿容 [秀逸]"、"他三分之二是神，[三分之一是人]"、"气概无人可比"等等。但是紧接着这些溢美之词，史诗马上话锋一转，就开始向众神抱怨起来，诉说吉尔伽美什的"残暴"（"[日日夜夜]，他的残暴从不敛息"），因为"吉尔伽美什不给父亲们保留儿子"，并且"吉尔伽美什不给母亲们保留闺女"。不给父亲们保留儿子是说他总是四处挑起战争或修建高大的城墙，因而导致许多男子战死沙场或饱受劳役之苦。那么，不给母亲们保留闺女是什么意思呢？这是说他对乌鲁克城里的所有女人都拥有性权力，可以"随心所欲"地得到任何一个女人，无论已婚还是未婚，即使是女人的丈夫也只能退"居其次"。在第二块泥板中，吉尔伽美什的这种性权力再一次被提到，即乌鲁克城的人们"向恩启都诉说了委曲：人们在议事厅订下了一条规矩：拥有广场的乌鲁克的王，为娶亲他设了 [鼓]，随心所欲"，"连那些已婚的女人，他也要染指，他是第一个，[丈夫] 却居其次。[这样] 决定下来，是按诸神的意旨，而对他这样授意，是在切断脐带的同时"。看来吉尔伽美什一直在行使着自己的这种性权力，以致引起了乌鲁克城人们的怨恨和愤怒。甚至当恩启都与神妓很亲密地一起回到乌鲁克城里的当夜，吉尔伽美什也要先来向恩启都显示他在性活动上的权威，即先要占有这个神妓。对此，来自荒野不懂规矩的恩启都当然不予认可，立刻上前阻止吉尔伽美什，于是两个人就这样打了起来（"给他（恩启都）把住处安置妥当，吉尔伽美什到夜晚就 [ ]。当他走近的时候，就在大街上，[恩启都] 便把去路阻挡。他要阻止，吉尔伽美什来往，[ ] 凭着他的力量"）。

我们自然不能将两人的争斗视为男人之间争风吃醋的现象，而要看到性对象或性活动作为意义的主要来源之一，在远古文明中几乎最早就被人们所意识到，因而由性意识所引发的意义流动是否顺畅，对社会或文明的影响都是至关重要的。为什么吉尔伽美什从"随心所欲"的性活动中无法获得积极的意义，而不像恩启都那样在几天的性活动之后就得到了精神的升华？很明显，吉尔伽美什的性活动是扭曲或非自然的，尽管他以"诸神的意旨"在行使着这种性权力，但这无疑是以暴力和政治权力为背景的，可以说是对城中女人的强制性权威的展示。从这种角度来看，这种性权力无疑属于一种意义控制，即对性对象或性活动的意义赋予能力的抑制，对意义发散的限制，导致意义无法顺畅流动。这些女人在这种强制性活动中不得不将自己的意义空间收敛起来，使其难以自然地传递出去，因为她们与吉尔伽美什的性活动，并不是凭借自己的女性魅力而吸引吉尔伽美什的，更没有任何个体的人格特征在这种性活动中得到积极的肯定。因此她们的意义空间在这种被动式的性活动中无法顺利地敞开，而这又反过来导致吉尔伽美什也难以从这种强制性活动中获得意义的丰富，甚至使自己的意义空间还因此受到抑制而趋向于萎缩，以至于变得越发"残暴"（可理解为意义空间受到抑制后的人格躁动）。而相比较之下，恩启都与神妓之间的情爱所带来的是意义的自然流动，这就与吉尔伽美什的情况完全不可同日而语了，由此产生了两种截然不同的影响效果。

对此，吉尔伽美什是隐隐地感受到这一点的，因此才会产生出对另一种全然不同的意义提供者——同伴——的迫切渴望，而对性对象或性活动这一方式有了难以消除的敌意。这也是他为什么后来会拒绝性爱女神伊斯妲尔（Ishtar）[1]的求爱，导致天牛的出现（见第六块泥板[2]），因为他的性意识已然在性权力的滥施或性控制行为中受到伤害，不得不另寻他途以强化自己的心灵能力或意义赋予能力，才有可能使自己遭受阻塞的意义空间重新丰富和流畅起来。尽管如此，适时出现的恩启都确实满足了吉尔伽美什对同伴的暗中渴望，但是他的性意识却因此在扭曲中始终无法得到恰当的矫正，因而对性爱女神也充满了蔑视和怨恨。然而出乎他预料的是，他对性爱女神的粗暴拒绝却给自己的同伴恩

---

[1]　伊斯妲尔，也译伊斯塔，又被称为伊南娜（Inanna），是古苏美尔和古巴比伦文化中的最主要女神之一，主管许多领域，如爱情、丰饶、战争、法律和光明等，但最主要的特征是性爱女神。她是众神之父天神安努（Anu）的女儿。

[2]　《吉尔伽美什》，赵乐甡译，辽宁人民出版社2015年版，第六块泥板内容见第58—66页。

启都带来了厄运。从中我们可以看到，对性对象或性活动进行意义控制的倾向或行为，将会导致多么意料不到的社会性后果。

　　在吉尔伽美什和恩启都联手战胜森林怪物芬巴巴（见第五块泥板①）之后，吉尔伽美什赢得了性爱女神伊斯妲尔的仰慕之情，可是这遭到吉尔伽美什很令人诧异的严词拒绝，并因此最终导致恩启都的死亡。这情节曲折激荡的一幕出现在第六块泥板中。一开始，"吉尔伽美什的英姿竟使大女神伊斯妲尔顿萌情意：请过来，做我的丈夫吧，吉尔伽美什！请以你的果实给我做赠礼，你做我的丈夫，我做你的妻"。在这直截了当的表白之后，伊斯妲尔还许下诺言，如果吉尔伽美什与她一起回家成亲，就会给予他最为可观的回报：要送给他用"宝石和黄金"装饰起来的华丽战车；要让他声名显赫、地位高贵（"王爷、大公、公子都将在你的脚旁屈膝，在门槛、台阶之上就把你的双足吻起"）；要给他数不尽的财富，牛羊成群。可是爱神的这些诱惑并没有打动吉尔伽美什，反而让他变得刻薄起来，立刻就当面开始数落伊斯妲尔，指责她淫荡成性，毫无贞洁（"[你不过是个] 冷了的 [炉灶一样]，是扇 [档不住] 风雨的破门窗，是那伤害英雄 [　] 的殿堂"）。并且还指名道姓地将伊斯妲尔对待以往情人的恶行不厌其烦地一一历数了一遍（"你对 [所爱过的] 哪个人不曾改变心肠？你的哪个羊倌 [一直为你所喜爱]？来吧，再 [指名] 看看你那些情人的情况：你年轻时的情人坦姆斯……"）。最后吉尔伽美什下结论说："可见你若爱上我，[对待我] 也会像他们一模一样。"吉尔伽美什毫不留情的指责让爱神伊斯妲尔"恼羞成怒"，于是"升上天国"，向她的父母去告状，认为吉尔伽美什"侮辱"了她（"去到 [她父] 安努那里，又在她母亲安图母面前 [诉说]：我的父亲啊，吉尔伽美什侮辱了我。吉尔伽美什历数了我的恶德，列举了我的坏处和那些愚蠢的过错"）。她要求天神安努严厉惩罚吉尔伽美什（"我的父亲啊，[为消灭吉

---

① 《吉尔伽美什》，赵乐甡译，辽宁人民出版社 2015 年版，第五块泥板内容见第50—57页。

尔伽美什]，给我把天牛制作"）。而当天牛下到凡间来惩罚吉尔伽美什的时候，却被他和恩启都两个人联手杀死了。这下气急了的伊斯妲尔对吉尔伽美什"发出诅咒的语言"，导致在第七块泥板中天上众神商议认为应该让吉尔伽美什和恩启都两个人必须死一个（"[他们当中]必须死[一个]"），最后决定"恩启都该死，吉尔伽美什可以留下"。于是，"恩启都终于病倒在吉尔伽美什面前"，在吉尔伽美什"泪如泉涌"[①]的伤心欲绝中死去。对女神求爱的拒绝带来了致命的结果，也意味着吉尔伽美什在希望转换自己的确定意义提供者角色企图的失败。这又进一步表明，性对象这一意义提供者的作用和影响是人们无法逃避的，而必须得到恰当的对待。

同伴的死亡结束了史诗前两个部分的内容，同时又引出了后两个部分的情节，即吉尔伽美什受此触动，开始独自远行以寻找重生和永生的秘密。前两个部分与后两个部分的内容差别较大。前两个部分以故事叙述为主，后两个部分以吉尔伽美什的思考和情感抒发为主。而这一风格转换正是通过他拒绝女神伊斯妲尔的求爱才得以展开的。前两个部分的情节到这里突出显示了吉尔伽美什对待性对象的态度差异：先是在乌鲁克城作为暴君滥施淫威，强制实行自己对城中所有女人的性权力，甚至连已婚女人的丈夫都要屈服于他对自己妻子的优先权；后来是他对性爱女神的断然拒绝，抵制女神许诺给他的各种诱惑，且厉声谴责她的水性杨花。吉尔伽美什在性意识上的变化有三点值得我们注意：首先是体现出人们对性对象的意义控制倾向趋于极端；其次是人们对性欲望的敌视态度开始变得强烈；最后是这种扭曲的性意识与社会结构的形成交织在一起，构成社会文化生态环境中的重要内容，也由此影响了该社会环境中的几乎所有人，并演化至今，成为某种根深蒂固的社会文化传统。

吉尔伽美什的性意识状况反映了在人类文明初期，人们在性活动中对性对

[①] 《吉尔伽美什》，赵乐甡译，辽宁人民出版社 2015 年版，第九块泥板内容见第 80—85 页。

象的意义控制倾向就趋于极端。我们前面已经分析过，性活动是人们意义空间得到丰富和扩展的最重要方式之一，是意义无限发散的主要动力因素之一，能够促动僵化或迟滞的意义空间不断趋向开放状态，使那些苍白空洞的意义空间获得丰富和充实的意义内容，就像恩启都与神妓之间就属于这样的情况。但是另一方面，如果一个人对这些可能是突如其来的大量且新奇的意义内容缺乏思想准备，没有足够的心灵能力加以接收和消化，使这些新奇内容被恰当地安置于自己的意义空间之内，融合于原有的意义联结网络，成为对自己有益的意义内容，也就是使自己的意义空间得到丰富或扩展，那么，这就很可能会给他带来极大的困惑甚至恐慌。由此很可能造成他的心理焦虑，即我们所说的意义恐惧或意义焦虑。这种意义焦虑反映的是个体的心灵努力和心灵能力发育得还不够充分，因而所建立的意义空间还达不到一定的程度，不能够很好地应对那些海量和新奇的意义联结方式，特别是还不知道或无法寻找到恰当的意义表达或传递的方式。这样一来，那些不期而至的意义内容就难免与他的意义空间中原有内容产生相互的冲突或对立，造成心理上的极大困扰和焦虑，使其心神难安，严重到以至于整个心灵世界都会变得扭曲缠绕、乱成一团。而如果这种状况不能在短时期内得到缓解或消除，那么要想恢复如常就越来越不容易，甚至几乎不太可能了。当然，处于这种意义焦虑状态中的人，是会自发地采取许多心理防御手段的，如暴躁、抑郁、喜怒无常、以恶劣方式对待他人，或以各种破坏方式对待周围的一切等，就像我们在吉尔伽美什身上看到的那样。而恩启都之所以不会如此，原因之一也是在于神妓对他的意义启发主要是在普通的吃、穿、住、行这些最基本的生活方面，这对恩启都来说毕竟不算难以理解或接受的事情。更重要的是，恩启都对神妓是自然欲望和情感的流露，没有任何其他的社会性因素掺杂其间，性意识显然还保持在完全纯朴真实的自然状态。因而两人的意义空间也是自然交织的，没有受到过多干扰。这都对恩启都获得丰富的意义内容以充实自己的意义空间，并能够顺畅流动，有着实质性的帮助。而当恩启都的性意识得到进一步的发展之后，其中所隐含的问题也就会显露出来。而就像吉尔伽美什在自己的性意识已经受到伤害之后再来面对性爱女神的求爱，就很难以有平静的心态了。尤其是当有这种心理状况的人处在一个不适当的社会文化生态环境中的话，那么他就更有可能造成对自己或他人的伤害。

由于意义的无限可能性或不确定性，那些海量的新奇意义内容在被各种因素刺激之下，总是会不断出现在人们的脑际。而这是需要人们在长时期的社会生活中能够一直培育自己的心灵能力以建立内容越加丰富的意义空间，才有可能始终顺利地消纳各种新奇的意义联结方式，保持意义空间长久地处于开放状态之中。但是，在社会现实的历史发展中，人们要做到这一点并不容易。事实上，在人类文明出现的早期阶段，人们对此始终是难以有恰当的思想或心理准备的。因而他们就总是处于某种被动式的心理防御中，以应对各种自己所不熟悉的新奇意义内容，常常将之视为某种意义威胁而加以本能地抵制。这也是人们的心灵能力或意义世界尚不够成熟的外在表现，同时也会造成其所身处的社会文化生态环境无法形成持续和发散性的健康或良性氛围。

在对新奇意义的各种心理防御手段中，意义控制是最主要的一种。这也是最自然的一种，因为它源于个体从小形成的心理习惯和意义空间本身的特性。个体的意义赋予能力一般而言来自父母的教导启发，或者再加上启蒙教师的文化教育。而在个体意义空间创始的初级阶段中，都是那些确定的意象联结吸引着人们的心灵目光，让那些被启蒙者兴致盎然，如这个东西叫什么名字和那个名字代表什么事物，这个和那个是一样的或不同的，这样做会怎么样和那样做就会如何等。人们总是习惯性地以为，这些确定的意义内容才具有确定的价值，而不确定的意义内容就是毫无价值的。人们于是很自然地会忽视那些不确定的意义内容，几乎从不知道确定意义的价值恰恰在于其可分离的不确定背景之上。因此，人们在长期对确定意义的追求中，形成了顽固的心理习惯，即对确定意义的依赖，而对不确定意义的忽略或恐惧。当然，我们也可以说，正是长期的意义依赖所形成的顽固心理习惯没有被适当地化解，导致了人们对意义不确定性的意义恐惧感或意义焦虑感。而意义恐惧或焦虑反过来又强化了意义依赖心理。意义依赖与意义恐惧或焦虑几乎总是同时存在并发生交互影响的。

意义依赖—意义焦虑的心理结构，是人的心灵世界形成之初的自然特征，几乎是每个人的意义空间本身所带有的早期特性。我们也可以将这种心理结构称之为意义空间幼稚期的自然特征，也就是尚未达到成熟时的自然习惯。这种自然的心理习惯——对确定意义的依赖和对不确定意义的焦虑——在人类文明早期阶段是十分常见的，在世界各地的每个社会文化中都会有所显示，且影响至今。像 20 世纪发生的世界范围的战争、大规模的贫困或社会整体性的不公正现象等，可以说也都是这种心理结构间接引起的社会现象。

意义控制正是基于意义依赖—意义焦虑这种心理结构所产生的，是这种心理结构造成的最主要心理倾向。对不确定意义的焦虑，促使人们迫切要求返回到确定意义的范围之内，并尽可能调动自己的心灵努力和心灵能力以达到这一目的，即意义控制，就是将意义尽可能地控制在自己所能够掌握的领域或程度之内。如果人们对那些新奇的意义内容做不到这一点的话，就很可能干脆拒绝它们，不予容纳或认可，或者将之归诸荒谬无稽，甚至将之视为邪恶的象征，是对确定意义的威胁，极力加以排斥。我们看到，吉尔伽美什对待乌鲁克城里的女人和性爱女神，似乎都是这种心理状况的外在表现。他一方面要彻底地控制城中女性在自己所掌握的范围之内，另一方面对自己无法操控的性爱女神则强烈排斥，直至将她视为邪恶的化身而拒之于千里之外。从直观上看，吉尔伽美什是对两类人——自己的子民与神灵——采取了截然不同的态度，而实际上我们可以发现，他更内在的心理态度是对自己性的本能欲望和性对象本身的恐惧感，是对性活动所带来的意义不确定性产生的焦虑感。这恐怕是他性意识受到扭曲的根本原因，使他无法从性活动或性对象那里获得恰当的丰富意义，而不得不另觅他径，如借助于与恩启都的同伴关系来摆脱这种心理困境。

在这里我们可以将吉尔伽美什身上存在的意义困境用这样的链条联结起来：意义依赖—意义恐惧—意义控制—意义扭曲。前两个阶段是我们每个人身上或每个社会文明出现的早期阶段都会自然携带的意义特征，而后两个阶段却是这种自然的习惯性特征没有得到恰当缓解或消除之后所产生的病态特征。当一个儿童成长到青春期时，也就意味着他能够作出自己的心灵努力并具有一定的心灵能力，作为独自赋予意义的内在动力，去建立和拓展自己的意义空间。这也就是个体人格的形成时期，或一个人的身心到了逐渐成熟的阶段。如果他在此时没有这个动力或能力，无法建立自己的意义空间，也就意味着他失败于建立自己的独立人格。用我们一般的话说，就是无法"成人"。这时，他可能一直处在依赖于某个或某些意义权威的控制之下，无法摆脱。"依赖"与"控制"是很容易同时并行的，因为只要有依赖行为的存在，即弱势的一方在行为或心灵上依赖于某个强势的一方，那么强势的一方就难免会对弱势一方的行为或心灵进行控制，以满足弱势一方的依赖感。我们可以将这种强势的一方称为意义权威，即在意义内容或意义赋予上具有权威性，使弱势一方在意义内容或意义赋予上不得不遵从该权威的控制。而这表现在现实生活中就是弱势一方在行为或心灵上对强势者或权威者的依赖或顺从，受其控制和支配。如果一个人长期被迫处在这种意义控制和支配之下，就很可能会导致意义扭曲，或我们一般所说的那种心理扭曲，其精神世界呈现出病态特征，缺乏独立展示自己心灵努力或心灵能力的能力，无法独自展现出有价值的意义内容。意义权威造成的意义扭曲这种情况对一个社会而言，似乎更为明显，特别是在文明发展的早期阶段。不过时至今日，该现象也尚未完全消除，在某些地方仍然保留着较为浓重的痕迹。

正是在这种意义"依赖—恐惧—控制—扭曲"的心理结构背景下，人们很容易产生对意义不确定性及其来源所在领域的敌视情绪。例如，吉尔伽美什在自己所统治的乌鲁克城就展示了对性对象强烈的意义控制欲望。这是他自己身上所遗留的对性对象或性活动所具有的那种意义不确定性的恐惧感的真实反映。这一点我们从几乎所有的传统统治者或统治群体成员身上似乎都能看到。政治权力可以说就是对意义内容或意义赋予的掌控权。当一个有着较强意义控制欲望的人掌握了政治权力之后，会很自然或习惯性地将这种权力运用在任何他所认为的意义不确定性的来源或对象身上。无论是自然界、本能欲望、他人或他人心灵、生与死，抑或是未来或未知世界等，都将是他极力企望要加以掌控的对象。或许我们也可以说，传统的政治权力正是在对这些意义不确定性对象进行意义控制的强烈倾向之下产生的。

问题是，这样的意义控制并不一定会带来预期的效果。更准确的说法应该是，意义控制只会产生表面上的确定效果，即带来表面的确定意义，更多的情况下却会造成意义扭曲。例如对吉尔伽美什的性权力，乌鲁克城的女人们似乎并不买账，反而是怨声载道，不断地大声向上天的神灵抱怨申诉。很明显，这些女人对吉尔伽美什的性权力是不愿意认可的，显然也更不会顺从地配合，而一定是以各种方式进行抵制或反抗。可以说，在社会文明的早期阶段，女人对性对象或性活动的态度与男人也是类似的，同样会从中获得丰富的意义内容，也同样会对性对象或性活动所带来的意义不确定性有着一定的心理恐慌或焦虑，也同样会产生强烈的对性对象的意义控制欲望。这一点我们可以从性爱女神伊斯妲尔对吉尔伽美什的直言告白上看出来，也可以从世界各地的早期神话中看到这种心理现象的显露。因而这些有着强烈控制欲望的女性是不会轻易习惯于被控制状态的，即不会简单地顺从于意义权威者的摆布或支配，反而是希望自己拥有对性对象的意义控制权力。所以，她们强烈抵制或反对吉尔伽美什对她们的性控制，既可以说是由于吉尔伽美什的行为违背了她们自然的本能习惯，也可以说是与她们所具有的意义控制倾向形成了冲突之下的结果。当然，更普遍的情况是，当女性自己产生了对性对象的选择意愿的时候，男性对女性的控制权力就意味着对女性自主选择权利或意义赋予权利的否定，从而也是对女性健康成长的阻碍，因而将会遭到女性的强烈抵制或反对。

在性意识方面的意义控制所导致的意义冲突，使人们对性对象或性活动产生了一定程度的敌视态度。这种敌意有时很可能是十分强烈的，就像吉尔伽美什对性爱女神伊斯妲尔所表现的粗暴态度那样，也像伊斯妲尔对吉尔伽美什的拒绝恼羞成怒，因而发毒誓要进行报复那样。我们在古希腊和古罗马的许多神话故事中也可以见到类似的情节。其实从威冷道夫的女子像上，我们就可以隐隐约约地感受到，三万年前的人们在性意识方面似乎已经有了较强烈的意义控制倾向。这与韦泽尔河谷地和阿尔塔米拉地区的洞窟壁画中所隐含着的意义流动方式都有内在的关联。为什么人们对性对象会产生如此爱憎分明的情感？这种问题无疑涉及太多的生活情境条件，在每个人身上恐怕都有着不同的情况。对此，人们当然可以从各种角度进行探讨和解释。不过我们根据意义理论侧重于考虑这一问题在人类学或社会学方面的意义，看看从个体的人格形成到社会组织结构，再到社会文化生态环境之间，有什么一般性的内在联结脉络可以被揭示出来，让我们能够对个人或社会问题有更深或更适当的理解。

我们前面已经说过，性意识领域对一般人而言都是意义非凡的，可以带来最为神奇的意义激发，打开人们封闭的意义空间而趋向无限广阔的境域。然而同时这一领域又是意义不确定性的最佳舞台，能够让人们见识到最为梦幻的意义变化，几乎令人迷醉得难以自持。这就是人们通常所谓的爱情的神秘力量吧。这一领域与人的最基本生存保障（如食物和安全）一样，都是意义最原始的发生之地，即充满了确定的意象图案，也在不断产生着无限可能的意象联结。因而在这一领域，人们无论预先有多么充分的思想或心理准备，恐怕都不足以应对可能到来的意义冲击。

所以我们不难理解，人们在这一领域也最容易形成强烈的意义控制倾向，就像对待食物或生命安全问题一样，希望将性对象或性活动始终掌握在自己力所能及的范围之内，以获得确定的意义内容并进行确定的意义筹划。似乎只有这样，人们才能缓解或消除由该领域内的意义不确定导致的意义焦虑。吉尔伽美什凭借手中的政治权力来强制实行自己对乌鲁克城中所有女人的性权力，就属于性意识领域内的这种意义控制，且可以说强烈到了无以复加的地步。而当他知道自己无法控制性爱女神伊斯妲尔这个性对象及其性活动的时候，就极力将之拒斥，也属于这种意义控制倾向的现实表现。同样，性爱女神伊斯妲尔也有着相似的意义控制要求。而城中无论男女都对吉尔伽美什的性权力强烈抵制，也可以说是他们本身也带有着一定程度的意义控制要求引起的，或者是对自己在性对象选择意愿上被否定深感愤怒。恩启都的性意识状况其实就很好地说明了这种意义控制倾向的最初发展过程。当他在原始野蛮状态时，与神妓之间有着非常顺畅的性活动，使双方都能够从中获益。但是几天之后一到了城里，他就对神妓已经有了强烈的意义控制倾向，因为吉尔伽美什要对神妓行使性权力而与他打斗起来，并且在自己大病之后将病因归罪于神妓，于是懊恼地"竟把神妓诅咒一番"（见第七块泥板）。还好恩启都的这种意义控制倾向还没有发展到像吉尔伽美什那样严重的地步，因此在太阳神舍马什的劝告下他马上就恢复了平静，没有造成什么恶果。

人们在性意识上的意义控制倾向也是相关社会性观念的根源。例如，从吉尔伽美什拒斥伊斯妲尔的理由就可以很清楚地看到这种意义控制倾向的一种社会性观念，即对女性的"忠贞"要求，要求女性对其法定（或非法定）男性配偶从一而终。而"水性杨花"这样的观念则是从相反的角度强化了这一意义控制要求。这类社会性意义控制观念在世界各地的传统习俗中几乎都可以看到，具有相当的普遍性。当然，对女性的单方面意义控制是男权社会的特征。在男女较为平等的社会中，这类性方面的意义控制观念就可能对男女双方都有效力，是对一般性的性对象的要求，就像早期社会中，当男权社会还没有完全形成之时，男女双方就都会有着相似的意义控制要求，而这就难免会引起男女双方之间严重的意义冲突。例如，吉尔伽美什对女性的意义控制要求就与城中百姓或性爱女神伊斯妲尔同样的要求之间形成了相互的抵触或对立，因而导致他与百姓之间，以及他与女神之间在性意识上产生了不可调和的意义冲突，并引发了后续的悲剧。可见，在性意识领域的意义控制倾向或要求所引起的意义冲突，会导致很严重的社会性后果，对该社会中的每个人也会造成或大或小的消极影响，并构成某种阻碍人们健康成长的社会文化生态环境。

人们在性意识方面的意义控制倾向，与人们在食物或安全方面的意义控制倾向一样，都是最原始和最重要的，也都很容易呈现出最强烈的状态。这与这三者都是意义内容的最原始和最重要的来源这一点是正相关的，其程度也相应一致。强烈的意义控制倾向引起的心理后果主要有两点：一方面是对性对象的敌意（恨），另一方面是由此又导致对性活动或性的本能欲望的敌意。前一方面我们已经说了很多。对性对象的敌意源自对意义不确定的恐惧或焦虑感，或者说是对无法控制的意义对象的拒斥。这在《吉尔伽美什》中可以看到许多典型的例证，如吉尔伽美什对性爱女神的粗暴态度，和对乌鲁克城中女人的过度要求；性爱女神对吉尔伽美什由爱到恨的转变；乌鲁克城中女人对既英俊潇洒、见识非凡，又勇武过人、无人能敌的吉尔伽美什丧失了所有的倾慕或爱意，只剩下了怨气或仇恨；甚至连恩启都居然也会在大病难愈之余诅咒起神妓来，不再对她的"丰肌润肤"和温柔话语心醉神迷，完全忘了以往两人的柔情蜜意。

在性意识领域的这些怨恨不是偶然出现的，而是对自己无论如何都难以把握的性对象或性活动的恐惧感作祟。这种怨恨及其背后的恐惧感就像恶梦一般缠绕在人们的脑海之中，不断牵扯着人们脆弱的神经。可是人们很快就会发现，即使强烈地拒斥了那些带给自己烦恼的性对象也仍然解决不了问题，因为那种恐惧感或焦虑仿佛还深深地埋藏在几乎每个人的心底，根本无法彻底地消除。人们也很快会意识到，性对象本身并不是问题的全部，因而单单把性对象排除在自己的视野之外是没有用的。更重要的是，每个人内心深处自发涌上来的性欲望，那种本能的强烈冲动，是每个人都明显地感受得到的，而又是谁都不能自如地驾驭的。性对象的存在，并不简单的是因为对面的那个人，而是自己内心欲望的凝结，即自己性意识所赋予的意义对象。或许某一个性对象还完全不知道他人对他（她）的爱意，茫然于被性意识的氛围所笼罩。或许某一个性对象即使知道了他人对他（她）的爱意，却完全不愿意接受。这种我们一般所谓的单相思的情况是如此普遍，可能是绝大部分人难免会经历过的事情。至少，也是周围的其他人身上可能会出现的事情。因此，很容易地，绝大部分人会自然地了解到，自己内心深处的性欲望或本能的冲动才是性对象或性活动存在或发生的主要根源。但是，问题又恰恰出现在这里，那就是，每个人自己的性欲望又是自己所难以把握的。那种本能冲动随处可能出现，随时可能发生，似乎完全不由自主。任凭人们作出多大的努力，性冲动的状况仍然还是处于人们控制能力的范围之外。正是这一点，结合对性对象的怨恨，不可避免地导致人们渐渐开始产生对自身性欲望的某种恐惧感。而这种自己不能把握的感觉严重到一定程度，就成为对自己性本能的一种莫名的敌意。就像吉尔伽美什对待性爱女神的严词拒绝，那些冠冕堂皇的理由和疾言厉色的态度，恐怕并非仅仅是针对伊斯妲尔本人的厌恶或憎恨，而更可能是出于对自己内心本能欲望的强烈恐慌感的一种极力压制。也就是他要通过对伊斯妲尔的大声谴责，来为自己制造一个内在的防御装置，使自己能够应对来自自身本能欲望的内部冲击。或许，连他自己也知道，性爱女神对他的诱惑力实在是太大了，所以他才需要长篇累牍地将伊斯妲尔以往的情事一一数落出来，似乎只有这样才能强迫自己不受情欲的支配，才有可能将自己内心难以抑制的欲火强压下去。我们当然不会简单地以为吉尔伽美什对性爱女神的忠贞要求具有什么正当性，因为这就无法解释他在乌鲁克城中对所有女人的性权力和专断行为了。因此，他的理由和态度一定都有着特别的含义，即与其要建立自己内心的防御装置以抵抗意义冲突密切相关。

此外，伊斯妲尔对待此事的报复行为也需要我们给予特别的注意。当她毫无尊严地被吉尔伽美什指责和拒绝之后，"恼羞成怒"，断然进行了最严酷的报复行为。这无疑是出于对吉尔伽美什的怨恨，以至于她只有通过严厉惩罚他才能出掉这一口恶气。那么，伊斯妲尔的报复行为是不是成功了呢？这是一个颇有意味的问题。天父安努为她制作了天牛，下到凡间来追杀吉尔伽美什。虽然他在恩启都的帮助下杀死了天牛，可是天神们却因此开会协商，决定判决他们两个人中"必须死[一个]"（见第七块泥板），且在一番争执之后确定了"恩启都该死，吉尔伽美什可以留下"。最终恩启都确实因此得病丧生。看到这里读者们不禁会问：为什么伊斯妲尔的报复行动没有让当事者吉尔伽美什死亡，而是造成恩启都这个似乎是无辜者的死亡呢？伊斯妲尔哀求天父安努制作天牛的目的就是杀死吉尔伽美什，而与恩启都可以说毫无关系，至少从史诗上目前所存的内容来看，她并没有向恩启都表白爱意，也谈不上受到恩启都的拒绝，因此她与恩启都之间并没有直接的关联。那么，天神们决定"恩启都该死"这岂不是在胡乱决定凡人的命运吗？或许，这样的情节看来只是作者们的随意安排而已。当然，假如这个故事在两河流域的历史上真有其事的话，那么恩启都后来的得病死亡确实未必与伊斯妲尔的报复行为之间有什么因果联系。将之与天神们对凡人的命运安排挂起钩来，确实只是属于一种文学想象而已。不过，我们这里感兴趣的并不是历史故事是否真实地发生，而是四千年前的作者们为什么会有这样的艺术构思或意象联结，因为这种原始的意象联结才具有探索人的生存境况或人类早期文明的发生学价值。

在史诗中，恩启都的角色是作为主人公吉尔伽美什的同伴而出现和存在的。没有这种同伴关系，那么这个角色也就没有了实质性的文学创作意义。但这个"同伴"在史诗中并不是作为可有可无的角色被构思出来的，而具有特殊的主角性特征，即他是属于主角吉尔伽美什的一个有机构成部分而起着至关重要的作用。否则，如果没有恩启都这个同伴的出现和存在，吉尔伽美什的人格变化很可能就无法演绎，起码也会因此而缺乏深刻的社会性内涵。恩启都并不是吉尔伽美什一个普通的玩伴，也不是乌鲁克城中普通的一个成员，而是专门为吉尔伽美什人格形成或人格完善而特意创造出来的。在他身上，吉尔伽美什灌注了自己几乎所有的心理能量，成为他的意义空间得以凝聚的核心，因为恩启都使他的整个生命似乎都焕然一新。这也是为什么他的死亡会对吉尔伽美什带来这么巨大的伤痛，让他"泪如泉涌"、伤心欲绝，几乎难以有继续活下去的勇气，以至于马上就完全抛开了世间的一切，一个人独自去远行，寻找生死的奥秘，希望让自己的这个同伴能够重生。从这个角度我们就能理解伊斯妲尔的报复行为所指向的焦点为什么最终落在了恩启都的身上，而不是吉尔伽美什自己的生命。因为对他的惩罚仅仅体现在他本人身上是不充分的，更严厉的是对他所最为挚爱之人或最为牵挂之事的彻底破坏。这个对象正是该人心灵之眼所关注的焦点，意义空间所奠基之处，更是他所进行意义控制的关键对象。如果丧失了这样的对象，就意味着该人的意义空间或精神世界很可能将彻底崩塌。这难道不是对文明中的人可能有的一种最严重的打击吗？

由此我们能够理解，性爱女神伊斯妲尔对吉尔伽美什的报复，可以说是一种意义打击，即对其意义控制行为的瓦解，或是对其意义控制行为的否定，是让其意义控制行为最终归于失败的致命一击。而且我们可以进一步认为，伊斯妲尔的打击事实上还几乎摧毁了吉尔伽美什抑制情欲本能的心理防御装置。因为他对乌鲁克城女人和伊斯妲尔丧失了有效的意义控制，而在与恩启都的同伴关系中建立新的意义传递渠道，并实行新的意义控制。因此他的心理防御装置有两层结构：一方面是对性对象或自己的性爱冲动采取敌视态度，进而转移到性爱女神的身上；另一方面是通过同伴关系来取代性关系的意义赋予和意义表达的功能，从而使自己的意义空间不会被封闭起来，仍然能够获得丰富的意义内容以保持意义空间的开放性。但是，他的这一企图及其内部防御装置在性爱女神的打击下趋于瓦解，因此不得不再度另觅他途，转向新的意义控制方向，即其他的意义不确定对象，如生与死，以展开新的意义控制并恢复对意义控制的自信。而那正是史诗后两个部分的意义主题，与前两个部分的内容和风格几乎完全不同。

由对性对象或性欲冲动的敌视态度所建构出的心理防御装置，是一种对性对象或性欲冲动进行意义控制的结果。这种心理结构在早期社会生活中还是比较脆弱的，不足以克制人们本能的强烈欲望，因而它在性意识方面引起的意义冲突相当普遍，且随时都很容易导致人们之间的相互敌视、仇恨或摧残，造成人格躁动或意义焦虑。这些冲突反过来又刺激人们产生更加强烈的意义控制倾向，而所引起的意义冲突无疑也会越加严重。在这种背景下，人们不得不寻求其他方式来强化这种心理防御装置，例如那些原始部落的图腾禁忌或原始宗教就是如此，一些原始道德伦理习俗或社会规范的心理功能也是如此，还有一些社会政治、经济或法律结构等也起着类似的作用。即使是哲学、科学或文学艺术等文化活动，也都与加强人的心理防御装置有着内在的关联。但是这些社会组织结构方面的内容或社会文化生态环境的构成部分，并不只是基于对性意识领域所产生的意义冲突感到担心或焦虑才形成的，还掺杂了对许多其他领域内的意义恐惧心理，即多种意义不确定根源所造成的意义威胁的担心或焦虑。这些社会组织结构或意义控制行为虽然在局部或个别时候有助于缓解或消除一般的意义恐惧，但是从长期看又难免造成意义冲突的危险程度不断升级，反而强化了意义控制倾向与意义冲突之间的恶性循环。

在现实社会的历史生活中，社会情境条件的复杂内容，促使人们的心理防御装置所包含的内容也呈现出一个相当复杂的多层次或多重结构，与复合的社会组织结构和社会文化生态环境之间形成某种关系，有时会产生共振，弹奏出和谐美妙的乐曲，而有时就会纠结扭曲，发出嘈杂刺耳的声音。如果只是偶尔几声难听的声音还不打紧，可是长时间过度的刺耳，恐怕就会造成人的神经崩溃。例如那些长时期、大范围的持续性战争、贫困或社会整体的不公正现象等现实际遇，就属于这类情况。处于此种状况下的人，很可能就将面临灾难性的悲惨命运，而无法摆脱。

人类社会的文明发展可以说一直伴随着人们的这种努力，即极力建构自己的心理防御装置。这一过程时至今日似乎还在持续。它是否有什么根本的改变呢？对此，我们很难给出肯定的回答。毕竟它根源于人的意识活动本身的特性，是由意义的无限可能性或不确定性所带来的。人们对意义不确定性的不适应感导致意义恐惧心理的产生，而那些不确定的意义对象又始终萦绕在人们的脑际，挥之不去，造成了人们深深的焦虑。只要对这些意义对象及其意义的不确定性一直不能很好地适应，那么人们也就难以从这种意义焦虑状况中解脱出来。这种意义不确定性的典型对象，除了我们刚刚分析的性对象或性的本能欲望之外，在父母和同伴关系上也同样存在，另外还有梦境、生与死，或不可知的未来世界等几种意义对象。这些意义主题在《吉尔伽美什》史诗中几乎都得到了很好的展现，可以让我们对意义不确定性所引起的心理效果或行为影响略窥端倪。

关于梦境的主题几乎成为史诗隐含的一条主线，因为从史诗一开始的情节到最后的场景，以及整个史诗的几个关键故事，都与梦境有关。史诗说吉尔伽美什早在恩启都离开山野来向他挑战之前，就预先梦到了相关的征兆。关于梦境的具体描述出现在第二块泥板的开始部分，以似乎不经意间的情节安排很隐晦地表达出梦境对吉尔伽美什所产生的心理影响。他在与恩启都大战之前做了两个梦，自己不解其意，很是困惑，于是就向他的母亲询问。他的母亲作为"全知的女神"（这隐喻了父母是最初的意义确定者），告诉他这与某个"野人"（指恩启都，因为"他生于原野，在山里长成"）相关，这个野人是要来与他相见，并与他结为好友的（"你［如果］见了他，你也会高兴"），且还能够给他带来吉祥（"贵人们将要吻他的脚，你会把他拥抱"）。正是这两个梦以及他的母亲所做的解释，让吉尔伽美什在心理上发生了变化，使他在与恩启都大战打成平手之后，不是像一个暴躁傲慢的君主那样怒火中烧或气急败坏，认为自己的权威受到了挑战，因而必欲将对方除之而后快，而是马上就此罢手，没有再继续追究下去的欲望（"他的怒火平息了，他退到原来的地方"）。

梦中场景对人的心理影响这一点，我们从弗洛伊德那里已经了解了很多（见本书第一章）。不过根据前面对意义世界的阐述（见本书第二部分），梦境对原始人的心理影响，并不是像弗洛伊德所说的那样，只能简单地归结为性意识的作用。梦境的产生可能有多重原因，既可能是心理焦虑的原因，也可能是其所引起的结果。但是无论什么原因引起人们做梦，梦境中的情景本身所体现出来的极不确定的意象联结，却对人的思想和行为造成了相当明显的影响，特别是对意识能力还不太发达的原始人来说，交织缠绕关系就更为严重，例如梦境很容易让他们产生持续不断的惊惧和焦虑，进而又牵涉他们意义空间的建构方式和外在行为的导向。

我们知道，原始人的日常经验感知所形成的意象联结，是不太容易带来严重的惊惧或焦虑心理的，因为他们要在日常生活经验中首先形成习惯性的意象联结，并以此为基础进行意义安排和筹划，然后才有可能注意到那些非正常的现象，并产生好奇或惊讶。而这是需要一个较为漫长的经验过程的，因而使他们已经能够逐渐适应其中所出现的绝大多数不寻常现象，养成了力图根据已有方式进行联结的习惯。毕竟意义的无限可能性或可分离性使他们似乎对任何现象都有可能给予出让自己满意的解释。只要不是个别特异的现象，且带来令人惊恐的灾难和伤害，如地震、洪水、龙卷风或火山喷发等，就难以产生持久性的或频率较高的意义焦虑。毕竟，这些现象是一般人并不很常见的，因而难以在大多数原始人不很发达的记忆中留下持续性的深刻印象。自然现象对原始人的影响就像一个小孩子所经历的一样，虽然他对各种意义内容理解得还不多，因此似乎对什么都充满好奇，总是想去一探究竟，但是他还不至于因为自己有所不懂而产生过度的惊惧或焦虑，即使有一些，也很快能够通过自己所掌握的一知半解的知识而打发掉，并不会轻易地在自然现象面前止步不前，被恐惧一直纠缠，除非是很特殊的情况。而梦境对原始人的影响就与那些特异的自然现象有所不同了，因为这几乎是所有人都难免会遭遇到又无法轻易理解的事情。

梦境的特殊性主要在于其杂乱无章的内容和经常性地出现这两点。梦境中的意象联结一般都是飘忽不定的，没有显而易见的恒常规律可循。这是原始人较为初级的意识能力无论如何都难以轻松承受的，而其经常性的出现又会在原始人初级的记忆中留下无法消除的痕迹。因为原始人的意识能力主要源于对自然界物理现象的习惯性感知，其记忆也多是对最为常见的重复性物理现象的印象，例如那些小河流水、虫鸣鸟叫、草木生长、日夜更替或刮风下雨等自然现象，以及人们的日常作息等自然习惯，都使人们渐渐地习以为常。这些常规的物理现象构成了原始人常规的感知方式和理解方式，一点点培养出了原始人如此这般的意识能力。但是随着意识领域神经活动频繁程度或活跃程度的提高，原始人做梦的频率会越来越高，每一次做梦的时间可能也越来越长，同时梦境的内容也会越来越丰富和复杂，而做梦者醒来之后能够记得的梦境内容也相应会越来越多。于是梦境内容的杂乱无章、难以简单联结的状况就形成了对原始人常规感知和理解方式越来越严重的干扰，会不断引起他们的困惑和恐惧。我们甚至可以这么说，人的成长过程，也是意识能力的成熟过程，而意识能力的成熟过程，又是在梦境之类非常规物理现象的干扰中形成的。越是意识能力弱的人，受到这种非常规现象的干扰程度也就越严重。就像一个小孩特别害怕做恶梦一样，会吓得哇哇大哭起来，并从睡梦中惊醒。而当他做了一个美梦的时候，也会不由自主地在睡梦中嘻嘻哈哈笑起来。原始人的情况也与此类似，受梦境影响的心理反应程度可能远比我们现代人要大得多。不过我们可以很容易地想象到，生活在原始状况下的人类，对食物、安全、疾病或气候等方面的威胁都难以有很强的抵御能力，恐怕在大多数时候处于不安定的生存状态，因而他们做美梦的时候大概较少，而做噩梦的时候却很可能是较多的。因此，梦境对他们而言，往往总是带来惊惧不安的心理影响，而且，也正是那些令人困惑和恐惧的梦境，才更让他们印象深刻，可能始终都会缠绕在他们的脑际，久久难以忘怀，以至于形成了对梦境的敬畏心理，并由此影响到白天日常的思想和行为。这一点，应该说也正是原始宗教或伦理习俗产生的心理根源，对原始人的意识活动和外显行为都有着至深的影响，与原始人类的社会关系和社会结构的形成也都有着内在的关联。

在《吉尔伽美什》中，对梦境的敬畏心理交织着母亲（作为最初的意义提供者）的意义解释，可以说是导致吉尔伽美什在思想和行为上发生完全转变的最主要原因。不过我们也不能忽视来自相反方向的原因对他的心理影响，即他对乌鲁克城所有女人的性权力所引起的满城的怨声载道，使他在性意识或性控制力量上产生了某种挫败感，并由此导致对性对象、性活动或性的本能欲望的敌视态度。因此，吉尔伽美什的人格转变就与他对性对象和梦境这两种不确定的意义对象的态度，与他对母亲这一个确定的意义对象的态度，都有着几乎是直接的关联。这样来看，吉尔伽美什的人格转变恐怕就不能理解为是由一个"坏人"（暴君）转变为一个"好人"（为民除害的英雄）那么简单了，而更应该视为一种意义转向或意义取代，即转向另一种确定意义的来源（同伴关系），在同伴那里获得确定意义以抵制在性对象和梦境那里的意义不确定性。虽然同伴关系本身最终也同样是一种意义不确定性的根源，但是对此时的吉尔伽美什而言，他还完全没有意识到这一点。一方面他还缺乏这种人生或社会经验，另一方面是母亲这种确定性的引导，再一方面是他对更新意义来源的迫切渴望。这三个方面的因素共同促成了他的意义转向，让他在与恩启都的同伴关系那里似乎看到了获得全新意义的希望，看到重建或扩展自己意义空间的可能。这是我们从吉尔伽美什人格转向的背后，所能探测出来的意义变化。

无论如何，从史诗来看，吉尔伽美什从此不再任性妄为、暴虐无道了，而能够与他人（恩启都）平等相处、互敬互爱，并联手去征服来自自然世界的意义威胁（以森林怪兽芬巴巴和天牛为象征），为民除害（这很可能仅仅是一个附带的后果，并不是主要的目的），以重拾作为一个君主的自信。尽管在很多社会的原始文明中将梦境视为某些事情发生的预兆，但更可能的解释不妨说是梦境的心理暗示以很微妙的方式，实质性地影响了人们的精神状态和行为导向，使相应的事件情境有着更高的发生概率。而这种高概率又反过来让原始人更加重了对梦境的敬畏心理，即看到并相信这种心理暗示可以引起更高的导出效率。这一点在《吉尔伽美什》中得到相当厚重的氛围渲染，渗透在几乎所有情节之中，而不仅仅是在吉尔伽美什个人的人格转变上。

第三块泥板[①]一开始也提到了恩启都的梦，表达了对自然世界神秘力量（天神的威力在原始人意义空间中也可视为自然世界的一个重要组成部分）的担忧，由此感觉到"内心的痛苦"，使他"眼里噙满泪水"，并导致他"我的两腕不能活动，我的力气已被抽空"。在第四块泥板[②]中，当他们前往寻找芬巴巴时，梦境对他的这种行为影响仍然还在，"[一打开门（"森林之门"），我的手]就不能动弹"。第五块泥板讲述了他们与芬巴巴的搏斗，居然都是在两人的梦境引导下进行的。吉尔伽美什接连做了三个梦，恩启都做了一个，两人再相互释梦，梦的意义不断启示给他们等待着他们的惊险命运。在第六块泥板中，当他们战胜天牛之后，恩启都又做了一个梦，显示了自己即将遭到天神的惩罚和难以逃脱的厄运。第七块泥板[③]一上来就是讲述恩启都描绘自己所梦到情况，说天神们议论"因为他们杀了天牛，还杀了芬巴巴，[他们当中]必须死[一个]"。而"恩启都该死，吉尔伽美什可以留下"。于是，当恩启都做完最后一个梦时，也就到了他的"寿终之日"，就像吉尔伽美什说的："我的朋友做了个梦，并非[吉利]，他做梦那天，正是他寿终之日。"他在人世中出现的

---

① 《吉尔伽美什》，赵乐甡译，辽宁人民出版社2015年版，第三板泥板内容见第37—45页。

② 《吉尔伽美什》，赵乐甡译，辽宁人民出版社2015年版，第四块泥板内容见第47—49页。

③ 《吉尔伽美什》，赵乐甡译，辽宁人民出版社2015年版，第七块泥板内容见第67—74页。

整个过程，就从吉尔伽美什梦到他的即将到来，直到最后他自己梦到自己的厄运，都始终与梦伴行。当他不再能够做梦时，也就是他进入了"极其 [深邃的]黑暗"（见第九块泥板内容①），那里没有"光"，"什么都看不见"。

为什么在史诗中，恩启都短暂的传奇一生从始至终有梦境相伴？这究竟意味着什么呢？这个梦幻一般的神秘人物难道只是作者们心血来潮的创作产物吗？难道他们只是为了增加情节的曲折离奇以吸引读者的兴趣吗？人们当然可以把这部史诗仅仅当作一个文学作品来欣赏，只不过我们如果想从中探察人类社会原始时期的心灵状态，就需要看到它的背后更多的意义联结及其意义氛围。

从史诗内容上看，恩启都是专为吉尔伽美什而被创造出来的。在与吉尔伽美什共同完成了两个壮举（杀死了怪兽芬巴巴和天牛）之后，他似乎也完成了自己的使命而魂归幽冥。这一使命即消除吉尔伽美什的意义焦虑，使其发生意义转向或意义重启，获得一个新的内涵丰富、无限开放的意义空间。这正是恩启都相对于吉尔伽美什而言的意义角色。可见在史诗中恩启都并不单纯是一个故事性人物，而更是一个意义核心——吉尔伽美什意义空间的转向枢纽。因此，对这一意义角色的刻画，作者就不能平铺直叙地以凡人看待，直截了当地描述他的恩怨情仇，而必须以一种梦幻般的意义氛围来加以笼罩或环绕，烘托出这个角色的纯意义特征。我们甚至也可以说，恩启都是作为吉尔伽美什的一个意义对象而存在的，是作为"同伴"的意义象征而出现的。这一意义对象就通过伴随梦境的艺术手法隐晦曲折地表达了出来。而梦境之所以能够做到这一点，又与其具有的强烈意义不确定性特征有着直接关联。

我们已经说过，在远古时代对原始人而言，梦境几乎是意义不确定性最直观的见证。因而对梦境中的奇特情景，原始人也付出了最多的心灵努力，以寻

---

① 《吉尔伽美什》，赵乐甡译，辽宁人民出版社 2015 年版，第九块泥板内容见第 80—85 页。

求其可能蕴涵的确定意义。这对他们稚嫩的心灵能力来说，确实是一项最具挑战性的事情。由此我们不难理解，对梦境的态度和其内容的理解，可以说汇集了原始人最为丰富的意义筹划方式，成为原始心灵空间中意义旋涡裹挟的一个核心领域。这就像一幅历史卷轴一样，可以展示出原始人对意义不确定性的恐惧心理和对确定性寻求的执着精神两者的交织，且总是充满迷离奇幻的氛围，仿佛虚无缥缈的魔幻世界。

这种梦境引起的意义氛围对原始人而言几乎就是真实存在的，因为他们似乎都能亲眼"看到"，亲耳"听到"，用鼻子"闻到"，亲手"触摸"，或亲身感受到这个意义氛围中那些意义对象，如同发生在韦泽尔河谷地和阿尔塔米拉地区山岩洞窟里的情形那样。在这种意境的逐渐澄明中，那些意义对象有生命，越来越活跃，且与人们之间形成了越来越密切的意义关系，也就是对现实中的人们而言，具有了真实的意义，有着经验的确定性，而不是虚幻的对象，例如灵魂、本能的欲望、超脱生死的空间、未来或未知的世界等。而梦境就成为这些特殊意义对象活动的区域、显现的场所，并实质性地影响甚至决定着现实生活中的人们的思想和行为。这种影响或决定的作用，就导致人们执着地寻求其中确定的意义对象，以避免在不确定的意义焦虑中困惑犹疑、彷徨不定。但是，正是这一点，也意味着这些意义对象本身所具有的不确定性，将始终纠缠困扰着人们的心灵，恐怕是永远都挥之不去的。

我们说过，对原始人而言，父母、同伴或性对象是人们在日常生活中最主要的意义提供者或确定者。同时，这三者作为"他人"也是意义不确定的最主要来源，而且作为意义赋予的中心，他们还与梦境、本能的欲望、生死空间、未来或未知的世界等典型的不确定意义对象紧紧地缠绕在一起，难以区分。所以我们在史诗中看到，恩启都自始至终都被梦境所笼罩，是与他作为同伴这一意义对象有着直接的关系。而且他这个"同伴"还不是普通的同伴，而是吉尔伽美什几乎全部心灵能量所灌注的意义对象，是吉尔伽美什情之所系、意之所向或心之所在。从这个角度说，恩启都几乎成为吉尔伽美什的"灵魂"凝聚之处，甚至就是他的"灵魂"本身。或者说，至少在吉尔伽美什眼里或心里，恩启都这个同伴并非只是一个好朋友而已，而更主要的是自己的整个心灵所寄托的意义核心所在。这从恩启都的死对他的触动可以很明显地看到。当他刚一听说天神们的判罚，就"泪如瀑布一般"，哭诉道："弟兄啊，亲爱的弟兄！为什么不顾我们是弟兄，竟将我无罪从宽？而且，我还必须坐在那幽灵跟前，[必须坐在] 那幽灵的 [门边]？我再也不能亲眼，把我亲爱的弟兄 [瞧看]！"（见第七块泥板内容）在恩启都死后，吉尔伽美什由于过于悲痛而变得精神有些恍惚迷离。他自言自语道："我朝着我的朋友恩启都哭吊，像个悲啼的妇女那样激烈地哀号。"[①] 他的举止也似乎失去了控制："（吉尔伽美什）就像狮子一样高声吼叫，就像被夺走了子狮的母狮不差分毫。他在 [朋友] 跟前不停地徘徊，一边 [把毛发] 拔弃散掉，一边扯去、撕碎 [身上] 佩戴的各种珍宝。"史诗对他伤心欲绝的样子描绘得很仔细。这种因亲人或好友过世而悲痛之状，在我们现代人眼里已经没有任何新奇之处，但悲痛这种情感却并非自古就有的，也不是恒久不变的，在动物身上我们就很难看到这种情形。

为什么看到他人去世，一个人会产生这种悲伤的情感呢？这不能仅仅诉诸生物学上的理由，还应该归诸人与人之间的心灵关系，即某种意义关系。有了这种意义关系，才有可能触发人的心灵感应，产生喜悦、悲伤、愤怒或憎恨等内在情感。当两个人之间有很深的意义关系时，如父母与子女之间、友好的同伴之间或性对象之间等，一方的言行举止很容易在另一方身上产生这些情感状态。由近及远，人们对任何其他人的言行举止也会产生同样的心理现象。最后，即使与对方没有任何意义关系，一个人也可能会由自己的想象、同情或联想方式而产生相似的情感。这是人的心灵努力和心灵能力在意义表达和传递中

---

① 《吉尔伽美什》，赵乐甡译，辽宁人民出版社 2015 年版，第八块泥板内容见第 76—79 页。

的活动，也是人的意义空间丰富程度或发散状态的表现。通过这些情感的提示或帮助，人们可以知道或了解自己与他人之间在意义表达或传递方面上的状况是顺畅还是迟滞，是通达还是堵塞等。我们可以基本判断说，像喜悦、快乐或高兴这样的情感，表明意义的顺畅状态；而伤心、悲痛或忧郁这样的情感，就可能说明意义出现了迟滞、不够顺畅；如果是愤怒、憎恨或焦虑这样的情感，就可能预示着意义冲突或意义威胁等。当然，这些类别的划分并不能一概而论，因为现实情境中的多重条件有可能导致很复杂的状况。不过，当某个人成为另一个人心目中的意义焦点时，如恩启都相对于吉尔伽美什这种情况，成为他的情之所系、意之所向、心之所在，那么这个意义焦点或灵魂凝聚之处就会演化为这个人意义空间的核心，也即维持他整个精神生命的支撑之所在，不可或缺。

而从另一方面来看，如果这个意义焦点或灵魂所在一旦出现问题，如受到摧残、打击或毁灭，那么这也无疑是对该人精神生命的致命摧残、打击或毁灭。正是在这种意义上，恩启都的死亡对于吉尔伽美什而言，才有着特殊的意味，而不是一个普通的好朋友去世这么简单。也正是在这种意义上，我们才会知道性爱女神伊斯妲尔对吉尔伽美什的报复行为之所以具有特殊的意味，而不是一种普通的惩罚或报仇，那就是伊斯妲尔强烈感受到了他对性意识、性对象或性欲望的敌视甚至憎恨的态度，而这又正是伊斯妲尔这个性爱女神所代表或象征的一切，是她独一无二的特征，是她的本质所在，也即她的意义焦点或核心，因而她是要不惜一切代价加以维护的，绝不允许他人的这种蔑视或侮辱。因为这种蔑视或侮辱就等于对她的意义空间进行彻底否定，是将她的意义空间完全地归于虚无。无疑，这对她而言是无论如何不可接受的。在这一背景下，她对吉尔伽美什的报复就不会只是寻求普通的方式或程度了，而一定要对他的意义焦点或核心进行摧残、打击或毁灭，要对他的意义空间进行彻底否定，将他的意义空间完全地归于虚无。因而，他们两个人之间的矛盾，就不是单纯在爱情上的不投缘，不是简单的由于求爱不成后的恼羞成怒，也不是尊严或身份受损之后的气愤，更不是由于他直截了当地当面拒绝或羞辱使她无法下台等原因，虽然这些原因或许也多多少少有一些影响，但更关键的是，伊斯妲尔与吉尔伽美什之间的冲突属于最严重的意义冲突，也就是一方是在对对方的意义焦点或核心进行毁灭性的打击之后，另一方也只好以其之道，反施彼身。这种意义冲突一旦出现，就无论是谁都不可能退让，否则就将失去自己的整个精神生命或意义空间，甚至都无法恢复。

恩启都就是在性爱女神伊斯妲尔对吉尔伽美什的这种意义打击或毁灭之下的牺牲品。因为很明显，他与吉尔伽美什两人之间的意义关系，已经不再是简单的生物学关系（如血缘、性关系或同类），也不是一般的物理学关系（如共处于一个生活场景之中的同伴），而构成了一种特殊的社会伦理关系——朋友关系。这种伦理关系是成年男子之间的一种社会关系，并非来自血缘或性关系。这种伦理关系后来在社会形成中有着巨大的结构性作用。这种社会伦理关系将不由单纯的生物学关系决定，也不由单纯的物理学关系决定，而是要由他们之间的意义关系决定。当然，具体的意义关系是无限多样的，不能一概而论，而将视其具体的社会现实情境条件而不断变化，随时更新其形式或内容。

恩启都作为吉尔伽美什的一个特殊意义对象，在其生前已经以一种新的意义赋予方式帮助吉尔伽美什的意义空间成功实现了转向，即在乌鲁克城被"堵塞"的意义空间重新得到开放，并在应对自然世界的不确定意义威胁（怪兽芬巴巴和天牛）中获得了胜利。但是恩启都对吉尔伽美什的意义启发并没有完结。他的死亡触动吉尔伽美什打开了另一扇大门，让他看到了自己早先几乎完全没有意料到的另一个神奇世界——超脱生死的空间或未来世界。这对吉尔伽美什来说意义非凡，促使他在更大的不确定意义世界中去追寻更加神秘的确定性，从而导致他的思想和行为都产生了超越性转化。这构成了史诗后半部的内容：吉尔伽美什对生与死问题的思考和追索，并由此似乎洞察到了未来、未知或幽灵世界的奥秘，让他的意义空间得到无限的丰富和扩展。

在为恩启都的死亡伤心和痛苦之后，吉尔伽美什慢慢开始对死亡产生了特殊的感受："吉尔伽美什朝着他的朋友恩启都，泪如泉涌，在原野里彷徨。我的死，也将和恩启都一样，悲痛浸入我的内心，我怀着死的恐惧，在原野徜徉。"（见第九块泥板内容）这是他对死亡产生了感同身受的心理状态，看到恩启都的死亡，就像自己也死亡了一样，似乎进入了那"极其深邃的黑暗"之中，见不到任何光明，"[他前后什么都看]不见"。进而，对生命和死亡的困惑开始攫住了他的心灵，意识到了其中隐含着奇特的变化。这种变化不仅发生在肉体上，而且结合着与灵魂的关系，使生命和死亡变得离奇。由此，关于生命和死亡的问题逐渐成为他意义空间中的一个核心焦点或对象。于是，他很自然地就发出了内心强烈的欲求："[我想探听]关于死亡和生命。"这一欲求可以说几乎重构了他意义空间的内在结构，使他从与恩启都这个特殊同伴的意义关系中超脱出来，转向了新的意义之源——生死或未来世界。这是吉尔伽美什的第二次意义转向：第一次是他从对乌鲁克城民众的权力控制和对女性的性控制中转向与同伴的意义关系；而这一次则是从与同伴的意义关系转向了追寻生死或未来世界的意义之源。

吉尔伽美什的这两次意义转向有着相同的根由，即原有的意义之源受到阻塞或打击而不再能够提供新的意义。这也就意味着他的意义空间无法再从原有的意义之源中获得丰富的内容，以无限地扩展。第一次转向是由于乌鲁克城的民众或女性对他的权力控制产生了抵制，与他之间形成了意义冲突，而这次是由于同伴恩启都的死亡。这些情况促使吉尔伽美什不得不寻求意义转向，否则其心灵空间将难以避免趋向停滞或萎缩。在这种背景下，他的转向很坚决，毫无迟疑，因为对他而言已经没有回头路可走，也没有考虑的余地了。所以，为了探求生命和死亡的秘密，他准备面对任何艰难挑战。他说：

"[纵然要有] 悲伤 [痛苦]，[纵然要有] 奇寒和 [酷暑]，[纵然要有] 叹息和 [眼泪，我也要去]！来，[给我打开入山的门户]！"即使当大力神舍马什来劝告他最好放弃为了非分之想而前往遥远又危险之地的打算时，他也毫不动摇："难道我白白地在旷野里跋涉，我的头颅仍然必须躺在大地的正中，仍然必须年复一年地长眠永卧?!"①为此，他吃尽了苦头："我漫步流浪，把一切国家走遍。我横渡了所有的海，我翻过了那些险峻的山。我的脸色表明缺乏充足的、舒适的睡眠，我身受了失眠的折磨，手脚为忧伤所缠。"而这一切，同时也是为了同伴恩启都：

> 和我一起分担一切劳苦的人，
>
> 我衷心热爱的那个恩启都，
>
> 他和我一起分担了一切 [劳] 苦，
>
> 而今，竟走上了人生的宿命之路。
>
> 日日夜夜，我朝着他流泪，
>
> 我不甘心把他就此送进坟墓，
>
> 也许我的朋友会由于我的悲伤而一旦复苏！
>
> 七天七夜 [之间]，直到蛆虫从他的脸上爬出。
>
> 自从他一去，生命就未见恢复。
>
> 我一直像个猎人徘徊在旷野荒途。
>
> ——第十块泥板内容

从恩启都的死亡上，吉尔伽美什看到了生命的变化，肉体的消逝无情地带走了同伴。但由于恩启都是他意义灌注的对象，是他情之所系、意之所向、

---

① 《吉尔伽美什》，赵乐甡译，辽宁人民出版社 2015 年版，第十块泥板内容见第 87—92 页。

心之所在，因而他是无论如何不会愿意就这样无奈地看着恩启都以及由恩启都所形成的意义氛围同时也随风飘逝的。这种意义氛围紧紧地围绕着他，包裹着他的灵魂，甚至已经与他的整个生命或意义空间融合在了一起，难以分解。所以，虽然恩启都已经死亡，其肉体已然消失，但是他的意义氛围或灵魂却仍然能够被吉尔伽美什所深切地感受到，甚至触手可及，睁眼可见，他的音容笑貌几乎就一直呈现在吉尔伽美什的眼前，宛若亲在一般，栩栩如生。因此，这让吉尔伽美什无论如何不愿意也不能相信恩启都的死亡真的就意味着他的一切也都随之消逝，而仍然相信某种奇迹在等待着他，例如生命的"恢复"。而如果恩启都死后能够重生，那么同样的，吉尔伽美什也将能够使自己的生命始终保持下去，即获得永生。而这种可能性对他而言已经并非幻想，而是那么真实地呈现在眼前，让他心驰神往，甘愿为此作出巨大的心灵努力而去一探究竟。

这种重生或永生的可能性，也是对生命和死亡这一意义领域的确定性追求。由此还可以延伸至任何事物永恒持续的可能性之上，即在万千事物无限可能的繁复变化中，探求出某种确定性的意义联结，例如时间性或空间性的变化也可以进入意义控制的范围之内。意义的确定与不确定相互纠缠的状况在史诗中通过吉尔伽美什所抒发的命运感叹表明得很清楚：

> 难道我们能营造永恒的住房？
>
> 难道我们能打上永恒的图章？
>
> 难道兄弟之间会永远分离？
>
> 难道人间的仇恨永不消弭？
>
> 难道河流会泛滥不止？
>
> 难道蜻蜓会在香蒲上飞翔一世？
>
> 太阳的光辉岂能永照他的脸？

> 亘古以来便无永恒的东西！
>
> 酣睡者与死人一般无二，
>
> 他们都是一副死相有何差异？
>
> 神规定下人的生和死，
>
> 不过却不让人预知死亡的日期。①

世界上各种事物气象万千的变化是人们每天能体验到的。当人们有了意识活动，在自己的意义空间中将这些变化展示出来的时候，就产生了最基本或最初级的意义不确定性。这种原始的意义不确定性无疑会让远古时代的人们印象深刻，就像尼安德特人或克罗马农人那样。这在韦泽尔河谷地或阿尔塔米拉山岩洞窟的壁画中，我们已经见识过了。原始人的心灵努力也正是在这种基本日常经验中寻求最初的确定性。由此，确定的与不确定的意象联结就始终交织在一起，构成了原始人的意义空间或精神氛围。而当新石器中晚期的人们将事物变化的根源诉诸神灵的时候，实际上也是在不确定的意义海洋中尝试着为自己确定了一个最终的意义联结原则。或者更准确地说，神灵也就是意义确定性的一个原则，是将不确定的诸种意义确定下来的一种方式。

诉诸神灵的解释原则普遍存在于世界各地早期的文化传统中。而这从《吉尔伽美什》这个最早的意义文本中已经可见一斑。像吉尔伽美什的母亲为他解释梦境的象征意义时，或者像恩启都处于人生转折时，史诗都会运用这一法则。在原始人心里，神灵的威力或许也正体现在对万物命运具有着确定的决定权力或控制权力。不过，人们也很快就会在这种意义确定性中发现

---

① 该段诗文为译者转译自俄国研究者对第十块泥板的解读。《吉尔伽美什》，赵乐牲译，辽宁人民出版社 2015 年版，第 93 页。

很不确定的一面，那就是万物变化的具体状况，如神灵虽然"定下了人的生和死"，"却不让人预知死亡的日期"。而这一点给了人们无限的遐想。因为，如果有人预先知道了"死亡的日期"（神灵的秘密），或许就能够事先采取某种办法干扰神灵的安排，以至于对命运加以改变。就像在发大洪水之前，如果预先筹划和准备，建造一个硕大的船只，装载上所需的物品，就可以躲过洪水的泛滥，避免被洪水吞没，从而延续了生命，破坏了神灵的命运安排①。即使神灵曾经想"将人类灭绝无遗"，"一个也不许逃脱"，可是最后也不得不承认失败，只好去祝福那些得到"永生"而升格成为神灵的凡人们，因为他们已经获得了"长生不老"，即使神灵们也无法再使他们重返人间或打入地狱了。

于是，在神灵对万物的掌控中，意义的确定性和不确定性两者交叉之间出现了一个神秘的"奇点"——神灵的秘密。说它神秘，是因为它同时具有最确定性与最不确定性的意义特征，是人们不惜任何代价都想得到却又很无奈的意义对象。神灵的这一秘密具有意义的最确定性，是因为神灵本身就是确定性原则本身，即人们在无限可能性的意义海洋中确定意义的原则。这些原则因其对象的无限多样性而也有着无限的数量或形式，但是在抽象的意义上，无限种类的确定性原则又可以被归结到一个最高的原则那里，成为最终的或最高的确定性原则。这个最高的终极原则就是对万物秩序的安排，或决定所有命运的归宿，或消除所有意义冲突的解决方案。如果有谁知道了这个原则，那么他也就知道了整个世界万事万物的变化过程；如果有谁掌握了这个原则，那么他也就等于掌握了整个世界，就像最高的至上神或造物主一样，不仅一切都是祂所创造，而且万事万物在被创造之后的一切运行也都由祂所掌控。正因此，这个最高的终极原则就被人们称为神灵的秘密或"天机"。

---

① 《吉尔伽美什》，赵乐甡译，辽宁人民出版社 2015 年版，第十一块泥板内容见第 94—109 页。

可是就像硬币都有两面一样，这个确定性的最高原则还具有另一面意义特征，即神灵的秘密又是最不确定意义的根源。因为这一原则本身就是对不确定意义的确定，自身之内就包含了无限的不确定性。同时，对这一原则的掌握本身又意味着可以对所有已确定意义的重新筹划、重新安排、重新解决。如果有人掌握了这一原则，就可以通过它来改变万事万物的运行，通过干扰预定的轨道而转变运行的秩序，例如将凡人的寿命延长，甚至达到永生，与神灵一样；或者将本来要进入地狱的凡人命运改成升入天堂等。这等于对所有已确定意义的破除。这一点是神灵的最高原则本身所蕴涵的。因为如果有一个具体的确定性意义是不可改变的，即使连最高的至上神也不行，那么这就意味着祂对自己所创造的某个对象无法掌控。而这一点是与祂的本质相矛盾的，也就是不可能的。就像我们会问"上帝是否能够创造一块连自己也无法举起的石头"一样，万能的"上帝"这一概念蕴涵着所有的"能"，但是同时，这个"能"本身又蕴涵对所有"能"的破除，即"不能"。因而这一概念就等于是所有的"能"与"不能"的合体，或是一个"矛盾体"。这样的矛盾体，我们当然不会说它在某处现实地具体存在着，即使说它是抽象存在着，实际上也不过是在玩文字游戏而已。但是至少，对类似这样的观念，人们无疑是可以进行思议的，如同说"方的圆"一样。这是意义无限可能性的体现，就像文字游戏一样是可以随便玩的，可以不必有任何意义限制。或者更准确地说，文字游戏既可以设定任何意义限制，也可以对任何意义限制加以消除。这源于意义的无限可能性，也是意义空间只会趋向无限开放的自然特征。

但是在人类社会的现实历程中，神灵的秘密或"天机"却不是好玩的文字游戏，或者至少是不被人们视为文字游戏的，而是在人们的心目中具有真实的控制力量，即在人们的意义空间中起着现实性的构造作用，促动着人们的意义表达和传递，对人们的思想和行为都产生着实质性的影响。就像在史诗中，吉尔伽美什的两次意义转向，就都与神灵秘密的启示有着直接的关系。第一次是他的母亲将他所做的梦解释为神灵的启示，从而引导了他的观念和行为。第二次是神灵的秘密——对人的命运掌控——促使他不畏艰险前去寻求神灵的这个秘密。获得了永生的神灵乌特那庇什提牟就是这样告诉他的："吉尔伽美什啊，让我来给你揭开隐秘，并且说说诸神的天机！"（见第十一块泥板内容）当他们最终在大洪水中幸存下来之后，他又说：

> 吉尔伽美什啊，
>
> 你辛辛苦苦来到此地，
>
> 你就要回到家园，
>
> 该给你点什么东西？
>
> 吉尔伽美什啊，
>
> 让我给你说点隐秘！
>
> 且听我［把神的秘密］说给你——
>
> 这种草［ ］似的［ ］，
>
> 它的刺像［蔷薇］也许会［扎你的手］，
>
> 这种草若能到手，
>
> 你就能将生命获取。
>
> ——第十一块泥板内容

于是吉尔伽美什就"跳进深渊""取了草"，因为他知道这种草叫"西普，伊沙希尔·阿米尔"，即"返老还童"之意，"人们靠它可以长生不老"，"重返少年，青春永葆"。这样他就在神灵的确定性原则中，寻获到了破解的法门，即通过"吃它（返老还童草）"，打破了这种确定性，然后又在新的不确定性（重定他的寿命）中，重新确定或掌握自己的命运。如果吉尔伽美什最终成功地做到这一点的话，那么，无疑，他就等于实现了最有价值的意义控制。不幸的是，就在吉尔伽美什以为自己已经成功获得神灵的秘密而得意之时，不确定性再一次占了上风。当他在返回乌鲁克城的路上下到泉水里去洗澡的时候，"有条蛇被草的香气吸引，[它从水里]出来把草叼跑。他回来一看，这里只有蛇蜕的皮。于是，吉尔伽美什坐下来悲恸号啕，满脸泪水滔滔"。结果他最后不得不空手而回。意义控制的最终企图归于失败。

"蛇"在远古时代的文化意识中是不确定性的典型象征，就像在《圣经·旧约》中在伊甸园里诱惑夏娃的蛇那样，使人吃了苹果而走上了不可知的命运。在史诗中，吉尔伽美什是由于蛇的破坏，而最终无法获得掌握自己命运的机会。在意义的确定性与不确定性的交战中，最后胜利的似乎总是不确定性。而这看来注定就将是人不可逃避的命运，尽管人们始终在想方设法，甚至不惜以任何代价意图获得最终的确定性，实现终极的意义控制，却难免失望。所以，在史诗的结尾部分，吉尔伽美什就只能与恩启都留在"阴间"的灵魂交谈，而不再指望让他复活再生了。并且他清楚自己是不可能"长生不老"的，总有一天必将前往"阴间"。因而"阴间"这一意义不确定性的"深渊"最后一次纠缠住他的心灵，让他彻底绝望。在吉尔伽美什的哀求下，阴间的掌管者死神涅嘎尔（Nergal）① 帮助他与恩启都的灵魂"见面"：

> 他（涅嘎尔）刚刚在地里凿开一个洞，
>
> 这时，恩启都的灵魂，
>
> 噗地从阴间上升。
>
> 他们（吉尔伽美什与恩启都）互相拥抱，接吻，
>
> 他们互相交换了意见和叹息：
>
> "告诉我，我的朋友；

---

① 死神涅嘎尔，也译内尔格勒、内加尔，是两河流域地区远古时代神话中掌管冥界的神灵。

告诉我，我的朋友！

告诉我，你曾看到的阴间的秩序。"

"我不想告诉你，

我不想告诉你！

[不过]，假如我告诉你，

我曾见到的阴间的秩序，

就会使你坐下来哭泣！"

"我宁肯坐下来哭泣！"

——第十二块泥板内容①

　　恩启都拗不过吉尔伽美什，只好将阴间的那些可怕景象详细地描述给他。而吉尔伽美什此时心灵所关注的意义焦点也不是恩启都这个同伴了，而是另一个世界中的神秘情形。这是他自恩启都死亡之后就一直被促动的意义转向。他已经无法（或不满足于）从他人心灵（父母、同伴或性对象）中再获得新的意义来源，而将自己的视野投向了另一些全然不同的世界，因为那里有着与眼前的凡间截然有别的意义内容。只不过这些新奇的意义空间是被同伴的死亡所开启的。这使整个史诗最终在一种暗淡的紧张气氛中结束。

　　从史诗对阴间的描述中，可以看出远古时代美索不达米亚平原的人们对于这种意义对象的丰富想象，如同梦境、本能欲望、他人心灵、神魔世界、未来或未知领域等的情形一样，以令人惊奇或恐惧的意义内容，汇聚成某种隐幽缥缈而又浓重的意义氛围，笼罩在两河流域社会中人们的心头，构成了他们充满紧张气息、情感纠结或焦虑心理的意义空间。这一沉重精神负担成为西亚社会和文化延续至今的一种意义特征。

---

① 《吉尔伽美什》，赵乐甡译，辽宁人民出版社 2015 年版，第十二块泥板内容见第 111—118 页。

第二节　两河流域古代社会的意义氛围

《吉尔伽美什》史诗渲染出两河流域古代社会某种特定的意义氛围。这种意义氛围的形成或出现是很特别的，有着许多特定历史情境条件的聚合。或许，是底格里斯河与幼发拉底河不定期泛滥的洪灾强化了阿卡德人、苏美尔人、巴比伦人、亚述人或波斯人对意义不确定性的恐惧感，给他们带来深深的意义焦虑；也可能是美索不达米亚平原开放性的地理环境使古代这些人始终缺乏安全感；还可能是两河流域冲积平原上食用植物比较容易被有意识地人工种植，而他们早已熟悉的食草动物也较容易被驯化，无形中培养了他们很强的意义控制倾向等。这些因素在解释西亚文明发生学上的特征时，当然都是有一定说服力的，它们确实很可能产生了相当的作用或影响。但我们还是要寻求某种更加内在的解释因素，以更充分地表明该文明精神特征的起源过程。恰当的内在解释模式指向的是他们自身意义空间中的心理状况，即某些内在的心理结构或意义框架是如何建构出来的。

就像我们在《吉尔伽美什》史诗中所看到的那样，在两河流域原始文化中，人们对不确定性的意义恐惧促使他们产生了强烈的意义控制倾向，即对那些不确定意义来源领域的控制欲望，如梦境、本能欲望、他人心灵、神魔世界、生命与死亡、未来或未知领域等。而这些意义控制不断归于失败又导致他们的意义恐惧更加严重，从而再度强化了意义控制的心理倾向。意义焦虑和意义控制这两者缠绕在一起，难解难分，从而造成了两河流域文化精神上的紧张气息和情感纠结的心理特征。

来自这些意义不确定领域的威胁及其所引发的意义恐惧，导致人们一般性的意义筹划或意义确定习惯逐渐转变为一种强烈的意义控制倾向和控制活动，即对日常经验世界进行控制的观念和行为。其中最主要的两类意义对象无疑是自然事物和他人。对自然事物的意义控制可以从农业耕种、动物养殖、器具制作、居住地的建筑或神话传说等方式中反映出来。对他人的意义控制则是在与父母、同伴或性对象的关系转变中得到投射。而这些意义控制的观念或行为又出现在远古时期的各种文化活动之中，因为这些文化活动无疑也是特定的意义控制倾向的社会性结果，例如社会结构的形成（政治、经济、伦理、法律或军事活动等）、宗教或文学艺术活动等。从《吉尔伽美什》史诗中，我们已经能够很明显地感受到西亚文明那种独具特色的心理倾向或精神特征了。当然，西亚文明这种独具特色的心理倾向或精神特征绝不会仅仅反映在这一部史诗中，而是会在该区域长时期的历史演变过程中被无数文化产物的具体内容所体现。

距离吉尔伽美什的乌鲁克城不远的乌尔城（The City of Ur）也坐落在幼发拉底河下游，只是它位于河的南侧。这里现存一座巨型庙塔的遗址（见图7-2）。建筑时间与吉尔伽美什生活的时代相差不远，都是在四千多年前的苏美尔文化时期。在塔的顶部有一座神庙的遗址，供举行宗教活动之用。

这一宏伟建筑最主要的特征就是它的厚重稳固。其稳固感有如埃及的金字

图7-2 乌尔城庙塔遗址，现伊拉克济加尔省纳西里耶附近，基底长64米、宽46米，约建于公元前2100年

塔，而厚重感却要强烈很多。一个建筑物让人引起的感受对原始人而言，要比我们现代人重要和巨大得多，因为我们早已习惯于各种不同的建筑式样，一般不会将建筑物带来的特殊感觉看得过重。但是建筑物对于原始人而言的意义就很不同了，因为他们的意义表达或传递的方式还很有限，且还不擅长对意向活动的抑制。这让他们在有限的意义传播渠道或方式中会很集中地灌注自己的心理能量，不由自主地促动他们稚嫩脆弱的灵魂飞向那些神奇缥缈的悠远意境。像乌尔城庙塔这样大型的建筑物会是当时人们的随意之举吗？或者只是某个君主国王一时的心血来潮？这种可能性恐怕是很低的，因为四千年前的建筑技术还很原始简单，要修建这样规模浩大的工程是需要某种特殊理由、决心和力量的，一定是很多人在长时期内深思熟虑的结果，也一定是很多人在长时期内艰辛劳动的成果才能将这一建筑付诸现实，甚至于我们也不难想象，这项巨大建筑工程肯定也会让很多人付出了一生幸福或生命的代价。

那么，究竟是什么原因促使这些原始人去完成这项壮举，并指望从这个宏伟建筑身上获得预期的意义回报呢？人们固然可以找出政治、经济、军事或宗教等方面的原因，不过这些原因似乎只是在表面上解释了他们这一行为，而没有涉及这些行为背后的心理因素，那就是意义恐惧和意义控制的心理倾向。这正是厚重稳固感所针对的精神状况。当地的人们一直传说这个庙塔就是《圣经·旧约·创世纪》中提到的能够直通到上天神灵那里的高塔——巴别塔（Babel Tower，现存的可能只剩下了塔的基座）。这当然是有可能的。不过要知道巴别塔正是出于对意义不确定性的极端恐惧，进而导致对意义确定性的极端追求心理的外在表现。这一点恰是与乌尔城庙塔所显露出来的精神氛围几乎完全一致的。

不过按照《圣经》的说法，巴别塔不是在乌尔城，而是从此地沿幼发拉底河而上不算太远的巴比伦城。但乌尔城庙塔是否真是巴别塔这一点虽然在考古学意义上很重要，对我们这里的讨论却并不要紧，因为类似的意义控制倾向恐怕并不仅仅会出现在乌尔城一个地方，在数千年前应该是普遍存在于两河流域美索不达米亚平原上许多城市的人们脑海中的。因而当某一个城市有了这种类型的建筑物时，其他城市很可能也在相似的心理背景下一有机会就会如法炮制，修建同样的建筑，以满足相似的精神需求。并且，他们还会将类似的建筑风格灌注在其他种类的建筑作品之上。所以与乌尔城塔庙座基很类似的考古遗址在西亚至中亚地区都较为常见，说明几千年来有很多同类型建筑在这一区域出现过，例如吉尔伽美什的古乌鲁克城、古巴比伦城、古拉伽什城（Lagash）、古苏撒城（Susa）或古尼尼微城（Nineveh）等地。这些建筑无疑会在大小规模、布局格式或色彩风格上存在或多或少的差异，但是在艺术特征上，又仿佛并非巧合地有着某种共同之处。

这种艺术特征在其他类型作品上也有所投射，我们一点也不会对此感觉很诧异。从著名的伊斯妲尔门（Ishtar Gate）上人们可以很清晰地感受到（见图7–3）。它给人的厚重稳固感几乎与乌尔城的庙塔完全一样，甚至连门上那些装饰用的神龙图案，其整齐划一的布置也似乎有一种宁神的心理作用，就像《世

图 7–3 伊斯妲尔门（Ishtar Gate），建于公元前 7 世纪的古巴比伦城，现复原于德国柏林国家博物馆内

图7-4 《拉马苏》(*Lamassu*)，又名《带翼人头公牛》(*Winged Human-headed Bull*)，约公元前720年，石灰石刻，高度421厘米，发现于底格里斯河上游的杜尔舍鲁金遗址（现伊拉克赫尔沙巴德地区），现存于法国巴黎卢浮宫

界艺术史》作者评价的那样："（伊斯妲尔门）的野兽比较庄重，每种动物的特征一致，都处在静止而非运动的状态，如同凝固在仪式队伍的缓慢跨步中。"[1] 一群神兽所表现出来的静态肃穆对人们的心理有着特定的影响。

厚重稳固的建筑风格与凝固缓慢的整齐秩序都在烘托着一种特殊的氛围，让人感觉坚定，虽然有些单调；还令人心神安稳，尽管颇为压抑沉闷。正是在这样厚重的艺术氛围中，像吉尔伽美什那样一直在意义不确定领域徘徊彷徨的灵魂，能够产生一种回"家"的幻觉，一时获得安稳的平静。不仅如此，这个"家"还是由同样厚重无比的神兽——"拉马苏"（Lamassu）（见图7-4）所看护的，这就更增强了他们渴求的安全感或确定感。

在亚述或巴比伦的许多宫殿遗址中，这些长着人的脑袋、带翅膀的公牛或狮子都在守卫着每个宫殿的大门，给人非常放心踏实的感觉。他们头顶的装饰和胡须的样式，配合着整个面部表情，显示出威严庄重的神态。这神态还让人几乎完全相信他们的忠诚品格和执着坚贞的操守，同时，对他们胜任职责的能力人们恐怕也不会有丝毫怀疑。这些雕刻短粗有力的五肢（而不是四肢）更强化了他们的坚定沉着，让人产生触手可及的确定感：一切都在完全可掌控的范

---

[1] ［英］修·昂纳、约翰·弗莱明：《世界艺术史》，吴介祯等译，北京出版集团公司、北京美术摄影出版社2013年版，第102页。

围之内，无须任何担心。厚重稳固的形象和风格压制或消除了人们心中的恐惧感或不安全感，使飘荡散落的心神收敛起来，凝固在石块的坚定和沉重之中，让人们在不确定性引起的那种令人窒息的惊恐状态之后得以舒缓自己的神经。

　　这种强烈的确定感必定会延伸至对一切事物的意义控制，例如对自然现象、梦境、他人心灵、本能欲望或冲动、生命与死亡、未来或未知的世界等，就像父母与子女之间，或者对同伴、性对象或普通百姓的意义控制一样。因为在古老的美索不达米亚平原上人们的眼里，修建这些建筑物的砖石并不是普通之物，而附带着特殊的意义——"决定命运之砖"。这是四千一百多年前，与吉尔伽美什大约同一时期的另一个城邦拉伽什（The City of Lagash）的君主古迪亚（Gudea）说的话。这个城市位于底格里斯河下游，距离幼发拉底河下游的乌尔城和乌鲁克城都不远，在今天伊拉克的阿希巴附近。这里也有与乌尔城类似的神庙——宁吉尔苏（Ningirsu）神庙。其建造者就是古迪亚。根据在那里发现的泥板内容来看，他正是要以经过"净化"的"决定命运之砖"阻挡来自梦境或命运的一切不确定意义（"洪水"），而达到永恒确定的境地。他建筑神庙的这一宏伟举措也正是从梦境这一神秘领域开始的：

　　　　梦中有一个和天地一样广大的男人，他的上身如同神，他的羽翼如同伊姆德古（Imdugud）鸟，他的下身如同飓风；在他的左右侧各蹲踞着一头狮子。他命令我要建造神庙，但我并不完全了解他的意思……另一个英雄出现了，他的手臂弯曲着，握着一支琉璃短匕首，并放下兴建神庙的地基图。他在我面前放置经仪礼洁净过的木桶，并为我制作砖模，同样的净化过后，他在其上安置"决定命运之砖"。①

---

① H. W. F. Saggs: *The Greatness that was Babylon*, London, 1962. 转引自 [英] 修·昂纳、约翰·弗莱明：《世界艺术史》，吴介祯等译，北京出版集团公司、北京美术摄影出版社 2013 年版，第47 页。

神灵即原始阶段人们确定意义的最终原则，而梦中的神灵正是这一原则运用于应对所有不确定性的对象。对梦中男人形象的描述证实了他的力量完全可以胜任这一使命，从而鼓舞起了"我"的勇气和意志。古迪亚作为凡人当然不能理解神灵的意思，因为这是神灵的"隐秘"，天机不可泄露。而凡人也只有在"英雄"的带领下，安置"决定命运之砖"，修建神庙，以获得确定的命运——永生或永恒的幸福。

一个据说是吉尔伽美什形象的石刻制品也很好地说明了这一点，即《控制狮子的英雄》（*The Hero Overpowering a Lion*）（见图7–5）。其与上文的《拉马苏》同时被发现于底格里斯河上游的杜尔舍鲁金（Dur Sharrukin）遗址，靠近现在伊拉克的摩苏尔市（Mosul）。这是一个站立着的男人形象。板格式胡须是两河流域文化的一个典型艺术特征，与肃穆的头饰和服装很相配，使庄重的表情显得更加威严和镇定。不过这幅石刻更令人注目的是，这个男人以左手笼住了一只爬到他身上的狮子。他用手掌攥住狮子的右前爪，同时用胳膊肘弯曲着横架在狮子的脖子上，使狮子的脑袋几乎无法动弹，难以张开嘴来伤人，而只能无奈地张望着。这幅作品还有一个名称为《男人与幼狮》。不过对这只狮子究竟是幼小的狮子还是成年的狮子是有争议的，因为如果只是从比例上看这只狮子确实很小，全身长度差不多只有这个男人的胳膊那么长。但是四千年前的雕刻家未必具有关于比例的准确观念和技巧。如果从这个狮子的形象上看的话，它无疑又是一只已经成年的狮子。因此，《控制狮子的英雄》这一

图7–5 《控制狮子的英雄》，约制作于公元前720年，石灰石刻，高度470厘米，发现于底格里斯河上游的杜尔舍鲁金遗址（现伊拉克赫尔沙巴德地区），现存于法国巴黎卢浮宫

名称就很好地说明了这一作品的精神特征，即典型的意义控制倾向。而《男人与幼狮》却有曲解之嫌，善意地将现代的平和观念赋予其上了。

从美索不达米亚平原的这些古老作品中，我们可以看到，在《吉尔伽美什》史诗中所反射出来的那种浓烈意义控制倾向相当普遍，似乎已经完全渗透在两河流域远古时代人们的精神空间之中或灵魂深处了。而这种意义控制倾向无疑又是与他们迷醉于那些意义不确定之源的心灵状况密切相关的，使他们无时不沉浸在梦境、他人心灵、本能冲动、生命与死亡、未知或未来的世界等场景之中，纠结于那些神奇的意义或"隐秘"而难以自拔。因为那些本质上就是不确定的意义或"隐秘"只会让人产生更深的恐惧感或焦虑感，从而越发恶化或强化了意义控制的心理倾向，使人们被"意义依赖—意义威胁—意义恐惧—意义控制"的循环式链条紧紧地缠绕住，几乎无法解脱。

当然，这种强烈的意义控制倾向是不会仅仅表现在心理状况之中的，而一定会有相应的外显行为作为他们意义表达或传递的渠道出现在社会生活之中，例如语言文字、政治经济或宗教活动等。这些特定的外显行为恰恰就是在那样特定的一种意义氛围中形成的，因而无疑都浸润着那种特定的意义控制倾向，也可以说是其意义空间所流淌出来的特定结果。

楔形文字（Cuneiform Script）是美索不达米亚平原地区在远古时代普遍使用的文字，创始于五千多年前的苏美尔时期（见图 7–6）。这种文字主要是用削尖的芦苇秆以戳或划的方式在细软的泥板上形成图案，再经晒干而成，另外也有一些是用木棒、石头或金属刻画在木板、石片或金属器物上的。最初的楔形文字是一种象形文字，就像古埃及的象形文字、印度河流域的梵文或中国商代的甲骨文一样。不过慢慢地这些象形图案逐渐简化并抽象化，再结合以音节变化，才形成了后来的亚述和巴比伦较为标准化的楔形文字（见图 7–1）。

如果单单从语言文字发展演变的角度看待文字起源或形成的话，那么我们可说的东西不多。但是这些象形文字绝不能仅仅被视为今天我们所熟悉的语言文字那样的东西，只考虑它的语言学意义，而且要知道这些图案符号作为意义的表达或传递的方式，是与原始人类的心灵状况直接相关的，折射出的是他们的心理倾向或精神需求，构成着他们原始意义空间的最初内容，以及这种心灵状况背后的意义氛围。因此，从这些楔形文字的出现和形态上，我们应该能够感受到两河流域的原始文明对意义控制的确定性追求，就像前面那些神庙建筑、神庙或宫殿的大门和守护神、宗教性石刻等作品告诉我们的那样。

我们今天当作语言文字的东西最初都是以各种方式刻画出来的符号或图像。这些符号或图像在刚开始时只不过是人们无意之举的结果，信手涂鸦，只能称之为"划痕"而已，就像尼安德特人在打制石器时可能会出现的那样。但是到了旧石器晚期，如克罗马农人时代，随着这些原始人意识活动的发达，这些符号或图像就不再是无意之中的单纯划痕了。他们从中看出了"意义"，即某些划痕似乎有着神奇的"灵性"，好像是"活的"一般，例如"公牛"、"驯

图7-6 苏美尔时期的楔形文字泥板，公元前三千多年，上刻有一个男人、几只猎犬和野猪，现存于法国巴黎卢浮宫

鹿"、"毒蛇"、"狮子"、"野猪"、"乌鸦"或"猫头鹰"等，也像生动的山川树木、日月星辰、小河流水或电闪雷鸣等，或者还有他们已经逝去的先人居然也在眼前往来穿梭，嘴里还发出各种古怪的声音。这一切都令他们惊奇无比，愕然不知所措：这些活灵活现的东西究竟是什么呢？

这种情况可能是他们在山洞中睡眠时梦境的影响和作用。当他们从梦中惊醒时，恍惚间可能突然发觉眼前洞壁上的那些划痕仿佛是梦境中奇特景象的再现，且是那么栩栩如生。或者是他们在生病时产生了某种幻觉，在幻觉中那些划痕好像都有了生命一般，活灵活现地"表演"起来。当然也可能是山洞中的篝火闪烁不定的火光，使那些划痕在阴暗的背景上制造出了奇妙的艺术效果。总之，无论是什么原因引起人们心灵中的各种变化，这些变化是在一种特殊的不确定性意义氛围中逐步形成的，并导致人们感受到了那些划痕中存在某种神奇的力量，如神灵本身。这种不确定性的意义氛围，可能是由梦境、疾病或在黑暗中闪烁的火光等物理原因引起的，也可能只是那些原始人在白天的捕猎生活中受到了惊吓，或者食物的短缺或野兽的侵袭造成了他们深深的不安全感，或者是对已逝先人的想念等心理原因引起的。当克罗马农人或新石器时代的人们被这种浓厚的不确定性意义氛围所笼罩时，那些划痕，不论是在山洞石壁上，还是在地上、木块上或石片上，都开始有了特殊的"意义"。更准确地说，是被人们赋予了某些特殊的意义。

于是，这些看似乱七八糟的划痕就不再只是"划痕"而已了，而成为符号或图像，因为它们有了意义或神奇的"力量"，是一些奇特的"神灵"。此时，这些本来杂乱无章的划痕，就不再作为无意之举而被原始人忽略或无视了，而是作为有意义的符号或图像逐渐成为他们生活中的一个有机部分，并渗透进他们的原始精神生活或意义空间之中。很快，这些符号或图像就不仅仅出现在石壁、木片、石块或地上，而且被这些原始人有意识地画在了自己的脸上或身上，使那些神奇的力量或神灵本身与自己的整个身心融合在了一起，将力量传递到自己身上，将勇气灌注到自己心中，并且永远地守护自己，避免被野兽、厄运或魔鬼等邪恶的力量所侵害。由此，恐惧感或不安全感得以驱离、缓解或消除，而使确定的安全感或稳定感占据着自己的整个意义空间或精神世界。

原始的符号或图像作为象形类语言文字的前身，有其独特的生命意义，而并非作为交流的工具被创造出来的。对于原始人而言，这些符号或图像是意义本身在流淌或传递，就像我们在韦泽尔河谷地或阿尔塔米拉地区的岩洞壁画中所看到的那样。只有当他们都能够有意识地掌握这些符号或图像的意义时，才谈得上以之为中介在相互之间进行交流。

那么，什么是对意义的"掌握"呢？当有意义的符号或图像自然出现时，例如当我们上面所说的那些物理原因或心理原因所导致的幻觉景象出现时，原始人仅仅是对此倍感惊奇而已。此时还谈不上对意义的掌握。而当他们自己拿起了石块或木棒，或就用自己的手指头，在洞壁、石片、木片或地上有意识地勾画时，那就意味着了不同的状况——对意义的掌握。例如一个克罗马农人拿起烧过的木棒在洞窟石壁上勾画出一头"公牛"或一只"猛虎"的样子。不管他勾画出的图像是否真的与公牛或猛虎相似，至少他自己是认为自己所勾画出来的符号或图像就是一头"公牛"或一只"猛虎"。或者有一天他意识到自己所画的"公牛"或"猛虎"既不能吃也不能动，与外面真正的公牛或猛虎很不同，于是他可能就会说这是"公牛"或"猛虎"的"灵魂"，而这个"灵魂"是与外面有血有肉的公牛或猛虎不一样的。当他看着自己所画的"公牛"或"猛虎"时，他脑海中会浮现出各种各样的景象，可能有成千上万头公牛或成千上万只猛虎，还会联想到各种各样的事情，例如那些危险或美味。这样，这头"公牛"或这只"猛虎"的"灵魂"，就与几乎所有公牛或猛虎联系在了一起，也可以与几乎所有相关的事情联系在了一起。于是，只要他想起关于公牛或猛虎的事情来，就可能会很兴奋地拿起木棒或石块在地上或洞窟石壁上涂抹一番。而所涂抹出来的符号或图像，又确实让他很直观地"看到"或感受到了公牛或猛虎及其相关的事情。此时，我们可以说，这个克罗马农人初步掌握了这个符号或图像的意义，他有了可以用之与同伴进行交流的基础，即传递意义的工具。这成为他的一种心灵能力，只要在他的心灵努力之下，他就可以通过使用这种心灵能力来实现相关的意义表达。

对声音的意义掌握很明显要比符号或图像更早。因为以声音来表达生物性感受是很基本的事情，如高兴、愤怒、恐惧或悲哀等都会有自然的声音相伴，而基本的生物性需求也会很自然地以声音的方式表现出来，如当原始人感到饥渴、危险或性冲动等时都难免会发出相应的声音来。这是动物本性的遗传特性，而非后天习得的结果，就像一个婴儿一出生之后就会以哇哇大哭或咯咯的笑声流露自己的需求或情感。但是当人们要想有意识地以声音作进一步交流时，就需要首先能够对声音的意义有一个掌握，即将一个声音、一个发出声音的行为和一个意义相互之间联系起来。当一个原始人想到公牛或猛虎时，他会想到可以发出模仿牛叫或虎吼的声音来表达这个意思，并且他还能够发出相似的声音来，然后他又确实地发出很像牛叫或虎吼的那种声音，将自己的这个意思成功地传递出来。能够从事这样一个牵涉声音的过程，表明原始人具有了对声音的意义掌握能力。所以，虽然声音的功能和使用源自人的本能，但是将之作为意义的传递或交流则需要一个心灵努力和能力的培养和锻炼，使之产生一定的飞跃之后，才有可能成功。在这一点上，对声音和对符号或图像的意义掌握是很相似的。

但是，对声音或者对符号或图像的意义掌握，在意义表达或传递的同时，也是对某种意义的确定，或者说也是对某种意义场景的控制。一个原始人要确定牛叫或虎吼的声音，或者与公牛或猛虎相关的某个符号或图像，以代表"公牛"或"猛虎"的意义，还要能够模仿出牛叫或虎吼的声音，或者勾画出与公牛或猛虎相关的符号或图像，来表达出这个意义，并将之传递给同伴，且不会被同伴无视或误解。这个过程需要这个原始人作出自己的心灵努力并发挥自己的心灵能力，才有可能成功地完成。这对原始人而言当然不容易，可能经过了几万年、几十万年甚至上百万年的历史演化，才逐渐地习得，并在新石器时代得到现实的表现。而首先表现出来能够被我们见到的，就是在美索不达米亚平原上遗留给我们的那些刻画了一些符号或图像的泥板，也就是楔形文字的前身。很遗憾，我们在远古时代没有任何留声装置来复制原始人的话语，因而只能从这些文字性遗留物中来探索他们的原始意义空间了。

一个声音、一个符号或图像本来是可以表达出无限丰富的意义内容的，既可以与任何意象图案相联结，也可以表示任何意义内容，还可以以任何方式与其他意义内容架构组合出无限可能的含义来。假如一个克罗马农人发出"哞"的一声叫或是在地上用木棒勾画了几笔，这究竟意味着什么呢？可能意味着他想表示今天白天捕猎到的那头公牛，或是它曾经踩住他的那只牛蹄，或是那条美味的牛腿，或是它巨大的牛头，或是它漂亮的牛犄角，或是它庞大的身躯，或是它的快速奔跑和冲击，或是它不停地咀嚼青草，等等；还有可能这根本与这头公牛无关，他不过是在泛指原野上的所有牛群，包括以前的那些野牛，或许还包括以后的那些野牛；当然，还可能与真正的野牛都没有关系，而不过是他这个原始人偶然的发声或随意的涂抹，只是碰巧与牛叫的声音或公牛的形象有点相似而已；还有这样的可能，那就是野牛的灵魂附着在了这个克罗马农人的身上，使他不由自主地发出了这样的声音或刻画出了这样的图案；也许，他是在想明天去干什么，是去捕猎牛群，还是去捕捞鲑鱼；或许他只是在考虑如何改进捕猎动物的技术；还有可能就是他突然回忆起了自己已经故去的父亲或母亲，因为他或她最喜欢烤牛肉的美味了；或许他的这一行为是想表达他在自己的梦里或幻觉中所听到或看到的某种东西；等等。这些相关或不相关的意义内容都可能会同时出现在这个克罗马农人身上，从而可能使他的原始意义空间越来越丰富，得到不断的扩展和充实。

当原始人起初感受到它们意义的无限丰富性时，是难免会吃惊的，因为在那里面仿佛存在无限多个神奇的世界，有着令人惊奇的意义对象和无限多样的联结方式，似乎一直在上演着永不完结的精彩戏剧。于是，原始人在兴奋或惊讶之余，一定会希望其他同伴也能够有相似的感受，也看到同样的神奇画面，这样就说明自己的感受并不是自己个人的幻觉了，因为那些幻觉往往引起原始人深深的恐惧感。例如，在缺乏恰当交流方式的情况下，一个原始人对自己梦境中见到的景象，通常是很难传递给其他同伴了解的。同样，他对自己在疾病或在黑暗背景下闪烁的火光中所产生的幻觉更难以让同伴理解。另外，还有自己的恐惧、忧虑、想念或不安全感等心理状况，都很难与同伴分享。因而对于原始人而言，这些令人不是很愉快的心理感受，经常是自己一个人去面对的。而这对于意识活动不是很发达、意志力量不是很坚强、心灵能力还很稚嫩的原始人来说，无疑是难以轻松承受的，很容易产生意义恐惧或焦虑，以及对意义权威的意义依赖。而这种意义依赖显然将首先体现在最初的意义提供者身上，如父母、同伴和性对象等。

与他人的分享或交流正是为了对无限可能的意义联结进行筛选或确定，使杂乱无章、缤纷离奇、晦暗不明的意象联结得到澄清或鉴别，从而能够让面对这些神奇景象而可能目瞪口呆或惊慌失措的原始人平静下来，安定他们的心神。否则，他们很可能会因心跳过快、惊吓过度而眩晕、恶心或惊厥，严重的还可能会导致精神崩溃。这些情况在古代社会生活中是很常见的，且由于人们完全不能了解真实的原因，而往往带来仿佛无法排解的恐慌心理。因而与他人的分享或交流对于原始人的意义焦虑状况而言，几乎具有治疗的作用，逐渐成为社会生活中人们不可须臾分离的重要组成部分，对社会中人们的生命成长有着无法估量的价值和意义。不用说，在人们之间进行意义分享或交流的最有效或最普遍方式，就是语言文字的使用。

或许我们可以说，当一个社会中的人们存在强烈而普遍的意义焦虑时，那么他们也就对意义分享或交流有着强烈而普遍的心理需求。并且，意义焦虑的强度或普遍程度，也与对意义分享或交流的心理需求的强度或普遍程度，是相一致的或成正比的。因此，当我们从《吉尔伽美什》史诗这一最早的文本中强烈地感受到吉尔伽美什那种意义焦虑的精神状况时，我们就能够很好地理解在美索不达米亚平原上的苏美尔文明，为什么最早发明创造了语言文字，即我们看到的楔形文字，并且，这样的文字对他们又有什么样的心理影响。如果这一史诗最初是以吟唱的方式表达出来的话，那么再使用文字将它书写下来，可以说就是很完美地把两河流域人们的那种焦渴心理及其所赋予的意义内容，以流畅的方式传递出来了。当然，同时期的那些建筑或雕塑石刻等艺术制品，也都起到了意义流动的相似作用。

为什么这样的文字表达能够缓解、压抑或消除那些源于意义不确定性的意义恐惧或焦虑心理？这仅仅是因为它能够帮助人们进行意义分享或交流吗？或者，这仅仅是因为它是对无限可能的意义内容进行确凿无疑的辨别或肯定吗？这些作用对治疗意义焦虑而言，当然是很有帮助的。不过更主要的原因在于，语言是一种结构化的产物，是以一种规则性结构对意义内容进行确定，而且这种结构化规则还具有相当程度的强制性。这可以说是意义控制最为典型的一种形式，因而是对意义焦虑十分有效的治疗物。但是，在另一方面，这种强制性的规则结构又助长了人们意义控制的心理倾向。

我们每个人都知道语言的结构化规则对于语言的习得和使用都是最基本的。语言的结构化规则主要以三种形式呈现出来：字词、语法和书写。

首先，语言中的单个字词都有相应的指称对象，或者指向外部事物之一，如"公牛"、"猛虎"或"漂亮的"等作为某物的名称或形状描述，或者被规定在语言内的某种意义，如"和"、"或者"、"因为"或"所以"等的连接词。尽管很多字词有很多意思，如中文中的"道"或英文中的"take"等，但是它们又都有基本的意思或基本的使用惯例，是处于该语言社会环境中的人们一般而言不会弄错的。只要有一个人对其母语中主要字词的含义和使用方式有较清楚的了解，他就可以很方便地在同伴之间进行语言交流。否则，他与他人沟通就难免会出现困难。这些主要字词的基本含义是在长期历史演化中形成的语言传统，已经具有了几乎不容被更改的独特性。

其次，语言中各个字词相互之间进行联结有一定的规则，即我们所谓的"语法"。遵守这些语法所形成的一句话乃至整段话，就可以很好地表达出相应的意思。语法规则就像人们头脑中意象图案的联结方式，可以有很多种。如一个句子的基本结构包括主词（S）、谓词（V）和宾词（O），这三者可以搭配出六种不同的句法结构：SOV、SVO、OSV、OVS、VSO 和 VOS。这六种句法结构都可以成为某种语言的一般性语法规则，只要人们在长期使用中能够形成习惯即可。而那些形容词、副词或联结词等可以根据需要放进这几种基本结构之中，起到辅助说明的作用。每种语言都有相应的一套语法规定系统，是每一个以该语言为母语的人都必须了解和掌握的，这样他才能很好地表达自己的感受或思考，并与其他同语言伙伴进行交流。如果对语法规则系统缺乏起码的了解，那么一个人就很难用这种语言进行清晰的思考或谈话，因为有些语法规定是比较独特又很基本的，例如印欧语系中对系动词"to be"的规定就是该语系各语种中的一个主要或基本的语法规则，对这些语言的习得或使用来说几乎不可缺少。

最后，世界上几种主要的语言有相应的书写系统，如印欧语系、汉藏语系或闪 – 含语系等。尽管远古时期的几种书写系统现在已经不再使用，如两河流域文明的楔形文字、古埃及的象形文字、古印度的梵文或古中国的甲骨文等，但是以文字的形式将语言固定下来，并配以相应的语音系统和语法规则，这在古代或现代都是相同的。这些书写文字是意义的表达和传递，是在社会历史演化中被社会群体逐渐固化成一个语言传统。虽然语言的演化会出现很多较大的变化，如有些语言不再被人们使用而失传了（如楔形文字或突厥文），而有些语言被进一步发展而得以更广泛地普及（如古希腊文或甲骨文），其中难免受到许多社会历史情境因素的影响，不过语言作为意义的表达或传递的功能并没有什么改变，仍然是意义产生或交换的主要方式。

书写系统只是语言发展到一定程度之后的历史产物，对语言而言并非必需的。有很多语言只有语音系统但至今也没有自己的文字书写系统，这虽然可能不利于它们的普及和传承，却并不影响它们作为语言的一般使用功能。尽管语音与文字书写系统在确定意义的一般作用上几乎是一样的，但是它的意义控制程度却远不如文字书写系统那么严格或稳固。语音的表意能力当然是人最为古老的意义表达方式之一，书写系统的表意功能也很可能是基于语音的结构转化而来的。但是人们言谈话语的内容却可以有相当复杂的关联性，即它并不只是依靠声音的抑扬顿挫来表达意义，而且通常是与人的手势、面部表情或身体其他部位的动作结合在一起来传递意义，甚至还可以与其他物体、场景或氛围等因素共同发生作用，以多种不同的方式表达或传递意义。这使语音的表意功能具有相当的模糊性，或者像我们所说的那样，几乎具有无限的可能性。例如，当一个人发出类似于牛的叫声"哞"时，在不同的手势、面部表情等各种肢体语言的配合下，就会包含差异很大的含义，而且他周围的事物、环境状况或气氛不同的话，也会导致很不相同的含义。因此，同样的一个叫声产生的意义可能是有无限多样的，其内容千差万别。甚至我们还可以想象到，即使这个在某个特定时刻及特定场合下发出了这声"哞"的人，当人们想知道他这么叫的确切意义而去询问他时，他很可能会有许多种不同的解释，而且他的解释可能会随着时间、地点或场合氛围的不同而又出现极大的差异，差异之大甚至连他自己恐怕都会为此感到惊讶。特别是，他当时发出这个声音时的确切意义，或许就连他自己也未必知道得很清楚，他可能只是不由自主地、下意识地或随意地这么叫了一声而已。因此他所"以为"这个声音的原因或意义，也未必就是真实的原因或意义。而我们在如何确定这一声音真实含义的方式上，甚至也有无数的可能。这是意义不确定性的一个本质性特征，尽管人们一般不大会注意。

但是相对而言，文字书写系统的情况就要清楚很多了，即在意义确定上较高程度地被人们所遵守。对于每一种语言书写系统的习得而言，掌握该语言中这些主要字词的基本含义，从一开始就是必需的。无论某个人对相关的符号有什么特别的想法，例如对被大家视为"公牛"的那个符号、图像或字词，他自己可能有很多完全不同的想象，他总是将之当作"牛角"或"美味"的，但是他都必须知道，在该语言的书写系统中，这是代表了"公牛"的意思，而绝不是"牛角"或"美味"的意思。如果他要使用该语言进行写作或阅读，那么他就只能遵守这一规定，将这个符号、图像或字词的意思记为"公牛"，而不是任何其他的东西，即使他可能对此很不以为然。因为当他在日常生活中进行自己的思考或与熟识的某人交谈时，就不会很在意这么严格的规定，这么固定的意义指称，而有着相当灵活的方式，可以在无边无际的意义海洋中任意畅游，按照自己的喜好去发挥想象力，以获得无限丰富的意义内容。对此只要自己或交流同伴都能够有各自的意会即可，是否有什么误解都是无所谓的，大家只关心某种意义相关度就可以了，或者如果能够有更多的意义交叉，就很令人心满意足了。

而当文字书写系统脱离了这种具体的意义场景时，就需要抽象出某个确定的意义内容，以使所有人（互不相识）能够从中较轻易地辨认出来，而不会产生其他的联想，以至于导致发生误解。因而文字书写系统可以说是在将无限的意义内容确定为某一个或某几个，然后强制所有人都按照这一方式进行辨认和理解。这样，所有人面对某个文本进行阅读或书写就成为可能的了。可见，这种强制性的字词定义（确定其意义），在文字书写系统中要比在语音系统中严格或稳固得多，从而对人形成意义控制的心理倾向的影响也要大得多。

同样的，文字书写系统的语法规则要求比起语音系统来，也更加明确和严格。人们在习得某一种语言的文字书写系统时，要首先掌握其基本的字词搭配方式和句法结构，否则就将产生无意义的句子，使写作或阅读无法进行。而在语音系统中的相应规定就不必那么严格地执行，也可以得到同样的交流效果。例如当一个人对同伴说"公牛"之后紧接着又说"猛虎"时，他的同伴在特定场景下可能很容易就理解他的意思了，并且可能还会产生出很多自己的其他意思，于是这个同伴就会以一个"会心的微笑"为回答。但这在书写系统中是不行的，不能将"公牛"和"猛虎"这两个词随意就放在一起，否则会让人难以理解。这在书写系统中大概率是算作一个"语法错误"。对句法结构的使用也一样，在写作时要严格执行，而不像在说话时那么随意，否则将出现更多的"语法错误"，使一篇文章的意义杂乱无章，阅读困难。因为，众多不同的读者是不大会有相关情境经验的，因而也难以在抽离了情境条件的背景下，对一个文本进行广义的阅读，而只能在语法规则内从事理解活动。

语言的这些规则性结构固然是在一个社会长期演化过程中逐步形成的，并成为该社会的文化传统之一部分，也是其社会文化生态环境中的一个有机成分。但是语言的规则性结构在起源之时，在原始人眼里的形象，却并非我们现在所认为的那样，仅仅是文化传承或交流的工具而已，而几乎是心灵空间的全部，是一个人的精神生命所在。在这个意义上，语言的早期角色更是宗教性的，应该在宗教意义上被理解。而只有基于这一点，我们才有可能了解到为什么语言文字的出现既是对当时人们的意义焦虑的针对性解决方案，同时又出乎人们意料地强化了他们的意义控制倾向。

对原始时代美索不达米亚平原上人们的精神状况，我们已经可以从史诗《吉尔伽美什》中得到很直观的了解。例如，吉尔伽美什与乌鲁克城中民众之间严重的意义冲突，他对性对象的激烈态度和对同伴的意义渴求，他对梦境的意义敬畏，他对生命与死亡的奥秘，以及对未来或未知世界奥秘的巨大困惑和不懈追求，都表明了在两河流域苏美尔文化中人们的意义焦虑达到了何种程度，人们对不确定的意义威胁有着多么深的恐惧感，这让他们尚处萌芽状态的意义空间充满了不安的气氛，使身处其中的人们难免心神不宁。于是他们很自然地会竭尽全力去寻求获得确定性的方法，来稳定自己的心神。而稳定心神的确定方法，就是各种类型的意义控制，或者说，是期望稳定心神的精神诉求在各个方面都有所表现。特别是很强的意义控制倾向就更是如此，就像乌尔城的庙塔、巴比伦城的伊斯妲尔门、杜尔舍鲁金城的《拉马苏》和《控制狮子的英雄》石刻等原始遗迹或遗物所显示的那样。而更为典型的意义控制方式，就是两河流域远古文明时期出现的楔形文字了。

可以说，各种文字的出现都与数万年前人们在地上、木片、石块或身上等地方随意的刻画有直接的关系，因为这些原始人很容易从这些零乱图案中感受到某种意义的流淌。就像克罗马农人在洞窟石壁上的杰作那样，那是原始意义空间最初开始生发之处。这些图案总是与他们的梦境、幻觉或想象结合在一起，散发出令他们惊异的景象，使他们不断沉浸入难以忘怀的某种意义氛围之中。正是在这种意义氛围中，这些图案对他们来说是具有生命的对象，活灵活现，栩栩如生。并且，这些意境中的事物很明显地与人们日常生活所见的那些经验事物有着极大的区别。这也是令他们倍感惊奇或恐惧的原因之一。因此，在他们惊奇或恐惧之余，很自然地会开始注意到这些神奇景象中的各种意义对象，或者说，是许多日常事物由于出现在意义空间之中而开始逐渐转变成意义对象。例如已经逝去的亲人、他人心灵、本能冲动、性对象、生命和死亡、未来或未知的领域等，都在他们诧异的目光中成为关注的焦点。而灵魂——或神灵——就是将这一切不确定的意义对象串联在一起的确定性原则。虽然原始人可能会有无限多种解释方式，也就是会有无限多种确定性原则，但是最后，"神灵"无疑将是最主要的或最基本的确定性原则。这意味着，神灵同时也是原始意义空间中最初和最基本的确定性原则，还是原始意义空间中最重要的意义控制原则。这一点在世界各地的原始生活中都可以看到很明显的痕迹，如那些原始宗教、神话传说、文学艺术、建筑装饰或政治经济等活动中，都表现出了对神灵的敬畏和崇拜，以及以神灵为万事万物的决定性力量的认知方式。

在史诗《吉尔伽美什》中，我们看到，吉尔伽美什和恩启都的命运、乌鲁克城及其百姓的命运、自然万物的命运、天堂或阴间的掌管，或者自然灾难（如大洪水）的决定权等，无不被神灵们所左右。这被称为"神灵的隐秘"或"天机"，世间的凡人无从得知。尽管凡人竭尽心机地都想得到它，就像吉尔伽美什一样，但最终却总是归于失败，虽然这并不能阻止凡人争先恐后地去做出勇敢的心灵努力，作为自己一生的意义追求，而无论遭遇怎样的艰难险阻都在所不惜。这一点，正是源于人们无法摆脱对不确定性的意义恐惧，而被迫去进行意义控制，以寻求最终的确定性原则。尽管这一追求带来了许多文化成果，可是也埋下了许多人间灾难的心理根源。

原始人很自然地会对死亡之后的状况深感恐惧或厌恶。"那[深邃的]黑暗"（见第九块泥板内容）就令吉尔伽美什寝食难安，无边无际的黑暗似乎充满了所有的不确定性。而躯体的变化仿佛也更加让活人难以容忍，"我的身体""早已被害虫吃光"，"为灰尘所充斥"，只能"吃那瓶中的酒渣，面包的碎屑，街上的臭肉烂鱼"（见第十二块泥板内容）。这些情景会使心灵能力刚刚萌芽、心理承受能力还很脆弱的原始人毛骨悚然、心惊肉跳。而当他们从自己的梦境、幻觉或想象中看到脱离了肉体羁绊的"灵魂"有着不同的生存方式时，感觉到了生命还存在其他的多种形式。这无疑给了他们希望，以为这下有机会可以远离那无边的黑暗状态，而进入永恒的光明之中了。可是，同样的不确定性紧接着又让人开始产生更多的烦恼，那就是，即使人的灵魂也未必就能够直接进入永恒的乐园，享受永恒的光明，而仍然有可能堕入"阴间"，成为无际黑暗中的"游魂"，且"在阴间也不得安息"（见第十二块泥板内容）。那么，究竟怎样才能获得"好运"进入天国的乐园，与神灵为伴，可以在光明中永生，并存在于永恒的确定性之中，而不至于遭遇"厄运"落进地下的"阴间"，与魔鬼共舞，只能在永恒的黑暗中挣扎，且始终陷溺于不确定性的泥沼，备受痛苦、焦虑或恐惧的煎熬呢？这几乎成为世间所有凡人的奢望，或美好的理想，愿意为此付出一切代价，终身追求，无论是否最终归于徒劳。

当原始人在地上、木片、石块或岩壁上看到那些杂乱无章的划痕似乎隐隐有着某种意味时，这些划痕就成了符号或图案，例如某个划痕仿佛是一头"公牛"或一只"猛虎"在"奔跑"。可是他们很"清楚"，这个划痕并不是真的公牛或猛虎，那么它是什么呢？它一定是某种与公牛或猛虎有关系的东西，暂且把它称为公牛或猛虎的"灵魂"吧。而且这个"灵魂"也一定具有很神奇的魔力，因为他们经常在自己的梦境、幻觉或想象里见识过，且难以把捉，就像具有美拉尼西亚群岛部落人所说的"玛那"（Mana）一样。例如，这头公牛的"灵魂"不会死亡，永远在那里，也不会流血受伤，可能还会"飞"，甚至还能打败猛虎或狮子，力大无穷，等等。就是这样，当这个划痕转变成了符号或图案时，就是它成为公牛或猛虎的"灵魂"。而当原始人能够重复地刻画出来这个符号或图案时，它就被后人称为"文字"了。

对于原始人而言，地上、木片、石块或岩壁上的这个划痕究竟是灵魂、文字，还是符号或图案，都是一样的。关键的是它具有"生命"或"灵性"，是神灵的化身，隐藏着"神灵的隐秘"或"天机"。这一点才是原始人最为关心的对象，是最令他们纠结或焦虑的东西。或者更准确地说，是原始人纠结或焦虑心理的外在表现。因为，在他们看来，这个符号或图案作为公牛或猛虎的"灵魂"，与他们明天的捕猎活动是否成功有着直接的关联，与他们未来的一段时间内是否将挨饿受饥有着直接的关联，与他们近期内是否会死亡也有着直接或间接的关联，还与他们是否会罹患疾病也有着直接或间接的关联，甚至还与他们是否能够找到性对象、是否能够顺利产子，或者是否会与某个他人发生冲突等事情都有着直接或间接的关联，以至于很可能这个"灵魂"会与他们以往或以后生活中的一切事情有着直接或间接的关联。其关联性简直无边无际，涵盖天地间的万事万物。因此，如何掌握住这个"灵魂"，期待它带来好运的一面，而不是坏运的一面，就是原始生活中一件最重要的事情。这件事情就是所谓的意义控制，或者说就是对确定性原则的追求。

当然，原始人对作为"灵魂"的符号或图案的态度，是从"期待"到"控制"的一个转变过程。这个过程得以实现，需要原始人发现在"灵魂"与"好运"或"厄运"之间有一定的关联性。而这种关联性无疑是一般性的意象图案关联的心理习惯所形成的。这一心理习惯在几十万年或上百万年前大概就已经开始了，例如像欧洲地区的尼安德特人和克罗马农人那样。我们也可以认为，基于这种长久以来所形成的心理习惯，原始人通过自己的梦境、幻觉或想象中的各种稀奇古怪现象的启发，几乎能够将任何事物联系在一起。可以说，原始人有着特异的关联能力，在关联事物的意识上似乎还没有受到任何限制，而不像我们现代人受到如此之多心理或思想上的束缚。所以，当他们对什么事情有所期待时，特别是有很强的欲求时，就会很自然地将相关的事物都联系在一起，让它们相互之间产生无数种类的作用或影响，而无论这样做是否合理或可能。在他们眼里，一切都是有可能的。事实上，他们还并没有产生如西方人那种关于"合理的"观念，因而当然也没有什么是"不合理的"。因此，那些作为"灵魂"的符号或图案，就与一切事物，特别是未来或未知的一切联系了起来，也就是与各种"命运"联系在了一起，即对那些"命运"有着直接或间接的作用力或影响力。于是，原始人的意义期待也就逐步变成了意义控制。

在原始人能够将万事万物都关联起来，感觉到它们无限可能的相互作用或影响之后，这种意义关联也就慢慢形成了一种意义控制，即对某个或某些意义关联方式的倾向性欲求，而对某个或某些意义关联方式的倾向性拒斥。这种差别性的心理诉求可以说几乎体现在每个人身上的绝大部分思想或行为上，只是有程度或种类上的差别而已。在原始部落内，可能每个成员都有着各种程度的倾向性意义诉求，并会在自己的日常生活中以各种可能的方式作出这些意义诉求或意义控制的言谈或行为。但是比较而言，具有更强烈倾向性意义诉求的人，无疑就是那些"巫师"、"祭司"或"先知"之类的人物了。而他们也恰恰是由于身上的这种强烈倾向性意义诉求，并总是付之于言论或行为，因而才会被人们称为"巫师"、"祭司"或"先知"等名号。

虽然我们没有考古学证据来证实象形类的语言文字就是这些"巫师"、"祭司"或"先知"等人所发明的，不过那些传说由某个古人创造了某种语言文字的说法当然是不足为凭的，因为这很可能是一个长期的缓慢演化过程，且涉及无数的人参与其间。从我们前面的分析来看，这些"巫师"、"祭司"或"先知"是最有可能在自己的意义实践中逐渐发明出文字来的。这在古代的苏美尔文明中是这样，在古埃及文明、古印度文明或古华夏文明中也是如此，如古埃及原始宗教的祭司阶层创造了古埃及的象形文字，古印度婆罗门教的僧人创造了梵文，中国古代商朝的祭司阶层（祝宗卜史）创造了甲骨文。这类人既有这么做的职业要求，也有超出一般人的心灵敏感度或强烈的意义控制倾向。

从世界各地的考古遗址中可以发现，这些文字基本上是从远古那些符号或图案转化而来的。早期尚没有叙事功能的符号或图案一般都刻画在墓葬、陶器、建筑物、玉石或贝壳等器物之上，显然具有某种特定的意义。虽然其意义可能还很模糊，即使刻画者本人也未必能够说得很清楚，但这毕竟是有意义的文字符号的开端，至少，这些文字符号有着最基本的倾向性功能，即能够帮助刻画者实现某种"好的"愿望、运气或情态，而避免出现"坏的"结果、厄运或情态等现象。在原始部落生活中，很可能每个人都有自己所喜欢的具有倾向性功能的符号或图案，因此当他们最初有机会自己在各种器物上刻画点什么的时候，无疑都会将自己所喜欢的符号或图案刻画上去。但是，由于这些符号或图案是具有某种特定意义的东西，是有生命的"灵魂"，具有着各种神秘的"力量"，能够"影响"或"决定"人们或万事万物的命运，能够"改变"各种事态运行的轨道，能够给预期的结果带来不同的"变化"，因而，刻画这些符号或图案的任务对于原始部落生活而言，就变得越来越至关重要，不容疏忽，不能搞错，更不可随意更改了。

于是，当这项工作开始受到人们特别的"重视"之后，它被操作得好坏的问题，也随之成为人们注目的焦点和议论的中心话题。因为人们会特别注意这些符号或图案所带来的效果究竟是满足了人们对好的愿望、运气或情态的预期，还是出现了那些坏的状况。这种"关注"还会逐渐成为人们极为强烈的心理倾向，无论是个人还是群体，都会将自己的几乎整个心理能量都灌注于其中。对此，我们不难理解，因为这是关系到每个人能否幸福甚至生死的命运问题，还关系到他们的子女后代是否能够获得幸福生活，甚至是否能够生存下去的问题。因此，在这种心理背景下，人们就会进一步注意到，有些人出色的"杰作"带来了极好的效果，甚至还可能超出了预期；而有些人糟糕的"拙作"则相反，导致了糟糕的结果，让人们大失所望，甚至还给人带来了巨大的灾难。当然，还会有许多时候的情况并没有出现什么太大的差异，大家也可能反应平平。但对于那些效果差异巨大的操作，人们是不会无动于衷的，而一定会表现出越来越难以抑制的对应情绪。例如，他们对那些"杰作"会极为赞赏、推崇或敬畏，甚至还可能会对总是能创作出带来好运作品的人不由自主地加以崇拜或依赖；相反，他们会对那些"拙作"极为轻视、怨恨或愤慨，甚至难免对那些总是制作拙劣作品的人产生敌视或仇恨之心。

由于关系到人们的基本生存或命运，因此他们对这类符号、图案或象形类文字等作品及其创造者的倾向性情感差异，是可以让人理解的。只是在长期的这种倾向性情感偏好的影响下，那些总是能够创作出带来好运作品的人就会很自然地得到人们的尊敬或畏惧，形成人们对他（她）的倾向性态度。而这种倾向性态度无疑是会体现在人们日常生活的观念或行为当中的，即以这个人的言行为自己言行的榜样、标准或戒律，或是去模仿这个人的言行，或是以之为尺度来衡量自己的言行是否得当，或是以之为戒律来抑制自己的某些言行，等等。这也就意味着，这个人形成了对他人的意义权威，是他人意义依赖的对象，成为他人意义确定的标准或原则，甚至成了他人的意义确定性本身。这样的人也就是原始时代的巫师、祭司或先知们，或者具有这种影响力的酋长或长老们。而当这样一个人将这种无形中形成的与他人之间的意义关系有意识地加以实行时，实际上他（她）就是在对他人进行一种意义控制。

我们知道，符号、图案或象形类文字的意义内容原本是无限丰富的，可以有着无限多种的可能解释。对于同一个符号、图案或象形文字，不但每个人都可以有着自己独特的意义阐释，而且即使同一个人也可以在不同的时间或地点等情境条件下，给出自己所偏好的意义内容或意义联结方式。特别是，对那些"杰作"之所以成功或失败的可能原因，作者们也可以进行无穷关联的辅助说明，以使其始终保持着可理解的有效性。因此，对那些"杰作"之所以成功的原因，作者的叙述总是有着鲜明的个人特色，是他（或她）在自己可能掌握的范围之内所作出的最佳选择。于是我们看到，在原始部落生活中的巫师、祭司、先知或长老们的意义表达或传递的方式是因人而异的，很难有普遍的共同性，都呈现出明显的个性特征。正是在这种解释方式上的个性化特征，使这类人在其他人眼里作为意义权威的角色，几乎是不可取代的。而楔形文字这样的象形类符号，就很好地帮助了这类人强化这种个性化的解释特征。例如在图 7–6 中这块泥板上，刻画了一个男人、几只猎犬和野猪等图案，加上一些横七竖八的线条。它的意思我们现在无从知道，当时的人（包括作者本人）是否能够清楚地了解，也很让人怀疑。但是，这并不影响这块泥板所隐藏着的神秘性，甚至还蕴涵了某个"天机"。只是这个天机并不是任何人都能够看明白的，而只有某个人或某些人，具有着特殊的天赋或神奇的能力，才有可能在某个恰当的时机将它的秘密完全揭示出来。

于是，逐渐地，这些具有神奇能力并成为他人的意义权威的人，开始形成较为专门的行业，将创作这些杰作的神奇能力专业化，成为一种垄断性知识或技能，而该行业也随之成为一种垄断性行业，为这些人独家占有，普通人是无法染指的。因为他们可能掌握了神灵的"隐秘"或"天机"，也意味着因此掌握了所有人的未来或命运。于是，这导致了一种社会性结果，即特别的意义控制方式，形成了一种特别的知识或技能，由某些特殊的人所掌握，并进而形成了一个特别的垄断性行业，同时这也成就了他们的身份、地位、名誉、财富或权力等诸多利益，使他们能够成功地控制整个社会中的自然资源和社会资源，从而导致他们与社会其他普通人之间形成一种特殊的控制型社会关系。而该种社会关系又构成一个社会形成的基本结构性力量，支撑着该社会的一种特殊等级秩序或稳定局面，同时也成为该社会文化生态环境的基本组织成分。我们可以称这种文化形态为"祭司文化"。这种祭司文化在历史演化过程中不断变化形式或面目，且其影响一直延续至今。

从这里我们可以看到符号、图案或象形类文字等形式的意义控制特征对人们的心理和相互之间关系的影响和作用。这些文字形式本身从其最初发生之时就是作为意义表达或传递的方式，同时又是意义控制的工具而进入人们的视野，并成为人们关注焦点的，就像图7–6中显示的楔形文字那样。这样的文字又在人们不断增强的倾向性意义诉求和意义控制的心理作用下，演化成越来越有效也越来越复杂的意义表达方式和意义控制方式。通过这些符号、图案或象形类文字的使用，人们的意义表达或传递的能力程度越强，他们的意义控制倾向或能力也会随之越强。

不过，其中一个十分重要的因素在影响着象形文字上的这个双向强化过程，即对终极确定性原则的追求，也就是我们上面所说的那种所谓的"神灵的隐秘"或"天机"。正是对这种终极确定性原则的不懈追求，不断刺激着人们进行意义控制的心理倾向或心灵努力。这种宗教性特征在象形文字上的表现十分明显。但这个双向强化过程在象形文字上的表现却不是持续不断的，因为随着人们逐渐对象形文字的神秘性感到失望，不再能够从中获得有效的隐秘或天机，而转向了其他方式去追寻终极确定性原则，因而对象形文字的意义表达和意义控制的心理倾向就不断下降，以至于都难得有太大的兴趣再去进行这样的涂画游戏了。于是，象形类文字的宗教性特征逐渐消失，而只剩下了单纯的意义表达或传递的功能，也就是我们今天对待语言文字的一般性态度了。

另一种类型的文字，如在克里特岛所发现的线形文字 A 和 B 石板，就与楔形文字或古埃及文字这样的象形文字很不一样（见图 7–7）。线形文字属于语音文字，就缺少了象形文字的那种宗教性特征，因为它并不是基于原始人对"神灵的隐秘"或"天机"的兴趣而发展起来的，而是基于五千多年前商业交换的需要而发展起来的。

那时，那些来自世界各地（当时的世界观念，即主要由西亚、北非和南欧这几个区域所组成的范围）的人为了相互交换物品而需要计数或达成约定，这才产生了以符号或图案为工具来使用的现象。这些人相互之间语言不通、风俗各异、信仰不同，可是由于生存处境的需要而有必要进行各种物品的交换，如粮食、牲畜、药物、香料、布料、金属制品或日常生活器皿等。在长期的物品交换中，如何记录和计算物品的种类、数量或质量等级，并进行简单的交易约定，对于他们而言就成为最为迫切的事情。而美索不达米亚平原或埃及地区所流行的那些富于宗教性的符号、图案或象形文字，对他们来说，又过于复杂，难以实际地应用，特别是不容易在相互之间达成共识。因为这些"商人"恐怕

图 7–7　线形文字 B 石板，约公元前 1500 年，1900 年出土于希腊克里特岛（Crete）克诺索斯（Knossos）遗址，现存于希腊雅典考古博物馆

大都不属于原有部族中的巫师、祭司、先知或长老之类的"大人物"，不是那些掌握着文化权力、具有文字话语权的权威人物，而不过是普通的小人物，即受到那些大人物欺压的小人物。他们是不大会有什么"文化"的。这些人往往是从两河流域或尼罗河流域逃出来的流浪者，因为在原始时代，等级制的社会结构刚刚形成，政治权力对普通人的控制也刚刚开始。而这些原始的野蛮人是很难轻易接受政治控制的，无论如何不愿意被政治权力所驯化。于是他们要么因抵抗而丧生，要么就只好逃亡。而两河流域、尼罗河流域和地中海地区的海洋或地理环境也使这些逃亡者主要选择在地中海一带四处流浪，因为一方面他们出逃到这里较为方便；另一方面在地中海区域，尤其是希腊地区的爱琴海域有着成千上万不知名的岛屿，且爱琴海上的风浪极为险恶，所以这里既便于隐藏，又不易被追捕到。因而地中海区域就成为自古以来逃亡者的天堂，也就是从五千多年前在两河流域出现阿卡德和苏美尔帝国，在尼罗河流域出现上古埃及帝国开始，逃脱政治暴力的流亡潮也出现了。就像我们在《吉尔伽美什》中所看到的那样，吉尔伽美什以国王的身份，基于自己所掌控的军事力量，对乌鲁克城民众的政治高压是如何严酷，而民众们对他又是如何抱怨或憎恨的。而类似于吉尔伽美什这样的君主在古代是不计其数的，因此我们就能够理解，为什么会有那么多的逃亡者聚集在西亚海边无数的礁石小岛上，随时准备逃往地中海的深处。

先是从地中海东部海岸，也就是西亚沿海的腓尼基（Phoenicia）开始，逃亡者们自制小船，随时往返于地中海海域，行迹难觅。这个城市也由此形成了人类历史上一种十分独特的社会形态——逃亡者社会，即没有任何政治权力的控制，而是由逃亡者组成完全松散型的社会。这里人们相互之间的关系主要是交换物品（或许也要交换关于苏美尔帝国的政治和军事信息）。腓尼基人无须听从任何人的指令，各人可以遵循任何五花八门的习俗传统，以随意的方式生活着，只要随时做好准备，以逃离来自两河流域或尼罗河流域帝国的军事威胁，然后在此基础上人们再来寻求可能的共识，以使交易能够顺利进行。这种社会结构逐渐形成了一种独特的社会文化，即"商人文化"，并成为雅典民主社会的雏形。古希腊文化这种非常引人注目的特征，奠定了现当代西方文化的基本格局。

后来在大约四千年前，这个逃亡者社会的重心逐渐从腓尼基和对面的小岛塞浦路斯（Cyprus）转移到了地中海中间的克里特岛（Crete），因为腓尼基已经处于苏美尔帝国的掌控之下，人们无法在那里安心生活，也不能顺利进行交易了。然后在大约三千五百年前，这个逃亡者社会的重心又转移到了希腊地区以迈锡尼（Mycenaeans）为代表的伯罗奔尼撒（Peloponissos）半岛上，几百年之后再转移到以雅典（Athens）为中心的阿提卡（Attika）地区。不过，虽然经过了多次转移，这一社会的基本结构特征并没有很大变化，那就是仍然由来自世界各地（主要是两河流域和尼罗河流域）的逃亡者自由组合在一起，而不愿意接受以军事暴力为支撑的政治权力的控制和压迫，并努力寻找自我管理的最佳办法。用我们的话说，这种社会形式就是在现实生活中对意义控制的抵制和反抗，以努力保持其意义空间的开放性或无限可能性，尽可能让自己的生命成长得健康或顺畅。尽管对于两三千年前的人们而言，要真正做到这点并不容易，更不用说四五千年之前了，因为还需要很多其他各种社会情境因素的配合。线形文字的出现和形成事实上就是这种特殊社会文化一个十分重要的构成部分和外在表现，也呈现出一种商业性特征。

虽然在一开始，有些腓尼基人也是使用两河流域苏美尔文化中已经发展起来的楔形文字，作为日常计数、记录或约定时间的工具，但是很快，人们就感觉到这些楔形文字对他们来说实在太不实用了。因为他们大都是普通人，缺乏祭司文化素养，让他们去学习或掌握一种现成的复杂符号系统，既没有时间，也没有条件。大家都处于逃亡状态之中，天天要为生存奔忙，并且那时没有老师或学校来教授这种东西，恐怕人们也难得会为此付钱学习。那个时代这些符号、图案或文字系统是由巫师、祭司、先知或长老们垄断掌握的，属于不传之秘，因为在人们眼里这涉及人们的命运问题，绝不能轻易地让一般人知道，否则将引起无穷的灾祸。另外，在腓尼基、地中海上或周围的岛屿中，人们也找不到芦苇秆来作为写字的工具，而且在两河流域随处都有的那种干净、软硬适宜又容易晒干的泥，这里也难以找到。特别是，他们更不会用泥板来储存这些文字性的约定记录，因为他们主要的活动是在船上，而泥板一沾水就化成泥了，上面的符号或图案也将无法辨清。于是，人们便不得不另辟蹊径了。

对他们最方便的写字工具就是几乎人手一把的刀或剑。这些刀剑先是用青铜制成（两河流域早在大约六千年前就已经会使用青铜制作器皿或刀剑），后来在迈锡尼时期改用铁制造（两河流域和地中海地区在三千五百年前就已经普遍地使用铁制品了）。这些逃亡者几乎同时也是强盗或海盗，所以刀剑对他们而言几乎都是必备的，既能够防身，又可以抢劫。而用刀剑刻画的最佳之处就是木板或石片，这都是在木船上和山石遍布的海岸上最容易得到的东西。那么，以刀剑在木板或石块上能够刻画出什么符号或图案呢？最简单的就是不太长的直线，例如一两厘米的长度。这些短短的横线或竖线再变化各种角度成为斜线，然后相互搭配交叉为直角或斜角、十字或 X 等形状，就成了线形文字。这种文字有着最直接的指称，代表人们日常生活中的各种物品和数量，简明易懂，再慢慢结合以很简单、直观的发声，就逐步发展成了我们今天所看到的语音文字，如希腊文或拉丁文等印欧语系的语音文字。

这种文字几乎没有宗教性，或者说几乎完全脱离了最初受楔形文字宗教性的影响，不再是对"神灵隐秘"或"天机"的揭示，不再隐藏着能够决定人们命运的神秘力量，也因此不再能够作为对人们灵魂的意义控制工具，而完全回归到了日常生活当中，成为人们生活中的一个辅助性工具。由于这种文字的简单易懂、方便好用，对那些来自世界各地又没有文化背景的逃亡者、野蛮人或强盗等普通人来说，就成为打开他们意义空间的一把钥匙，而且是每个普通人自己都可以较容易地掌握的一把钥匙。正是这一点，使这种文字不会再那么轻易地就被某个特殊群体的人所垄断，变成人与人之间进行意义控制的工具，或导致人与人之间形成某种等级式的控制关系。并且，这种基于物品交易的文字也成为后来算术和几何的基础，以及形成理性能力的基础，对欧洲人独特的理性能力和公正观念的出现和流行都起到了很大作用。

线形文字的发展经过了线形文字 A 到线形文字 B，再到古希腊文的过程。由于它主要基于人们相互之间进行物品交换的商业用途，因此它是与人的理性能力、公正和平等观念伴随而发展的，也由此它们共同构成了古希腊文化的重要内容。就历史现实的情境状况而言，可以说这种文字在一定程度上体现了逃亡者不愿受意义控制的本能反抗，是他们抵制意义控制的一个产物。尽管如此，这种线形文字虽然消除了宗教性的意义控制倾向，却仍然隐含着另一种不同的意义控制倾向，即由此所发展出来的理性能力本身，在抵制某些意义控制倾向的同时，也潜藏着另一种意义控制的倾向或影响。不过这一点要等到 19 世纪、20 世纪才被西方人所感受到，而在一两千年之前，他们始终是很自豪地以这种理性能力为抵制其他意义控制力量的武器的。

楔形文字的宗教性特征使这种文字本身的书写特性很容易被某个群体的人所垄断，并导致这个群体的人与其他普通群体的人相互之间形成一种意义控制关系。这种控制关系当然不是对等的，即双方不处在同一个等级上，而是处在上下不同的等级之上，形成双方之间的等级关系。这种意义控制上的等级关系很容易反射到现实社会关系之中，即在人们相互之间形成不平等的社会等级关系。在远古时代，这种不平等的社会等级关系成为一个社会最初的结构性关系，即取代了原始自然状态的群体组织关系，而成为最早的社会组织结构。这种等级化的社会组织结构在原始时代的现实生活中，最主要地体现为政治和宗教关系或结构，即人们相互之间处于一种等级性的政治或宗教关系之中。这种等级关系不同于单纯的原始暴力或身体上的差异所形成的不对等关系，而是建立在意识活动或心灵能力的差异基础之上的，成为一种特定的社会文明形态，在两河流域、尼罗河流域、印度河和恒河流域，以及黄河流域的原始社会文明产生之初，都普遍存在着，且构成了最主要的社会特征。

当楔形文字的宗教性特征逐渐消失，而不再具有那种神奇的揭示"天机"的力量时，它也就与人们的日常生活结合在一起，成为生活中的一种辅助性工具了。不过这类象形文字要想得到持续保存或应用，还需要将复杂的图案逐步简单化、形式化和普及化，如图7-1所示的楔形文字就有这样的趋势，或者像中国象形文字的发展过程那样。否则，在社会历史的演化中它们就很可能走向没落甚至消失。尽管如此，当人们不再将文字来作为意义控制工具，即不再认为其中隐藏着意义控制力量时，有些象形文字就会很快退出人们的视野，不再受到人们特别的关注，从而很可能逐渐被人们所遗忘，不再使用，例如两河流域的楔形文字、埃及的古文字或印度的梵文等就是这样。虽然这些文字的没落或消亡受到很多历史情境因素的影响，存在很复杂的情况，但是我们不能不承认，它们在人们眼里丧失了意义控制的力量，即不再是揭示神灵隐秘或天机的方法，因而也不再能够帮助某些人成为其他人心目中的意义权威，恐怕是最主要的原因。这并不是说人们已经对意义控制不再感兴趣了，而是由于人们所特别关注的意义控制方式逐渐转换到了其他形式上面，如政治、宗教、哲学或科学等方面。而且，人们逐步被培养起来的意义控制倾向在日常生活中也开始得到了现实化体现，影响了人们日常的观念或行为，就更成为人们所关注或倾力而为的重点了，因为这毕竟牵涉人们的现实生存和现世幸福问题。

社会的等级结构是祭司文化意识在日常生活中的投射。其本质在于形成一种权力结构，可以对整个社会的普通民众实行意义控制，并掌控绝大部分的自然资源和社会资源。这种意义控制在社会生活中的现实化，就是基于等级制的政治、经济、军事、法律、宗教或伦理规范等方面的支配或控制关系。当我们从《吉尔伽美什》中，从乌尔城的塔庙遗址、伊斯妲尔门、《拉马苏》或《控制狮子的英雄》等建筑或石刻中，或者从楔形文字这样的文化产物之中，所感受到的那种意义氛围渗透出来的意义控制倾向，也一定会在社会生活的现实状况中得到很清晰的表现。例如，《汉谟拉比法典》（*The Code of Hammurabi*）这一世界上现存最早的成文法律，就很好地体现了这一点（见图7-8）。

在古代社会，由君主或祭司阶层颁布的法律是非常典型的意义控制方式。《汉谟拉比法典》是这样，《摩西十诫》（*Moses the Ten Commandments*）也是这样，中国以前的《禹刑》、《汤刑》、《吕刑》或《秦律》等法律也同样如此。汉谟拉比（Hammurabi，公元前1740—前1686）是古巴比伦王国的国王，在公元前1700年前后颁布了这个法典。随后这个法典以楔形文字刻在这样的石柱之上，竖立在巴比伦王国各个城市的神殿里，作为规范人们行为的标准和戒律，用以治理整个王国。

汉谟拉比石柱上共有282条律法。这些律法并非汉谟拉比时期才刚刚实行的，而是对以前的阿卡德王国、苏美尔王国和巴比伦王国早期所实行的律法进行整理完善的结果。石柱上方的图案显示，国王汉谟拉比站在巴比伦神话传说中的太阳神和正义之神舍马什面前接受象征统治权力的权杖。这是"王权神授"之意，表明国王汉谟拉比的统治权力来自神灵，不可侵犯，因而下面的律法条文也同样具有至高无上的神圣权威。法典的序言说汉谟拉比是"巴比伦的太阳"，是在"发扬正义"。法典的内容涉及诉讼程序、盗窃、财产、土地、雇佣、租佃、商业、婚姻、继承、转让、伤害、借贷和奴隶等方面的规定，包含了当时社会生活中的政治、经济或法律等各种社会性

图7-8　汉谟拉比石碑，约公元前1700年，黑色玄武岩，高225厘米，上面以楔形文字书写了《汉谟拉比法典》，1901年发现于伊朗古城苏撒（Susa），现存于法国巴黎卢浮宫

等级或附属关系。

单纯从法律角度去评价《汉谟拉比法典》，不是我们这里的任务。我们所关注的是它的伦理、政治或社会意义，因此不必去具体分析这些条文在法律上规定得是否恰当合理。这毕竟是三千多前的法律，是语言文字刚刚出现时的事情（语言文字本身都还很不完善），也是人们在一起组合成一个社会结构和社会关系并没有很长时间的事情（社会结构或关系也只是略具雏形而已），无疑这样的法律很粗疏简朴，不可能做到理论或逻辑上的严密完整、前后一致，也更谈不上公平合理、理念完善。因而单纯从法律角度去分析这些律法条文对我们这里的探讨而言，就并非很重要的事情。而真正重要的是，从自然原始状态刚刚进入社会状态的人们，为什么会突然想到采取这样的做法，即以颁布法律规定的形式，去控制或支配社会成员的行为？同时，这个社会中的大多数成员居然会接受并习惯于他人对自己的行为支配或控制？虽然法典中某些个别条文戒律也是依据当时人们的习俗或自然法而制定的，但是很明显，这个法典并不是在全社会成员之间所形成的约定或共识，而只是君主对臣民们在观念和行为上的规定或约束，显示出君主对臣民进行控制或支配有着神圣的正当性。即使是人们的习俗或自然法，也需要经过君主的正式认可和批准，才能得到正式的确认。这种确认并不是确认习俗或自然法的正当性和权威性，而是树立了君主的权威性和君主权力的正当性。也就是说，君主通过认可和批准民间的习俗或自然法，来确立自身更高的权威性。而民间的习俗或自然法如果有一定权威性的话，那也是因为得到了君主的认可和批准才具备的。而君主的权威性则不是来自民间或世俗社会，而是由神灵所赋予。因此，君主认可和批准习俗或自然法，不过是自己源自天授的权威性的一次展示而已。

从《汉谟拉比法典》的社会背景来看，这种行为支配或控制在当时人们的眼里，似乎已然成为天经地义，而不能不接受了。可是，这种情况怎么会发生的呢？如果没有心理或精神上的长期转变过程并达到了一定的程度，很难想象会出现这样的情况。尽管有些人可能会因为自己的弱势地位而不得不接受或顺从他人对自己行为上的支配或控制，如战俘、老人、妇女、儿童或疾病患者等，但是对于一个社会中的大多数成员来说，要简单顺从地接受并习惯于这种社会关系状况或生活方式，恐怕并不容易。当然，即使是在《汉谟拉比法典》颁布之后的很长一段时间里，很多人还是无法接受或习惯于这种控制型社会关系，因而不得不起来抵抗或逃亡。由此我们也可以理解，在这种社会背景下，为什么在两河流域或古埃及王国附近，会出现像腓尼基这种特异类型的社会——逃亡者社会，并一直发展到克里特岛和几乎整个地中海域，直至爱琴海的古希腊地区和古罗马的城邦。逃亡者社会的出现，就是对君主权威性和君主权力正当性的否认、蔑视或挑战，尽管他们想改变这一点还不太可能。

在史诗《吉尔伽美什》中，我们已经看到了吉尔伽美什对意义控制的强烈心理倾向，如对乌鲁克城百姓、同伴、女人或自然事物等对象，就都有着这样的明确意识并积极地付诸现实行为。而这又基于他对意义不确定性的焦虑感，或对与他人之间形成意义冲突的恐惧感，如对梦境、生命与死亡、天上乐园或地下阴间、未来或未知的世界等他无法确知的意义对象极为纠结，又对与百姓、女人或同伴之间的意义冲突难以承受。恩启都的死亡对于吉尔伽美什来说，也是一种意义冲突。而他在对意义确定性的不懈寻求中，下意识地遵循了自然形成的意义依赖的心理习惯，即父母或神灵的意义启示成为他首要的确定性原则。在人们的梦境、幻觉或想象中，先逝的亲人（特别是父母）或其他各种"幽灵"总是与现实中的人们相互之间形成意义纠缠的关系，开启了人们关于生命与死亡、天堂与地狱、未来或未知世界等领域的意义空间，使人们始终在意义的确定与不确定之间交织环绕，头晕目眩，且仿佛永远都难以摆脱。而人们所能找到的唯一可能的"真理"之路，即最终的意义确定性原则，似乎就在于获得这些幽灵随附的神秘启示或"天机"，才有可能从根本上控制或消除这些幽灵本身所具有的不可确定性，造成人们命运上的不可预料性，以及它们所引起的那种几乎无所不在的、令人心神不安的意义氛围。

在这种心理背景下，我们不难理解，这些"幽灵"或神灵的启示或天机，对于凡人而言，就具有严格的观念或行为上的规范功能。也就是人们必须按照神灵的启示去做，遵循神灵的旨意，才有可能获得确定的和平、幸福或快乐的命运，并控制或消除那些不确定性带给人们的所有恐惧或焦虑，以及一切烦恼或痛苦的命运，例如来自人们基本生存上的威胁或各种不安全感，就像自然灾难、饥饿、黑暗、梦境或疾病等原因造成的惊慌、苦难或死亡。对此，当那时的人们站在汉谟拉比石碑前，只要一抬头看到汉谟拉比毕恭毕敬地从太阳神和公正之神舍马什手中接过权杖，就很可能会油然生出一种敬畏或顺从的情感。这似乎都已经成了一件十分自然的习惯。

不过，引人注目的是，在人们心灵世界中的这种意义纠缠其实也表明，在观念或行为上遵循神灵的旨意这一事件本身，既是在接受神灵对自己的控制或支配，同时也等于是在控制或支配着神灵。这也就是说，如果人们在观念或行为上按照神灵启示的原则进行，那么神灵就将在一定程度上丧失自己的不确定性，从而带给人们一定程度的确定性。例如，神灵将不会胡乱地把自然灾难、饥饿、黑暗、疾病或各种非正常死亡等苦难降临在凡人们的身上，而会有选择性地带来和平、幸福或快乐等人们所企望的东西。人们的这种意义偏好无疑是基于自身的生存本能，因而对意义确定性或不确定性的选择偏好，几乎是不可改变的一种心灵本性，促使人们作出不懈的心灵努力，以尽可能将不可预料的命运改变成确定的结果，如获得永生或永远的幸福等。于是，神灵作为最终的确定性原则，也是人们进行意义控制的对象，只不过人们是以敬畏或顺从的独特方式对之进行意义控制而已。

因而在远古时代，原始宗教伴随着人们意识活动的渐渐活跃而慢慢出现，似乎是不可避免的历史现象。而原始宗教活动的主要特征就在于，人们与神灵之间形成了这种意义纠缠的关系，即进入某种相互控制或支配的心灵之网中。但是神灵与凡人之间的这种意义纠缠关系却具有一种特别的内在结构，即它不是相互对等的，而是将双方置放于一种等级结构之中，成为上下两层或多层结构。这种结构是以上层对下层的控制或支配、下层对上层的配合或顺从为支撑，从而形成一种稳定的状态或秩序。所谓的控制或支配、配合或顺从，就是指某个人或某些人对其他人的观念和行为进行规定或约束，而其他人则要在观念和行为上配合或顺从这些规定或约束。这样形成的稳定状态或秩序在某种情况下是会改变的，如一旦上层对下层的控制力或支配力变弱甚至消失，那么，这一结构将不免垮塌；或者，下层对上层不再配合或顺从，那么这一结构也将垮塌。因而，这种结构对身处其中的人们产生着这样的心理影响，即那些控制者力图无限制地增强自己的控制力，而被控制者则又被无限制地强化其顺从的态度或习惯。尽管很多被控制者可能并不愿意，这却被许多人视为正当的观念或行为，因为只要人们对这种结构予以认可和配合，似乎就必须如此。因此，在无形中控制者与被控制者之间，似乎就形成了一种默契，双方以某种程度的控制关系确定各自的心理和行为，以达到一定的目的。

这种意义结构在喜好图腾崇拜的原始部族生活中很常见，在有强烈宗教信仰的社会中也较常见。而且，这种神灵与凡人之间的意义结构，还会被转换成一个社会的政治、经济、法律或伦理等社会型结构，就像我们从《汉谟拉比法典》中所分析出来那样，在两河流域原始时代的王国中，这种等级制的社会结构已经出现，即在一个社会的人们之间，某个人或某些人对其他人的观念或行为进行控制或支配，而其他人则对这些控制者或支配者所制定的规范或约束内容表现得配合或顺从。像奴隶主与奴隶之间、胜利者与俘虏之间就是最为典型的控制或支配关系，君主与臣民之间则不妨看作为一种扩展的奴隶主与奴隶的关系，这种关系同时还会扩展到父母与子女之间、夫妻之间或其他各种社会关系之上，即一方以强制性力量将自己的观念和行为规范和约束强加在另一方之上，而另一方却由于某些原因而不得不接受或顺从。因为这样的人际关系是以某些现实利益为条件的，如安全、食物或性活动等基本的生存条件，或者在生活环境、生命财产或性对象上的各种利益。

《汉谟拉比法典》只是美索不达米亚平原上等级制结构社会出现的一个表现而已，是等级型关系出现在人们之间并形成了某种程度的稳定状态或秩序的一个表现，是等级制结构采取了法律这种方式以对社会群体进行意义控制或支配的一个表现，也是君主或控制者群体所具有的强烈意义控制心理倾向的一个表现。这种类型的社会结构在原始时代的世界各地是很多的，如许多亚洲或非洲国家都是如此。这种社会结构相对于各方混战的战争状态而言，似乎显得较为稳定、有秩序，但是这种稳定状态或秩序不过是表面上的而已，普通人只要有机会就难免进行抵制或反抗。因为这种控制或支配对于被控制者或被支配者而言，最终总是灾难性的，是对其生命成长的压制或扭曲，只会造成其意义空间的萎缩或停滞。而采取法律形式来强化这种控制或支配，强化君主的权威性和君主权力的正当性，是这种控制型社会得以维护和持续的一个有效措施，因而很快就出现在几乎所有的等级制社会中。这种传统的法律形式可以说是君主或控制者群体强烈控制意识的延伸。并且这种强烈控制意识在现实社会生活中，得到了越来越全面的体现和扩展，使控制关系在整个社会中逐渐形成全方位的纵深化或结构化。其影响甚至还延续至今天的社会生活之中。

从四千多年前吉尔伽美什的苏美尔王国，到三千多年前汉谟拉比的巴比伦帝国，再到两千多年前的波斯帝国，君主们的控制意识不断发展，达到了惊人的程度。这一点我们可以从古希腊历史学家希罗多德（Herodotus，约公元前

484—前 425）在其著作《历史》（*The Histories*）一书的相关描述中看得很清楚。他对公元前 492—前 479 年波斯与古希腊之间的战争有过细致的记录和描写，其中就涉及波斯帝国或波斯国王的一些情况。

我们前面说过，当两河流域在大约五六千年前出现等级结构的社会时，那些不愿意接受被控制或支配的人就大量逃往西部沿海一带聚居起来，特别是在腓尼基城及其附近最多，并形成了独具特色的逃亡者社会，即一种全然松散的物品交换、信息交流或人际交往中心。但是，这种情况对于两河流域历朝历代各个王国的国王们而言，是绝对无法容忍的。因为这就意味着这些人脱离了国王们的控制或支配，等于是对他们神圣的权威性和权力正当性的蔑视或挑战。只要有这些逃亡者存在，这些国王们就难以安枕。这并不是说他们担心自己的安全问题或者担忧自己能够控制或支配的财富少了（"臣民"是被他们纳入自己的财富或资源范畴的，权力则是对财富或资源的控制或支配权），而是焦虑于自己的控制或支配权缺乏充分的权威性或神圣性。因为这种控制或支配权一旦存在疑问，就很可能受到所有人的否认。因此，对于拥有一定实力的国王们而言，是需要不断地以各种方式对自己的控制或支配权进行确证，越充分越好，最好是具有无限的范围、至高的程度、永恒的存在。而只要有一个蔑视自己控制或支配权的逃亡者脱出他们的控制或支配，且又能在附近安心生活的话，那么无疑就意味着他们的这种权力将大打折扣，且处于随时可能崩解的趋势之中，因为这个逃亡者一方面将成为所有被控制者的榜样，另一方面又成为对君主神圣的权威性和权力的正当性的否定。而这对于任何一个君主而言，是心理上无论如何都无法承受的，因而必定要除之而后快。

因此，自古以来两河流域的国王们就将这些逃亡者视为心腹之患，认为这是决不能坐视不管、任其放肆的，而必须予以坚决的打击或消灭。于是，我们看到，只要一有条件，这些国王就会竭尽全力地派出军队向周围扫荡，特别是西边的地中海沿岸和西北部的安那托利亚地区（Anatolia）。[①] 当他们逐渐控制了这些地区之后，那些逃亡者也只好再向更远处或更隐蔽处躲藏，如地中海的深处，像北非、克里特岛、希腊爱琴海和意大利，并一直延伸到地中海最西部的西班牙一带。但是两河流域的军事力量并不会就此止步，而是紧追不舍到北非和希腊，甚至后来还一直追到西班牙。而逃亡者社会的中心，也就因此随之西移，从五千多年前的腓尼基及其对面的塞浦路斯岛到四千年前的克里特岛，再到三千年前希腊地区的迈锡尼和雅典，最后是两千年前的意大利罗马，才算大致结束了这个逃亡的过程。不过如果愿意，我们甚至还可以继续列出这个逃亡者中心向西转换的过程，如五六百年前的西班牙和葡萄牙，三四百年前的英国和法国，最后再到一两百年前的美国和加拿大。而拉丁美洲，以及澳大利亚或新西兰等太平洋国家都可以说是这个迁移或转换过程的余续或尾声了，因为近五百年来欧洲人已经不再是以逃亡为向西迁移的主要目的，虽然逃亡仍然是很多西进者的目的之一，而更是由于长期逃亡所形成的心理习惯，引导他们不断去进行探险和殖民而已。向渺无人烟的荒野去探险和殖民，与其说是个人的某种性格或品德，不如说是在历史情境条件下要竭力逃脱被控制或支配的命运而已。这成为欧洲文化自古以来的一个鲜明特征，始终影响着欧洲人的精神状况或意义空间。

可以说，这个历时五千多年的逃亡过程是在一种不断膨胀或强化的意义控制心理倾向的背景下出现的，因为这种意义控制现实化地体现在了君主们的军事、政治、经济或法律的强制性力量之上。而这些现实化的强制性力量正是在君主们强烈的意义控制心理倾向的作用下得以实现的。对此，希罗多德借着欧塔涅斯（Otanes）的话形容道：

---

① 安那托利亚地区，指现在的土耳其及其附近地区，也被称为小亚细亚或西亚美尼亚。

　　我以为我们必须停止使一个人进行独裁的统治，因为这既不是一件快活事，又不是一件好事。你们已经看到冈比西斯（Cambyses）骄傲自满到什么程度，而你们也尝过了玛哥斯僧（Magi）的那种旁若无人的滋味。当一个人愿意怎样做便怎样做而自己对所做的事又可以毫不负责的时候，那么这种独裁的统治又有什么好处呢？把这种权力给世界上最优秀的人，他也会脱离他的正常心情的。他具有的特权产生了骄傲，而人们的嫉妒心又是一件很自然的事情。这双重的原因便是在他身上产生一切恶事的根源；他之所以做出许多恶事来，有些是由于骄傲自满，有些则是由于嫉妒。[1]

　　这个欧塔涅斯是一个波斯贵族，还是刚刚去世的波斯国王冈比西斯（Cambyses II of Persia, 生年不详，卒于公元前 522 年）的岳父。从现实利益来说，他无疑是应该支持在波斯继续实行国王的专制统治的。可是就连这个皇家贵族都对这种统治没有任何好感，因为他作为国王身边亲近的人，对国王的言行非常清楚，从而也很了解这种权力和权力机制对人性的摧残作用。很明显，他这个前国王的岳父尽管从皇族亲贵的地位中获得了巨大现实利益，却也深受其害，不堪其扰，对国王过度强烈的控制或支配意识和行为深恶痛绝，就像他自己抱怨的那样：

　　一个国王又是一个最难对付的人。如果你只是适当地尊敬他，他就会不高兴，说你侍奉他不够尽心竭力；如果你真的尽心竭力的话，他又骂你巧言令色。然而我说他最大的害处还不是在这里；他把父祖相传的大法任意改变，他强奸妇女，他可以把人民不加审判而任意诛杀。[2]

---

[1]　[古希腊] 希罗多德：《希罗多德历史》，王以铸译，商务印书馆 2016 年版，第 271 页。
[2]　[古希腊] 希罗多德：《希罗多德历史》，王以铸译，商务印书馆 2016 年版，第 271 页。

欧塔涅斯的抱怨是有道理的，因为君主们的控制或支配意识首先就是从身边的人开始的。每个国王都会想，如果对自己身边的人都不能实行最有效的控制或支配，那么这个国王的这种权力还怎么得到直观的体现呢？怎么能够由近及远地一点点现实化呢？对自己周围亲近的人进行意义控制，就是要求他们必须全心全意地忠诚于君主这个人，以及他的权威和权力。而究竟如何才能做到这点，对于古代的无数君主而言，确实是一个很大的挑战。是以财富、荣耀、地位身份，还是情感或暴力等的方式，是传统统治术的一个核心问题。很多国王以对身边的人随意进行杀戮，依靠人们的恐惧心理来树立自己的权威，并使周围的人对自己绝对忠诚。依此看，这个波斯国王冈比西斯倒还算仁慈（很多波斯国王确实也是这样看待自己的）。

当君主们在自己周围的人身上验证了自己的权威性和权力的正当性之后，就开始将之扩展到尽可能远的地方和人那里去了。这个推广和展开的过程几乎是不可遏制的，是意义控制意识仿佛十分自然的延伸，因为他们完全看不到有什么恰当的理由反对这一过程的持续进行：既然自己的权威性和权力是正当的，对其他人的控制或支配是符合神灵旨意或天道的，甚至掌握其他人命运还是一种仁慈的表现，因为这样就可以使他们避免堕入厄运、黑暗、恶魔或地狱的掌控之中，永远遭受着痛苦和灾难。所以，在君主们眼里，掌控所有人的命运是自己义不容辞的责任，既是对神灵的负责，也是对所有人的负责。波斯国王们就是这样认为的，也是这样做的。

当大流士（Darius Ⅰ the Great, 公元前 550—前 486）继任冈比西斯成为波斯国王之后，他"便把使者分别派遣到希腊的各个地方去，命令这些使者为国王要求一份土和水作为礼物"[①]。土地和干净的淡水，是人们生存最基本的依靠。因而要求将这两样东西献给波斯国王，就意味着将自己的生存或生

---

① ［古希腊］希罗多德：《希罗多德历史》，王以铸译，商务印书馆 2016 年版，第 494 页。

命交给他。这也相当于要求人们都服从波斯国王的控制或支配。否则的话，就是对波斯国王的权威和权力的蔑视或挑战。而那又意味着什么无疑是不言而喻的："他（指大流士——引者注）把这些使者派到希腊去，又把另一些人分别派到沿海地方向他纳贡的城市去，命令它们修造战船和运送马匹的船只。"[①] 他做好了征服希腊的准备，要对那些不愿意向他献出"土和水的礼物"的城邦或国家进行无情的惩罚，要让他们知道顺从波斯国王几乎就是"理所当然"的事情。因为，在波斯国王眼里，希腊人把土地或他们自己献给波斯国王是应当的。这难道还有什么疑问吗？"欧罗巴是一个非常美丽的地方，它生产人们栽培过的一切种类的树木，它是一块极其肥沃的土地，而在人类当中，除去国王（指波斯国王——引者注），谁也不配占有它的。"[②] 那些"野蛮人"（即非波斯人）不能理解这样的道理，居然蔑视甚至处死了来要求将"土和水"献给波斯国王的使者，"一个城市（指雅典——引者注）把要求者投到地坑里去，另一个城市（指斯巴达——引者注）则把要求者投到井里去，他们命令要求者从这里取得土和水带给国王"[③]。这在大流士看来确实是太"愚昧无知"了。所以，对这些希腊人进行教训和惩罚，无疑是大流士、克谢尔克谢斯（Xerxes, 约公元前 519—前 465）[④] 或波斯军队义不容辞的"责任"了。克谢尔克谢斯一接任波斯国王就马上去征服了埃及，然后又要去征服希腊。他对大臣们说：

> 我决定派一支军队去讨伐他们（指希腊人——引者注）……如果我
> 们征服了那些人和他们的邻居，我们就将会使波斯的领土和苍天相接

---

① ［古希腊］希罗多德：《希罗多德历史》，王以铸译，商务印书馆 2016 年版，第 494 页。

② ［古希腊］希罗多德：《希罗多德历史》，王以铸译，商务印书馆 2016 年版，第 546 页。

③ ［古希腊］希罗多德：《希罗多德历史》，王以铸译，商务印书馆 2016 年版，第 605 页。

④ 克谢尔克谢斯，也译薛西斯，为波斯国王大流士之子，于公元前 485 年继任波斯国王。

了，因为，如果我得到你们的助力把整个欧罗巴的土地征服，把所有的土地并入一个国家，则太阳所照到的土地便没有一处是在我国的疆界之外了。因为，我听说将没有一座人间的城市、人间的民族能和我们相对抗，如果我所提到的那些人一旦被我们铲除掉的话。这样，则那些对我们犯了罪的和没有犯罪的人就同样不能逃脱我们加到他们身上的奴役了。①

在克谢尔克谢斯的心目中，凡是"太阳所照到的土地"都应该处于他的掌控之下，所有"人间的城市、人间的民族"都应该由他来控制或支配，这样他所加到天下人身上的"奴役"几乎就是"天经地义"的事情。虽然这些具体的说辞可能只是希罗多德以文学笔法的艺术加工，不过君主们所抱有的类似观念或行为在世界各地的历史上，其实都不陌生。

单纯奴役他人的欲望并不是大流士或克谢尔克谢斯这种君主们唯一的目的，更重要的事情在于，他们已经完全生活于那样一种意义氛围中，即强烈地感觉到自己发现了能够应对所有不确定性的最终原则，并在现实地实施着这一原则，即对所有其他人的控制、支配或奴役。而为了让这些措施能够有效、长久或全面地贯彻并持续发挥最大的作用和影响，就必须维护或强化这种意义氛围，因为这是所有控制措施得以可能的前提。对此，克谢尔克谢斯自己是很清楚的。他对自己的大臣们接着说：

  我们先前征服和奴役了撒卡依人、印度人、埃西欧匹亚人、亚述人以及其他许多伟大的民族，并不是因为这些民族对我们做了坏事，而只是因为我们想扩大自己的威势；可是现在希腊人无端先对我们犯下了罪

---

① ［古希腊］希罗多德：《希罗多德历史》，王以铸译，商务印书馆 2016 年版，第 549 页。

行，而我们却不向他们报复，那诚然是一件奇怪的事情了。①

　　所以，在他这种控制意识的心理背景下，发动征服或奴役的具体理由都是次要的，那些野蛮人、城邦或国家是否得罪了波斯帝国也是次要的，他们是否对波斯帝国表示了尊敬或愿意与之保持友好关系，甚至也可以作出一定的让步，比如说纳贡或尊波斯帝国为盟主等，也都是次要的。重要的是波斯帝国只会按照自己的逻辑去做，即随着自己控制意识的发展去从事一切帝国行为，而根本不会在意其他人、城邦或国家的想法或做法。因此，这样的结果几乎就是必然会出现的，那就是将凡是"太阳所照到的土地"纳入自己的版图，将"人间的城市"和"人间的民族"统统收归掌控之下。否则，在这些君主们看来，自己就是"失职"，即没有尽到自己应该尽的"责任"或"义务"。那将有负神灵的"嘱托"，也将有损君主这一称号及其权力的神圣性、权威性和正当性。

　　或许，在波斯内的很多人也是这样想的，也可能他们是不得不这样想。总之，我们看到世界各地的君主制社会中，确实是有很多人持有类似的观念，或不得不持有这样的观念，并且，他们还确实也在以自己的敬畏和顺从配合着君主们的这种控制意识和措施，或不得不表示自己的敬畏和顺从，不得不配合着君主们自上而下贯彻实行的控制行为。结果是这种君主制度在许多社会中持续了很长的历史，甚至直到今天我们都还能够在某些社会中见到，或者某些类似的观念还会在各个社会中以各种形式出现。

　　尽管如此，我们也看到从两河流域或尼罗河流域逃亡出来的人们不断在增强着反抗这种控制意识和行为的信心和力量，以至于终于有一天能够与君主们的大军相抗衡了。这就是大约在两千四五百年前出现的几次希波战争，也就是

① ［古希腊］希罗多德：《希罗多德历史》，王以铸译，商务印书馆2016年版，第550页。

希罗多德所描写的历史场景。波斯的数百万征服大军一路威风凛凛、所向披靡。当他们前进到安那托利亚地区爱琴海沿岸的伊奥尼亚（Ionia）时，伊奥尼亚人（当时属于希腊人）的一个将领狄奥尼修斯（Dionysius）就对同胞们说："伊奥尼亚人，我们当前的事态，正是处在我们是要做自由人，还是要做奴隶的千钧一发的决定关头。"① 于是伊奥尼亚人选择了战争，开始准备对抗波斯大军，尽管最后他们失败了。而当波斯军队最后终于打到希腊本土时，雅典军队将领们的意见并不一致，因为他们军队的人数实在是太少了，只有区区几万人，如何能够抵挡数百万的波斯大军呢？可是当他们最后想到自己的抉择将意味着"或者是你使雅典人都变为奴隶，或者是你使雅典人都获得自由"② 的时候，还是很悲壮地选择了抵抗。但他们最终还是战胜了波斯大军，并为军事史留下了以少胜多的马拉松战役（公元前 490）、温泉关战役（公元前 480）和萨拉米湾海战（公元前 480）这样的经典之作。

波斯国王克谢尔克谢斯认为，自己去征服希腊、印度、埃及或亚述等世界各地都是"顺应天命"之举。事实上除了希腊之外，他和他的父亲大流士的征服行动也确实一直都很顺利。因此，在克谢尔克谢斯看来，希腊人无疑也会望风而降的。他说："在我个人看来，希腊人是不会有那样大的胆量来作战的。但如果时间证明我的判断错误而他们蛮性发作，竟然和我们作战的话，那我们就会教训他们，要他们知道我们原来是世界上最优秀的战士。"③ 他很清楚地知道希腊人是与波斯人不同的，而最大的区别就是他们分别处于不同的受控制状态：希腊人是处于自由放任状态，而波斯人则是在国王的"伟大统治"之下。他是这样评价处于自由放任状态的希腊人的：

---

① ［古希腊］希罗多德：《希罗多德历史》，王以铸译，商务印书馆 2016 年版，第 477 页。
② ［古希腊］希罗多德：《希罗多德历史》，王以铸译，商务印书馆 2016 年版，第 527 页。
③ ［古希腊］希罗多德：《希罗多德历史》，王以铸译，商务印书馆 2016 年版，第 551 页。

倘若他们按照我们的习惯由一个人来统治的话，那他们就由于害怕这个人而会表现出超乎本性的勇敢，并且在鞭笞的威逼之下可以在战场之上以寡敌众；可是当他们都被放任而得到自由的时候，这些事情他们便都做不到了。在我看来，我以为纵令希腊人的人数和波斯人相等，他们和波斯人单独作战也不会是波斯人的对手。①

可是现实状况却完全超出了波斯国王克谢尔克谢斯的预料。那些波斯军人似乎并没有因对他的畏惧而变得多么勇敢，也没有因崇拜他的英明伟大而能够奋不顾身地英勇杀敌。相反，倒是那些希腊人却由于得到过自由而知道了自由的可贵，因而为了捍卫自己的自由而表现出了惊人的勇气和力量。希罗多德是这样描述战场上情形的：

当波斯人看到希腊人向他们奔来的时候，他们便准备迎击；他们认为雅典人人数不但这样少，而且又没有骑兵和射手。这不过是异邦人（这里指非希腊人——引者注）的想法；但是和波斯人厮杀成一团的雅典人，却战斗得永难令人忘怀。因为，据我所知，在希腊人当中，他们是第一次奔跑着向敌人进攻的，他们又是第一次不怕看到美地亚（当时泛指波斯人——引者注）的衣服和穿着这种衣服的人的，而在当时之前，希腊人一听到美地亚人的名字就给吓住了。②

从中可以看到，在希波战争之前大约三千年的时间里，这些逃亡者对两河流域帝国的国王们及其军事力量都是十分畏惧的，毕竟他们都是在对这种政治

---

① [古希腊] 希罗多德：《希罗多德历史》，王以铸译，商务印书馆 2016 年版，第 598 页。

② [古希腊] 希罗多德：《希罗多德历史》，王以铸译，商务印书馆 2016 年版，第 528 页。

权力的抵制或挑战中的幸存者，而大多数不想被控制、支配或奴役的人，不愿意接受当奴隶的命运的人，都已经付出了生命的代价。这些侥幸逃脱的人，余生几乎都是在风声鹤唳、草木皆兵中度过，在饥寒交迫、风餐露宿中挨过一个个日夜。那种总是处于心惊肉跳的状态是可想而知的。而到了两千五百年前，这些人在希腊地区终于站稳了脚跟，有了一定的经济基础，在政治上也逐渐摸索出独特的自治模式，因而有了信心和勇气对抗来侵的波斯大军。

第 八 章

古希腊社会的意义空间

对希腊人的这种精神状况以及他们逐步摸索出来的独特社会结构，古希腊另一个历史学家修昔底德（Thucydides, 约公元前 460—前 396）在其历史著作《伯罗奔尼撒战争史》（*History of The Peloponnesian*）中就有很好的说明。他记录了当时雅典城邦的将军，也是雅典著名的政治活动家伯利克里（Pericles, 约公元前 495—前 429）在一次纪念雅典阵亡将士葬礼上的讲话。据说这个演讲是修昔底德在现场亲耳听到的。伯利克里在讲话中对当时雅典城邦的社会生活进行了描述：

> 我所要说的，首先是讨论我们曾经受到考验的精神，我们的宪法和使我们伟大的生活方式。……我要说，我们的政治制度不是从我们邻人的制度中模仿得来的。我们的制度是别人的模范，而不是我们模仿任何其他的人的。我们的制度之所以被称为民主政治，因为政权是在全体公民手中，而不是在少数人手中。解决私人争执的时候，每个人在法律上都是平等的；让一个人负担公职优先于他人的时候，所考虑的不是某一个特殊阶级的成员，而是他们有的真正才能。任何人，只要他能够对国家

有所贡献，绝对不会因为贫穷而在政治上湮没无闻。正因为我们的政治生活是自由而公开的，我们彼此间的日常生活也是这样的。当我们隔壁邻人为所欲为的时候，我们不以至于因此而生气；我们也不会因此而给他以难看的颜色，以伤他的情感，尽管这种颜色对他没有实际的损害。在我们私人生活中，我们是自由的和宽恕的；但是在公家的事务中，我们遵守法律。这是因为这种法律深使我们心悦诚服。

对于那些我们放在当权地位的人，我们服从；我们服从法律本身，特别是那些保护被压迫者的法律，那些虽未写成文字但是违反了就算是公认的耻辱的法律。

现在还有一点。当我们的工作完毕的时候，我们可以享受各种娱乐，以提高我们的精神。

……我们的城市，对全世界的人都是开放；我们没有定期的放逐，以防止人们窥视或者发现我们那些在军事上对敌人有利的秘密。这是因为我们所依赖的不是阴谋诡计，而是自己的勇敢和忠诚。……我们的勇敢是从我们的生活方式中自然产生的，而不是国家法律强迫的；我认为这些是我们的优点。

我们爱好美丽的东西，但是没有因此而至于奢侈；我们爱好智慧，但是没有因此而至于柔弱。我们把财富当作可以适当利用的东西，而没有把它当作可以自己夸耀的东西。在我们这里，每一个人所关心的，不仅是他自己的事务，而且也关心国家的事务；就是那些最忙于他们自己的事务的人，对于一般政治也是很熟悉的——这是我们的特点：一个不关心政治的人，我们不说他是一个注意自己事务的人，而说他根本没有事务。我们雅典人自己决定我们的政策，或者把决议提交适当的讨论；因为我们认为言论和行动间是没有矛盾的；最坏的是没有适当地讨论其后果，就冒失开始行动。这一点又是我们和其他人民不同的地方。我们能够冒险，同时又能够对于这个冒险，事先深思熟虑。他人的勇敢，由于无知；当他们停下来思考的时候，他们就开始疑惧了。但是真的算得上勇敢的人是那个最了解人生的幸福和灾患，然后勇往直前，担当起将来会发生的事故的人。

……我可断言，我们每个公民，在许多生活方面，能够独立自主。

……要自由，才能有幸福；要勇敢，才能有自由。①

要理解伯利克里所描述的雅典人独特生活方式的意义，还需要我们了解更多的雅典或古希腊社会的历史背景。

第一节　伯利克里心目中的雅典城邦

伯利克里时期（公元前 5 世纪）的雅典城邦建立了比较正式的民主制度。这也是这种制度发展到最好程度的时期，随后雅典就开始历经两千多年的磨难了。但这种制度在当时对很多人而言还是十分陌生的。不仅许多雅典人自己都不是很了解究竟应该如何形成一个自治的社会，即如何消除那种传统的政治权力而进行自我管理，其他城邦的人就更不清楚了。所以，伯利克里才会说："我们的政治制度不是从我们邻人的制度中模仿得来的。我们的制度是别人的模范，而不是我们模仿任何其他的人的。"特别是对于那些自古以来就处于逃亡状态的人来说，他们已经习惯于打家劫舍式的海盗生活，过着在刀口上舔血的日子。慢慢地，他们在爱琴海域找到可以安心落脚之处，于是开始种植和放牧，经营起自己的家园来。但是他们的本性并没有改变，那就是绝不愿意接受

---

① ［古希腊］修昔底德：《伯罗奔尼撒战争史》，谢德风译，商务印书馆 2017 年版，第 147—153 页。

任何强制牲的支配或奴役，不惜一切代价都要保持着自己的独立和自由。这也就是他所说的"要自由，才能有幸福"。这些逃亡者很清楚这一点：在受支配或奴役的情况下，人是不可能有什么幸福可言的。

而要保持这种自由状况，就需要拒绝、抵制或反抗传统政治权力的控制，即那种以暴力为基础的强制性力量。当他们终于从两河流域或尼罗河流域那些帝国军事力量的掌控下逃脱之后，自然是不愿意让自己不能再度陷入类似专制力量的控制之下的。于是他们从五六千年前开始，经历了两千多年四处流浪的生活，几乎人人各自为生，即以个人、家庭或家族的形式极为分散地居住于地中海沿岸或各岛屿之中。但是地中海区域的地理环境却迫使他们不得不进行物品交换，因为那里以山岭沟壑为主，缺乏河流平原的农作物耕地和矿产资源，气候条件也仅适合种植橄榄、葡萄和无花果等少数植物或放牧牛羊。因此，产自亚洲和非洲的粮食、金属、药品或香料等物品对他们来说都是十分需要的。于是，这些逃亡者在当海盗之余，也学会了当商人，就是与他人进行平等的物品交换，而不必去抢劫使自己总是处于丧失性命的危险之中。这样，自由状态下的物品交换就成为他们获得生存保障和进行人际交流的重要方式，从而使他们得以摆脱对神灵或君主权力的依赖。这逐渐成为他们流浪生活中一个几乎是不可缺乏的部分，并因此对欧洲人或欧洲文化都产生了巨大而深远的影响。

伯利克里虽然没有专门提到人们之间的物品交换问题，不过是对此感觉习以为常而已，似乎没有什么值得去说的。但他所不了解的是，他提到的所有关于雅典人的特点及其生活方式，可以说都是在这种商人文化的基础上慢慢形成的。这是自大约五千年前腓尼基时期就已经开始的一个自发的习俗，并据此而逐渐构成了逃亡者之间的各种社会性关系，以及逃亡者社会的独特形态和结构。因为，在原始时代，自由状态下的物品交换，对长期参与其中的人而言是具有特殊意义的。这种活动对他们整个心智结构的发育都有着很重要的积极作用，有助于培养出某些特定的精神气质和观念意识，如关于自我、独立、平等、财产、理性、公正、公共、管理、冒险、开放、审美或创造等气质或观念，并形成相应的诚实、正直、自尊、尊人、助人或友好等道德品质。这些意识的出现等于是全方位地打开了原始人的意义空间，促使他们作出自己的心灵努力，并锻炼他们的心灵能力，从而无限丰富或扩展了他们的精神世界。最终，这一切又综合构成一个人的独立人格，使一个人有可能特别关注并创造条件以使自己或他人健康成长，避免陷入受控制或奴役的境况。因为，正是在这种人格形成过程的基础上，一个社会的政治、经济、法律、教育或科学等方面才有可能得到恰当的构建和发展，并有可能形成一个健康的社会文化生态环境，使生活于其中的人们能够意识到或尽可能消除各种意义控制力量，让自己的生命顺畅成长。当然，要使一个社会始终保持在这样的轨道上发展并不容易，还需要很多情境因素的配合。这也是为什么雅典城邦的民主制度在两千五百年前仅仅是昙花一现而已，随后希腊以至于整个欧洲都陷入长久的军事控制之下，直到近几百年前似乎才重新恢复了生机。并且，即使在今天，欧洲文化也并没有成熟到能够自觉地消除各种意义控制力量的程度，前行的道路还很漫长而艰难。

我们有必要对逃亡者社会这种自由状态下的物品交换现象多说几句，因为它深深影响了人格的形成和社会的结构。也只有对这种现象有一定的了解，我们才能初步知道伯利克里介绍的雅典人及其生活方式在大约两千五百年前究竟是怎样的，以及到底是如何产生的。

自由状态下的物品交换完全是出于个人生存的需要，且没有任何宗教或君主权力的控制或干扰。那时在腓尼基或后来的地中海沿岸各地，人们由于各种原因来自世界各地，语言各异，生活习俗也差别极大。并且，最主要的是，社会原因造成人们相互之间几乎没有信任的基础，反而相互戒备警惕，随时提防着对方可能会欺骗或抢劫，甚至不惜杀人越货。不过，人总是有结伴的心理倾向，无论是出于自然天性，还是后天的需要。我们前面也提到过，当人们开始有一定的意识活动，逐渐进入一定程度的意义空间以来，就产生了越来越强烈地对父母、同伴或性对象的意义依赖，因为人们需要开展自己的意义筹划，丰富或拓展自己的意义空间。这一过程同时又伴随着某种意义焦虑，即对各种不确定意义的困惑或恐惧心理导致人们难免时常心神不安，因而他人心灵就对人们有着直接的吸引力，他人的意义空间也成为令人好奇的对象。在这种心理背景下，欺骗、抢劫或杀人等行为是与自身的心理倾向或精神需要背道而驰的，而与他人之间形成一种友好关系，就会成为源自内心的意义要求。

当然，即使单单从现实状况考虑，人们也会逐渐明白，自己不可能一直依靠欺骗、抢劫或杀人来获得生存上的保障，因为如果习惯于这样的行事，自己也就处于随时可能丧命的危险之中，毕竟有几个人能保证自己永远都会在战斗中获胜呢？并且，当自己在睡眠、疾病或年老体弱时，或者当自己还有女人和孩子要保护时，都是难以抵挡他人武力攻击的。由此，我们能够理解，这些逃亡者相互之间很需要形成一种友好的关系，以进行物品的交换、信息的交流或人际的交往（也包括结成同盟或婚姻关系），使双方都能够获得相对安全的保障，稍微改善一下险恶的生存环境。

当人们相互之间开始逐渐形成一种友好的关系氛围时，就可以较为安全地进行物品交换了。人们不再远远地一见到他人，就神情紧张地拔刀在手，而是在可能的情况下设法表现出某种友好的态度，如向对方微笑，精神放松，并收起武器等。如果对方也能如此，那就有了一个良好的开端，至少双方消除了敌意。如果再进一步，双方有发展友好关系的希望或欲求，那就可以上前握手、拥抱或采取其他表示友好的方式。有了这样善意表达或友好关系的基础，在双方之间进行物品交换、信息交流或人际交往等，就是顺其自然的事情了。不过，为了表达这种确定的友好关系，也为了确定双方的这种友好关系，在双方之间交换某种礼物是十分必要的。礼物是一种意义的确定表达，也是对某种人际关系的确定。这种确定性的意义方式，对所有人而言，几乎都是精神上必不可少的，心理上急需的，或是对心灵空间的成长至关重要的。礼物交换也成为后来物品交换的原始形态，不过这一转变还需要一定社会情境因素的影响。

当人们没有特殊的生存需要时，简单的礼物交换就足以表达确定的关系。这在绝大部分社会中是类似的。不过，当人们由于特殊的社会原因而有了基本生存的需要时，简单的礼物交换就无法满足了。这正是逃亡者的生存背景对他们之间关系的影响。我们不知道人们相互之间的物品交换具体是在什么时候产生的，具体又是如何产生的。在新石器时代的早期恐怕是很难出现的。那时虽然各个不同的部族开始有了自己不同的收获物或制造品，如植物果实、捕猎或驯养的动物、石器、陶器、青铜器、玉石、贝壳、羽毛等新奇或美丽之物、建筑物或居住场所等，但是人们还并不知道应该在相互之间进行合乎双方利益的物品交换。当然，也可能在某些地方会出现原始的物品交换，以及专门从事这种事情的商人，但这大都是个别的情况，在五六千年以前更早的时期似乎都没有能够形成比较专门的、得到许多人认可的物品交换的方式。这包括共同的交易规则、较为固定的交易场所和人，并且还会对用于交易的物品有着某些特殊的要求。而且也更谈不上以这种物品交换行为为基础，形成人们之间的社会关系，并建立起一个社会的基本结构。那个时期，除了在部族内或较亲近部族之间人们会以礼物交换的方式保持友好关系以外，很多时候是直截了当地进行争抢，依靠体力或武力上的优势从他人那里掠夺自己喜欢或需要的物品，且情急之时就难免会将对方杀掉，或者像后来所发展的那样，对战败者进行支配或奴役，让他们为自己提供更多的利益。

但是，由于两河流域和尼罗河流域社会因素的影响，从五六千年前开始，庞大的逃亡者群体在地中海沿岸出现。他们的特殊需求和特殊关系改变了以往人们所习惯的抢夺方式，也改变了原始的礼物交换的含义，即在交换礼物基础之上发展起来物品交换的方式，以继续保持人们之间的友好关系，且解决人们的生存问题。而那种掠夺的习惯，也在很多社会中被发展成为制度性生活方式，即由以军事力量为后盾的宗教或政治权力所主导的整个社会关系和社会结构，控制或支配了一个社会中的几乎所有自然资源和社会资源，进而控制或奴役了绝大多数的普通人。

很可能，在尼安德特人之间还谈不上礼物交换的现象，因为他们的意识能力还达不到那种程度。但是对于克罗马农人来说，就完全可能开始有了初步的礼物交换。或者，即使不是专门有意识地进行赠送礼物与回赠礼物的行为，他们也会在这些活动当中感受到某种特别的乐趣，即感受到赠送者的某种意义表达或传递。来自对方的意义表达能够让他们产生一种亲切感或新奇感，因为这是单纯的生物性行为所没有包含的。人们从这种行为当中接触到一种新奇的意义内容，能够以此丰富自己的意义空间。因而这种行为对原始人的吸引力是不言而喻的，促使他们与对方靠近，希望能够获得更多、更丰富的意义内容或意义联结方式。这会令他们倍感兴奋，缓解或消除人们之间意义上的不确定性，还帮助他们缓解或消除对其他领域不确定性的困惑或恐惧感。在原始状态下，这种对不确定性的困惑或恐惧也意味着来自自然或他人的各种威胁或强制性的压力。于是，这样的礼物赠送行为就渐渐地在原始人之间形成了风俗习惯。当然这首先是体现在血缘关系较近的人相互之间，因为这是一个人自小养成这种习惯的自然环境。随后这种习惯会慢慢延伸至外人那里，特别是与其他部族或个别的陌生人之间。因为与陌生的他人之间建立起这种意义交往的机制，是会获得与以往不同的新鲜意义内容的，可以丰富或扩大自己的意义空间，开拓出全新的意义领域。当然，与陌生的他人之间建立起这种友好关系并不那么容易，需要双方都有相似的精神需求和意义机制，这样才有可能很快在相互之间达成共识，而不是由于误会而导致敌意，从而丧失了互赠礼物的机会。

在原始人之间，对他人的物品直接去抢夺这种现象，也是很正常的事情。原始人在很多时候对食物有着迫切的需求，后来又会很自然地对他人的制造品十分好奇。要知道原始时代所有的制造品都是纯手工制作的，几乎难得有两个完全一样的东西。而许多漂亮东西大都是来自自然界的特殊之物，如金银、珠宝、玉石、贝壳或鸟类羽毛等。而这些东西的差异性、新奇性、实用性或美观性等特征，对意识活动刚刚开始活跃的原始人来说，是格外有吸引力的，就像小孩子会对什么东西都很好奇一样，对于那些明显不同于眼前普通经验事物的奇异之物就更是如此。

而这时的原始人对如何从他人那里拿来这些吸引人的物品，几乎还没有形成关于"应当"的观念，事实上也没有关于自己行为的"应当"观念，因而总是很自然地直接从他人那里拿过来。如果他人不愿意，则人们之间就难免会发生争吵或抢夺，甚至不惜杀掉对方以得到那个吸引自己的物品。原始人没有"应当"的观念，因而也没有所谓"对"或"错"的意识。抢夺的方式在他们眼里似乎都是很自然的事情，也像小孩子一样。他们并不是产生了"对错"观念或"应当"观念之后，才会想到应该采取恰当的方式去"请求"对方给予自己这些物品的，或是与对方进行物品交换，而是先有了某种更好的方式，即交换礼物的方式，然后才会逐渐形成"应当"的道德观念，即应当这样做，而不应当那样做。毕竟，在抢夺他人物品与礼物交换或请求这些方式当中，他们是能够逐渐比较出来优劣的，即慢慢地知道哪一种方式能够使自己或他人获得更好的生存环境，更有利于各自的意义空间得到丰富或扩展。就像小孩子也会慢慢地比较出来，单纯抢夺他人物品，与请求他人的允许或与他人交换物品，这两者之间可以有着巨大的效果差异。尽管直接抢夺他人之物也会时而成功，但是这也意味着要冒一定的生命危险。而这是动物本能都知道要尽可能避免的，除非是在自己受到生命威胁的时候。而请求或交换的行为，就不但可以免于危险，还可以获得新的同伴或同盟关系。这无疑将增加生存的机会，是动物凭本能也能感受到的。另外，这种行为还能丰富自己的意义空间，扩展赋予意义的领域，这在情感上或理智上就更容易被人们所接受了。

我们没有理由说抢夺行为是出于人的自然本性，或是动物本性的表现。人们有时也会把自己所喜欢的东西主动让与他人，或者有时也会很愿意与他人共同分享这些东西，就像小孩子的行为所表现出来的那样。一般而言，这些原始行为并不会构成对人们的严重伤害，除非发生偶然的情况。动物或小孩在相互之间发生严重冲突时也知道要适可而止，一般不至于出现即使丧失性命也不愿意罢手的情况，除非不拼命抗争自己就难免有生命危险以外。但是，这两种原始倾向，即一种是直接抢夺，另一种是主动让与或共同分享，在特定的社会环境影响下，就会逐渐导致非常不同的结果。而这些社会性结果，才可以说进入了道德衡量的范围，需要人们对之进行道德判断或评价。

动物性的争夺行为与社会中人们相互之间的抢夺行为是很不同的，虽然表面上看起来有着相似性。当然这两者之间有一定的延续关系，不过这种延续关系是很淡的，并不能说明太多问题。就像绵羊感到自己正在遭受生命威胁时，也会拼命抗争一样，这几乎是生命体的本性，是生命本身的正当防卫。这是不能被视为恶的本性或作为人的不道德根源的。事实上，当一个社会中出现了对人们的某种威胁时，人们都可能会产生防卫的意识或做出防卫的行为。久而久之，如果这种状况一直持续的话，那么人们就会慢慢在内心深处形成一种心理防卫机置，以应对各种社会性威胁或社会性意义冲突，即来自他人或某些社会性力量的威胁或压力，特别是防止自己遭受到强制性力量的控制或奴役。正是在这种背景下，人们形成了对他人或陌生人的一种敌意，并进而导致他们相互间争夺或厮杀。可以说，人们心理上对他人或陌生人的敌意，不过是处于生命不安全状态下的一种防卫机置，或是处于不健康社会文化生态环境中的自然反应。特别是，当人们无论以何种善意的方式都无法获得对方同样的善意之时，这种敌意就更加浓厚得难以缓解或消除了。

但是人们对他人或陌生人的敌意会与对意义不确定性的困扰或恐惧感结合在一起，进而普遍化这种本来是个别性的敌意。他人的意义空间从根源上说就是不确定性的一个主要领域，因为意义的无限可能性使人的意义内容千变万化，因而在别人眼里就成为几乎完全无法把握的一个对象。虽然人们在较为亲近者之间可以进行充分的意义交流，以尽可能缓解或消除这种不确定性，但是对其他绝大部分社会中的人而言，是难以在相互之间进行充分交流的，于是在他们之间也很容易形成互不信任的意义关系。在这种背景下，人们只要有可能，就会尽力想去对他人进行意义确定。或者说，在原始情况下，这种意义确定往往变成对他人的意义控制，就像我们在《吉尔伽美什》、乌尔城的塔庙、伊斯妲尔门、《拉马苏》、《控制狮子的英雄》或楔形文字上面所看到的那样。而当对他人进行意义控制的方式变成一种社会性行为的时候，就出现了那种强制性力量，即以宗教性力量对人们的心灵世界进行控制的方式，或者以军事或政治力量对人们的生存处境进行控制的方式。而这又反过来导致更多的人产生了更深的敌意，也就是从腓尼基开始逃亡生涯的那些逃亡者身上所表现出来的人格特征。当然，还有很多人是在对意义控制的公开反抗中丧失了性命，连逃亡的机会都没有了，而侥幸逃脱的人难免会带有对他人或社会很强的敌意情绪。

这样，动物间随意的争夺行为就逐渐转变为社会性的敌对意识或敌对行为，且又慢慢聚合而成了社会性的强制性力量，再进而组成为特定的社会性关系和社会性结构。这是原始时代许多君主专制国家产生的意义根源，对该社会中的普通人影响巨大，造成了人与人之间或人与社会之间根深蒂固的敌意心理和敌意行为。而在另一方面，由那些逃亡者基于自由的物品交换而形成的社会性关系和社会性结构，就完全是另一番景象了。

在原始时代，自由的物品交换活动导致一般人的自我意识开始逐步得到启蒙。处于原始蒙昧状态的普通人并没有很强的自我意识，特别是当他们受到梦境、幻觉或想象等的影响时，更是对自我形象产生极大的困惑。因为，随着灵魂观念的出现，他们对自己原本肉体自身形象的认识开始瓦解，不再简单地以为"自己"就是自己的身体四肢而已了，"自己"更主要的是那个"灵魂"。可是那个"灵魂"却是一个虚无缥缈的对象，无法触摸，难以理解。于是，在"我"、"我的肉体"和"我的灵魂"这三者之间，形成了复杂的关系，让原始人倍感困惑和恐惧的一种身心似乎总是处于离异状态的感受始终纠缠着人们的精神世界，让围绕着他们的意义氛围也呈现出压抑或沉闷的特征。或许自旧石器时代的克罗马农人开始，原始人就隐隐然地有了这种预感，即模模糊糊地感觉到自身的不可确定性。这实际上是所有意义不确定性领域中最主要或最基本的一个，正是个体心灵的活动或个体意识活动的出现，才带来了意义的无限可能性，即意义的分离性、开放性或创造性，也就是意义不确定性，并同时表现在那些特殊的对象上，如梦境、幻觉或想象，以及他人心灵、生与死、自然现象、未来或未知的世界等。这些对象随着意义的出现而逐渐成为不确定的意义渊薮，是最让原始人困扰或恐惧的东西，是他们意义焦虑的主要根源。这是我们在《吉尔伽美什》史诗中可以清楚地看到的。

关于自我形象或自我认同的问题，自人的意识活动开始有所活跃以来，就始终萌发于人们心灵的深处，并一直伴随着人们的成长了。我们甚至还可以说，这一问题也是人类文明的一个核心问题，时至今日仍然对人类文明的发展状况有着十分重要的影响，就像 20 世纪世界所发生的许多现象就与此问题息息相关，尽管表面看起来这种联系似乎非常微弱。

原始人一开始是将自己的"灵魂"交给神灵去掌管的，因为这样可以使他们获得暂时的心神安宁。这也导致他们一定要对神灵们卑躬屈膝，将神灵们尊崇到至高无上的地位，同时将自己贬抑到微不足道的地位，来换得神灵们的恩惠或仁慈。以这种方式赋予的意义结果，可以缓解或消除原始人的意义焦虑，但是仿佛要以崇拜或顺从为心理代价，以献出牺牲、恭敬地做出祭祀为行为代价，才有可能达到相应的目的。这意味着，由于原始人感觉自己无论如何似乎都无法把握自己的灵魂与肉体的关系，于是只好赋予神灵这一外在的对象来代替自己完成这个任务。而当他们在现实中不能自觉遵守与神灵的这一约定时，就只好再将自己的肉体交给君主来掌控，以使自己处于强制性控制或支配之中，不得不按照君主（如"圣王"）的旨意完成相应的行为，以使君主（如"圣王"）能够帮助自己统一自己的整个身心。这或许是现实中的人们在顺从君主权力的控制、支配或奴役时的心理状况。尽管很多人在开始时是出于被迫，但是人们似乎也能慢慢地找到顺从奴役的理由。当然，这种理由很可能是由祭司或君主有意识地灌输给人们的，只是很多人却在无意识中心安理得地接受下来。

在心理上崇拜神灵和在行为上顺从于君主，这两种情况对逃亡者来说都已经不再具有约束力了。至少他们在行为上完全不能认可君主的掌控，而在心理上对待神灵可能还存在许多疑惧。但是由于来自世界各地的逃亡者聚集在一起交流之后，人们发现神灵们有着五花八门的多种面目或形象。于是这些神灵们似乎不再具有至高无上、不可挑战的地位，各种神灵之间就已经难分高下了。这样神灵们的意义控制能力也被大打折扣，不再能够有效地统一人们的整个身心，从而也丧失了在人们心目中的神圣性或不可取代的意义。正是在这种心理或精神背景下，逃亡者们在自由交换物品的活动中重新开始了寻找自我的经验历程。这导致他们的自我认同被建立在一个全新的社会性行为的基础之上，从而也带来了全新的自我认识，并提高了认识自我的能力。

物品交换首先要双方都能够向对方表达出自己的善意，以在双方之间形成一种友好的氛围及友好的关系。这样双方才能够相互信任，并以此为基础进行物品交换。这就要求双方都要有一种意识，并能够掌握一种能力。这种意识就是要做出自己的心灵努力，以表达出"我的"某种意义内容，如善意。这种能力是指自己的心灵能力，即能够发现并顺畅地表达出自己意义空间中的意义内容。虽然很多人以为自己在日常生活中经常是这么做的，这似乎并不是一件难事，但事实上一般人都是在自己家庭内或宗族内这么做，都是面对与自己有血缘关系或亲族关系的人而已。这时的善意表达不是自觉和主动的，而不过是本能的表现。如果是在外面与其他人相处，那么一般人很可能是在不得已的情况下表达善意，如受到外界环境的压力，或者只是在模仿他人（如自己的父母或其他长辈）的行为而已。这都不是一个人在自觉或主动地在表达善意，因而对于自我意识的提高并没有太大的帮助。

而在自由状态下进行物品交换时，情况就明显不一样了。这时双方都要有明确的意识去自觉和主动地展示自己愿意与对方形成友好关系的意图，以免对方产生误解而导致交换失败，严重时甚至会发生敌意的行为，如抢劫或杀戮。需要经过长期的培养锻炼，一个原始人才有可能擅长表达自己的善意，并能够辨识出对方的善意，再进而与对方建立友好关系。双方最终能够形成友好关系，并达成物品交换的结果，实际上在原始时代的逃亡者身上并不容易，因为那时人们相互之间的敌意很深，戒备心很重。特别是当双方力量不平衡时，弱势的一方更容易选择放弃交易。另外，时间和地点等因素也会影响交易的顺利进行。还有对方是否带有一眼就能看到的那些自己所需要的物品，也是原始时代交易得以成功的一个重要因素。

当双方在善意表达并被对方明确无误地接受之后，就有了一定的相互信任感。在此基础上，双方就可以进行物品交换的尝试性谈判了。这时要求双方能够表明自己的交换意图，以及自己所有的物品种类和数量、自己需要的物品种类和数量等意义内容。当然，一开始的时候，这往往是通过手势、声音、表情或环境等因素的帮助实现的。但即使是毫无文化背景的人，也需要慢慢掌握如何表达"我想要干什么事情"、"我有什么东西"或"我想要什么东西"等含义。同时，双方还要能够理解"你的意图"、"你有什么东西"或"你想要什么东西"等含义。另外，就是双方还都要能够很好地理解"交换物品"这样的事情究竟意味着什么。虽然一开始双方可能只是含糊地明白这些意义，交易也可能处于很简单的程度，但是当交易进行得越来越频繁，物品也越来越复杂的时候，交换过程就需要双方能够很好地表达自己的意图和理解对方的意图，并寻求双方有可能达成的共识。

当双方能够达成共识，并对这一共识进行确认之后，就可以进行物品交换了。交换过程也等于双方确认对方的意图与实际状况之间是否一致，是否存在什么差异，或者对物品的情况是否让自己满意等。如果有什么问题的话，那么双方就可能再重新讨论，对可能产生的争议重新达成新的共识。最后，如果没有什么问题的话，物品交换就能够顺利进行。当这一过程完成之后，双方还需要对交易完成进行确认。这也是对双方的意义表达和理解的确认，是对双方所作出的心灵努力和心灵能力的确认，是对双方人格的确认。在这样的基础之上，双方可以建立持久的友好关系，以在今后继续进行能够让双方满意的物品交换。因而这些确认过程对双方社会性关系的建立和稳固都是十分重要的步骤，不能轻易省略，除非是在特殊的紧急情况下。

我们看到，在上述整个自由的物品交换过程中，所有的表达和理解、所有的观念和行为、所有的确认方式等，几乎都与人的自我意识相关，是在有效地促进人们的自我意识和自我认识。因为其中都包含着关于"我"、"我是（不是）"、"我的"、"我想要（不想要）"、"我相信（不相信）"、"我希望（不希望）"、"我拥有（没有）"、"我能够（不能够）"或"我喜欢（讨厌）"等意义内容。而正是在这些内容的基础上，一个人的自我意识或自我认识得以构成。如果缺乏这些内容，那么一个人的自我意识或自我认识就会变得空洞，就会产生结构缺陷，就会出现扭曲的状况。就像单纯的"自我"概念一样，抽象到毫无任何内容，就仅仅是一个苍白的幽灵而已。而真正的自我观念，则是无限丰富的，包含着无限可能的意义内容，既有经验性内容，同时也可以有非经验性内容，甚至可以包含任何内容，以至于可以涵盖无限广远的范围，就像一个人的意义空间一样。每个人的意义空间，虽然可以被冠名为"我"，但这并不表示这个"我"仅仅是一个具有十分抽象含义的东西，而不能够包含无限丰富的意义内容。从逻辑角度我们甚至还可以说，每一个人的"我"，都是一个具有无限可能性的意义空间。不过，每一个现实的"我"或意义空间，由于情境条件的限制或束缚，又都是千差万别的，互不相同，而有着各自的独特性。

每一个人的"我"的独特性，正是在现实情境状况下逐渐形成的，即由那些关于"我"的具体内容，如"我是（不是）"、"是（不是）我的"、"我想要（不想要）"、"我相信（不相信）"、"我希望（不希望）"、"我拥有（没有）"、"我能够（不能够）"或"我喜欢（讨厌）"等意义内容所构成。而所有这些意义内容在现实情境条件下，也不是孤立地产生的，而是在与"他人"的相关情境中对应而生的。这正是物品交换时人们所身处的情形，即在相互的关系中确立各自的"我"或自我意识。"我"是在与"你"相对的意义上才具有实质性意义的，没有"你"，也便没有"我"出现的机会或可能。同样，"我是（不是）"是在与"你是（不是）"相对的意义上产生的，"是（不是）我的"是在与"是（不是）你的"相对的意义上产生的，"我想要（不想要）"是在与"你想要（不想要）"相对的意义上产生的，"我相信（不相信）"是在与"你相信（不相信）"相对的意义上产生的，"我希望（不希望）"是在与"你希望（不希望）"相对的意义上产生的，"我拥有（没有）"是在与"你拥有（没有）"相对的意义上产生的，"我能够（不能够）"是在与"你能够（不能够）"相对的意义上产生的，"我喜欢（讨厌）"是在与"你喜欢（讨厌）"相对的意义上产生的，等等。

相对于"他人"的关系内容是在双方之间划定一种界限。而一个人能够明确这一界限恰恰是个体意识形成最为关键的一步。如果没有这种界限的出现，那么个体意识就总是处于模糊之中，使人们难以明确自身的观念，甚至都难以形成一种独立和完整的自我意识。但是这一界限并非将"他人"完全彻底地排除或拒斥，使其远远地消失于自己的视野之外，而恰恰是在与"他人"的相互关系之中来界定自身。因而"他人"本身又是"我"这一自我意识不可缺乏的对象，是"我"所必须面对的对象，是"我"能够出现的必要条件之一，因而在这个意义上又可以说，"他人"也是"我"的意识内容之一，是关于"我"

的意义的一个有机部分，也是"我"不可须臾隔绝的对象，是"我"得以成立
或明确的参照物或必要的参照条件。在此基础上，平等和相互尊重的人际关系
才有可能产生，即一个"我"和一个"你"之间的关系，而这个"你"同时也
是另一个"我"。如果没有关于"我"和"你"这样的分离观念，那么，人们
之间都谈不上人与人的社会性关系，即"我"和"你"都是模糊不清的，无法
分离，因而也无法形成相互之间的意义关系。除了动物性的自然关系之外，人
与人之间也就没有了其他可设想的意义关系。

　　当然，人的自我意识以及在此基础之上建立的人与人之间的意义关系，也
是可以在其他社会生活的活动中逐渐形成的，如群体性地制作石器或陶器、捕
猎打鱼或采集植物果实、选择修建群体性的居住地、歌舞活动或原始宗教仪式
等。但是，这些活动远不如个体间所进行的物品交换活动所起到的影响那么大
和切实。因为当两个原本可能是完全陌生的人之间得以成功进行一次物品交换
时，其中所包含的程序要复杂得多，对个体心灵努力的考验也严格得多，对个
体心灵能力的锻炼更是有效得多。尤其是，这种完全个体性的活动，是其他旁
人所代替不了的，而完全是个体自我意识的独立进行。参与其中的每个人都要
能够对这一过程所有的程序有很好的了解，并能够经过自己的心灵努力去加以
实现，而每一个细节又都是心灵能力的独立发挥。而在那些群体性活动中，一
个人很可能仅仅是在模仿他人，如长辈或同伴，而未必有自己的想法、衡量、
判断或选择等具体的心灵努力，因而其心灵能力也难以得到有效或快速的锻炼
或提高。在群体性活动中，有的人可能一直都是在模仿他人的某种行为，而当
他自己承担某一项活动的时候，却始终无法独立地进行。因而这些群体性活动
对自我意识和心灵能力的培养、锻炼和提高，相对而言，是相当有限的。

　　在原始时代，任何一个人都不会是天生就擅长这种物品交换的活动的，而
需要经过他人的帮助，如介绍或教授这一活动的情况、细节或技巧。但是这些
介绍或教授行为无论怎样，也都不能代替一个人实际地去参与到这一活动本身

当中，也就是自己去实际地操作一次或多次。只有在实际的物品交换活动的操作运行中，一个人才有可能对自己是否能够确实地掌握这一活动有充分的了解，并且只有在实际参与这一活动中，一个人对物品交换活动的操作能力才有可能得到逐步锻炼提高。同样，正是由于实际参与这一活动所带来的确实了解和能力提高，一个人的自我意识或自我知识，才有可能真正地形成，而不是仅仅停留于空洞的幻觉或想象之中。

在自由状态下的物品交换活动，使一个人形成了自己的个体独特性，而这又促使他逐渐培养出一种独立意识。当一个人能够很好地与陌生人打交道，形成相互的友好关系和互相信任，又能够很好地与他人表达各种较为复杂的意义内容，并在双方之间达成共识，然后还能够将这种共识现实化，即实际地进行物品交换，那么在这整个过程之中一个人将会形成几乎是全方位的自我意识内容，以及对他人的理解，也就是使个体的意义空间得到极大丰富和扩展。而这又是个体独特性的体现。一般而言，当逐渐意识到这种以自我意识为核心的个体独特性的形成过程是怎样的之后，一个人将会自然地倾向于参与更多的类似活动之中，或者是在参与其他各种活动之中，也同样去尽可能地有意识培养自己的个体独特性，并更好地了解他人，以使自己的意义空间更加丰富或充实，而不是去依附他人，或者仅仅是模仿他人，让自己变得与他人完全类似。就像人们一般会喜欢事物在颜色、声音、味道、形状、样式、种类或时空等方面有着更为丰富的内容和变化，而不会喜欢事物变得越发单调贫乏的情况，因而对自己的意义空间也会产生类似的心理倾向。而意义丰富性的结果就是个体的独特性，以及在这种独特性基础之上个体意识的独立性。个体意识的独特性和独立性也构成了个体人格的基本内容或核心特征。

在物品交换活动中，当双方都已经培养出了明确的自我意识或独立人格之后，双方就会很清晰地将对方视为一个具有独立意识的个体，有自己的某种身份，有自己特殊的喜好、倾向、风格或品位等人格特征，有自己特殊的意义空间，有自己特殊的情感、意志、信念或理智等人格内容。而物品交换行为也是基于各自对对方的这一认定进行的。当人们在相互之间有了这样的认识，且又对之有着明确的认定时，就有了建立平等关系的基础，即在各自具有独立人格基础之上的社会性关系。而普通的经验内容是很难在人们之间建立平等关系的，因为经验内容有着千差万别的状况，如个体身体上的差异就是很明显的经验事实。因而在原始时代，基于这种经验内容就几乎无法使人们产生平等的社会意识，也因而无法在人们之间产生平等的社会关系。而只有当人们能够将所有差异性的经验内容全部纳入个体的意义空间之中，形成个体的独立人格观念，才有可能逐渐产生真正的相互间的平等意识，即以个体心灵努力和心灵能力为核心的意义空间都有着自己的独特性，是呈现为无限可能的开放世界的独立人格。没有基于独立人格的生物体之间，难以形成真正的平等意识。

这样的个体观念，如"我"和"你"（或再加上"他"）及其所包含的无限空间，被人们所意识到，并接受为一个独立的个体或个体人格，是平等意识和平等社会关系的核心内容，同时也使平等意识或平等的社会关系得以可能。普通的经验内容不容易导致平等意识或平等的社会关系，而一般的抽象观念同样也很难产生平等意识或平等的社会关系，如"人"、"动物"、"生命"或"同胞"等等。因为人们一般形成的这些抽象观念只是表面上看起来仿佛有着平等关系，例如大家都是"人"，或者都有"生命"等。但是，一方面，这些抽象观念本身也都是有等级的，即它们必须在一个无限广阔的观念网络中才能得到理解，如"人"与"动物"、"植物"或"无生命者"等，"生命"与"无生命"或"永恒的生命"等都是这样。而在观念网络中，或者说就是我们的语言词汇中，这些必须被进行比较才能得到理解的概念就自动地处于一种概念的等级之中，似乎天生地就具有等级性，而不是相互平等的。另一方面，这些抽象概念要在现实生活中得到人们的真实理解，还需要被附加上各种经验内容，由此也产生出差异性或等级性，如这个"人"与那个"人"就有了不同，这个"生命"也与那个"生命"很不一样，等等。这也是现实中的人们很自然而然的想法，即当一个人听到或想到一个概念时，会不由自主地附带上各种经验内容。这种情况在原始时代尤其如此，因为那时的人是非常需要借助经验内容来理解语言中的抽象概念的。因此，在这种情况下，单纯根据语言中的抽象概念而确定人们相互之间的平等性或平等关系，是不大容易出现的一件事情，也是我们在世界各个社会的文明发展过程中难得见到的。不仅是在原始时代，即使是在今天，人们也很难单单依据抽象观念，就简单地确定人与人之间是平等的，或者具有平等的社会性关系。

我们看到，单纯的经验内容很容易造成经验事物或抽象概念形成各种等级性关系，而不是平等性关系。同样，语言中各个概念之间的关系，或者说这些概念所陷入的概念网络关系，也会较容易地使经验事物或抽象概念形成各种等级性关系，而不是平等性关系。而只有经验性的个体人格，或者个体的意义空间，才有可能为人们带来一种可理解的平等意识，以及可经验的平等社会性关系。因为个体人格或个体的意义空间，是一个开放性的结构，包含着无限可能性，具有相互间在经验上的几乎不可比较性，而同时又是在经验上可接触的、可感知的或可意识到的。这种接触、感知或意识，不是动物间的本能关系，而是在进入一种意义空间中才有可能得到，即在人们相互之间发生某种特殊的关系性事件，如我们这里所说的自由状态下的物品交换活动就是这样。这一过程使双方能够体验到对方无限可能的差异性意义内容，而同时又能够将之综合统一，成为特殊的个体人格。因此，通过这种方式，双方所经验到的相互差异性，就不会凝结为不可化解的等级意识和等级关系，而是会在无限开放性的基础上统一于对方的人格世界或意义空间之中，从而能够在对对方的个体人格的认定中，形成平等意识，以及相互间的平等性社会关系。

当我们说个体间这种平等的社会性关系时，是说这种关系并不是单纯限于对方这个人本身，或对方这个"人"概念本身，而是包含着无限丰富的意义内容，即在物品交换过程中所涉及的一切经验内容，都与这个人有着几乎是必然的结构性关系，同时构成了这个人的人格内容，同时属于这个人的意义空间中的意义内容。特别是，即使是交换物品的双方之间，也都在一定意义上属于对方意义空间中的一个有机的部分，即"我"成为"你"的一个部分，而"你"也成为"我"的一个部分。因此，人们也会使用一个特殊的概念，如"朋友"，来形容这种关系，并以对方成为"我的朋友"，或者我成为"你的朋友"而感到自豪，且成为相互信任的坚实基础，也是双方能够从此长久交往的精神基础，还是双方能够全面交往的意义基础。而这种对特定"朋友"的自豪感，正是对这种相互融入关系的确认。在物品交换成功之后双方所进行的庆祝行为，也就可以理解为双方对各自融入对方之"内"的确认，无论这个庆祝行为是很简略或平淡的，还是很复杂或隆重的。这种双方互相融入的关系，在单纯的自然世界似乎是不可能的，或者都是不可想象的，如动物或植物之间只有自然性质的关系那样。而只有在个体人格的基础之上，或在个体意义空间的基础之上，这种双方相互融入的关系才是可能的，且才有可能得以现实化为真实的平等意识和平等的社会性关系，即"朋友"这样的社会性关系。因为在朋友之间，特别是在好朋友之间，指向的是一种平等的相互关系，是没有等级结构的，也不会产生等级意识或等级关系，甚至还要以这种方式来缓解或消除人们在现实生活中所形成的各种等级关系，以趋向于相互间的平等。当然，在现代社会中，由商品交换所形成的社会性关系，就有了不一样的内容，因为还涉及其他许多相关情境条件的影响，所以与这里所讨论的原始时代自由状态下的物品交换就有了相当大的差异。

在原始时代的自由物品交换活动对培养人的理性能力有着十分重要的作用，促进了人的理性意识或关于理性的知识得以产生，特别是使系统性的理论知识（如科学知识）得以产生。在古希腊社会中许多人对数学和物理学有了特殊的认识，又对纯粹抽象的概念知识，如逻辑学或哲学（特别是本体论），发生了特殊的兴趣，这都是与长期的物品交换活动有着几乎直接的现实关联。原始的礼物交换还没有涉及礼物的数量和质量及其相互关系的问题，到了自由状态下的物品交换时，人们就逐渐地意识到其中所包含着的细节问题，或者说关于物品的数量、质量或它们之间的关系问题。这些问题的出现，不仅跟人们的基本生存问题相关，更重要的是也跟人们的意识活动有着很大的相关性，即人们的意识活跃度有了很大的提高，抽象思维能力或以概念为思考对象的理性能力有了长足的发展。而这都是在长期的物品交换活动中得以现实化的。

礼物交换主要是以自己的心爱之物或特殊的所有之物为主，期望这些让自己很满意或愉快的礼物也能够使对方产生满意或愉快的效果，以达到在双方之间形成友好关系和信任关系的目的。但是在人们进行了足够长时期的礼物交换之后，这一目的逐渐会转变为满足每个人的生存需求。当然，满足各自的生存需求这一目的也是奠定在双方能够形成（或已经形成）相互的友好关系和信任关系的基础之上的。仅有友好或信任关系是不够的，因为人们还有更重要的生存问题需要解决。而当物品交换涉及生存问题之后，物品的数量、质量及其相互关系问题，就会逐渐在这些原始交换者脑际中浮现出来。

假如一只羊可以维持一家几口人差不多十天温饱的话，那么拥有五只羊就可以暂时让这家人脱离对忍饥挨饿的担忧或恐惧了（我们假设那时的原始人还考虑不到更远的未来）。所以这家人拥有多少数量的羊，对他们而言是有特别意义的。如果他们始终处于宗族部落式的群体生活之中，那么这种问题可能很难进入他们的视野。或者他们只要搞到一点食物，就马上吃掉，还不到有多余粮食可以储存起来的程度，那么他们恐怕也不会去特别注意食物的数量问题。但是，当他们在原野或荒岛上流浪求生时，这种问题就显得格外醒目了。一家人手里现在只有一只羊，或者有三只羊，或者养了一群羊，这对于他们而言可能是致命的差别。我们还要再作进一步的假设：如果这家的男主人前几天以一只羊与某个熟识的交换对象换得了三袋麦子，而今天他带来了三只羊，又碰到了同一个交换对象。然后双方照常进行了交换。他把这三只羊都交给对方，而对方也给了他一些麦子。他可能注意到了麦子的数量，也可能没有。于是他就拿着麦子回去了。回到家之后，他的家人大概是会很关心他拿回的麦子数量的：是三袋麦子呢，还是更多？当大家看到他拿回的还是三袋麦子时，会有什么感想呢？会觉得很正常，还是会有"少了"的感觉呢？虽然不是每个人都会很快地产生"多了"或"少了"的感觉，但是慢慢地，他们会形成这种观念，尽管我们并不知道具体是在什么时候，人们开始产生了这样的感受知觉。特别是当人们从这些数量关系中产生了一种比例概念时，就有了特定的公平观念，就像一只羊相对于三袋麦子是等价的，三只羊相对于九袋麦子的关系也是等价的，而这两个比价关系又是一样的，因此这样的交换也是公平的，如此类推。

当一个社会中的许多人经常性地进行这种物品交换之后，慢慢地人们就会对物品的差异性问题有了特别的关注，即关注到物品的细节问题，如数量或质量。例如，当他们对一只羊与三只羊之间的差别有了较清楚的感觉后，也就进一步会对大的羊和小的羊、整只羊和一条羊腿、羊和牛或猪等之间的差异产生逐渐明确的意识。在交换活动中，这些物品经常性地并列在他们眼前，其差异性是一目了然的，还会受到对方经常性的提醒，如"我想要的是大羊而不是小羊"、"我想要整只羊而不只是一条羊腿"、"我想要的是羊而不是猪"等。双方也会经常性地对这些物品的情况进行交谈。这些交谈一开始可能仅仅是随意的闲聊，但是慢慢就可能变成很在意的讨论了。于是他们对物品的细节问题，如数量、质量或者两者间的关系，就会有愈加清晰的认识。

特别重要的是，随着交换活动的增多和交换物品的复杂化，关于物品细节的讨论和意见就会逐渐被纳入交换活动本身当中，即作为交换的条款来进行交换，否则就可能影响交换的成功。也就是双方要将对方已经提出来的关于物品细节的问题提前考虑进去，并根据对方的这些要求准备物品，再以此为基础筹划自己的整个交换活动，包括交换的程序、预期、目的或结果等。按照这样的计划进行的交换活动，就将对方的意见或要求安排进自己的交换活动过程当中了。人们会逐渐意识到，只有将对方的意见或要求考虑进去的交换计划，才是切实可行的方案，才是有可能成功的安排。于是，他人的意见或要求就成为影响一个人观念或行为的真实因素，而不再是可有可无的声音而已了。换句话说，人们的意义空间开始有了确实的相互交融，他人意义空间中的意义内容成为丰富自己意义空间的必要因素。这使人际的相互关系在人们的生存处境中有了实质性的特殊意义，即需要确实考虑他人的所思所想了，而不再能够被随意地忽视。这对那些普通人而言具有非同寻常的意义。

当物品交换双方将对方的想法或要求纳入自己的意义空间进行认真考虑之后，双方对物品细节的交流就能够逐渐产生一种共识，即双方都对那些关于物品细节的问题有同样的意见。而双方这种共同的意见又是建立在一种特殊的基础之上的，那就是理性认识。这种理性认识源于对物品细节的考虑，如数量、质量及其相互关系。这些细节本来可以有无限多的排列组合，但是经过双方的充分交流和讨论之后，有某种或某些种类的排列组合方式成为双方共同认可的方案，并成为双方交换物品的基础。双方也是依据这种共同的认定来筹划或安排自己的准备工作，且进一步付之于实际的行动。

这种理性认识和相应的理性能力，在两千多年前的古希腊社会得到了人们较为普遍的了解和认可，并进一步发展出系统的理论知识，如数学、物理学、逻辑学或哲学等，其方法同时也延伸到关于人和社会问题的研究，如政治学、伦理学或诗学等。这些抽象的理论知识在古希腊许多学者中得到深入的探讨，例如柏拉图（Plato，公元前427—前347）所著的对话集中所描写的那样。后来他们的研究成果又在亚里士多德（Aristotle，公元前384—前322）那里得到系统的整理。这些成果在文艺复兴之后又成为西方现代科学或西方现代文化的主要思想源泉。

基于物品交换活动的理性知识和理性能力，之所以能够让参与其中的人们产生共同的认可或共识，主要是因为其中包含着一种特殊的衡量结构，如相同的价值、数量或质量等，而交换正是基于这种等同结构才得以进行的。为什么双方会同意或愿意进行这些物品的相互交换？而如果意识到这些物品之间不相等时，他们为什么就不同意或不愿意进行交换了呢？这可能是由人的十分复杂的心理结构或意向结构所造成的。对此我们还了解得并不是很清楚。不过大体而言，我们可以说，这恐怕与人的身心状况处于动态的平衡结构之中有一定的关系，就像呼吸一样，让人们天生就逐渐有了平衡或等同式的观念意识，并由此反射在日常的感知活动中。

这种平衡或等同的观念意识在理性知识上很容易得到体现，因而也很容易培养出人们相应的理性能力。例如，数量之间的等同关系是很直观的，就像一只羊和另一只羊是可以被等同看待的，特别是当这两只羊的大小、肥瘦、颜色或品种等方面都相差不大的时候。虽然一只羊与三袋麦子之间的等同关系不是很明显，但是当它们被人们视为等同时，那么两只羊与六袋麦子、三只羊与九袋麦子之间的等同关系就较容易得到人们理解了。这样，有了这种平衡或等同意识之后，在植物果实、金属制品、动物、药品、香料、布匹、陶器或金银珠宝等几乎全然不同的物品之间，人们就可以进行广泛的交换活动了。甚至我们也不必讳言，在原始时代，像奴隶之类的人也会被纳入交换活动当中。另外，更多抽象的事物也能够成为交换的对象，如一个表情、一种态度、一句话、一首歌、一顿大餐、一次旅行、一场聚会、一段时光或一种命运等。随着社会情境条件的变化，这些交换将会变换各种内容。

物品交换活动中的等同或比例观念于是成为公正意识的坚实基础。而缺乏由这种物品交换活动而产生的理性知识或理性能力，以及其中所包含的等同或比例观念所进行的长期培养和熏陶，那些普通人的公正意识就很容易逐渐变得淡漠，或者受到扭曲而不知。这是因为公正意识需要在一个社会中的几乎每个人身上都得到相似的理解，且在很多代人身上得到持续的继承，才有可能在这个社会中普遍地实行这种公正观念。只有一部分人具有公正观念是不行的，因为在那种情况下公正观念根本无法得到现实的实行，那么它就会很快被人们所忽略，而不会深植于人们的心目当中。只有当一个社会中的绝大多数人在一直从事着某些活动，并能够在这些活动中培养或熏陶出相似的公正意识，且都有意识地将之实行于这些活动之中，这时的公正观念才有可能得到普遍的理解和认可，并能够长久地延续下去，且还能够不断根据现实的变化而做相应的内容调整，而该调整又能够得到社会中绝大多数人的理解和认可。像在一个社会生活中普遍实行的自由的物品交换活动，就提供了很好的社会文化生态环境，使人们能够长期持续地培养或熏陶出相似的公正观念，并得到现实的应用。

相反，如果一个社会中缺乏这种自由的物品交换活动，那么逐渐地，人们的公正意识会变得越来越淡漠、含糊，甚至被扭曲为等级结构的"公正"观念，而人们却仍然会接受，尽管这种接受可能是被动的或被迫的。特别是由政治或宗教权力所规定的"公正"观念，在很多社会中也一直被人们所认可，尽管这种"公正"观念的具体内容是以政治或宗教等级为基础的，因而也可以说是与公正观念本身相矛盾的，可是普通的人却很难理解到这点，或者即使意识到其中的问题，却也无可奈何，而只能被迫接受这种受到扭曲的"公正"观念。长此以往，很多人甚至不知道公正观念究竟是怎样的了。就像我们在《汉谟拉比法典》中所看到的那样，它将等级结构视为天经地义的正当秩序，因而确定这种等级结构在凡间的顺利运行，就成为它所谓的"正义"了。于是传统的政治或宗教权力在社会生活中实行的宗旨，就是确定、维护或捍卫这种等级式的"正义"秩序。在这种自上而下规定"正义"秩序的法律背景下，普通人的正义似乎不会有得到的希望，而只会被深深地嵌入等级制度的底层，永难摆脱，就更不用说那些奴隶或囚犯之类的人了。这些人只能将自己的幸福或命运完全交给高高在上的、掌控政治或宗教权力者，而寄希望于他们的仁慈。

在地中海沿岸生活着无数来自两河流域或尼罗河流域的逃亡者。这些人无疑就是那些等级制度社会中的底层人，大多是如奴隶、囚犯、乞丐或流浪汉之类的人。在那些社会中，这些人已经基本上丧失了作为社会主体者的地位，在社会生活中不再可能担当主要的法律角色，而只能处于社会的边缘地带，不过苟延残喘而已。因此，这样的社会可以说与他们已经在事实上无关了，因此他们最好的出路就是逃亡，即远远地逃离于这样的等级制社会，远走高飞，到天涯海角去重新开始，重新创造自己的生活，重新将自己的幸福或命运把握在自己手里，而不必依赖于任何人的仁慈或恩赐。

当这些逃亡者终于逃出等级结构的社会之后，在地中海沿岸逐渐安定下来，就开始了我们这里所讨论的自由状态下的物品交换活动。这些物品可能是他们自己种的植物果实，如麦子、葡萄或橄榄，也可能是自己养的猪、马、牛、羊，或自己捕捞到的水产鱼类，还可能是自己制作的陶器，采挖到的草药、香料或调味品，还有自己锻造的金属制品，如刀剑或生活器具等。这些物品是他们的逃亡生活所需要的，也是他们维持自己或家人生活的基础。现在没有人来宣称这些逃亡者本人或他们的这些物品并不属于他们自己，而是属于某个特别的神灵或君主，是那些神灵或君主的恩赐之物，因而他们必须向神灵或君主缴纳贡品、赋税或劳役之类的东西，以明确或维护在逃亡者与神灵或君主之间的附属或等级关系，使等级式的社会结构或秩序能够顺利运行。因此，这些逃亡者也是理所当然地将这些物品视为自己所有的，而自己又是不属于任何他人或任何神灵的。自己只属于自己，自己就是自己的主人，自己掌管着自己的一切，包括自己的幸福或命运，当然也包括自己所制作出来的这些物品。这是他们在每一次与他人进行物品交换时，都会切实地感受到的，因为交换活动中的每一个步骤几乎都离不开他们自己的衡量、评估、判断、选择或决定，而这些又都是针对自己所有的物品，即由自己来主导自己这些物品的安排或流向。因而，在每次交换活动中，以及在每次交换活动中的每个步骤，都仿佛是在敲打着他们的灵魂，让他们感受到是自己作为主人在主导着这一切的进行。

这对于培养他们产生出个体的主体意识有着绝不可低估的影响。特别是当他们一代又一代地长期从事着这样的活动，也让他们的个体主体意识得到了相当程度的发展。

对物品的所有者意识可能对这些逃亡者而言，是很新奇的，因为他们在那种等级式的社会结构中一直被灌输着附属或等级式的社会关系，可能几乎都想象不到自己还会有成为自己主人的时候。这在很多历经了上千年或数千年的等级制度社会中恐怕是很常见的事情。但是，就地中海沿岸的社会状况而言，更可能的情况是，在五六千年前的原始时期，绝大多数人并不会很轻易地接受或适应那种等级式的附属观念，即他们自己以及他们所有之物，都属于某个特别的神灵或君主，因而自己必须永远无条件地向神灵或君主尽义务，或经常性地献出自己最宝贵之物以得到神灵或君主的保护或恩赐等。毕竟，这种附属或等级性的社会结构和社会关系，也只是在五六千年前才刚刚出现的。而这与腓尼基这种逃亡者城市或社会的出现几乎是在同一时期，看来并不会是偶然的情况，而很可能正是人们并不愿意接受或适应这种等级式的社会结构或社会关系，才导致他们大量地逃亡到了地中海沿岸一带，以躲避神灵或君主的意义控制，即那种自上而下对他们进行社会掌控，将他们紧紧地扣死在这种社会结构底层的社会制度，就像我们在《汉谟拉比法典》中见到的那种控制企图那样。

从腓尼基到塞浦路斯岛和克里特岛，再到迈锡尼和雅典，然后再到意大利、西班牙、北欧和英国，最后直到美洲或大洋洲等的逃亡过程来看，人们要接受或适应等级式的社会控制是很难的，都不愿意当他人的附属或奴仆，而更愿意当自己的主人，除非迫不得已。当然，这个逃亡过程中也经过了很多复杂的阶段，如古罗马帝国、基督教会控制或大或小的君主国家时期，因而才会使得这个逃亡过程始终持续不断，直到近二三百年前似乎才告结束，让这些逃亡者不得不回过头来开始尽力地经营自己的家园，即欧洲。不过，很显然的是，这些逃亡者还缺乏足够的经验或教训，尚未培养出很好的能力将这个家园经营得当，因此才会出现 20 世纪在欧洲发生的两次世界大战。这也可以说是这些逃亡者稳定下来经营家园的行动初告失败，而后续的发展尚有待观察。

这些逃亡者在自由状态下所进行的物品交换活动，让他们切实产生出自己的主体意识，即能够完全依靠自己来把握自己的一切，如自己的幸福或命运、自己的观念和行为、自己的所有物、自己对生活的各种筹划，等等。他们可以按照自己的特点来发展自己的兴趣、爱好或习惯，而不必只能跟随神灵或君主的要求去做。在这种主体意识的基础之上，他们的人格也在逐渐形成，并得到不断完善。当这样社会中的许多人已经大体培育出且自觉到了个体的主体意识之后，在他们之间就开始慢慢产生了主体间的关系，即一种主体意识间平等的社会性关系。这种关系不同于普通的人际关系，因为普通的人际关系可能只是依靠本能冲动的生物性关系，也可能是一种附属或等级制的社会性关系，而不是在个体主体意识间相互平等的社会性关系。这些人具有主体意识，这意味着他们基本上能够感觉到自己是自己的主人，自己并不属于任何他人或任何神灵，自己能够掌握自己的幸福或命运，自己能够独立地、完全地筹划或安排自己的生活，自己可以按照自己的意愿产生自己的观念或行为，自己对自己的所有物具有完全的支配权力。并且，更重要的是，他们同时也能够意识到，自己并不对他人具有控制权力，不会去掌控他人的幸福或命运，不会去控制他人的生活安排，也不会让他人按照自己的意愿去思考或行为，更不会去支配他人所有的物品，等等。具有这种主体意识的人相互之间是以平等的、互助互益的方式交往。特别是物品交换活动更是在这种人之间才有可能顺利进行。否则，如果有一方欲图控制另一方的话，那么正常的交换活动就难免失败，或者在以后难以持续，甚至改变了物品交换的性质，而成为一方向另一方缴纳的贡品、赋税或劳役了，双方的关系也不再是平等的主体意识间的关系，而变成了附属性关系，或强迫性关系，或奴役性关系了。这或许将导致弱势的一方不得不再次逃亡。

当具有主体意识的这些人相互之间形成了主体间的社会性关系之时，也意味着一种公共性的社会关系产生了。而这是在附属或等级性的社会结构中不可能出现的，因为所有人都被政治、军事或宗教权力所控制，都只能紧紧地依附于这种权力结构之上，而无所谓相互间的正当关系。而主体间的这种公共性社会关系是指，具有主体意识的人在相互平等的基础上建立双方均可接受的相处关系。像自由状态下的物品交换活动就属于这一类的关系，是双方在不受其他力量控制的情况下自愿接受的互惠互利关系，是在双方形成了友好关系的基础上发展出来的。当人们相互之间不再仅仅是单纯地从事物品交换活动，而延伸至社会中其他各个方面时，这种公共性的社会关系就显示出特别的意义了。因为，他们将围绕着物品交换活动而涉及的其他社会生活都包括了进去，并以这种主体间的社会关系或原则来处理所有这些社会性事务。我们也可以称这些事务为公共事务，对公共事务的处理可以称为公共管理。如果一个社会都是由这些具有主体意识、主体地位和主体能力的人所组成，且由他们在对这些公共事务进行公共管理，而不由其他力量所干扰，如政治、军事或宗教权力等，那么我们可以称这样的社会为一个公共性社会。

很明显，这种公共事务、公共管理或公共社会，在附属型或等级制的社会结构中，是不可能出现的。因为那里并没有具有主体意识、主体地位和主体能力的人，因而也没有那样的公共事务或公共管理，当然也不属于一个公共型的社会。就像我们在《吉尔伽美什》史诗中所看到的乌鲁克城那样，或者像汉谟拉比石碑中所显示的那种社会，都不可能是公共社会，而只能说是一种附属型或等级制的社会，因为所有人和所有的事或物都附属于政治、军事或宗教权力，都由君主或神灵所掌控，而不是由每个人自己所主导，就像《拉马苏》或《控制狮子的英雄》所显示的那样。这种社会结构中的各项事务，与该社会中的普通人是没有关系的。他们既没有主导权，也没有话语权，甚至都没有过问的权力，尽管这些事务都涉及他们每个人的幸福或命运，涉及每个人的生活筹划或安排，涉及每个人的观念或行为，涉及每个人的所有物。但是所有这一切事实上却都已经不再属于他们自己，而属于某个特殊的君主或神灵，或者属于某种强制性的力量，不论这种力量来自世俗世界，还是超世俗世界。

这些逃亡者之所以能够产生主体意识，具有主体地位和主体能力，是与他们在自由状态下长期从事这种物品交换活动分不开的。特别是这一活动让他们有了明确的所有意识，这是主体意识的一个关键性内容。在原始时代，当原始人还没有很活跃的意识活动时，他们对幸福或命运观念是很淡薄的，尚未能够考虑到那么抽象或遥远的事情。同样，他们也还没有明确的筹划或安排意识，即对自己的生活进行全面的规划或整理，而仅仅是在每天的日子当中生活而已。另外，他们也没有很清楚地意识到自己的观念或行为应该按照什么原则或模式进行的问题，所以当他人对自己进行控制行为时，也只是感觉不舒适或不习惯而已，未必会有自己应当按照自己的兴趣、爱好或习惯来思考或行为的自觉性。而所有这些方面的意识或自觉，很可能是在物品交换活动中逐渐形成的，特别是这一活动很好地培养了他们的所有意识，使他们在对自己的所有物进行筹划或安排的行为中，在与他人之间进行交换的活动中，习惯了自己的主导性意识，即由自己所把握的思想或行为。当他们的主导性意识变得越来越明确，自觉程度越来越高之后，他们也就慢慢学会了并意识到了对自己的生活进行各种筹划或安排，或按照自己的意愿进行思考或行为，并由自己来把握自己的幸福或命运等，而不是把这一切都交到他人或神灵的手里。

因而，从这一意义上可以说，在物品交换活动中形成并逐步被强化的所有意识，对培养人们的主体意识、获得主体地位、锻炼主体能力，都构成了原始或基础性的帮助。在原始时代，自由状态下的物品交换活动对于人们主体意识、地位和能力的形成而言，即使不是唯一的方式，至少也是最重要的，或最有效的。这一点在由逃亡者基于物品交换活动所形成的社会结构中，表现得较为明显。而在其他类型的社会中，特别是那些附属型或等级制的社会结构中，人们的主体意识、地位和能力往往就难以顺利地产生或发展。例如吉尔伽美什治下的城邦、《汉谟拉比法典》治下的王国、古埃及法老治下的国家，或者种姓等级制度下的古印度等社会，我们就很难想象人们的主体意识、地位或能力能够通过什么方式才有可能得到培育或成长。当受到吉尔伽美什或汉谟拉比这种君主的统治，或者处在由乌尔塔庙、伊斯妲尔门或许多《拉马苏》等建筑或雕塑所形成的如此沉重的控制氛围之中，人们怎么可能成长得健康或顺畅呢？而这与地中海沿岸的那些逃亡者社会的情况就大为不同了。

长期自由参与物品交换活动还能够让人们的心灵空间保持着开放的状态。那些一直处于逃亡状况中的人要时时考虑自己的生存问题，知道这是需要由自己来筹划或安排的，而不能依赖于任何现成的社会性力量，如政治或宗教权力的掌控，因为这正是他们所要逃离的对象或环境。当然很多人在这种艰难处境中由于缺乏食物或相互争夺，而难免丧生。但是当另一些人在逃亡过程中逐渐掌握了获得食物的方式，还掌握了与他人进行友好交往或物品交换的方式，就在很大程度上摆脱了原始的窘境，而进入安顿家园、经营社群的尝试之中。这同时也是一个人的社会化过程，或者说是个体人格的形成过程。而这种人格形成的过程就是在与他人的尝试性交往当中产生的。这一过程得以可能，正是人们之间的交往呈现为一种开放状态才导致的。因为，在荒野中互不相识的逃亡者要能够友好交往，首要的问题就是如何缓解或消除双方之间的敌意或戒备心理。这对于每个逃亡者而言，可以说都是一项考验或挑战。由于这涉及每个人的生存状况，因而每个人几乎都必须要有这样的心理倾向，并掌握这种基本的技能。这意味着人们相互之间必须保持着开放的心态，以使相互间的意义交往得以可能。

但是，这同时最关键的是，开放心态或意义交往又是要求在不丧失自己独立地位的前提下才可以实现的，即双方都不能以控制对方为目的，因为这本来正是他们要逃脱的境况。而保持着双方的独立地位，互不控制，就意味着双方要能够相互承认对方的独立地位，要承认各自拥有对所有物的所有权，要承认对方所作出的衡量、判断、选择或决定等的独立意见，要信任对方的承诺并保证自己对相互约定的遵守。这一切综合起来就等于要承认或尊重对方的人格地位，要给予对方的独立人格以肯定或尊重。在这一基础之上，双方就可以保持开放心态，愿意与对方友好交往或和谐相处，愿意与对方进行物品交换，愿意与对方形成一种恰当的社会性关系。

交换双方意义空间的开放性还表现在物品交换的方式或过程之中。不仅双方可交换物品的种类可以达到无限的程度，交换的方式或价值也可以是无限的，都具有无限可能的开放特征。例如那些具体的物品可以是无限丰富的，像植物果实、金属制品、动物、药品、香料、布匹、陶器或金银珠宝等，凡是有实用价值的、漂亮美丽的、罕见稀有的东西，或者凡是人们喜欢的，都可以纳入交换的范围。这些物品的可交换价值甚至也可以具有无限可能，例如一只羊的价值将永远保持着开放性的可能，而不会仅仅限定于某一个价值之上，如它的某种具体的实用价值。同时，凡是人们愿意进行交换的东西，即使是那些很抽象的事物，无论是否得到其他人的认可，而只要双方愿意，就都可以进行交换，且也都有可能成为交换的对象，如一个让人愉快的笑容、一种友好的态度、一句好听的话、一首令人感动的歌、一顿饕餮大餐、一次难忘的旅行、一场久违的聚会、一段美好的时光、一次刻骨铭心的恋爱或一种永远幸福的命运等。任何具体的物品还可以转化为抽象之物，而具有无限可能的交换价值。像"一只羊"就是这样，如果它代表了某个神灵，或象征着整个人类，又或隐含了神与人相互间关系的话，那么在一些人眼里这只羊的价值就将是无限或神圣的了。很多人可以为了自己所爱对象的惊鸿一瞥而付出生命的代价，也可能会为了报仇雪恨而不惜失去终身的幸福。任一事物可被赋予的价值或可交换的价值几乎都是无限的。

由于可交换物品或对象种类的无限多样，交换的形式也可以无限多样化。

除了在物品交换市场上的交换活动之外，人们还可以在市场之外的任何时间或地点进行。可以当面交换，也可以不当面进行。既可以是熟识的朋友之间从事这一行为，甚至也可以是在完全不认识的陌生人之间发生。一般的交换可以是一次性的，而有些交换却可能是终生有效的，甚至是数代人或永远有效的。这意味着普通的物品交换活动已经延伸至各种不同的领域，可以面向所有人们能够设想的可能领域开放。

但是所有广泛的交换活动，又都是以个体间的实物交换活动为基本形式的，因为人们需要在这种具体的物品交换中得到多方面意识或能力的培养和锻炼，要以最直观的物品交换行为作为一种基本的衡量或尺度，然后每一个体的意义空间才能够在持续的开放性中，得到实质性的无限丰富和发展。否则，人们的意识状态或心灵能力缺乏足够的培育，将很可能导致意义空间的展开趋于扭曲或变形，最终也会导致意义空间的萎缩或停滞。因而原始直观的物品交换活动对于普通人而言，几乎是不可替代或省略的。这对每一个人的人格成长，都有着十分重要的意义。

在自由状态下的物品交换并不是完全随意的，而有着一定的倾向性或规则性，即双方的心理预期能够产生交叉或共识之时，交换就可以进行，并能够获得成功了。双方如果没有心理预期上的交叉或共识，这种交换活动是很难形成的，如果有一方不满意或不愿意这种交换，那么交换就会变成不平等的或被迫的，甚至转变成一种抢夺或欺骗了。而这是双方在开始时就一直在努力避免的情况。因而，对于双方而言，做出心灵努力以寻求可理解的共识都是必要的。那么，双方究竟为什么会同意某一种交换方式是自己认可的呢？这包括在交换之前对方的友好表示行为是否能够让自己满意，对方的物品是否是自己所需要或喜欢的，对方的交换条件是否能够让自己同意，对方的交换方式是否能够让自己感觉满意或认可，等等。所有这一切都意味着一个交换者在一个交换场景下，随时都需要进行着自己的衡量、评估、判断或选择，并作出自己的决定，以解决当时的状况。因为这其中几乎每一个步骤都可以说具有无限可能的潜力，可以延伸至无限广远的范围，但是就现实而言，人们需要随时中断每一个步骤，以使下一个步骤能够开始，或整个过程能够完成。那么，人们究竟是如何中断每一个步骤而开始下一个步骤，并完成整个过程的呢？这就涉及人们的审美意识和审美能力，以及相应的规范意识和规范能力。

人们在日常的经验生活中时常会产生愉悦或兴奋的感受，或者不愉快或难受的感觉，并由此逐渐形成"美的"或"丑的"、"好的"或"坏的"审美意识，以及在这些意识活动的背景下，作出相关评价、判断或选择的能力，即审美能力。进而，人们会在审美意识和审美能力的基础上，又形成"对的"或"错的"、"善的"或"恶的"规范意识和规范能力。

从根本上来说，审美意识是关于意义表达或传递是否流畅的显示，也是生命成长是否健康的显示。在人们的意识活动开始活跃之后，这一活跃尽管具有无限的可能，却不会是完全杂乱无章的，而是在持续开放过程中趋向于无限丰富或广远。并且，当这种意义趋向与人们现有意识状况相适宜或协调时，就会产生美好的感受。否则，就可能产生相反的感受。例如，如果一个人的意义空间不能呈现开放状态，而是趋向于封闭的时候，这个人就可能产生不那么美好的感觉；当他的意义空间不是趋向于无限丰富或广远的时候，而是变得越来越萎缩或迟滞的话，那么这也会让他产生不那么美好的感觉；或者，如果他的意义空间虽然趋向丰富或扩展，却与他现有的意义状况不相适应或协调的时候，或者过度或者远远不及，又或者完全不相关的时候，那么他也同样可能会产生不那么美好的感受。就像一个人如果被控制起来，处于奴隶或囚犯状态时，可能完全不了解外界的情况，或者只能了解一点点，那么他是不会感觉舒适愉快的，而只可能产生憋闷、迟钝、麻木、焦虑或恐慌的心态。也像一个成年人对儿童所喜爱的玩具可能不屑一顾，或者一个儿童对一种十分宏大的场景感觉很恐惧一样。这都使人们无法从所处情境中获得美好的感觉，而很可能产生不美好的感觉，意味着他们的意义空间不是在开放中逐渐丰富，或者没有与自身的意义状况相互适应和协调，因此才会导致人们产生一种难以忍受的感觉，而不是令人愉悦的美好感觉。这都是人的审美意识在时刻调节着意识活动的显示。所以，根据一个人的审美状况，可以衡量、评价或判断这个人的意义空间处在什么样的状态，可以了解他的生命成长得健康或顺畅的程度。

因而，从审美意识或审美能力的这种作用来看，这种意识或能力也是一种价值导向，即通过这种方式或迹象来显示给人们什么是美的或丑的、什么是好的或坏的。而这其实也是在显示给这个人什么是对的或错的、什么是善的或恶的、什么是真的或假的，等等。至于美丑、好坏、对错、善恶或真假等不同的形容或描述方式，只是基于不同的情境状况而言，是针对不同的对象所使用的不同刻画方式而已。而这些不同的刻画方式同时也都是一种规范意识，即告诉人们什么是"应当做的"或"不应当做的"，什么是"可以做的"或"不可以做的"，什么是"必须做的"或"必须禁止做的"，等等。当人们感受到一种美好的状态时，往往就意味着这是应当做的，或可以做的，甚至是必须做的，因为这种状态表明了这种情况有利于意义空间的丰富或扩展，也有利于生命成长得健康或顺畅。反之，当人们感受到一种糟糕的状态时，也意味着这是不应当做的，或不可以做的，甚至是必须禁止做的，因为这种状态表明了这种情况可能将导致意义空间的萎缩或停滞，可能会对生命的成长很不利。因此，人们可以根据自己的审美判断来确定自己的思想或行为，以确定思想或行为的方向、程度或目的等。

从这种意义上看，保持或培养好一个人的审美意识或审美能力，对于他的意义空间的发展而言，就是十分重要的事情。如果一个人的审美意识淡漠或粗糙，不够细腻或丰富，或者审美能力薄弱或缺乏，都将导致他的审美状况出现异常，由此就可能作出不恰当的审美判断，从而使得他的思想或行为都产生错误的方向、程度或目的等，让他的意义空间不会趋向充实或广泛，反而变得贫乏或空洞。而这同时也意味着他的生命将成长得不那么健康或顺畅。

但一个人的审美意识和审美能力的培养或锻炼并不是一个人自己的事情，而是与其他人共同发展才有可能得到逐渐提高。当一个人处在完全孤立状态时，他是难得会受到不断的刺激或促动来丰富其审美意识并提高其审美能力的，因为只有意义内容的联结方式在无穷数量的变换中不断地相互比较或体验，才有可能刺激或促动审美意识越来越活跃，并锻炼或培育出越来越细腻或敏感的审美能力，以使其审美状况始终保持着健康和顺畅，方能够在生活中一直作出恰当的审美判断，引导其思想或行为趋向恰当的方向或稳定在恰当的轨道上。而由于意义内容联结方式的无穷，一个人是无法完成的，那样将恰恰使其变得封闭或麻木，只有在许多人之间形成持续不断的、形式丰富多样的自由交往，才有可能对所有参与其中的人培育或锻炼审美意识或审美能力提供有益的帮助。这样的参与者当然是越多越好，或者是他们之间的交往活动越具体或越深入，就会越有效。

而这种具体而深入的交往活动可以有很多种，如相互间的生活交往、语言交往、政治交往、宗教交往、学术交往或者文学艺术交往活动等，它们都能够在一定程度上，以各自不同的方式帮助人们相互间进行意义的丰富或扩展，但是，其中最原始、最基本的，也是在原始时代最有效的，就是相互间的经济交往活动。而经济交往中作用最大的就是我们所讨论的自由状态下的物品交换活动。因为，这种活动涉及人们最基本的生存状况，特别是在原始时代，又特别是在逃亡过程之中，人们的生存状况尤其令他们关心或焦虑，因而就极度牵扯着他们的灵魂，使他们几乎无时无刻不处在对之关注的状态当中。这是在原始时代的其他活动所不能相比的。像学术交往或文学艺术交往活动之类都是文明发展到了相当程度之后才会显示出重要的价值来，而在原始时代还不足以特别吸引绝大多数人的关注。另外，当人们的意识活动还没有达到足够的活跃度，心灵努力或心灵能力还都有所欠缺、不够发达之时，人们在从事政治、宗教、学术或文学艺术等活动时，就难免会出现各种不恰当的情况，甚至还会受到扭曲变形，导致与人们的初始预期完全相反的情况，例如附属或等级制度的社会政治或宗教结构就会造成如此的结果。这些活动只有在人们的意义空间丰富或扩展到一定程度或范围之后，才有可能顺利地从事，而不至于成为人们健康成长的障碍或限制性力量。而在初期阶段，这些活动难免会出现各种各样的扭曲状况。

由于审美意识始终渗透在物品交换活动当中，这一活动总是充满变数，即人们会不断尝试新的物品或新的交换方式，导致基于其上的经验生活也越来越丰富或充实。这一特征就是它所带来的创造性，即参与其中的人们不断改变意象图案的联结方式，寻求全新的意义内容以促进物品交换的效果。最初的创造当然是很简单的，就是从自然界中获取更多数量、更好质量或更多种类的物品。人们会不断探索自然界的奥秘，例如作为食物的植物果实或动物肉类的品种就在不断丰富，质量也越来越好，而像香料、药品或调味品等也同样如此。然后人们会亲自动手制作更多数量、更高质量或更多种类的产品，如陶器、衣料、金属器具或建筑物等，极大地提高了人们的生活水平。

再后来，当人们相互间的物品交换活动逐渐稳定下来之后，就开始筹划出更多、更好或更有效的交换方式。最原始的交换活动可能都只是一次次地偶然发生。慢慢地，人们有了确定的时间、地点或较为固定的交换对象。交易市场的出现对人类社会的形成具有非常重大的意义，因为这改变了传统的定居方式，不再只是按照农耕、狩猎或君主统治的需要来确定居住地点和居住区的建造，而是依据交换市场的需要建立起了定居场所。这种定居点遍布地中海沿岸，后来又逐步发展成为全新种类的城市，与两河流域或尼罗河流域的传统城市大为不同，因为其中人们的社会性关系完全不一样了，且由此形成的社会组织结构也完全不一样了。人们是按照市场交换原则来确定彼此的社会性关系，并组成相应的社会结构，而不是按照附属性或等级制的社会关系组织成控制型的社会结构。

另外，在较成熟的物品交换活动中，交换的媒介也在改进，如使用金银珠宝或贝壳等物作为中介物，进而又使用货币作为物品交换的媒介。交换方式的改变不仅仅是提高效率而已，更重要的是有助于逐渐建立各种市场交易体系，使交易活动的影响渗透到了人们生活中的各个领域。例如金融体系的出现就对市场交易活动有着巨大的促进，而社会生活中各种行业、工作或娱乐等也借助于交换活动的需要而得到相应发展。

同时，物品交换的规则也在不断改变。最初的交换行为是人们按照相互间的口头约定进行，后来由书面协议替代，因为交换物品的数量、种类或方式等都逐渐变得相当复杂，单纯的依靠口头进行已不足以应付。这使人们开始重视腓尼基人发明的线形文字，将之发展成为特殊的拼音文字。而这与象形文字对人们意义空间的影响就全然不同了，因为它能够较容易地消除祭司群体或君主贵族群体对文化的垄断，快速地将文化普及于没有任何文化基础的普通人中，使他们逐渐摆脱在文化上对祭司或君主贵族群体的依赖或崇拜，获得尽可能长久和完整的独立和自由地位。

普通人对文化的掌握，也使能够进行文化创造的群体性质产生了根本上的变化，即不再是那些祭司或君主贵族群体了，而是普罗大众。文化群体的改变使文化创造有了根本上的可能性，因为祭司或君主贵族群体对文化的掌握本质上是对文化创造的阻碍，而不是促进。这是由这类祭司文化的性质所决定的，即其宗旨在于对他人（或更准确地说是普通人）的意义控制，将其意义空间限定于一个很有限的范围或框架之内，尽可能不让其脱出去自由发展，因为否则的话将导致意义失控，让他们在文化地位上优势尽失，也就无法对他人进行意义控制了。这将导致这一文化群体陷入恐慌或焦虑之中，因为正是对他人或各种意义不确定性的对象产生恐惧心理，才产生了那种极力寻求确定性的祭司型文化。如果对没有文化的普罗大众不能实行有效的意义控制，那将意味着他们所掌握的整个控制型文化陷于失败的境地，甚至崩溃。而他们在文化上的崩溃也必定会导致他们心理或精神上的意义崩溃。这对祭司或君主贵族群体而言，是无论如何都难以承受的。

交换活动不仅引起文化上发生根本的变化，还会带来社会关系或社会结构也同样发生根本的变化。这一点我们前面已经提到过多次。特别值得我们注意的是，除了文字以外，交易规则的改善还奠定了法律的不同基础，即不再是由祭司或君主贵族群体对普通人颁布的行为规范，不是这种自上而下地实行的意义控制方式，而是由交换活动的参与者根据交换活动的需要而自己制定的，能够得到双方认可的行为规范。无疑，这是一种基于双方平等地位的约定，又是基于对双方主体地位的承认，且是在捍卫双方对所有物的所有权，而不是基于依附性或等级制的不平等关系，不是仅承认单方主体的规则，更不是仅捍卫单方所有权的法律。不同性质的法律基础将产生很不同的交易规则或法律条款，也会导致很不同的社会关系，使人们在社会生活中具有完全不同的法律地位或角色。基于自由交换活动的法律规范成为这一类社会中人们的基本行为规范，也形成了这一类社会的基本社会结构。

我们看到在这种物品交换活动中人们的创造性得到了怎样的展示。从多样化的自然物品到无限丰富的人工制品，从固定的交易市场到现代城市的产生，从个体间偶然的物品交换到复杂交易体系制度的形成，从创造文字到新文化的创造，从个体间的交换约定到法律系统的完善。另外，还有一点是无论如何强调也不过分的，那就是这种物品交换活动使人们的理性意识得以产生，并且理性能力得到提高，这最终导致了自然科学知识的创造，且以这种理性意识和理性能力，人们又几乎彻底消除了政治或宗教权力对自己的精神束缚或意义控制。尽管这些结果很多是在现代社会中才出现的，不过在古希腊时期也已经初现端倪了，虽然发展得还不是很充分。

创造性本质上是对教条的破除，而教条正是祭司型文化的特征。创造性是指意象图案的全新联结，或全新的联结方式。这是意义内容具有无限可能性的本质表现，是意义空间永久保持开放性的必要条件，使意义空间趋向无限丰富或广远的意境得以可能。但是教条的限定性或控制性却刚好相反，是力图避免出现新的意义图案的联结或新的联结方式，而按照原有某种固定的框架对意义内容进行控制，使其无限可能性得不到表现，意义空间也无法保持开放状态，最终只能趋向贫乏和空洞，变得越来越萎缩，甚至停滞。这样的结果是祭司型文化所喜好的，因为这可以避免他们面对意义的不确定性，而将那些不确定性对象确定在自己可控制的范围或框架之内，以此获得暂时的稳定、安逸或自信，缓解了难以消除的恐惧或焦虑心理。当然，这种确定性同时也意味着巨大的现实利益一起伴随而来，因为意义控制在现实生活中必然转换成对所有个体利益和权利的控制，如自然资源和社会资源，而由此才能够达到对所有人整个身心的控制。这也是在心理根源之外祭司型文化对那些祭司或君主贵族群体之所以具有极大吸引力的现实根源。因而这种祭司型文化本质上正是以教条的方式抑制了人们的创造性意识和创造性能力，也即对人们意义空间的整体性抑制。

而自由状态下的物品交换活动，能够较好地帮助人们破除这种祭司型文化以教条方式对意义空间或创造性的抑制，恢复并提高人们的创造性能力，使人们在各种创造性活动中不断创造出全新的成就。这同时也是在丰富自己的意义空间，创造自己的生活，完善自己的独立人格，使自己的生命成长得尽可能健康或顺畅。当然，物品交换活动之所以能够做到这一点，首先是需要人们能够摆脱祭司型文化的影响或控制，也就是逃离于附属型或等级制的祭司或君主贵族群体的掌控，而进行自由状态下的物品交换。这正是那些来自两河流域或尼罗河流域的逃亡者所走过的路。当他们能够长期进行这种自由物品交换活动时，上述那些成果才有可能得以出现，并逐步演化为西方现代的生活方式。当然，这是需要数千年的历史过程，并有许多其他的情境条件的配合，才有可能慢慢发生的。

从以上我们对自由状态下的物品交换活动所进行的描述和分析可以看到，在这种活动中的长期参与者能够培养和锻炼出一种特别的人格特征，形成一种特殊的意义空间，而由这样的人相互之间所形成的各种社会性关系，又构成了一种特别的社会结构，形成了一个特殊的社会，与附属型或等级制的社会形态有着十分显著的差别。当然，这些参与者的逃亡背景也是一个重要的因素，对这种人或这种社会的出现构成了特殊的影响。他们从五六千年前开始，在逃亡过程中由于生活所迫，不得不采取一些特殊方式才有可能生存下来。他们之所以能够不再以强盗抢劫的方式相互敌对，是因为他们逐渐找到了公平的物品交换活动，可以取代强盗抢劫的手段使双方都获得基本的生存保障。强盗抢劫手段只能解决一时之需，却更加恶化了自己的生存环境，而公平的物品交换活动则能够为人们提供长期的生存保障，且形成一个良好的社会文化生态环境，使生活于其中的人们能够通过自己的努力获得正当的生存地位或处境，而不至于遭受宗教或政治权力的控制或压迫，在各种不公正对待中苟延残喘、朝不保夕，或者即使他们中的有些人在那种附属型或等级制的社会结构中，偶然谋得一定的社会地位或利益，却又不得不被迫扭曲自己的心理或精神状态，付出人格完整的代价，导致难以消解的人格焦虑或意义恐惧。

来自两河流域或尼罗河流域的大多数逃亡者很可能没有什么文化背景，但是这使他们更少受到祭司型文化的负面影响，而能够在新的生活环境中创造出全新的文化。就像我们前面所说的，在自由状态下从事的物品交换活动使他们产生了自我意识和规范能力，将原始的审美意识和审美能力自由地运用在了筹划自己生活的活动当中，同时萌发了要与他人形成友好关系的伦理意识，且因此有了独立人格，启蒙了理性意识，培养和锻炼理性能力，形成了诚实和正直的品德，知道自己拥有尊严，因而也知道了要尊重他人，并在这种平等意识中，产生公正的社会性观念，并在每个人对物品的所有意识和权利的基础上，形成了相互间的公共关系，而这又进一步导致了公共管理问题的出现，成为市场、城市、法律或政治等构成城邦体制各个领域的基础性结构关系。这样的城邦国家以其中的每个成员为主体，捍卫其基本的权利，因而又是完全开放性的，每个成员可以随意进出，不会受到任何限制，只要他没有对其他人有所损害。因为这样的城邦体制不是由附属型或等级制的社会结构对所有人进行掌控，因而是在每个成员自愿的基础上形成的，而不是在强制性力量控制下的结果。于是，这些逃亡者及其物品交换活动，就形成了全然不同于两河流域或尼罗河流域的社会形态，呈现出一种新的文化场景，并构成了一种新的社会文化生态环境。这种心灵努力或心灵能力的运用，构成一种全新的意义空间，也是在世界其他地方所不容易见到的，成为一个独特的历史现象。

尽管如此，这一历史现象实际上不过是社会情景因素巧合在一起所造成的偶然结果，并不具有历史的必然性。稍微成熟一点的雅典城邦，在历史上也只是昙花一现，很快就湮没于欧亚非区域中传统势力之下。两千多年前在爱琴海附近的独立城邦有好几百个。如果把整个地中海南北两边大大小小的独立城邦或国家都算上的话，那就有上千个了。不过这些城邦或国家大多数还是按照传统的方式选择了君主制政体或贵族寡头体制，有自己的世袭国王和贵族群体作为统治者。而像雅典这样采取民主政治制度的城邦，还并不是很多。据修昔底德记载，在伯罗奔尼撒战争期间（公元前431—前404），雅典的提洛同盟（Delos Alliance，由那些愿意采取民主制度的城邦，或因在抵抗雅典的战争中战败而成为雅典附属的城邦所组成）最多时也只有两百多个，而其中能够真正实行民主制度的也只有二十多个，其他大部分城邦处于民主制、贵族制或君主制的交替之中，或主要由贵族群体所掌控。民主制度在当时并不为很多人所了解，还没有形成习惯，更不太会掌握，实行起来存在诸多困难，毕竟古代世界的整体环境还缺乏很多相应的条件配合。所以雅典城邦很快就被以斯巴达为首的伯罗奔尼撒联盟战胜，随后又被北部马其顿的腓力二世（Philip，公元前382—前336）所控制（公元前338），并在其子亚历山大（Alexander, 公元前356—前323）的坚决镇压下完全丧失了独立和自主地位，直到1974年希腊才算真正恢复了民主制度（中间有过两三次非常短暂的共和国时期），似乎一晃眼间就经受了持续两千多年外族的暴力专制。因而，以雅典城邦为代表的民主制度实际上在古希腊时期和整个中世纪都只是短暂的历史现象，很快就消失为历史的遗迹。直到文艺复兴时期（14—16世纪）以后，雅典的古代民主制度才为阿尔卑斯山以北的泛日耳曼人所了解，并在17—18世纪才在欧洲、美洲逐渐建立起了现代社会由民众自治的民主制度，如荷兰、英国、法国和美国等。虽然这已经与古希腊雅典式的政治制度有了很大的不同，不过其社会结构、精神实质或意义特征大体上还是类似的。

这种雅典式城邦的精神实质或意义特征，我们正可以通过伯利克里的演讲得到一个大略的印象。而这种印象又是在我们介绍了地中海沿岸的逃亡者及其逃亡者社会的历史背景之后，才可能有一个恰当理解的。这样我们才知道他为什么会说雅典人有着"曾经受到考验的精神"，他们所建立的"伟大的生活方式""不是从邻人的制度中模仿得来的"，而是"别人的模范"。他们的逃亡生活或逃亡者社会在那时的世界上确实没有任何先例可循，而只能"在黑暗中摸索"产生。到伯利克里的公元前5世纪，这种逃亡社会已经持续了两三千年，无疑经受了无数的考验。他说雅典的"制度为什么被称为民主制度"，因为"政权是在全体公民手中的，而不是在少数人手中"。而我们知道，当一个社会的政权在少数人手中时，那个社会正是他们要拼命逃离的对象，因为这本身已经意味着这种社会是不可能公正的了。因此，只要有可能，他们自己是会竭尽所能建立一个完全不同的社会的，那就是由人们自己商量协议以达成共识来建立市场或城邦的管理，而决不愿意再将自己的命运交到他人手里，无论这个人可能是多么德高望重、能力超群或伟大神圣等。这样的人大家可以聘请他来为大家管理一些事务，如果他也愿的话，而绝不是请他来当大家的主人的。主人只能是公民自己，而绝不能是任何他人。如果有人企图攫取政治权力以控制、支配或奴役他人，那么在没有抵抗可能的情况下，人们就只能再度逃亡，避免遭受到被控制、支配或奴役的境况，避免自己的命运再度由他人所掌握。这是在两三千年历史中逃亡者们的惨痛教训，是绝不会被忘记的。特别是当雅典人寻找到了替代的方法之后，就更不会再重蹈覆辙了。这样的城邦政治生活才有可能像伯利克里所说的那样，是"自由而公开的"，而不是处在被控制且封闭的状态之下。

伯利克里说到雅典人在"解决私人争执的时候，每个人在法律上都是平等的"，而且"我们遵守法律，这是因为这种法律深使我们心悦诚服"。这种法律不是像《汉谟拉比法典》那样自上而下地由君主群体所制定和颁布的，是为了确定那些君主贵族或祭司群体的特殊地位或利益，是要确定他们与普通人之间的附属关系或等级制度的社会结构，因而是以此为基础来规范或约束普通人的观念和行为，要让他们认可并遵守这种附属关系或等级结构所要求的思想或行为准则。这在传统式社会中是最常见的社会现象。

但雅典城邦的情况是完全不同的，雅典的法律是由那些平等的物品交换活动的参与者所共同制定，是他们在进行这类活动中所达成的共识，是为了帮助他们在交换活动中如果发生争执的话，能够保证相互间的平等关系和公正行为，而不至于拔刀相向，还要保障他们对自己的物品所具有的所有权，承认他们进行交换活动的权利和相应的利益，而不是为了让一方欺辱或压迫另一方。这样的法律一定基于每个公民的独立地位和权利，是在每个公民具有平等权利的基础上制定出来的，这才有可能让每个人都"心悦诚服"地遵守它的规定，服从它的约束。

而除了法律所规定的情况之外，其他情况就被雅典人视为私人领域，那时任何人是没有权利对他人的私人领域进行干涉的，因为对私人领域法律不做规定。这一点是由这种法律的性质所决定的，即法律并不是某个人或某些人控制、支配或奴役其他人的工具，不是单方面地对普通人的全部生活进行规范，将其完全掌控在一个框架之内，绝不允许他们超脱出控制之外。而这样的掌控在祭司或君主群体眼里，似乎是天经地义的，因为神灵或君主仿佛有着当然的权力控制、支配或奴役普通人。所以祭司型文化中的很多内容，都或有意或无意地包含了这样的法则，并在长时期的应用中，被人们下意识地接受，以为那都是理所当然的道理。但是雅典人的法律绝不属于这种全面控制型规范，而只是人们在自由参与物品交换活动中所需要的规范及其相关的要求，除此之外，法律是不能跨越界限涉及人们的私人领域的。所以伯利克里才会说，"当我们隔壁邻人为所欲为的时候，我们不至于因此而生气；我们也不会因此而给他以难看的颜色，以伤他的情感"，"在我们的私人生活中，我们是自由的和宽恕的；但是在公家的事务中，我们遵守法律"。

在雅典掌管法律的人，因此也不同于那些附属型或等级制社会中掌管法律的人。伯利克里说："对于那些我们放在当权地位的人，我们服从；我们服从法律本身，特别是那些保护被压迫者的法律，那些虽未写成文字，但违反了就算是公认的耻辱的法律。"这些人是由制定法律的公民们推选出来作为法律代表的，执行的是这些公民所制定的法律，代表的也是这些公民。不像在两河流域或尼罗河流域的社会中，那些掌管法律的人是由祭司或君主群体所指派的，执行的是祭司或君主所制定的法律，代表的也是祭司或君主群体，而不是那些普通人。因而在雅典的法官们以自己所掌管的法律管理的是公民们在物品交换活动中相关的事务，而绝不会涉及公民的私人生活，因为他们根本都没有这样的权力。他们只是在替公民掌管法律事务而已，而不是在替神灵或君主掌管所有的普通人。所以，雅典的公民服从法律，就是在服从自己所制定并认可的规范。他们服从法官的判决，也只是在服从自己所制定并认可的法律，而不是仅仅服从法官那些人的权威。特别是这种法律愿意被公民们遵守的原因，恰恰是它对待弱者的规定，因为每个公民作为社会中的一个个体而言，地位是十分微弱的，因此只有当这个法律能够捍卫弱者的权利，才有可能代表每个公民的利益，成为公民自己的法律，而不是被那些强者或窃取权力的人所左右。于是，对待弱者的法律保障，就成为雅典人的共识，是他们所特别关注的，进而又成为他们心目中所崇尚的基本法律原则，也成为他们心目中的道德规范或要求。所谓"违反了就算是公认的耻辱"，表达的正是这样的意思。

雅典人所遵守的法律还是所有参与者之间不断讨论的结果。因为这种法律不是由祭司或君主自上而下制定和颁布的，所以不能像《汉谟拉比法典》那样刻在石碑上一劳永逸保持其毋庸置疑的权威，而是经过所有公民认真仔细地讨论，直到获得大家的肯定和认可之后，才能够得到应用。并且，如果再有人对之提出质疑，那么就需要大家重新讨论，作出修改。这一点不仅适用于雅典城邦的法律事务，同样也适用于城邦的几乎所有公共管理事务。伯利克里提到雅典所有的公民都关心公共事务，"在我们这里，每一个人所关心的，不仅是他自己的事务，而且也关心国家的事务；就是那些最忙于他们自己事务的人，对于一般政治也是很熟悉的"。如果一个人不熟悉这些公共事务，那么他恐怕也难以提出什么像样的意见或建议。但这种"熟悉"却不是出于人们的个人喜好，更不是由于受到强制性力量的逼迫（"不是国家法律强迫的"），而完全是因为每个公民自己的要求或需要，是"自然产生的"。雅典城邦所谓的"公民"，主要是指每日的物品交换活动中的参与者。即使后来有些人出于分工或个人的缘故，不再参与，但是他们的原始身份仍然不脱离于交换活动的参与者这一基本特征。而物品交换活动中随时可能产生无数的争执，且随着物品种类的多样化、交换方式的多样化、交换参与者的不断更新，以及他们对法律政策规定的理解不断多样化或深化，或者外部环境中其他情境因素的影响等，都会导致原有法律规定不足以应对新的情况，造成各种争执不断发生。重要的是，在雅典人眼里，这些新问题并不能通过诉诸某个权威力量来加以解决，迫使争执双方不得不接受调解或裁断，而必须是由所有公民相互之间进行讨论，找出能够让所有人都满意的解决办法，甚至修改原有的法律规定而成为新的法律条款。所以，每个公民认真而积极地参与城邦的公共事务，对于城邦公共管理水平的提高、公共管理的完善或公正性的提升，就显得十分重要。

这一点成为雅典城邦的一个社会特征，对其成员间的社会性关系，以及社会文化生态环境的形成都有着特殊的意义。公民对公共事务的参与不是在宗教或政治权威的强迫、要求或号召下才发生的，而是源自这些公民本身的社会性诉求，构成了他们日常生活中最重要的一项内容。其根本原因，又在于他们的逃亡者身份和他们所组成的逃亡者社会的历史背景，使他们能够在自由状态下从事物品交换活动。他们的社会性诉求，恰恰就是这种物品交换活动本身所导致的结果。因而由这种社会性诉求建立的城邦式的社会关系和社会结构，就成为他们所独有的一个社会特征。

这一社会特征的特殊意义在于：一方面，这些曾经的逃亡者而现在的公民始终将自己的命运尽可能地牢牢地掌握在自己手里，由公民自主管理，而不是由他人控制、支配或奴役，要依赖他人的仁慈才有可能得到好的生活；另一方面，他们又在努力使自己成长得尽可能健康或顺畅，使自己的独立人格尽可能地完善。而这是在很多其他社会群体中的普通人往往难以做到的，例如数千年前两河流域或尼罗河流域社会中的情况就大都如此。

对于这些没有文化，也没有传统式的宗教或政治权力的普通人而言，将自己的命运掌握在自己手里，意味着自己要有自我管理的意识和能力。而这种自治的意识和能力却不是他们本来就有的，而是在数千年的逃亡过程中，经过长期的物品交换活动之后，才逐渐培养和锻炼出来的。在此之前，他们不过还是以原始的方式作为观念或行为的准则，如以武力争得财富或解决问题这种自然的方式，或者诉诸神灵或君主权威之类的方式。例如，当他们还处在大约三千年前的迈锡尼时代（Mycenaean）的时候，他们恐怕就谈不上什么自治意识，更缺乏足以达到自治程度的恰当能力。这一点我们从《荷马史诗》中的《伊利亚特》

（*Iliad*）就可以看得出来。那时地中海沿岸的这些逃亡者在耕种和养殖之余，仍然保留着明显的海盗本色。他们可以随便找一个借口就纠集同盟者去攻打或掠夺其他城邦或乡村。那时对于他们而言，以武力抢夺财富或解决问题是最主要的方式，即使是在他们相互之间发生或大或小的争执时也往往如此。例如在《奥德赛》（*Odysseia*）中，对于那些不请自来的求婚者，奥德赛父子就很干脆地全部杀掉了事。让我们很吃惊的是，这一百多个求婚者不仅都是年轻才俊，还都是他们的邻里乡党、世代友好，而一日之内全部被杀掉，居然并没有引起邻里间太大的骚动，似乎大家对此都很习以为常了。可见在三千年前的风气还是相当野蛮原始的。这种情况到了两千五百年前的古希腊时期才有所改善。

　　另外，以财富为一种武器当然也有相当的控制力量。一般的人在生存受到威胁之时，是很容易委曲求全的。毕竟忍饥挨饿受冻到了一定程度，一般人都难以忍受。特别是在原始时代，人们的意志力量并不坚强，还没有什么特别的源自自身的内在力量给予人们以精神上的支撑。因此当人们遭受生存威胁之时，就较容易就范。只有当人们受到的控制、支配或奴役到了无法忍受之时，才会选择冒着生命危险进行抵抗或逃亡。因而就一般情况而言，如果控制了人们的基本生存保障，如食物、水或土地等，就能够在一定程度上控制以此为生的人。而这些东西都是以财富的形式体现的。所以财富是与人的基本生存问题连带在一起的，财富就意味着生存。由此，一个人是否拥有财富，也意味着他是否会受到他人的控制、支配或奴役。这样一来，财富就成为一个人独立地位或自由的保障，而不仅仅是生存的保障。这一点在那些逃亡者心目中是再清楚不过的了。因此他们是无论如何都不会愿意将自己的全部财富让他人控制起来的，而一定要将对自己财富的支配权紧紧掌握在自己手里，绝不假手他人。否则的话，自己将难以避免地陷入受到他人控制、支配或奴役的境地，就像波斯国王要求世界各地的宗族、部落或城邦献出自己的"土和水"时所可能出现的情况。所以，在古希腊时期人们的眼里，财富的重要性是不言而喻的。而正是因为在地中海区域人们较易流动和躲藏，也较易获得一定的食物来源，如牛羊较容易繁殖，燕麦、葡萄或橄榄也较容易种植，特别是居住在这一区域的人们相互之间较容易进行物品交换活动，而不会轻易遭受到来自两河流域或尼罗河流域君主势力的干扰和破坏，所以，这里的绝大部分逃亡者只要努力，大体能够获得基本的生存保障并拥有一定的财富，而不至于无以度日，挣扎在生存的边缘，甚至落到以乞讨为生，或不得不落草为寇，再去当强盗的地步。

这种情况带来了一个意想不到的结果，那就是在这里要想以财富为控制手段来要挟他人，甚至支配和奴役他人，是不太容易成功的。很多人可以为了一笔财富而替他人做某件事情（如雇工或雇佣军），但是这并不意味着可以因此对这些人具有主人般的权力，而只意味着双方在此件事情上达成了一个约定而已。就此约定而言，双方都是平等的，也都是自由的，还都是自主的，都没有丧失各自独立的人格。因此，财富在这里仅仅是一个重要的生存和交往工具，只具有一定限度的作用，而不容易成为控制他人命运的致命武器，不能成为支配或奴役他人的绝对有效的工具。而如果一个人被外部力量控制起来无法逃脱，失去了自由，那么他要想保留性命，就只好屈服于他人，依赖他人提供生存保障，而不再有独立和自主地位。

相比较于两河流域或尼罗河流域的社会来说，祈求神灵的启示以决定行止的方式，在古希腊这些逃亡者那里已经不是那么重要的了，慢慢地甚至变成一件可有可无的事情。这主要是由于这些逃亡者来自世界各地，他们了解了欧洲、亚洲或非洲各地五花八门的多种原始宗教，见识了千奇百怪的各种图腾偶像，由此削弱了他们对待神灵的坚定信仰，形式迥异的崇拜风俗导致他们对神灵的神圣性或权威性的敬仰程度大打折扣，因为任何一个人都无法简单地将自己所崇拜的神灵信仰加诸其他人身上，让其他人也随他一起去信仰自己这个独特的神灵，这说明几乎所有神灵的神秘力量都没有被描述的那么强大。有什么令人信服的理由能够让别人也信仰这个在别人看来似乎怪怪的神呢？毕竟在这里任何人都没有形成像在传统宗族部落中所建立起来的威望或力量那样，能够迫使其他人转换自己的信仰，去跟随别人的信仰。同样的信仰可能仅仅保持在一个家庭或宗族之内，或者是来自同一个地方的同族人之间。但是，对于地中海沿岸广大范围内居住极为松散的人们而言，神灵信仰似乎慢慢成了个人的事情。而在一个城邦中，人们最多不过是尽可能寻求一个大多数人喜欢的神灵作为共同的信仰对象而已，同时每个人仍然可以保留着自己原来的神灵信仰，就像雅典城公推智慧和战争女神雅典娜（Athena）为该城邦的保护神一样。而这些作为城邦共同信仰的神灵，大多来自在西亚或非洲就早已经为人们所熟悉的神话传说。因而实际上，人们与其说真诚地信仰某个神灵，不如说更喜欢的是这些神话传说的故事内容而已，例如奥林匹斯山（Olympos）上的众神就是以古希腊那些广为流传的神话传说为依据的。这导致这些神灵在古希腊时期普遍缺乏神圣或权威的强制性力量，能够像在世界许多其他社会那样，在人们的心灵空间具有不容置疑、至高无上的神圣地位，对人们的观念或行为拥有绝对的决定权，犹如《圣经》和其中的"上帝"对于犹太人或后来的基督徒那样，或者像《古兰经》和其中的"安拉"对于伊斯兰教徒那样。

至于诉诸君主的政治权威这一做法，地中海沿岸的这些逃亡者也已经能够不予考虑了。虽然不是每一个城邦都像雅典这样实行民主制或贵族议会制，许多城邦仍然保留了君主制，如斯巴达（Sparta）或底比斯城（Thebes），但是这里的国王已经明显不像两河流域或尼罗河流域社会中的国王那样具有最高控制者的权威，而不过是大家推举出来的普通头领或酋长而已，对其城邦的成员并没有生杀予夺那么大的政治权力，大部分重要的城邦事务仍然需要人数众多的元老院或长老会来做决定，并根据一定的自然法进行评判。特别是当一个城邦的国王如果品行、能力或成就不足以服众的话，就很容易被更换掉。而如果这个国王依凭武力强行压制众人，继续擅作主张、一意孤行的话，那么人们即使不能把他推翻，也可以很容易地逃离出这个城邦，而移居到其他城邦中去。因为在地中海沿岸有着不计其数的城邦和乡村，人们可以有着范围广大的选择机会。甚至人们还可以几个人结伴，或几个家庭结伴，到一个荒无人烟的地方自建居住地，远离其他社群，而保持着自己的独立性。这种情况自五六千年前至一两千年前，在地中海沿岸都是很常见的，是那些逃亡者习惯的生活方式。类似的情况直到一百多年前在美洲和大洋洲都有出现。

这种人员较易流动的特性正是导致君主权威被削弱的重要原因，因为人们正是由于无法逃离某个君主的暴力统治，又看不到成功抵抗的希望，才不得不暂时屈服于这个君主。但凡很容易逃脱于某个人的暴力控制，这个人就很难对他人实行成功的支配或奴役。只有那些年老体弱者，或者妇女儿童这样的弱者，才较容易遭受武力的控制或摆布。在古希腊时期的地中海沿岸地区，不受他人的支配或奴役，几乎已经成为那些逃亡者普遍的信念。即使某人的品行、能力或功绩得到人们真诚的认可或敬仰，也不会简单地成为他人的支配者或主人，而不过是可以作为那些自由人的一个召集者或主持者，在某些时候，为了某些事情，而服从于他一时的领导而已。而在私人领域，或社会情境条件有所变化时，人们就没有理由始终听从该人的领导。因而在这一地区的绝大部分城邦中，除了是主人与奴隶之间的关系以外，在自由民之间是无法形成控制或支配型社会关系的，即使是国王与民众之间，也同样如此。这就造成在这一区域中的人们有了一种普遍意识，即任何个人或社会性力量都不能对任何一个人具有绝对的、长久的或正当的控制或支配权力。当然奴役就更不会被人们所认可了，除非是在战争中打败成为俘虏，但这也是只要有机会就要通过逃跑来摆脱的。

互不相识的陌生人进行交往，如果只能依靠武力、财富、身份、地位、神灵或君主等权威的力量作为双方共同认可的观念和行为原则，那么最终的结果都只能导致相互间产生不平等的关系，逐渐形成强势一方对弱势另一方的压制，即一方对另一方的控制、支配或奴役。虽然这些力量乍看起来似乎是在原始状态下自然产生的，但实际上都是在非正常状态下产生的非正当力量，因为对弱势一方的意义控制等于限制了其意义空间丰富的可能性，而这同时也等于限制了强势一方意义空间得到发展的可能性，双方的意义空间受到限制也就等于意义丧失了无限的可能性，意义空间都转入封闭状态，将逐渐变得萎缩或停滞。因而人际之间不平等的社会关系可以说难免会导致个体意义空间的受限制，并进而又导致社会整体意义空间受限制的状况，使个体或社会整体的意义空间无法得到有效和长期的丰富或扩展。从这一意义上来说，那些造成人际之间不平等状况的因素都属于非自然状态下的非正当力量。而个体生命的成长或社会环境的形成都将趋向于缓解或消除这种状况，也就是将逐渐消除这些因素所带来的现实效果或影响。

要摆脱个体意义空间受限制的现实路径在于尽可能缓解或消除个体间的控制型关系，即一方对另一方形成了优势地位，可以对其进行控制、支配或奴役。特别是当某一方掌握了某种社会性力量时就更是如此，如社会性的武力、财富、身份、地位、法律、宗教或政治权力等，就可以对所有普通人进行控制、支配或奴役。这也是传统专制型社会的典型特征。而要想缓解或消除个体间的这种控制型关系，就需要一个社会中的每个个体能够尽可能地获得独立地位。在现实社会中的独立地位包括很多方面的内容，如个体要具有主体意识、主体地位和主体能力等。

个体的主体意识是指一个人能够自觉地意识到对自己现实生活的把握，即由自己主导、筹划或管理自己的现实社会生活。个体的主体地位是指一个人在现实社会中获得了能够把握自己生活的状态，即确实是由自己在主导、筹划或管理着自己的生活。个体的主体能力是指具有这种主体意识和主体地位的人，在现实社会中具有相应的能力以把握自己的生活，即主导、筹划或管理自己生活的能力。这三者无疑也是个体意义空间中的核心内容，是经过个体心灵努力和心灵能力作用下的自然结果。这三者合在一起也可以说是构成了一个人独立人格的主要内容，因而也成为一个人进行道德努力和道德实践的前提条件。而人际间的意义控制之所以属于非正当的行为，也是因为这将造成个体主体意识、主体地位或主体能力不可避免地会受到伤害或压制，限制了个体意义空间的丰富或扩展，导致个体的独立人格无法形成，这些影响都不利于个体生命的健康成长，从长远来说也必将不利于整个社会的顺畅发展。一个社会文化生态环境是否良好，要看其是否有利于其中的个体生命培养和锻炼他们的主体意识、主体地位和主体能力，也就是它是否在帮助其成员尽可能由自己主导、筹划或管理着自己的社会生活，使他们的独立人格顺利形成，并丰富了他们的意义空间。

一个人如果获得了一定的主体意识、主体地位和主体能力，也就意味着他有可能将自己的命运把握在自己手里，而不是交给他人掌控。但是在现实社会生活中，普通的人要想做到这一点并不容易，因为他们更多地将受到社会文化生态环境的影响。而在原始时代，社会文化生态环境往往还极不成熟，充满各种交织的因素或力量，让那些同样极不成熟的个体生命难以顺畅地培养出主体意识、主体地位或主体能力。特别是由于人们对意义不确定性的恐惧或焦虑，很多人对意义确定性的强烈欲求，却不期然导致一部分人对其他人的意义控制，引起人们以各种方式进行相互摧残，致使个体或社会整体的意义空间都成长得很不顺畅，就像我们在两河流域原始文明中所看到的那样，而同样的情况也发生在尼罗河流域、印度河流域或黄河流域的原始文明当中。

这些原始文明过度的意义控制倾向或行为使其中的许多人在反抗不成功之后，不得不向周边地区逃亡，例如地中海地区的原始文化就属于十分典型的逃亡者文化，并形成了相应的逃亡者社会。而物品交换活动就是这些获得自由的逃亡者之间进行的一种特殊性质的交往方式，使他们在满足适当的生存保障时，还能够逐渐培养和锻炼出一定的主体意识、主体地位和主体能力，从而尽可能地将自己的命运掌握在自己手里，而不是他人手里。这也就意味着他们要开始几乎完全依靠自己来摸索出一种新的生活方式，即不是由君主或祭司掌控着所有人，而是由这些逃亡者自己主导、筹划或管理自己的社会现实生活。这种生活方式在其他的社会或文明中是难得见到的，对这些逃亡者而言更是闻所未闻。当然，事实上他们一开始也并不知道自己该怎么做。在腓尼基、克里特或迈锡尼时期，即从五六千年前到三千年前左右，他们还仿佛处于自然的蒙昧状态，仅凭生物性本能或直觉在尽可能地求得生存下去而已。那时他们既当强盗，偶尔也会与他人做一些物品交换，有机会也能进行一些耕种或养殖，还不时地去捕鱼打猎。这些都构成他们生活的重要部分。对他们而言，随着生存处境的变化，也在随时变化着生存的方式，并没有哪一种方式是最重要的。在不同的环境下，每一种方式都有可能让他们得到继续生存下去的机会，因而当然也就都是很重要的。关键问题是，在这种动荡不安的生存状况中，他们是不太会专注于去考虑如何建立并经营好一个家园或社会的。因而关于社群制度或人际交往方式的思考和实践，都还没有进入他们的视野。

但是到了迈锡尼之后的古希腊时期，情况就有所不同了。这时的他们已经有了较为稳定和安全的生存环境，很多人也有了稳定的财产或收入来源，较长期的稳定生活也让很多家族人丁兴旺。并且，最重要的是，他们都已经形成了稳定的生产和交换习惯，在自由的物品交换活动中大家都获益良多，因而都尽可能自觉地抛弃打家劫舍的强盗习惯，而以众人都能接受的方式维持着人们间的社会关系，以及由此所构成的社会结构。正是在这种长期的物品交换活动中，他们很清晰地意识到自己要保持着自由之身，要有自己的财产，要知道如何躲避追捕，要有保护自己进行防卫的能力，就像伯利克里说的那样"要自由，才能有幸福；要勇敢，才能有自由"。他们还意识到要能够与其他的普通人形成友善的关系，以在相互间进行公正的物品交换活动，从而改善双方的生存境况，还要学会如何处理与他人之间的各种争执，以免酿成更严重的冲突。在这些基本的生存经验基础之上，他们逐渐了解到在保持各自独立地位的同时，还要在与他人共同结合成的一个社会群体中如何能够管理好自己，以及自己与他人之间的关系，而不是在不知不觉当中又堕入原来那种受控制或支配的困境之中，从而不得不抵抗或逃亡，让自己的生命又处于险境之中。在这种背景下，这些人相互之间所形成的社会关系以及由此构成的社会结构，就进一步发展成了一种新颖的社会制度，即古希腊时期人们所尝试建立的民主制度，以及相应的市政体制、法律机制和理性原则。这当然是他们在不断地摸索或试错过程中逐步建立起来的，无疑总是存在许多问题，特别是由于每个人的心灵状况在相互之间差别很大，因而十分难以形成稳定的共识，或稳定地达成共识的机制。

但是至少，根据伯利克里的说法，这些雅典人是意识到了这个问题的，即达成共识的重要性及其困难。所以他们才会希望每个公民都能够关心城邦的事务，并且能够尽可能地都熟悉城邦的事务。并且最重要的是，他们还意识到了"讨论"的重要性，即任何公共事务都应该在全体公民之间进行尽可能充分的讨论，而不是由某些人根据自己的意见独断独行。所以他说："我们雅典人自己决定我们的政策，或者把决议提交适当的讨论；因为我们认为言论和行动间是没有矛盾的；最坏的是没有适当的讨论其后果，就冒失开始行动。这一点又是我们和其他人民不同的地方。"

不过"讨论"这一社会性行为真正的重要性在于，这些普通人的意义空间是需要在相互间不断地讨论过程中才有可能得到丰富或扩展的。这也就是说，通过在一起讨论这些大家所关心的公共性问题，使每一个人的心灵能力都得到相应的锻炼和提高，能够很好地培养每个人的主体意识、主体地位或主体能力，而这又都是培养个体独立人格的必要步骤。因为正是这些讨论，一方面，能够使每个人都逐步明了那些公共性问题或简单或复杂的内容，了解每一个公共事务所涉及的相关联系，各种公共事务间的轻重缓急，对待不同问题的各种不同方法，各种处理方式的效果影响，在不同情境条件下公共性问题会产生的各种变化，以及各种不同的人对待各种问题可能会有哪些态度或意见，等等；另一方面，通过参与这项讨论还能够让每一个人都对自我有一个更加清晰的认识，知道自己与他人的差别，了解自己在各种不同公共性问题上可能会产生的态度或意见，能够意识到自己的文化或知识程度，自己的智力水平和心理倾向，自己的情感偏好和兴趣所在，自己的审美意识和审美能力的状况，自己信念或意志的坚强程度，自己的人格弱点或人格缺陷，自己心灵能力或主体能力的强弱之处，他人对自己的各种态度或看法，以及这些方面的情况在各种不同情况下的变化，等等。这些由外而内的意义内容对一个人意义空间的丰富或扩展无疑具有非常重要的影响，同时也对一个人的人格形成或完善有着关键的作用。因而，是否能够意识到这种对公共事务不断进行讨论的重要性，并坚持这种做法，都是对一个社会生活是否健康良性的很好考验。因为只有这样的做法，才能从根本上有利于每一个社会成员的成长，同时有利于整个社会文化生态环境的不断改善。

当然，在现实社会生活中要让人们都意识到这种讨论的重要性，并能够始终坚持这样的做法，是相当困难的。更多的时候人们会很快感觉这种做法的麻烦或效率低下。但他们不知道的是，那些公共性事务最终处理得好坏，其实是次要的，更重要的是让每个成员都能够得到顺畅和健康的成长。这才是一个社会的公共性事务的首要原则，因为只有这样，这个社会才可能真正不断得到完善或进步。但在现实中人们总是难免急功近利，在意具体事务上的一时得失，而忽视了对一个社会而言最为根本的长远利益。

还有一个很重要的原因使这种讨论在社会生活中难以持久地进行下去，那就是很多人还保留着意义控制的心理倾向，因而总是想以某个人或少数人的意见为定论，或者以某个特殊观念或原则为众人的行为依据，要求所有人都以这一标准为观念或行为的原则或根据，简单地决定公共性事务。这一做法看起来似乎是高效率的，或很容易得到统一的意见。但是从长远的角度看，这实际上是对所有成员利益的损害，同时也是对社群整体利益的损害。因为，这等于剥夺了每个成员在讨论中可能得到的上述那些教益，即不能够很好地了解那些公共性事务本身，同时也失去了了解自己的很好渠道。最终的结果是每个人丧失了培养和提高自己主体意识、主体地位和主体能力的机会，也限制了每个人意义空间的扩展，又导致每个人在自己的人格完善方面无法从这样的社会中得到正当的帮助。这无论对个体还是对整体而言，其损失恐怕都是不可估计的。但是在原始时代，一般人并没有足够的心灵能力意识到这一点，或者即使意识到有问题，也认为危险不大而忽略掉了。再或者即使有些人可能具有这个意识并知道这其中的危害性，却由于众人整体意识能力尚处于较弱的程度，因而对某些人有意地贬低讨论的价值，而欲图窃取掌控众人的权力这一点缺乏心理上的防备能力。有着意义控制倾向的人在现实社会生活中是很多的，甚至可以说是以或强烈或微弱的程度体现在几乎所有人的身上，因而要想彻底杜绝某些人借机掌控他人的企图，通常是很难做到的。而付诸全体成员公开和自由地讨论公共性事务，正是减少或消除这种企图的最佳方式，但也因此这一做法在现实社会生活中往往会受到非常大的阻力，以至于经常难以持久地进行下去。

雅典人只是意识到这种讨论的重要性，知道这样的讨论对于每个人或整个城邦的发展有很好的意义，但是他们对坚持这种讨论的困难或艰巨性，还缺乏足够的心理准备，没有充分地预料到其中将遭到如此多或明或暗的障碍，特别是当城邦出现较大的危机时就更是如此。因而在伯利克里时代之后不久，即在伯罗奔尼撒战争期间，这种公开讨论公共性事务的做法就越来越流于形式了，而实质性的公共管理权力常常被某些人所垄断或暗中操纵。尽管如此，雅典人在两千五百年前进行这种自我管理的尝试已经是很难得的事情了，因为相对于世界其他各地的社会组织而言，雅典的自我管理是在公民间几乎完全平等的基础上展开的，是在保持并尽可能地捍卫每个个体独立地位的基础上进行的，而不是人际之间的控制型组织关系，即由祭司或君主群体对其他普通人进行控制、支配或奴役的附属型或等级制社会结构。尽管那个时代的社会还普遍存在许多不公正现象，如奴隶制度，这一点雅典人也不能避免，但是雅典人在那些并非贵族且没有文化的自由民之间尝试组织一个相互平等的自治社会，这对于两千多年前的人来说，无论如何都是一个惊人的社会文化成就。

通过公开讨论的方式以在公共性事务方面达成所有公民之间的共识，这作为一种自我管理的尝试，除了能够帮助这些公民更好地了解公共性事务，并增强他们的主体意识、主体地位或主体能力之外，还有一个很重要的效果很可能是雅典人事先并没有意料到的，那就是他们所作出的这种心灵努力最终所达到的社会性后果，避免了个体与社会整体之间通常存在的矛盾或冲突，且解决的方式并不是通过以社会整体对个体进行压制，要求个体作出一定程度的牺牲来满足社会整体的需要的方式，而是以个体的需要为原则，即要求社会整体必须满足个体的生存需要，必须保护或捍卫个体的基本生存利益、政治权利或心灵空间的发展对社会文化生态环境的要求等。这种对社会组织的解决方式不会使社会整体成为一个巨大的怪兽，如"利维坦"（Leviathan）①那样，变成个体无法超越或抵制的对象，从而在根本上限制了个体的利益和权利。当一个社会在现实情境条件下形成了这样的机制后，这个社会整体所具有的巨大权力无不被各种有着强烈控制欲望的人所掌控，用来满足这些人对意义控制的心理倾向，而并不仅仅是满足他们个人的利益。因此，这种社会状况一旦形成，控制的机制就会越来越紧促，所形成的社会性束缚会越来越严密，这样社会权力就会不可抑制地无限扩大，而个体的利益或权利就会相应地无限萎缩，从而使该社会整体构成为对其成员的强制性力量，造成那些个体的生存性焦虑，产生对该社会整体深深的敌意。即使在这种类型的社会权力与个体利益之间达到一个相对平衡的状态，但受损害的仍然还是个体的意义空间，以及个体的生命成长，因

---

① 这是借用英国学者霍布斯（Thomas Hobbes, 1588—1679）在 1651 年发表的著作《利维坦，或教会国家和市民国家的实质、形式和权力》中形容专制国家的比喻，原指威力巨大的海中怪兽。[英]霍布斯：《利维坦》，黎思复、黎廷弼译，商务印书馆 2017 年版，第 132 页。

为在这种巨大不可超越的强制性力量之下，个体的意义空间是无法得到丰富或扩展的，个体的生命成长也不可能健康或顺畅，而只不过是委曲求全、苟延残喘而已。

在原始时代的现实社会生活中，要想消除这种控制倾向几乎是不可能的，即使是雅典人的民主制度也仍然存在许多缺陷，很容易被某些人所操纵或破坏，但他们毕竟是意识到了这样的问题，即不能够让社会整体的组织结构成为对个体利益或权利的压制，而是要争取相反的结果，即让社会整体完全建立于个体的利益或权利基础之上，完全是为了保护和帮助个体利益或权利的目的而构建的。虽然他们还不能在那个时代就成功地做到这一点，但是毕竟在这一方向上进行了可贵的尝试，成为人类历史上一次难得的社会实践，使得在他们之后两千年的时代，人们有可能继续努力，彻底消除那种附属型或等级制的控制性社会关系，以及由此建立的社会组织结构。

消除社会机制对个体利益或权利的消极作用和影响，是与那种附属型或等级制的社会机制完全背道而驰的。这等于是有意识地消除人际之间的控制型关系，并不可避免地要力争消除人的控制性欲望，甚至是要消除人们对不确定性意义的恐惧心理，在对确定性意义内容的追求中不至于过度执着，导致强烈控制性欲望的产生并应用在人际之间的社会性关系之上，造成人与人之间的紧张状态，也引起个体与社会之间的紧张境况。人际之间的控制型关系是祭司文化必然会带来的社会性结果，也是祭司或君主群体所渴望达到的目的。这是在原始宗教普遍存在的世界各地的社会生活中，都不难见到的情形。古希腊雅典式的社会生活，要彻底改变这种状况并不容易，但是至少让人们看到了某种希望，即消除社会机制对个体利益或权利的压制，是很有可能的社会实践，起码也是值得人们去进行尝试的社会实践。

伯利克里在讲演中还提到雅典人的娱乐活动，以及他们对美丽事物的喜好。这是很有趣的一点。他说，"当我们的工作完毕的时候，我们可以享受各种娱乐。在整个一年之中，有各种定期赛会和祭祀。在我们的家庭中，我们有华丽而风雅的设备，每天怡娱心目，使我们忘记了我们的忧虑"，"我们爱好美丽的东西，但没有因此而至于奢侈"。人的审美意识和审美能力是一种价值导向，可以帮助人们在衡量、判断、评估、选择或决定自己的观念或行为时，有相应的依据。而这一依据虽然是审美的，却与人的生命状态紧密相关，显示着生命成长是否健康或顺畅的状态，指向人的意义空间在丰富性或扩展性上所达到的程度，也是意义表达或传递是否处于流畅状态的一种标志。当一个人的生存受到威胁之时，或者遭受控制、支配或奴役之时，人的审美意识就会呈现出负面的反应或消极的情绪，例如会感觉到丑陋、厌恶、憎恨、畏惧或惊慌等，而不会产生美丽、喜爱、愉悦、舒适或安逸等心理状况。因此，在人们身上所呈现出来的审美状态，是可以显示其生命状态或意义空间变化趋势的。

第二节　古希腊时期社会的意义氛围

伯利克里心目中雅典城邦的意义氛围在世界各地的古代社会中可以说都是很特别的。如果把它与两河流域古代社会的意义氛围相互比较来看的话，对此的感受就会更加清晰。不仅如此，如果我们再把视野追溯至克里特岛的意义氛围，印象就更为深刻了。

假设我们要进入一座建筑物，首先映入眼帘的是一座高大、威严又厚重的石刻雕像矗立在门口，这个雕像是一个带着翅膀、有着一颗巨大人头的公牛（拉马苏），自上而下睥睨着我们，凛然不可一世，盯着我们穿过一道同样是高大厚重的、深色的伊斯塔尔门，门上面是一群列队前行的怪兽，神态肃穆，最后我们见到主人时，看到他一只手拿着鞭子，另一只手掐住一只狮子的脖颈，令它无法动弹。这会给来访者什么样的印象呢？这种印象又是主人在什么样的心理背景下营造出来的呢?

这个问题如果追究下去将会是别有意味的,因为这个主人乍看起来虽然表现出一副洋洋得意的样子,可是在他心底深处却明显笼罩着极度黑暗的阴影。从这个阴影中隐现出他的生命状态处在一种严重受威胁的境况之中,致使他极感自卑、惊惧和恐慌,从而对周围的一切都产生了深深的敌意。而那些拉马苏的石刻雕像、伊斯塔尔门或被控制着的狮子,不过都是作为工具或材料,以帮助他竭力建构起自己的心理防卫装置而已,好以此抵抗来自外界无法确定的危险,并极力掩饰内心的慌乱或焦虑。虽然以这种方式进行抵抗几乎完全是枉然的,对消除可能的威胁恐怕毫无现实效果,却能够在主人与来访者之间升腾起一种充满厌恶、憎恨或敌意的意义氛围,给人极度压抑的感受,由此形成一道难以穿透的心理隔阂,将主人自己的意义空间紧紧包裹起来,绝不容他人侵犯。

此时的主人依靠这种心理隔阂建立起了自己不可冒犯的神圣尊严,有着对来访者压倒性的地位。因此这一隔阂并不是要在主人与来访者之间达成互不侵犯的约定或平等关系,而是要对来访者实行单方面的意义控制,即只能由主人对他人的意义空间进行拆解,再按照自己的需要重新搭建,即达到控制、支配或奴役他人的目的。但是这个主人又很清楚地意识到这种做法无疑将会导致他人对自己的抵制或反抗。然而这种冒犯行为却又是他无论如何也不能理解的,因为在他看来,自己对他人的意义控制完全是正当的,是理所当然的,是不应当受到质疑或反对的。因而他人的抵抗对他而言就显得格外荒谬,简直是彻底的不可理喻,是愚昧无知的荒诞结果。因此这反而进一步说明这些"他人"更应该被自己所控制、支配或奴役,不然仅仅依靠他们自己恐怕都无法生存下去,自己的做法正是在挽救他们,是自己对他们无比仁慈的结果,因为这可以使他们脱离于苦海或危险之地,避免被无尽的黑暗所吞噬,遭受不确定威胁的伤害,尽管这些愚昧的人对此还不能完全理解。于是,我们很自然地就会看到这样的一种社会状况，即在这样的主人与那些普通的"他人"之间，形成了一种恶性循环的状态，双方都难以完全理解或无保留地接受对方，于是都在以强烈的惊慌、畏惧或仇恨强化着自己的心理防卫装置，结果又导致这种相互隔离或对峙的社会状况趋于不断的强化或恶化。

看来要想直接消除这种附属型或等级制的社会关系或社会结构，在现实社会生活中是不太容易的，在原始时代可能性恐怕就更为微弱。尽管如此，如果那些普通的"他人"远远地逃离于这种被控制、支配或奴役的生存境地，而能够在自由状态下另觅出路的话，那可能就会有另一番景象出现。这正像我们在地中海沿岸地区的原始时代所看到的那样，当那些逃亡者挣脱了来自外界的强制性力量束缚之后，他们可能就会感觉到自己如释重负。而当他们又能够进一步通过正当的方式获得较充足的生存保障时，那么他们就难免会产生轻松惬意的感觉了。在这种轻松惬意的氛围中，人们的审美意识或审美能力才能够得到积极的反映，产生正面的艺术效果来，形成某种令人愉悦的而不是令人倍感压抑的意义氛围，例如我们在希腊克里特岛上的克诺索斯（Knossos）遗址的壁画上，就可以很好地领略到这一点。图 8–1 的《海豚图》和图 8–2 的《戏牛图》都是该遗址主要建筑物中客厅墙上的壁画。

该遗址的发现者英国考古学家伊文思（Arthur J. Evans, 1851—1941）认为这就是传说中的米诺斯文明（The Minoans）。这一看法应该是不错的。他还认为这一遗址就是米诺斯国王的王宫。这一看法就未必恰当了，因为并没有相关的考据证据证实这一点。但是至少我们可以同意，这是一个较大家族的宅邸，因为从遗址的情况来看，相对于三千五百年前的原始生活而言，他们所达到的生活水平已经相当不错了。

无论曾经居住在这里的是国王还是贵族，这个遗址都显示出当时克里特文明确实达到了较高级的程度。遗址中有许多栋两层建筑的楼房，共有数百个房间，甚至还有安置了冷热两根水管的浴室。住宅建筑附近还有很大的仓库和酒

图 8-1 《海豚图》（*Dolphin*），建筑物墙上壁画，约作于公元前 1500 年，1900 年发现于希腊克里特岛伊拉克利翁（Heraklion）附近的克诺索斯（Knossos）遗址

窖，可以储存数量巨大的粮食和酿酒。这些建筑物之间用高低错落的回廊全部连接了起来，形成了迷宫一般的园林景观。另外，遗址还出土了很多青铜器、珠宝玉石、陶器和雕刻等工艺制品，以及一些刻有线形文字 A 的石板。最为引人注目的是在好几个客厅墙上的数幅壁画，色彩都很艳丽明亮，构图轻松愉快，内容大多是花鸟草木或海洋生物，也有一些美女图。其中的《海豚图》和《戏牛图》尤为惹眼。

在整个遗址中，没有见到任何防御性工事，如高大厚重的围墙、碉楼或壕沟之类。在这里你看不到像《拉马苏》那样威严厚重的石刻制品，也没有像伊斯妲尔门那样高大肃穆的大门，而进入屋内之后更不会产生十分压抑沉重的感觉，因为这里几乎完全没有那种森严的氛围，不会令人不寒而栗，心头泛起阴影，感受到某种深深的敌意，预感自己可能将遭受到冷漠的对待或排斥，甚至觉得自己仿佛在钻进一个囚笼似的。相反，这里的房屋建筑实用而精致，风格温馨而亲切，就像《海豚图》给人的印象那样，十分平静悠然，

图 8-2 《戏牛图》，建筑物墙上壁画，约作于公元前 1500 年，1900 年发现于希腊克里特岛伊拉克利翁（Heraklion）附近的克诺索斯（Knossos）遗址

又惬意可爱。克里特岛是地中海中的一个海岛，因此人们熟悉和喜爱海洋生物是很正常的事情。但是这里的人并没有画海洋中的凶猛生物，如鲨鱼或章鱼之类，也没有想象出什么样貌凶恶、奇形怪状的海兽、海怪或海神之类的东西作为保护神或门神，而是挑选出海洋中性情十分温和、相貌可爱的海豚，以及各种多姿多彩、让人喜爱的小鱼。这些海豚和小鱼在壁画中很随意地游弋，追逐嬉戏，给人亲切随和、清新自然的感觉，令人产生愉悦舒缓的心情，看后不免会心一笑，全然消除了可能有的敌意或威胁感，令人不由自主地觉得自己身处一个十分安全和友善的环境之中。假如这里住的是一位国王，而这又是他所喜爱的画面，那我们不免会想象他一定是一个平易近人、和蔼可亲的人，而绝不会是一个让人深感恐怖的人。他有可能会是那种带有阴暗心理，一心只想控制、支配或奴役他人的君主吗？他有可能会是一个崇尚暴力、滥杀无辜的国王吗？答案恐怕是不言而喻的。如果再结合《戏牛图》，我们就可以体会得更直观或清晰一些。

《戏牛图》（也有称之为《公牛之舞》的）中间是一头十分健壮的公牛在奔

腾跳跃，三个青年（从装扮上看似乎是两女一男）在戏牛、驯牛或斗牛，也可能是在做表演性项目，如与牛共舞或杂技之类。一个人倒立在飞跃而起的牛背之上，或许是在牛背上翻跟头。站在牛头前面的一个人紧握牛角，而在牛身后的一个人则直立着向牛背上的人伸出双手，仿佛是在指挥或配合牛背上的人展示各种动作。整个构图在动态中凸显流畅明快的风格，没有丝毫滞涩沉闷之感。牛腿和牛头的矫健造型，以及牛身和牛尾的完美曲线，似乎都在衬托着牛背上的主角那么苗条纤细的轻盈身姿和敏捷轻快的超难动作，又使三个人和公牛的整个形态连成一个系列的整体，一气呵成，绝不拖泥带水。画面令人感到惊险刺激，又轻松愉快，在平静之中不乏生活乐趣。其中的人物刻画和艺术风格明显有古埃及艺术的遗迹，说明克里特岛艺术受到了来自尼罗河一定的影响。不过，在这幅作品（以及克诺索斯遗址中的很多其他作品）中，古埃及那种刻板呆滞的风格和等级意识浓厚的内容特征都不见了，而代之以轻柔舒缓与平和愉悦的艺术氛围。这正是两种全然不同的社会形态所呈现出的两种全然不同的意义特征。

除了这些壁画的艺术风格令人关注之外，值得我们留意的还有这幅画作的主题，及这一主题所隐含着的文化心理学意义。这种舞蹈加特技的表演在民间是人们十分喜爱的活动，也成为后来的古希腊人热爱运动竞技或歌舞竞赛的先声。这正是伯利克里所提到的雅典人"享受各种娱乐"活动，以及经常举行的各种"赛会"，像奥林匹克运动会那样的运动类竞赛，有综合性的也有单项比赛，或者是在各种宗教节日时，人们会在祭祀之后举办各种歌舞赛会，如杂耍、音乐、舞蹈、唱歌或戏剧等各类表演竞赛活动。很明显，《戏牛图》（或《公牛之舞》）就是这类主题的反映。这些活动体现的是社会生活中的一种文化氛围，而不仅仅是人们在单纯地追求竞赛获奖的社会性荣誉。佩戴桂冠的荣誉实际上只是对从事这些活动的一种精神刺激或鼓励而已，更重要的是人们在其中能够获得整个身心的舒畅之感。这对原始时代人们心智结构的发育有很大的积极作用，就像儿童也都需要在每天的玩耍中成长，或者应该经常性地进行各种运动或表演类的竞赛活动一样。所以在世界各地的社会习俗中，人们都会自发地从事此类活动，以尽可能获得身心的健康或成长得顺畅。

　　然而，在现实社会生活中，这类活动却并不容易得到很好的发展，特别是像古希腊时期那种经常性的全民运动或表演竞赛活动（见图8–3），就更需要有一个良好社会文化生态环境的配合，才有可能发展到公众制度性的程度。这并不取决于一个社会在经济上发达到什么程度，而要看它是否能够形成一种适宜于人们成长的文化氛围。这种良性的社会文化生态环境在那种附属型或等级制的社会结构中，是不可能出现的。因为这种社会结构在本质上是控制型的，即由祭司或君主群体通过掌握宗教或政治权力对普通人进行生存性控制或精神性控制，从而造成人们的主体意识、主体地位或主体能力等都会受到抑制，导致个体意义空间的萎缩或停滞，使人们的生命成长无法得到健康或顺畅的发展。因而，在这种控制型文化氛围里，像全民性的运动或表演竞赛活动都不可能得到真正的鼓励，反而会遭受或明或暗的阻扰。即使某些祭司或君主为了俘获民意而不得不举办此类活动，他们所感兴趣的也只是作为主办者或颁奖者出现，借此表明普通人的荣誉、幸福或娱乐活动等都不过是神灵或君主们恩赐的结果，是他们仁慈的体现，是他们"仁爱万民"的展示，是他们荣耀地

图8–3　《掷铁饼者》（*Discobolus*），古希腊雕刻家米隆（Myron，生卒年不详，活跃于约公元前480—前440）作于公元前450年前后，大理石制品，高度约为152厘米，原作已佚失，图为存于罗马国立博物馆的复制品

位和权力身份的显现，就像古罗马帝国建造的罗马竞技场 (Colosseo)[1] 以及举办的斗兽或奴隶角斗就是这样。而在大多数时候，或在大多数等级制社会生活中，普通人的这类活动都受到极大的限制，以至于有益身心健康或心智发育的运动竞赛或歌舞艺术活动等，都难以得到充分或良好的发展，而只能在民间逼仄的空间中以极为简陋的方式偶而自发地流露一下而已。

但是在逃亡者社会生活中情况就全然不同了。特别是当这样的社会生活经过一定时间的稳定发展之后，人们就可以以极大的热情从事这些活动，并能够达到相当专业化的程度，建立全社会性的组织机构和公正的活动规则，最终使这些活动成为受到人们普遍欢迎的公共事业，并使所有的参与者都能够从中获益，构成社会文化生态环境的一个重要组成部分。在古希腊地区当时规模最大的运动竞赛大会是奥林匹克运动会，自公元前 776 年开始每四年一届，一直延续了上千年。古希腊时期的人们甚至以第几届奥林匹克运动会为纪年的方法，可见其影响之大。虽然在克里特岛的米诺斯文明时期或者伯罗奔尼撒半岛的迈锡尼时期，这些活动还不一定能够达到多么专门化的程度，可能还只是人们日常生活中即兴的游戏，但是到了伯利克里时代的古希腊就不一样了，就像我们在图 8-3 的《掷铁饼者》中所看到的。这样的运动项目以及这样的运动员，都不是在偶然的随意活动中能够出现的，而要经过全社会相当长期的专项活动，才有可能达到这样专业性的程度，尤其是相对于两千多年前的社会和人来说就更是如此。这样的活动之所以能够得到如此发展，可以说与其社会形态及其文化氛围有着直接的关联，而在那种附属型或等级制的社会生活及其文化氛围中，就几乎不可能出现类似的活动，或者难以发展到这样的程度。

从古希腊历史学家希罗多德的《历史》、修昔底德的《伯罗奔尼撒战争史》、

---

[1] 罗马竞技场（Colosseo），原名弗拉维圆形剧场（Amphitheatrum Flavium），亦称罗马大斗兽场或罗马角斗场，是古罗马时代人们观看斗兽或奴隶角斗的场所，建于公元 72—80 年，现有遗迹位于意大利罗马市中心。

色诺芬（Xenophon, 公元前 440—前 355）的《长征记》（*Anabasis*）[①] 和阿里安（Flavus Arrianus, 约公元 96—180）的《亚历山大远征记》（*Anabasis Alexandri*）[②] 中所记载的情况来看，在两千多年前古希腊绝大部分的城邦几乎都很流行从事或举办这类活动，以至于成为古希腊地区风靡一时的传统项目，而不论这些城邦实行的是民主制、寡头制或君主制。因为即使是那些实行君主制城邦中的国王，也与两河流域或尼罗河流域社会中那些至高无上的君主或法老不同，并不能够达到对百姓或公民进行完全控制、支配或奴役的程度，而只是处于较为松散的等级制度之中，更难以使全体臣民成为君主的附属品。因此，相对而言，这些国王大多数还保持着较为质朴的本性，就像我们在古希腊的戏剧《俄狄浦斯王》或《阿伽门农》[③] 中所见到的那样。他们不太敢奢望着将百姓或公民的荣誉、幸福或娱乐活动统统看成自己恩赐的结果，是自己仁慈的体现，而更希望与民同乐，愿意支持或参与民众的活动，共享快乐或幸福。特别是，这些国王自己也能够从这些活动中获得全身心的顺畅感，了解到这是有益于自己生命成长的活动，就像其他人一样能够从中受益。这也是这些活动在两千多年前的古希腊地区受到人们的普遍欢迎，很少遭受阻碍而得以风行一时的原因。但是等到了公元前 4 世纪的马其顿时期，国王腓力二世及其子亚历山大军事占领并控制了整个古希腊地区，成为最高的主宰者和统治者，这些活动的性质就有了改变，不再是普通人的身心能够得到自由舒展的场合，而成了君主们展示权威、荣耀、仁慈或恩赐的机会。慢慢地，这些活动也不再成为全民热衷的对象，导致已经历时数百年的奥林匹克运动会逐渐受到人们的冷落。

---

① ［古希腊］色诺芬：《长征记》，崔金戎译，商务印书馆 1985 年版。

② ［古希腊］阿里安：《亚历山大远征记》，李活译，商务印书馆 1979 年版。

③ 《俄狄浦斯王》和《阿伽门农》均为古希腊著名的悲剧作品，前者为戏剧家索福克勒斯（Sophocles, 公元前 496—前 406）所作，描写忒拜城（即位于雅典城东北方向不远的底比斯城）国王俄狄浦斯的遭遇；后者的作者是戏剧家埃斯库罗斯（Aeschylus, 公元前 525—前 456），讲述迈锡尼国王阿伽门农的故事。这两个作者是古希腊时期著名的悲剧戏剧家。

　　这表明一个社会是否能够形成良好的文化氛围，是与整个社会人们的精神状况有着极为密切的关联的，也对培育人们的主体意识、主体地位或主体能力几乎起着直接的作用，还会使人们的审美意识或审美能力受到或积极或消极的影响。这都能够显示出该社会中个体或社会整体意义空间的丰富程度或扩展状况，也意味着该社会中人们的独立人格是否能够顺利地形成，生命成长是否始终处于健康状态，人们是否能够独立自主地把握自己的社会生活。在不同的社会文化环境中，由于形成了差异很大的文化氛围，生活于其中的人们也呈现出十分不同的精神状况，或者是在极度焦虑的心理状态中表现出强烈的控制欲望，或者是在平和心境中显露出轻松愉快的生活情感。

　　对此，让我们再通过几幅古希腊时期经典的雕刻艺术作品来体会这其中的明显差异。

　　在原始时代，人们要能够获得最初的独立人格，开始把握自己的生活，首先就需要从神灵和君主的掌控中解脱出来。在那时的人们眼里，神灵既可能是大自然威力的化身，也可能是来自超自然的神秘力量；个人是如此渺小，以至于根本无法与这些神灵相抗衡，而只能承认神灵至高无上的权威，并服从祂们的掌控，然后匍匐在祂们面前，贡献牺牲，祈求祂们的仁慈或恩惠。当面对强大的君主权力时，人们也难免会产生同样的心态，因为这些君主不但掌握了强大的武力，能够控制人们的基本生存，而且更重要的是他们被人们真实地视为神灵在凡间的代表，因而也同样具有不可抗拒的权威。

　　当那些逃亡者终于摆脱君主权力的控制，在荒野之中过起自由自在的生活时，他们不免会产生一种心理上的舒畅和轻松感，如同我们在克里特岛上看到的情形。正是在这种舒畅轻松感中，他们也很容易会对神灵的掌控不再感觉那么自然，那么理所当然，也就不再那么毫不犹豫地顺从于这种看起来似乎是绝对不可抗拒的力量。于是他们不但会对神灵的法力有所怀疑，还时常会戏谑或嘲笑神灵的权威，甚至偶而还会大着胆子公然对抗一下。这些观念或行为在古希腊的神话故事中是很常见的，例如即使是主神宙斯（Zeus）作为奥林匹斯山上众神之王，虽然掌握着威力巨大的雷电，能够主宰凡人或其他神灵的命运，却被描述成经常在干一些偷鸡摸狗的勾当，因而祂就难以成为人人敬仰的对象，而不过是稍让人有些畏惧而已。不过，在一般人的心目中，对神灵的怀疑、嘲笑、蔑视或反抗等观念和行为，毕竟是"大逆不道"的，是缺乏虔诚、恭敬或谦逊的"傲慢"，是不服管教的"刁民"所为，因而总是很可能会受到神灵或君主们的严厉惩罚，可能不是堕入万劫不复的地狱，就是遭受令人恐怖的酷刑。因而，当人们"妄想"着摆脱神灵或君主力量的控制时，就总是伴随着某种恐惧或焦虑感。特别是在原始时代，在人们刚刚开始试图这么做时，也就是刚刚开始形成自己的独立人格时，这类恐惧、焦虑或纠结的情感是很普遍地存在的，就像一个刚刚成长起来的年轻人想要摆脱来自父母或社会的各种束缚而挣得自己的独立地位时，都难免会产生的某些心理状况。图8-4的《拉奥孔和他的儿子们》就很好地说明了这一点。

这座大理石雕塑虽然制作于公元前50年前后，但是其主题却取材于大约三千年前的故事，即荷马所描述的迈锡尼文明时期，希腊人组成联盟进攻爱琴海东岸安那托利亚（Anatolia）地区的特洛伊城（Troy）。这个时期古希腊地区的逃亡者社会还处于较为原始的阶段，远没有达到雅典城邦时代人们的自治程度。如果说腓尼基时期的人是刚刚从两河流域或尼罗河流域社会的宗教或君主专制下解脱出来，尚处于惊慌不安的逃亡状态，而克里特岛米诺斯文明时期的人则已经远离了那些专制力量的军事威胁，得以在缓和平静的环境下安宁地生活，那么到了迈锡尼文明时期，可以说人们有了更为强烈的自由诉求，更难以忍受他人或神灵对自己的压制，因而他们进一步感受到了原始宗教观念的束缚，即神灵对人的命运或自然万物的控制，从而竭力想要改变或消除这种受到强力支配的命运。经过这样的阶段之后，古希腊人才算是初步具备了一定的主体意识、主体地位和主体能力，人格开始独立，能够尝试着彻底摆脱祭司或君

图 8-4 《拉奥孔和他的儿子们》（*The Laocoon and His Sons*），古希腊雕塑家阿格桑德罗斯（Agesandros）和他的儿子波利多罗斯（Polydoros）、阿塔诺多罗斯（Athanodoros）作于约公元前 1 世纪，大理石制品，出土于 1506 年的意大利罗马，现保存于罗马梵蒂冈美术馆

主群体的控制而进行自我管理式的自治了。

拉奥孔的故事发生于特洛伊战争期间。《荷马史诗·奥德赛》提到过几次木马计[①]，因为这正是主角奥德修斯最为成功的一个计谋，所以在史诗中当他回忆特洛伊战争的往事时，总是不免会涉及这个情节。不过拉奥孔这个角色及其相关的故事并没有在《荷马史诗》中提到，在古希腊其他神话传说中也大多语焉不详，反而是在公元前 1 世纪古罗马著名的诗人维吉尔（Publius Vergilius Maro，公元前 70—前 19）所著《埃涅阿斯纪》（*Aeneid*）中，才有十分细致的

---

① [古希腊] 荷马：《荷马史诗》，赵越、刘晓菲译，北方文艺出版社 2012 年版。见《荷马史诗·奥德赛》第四卷，第 54—55 页；第八卷，第 126—127 页。

描写①。看来古希腊人也不是很愿意面对拉奥孔的悲剧，而特洛伊人的后代罗马人则总是不忘历史教训，时刻用拉奥孔的故事来警醒自己。

这个故事是说，在希腊大军围困特洛伊城十年无果之后，希腊联军的主帅之一奥德修斯设计了木马计，并以此最终取得了胜利。他们建造一个巨大的木马，里面隐藏了许多希腊勇士，将其弃置在沙滩上，其他大军就坐船撤离了。当特洛伊人出来看到之后，都主张将木马拖进城里去祭奠神灵，以庆祝胜利。此时只有特洛伊城的一个祭司拉奥孔坚决反对，认为这是希腊人的阴谋，一定会对特洛伊不利。他因此触怒了雅典城的保护神雅典娜女神。女神就派了两条巨大的海蛇，从海里爬上岸，将拉奥孔和他的两个儿子都咬死了。于是特洛伊人相信拉奥孔是错的，而木马是无害的，就把木马拖进城去，结果到了晚上希腊人从木马中出来，彻底洗劫并毁灭了特洛伊城。从此无论是特洛伊人及其后裔罗马人，还是希腊人，想起拉奥孔的悲剧，都无不扼腕叹息。

这个雕塑作品的艺术感染力是非凡的，因为那种由恐惧、痛苦和反抗交织引起的紧张氛围几乎到了令人窒息的程度，三个人的身体在巨蛇的缠绕下极度扭曲，以致肌肉都开始痉挛。整幅作品的构图将人物的表情、姿态和动作都协调勾连在一个瞬间的场景中，渲染出令人吃惊的悲剧美。这一艺术风格对文艺复兴时期最著名雕塑家和画家之一的米开朗基罗（Michelangelo Buonarroti，1475—1564）有着直接的影响。

这座雕塑表现的虽然是特洛伊人，却是典型古希腊式的悲剧意识。它的主题也不仅仅是感叹个人的命运，或者民族与城邦的兴亡，而更为重要的是还揭

---

① ［古罗马］维吉尔：《埃涅阿斯纪》，杨周翰译，上海人民出版社 2016 年版。见"卷二"，第68—74 页。"维吉尔"是作者名字的简称，为后世人们所熟知。他的这一史诗描述了特洛伊城被希腊人毁灭之后，部分幸存者在特洛伊国王的女婿埃涅阿斯的带领下，坐船远航，历尽艰辛，漂泊七年之后到了意大利的拉丁姆地区（Latium, 现在的拉齐奥），建立了罗马城，成为罗马人的祖先。

示了人与神之间的意义关系，即人的命运是否可能由自己所掌握，还是只能被控制在神灵的手里。或者，更进一步，神灵的力量是否是作为人的创造物，用以帮助人们克服其他的外在力量，还是神灵本身就是对人的一种外在约束性力量，永远对人处于强势而不可超越的地位？在原始宗教阶段，人们几乎是不敢作此非分之想的，因为对神灵如此不虔诚、不恭敬的态度无疑将会使自己处于神灵的严厉惩罚之下，遭受悲惨的命运，就像拉奥孔和他的儿子们一样。但是，我们从这幅雕塑作品中还能够看到它所隐藏的另一面含义，那就是对命运受到控制的极力抗争。这使得原本至高无上、具有神圣权威的神灵世界似乎裂开了一道缝隙，显露出祂们可能的虚假或软弱的一面，从而为人们将自己命运的控制权夺回到自己手里，展现出一丝曙光。

如果《拉奥孔和他的儿子们》仅仅体现的是他们一家人或特洛伊城的悲剧性命运，那么它就不会在世界艺术史上占据那么重要的地位了。让人们感受更强烈或印象更深刻的是，在拉奥孔与巨蛇的抗争中，为什么他并不是简单地处于恐惧的心理状态之中，反而似乎是在痛苦的挣扎中显示出一种极度的愤怒情绪；为什么他表现得仿佛并不对神灵很畏惧，即使自己的两个儿子都要马上被巨蛇咬死；为什么他面对神灵却没有在一般人身上常见的那种卑微感或恭敬顺从的态度，以祈求神灵的仁慈和宽恕，指望能够免除他的罪过，或至少有一点希望也许可以挽救他的儿子不至于同他一道遭受最严厉的惩罚；为什么他要极力扭动强劲有力的身躯？他的肌肉此时充满了如此惊人的力量，几乎到了要爆炸的程度，难道是要去与神灵搏斗吗？难道他要以凡人自身的力量去抵制神灵的摆布吗？难道他作为一个祭司已经洞察了神灵的秘密吗？否则，他怎敢如此呢？

这种感受或印象对我们现代人而言，可能缺乏足够震撼灵魂的力量，因为我们早已经不再被外在神灵的威力所左右，特别是在日常事务中神灵的干扰似乎已经消失了，但是对于两千多年前的人来说，神灵的权威几乎是封闭性地笼罩在整个世界之上。在每个人看来，恐怕所有的人在所有的事上都难以逃脱神灵的控制。尽管人们可以怀疑，可以嘲笑或蔑视，甚至还会进行一定的抵制，但是在内心深处却仍然难免会被恐惧感紧紧抓住，表现出忐忑不安、心存余悸之态，并暗中期盼着能够挣脱这种恐惧的束缚。《拉奥孔和他的儿子们》这一雕塑作品不论是对于作者，还是对于两千多年前的观者而言，似乎都能够使其心境氛围中产生深深的共鸣。

摆脱神灵对自己命运的控制，一方面人们会在灵魂深处纠结着恐惧，就像时刻会担心受到神灵的惩罚，遭受拉奥孔一家人的悲惨命运那样；但是在另一方面，人们却又隐然满怀着美好的期待，感觉命运之神恐怕并非如此残酷，而很可能有着另外的一面，或许会温柔地对待自己，如同《命运三女神》这一雕塑作品所显示的那样（见图 8-5）。

根据古希腊神话传说，命运三女神是众神之王宙斯和正义女神忒弥斯（Themis）的女儿：长女叫阿特洛波斯（Atropos），次女是拉切西斯（Lachesis），最小的为克洛托（Clotho）。三个女神是以纺线女神的形象出现的：充满爱心的小妹克洛托总是手拿纺锤，放出羊毛线，负责为人们纺织生命之线或给予人们未来的希望；智慧的二姐拉切西斯则掌管着每条生命之线的长度，并让它千变万化，以使每个人的命运都变幻无常、难以测度，从而无法窥探到神灵的秘密；严厉的大姐阿特洛波斯专司死亡，在适当的时刻剪断生命之线，一个生命也即终结。命运三女神掌管天地万物所有生命的始终，不论是凡人还是神灵，都在她们负责的范围之内，即使是她们的父亲众神之王宙斯也不能例外。她们三人被合称为"帕尔卡"（Parcae）。

人的命运由专门的命运之神所掌管，而不是所有神灵都可以随意地支配，这在文化心理学意义上已经意味着人们在暗中通过神话传说的方式，逐步剥夺了其他神灵对自己命运的控制权力。在一般性的原始神话传说中，几乎所有的神灵都是可以掌控凡人生死的，因而人们也不得不恭顺于所有的神灵，并虔诚

图 8-5 《命运三女神》(*Parcae* 或 *The Three Fates*)，古希腊雕刻家菲迪亚斯（Phidias，公元前 480—前 430）于公元前 447—前 438 年主持制作，大理石雕刻，315 厘米 × 148 厘米，原属雅典卫城帕特农神庙（Parthenon Temple）中的群雕之一，现存于英国伦敦大英博物馆

地向祂们敬献牺牲，祈求所有神灵的仁慈来保佑自己。但是，当自己的命运仅仅掌握在命运之神的手里，而其他诸神无权干涉时，那么人们对待诸神的态度就难免大打折扣，可以不必那么恭敬或只能顺从。即使诸神还保留着以其他方式惩罚凡人的权力，可是这毕竟已经不再必定导致人的死亡，从而也意味着诸神的权力或法力不再那么可怕，无法再任意地奴役凡人。于是，这就等于原本铁板一块的神灵世界有了不同等级，不同的神灵在人们心目中有了强弱轻重之分，甚至还有好坏善恶之别，这才使凡人有了一定的胆量，可以区别对待不同的神灵，以至于还敢于怀疑、嘲笑或反抗某些神灵的恶行了。

区别各种不同神灵的特征，或是以多神教的方式进行宗教活动，实际上在原始宗教时期是人们有可能在心理上逐渐缓解或消除神灵控制的一个必要阶段，因为这可以弱化神灵对自己的强制性控制力量。如果有许多形态各异、行为做事风格都截然不同的神灵群体出现在人们的意义世界中，虽然一开始难免会对原始人形成极大的心理压制，使他们战战兢兢地匍匐在地，但是一旦他们熟悉了这些相互之间差异很大的神灵之后，特别是感觉有些神灵较为柔弱或法力有限时，那么他们对待神灵的态度就不会再那么毫不犹豫地恭敬或虔诚了。这在古希腊神话传说中有着很明显的表现，就像我们从这个《命运三女神》雕塑作品中所能感受到的那样。

虽然命运三女神负责一切生命的安排，可是在神话传说中这三姐妹却并不是铁石心肠、毫无人性，只知道严格按照规则予人生死的铁面判官，而是各自有着不同的情感或性格。如小妹克洛托就是心地善良、富于同情心的人，二姐拉切西斯则是心思细腻灵活，喜欢奇思妙想的人，而大姐阿特洛波斯就很冷静理性、公正客观，又很有自己的主见。一个人的命运掌管在这三个不同性格脾气的女神手里，也意味着当某人面临凶险或罹患灾难时，总是很有希望得到至少其中一个女神的同情、宽恕或慈悲，从而化险为夷、转危为安。这是命运之神从一个裂变为三个这一神话隐喻所具有的文化心理学意义，即在一般凡人的心目中，如果自己的命运确定是由神灵所左右或支配，那么三个命运女神相较于一个命运之神来说，无疑大大提高了改变厄运的概率。于是，古希腊的人们在特定情境下，总是根据自己的理解或喜欢，来敬拜和祈求某一个命运女神，希望得到祂的恩惠保佑自己。这在一定意义上也可以说是人们在心底深处欲图摆脱神灵控制的方式之一，那就是命运之神本身也并非铁板一块，而有了多重形态或角色，给予人们一个依据自身状况进行选择的机会。

这些意义还不是这个雕塑作品最为引人注目的地方。当人们乍一看到这座大理石雕塑时，都难免会很吃惊地发现命运女神居然会是如此柔美可爱的女性。三个女神的头部已经遗失了，因为古希腊大理石雕塑的头部一般都是分别制作，最后再拼装在一起的，所以很容易丢失。不过我们从这三个女神的完美体态上，不难想象祂们的头像大概与古希腊神话中的爱神和美神阿芙洛狄忒（Aphrodite）相似，不然怎么能配得上这样美妙的躯体呢？虽然祂们都穿着希腊式的宽大长袍，可是轻薄松软的长袍却衬托出身形的玲珑曲线，令人不能不赞叹雕塑者的鬼斧神工。这三个女神的姿态娴静、安逸温和而且妩媚动人，又富于健康的气息和生命的活力，以至于每一个观者都会十分自然地感觉到，祂们一定会很温柔地对待每一个生命，而绝不会无故地残忍或刻薄。这无疑正是人们对自己命运的美好希望，以此缓解或消除对不可确定命运的恐惧或焦虑心理。如果自己的命运是由这样三位温柔美丽又多情的女神负责，那么谁还会在意神灵对自己命运的控制呢？谁还会纠结于神灵与凡人之间的紧张关系呢？柔和的女神舒缓了人们绷紧的神经，同时也在逐渐消解神灵对凡人所具有的权威或控制力量。其实在《荷马史诗》中希腊英雄们与雅典娜女神之间的关系，也能够体现出这样的观念。

在原始时代，有些人或有些社会都会逐渐习惯于神灵对凡人的统治，因而他们也很难摆脱君主们的意义控制，就像在两河流域或尼罗河流域社会中那样。但是有些人要极力逃脱君主的意义控制，也往往同时会倾向于摆脱神灵或祭司们的意义控制。这两种意义控制会造成几乎完全一样的心理结构。而这种心理结构反映在社会生活中，就是形成那种附属型或等级制的社会结构，从而使生活于其中的人们无论如何都难以从中解脱出来，获得身体和心灵两方面的解放或自由。在古代社会中，这种解放感或自由感只有在同时能够从这两种束缚下挣扎而出的人，才有可能真正地感受到。下面这幅雕塑作品《萨莫色雷斯岛的胜利女神》（见图8-6）就很好地表现了人们的这种感受。

在原始时代，人们表达胜利的喜悦有许多种方式，除了歌舞、饮宴或狂欢之外，还会举行祭祀或凯旋仪式等活动，而制作大型纪念品（物）也是很常见的方式，例如金属制品、石碑石刻、大型雕塑或各种建筑物等。就目前我们所看到的考古文物而言，早期的这些纪念物大多以感谢神灵或展示君主权威为主，或者简单地表现胜利者英勇顽强的气概。《萨莫色雷斯岛的胜利女神》也是一件为纪念战争胜利而制作的大型雕塑艺术作品，却包含了另一层不同的意思，即整个身心似乎都得到了解放而舒展起来的感觉，而这种感觉又是只有在已经尝到过自由的甘甜，清晰地知道一定要尽力挣脱受奴役状态的心理背景下才有可能产生的。而这种意识在那些附属或等级制的社会文化生态环境中恐怕是难以出现的，因为那里的人们数代受制于君主或祭司的控制，大概无法体会出获得自由和全身心得到顺畅的感受究竟是怎么样的，也可能完全不能理解这种"身心舒畅"的说法究竟是什么意思。

这个雕塑作品中的胜利女神是以迎风展翅的女性身姿表现的。这与其说是在渲染对敌人的胜利，不如说是在抒发自己的情怀；与其说它聚焦的是战争，不如说它关注的是生活；与其说它是在感谢神灵的庇佑，不如说是在体现人性自身的力量。这样的战争和胜利意识，

图8-6 《萨莫色雷斯岛的胜利女神》（*The Winged Victory of Samothrace*），制作于约公元前 200 年，作者不详，大理石雕刻，高度 328 厘米，1863 年发现于萨莫色雷斯岛（Samothrace），现保存于法国巴黎卢浮宫

不是为了巩固君主的统治或展示神灵的威力，也不是为了获取奴隶、夺得财物或扩大领地，更不是为了出于仇恨、满足欲望或发泄暴力，而是为了避免丧失自由、再度遭受奴役的命运，避免受到暴力控制而使自己的整个身心无法得到顺畅的发展，以至于自己弱小的生命不能得到健康的成长。就原始时代而言，这样的目的或追求，这样的观念或行为，这样的灵魂或人格，这样的艺术风格或意义氛围，可以说都只能是在那些逃亡者或逃亡者社会中，才有可能出现的一种特殊历史现象，即由于特定的历史情境条件而形成的特殊社会文化生态环境，以及在这种特定的文化氛围中，所产生的特殊艺术作品。这种类型艺术在其他社会中绝非常见，例如在两河流域或尼罗河流域社会生活中就很难找到有

着类似风格的作品。很明显，那些制作出《拉马苏》或《控制狮子的英雄》的主人或作者未必能够体会出《萨莫色雷斯岛的胜利女神》中那种令人全身心都感觉格外爽朗明媚的意义氛围。

从公元前4世纪开始，希腊人就已经不再享有自由和自治的机会了，因为希腊北部的马其顿人占领了整个希腊，成为希腊的统治者。那时的很多希腊人逐渐丧失了对自由、民主或法治的信心，因为他们较弱的自我管理能力尚不足以应付当时恶劣的周边环境带来的各种危机，而希腊人刚刚舒展开来的身心也一时还不愿意收敛回来，以至于他们在各种利益的追逐中失去了当初雅典城邦那样的自信和力量。而马其顿王亚历山大大帝也丝毫不想分享雅典城邦的自由和自主的理念，甚至即位之后就不惜血洗雅典的邻邦底比斯城，几乎将底比斯人屠杀尽净（公元前335）。他一心羡慕波斯帝王曾经达到过的辉煌荣耀，竭尽全力征战亚洲和非洲，以超过波斯王冈比西斯和大流士为自豪，甚至还自比于古希腊神话传说中大力神赫拉克勒斯（Hercules）或酒神狄奥尼索斯（Dionysus）在世界各地所创造的传奇事业，以他们为自己的榜样和追求目标，"亚历山大雄心勃勃，绝不会满足于已占有的一切。即便是在亚洲之外加上欧洲，把不列颠诸岛也并入欧洲，他还是不会满足。他永远要把目光投向远方，寻找那些他还未见过的东西"[1]。这表明亚历山大虽然是一个杰出的军事统帅，但是其心智状态却还与波斯帝王一般，都局限于原始时代的意义追求，成为意义控制之下意义扭曲的牺牲品。例如他在几次演讲中都不过是将战胜对手、扩大国土或夺取财富作为人生宏伟事业的具体内容[2]。

亚历山大已经不再像以前的希腊人抵抗波斯人的入侵那样，是为了自由而

---

[1] [古希腊] 阿里安:《亚历山大远征记》，李活译，商务印书馆1979年版，卷七第一节，第255页。

[2] [古希腊] 阿里安:《亚历山大远征记》，李活译，商务印书馆1979年版，卷五第二十五节和第二十六节、卷七第九节和第十节。

战，为了避免遭受波斯人的奴役而不得不拿起武器捍卫自己的独立地位。亚历山大以为跟随他的那些将军和战士也都与他有着共同的想法，"他认为，为了在创造伟大业绩方面跟狄俄尼索斯比个高低，马其顿人也不会拒绝跟随他多忍受些劳累"。但是他错了。这些军人毕竟受过古希腊文化的影响，其祖先同样也是来自两河流域或尼罗河流域的逃亡者，因此虽然他们确实会被财富或荣耀诱惑于一时，却是不会真心实意地完全献身这种龌龊的"伟大事业"。当他们征服了印度而亚历山大还想继续进行征服更多的国家和民族时，这些军人拒绝前进，无论亚历山大如何威逼利诱，或劝说得多么动听，也无论他承诺将给予他们多么大的财富、权势或荣耀，都丝毫不能促发他们的激情。阿里安描述说，这些军人在亚历山大的巧言鼓动之后，"长时间地沉寂，没有一个人敢于当场发言反对国王，但是也不愿表示同意"。最后还是一个深受亚历山大信任的将军科那斯（Coenus）说了一番话，委婉地表示了他们坚决不愿再继续去征服的想法，而"科那斯说完之后，在旁边站着的人当中就有人发出叫好的声音，许多人甚至还流下了眼泪。如果需要什么证据的话，这件事就足以证明他们不愿意再向前推进。如果班师回国，他们一定会欢跃起来"①。

　　从阿里安的刻画中我们可以看到，像亚历山大或波斯国王之类的君主们所取得的战争胜利，恐怕是难以产生在《萨莫色雷斯岛的胜利女神》上所展现出来的那种令所有参与者都感觉身心舒畅的心理状态，那种获得了自由，可以安心生活的情怀，那种以弱者的力量成功抵制君主军事暴力控制企图的激动心情。这也包括后来古罗马帝国的那些独裁者或皇帝们，如恺撒（Gaius Julius Caesar, 公元前 100—前 44）或屋大维（Gaius Octavius Thurinus, 公元前 63—公元 14）所取得的胜利或创造的所谓"辉煌"成就。这构成两种全然不同的意

---

① ［古希腊］阿里安：《亚历山大远征记》，李活译，商务印书馆 1979 年版，卷五第二十七节和第二十八节，第 213—216 页。

义氛围，形成了两种性质完全不同的社会文化生态环境，也因而会产生风格迥异的艺术作品，显示出两种差异巨大的意义空间。另一座古希腊的雕刻作品《尼多斯的阿芙洛狄忒》就更能显示出在不同社会文化生态环境中的意义分歧（见图8–7）。

当地中海沿岸的逃亡者们终于摆脱了祭司或君主们的控制，在星罗棋布的岛屿中安下心来过上平静生活的时候，他们的精神世界却并不平静，其意义空间中还时时发生着神灵与凡人之间几乎永不停歇的大战，就像我们在《拉奥孔和他的儿子们》那里所看到的。面对神灵的摆布，人们不免要奋起抗争。而命运之神最终还是取下了那副生死无常的冷酷面孔，转而向凡人露出了温柔多情的善意笑脸，如雅典卫城的《命运三女神》一般。此时的人们才顿觉轻松，舒缓了长久以来一直绷紧的神经，压抑得几乎令人窒息的沉闷氛围也为之一变，生活似乎也充满了明媚的阳光，心情一下子爽朗舒畅起来。人们仿佛都沉浸在清新的空气中，不由自主地想要在蓝天白云间迎风展翅飞翔一番，就好似《萨莫色雷斯岛的胜利女神》那样。

正是在这样的社会文化氛围中，意义得以流畅地表达和传递，从而才会为人们带来《尼多斯的阿芙洛狄忒》这样的艺术作品。这是身处那种附属型或等级制社会结构中的人们所难以想象的，因为对意义的压制导致意义空间的阻塞或停滞，使得人们整个身心无法形成流畅的关系或状态，以至于在人们的内在天性、意

图8–7 《尼多斯的阿芙洛狄忒》（*Aphrodite of Knidos*），古希腊雕刻家普拉克西特列斯（Praxiteles，生卒年不详，活跃于公元前370—前330）作于公元前350年，大理石雕刻，高度230厘米，图为藏于意大利罗马梵蒂冈博物馆的复制品

识领域与外部的社会文化之间，构成了扭曲的联结。在这样的精神背景之下，人性的自然之美是难以进入人们的审美意识领域的。同时还由于人们缺乏相应的审美能力，因而也不大可能创作出这样的审美对象来。

阿芙洛狄忒（Aphrodite）是古希腊神话传说中的爱神和美神。不过古希腊雅典出色的雕刻家普拉克西特列斯（Praxiteles，生卒年不详，活跃于公元前370—前330）却并没有意图去单纯地描绘一个神灵或神话故事中的情节，他的视野已经从神灵世界几乎完全转移到了凡人的世俗世界之中。他所关注的焦点是女性本身自然的美感，因而他的作品就着重刻画了女性身躯的完美、姿势的典雅和神情的平静，而全然没有掌控人类的神灵所具有的那种威严、神秘或神圣的怪异氛围。

在《尼多斯的阿芙洛狄忒》中，人物的体态如跳动的乐符一般呈现出有韵律的 S 形，弹奏出人体所蕴含的生命能量就像抒情诗一般含义丰富。从此，这一优雅的曲线在艺术史上就被称为"普拉克西特列斯曲线"，成为后世无数艺术作品纷纷效仿的样板，例如现在人所共熟的雕塑作品《米洛斯的维纳斯》（*Venus de Milo*）①（见图 8–8）的经典造型就源于这个《尼多斯的阿芙洛狄忒》。

不过，古希腊人并不仅仅是会欣赏女性的柔美身体（另参见图 8–5 和图 8–6），同时他们也一样十分欣赏男性的健美身体，如刻画太阳神阿波罗（Apollo）、酒神狄奥尼索斯、大力神赫拉克勒斯、众神使者赫尔墨斯（Hermes）或者那些奥林匹克运动会上的运动员（见图 8–3）等男性形象的艺术作品也同样非常丰富，还有像《拉奥孔和他的儿子们》（见图 8–4）那种雕塑也在显示着男性躯体的力量和美感。从中可见健康、自然的身体艺术已经进入古希腊人的审美意识，成为他们特别关注的审美对象。

---

① 《米洛斯的维纳斯》（*Venus de Milo*），也称《米洛斯的阿芙洛狄忒》（*Aphrodite de Milo*）。维纳斯是古罗马神话传说中的爱神和美神，而阿芙洛狄忒是古希腊神话传说中的爱神和美神。

图 8-8 《米洛斯的维纳斯》
(*Venus de Milo*)，古希腊雕刻家阿
历山德罗斯（Alethandros）作于公
元前 150 年前后，大理石雕刻，高
度约 2 米，1820 年发现于希腊米洛
斯岛，现藏于法国巴黎卢浮宫

尽管如此，对人的身体的欣赏还不是古希腊人审美境界中最主要的部分，真正重要的是他们将人的心灵状态与身体形态结合在了一起，品味出这一完整人性的协调之美。因此，这个《尼多斯的阿芙洛狄忒》（见图8-7）就与《米洛斯的维纳斯》（见图8-8）一样，并不仅仅是在于表现女性身体给予人的直观美感，而更关键的还在于它们展示出了人物的性情或人格处在一种完美的意境当中，如阿芙洛狄忒或维纳斯那种淡然平和的表情和优雅温柔的神态，以及浑身洋溢着清新自然和生命活力的青春气息。而这一切又都是那么自然地由内而外地流淌出来，似乎全然源自她的天然本性，而没有丝毫的矫揉造作之感。那么，这一审美境界究竟是怎样从古希腊人的审美意识中浮现出来的呢？他们的审美能力又是如何达到这一程度，以至于能够很好地欣赏在人性中所隐含着的这种微妙意味呢？这就涉及古希腊社会文化生态环境中的意义背景，也是古希腊艺术作品所具有的文化心理学或艺术社会学意义，很值得我们深入探究。

阿芙洛狄忒和维纳斯是古希腊和古罗马神话传说中的爱神和美神，带有明显的地中海逃亡者社会的文化特征，即人们逃脱于两河流域或尼罗河流域社会宗教和政治力量的意义控制，而享受着几乎完全自由自在的生活，因而人的天然本性一直没有受到过多不恰当的抑制，而能够得到较为顺畅的培育，得到健康的成长，进而当这一切被人们直观地感受和发现之后，人的美感就成为人们欣赏的审美对象，而人的价值、尊严或本质等道德或形而上的意义，也由此升华出来，使得人们对待自身的自然天性抱有的不是消极负面的看法，甚至敌意，而是积极正面的态度，甚至由欣赏而陶醉或赞叹。而相比较而言，我们在《吉尔伽美什》史诗或两河流域文化的那些艺术作品中，看到的却几乎是完全相反的一面，都是在对最高神或权力的崇仰中贬低着凡人的价值。

同样是作为爱神和美神，苏美尔神话传说中的女神伊斯妲尔就远没有阿芙洛狄忒或维纳斯在古代地中海社会中那么受人们发自内心的欢迎，更谈不上那么美好的形象了。吉尔伽美什呵斥和谴责伊斯妲尔的那些刺耳言辞一定还在我们耳边不时地回响，久久都难以散去。伊斯妲尔对吉尔伽美什战胜森林怪兽芬巴巴的勇气、力量和潇洒英姿萌生了爱慕之情，因而大胆地向他表白了自己的情意，却遭到吉尔伽美什的断然拒绝和冷嘲热讽，以至于引起伊斯妲尔的恼羞成怒，到天父阿努和天母安图母那里狠狠告了吉尔伽美什一状，祈求袖们对他严惩。于是天父派出天牛下到人间来惩罚吉尔伽美什。而他和恩启都两个人虽然杀死了天牛，却因此又在伊斯妲尔的诅咒下使恩启都丧失了性命，从而也彻底改变了吉尔伽美什的人生，让他始终悲鸣于自己无法掌握自己的生死命运，最终不得不弃家远行以寻求永生的奥秘①。

我们不必纠缠于吉尔伽美什和伊斯妲尔两个人之间的谁是谁非，或者用现代人的爱情观来评判他们的关系，而应该注意到两个人相互之间为什么会充满了那么多的敌意，形成那么难以化解的仇恨？这种男人与女人之间的关系在原始时代的社会生活中恐怕是很不正常的。问题是，这种状况是怎么会出现的呢？《吉尔伽美什》作为一部美索不达米亚平原早期社会中最为著名的史诗，在两河流域一带流传极广，影响深远，因此其中的观念或行为就并不仅仅是某些个别人的特殊情况，而反映的是那个时期社会生活中的一种普遍心理倾向或精神状态。而吉尔伽美什和伊斯妲尔两个人的关系即使比较于恩启都和神妓之间自

---

① 《吉尔伽美什》，赵乐甡译，辽宁人民出版社 2015 年版，见第六块泥板内容第 58—65 页。

然生发的情爱关系，也是很令人诧异的。只是恩启都和神妓两个人还缺乏充分的审美意识和审美能力，因而对待男人或女人就无法达到欣赏或赞叹的审美境界，而只能停留于自然情感的流露而已。所以，上面的问题就变成为：在两河流域的社会生活中，男人与女人相互间的关系为什么没有从恩启都和神妓之间的这种自然状态，发展到我们在古希腊雕塑作品中所见到的那种审美境界，而是走向了像吉尔伽美什和伊斯妲尔两个人之间那种充满负面或敌对情绪的状态呢？

实际上，当我们看到像乌尔城的塔庙（见图7-2）或古巴比伦城的伊斯妲尔门（见图7-3）这样的建筑物，或者像《拉马苏》（见图7-4）和《控制狮子的英雄》（见图7-5）这样的雕刻作品的时候，就已经能够很强烈地感觉到，某种恐惧、焦虑或敌意般的心理状况似乎是普遍地存在于那里的社会生活之中，从其整个社会的精神世界或意义空间中或隐或显地渗透或弥漫出来，而不仅仅是存在于男人与女人之间的关系之中，虽然这一关系是所有社会关系中非常基本和主要的一个领域，其冲突的情形格外引人注目而已。这是颇为耐人寻味的一种历史社会现象，值得人们加以特别的留意和思考。

在《吉尔伽美什》史诗中，吉尔伽美什和伊斯妲尔对待双方之所以持有这类令人吃惊的态度或情绪，毕竟还是有迹可循的。一方面是吉尔伽美什与乌鲁克城所有女人之间的紧张关系，另一方面是吉尔伽美什讽刺和指责伊斯妲尔所使用的主要理由——不忠贞。

按照史诗所说的情况来看，吉尔伽美作为乌鲁克城的君主，似乎对城中所有女人都拥有优先的过夜权，连她们的丈夫也不能跟他争抢，不论是贵族、武士或平民百姓家庭的女子都一样。这不大像是西亚或北非地区在原始时代流行的一种风俗，很可能只是某些君主依靠强权的暴行（或许他们真的希望这种规定确实是源于神灵的赋予，能够像法律一样被人们所接受），因为在史诗中乌鲁克城的人们已经表达了对他这一行径的极大愤慨，连天神也为之发怒，派出恩启都来惩戒吉尔伽美什①，甚至即使是野人一般的恩启都听说这样的情况之后，也"脸色变得青紫"，并因此与吉尔伽美什对打起来②。这是史诗整部故事发生的导火索，也可以说是整个史诗故事的社会性背景。而这个社会性背景正是以当时两河流域社会中男人与女人之间的不和谐关系所构成。这个不和谐又是吉尔伽美什欲图对城中所有女性进行限制或支配所导致的，而他的这一企图正是意义控制的一种形式，即对他人，特别是对性对象的确定性控制，使她们能够完全在自己所掌握之下，而不至于一直处于不确定性的意义领域之中，要花费很多心思去琢磨或不懈地追求，其结果还尚未可知。那种意义的不确定性，正是吉尔伽美什所恐惧或焦虑的对象，就像梦境、同伴、生死、未来或未知的一切不确定性给他造成的心理感受一样。

另一方面的依据是在于吉尔伽美什对伊斯妲尔嘲笑和斥责的理由，主要是说伊斯妲尔毫无忠贞的美德，以前已经有了许多情人，并指名道姓地数落她与那些情人之间不堪的关系，表明她是一个水性杨花的女人，自己不会上她的当。伊斯妲尔作为两河流域神话传说中的爱神和美神，有无数的仰慕者和追求者，就像古希腊的阿芙洛狄忒和古罗马的维纳斯一样，这毫无奇怪，特别是在原始时代人们尚没有后来的那种道德或法律观念时就更是如此。因而吉尔伽美什指责这个爱神和美神不够忠贞，可以说是他在心理上过度偏执的一个表现，即将自己在乌鲁克城对权力的滥用，又同样滥用在了这个爱神和美神的身上。同时，我们也知道，"忠贞"这样的观念，也正是意义控制的一种典型形式，即男人按照自己的要求对女人进行限制或支配的方法，并赋予以道德的名义。这是将女人视为自己的财产或附属物的结果。当一个社会普遍地持有这类观念时，就会形成相应的道德习俗甚至法律规范，对女人进行这样的观念和行

---

① 《吉尔伽美什》，赵乐甡译，辽宁人民出版社 2015 年版，见第一块泥板内容第 15—24 页。
② 《吉尔伽美什》，赵乐甡译，辽宁人民出版社 2015 年版，见第二块泥板内容第 26—35 页。

为要求。因此，我们看到，吉尔伽美什"习惯性"的权力使用和对女人抱有的"习惯性"观念，都是意义控制的典型方式，导致了他对伊斯妲尔的敌意，又使她对自己产生了恶意，并造成这二人之间的仇恨关系。最终这种仇恨关系引起灾难性的后果，改变了吉尔伽美什后半生的人生轨迹，也成就了史诗后半段内容奇特的故事情节。可见，男人与女人之间的不和谐关系再一次成为史诗的社会性背景。这一不和谐关系也与吉尔伽美什和乌鲁克城女性之间的紧张关系一样，都是他力求将对方纳入于自己的意义控制范围之内所造成的结果，也同样都是他对不确定性意义的恐惧或焦虑心理所导致的，或者说是他对确定性意义极力追求的结果。

吉尔伽美什作为乌鲁克城的君主，很可能认为自己的这种控制要求是完全正当的，就像波斯国王冈比西斯和大流士认为整个天下都应该被纳入自己的统治范围一样。但是他们的想法或做法却往往带来自己所意料不到的结果，那就是引起整个社会人们相互之间的紧张关系，甚至是深深的敌意。而这种敌意在弱势的一方来说，表现为一种心理上的防卫，即对欲图控制自己的强制性力量的抵制或反抗。乌鲁克城的女性是这样，伊斯妲尔也同样是这样（尽管她是以女神的名义出现的，实际上代表的却是一个凡人中的普通女性）。当这些女性在心底深处安装上了这种心理防卫装置之后，男人与女人之间的关系就很难协调得平和顺畅了。最终的结果是，吉尔伽美什自己也不可避免地要遭受这种心理防卫装置的伤害，就像史诗中所表现的那样。如果说整个史诗都是在男人和女人之间不和谐关系的背景下展开的，那么也可以说，整部史诗都是在讲述吉尔伽美什如何受到这种不和谐关系的伤害，如何造成了他一生命运的曲折的。同样，我们也看到，处于这种不和谐关系中的女性无疑也是悲剧性的受害者，不用说乌鲁克城中那些普通女性的整个身心都难免深受伤害，即使是作为爱神和美神的女神也在精神上倍感屈辱和挫折（如果神灵只是纯粹精神性的，那么伊斯妲尔也就只会遭受精神上的伤害了）。以至于这个爱神和美神的化身，却无法在两河流域社会的人们心目中展示出美好的形象，而是被迫罩上了严肃沉重的外衣，就像古巴比伦城的伊斯妲尔门（见图7-3）那样，已经无处去寻觅她本来妩媚秀丽的模样了。相比较于古希腊的阿芙洛狄忒，处在全然不同的社会文化生态环境中的爱神和美神，其遭遇是如此的大相径庭，不免令人叹息。

不过即使是《尼多斯的阿芙洛狄忒》也还不能表明女性在古希腊时代就获得了完全自由的独立地位，因为像雅典城邦这样实行民主制的地方，女性并没有公民权，仍然还只能是男人的附属。这就像古希腊同时也还存在大量的奴隶一样，都是那个时代从古延续下来的社会习俗，或受到两河流域和尼罗河流域社会习俗的影响。这在地中海沿岸的各个城邦中都是如此。这种情况的改变一方面需要很长时期的演化，另一方面还需要其他许多社会情境因素的配合，例如逃亡者社会所能提供的文化生态环境就是很重要的影响因素。而当社会文化生态环境还没有得到根本性的改变时，或新的环境还没有得到很好的建立时，要改变这一状况就十分困难。

女性或奴隶的附属地位同样也是原始人所形成的意义控制中的一种形式，一方面是将战争中的俘虏视为自己所有的财产，另一方面是将部族社群中的弱者视为自己的附属。这种情况很可能是在克罗马农人时期就已经开始逐渐出现了，因为正是那个时候人们的意识活动变得十分活跃，因而他们对不确定的意义对象或领域就会感觉格外恐惧或焦虑，而对确定性意义的依赖或追求就会格外迫切，就像我们在前面所分析的那样。于是这就难免会在人们相互之间形成附属型或等级制的关系，也就是各种不平等的社会关系和社会层级结构。当这种不平等的社会性关系过于严重时，即形成了强势者对弱势者的控制、支配或奴役时，就会导致弱势者的抵制和反抗，而失败者有机会的话就会选择逃亡。虽然逃亡无疑会冒很大的生命风险，但是也毕竟有相当的概率能够获得自由的生存，而这恐怕总是要比屈服于强势者，扭曲自己以苟且偷生要好很多，因为那就意味着随时被虐待或杀戮的命运。

在逃亡过程中，那些身体强健的成年男子相比于其他人来说，自然是占有很大优势的，而像女人、儿童或老人等则大都是需要他人来照顾的对象。因此在这种情况下在他们之间形成某种不平等的相互关系，也是很常见的事情。另外，这些原始人的观念意识还远没有发达到具备抽象的全民平等或自由的程度。那些身体强健的成年男子对来自社会的强制性力量的控制、支配或奴役凭其本能也无法忍受，因而他们自然是会加以抵制、反抗或逃亡。但是，这并不表明他们在五六千年以前就已经具备了抽象的平等或自由观念，即使是到了三千年前的迈锡尼时期，恐怕他们仍然还没有如此发达的主体意识程度。例如这在《荷马史诗》中那些希腊英雄的身上是可以略窥一斑的。他们大多只是凭借着自然的豪气潇洒于世而已，能够不去过度地控制、支配或奴役他人就算很不错了。但是从他们对待特洛伊城失败者的态度和方式上，还没有看到他们能够有意识地去这么做。只有到了两千五百年前的古希腊时期，人们才算是刚刚开始产生出这些抽象的公民意识，有了追求平等和自由的观念。但这些观念也只是被应用在这些成年男性之间，还没有被普遍地应用于社会生活中的所有方面。当然，这毕竟也已经是社会文化生态环境上的一个进步了，而要想继续进步，则还需要更多的社会情境条件的改变。

这种观念上的转换在古希腊时期是较为明显的。从《尼多斯的阿芙洛狄忒》（见图8-7）上面，我们就能够强烈地感受到这一点，那就是男性与女性之间的关系已经完全不再那么紧张了，更难得有那种难以消除的敌意或嫉恨情绪遗留，转而为相互的欣赏和赞叹，甚至陶醉于相互间迷人的魅力了。这说明在这样的社会文化生态环境中，虽然女人仍然还是依附于成年男子，在生活、社会习俗或城邦法律上而言均是如此，但是由于男性在观念上的变化，已经不再是对女性单纯采取传统意义上的那种控制、支配或奴役的态度或行为了，而开始逐渐意识到女人也有着与男人一样的灵魂、人格或尊严等这些抽象形式的意义特征，因此慢慢地能够对女性有所关注并尊重了。在这种背景下，女性原本对男性的心理防卫装置也渐渐地在一定程度上被瓦解，从而又逐渐导致女性本身精神内涵的改变。换句话说，在古希腊时期的男性与女性之间，类似于两河流域或尼罗河流域社会生活中的那种坚冰，慢慢地被融化了。当然，这并不是说古希腊时期在整个地中海区域的人们都已经在人际伦理意识上转变过来了，而不过是说其中有些人（特别是像雅典这样的城邦中），在某些时候（如伯利克里时期的古希腊），已经具备了似乎全然不同的男女观念。

两性之间敌意的缓解或消除，使双方之间的社会性关系变得渐渐协调起来。更重要的是，这种协调的相互关系带来了对双方意义空间都十分有益的氛围，使双方都得到了意义的丰富或扩展。这也就是说，男性与女性在相互关系的协调状态中，心灵世界或精神内涵都不断被充实和提升，让双方的意义表达或传递都流畅起来，让双方的心灵能力都得到增强，让双方的生命成长都变得更加健康，让双方的人格都得到了逐步完善。而所有这一切，在《尼多斯的阿芙洛狄忒》或《米洛斯的维纳斯》身上都能够得到几乎是直观的印证。在《掷铁饼者》、《拉奥孔和他的儿子们》、《命运三女神》或《萨莫色雷斯的胜利女神》等艺术作品上面，人们也同样可以鲜明地感受到这些古希腊人内心世界的丰富或充实，那种自信和平静，那种生命的流畅感，都已经远不是那些附属型或等级制社会结构中的人所能相比的了。

在古希腊社会中，两性之间社会关系所出现的变化还只是众多社会关系变化中的一个局部而已，更多更广泛的人际关系也都有了相应的改善，仿佛大地回春、万物复苏一般。人与人之间的各种社会性关系都不再呈现出紧张或压抑的状态，就像两河流域或尼罗河流域社会中的那样。只是各种不同的群体或个人有着不同的社会背景，经历着各种不同情境因素的影响，因而在主体意识、主体地位或主体能力等方面的培养或提高也都有着不同程度的变化，使他们的心灵努力或心灵能力也出现参差不齐的状况。这意味着他们在意义空间丰富或扩展的程度上也有着千差万别的特征。不过，存在这些差异本身是很自然的事情，因为每个人的境况不同，自身条件、秉性或经历等因素不同，都会造成每个人形成丰富多彩的独有特征或迥然不同的个体风格。重要的是，形态多样化的人们只要能够逐步摆脱各种社会性强制力量的控制、支配或奴役，如祭司或君主等的掌控，就有可能造就出一个适宜自己生存的社会文化生态环境，并能够主动或自觉地选择良好的观念或行为，按照恰当的方式生活。

从理论上设想一个好的社会状况可能并不难，每个人都可以尽力发挥出自己的想象，困难的是要在现实社会生活中真正能够进入这样一个良性发展的社会轨道。古希腊的逃亡者虽然摆脱了两河流域或尼罗河流域社会中祭司或君主的控制、支配和奴役，来到地中海沿岸过上了自主式松散、自由、任性的生活，但是他们实际上还并未能够完全消除各种形式的意义控制。事实上在原始时代的社会情境条件下，他们也不大可能彻底做到这点。还有很多类型的意义控制是他们的心灵能力尚无法意识到的，更谈不上消除了。特别是某些观念上的束缚，由于缺乏直观经验性，具有相当隐蔽的特性，其控制或支配人们的状况还完全没有进入古希腊人的心灵视野之内。而他们的心灵能力是需要在长期的历史演化过程中逐步得到提高的。可惜在公元前 4 世纪马其顿的腓力二世和其子亚历山大凭借强大的军事力量统治希腊之后，这一过程就被打断了，使古希腊人自此被笼罩在政治或军事暴力之下，随后又不得不转身投入上帝的怀抱，以坚定的宗教信仰来抵制君主的权力。直到一千七八百年以后，从 16 世纪的文艺复兴时期开始，欧洲的人们才又有了可能重新有意识地把握自己的生活。而此时的古希腊社会文化，却早已经成了历史的陈迹，湮没于满目疮痍的硝烟尘土之中，难见天日。只是当人们的主体意识得到苏醒之后，能够再一次做出自己的心灵努力，希望重建自己所选择的社会结构和社会生活时，才又惊喜地发现了古希腊文化的价值和意义。

第四部分　意义结构与人格完善

天主训示以下这一切话说：

"我是上主，你的天主，

是我领你出了埃及、奴隶之所。

除我之外，你不可有别的神。

不可为你制造任何仿佛天上或地下，

或水中之物的雕像。

不可叩拜这些像，也不可敬奉，

因为我，上主，你的天主是忌邪的天主；

凡恼恨我的，我要追讨他们的罪，

从父亲直到儿子，

甚至三代四代的子孙。

凡爱慕我或遵守我诫命的，

我要对他们施仁慈，

直到他们的千代子孙。

不可妄呼上主你天主的名；

因为凡妄呼他名的人，

上主决不让他们免受惩罚。"

——《圣经·旧约·出谷纪》，第二十章"颁布十诫"

| 第九章 |

意义结构的现实化形态

从五六千年前开始，两河流域或尼罗河流域的原始部族群体逐渐形成了附属型或等级制的社会结构。那些祭司或君主以原始宗教观念或军事暴力手段对普通的民众实行意义控制、支配或奴役，如在政治、经济、军事、法律、宗教、建筑、道德、文学艺术或各种习俗传统等社会生活的各个方面都有程度不同、形态各异的表现，导致许多原始民众不得不选择抵制、反抗或逃亡。他们之所以无法适应这些意义控制，当然涉及许多复杂的社会情境状况，不过大体而言主要有两个方面的因素很可能有着最为显著的影响：一方面是他们的原始生命禀性或原始人格特性都还从来没有接触过任何观念或行为的规范，就像尚未被驯化的动物一样，野性难改；另一方面是在原始状态下的意义控制形式也还都处于十分简单粗暴的程度，生硬得往往令人难以忍受。例如，在一个原始社群中，如果祭司或君主对食物或任何好的东西（像土地、牛羊、工具、用品、房屋、金银珠宝或各种战利品之类）都有优先占有权的话，那么其他人是难免会愤愤不平的；又或者祭司或君主对该社群中的所有女子拥有优先过夜权的话，那么其他的成年男子就自然会产生强烈的反感情绪。这些意义冲突造成人们意义恐惧或意义依赖的心理倾向逐渐变得越来越严重，以至于引起程度不等的意义扭曲，对人们的观念或行为都产生了巨大的影响，从而也妨碍了人们的人格形成，使得人们的生命成长难以健康或顺畅。

从两河流域或尼罗河流域社会中逃离出来的绝大部分人无疑是那些社会中的底层民众，如奴隶、农民、囚犯或流浪汉等。他们是不大可能有什么文化背景的，因为那时的文化都掌握在祭司或君主贵族手里，就像两河流域的楔形文字或尼罗河流域的象形文字就不是一般人能够理解和使用的。同时，原始社会生活中的文化或知识也意味着意义控制的工具和手段，成为宗教或政治权力的基础以及应用的方法，因此祭司或君主贵族就更要紧紧地加以垄断，而无论如何都不愿意让普通民众掌握。因为这些文字源于原始宗教中的神秘符号，是凡人与神灵之间进行沟通的渠道，是从算卦占卜中整理提炼出来的结果，既涉及巫术或巫师的秘密，也涉及神灵的秘密，因此也意味着整个世界所有未知领域的秘密（确定性意义），特别是各种超自然的神奇领域，如梦境、生死、灵魂、未来、神灵或魔鬼世界等。这些神秘之境在意义上的不确定状态，几乎始终困扰着所有的原始人，令人心神不宁，充满恐惧或焦虑。因而谁掌握了这些神秘的文化知识，也就意味着他很可能具有了神奇的法力或权力，可以控制所有的人和所有的资源（自然资源和社会资源）了。像印度河和恒河流域的梵文或黄河领域的甲骨文，也都有着相似的社会性起源过程。

虽然这些逃亡者自己没有资格或能力掌握这些文化知识，但他们无疑还是会受到这些文化观念或传统习俗的深深影响，因而他们的心理习惯、观念意识或行为倾向等方面都保留了许多原有社会生活中的痕迹，而且毕竟他们还缺乏一定的心灵能力去有意识地破除这些文化观念或传统习俗对他们心灵空间的束缚。他们与原有社会中其他人的不同之处只是在于，他们会在日常社会生活中本能地抵制或反抗祭司或君主们对他们进行的控制、支配或奴役，难以接受这种受束缚的生存状态，因为这些控制方式大多涉及人的基本生存问题，都有着直观的可经验性，如在身体上受到不公正的虐待或暴力等。但是对祭司或君主

给他们施加的那些观念或心灵上的束缚，他们尽管会产生一定的反感，却一时
难以应对，而只能被迫接受。

因此，在那些逃亡者所组成的早期社会中，社会生活的许多方面还保持着
与两河流域或尼罗河流域社会结构较为相似的一些特征，如政治、经济、军
事、法律、宗教、建筑、道德、文学艺术或各种习俗传统等方面，都包含很多
附属型或等级制社会的痕迹，像许多城邦也有国王和贵族，也保留了奴隶制
度，女人没有公民权，有各种宗教活动，喜欢以暴力解决争端，还包括关于财
产或婚姻等方面的法律规定等。不过，这些习俗传统中有很多已经与原有社会
的情况有了很大的差异，如那些祭司或国王贵族没有那么浓厚的控制意识，也
缺乏那么强大的控制力量，在人际关系方面相比于原有社会也要松散得多。因
为毕竟所有人都是逃亡出来的人，已经不习惯也不愿意再度受到严厉的控制、
支配或奴役了。同时，地中海沿岸的地理环境也使人们很容易脱离自己所不喜
欢的城邦或居住地，而去自由选择自己所喜欢的城邦或居住地。这都让控制
型、层级化的社会结构很难发展到相当的程度，形成稳定的附属型社会关系或
等级制的社会结构，而总是处于某种较松散的社会状态。

导致逃亡者社会逐渐演化出与两河流域或尼罗河流域社会结构截然不同的
特征，例如像雅典城邦那样的民主制社会，更重要的原因还在于这些逃亡者慢
慢地创造出了自己独特的文化世界，形成了具有特殊形态的逃亡者社会或逃亡
者式的意义空间。而他们之所以能够做到这一点，是与他们在逃亡过程或逃亡
生活中所采取的特殊活动方式分不开的，即我们前面所分析的那种自由的物品
交换活动就对他们造成了特殊影响。这种在特定历史情境条件下产生的人际交
往类型对参与其中的人意义重大，培养了他们与等级制或附属型社会结构中的
人十分不同的人格特征，如具有了一定的主体意识、主体地位或主体能力等。
这种社会现象是在那些附属型或等级制的社会结构中难以出现的，因为那里的
人始终处于控制与受控制的关系之中，既不能获得主体地位，也无法形成主体

意识，更是没有机会锻炼和提高主体能力。

而在地中海沿岸的逃亡生活中，由于偶然的机遇，人们从以往社会生活的控制关系中解脱出来，然后出于生存的压力，不得不对自己和家人担负起责任来，努力争取各种可能的条件以改善自己的生存状况。这就无意中使他们具有了主体意识和主体地位，并在生存活动中逐渐强化了主体意识和主体地位，且锻炼和提高了主体能力。在他们的生存行为中，最为重要的就是与他人之间进行的自由物品交换活动。而这需要他们首先能够尝试主动地与陌生的他人之间形成良好的关系，才有可能发生；其次需要他们拥有一定的财产用来交换；最后需要有一定的心灵能力才能将这一活动顺利地持续下去。这即形成一种社会文化生态环境，以培养人的主体意识、主体地位或主体能力。如果一个社会缺乏这样的文化氛围，那么这一切恐怕是很难出现的。至少我们在世界其他地区的社会文化中，还不容易见到类似的情况。

尽管如此，像雅典城邦式的逃亡者社会仍然只是世界历史中一个非常偶然的现象，且它的较成熟状态仅仅存在了很短的时期，也就三百年至五百年，即在公元前 5 世纪伯利克里时代之前的一段时间。随后希腊地区就在公元前 4 世纪被马其顿的军事暴力所吞没，接着又从公元前 1 世纪开始被古罗马帝国和奥斯曼帝国（Ottoman Empire, 1299—1922）的军事暴力继续压制了近两千年的时间，几乎再也难现往日平和的生活气息或文化繁荣。只不过在宗教教会或君主们的肆虐下，人们并没有完全丧失桀骜不驯的奔放精神，在抵制或反抗失败之余仍然选择了继续逃亡之路，向着更西或更北的地域去寻找自由的乐园。同时希腊文化也随之向西和向北扩散，逐渐融合于其他的文化，并在文艺复兴之后被西方和北方的日耳曼民族所接受和发扬，演化出西方现代社会和现代文化。

不过本书目的不在于研究两河流域或古希腊地区的社会文化本身发生或发展的状况，而是考察在其中人们的人格发展或道德实践状况，即意义空间的形态特征对人的生存处境的影响，探究人们在各种不同意义空间所构成的社会文化生态环境中，人格是否能够顺利地完善，生命是否能够成长得健康；或者，如果人们的人格难以形成或完善，生命的成长受到阻碍或伤害的话，又是哪些内在或历史的社会性因素造成的，以及如何缓解或消除这些消极而有害的社会性因素、力量或结构。

从地中海沿岸所形成的社会状况与两河流域或尼罗河流域的社会状况之间的历史关联，以及它们两者的相互比较之中，我们了解到这样的社会现象，即那种附属型或等级制的社会结构是很不利于人们的生命成长的。这表现在其中的人们由于受到意义控制，即各种社会性的支配或奴役，从而无法获得主体意识、主体地位或主体能力，导致人格难以完善，也就是不能进行正当的道德实践，甚至基本的生存或生命都始终处于威胁之中。这才导致了人们的逃亡，形成了独特的逃亡者社会，同时也给予了人们一个难得的历史机遇，可以尝试着独立自主地把握自己的社会生活，并创造出一个有益于生命成长或人格健康的社会文化生态环境。这个偶然出现的历史机遇虽然短暂，却弥足珍贵。

但独立人格的形成和完善并不是在建立了逃亡者社会之后，就算大功告成了，而仍然还有着相当长期而艰难的过程在等待着人们继续努力。因为在原始宗教的祭司或传统君主力量的意义控制之后，还会不断产生各种非直观性的意义控制，即那种并非能够很轻易地直接经验到的心灵束缚。这些隐形的意义控制对于古希腊人而言，或者对于世界各地任何一两千年前的人们来说，恐怕都是难以抵御的，甚至都不容易意识到，因为这不同于身体上所受到的束缚那么清晰可见或难以忍受。人们反而可能会在某些历史情境条件下，主动、积极或愉快地接受这种隐形的心灵束缚，并或快或慢地习惯于心灵的这种受控制状态，无法解脱出来，在不知不觉中使自己的意义空间趋向于贫乏或停滞，阻碍了自己的生命成长和人格完善，也使自己几乎是冒着生命危险换来的一点主体意识、主体地位或主体能力重新又面临丧失的可能。这是在一两千年前世界各地的社会生活中较为常见的情况，其影响甚至延续至今。

意义控制源于人们意义空间的特性所导致的心理影响。由于意义空间本质上具有无限可能性，呈现出开放的和独特的创造性特征，人们在心理上也会有相应的反应，而这却是早期人类还一下子难以适应的，因而造成人们在观念或行为上采取了某些不恰当的应对方式，从而给自己带来了许多困扰或灾难。这种心理影响有两个方面，一方面是意义确定性所产生的结果令人获益良多，另一方面是意义不确定性又往往令人惊慌失措、无所适从。这两方面共同的持续作用，导致特定心理状况或心理结构的出现。

人们对意义确定性的依赖和追求倾向，与对意义不确定性的恐惧或焦虑感，几乎每一个人都能够很自然地感受到。特别是对原始人而言，这些感觉就更为强烈。例如，一方面，在有了一定的意义筹划或意义确定能力之后，原始人可以制作各种工具、建设居住地、耕种植物、驯养动物、建立各种协作关系、发现事物间的联系、发明语言文字、欣赏或审美各种对象等等。但是在同时，他们很难会意识到意义控制所带来的各种社会性问题。另一方面，原始人又难以理解梦境、生死、未来、鬼神、自我、他人、社会或自然界等各种未知领域的神秘性或奇妙性，对那些领域中自己想象出来的森严恐怖情景心生畏惧。可是他们不了解，正是这些不确定的意义才是那些确定意义的背景或基础，使那些意义内容的确定得以可能，并使人们的意义创造行为得以可能。因而在能够这样理解之前，他们的心理阴影很容易被不断强化。

意义联结方式的特性给原始人带来的强烈感受总是紧紧地攫住他们的灵魂，既会令他们兴奋莫名，也会让他们心神难安。这两方面的影响无疑会促使人们对意义确定性的心理偏向或喜好，而对某些未知领域采取敬畏或拒斥的态度。而这两种心理倾向在原始时代又导致人们产生很强的意义依赖或意义控制的欲望，即对意义权威的心理依赖或对意义对象的心理控制，即依赖于具有确定意义的强势一方而控制相对弱势的一方，以避免造成自己的意义焦虑。这也是当人们相互之间出现意义冲突之时，习惯采取的解决办法。这很可能既是原始宗教信仰或祭司文化产生的心理根源，又是附属型或等级制社会结构出现的心理根源，还是原始社会中君主政治权力或奴隶主的人身权力对他人进行控制、支配或奴役的心理根源。这些心理根源深深影响了原始人的观念和行为，使他们趋向于选择某种生存方式，从而形成了各种社会性行为或社会性现象，如那些政治、经济、军事、法律、宗教、教育、科学、哲学、道德习俗、文学艺术或生活传统等。这种祭司文化是那些附属型或等级制传统社会结构通常具有的一般性特征，是在亚洲或非洲的绝大多数古代社会生活中极为明显的共性表现。

在原始状态下，人们的意义控制倾向是极不平衡的。有些人有着很强的控制欲望，并能从中获得极大的心理满足，而有些人则似乎还完全没有产生这种控制欲望，或者这种欲望极低。这是因为每个人的禀性以及在社会生活中的际遇有着各种程度不同的差异，甚至相互间还可能存在天壤之别。在这种情况下，意义权威很容易出现，如那些酋长、君主、巫师或祭司之类的人。他们还会树立某种图腾偶像或神灵鬼怪之类的东西作为意义权威的象征物，让大家对之顶礼膜拜。此时的意义权威往往是外在的，是可以进行经验直观的，如那些现实中的人或那些现实的崇拜物。即使人们见不到具体的形象，也会通过梦境或想象给予这些意义权威以经验性的直观特征。所以，这种情况下的宗教祭祀活动也是对某种外在对象的崇拜，而不是对内在对象的崇拜，如贡献牺牲或举行祭祀仪式等就是很典型的一些方式。

同样，对酋长或君主的屈服顺从也是针对某个外在对象的，像个别人的暴力、地位或威势等强势力量，都是用某些具体的方式或物品衬托出的结果，而不是纯粹抽象的观念性意义权威。这两种类型在《圣经》的《旧约》中就体现得很明显，不像在《新约》中更多地结合了人的内在精神。不用说《旧约》中所提到的古埃及、古巴比伦或古代亚述帝国的那些法老或君主都以具体的方式来展示自己的权威，即使是"上帝"这一对象，也很明确地要以各种具体直观的偶像显现给崇拜者才行，如天空中的声音、山顶上的火光或天上的霹雳闪电等，甚至还会以那些作为牺牲的牛羊在瞬间被化为一缕青烟之类的方式来表现。否则，这些崇拜或屈服对象就很难维持对那些崇拜者或屈服者始终具有不可抗拒的至上权威或最高的真理性。

不过由于在原始阶段社会性力量的意义控制能力还远不够成熟，呈现出十分生硬粗糙的状态，同时原始人也保留着较浓厚的原始本性，习惯于自由自在的生活，而不容易简单地接受意义控制型的社会关系，因此在一个很长的时期内，人际之间的意义控制和被控制关系总是处于胶着的参差状态，意义控制与反控制的观念和行为也始终在交战，而社会生活也就一直充斥着较为混乱的相互争斗现象。特别是在两三千年前的时期，人们的这种意义控制欲望可以说达到了有史以来的一次高潮，因而人们的相互争战也同样达到了一个相对高潮，形成了那一时期亚洲、非洲或欧洲极为鲜明的社会整体特征，如两河流域、尼罗河流域、印度河与恒河流域，或黄河与长江流域等社会在那段时期几乎都是如此。虽然从另一个角度也可以说，这个时期也是人们的意义空间自原始状态以来出现的一次最为明显的丰富和扩展阶段，因而导致人们对不确定性意义的恐惧或焦虑也达到了一个相对高点，同时对确定性意义的极端追求情绪也随之高涨。当然，这中间还有着许多社会情境条件因素的各种影响，是一个很复杂的多因子交织而成的社会现象，并不能简单地归结为单一原因所造成的结果。但是意义依赖或意义恐惧所形成的意义控制，以及在这背后隐含着的心灵空间中意义的复合结构，则很可能构成了最为重要的心理根源，也是人格结构出现困境的可能根源。

在人类的社会生活中，人们的意义控制与反控制的交战具体是从什么时候开始的，当然已经无从考证。而且这在不同的社会文明中也呈现出很不相同的历史状况，不能一概而论。同时这种社会现象也不可能是一个具体的事件，而应该是一个长期演化的历史过程，因而无法简单地从时间上划定明确的界限。我们只能从目前有限的考古证据或历史文献中看出在五六千年前的时期，这种意义控制与反控制的交战引起了较为明显的社会性变化，在亚非欧三洲连接的这片广大区域留下了许多文化遗迹。

不过，就个别的社会文明发展而论，附属型或等级制的社会结构其实在更早的时期，如七八千年前的时候，就在许多地方出现了萌芽，如在原始宗教意识和行为方面就有这种情况。这无疑是一两千年之后的高潮来临前的酝酿阶段，只是由于这种现象还没有形成较为普遍的社会影响，也似乎还没有产生较明显的社会性意义控制现象，如政治、经济、法律或文化意识等方面的社会行为，甚至连社会本身还只是处于雏形阶段，大多数人以原始部族的方式生存，同时，这一时期的社会文化也缺乏充分的考古证据，因而我们这里没有专门去进行探讨，而是将分析的重点放在了对其后文化发展达到一定高潮时期的研究上。这种叙述上的忽略并不表示我们否定更早时期社会现象具有着相当的重要意义，而不过是出于行文上的必要考虑而已。

到了两三千年前的时期，人们事实上已经有了很丰富的意义控制与反控制的经验，毕竟都经历了数千年的交织缠斗过程。因此，在许多社会文化习俗或传统观念中，相应的历史痕迹都可以得到较充分的反映，就像在《吉尔伽美什》、《圣经》、《奥义书》或《荷马史诗》之类的原始典籍，或者像那些考古遗址或石刻雕像之类的历史文物中，我们都可以多多少少地感受到一些。这种历史经验对原始人也同样有着很重要的影响，那就是他们会对那些外在的意义权威逐渐地丧失信心，如那些图腾偶像、巫师祭司或君主贵族等就很容易在一般人心目中失去意义的权威性，从而也使人们对他们的崇拜或意义依赖渐渐淡化或消失。在这种情况下，人们会有意识或无意识地去寻求具有更高确定性的意义对象，来取代原有的意义权威。当然，随着人们意义空间的丰富和扩展，寻求更高或更具确定性的意义权威，也是很自然就会出现在几乎所有人意义空间中的一种普遍性社会现象。

就社会历史发展的具体现实状况而言，我们可以看到这种精神追求有两个主要的方向：一方面是在宗教观念上继续延伸，另一方面是出现了世俗的传统道德意识。除此之外，还产生了一种新的确定性追求，即哲学理念的提出，也对许多人的观念或行为有着深深的影响。不过哲学能够产生较大的社会性影响还是一件较晚的事情，主要是在文艺复兴之后，也就是 15 世纪以后近五百年内。而在此之前的历史阶段，在社会生活中人们主要还是受普遍流行的宗教观念或世俗传统道德观念所影响，在这两个领域内不断寻找新的确定性观念或意义权威，作为自己新的意义依赖对象，并以此指导自己的观念或行为。

因此，我们看到，在宗教和道德领域内，以及后来在哲学领域内，都出现了各种不同的意义控制理念或方式，特别是经过了内在化的意义控制理念及其内在化的意义控制方式，对个人或社会的发展均产生了深远的影响，一直到 20 世纪那些悲剧性的社会状况都可以说是在这种意义氛围笼罩之下的结果，像两次世界大战、大范围和长时间的贫困，或者社会整体性的不公正现象等都是如此。可见，这种内在化的意义控制理念或方式呈现以各种不同的形态，时至今日仍然难以被人们完全了解或消除，造成了对个人或社会的人格完善或生命成长的阻碍。这是人类社会尚未进入成熟状态的一种反映，意味着人们一直无法依靠自身的力量有意识地破除这些意义控制理念或方式，而不得不总是依赖各种的意义权威，导致自己的意义空间始终难以稳定地趋向于丰富或扩展，独立人格始终难以形成或完善，自己的生命成长也始终难以健康或顺畅。

内在化的宗教意识和世俗传统道德意识对那些身处控制、支配或奴役状况之中的人们，影响深远，促使人们建构起了内在的心理防御装置，以尽可能抵制社会性强制力量的压迫，为自己挣得一定的生存空间，使自己在不利的社会生活中尽可能地成长起来。当然这并不能让他们拥有完全健康或顺畅的独立人格，而只是在一定社会情境条件下的无奈之举。这是人们之所以会选择这些内在化的意义控制理念或方式的十分现实的理由。当然，另一个更为主要的原因是，由于人们的心灵空间是一个复杂的复合结构，并不容易一下子全部得到顺利的发展，总是会存在某些方面的缺陷或不足，或者总是会在某些方面受到一定的阻碍或压制而难以解脱，因而就无法完全依靠自己的力量获得独立的人格，或独立而完善的主体意识、主体地位和主体能力，以及很重要的，不能够建立起一个良好的社会文化生态环境，或者使社会稳定地进入一个良好的发展轨道。这都是在古代社会生活中很常见的历史现象。

心理防卫装置是指，当人们处在某种敌意的环境中之时，为了防止自己受到过度的伤害而在心理上采取的自卫措施。在数千年前的社会中，意义冲突的状况较为严重，因为人们并不知道应该如何处理各自不同的意义内容相互间的关系，因而总是习惯于以最简单的方式去解决，如争斗、抢劫或盗窃等。这自然充斥着暴力之类的强制性手段，是对他人意义空间的侵犯，也是对他人主体意识、主体地位或主体能力的蔑视、挑战或否定。像偷盗一类的方式也有着同样的性质。这都难免会激怒人们，让人们对他人产生以他们那时的心灵能力还难以化解的敌意。而人际间的敌意会造成人们普遍性的相互不信任感，并进一步引起对他人深深的恐惧感。到最后，对他人的恐惧感还会令人产生社会性的生存焦虑，即人们由于已经离开了自然界而组合成了社会，却发现社会本身具有更令人难以应对的敌意或威胁，使人们不免深感生存性的恐慌。这也就是源自社会这一对象的生存性焦虑。基于这种生存恐惧或焦虑，人们不得不建立自己的心理防卫装置，以避免在与他人的意义冲突中受到更多、更大的伤害，如尽可能不去接触他人，不做可能会触怒他人的事情，尽量不去触动他人的各种利益，时刻提防他人可能会对自己的侵害，不停地琢磨他人的心思以察看可能的危险，竭力设法获得更高的社会地位和优势以提高自己的防卫能力，尽力争得更多的利益以保障自己的生存安全，等等。这些心理现象源自人际间的敌意，使人们不得不采取相应的心理防卫措施，以尽可能在一个社会生活中获得安全感或生存保障。而这种状况却是与人们当初聚集在一起组合成一个社会的初衷背道而驰的，即不可能形成一个良好的社会文化生态环境，以利于人们的生命成长或人格健康，反而恰恰相反，加深了人们的恐惧感或生存焦虑，成为对生命成长或人格健康的一种阻碍或威胁。这种结果恐怕完全出乎人们意料之外。

另外，生存性威胁也会给人带来恐惧或焦虑感，促使人们不得不安装上心理防卫装置以避免这些威胁。例如，对于一个还没有太多社会生活经验的人来说，尽管他可能尚没有直接接触他人对他的敌意，还保持着对于他人或社会的天真想法，但是当他遭遇大规模的战争时，这种天真想法就很可能马上转变为深深的戒备心理。或者，如果当这个人进入一个社会中，马上面临忍饥挨饿或受冻的状况，且很快明白自己的这种状况在该社会中是几乎不可能得到解决的，因为身边可能就有好多同样也是在忍饥挨饿受冻的人正在无奈地呻吟着，那么，这种大规模且长时期的贫困现象无疑也会使这个人产生对他人或社会的敌意。还有一种情况就是，当这个人一进入某个社会时，就遭受了不公正的对待，如有人呵斥谩骂他，或受到某些人的抢劫、偷盗，甚至无缘由地遭到暴打几乎丧失了性命。那么，在这种情况下，这个人也会很自然地对该社会抱有强烈的敌视态度。这些一般性的生存威胁会对一个原本可能对他人或社会怀有善意好感的人产生巨大的影响，马上转变自己的想法或态度，变得警惕和戒备起来，就更不用说那些较长时间生活于这种社会中的人，他们更可能难以缓解或消除这种敌意。因而，在这类社会文化生态环境中生存的人，带有根深蒂固的心理防御装置，是可以理解的。

可是这些糟糕的社会现象并不是偶然出现的，同样也源自早期社会中人的意义控制倾向，或者说是对不确定意义的恐惧，而迫切地去追求确定性意义的结果。例如，战争是人与人之间为了某些目的的激烈冲突，而在原始社会阶段这种冲突可能是出于争夺某些事物，如食物或土地等各种财富。这些生存性的自然资源被一方或双方视为是属于自己所有，或自己应该得到的。还有一种资源即社会资源也会被经常性地争夺，就是对某个区域中的社群进行控制、支配或奴役的资格和权力。对这些资源的争夺也意味着企图拥有对这些具体的物和那些具体的人的控制权力。还有更直截了当的欲望，就是强势的一方欲图控制、支配或奴役弱势的另一方，或者双方都有这种欲望，等待有机会能够有足够的能力战胜对方，以达到控制、支配或奴役对方的目的。这些意图一方面可能是出于自己就抱有强烈的控制欲望，另一方面还可能是出于对自己被他人所控制、支配或奴役的恐惧感，因而要竭力避免屈服或失败才不得不拼命进行抵抗，即出于一种防卫心理而采取的防卫行为。这些情况无论属于哪一种，都可以说是意义控制倾向所造成的结果。特别是那些大规模、全社会性的战争就更是如此，因为个人间偶然的争斗还可能有其他的原因，如一时的误会、情绪的发泄或本能的反应等，但是那些群体性的战争就不同了，往往经过了许多人的斟酌，有着精心筹划的方案和认真仔细的前期准备等，整个过程都渗透了人们的意义控制倾向，是这种控制倾向的现实化体现。

那种大范围的社会性贫困现象也同样如此，是一个社会中的一部分人控制或支配了绝大部分甚至几乎全部资源的结果。单纯由一个人或一些人控制绝大部分自然资源，却没有控制社会资源，是不一定会造成这种大范围的社会性贫困的，因为其他人可以进行争夺，或者可以离开去其他地方寻找生存性资源。这种情况都意味着在控制者与其他人之间还没有形成一定程度固定的社会性关系，而可能只是偶然碰到一起而已，其他人与控制者之间可能仅仅是陌路人。他们在争夺无望之下可能只好另谋生路，而不一定会与控制者之间形成控制与被控制的社会关系。当一个社会中人们之间出现了这种控制与被控制的关系时，就意味着存在一定的社会资源，即某个人或某些人具有了控制或支配他人的权力，而其他人同时也会服从于这种控制或支配。这种控制权力包括对自然资源的分配，也包括对被控制者生活行为的干预，还可能包括对被控制者观念意识方面的干预。这就是我们提到过的那种附属型或等级制的社会结构。在这种社会结构中，由于某些人掌控了绝大部分自然资源，同时又掌控了对这些资源的分配权力，还掌控了对其他所有人在观念或行为上的表现、选择、评估或判断的权力，因而就会根据某种原则或需要有差别地对待。这种对待方式当然在控制者眼里是最恰当或最好的，或者是最有利于自己的控制者地位的。这些自然资源主要是生存性物品，如食物、土地、生产工具或生活用品等等，还可能包括矿产或森林湖泊之类的地理资源。当这些自然资源掌握在控制者手里时，社会中的其他人就不得不屈从于他们的控制、支配或奴役。因而即使是控制者所进行的差别性对待，其他人也只能接受和服从。当然他们本来是可以质疑、抵制或反抗的，但由于控制者的控制行为往往是建立在暴力基础之上的，也有的可能是依据原始宗教信仰而获得的控制权，所以其他人的被控制地位已经是在双方认可或不得不认可前提下的结果。因此在这种情况下，被控制者对自然资源的分配一般而言是没有话语权或挑战能力的，除非控制者"大发慈悲"。

当一个社会中的自然资源和社会资源都是按照控制者的原则和方式进行分配的时候，那些被控制者就很容易陷入贫困之中。这种贫困通常还是全社会范围内的，且是很长时期的，只要这种等级制或附属型的社会结构不变。控制者的分配原则一般是保持最低限的分配数量，也就是分配尽可能少的数量给被控制者。控制原则往往遵循的是一种经济原理，即以最小的控制成本争取获得最大的控制效果。因为这样一方面可以使有限的资源得到最大限度的利用，使控制行为得以尽可能长久地维持下去；另一方面是可以造成被控制者对这些资源产生一种饥渴感，即那种迫切希望能够再得到更多一些的愿望。当人们的这种饥渴感产生之后，控制者就可以将余下资源作为赏赐品奖励给那些较配合控制行为的人。同时这也使控制者有了展示自己仁慈的机会，能够让被控制者对自己产生感恩戴德的情感，增强他们对自己的依赖性。这些控制效果的取得都能够有效地帮助社会性的控制行为得到长久维持。因此，依据这种控制原则进行资源分配就难免会使被控制者始终处于饥渴的边缘，也就是使全社会的被控制者总是面临忍饥挨饿受冻的贫困状态。

可见，这种社会性的贫困现象一般来说是一个大范围、长时期的持续状态，并不会因为资源的丰富或贫乏而得到太大的改变，因为这几乎完全是一种社会性的有意识控制行为，是控制者按照基本控制原则进行管理社会或掌控人们的结果。这种现象在古代社会的历史发展中是很常见的，是那种依附型或等级制社会结构的一般性特征，也是君主政治权力的内在本性。虽然在不同的社会和不同的时代，其外在表现都难免会出现诸多的差异，例如在某些情况下出于一时的特殊需要或偶然的被迫。个别政治或宗教权力掌握者还可能会不按照这种控制原则进行，甚至偶尔会反其道而行之，但是从长远来看，短期的变化并不影响这种控制原则在长时期内的普遍性运用。

这种传统社会性控制行为的控制方式也会导致社会性贫困现象呈现出大范围和长期性的特点。例如，社会性控制行为往往会在地域、信息或观念等方面对被控制者进行限制。地域限制是指限制普通人在社会上的活动范围。这一般包括两方面的地域限制：在不同社会间或者在社会内部的流动限制。一方面，地域限制就是尽可能防止被控制者脱离该社会，否则人们就会很容易地逃离于该社会，从而使控制行为失效。就像地中海沿岸的那些逃亡者从两河流域或尼罗河流域社会中逃离那样，一旦脱身，那些控制行为也就对他们不起作用了。这也会鼓励那些没有逃离的人去质疑、抵制或反抗被控制的状态，因为即使失败的话也可以逃离出去。这样一来，该社会中的控制行为就很难长久地持续下去。像尼罗河流域的地理环境就对社会性控制行为很有利，因为人们不太容易逃离出去，因而不得不顺从于控制者。而两河流域的地理环境就稍不利于社会性的控制行为，因为其西面没有什么特别险要的地理障碍阻止人们的逃亡，所以我们看到从那里逃出来散布于地中海沿岸的人就比较多，还形成了一连串的繁华聚居地，如腓尼基、塞浦路斯岛和克里特岛等。另外，逃到南亚印度方向或中亚游牧部落地区的人也有不少。因此在两河流域单单依靠君主的政治权力进行社会性的控制，是不容易做到严格封闭和长期有效的，而需要借助其他手段辅助进行才有可能达到稳定的控制效果。例如后来到了奥斯曼帝国时期，君主与伊斯兰教的宗教权力紧密地结合在了一起，才使那一区域的社会性控制更加有效。所以，要想使社会性控制行为取得长久稳定的效果，宗教或政治权力往往会限制人们轻易离开控制区域，也即采取所谓的"闭关锁国"策略。

另外，传统社会性控制行为的地域限制还包括限制人们在本社会范围内的流动。人们的流动实质上就是人际之间的交往，即不同区域内的人相互往来，进行各种形式的交流，如从事商业（物品交换活动）、旅游、探亲访友或寻找各种谋生机会等。在这种跨区域间的人际交往中，人们会得到许多社会性经验、感受或信息，例如对各种不同人的自然秉性、性格情感或思想观念等的了解，对各地风土习俗传统的了解，对各种语言、文学、艺术或哲学的了解，对各种物品交换活动的了解，对各种可能的谋生方式和机会的了解，对各种社会生活方式或状况的了解，对各种不同社会控制行为风格或特点的了解，等等。当然，人们在不同社会间的流动会更容易获得对这些方面情况的了解。当人们在进行各种形式的交往时，自然会有意识或无意识地将这些情况比较来看，从而丰富和扩展了双方的意义空间，也了解到更多的方式能够使自己的生命成长得更健康或顺畅。在这种情况下，人们就难免会意识到自己所遭受的社会性控制行为很可能是非常不恰当或不公正的，也会对之感到越发难以忍受，并产生竭力要加以摆脱的强烈欲望。这无疑会造成对社会性控制行为的严重威胁，使之难以维持下去。所以，在许多依附型或等级制的社会生活中，控制者总是尽可能设法避免不同区域的人们相互交往。而这也将导致社会性贫困现象在大范围内长期持续下去，因为人们在这种地域限制中也将丧失许多缓解或消除贫困的机会，例如无法通过物品交换活动获得更多的财富，不能到其他地方获得更多的谋生机会，得不到提高或锻炼自己心灵能力的机会以改善自己的生活，更不可能在跨区域的自由活动中培养出良好的主体意识，获得主体地位，或提高自己的主体能力等。这都使人们的贫困化程度加深或范围加大，且难以得到有效的改善。地域限制实质上也等于抑制了个体意义空间的丰富化，使之趋向于萎缩或封闭停滞，最终的结果是让生命无法得到健康或顺畅的成长。

传统社会性控制行为在信息方面的限制是指对被控制者在获得信息的机会或能力方面进行限制。信息本质上就是新的意义内容，因而本质上也是个体意义空间得到丰富或扩展的来源。个体的意义赋予能力虽然具有无限的可能性，但是就现实状况而言，又总是处在一定的程度上，还需要不断地提高或锻炼，才有可能持续得到创造性的发展。而这是需要不断借鉴或参考来自他人或其他方面的意义内容的，如各种数据、信息、知识或创意等。像上面所说的跨区域间的人际交往就能够帮助人们获取更多信息的机会，是原始时代人们获得信息的主要方式之一。另外还有聊天、聚会、讨论或教育等，或者到了现代社会又有更为多样化的信息渠道，如书刊、广播电视或互联网络等也成为人们获取各种信息的主要方式。在这种社会状况下，获取信息的能力也成为对人们影响重大的一件事情，如文化知识的学习能力和程度可能就决定了在信息或知识社会中能够得到的信息或知识的数量，同时还会造成获取信息或知识的质量上巨大的差异。而这又会导致人们在心灵能力上出现各种程度的差别。信息的无限丰富性、持续可获得性或获取能力的提高等对人们意义空间的发展具有十分积极的作用，这是毋庸赘述的。这些信息的获得无疑会使人们很容易产生对社会性控制行为的质疑、抵制或反对，造成潜在的威胁，因而从控制者角度来看，对人们的信息限制是不可轻视或忽略的，否则这种社会性控制行为就很难有效地维持下去，所以控制者通常会采取信息限制甚至封闭的策略，防止人们获得更多或更新的信息。但是实行信息限制或封闭就不可避免地会抑制人们意义空间的发展，影响了人们心灵能力的提高，导致社会性的贫困状况也无法从根本上得到解决。

传统社会性控制行为在观念方面的限制是指对人们意象图案的联结方式进行限制，即限定于某一种或某几种意象联结，而排斥、反对或禁止其他的意象联结。我们已经知道意象图案的联结方式具有无限可能性，因而才使人们具有无限的想象、思想或创造能力，在无限的不确定意义背景中产生出各种确定性的意义内容。这也使人们的意义空间可以得到无限丰富或扩展，而不会被局限于某个狭小的范围之内。因而无论就意义空间本身的可能性，还是就现实生活中的意义内容而言，人们的心灵能力或观念意识都是不会被限制住的。尽管总是存在各种现实的限制，但这些限制最终也总是会被心灵能力所破除。但是心灵能力对观念意识上的各种限制状况的破除，也意味着在现实社会生活中对各种控制行为的质疑、抵制或反对，因而其无疑是对社会性控制行为的威胁。所以在控制者眼里，对观念意识方面的限制是非常关键的，应该尽可能实行或加强。这种限制所采取的方式往往是通过宗教信仰、道德习俗、生活传统或哲学理念等进行，即要求或强制性规定人们按照某一种特定的意象联结方式作为确定的规范或框架，用以指导自己的观念或行为。这也就是一般所谓的"教条"之意。这样的意义规范会使人们在观念意识上逐渐形成对社会性控制行为的认可、接受或顺从，同时也自然会认可和接受自身的贫困状况，甚至还会在心理和身体上都慢慢习惯于这种贫困状况，因而也就谈不上去作出心灵努力以破除这种现状了，最后可能连摆脱这种状况的欲望都渐渐消失了，从而使这种大范围和长时期的社会性贫困状况得以一直持续下去，难以得到根本的改变。这在古代的许多社会中也是较为常见的情况，尽管其外在表现上可能会出现程度或形态上的差异。

较为普遍的社会性不公正状况也是造成人们带有很强的心理防御装置的主要原因之一。在附属型或等级制的社会结构中尤其如此，因为在这种社会结构中，社会群体成员呈现出不同的社会生活形态，分裂为主要的两个极端，即强势的一部分人（往往是少数人）和弱势的一部分人（往往是多数人），两部分人具有不同等级的社会地位或社会身份，分别成为权力的掌控者与被掌控者。更为关键的是，整个社会中绝大部分自然资源和社会资源基本上是由强势的一方所掌握，甚至连弱势一方的人身权力也控制在强势一方的手里。在古代世界各地的社会中，强势的一方主要是祭司、君主贵族、军事团体或官僚群体，而弱势的一方主要是农民、牧民、渔民、雇工、小手工业者或流浪者之类的普通人。像各种社会性暴力行为大都属于强势者对待弱势者的方式，而社会性的贫困现象就更是如此，都是社会性不公正状况的表现。实际上，在这样的社会生活中，在政治、经济、法律、宗教、教育、道德习俗、生活传统、文化艺术或观念意识领域等方面，都会存在各种不公正的社会现象。

在这种类型的社会背景下，强势一方的人对待弱势一方的人在态度或方式上通常都是较为随意的，因为在整个社会群体眼里，弱势一方的观念或行为都是由强势一方所控制或规范的，而强势一方却是在按照自己的意愿去进行这种控制或规范，并不受什么特别的或外在的其他约束。如果说有什么约束能够对强势一方的控制行为起作用的话，那也只能是神灵的权威。但是随着神灵的权威逐渐被淡化，而君主的权威逐渐被强化，因而神灵的约束作用也渐渐弱化。特别是，在很多时候，在很多社会中，君主与祭司的身份经常是合而为一的，那么对神灵权威的解释权也就会慢慢地落在君主手里，从而使神灵权威对君主的约束作用不但弱化或消失，甚至还被君主有意识地利用来为其服务，使君主的政治权威在社会生活中达到最高的神圣程度。因此，在这种情况下，祭司、君主贵族、军事团体或官僚群体等强势一方对待弱势一方在观念或行为上的控制或规范行为，也就只会遵从符合自己利益的控制原则，而无论是否公正的问题了。这是附属型或等级制社会结构本身的不公正必然造成的社会性结果。这种情况实际上在古代的现实社会中也较为常见。

那么，在这种社会状况的前提下，如果一个人置身这样的社会结构中时，他就不可能去寻求得到真正公正的对待，而只可能力求使自己进入该社会的强势一方中去，避免落入弱势的一方之中。只有这样，他才有可能得到好于公正对待的结果，而避免受到坏于公正对待的结果。他不能指望自己会得到不好不坏的对待。因为这也是一种公正的对待，而在一个本质上不公正的社会结构中，这种不好不坏的公正对待几乎是不可能出现的。他也可以通过经验观察，去评估和判断这个社会的大致状况，了解到绝大部分人（如果不是全部的话）的情况很可能是如此。那么，在这种情况下，要么他选择离开这个社会，要么他就只能努力设法去成为该社会中强势一方的成员之一。如果他失败了，恐怕就不得不自叹倒霉，对自己将遭受的各种不公正对待逆来顺受了。但是在一个不公正社会结构中，要想进入强势一方的阵营（所谓的上层社会），对于一般的人而言，就很可能需要采取很多非同寻常的措施，而最重要的就是首先给自己安装上强大的心理防御装置，以适应这种不公正的社会结构，而又不至于让自己受到过度的心理或精神伤害。这是一种生存性策略，是处于这种社会结构中的人几乎都不得不采取的办法。

因此，我们看到，当人们身处某种附属型或等级制的社会结构之中时，遭遇到诸如大规模、大范围和长时期的战争、贫困或不公正等社会现象时，由于无法正常地培养自己的主体意识、主体地位或主体能力，也难以正常地丰富或扩展自己的意义空间，不能形成正常的人格，更无法按照自己的天性健康或顺畅地成长，而必须采取某些特殊的生存性策略，以尽可能缓解或消除由此带来的生存性恐惧或焦虑，也尽可能缓解或消除心灵空间所遭受的压抑和扭曲。这种特殊的生存性策略从内在世界的角度说，就是建立起一个尽可能强大的心理防御装置，以应对来自他人或社会的各种可能的威胁或伤害。但是从根本上而言，这种心理防御装置是不可能真正有利于人们身心健康的，而只能是在特定的社会情境条件下暂时性的应付措施。不过，在很多附属型或等级制社会中，这种原本是策略性的心理装备，却在数千年的时间中一直现实地存在着，难以得到解除，从而形成了根深蒂固的社会心理传统。

当身处附属型或等级制社会结构中，面临着祭司或君主贵族的社会性强制力量的高压时，人们一般而言是不得不屈从的。这种屈从可能是在进行了一定的质疑、抵制或反抗，却最终归于失败的结果。因为此时人们如果仍然不屈服的话，那么他们的选择就只能是要么继续反抗，要么逃亡。而前者意味着有很大概率将会丧失生命，后者则又需要有一定的条件，例如有可逃亡的去处和逃亡能够成功的办法等。但是对于大多数人而言，特别是那些老弱病残或女性、儿童之类的弱势群体，这些方式恐怕都难以持续有效，因为很容易被社会权力和军事暴力的掌握者所挫败，能够成功的人往往寥寥无几。因而大多数人最后不得不向这些传统社会性强制力量低头，就像在原始时代很多战俘最终成为奴隶一样，且并不容易改变自己的命运。例如古罗马帝国时期的色雷斯人（Thrace）斯巴达克斯（Spartacus, 约公元前 120—前 71）成为奴隶角斗士后率众起义，尽管他们的队伍应者云集，声势浩大，且在战场上所向披靡，可最后仍然被罗马执政官克拉苏（M. Licinivs Crassvs, 公元前 115—前 53）和庞培（Gnaeus Pompeius, 公元前 106—前 48）所镇压，被俘的奴隶几乎全部被杀。这样的事例在世界各地的古代历史上可以说是不胜枚举的，在两河流域、尼罗河流域、印度河和恒河流域，或者黄河和长江流域的社会生活中都是如此。而这种传统的社会性强制力量即使到了 20 世纪在世界上也并不鲜见。

在这种传统式的附属型或等级制社会结构中，虽然绝大多数人不得不屈服于社会性强制力量的控制、支配或奴役，但是这并没有解决他们的问题，即在不同程度社会性压制下的生命成长问题。身体上的顺从仅仅暂时缓解了生命所遭受的威胁（因为屈服并不能从根本上消除对生命的威胁），但是精神上所受到的压力会变得更加严重。因为人们不得不按照控制者的要求去行为，而无法按照自己的意愿行动。在这种情况下，个人的心灵努力或心灵能力都受到严重抑制，更谈不上意义表达或传递得流畅了。此时的个体人格趋于扭曲甚至瓦解，无法得到完善，甚至会导致各种人格缺陷。同样，此时的个体意义空间也是趋于萎缩或贫乏，主体意识、主体地位或主体能力等方面的培育或锻炼被阻碍或中断，最后都可能会逐渐消失得无影无踪。但心灵空间的这些变化是与人的生命成长完全悖逆的，因而自然会造成精神上的痛苦而产生压抑的心理状态。如果这种状况不能得到及时缓解或消除的话，就难免会导致心理上或人格上的扭曲，产生人格缺陷，且一旦时间过长或程度过重的话，还很可能引起生理上的严重伤害，甚至造成永久性的不良后果。

所以，当人们处于这种社会生活的状况之下，如何解决心灵空间所受到的压抑问题就显得格外重要而紧迫，也就是如何建立一种更有效的心理防御装置。正是出于这种现实压力下的精神需求，内在化的宗教意识、世俗传统道德意识或某些哲学理论等观念性措施就应运而生，作为缓解或消除心灵压力的现实性策略而被人们广泛接受和使用。不过，在这种特殊背景下，这些意识领域里的思想实践的性质与它们的原初宗旨相比已经有了根本的改变。这些思想实践原本是心灵空间丰富或扩展的方式，原本是能够促进人格的形成和完善，原本是帮助人们增强主体意识、主体地位或主体能力的，但是现在，它们的目的仅仅是缓解或消除心灵空间所受到的压力而已。虽然这些现实性策略的最终目的看起来与其原初宗旨也是一致的，毕竟也是为了使生命成长在巨大压力下尽可能地维持，而不会被压垮，以至于导致心灵空间陷入四分五裂的结局，陷入人格困境而不能摆脱。但是，由于它们是基于某种特殊背景而产生的，也就是在某种特殊的社会历史情境条件下的特殊产物，本质上仍然是心理防御装置，因而形成了某种特殊的内在结构，而这种特殊的内在结构所造成的效果或影响，却很可能是与其原初宗旨相背离的，甚至可能是对其原初宗旨的妨碍或威胁，因此最终也将再次面临如何消解的问题。

这些作为现实性策略的内在化宗教意识、世俗传统道德意识或某些哲学理论等思想实践，为了能够使人们在传统社会性强制力量的压力下维持基本的身心或人格的一致或协调，而不至于造成身心或人格的分裂，不能不与其所身处的社会结构采取相似的模式或框架，以取得预期的效果。这就像一个人由于身体上没有与外部生态环境变化保持一致而得了病，于是只好采取适当的内部调理以适应外部的变化，希望能够达到一定的治疗效果一样。这也是当人们发觉那些反抗型的现实措施（如质疑、抵制、反抗或逃亡等）都归于无效之后，而不得不采取的适应性措施。这些思想实践作为现实性策略或一种心理防御装置，正是人们所采取的内部调适的结果。

因此，我们可以发现，在古代社会生活中，这些内在化宗教意识、世俗传统道德意识或某些哲学理论等思想实践将一种内在的强制性力量作为其思想结构的动力机制，并同样基于意义恐惧而形成了各种形式的意义依赖，最终构成了心灵空间中意义控制型的复合结构。换句话说，也就是在人们的心灵空间中，与外部的社会文化生态环境相一致，同样产生了一种附属型或等级制的意义结构。而与外部世界中那种祭司或君主权力的社会性强制力量相一致，在心灵空间中意义结构内的强制性力量就是某种观念性的意义权威，如关于各种崇高或神圣性的观念或者某些具有最高真理性的观念，并在其周围附属型或等级制的意义结构得以建立。由这些观念性意义权威作为控制核心的意义结构成为人们经验生活的动力机制，且形成了指导个体行为或社会性行为的规范性原则。由此所产生的个体或社会行为，就与其外部社会性强制力量所要求或规定的行为规范，在结构上或基本框架上逐渐变得步调一致，内外之间因此很容易形成较为协调的关系，而不至于相互之间产生过于严重的矛盾或冲突，最多在内外两方面只有程度上或强或弱的一些差异而已，但已不会造成致命的危害了。

通过建立并依靠自己心灵空间中的这种附属型或等级制的意义结构，那些处于社会性控制力量之下的人们就能够在相当程度上缓解来自外部社会环境中的压力，而使自己的身心或人格维持在一个相对一致或协调的状态，不至于导致身心或人格的分裂，也就是不至于使自己的生命成长受到过度的伤害或摧残。但是人们所维持的这种状态能够达到什么程度，却不是自己所能够主导或决定的，而取决于外部社会文化生态环境中强制性力量的要求或原则。对此，受控制者恐怕只能被动地去接受或设法适应。当然，在古代社会中，这样的命运本身也是处于那种传统的附属型或等级制社会结构中的人们不得不接受的，除非他们还能够有其他的选择（如反抗或逃亡），而这是我们已经排除了的前提。

心灵空间中意义控制型的动力结构在古代那些内在化宗教意识、世俗传统道德意识或某些哲学理论等思想实践中，都有着十分明显的体现。例如在《圣经》、《奥义书》或《古兰经》等宗教经典中，或者在斯多葛主义（Stoicism）、犹太教和基督教等宗教伦理、亚里士多德伦理学或康德的道义论等道德学说中，或者在古希腊哲学、西方现代哲学、德国古典哲学、德国当代哲学或英美分析哲学等众多哲学理论中，都以各种不同的形式包含了这种特殊情境条件下的意义结构。这些观念性信仰学说或思想理论表面上看起来似乎都在探求某种最终的意义根据，寻找某种最高的意义真理，或者希望达到一个最高的意义境界，或者力图发现某种确实的真理之路，或者批判其他理论学说等，但是实际上它们都在不知不觉中陷入这种意义控制型的精神结构之中，这些学说理论本质上都不过是一种历史情境条件下的现实化策略而已，不过是在建立某种心理防御装置，形成一种内在的附属型或等级制心理结构。

这些现实策略在以各种方式的现实应用中，虽然对人们当时的心灵状况有所帮助，即有所缓解来自现实社会的强制性压力对他们精神空间或生命成长的危害，但它们都不过是将其转换为一种内在的强制性力量，而通过使自己在心理上能够有所适应，再转换为对现实生活中的强制性社会力量能够有所适应而已。但是，这样的"内在适应"及其所转换出来的"外在适应"，最终都无助于人的生命成长或人格完善，因为其内在的意义控制型结构本质上是以一种限制来代替另一种限制，所以仍然会导致意义空间的萎缩或贫乏，也是在阻碍着对人的主体意识、主体地位或主体能力等的培育和锻炼。归根结底，这种控制型的意义结构是无法使人的生命真正成长得健康的，而只能作为某些特殊社会情境条件下的某种现实化策略，在短期内或局部性有效，而从根本上或长时期而言，它们作为某种特殊的心理防御装置，对人格的顺畅发展或社会文化生态环境的改善仍然还属于一种内在的隐性障碍。

由某种强制性社会力量所主导的外在附属型或等级制社会结构之所以会被内在化，也并非仅仅是一种偶然的现实化策略，实际上还有着内在性的根据，即意义空间本身就具有某种附属型或等级制心理结构的雏形或潜在的可能性。毕竟，意义空间内的意象联结包含着无限多样化的形式，其本身的可能性就是无限的。在意义内容的无限可能性之中，自然也具有各种形式的附属联结、功能结构、等级差异、层次排列或种类秩序等的可能形态。而这些内在形态与外在的社会结构之间存在着一定的关联或相互影响。在某种意义上，我们甚至还可以将这种心理结构视为是外在社会结构形成的内在根据。不过，如果更准确地来说，这两者应该是始终在相互作用和影响着，有相互构成的可能性。因此，从发生学角度看，这两者并不容易分辨出哪一个因素比另一个因素更为根本或基础，而不妨将其看作在长期历史演化过程中，在其他内在媒介因素刺激之下相互构成的关系。在这一意义上我们可以说，其他内在媒介因素的重要性很可能丝毫不次于这两个结构本身，如果不是更加重要或根本的话。

其他的媒介因素当然是有很多的，有外在的也有内在的，例如外在自然生态环境中的各种情境条件或变化状况等，都有可能影响到人的心灵世界。而内在因素对于心灵世界的作用无疑是更直接的，即直接地影响到意义空间的形态变化。其中最为主要的就是我们前面所分析过的那种内在的恐惧或焦虑感，同时还有促动心灵愉悦或产生美感的审美意识。

内在的恐惧或焦虑感正是人们对意义不确定性对象所产生的心理现象。这些不确定的意义对象有些是源自外部自然生态环境的，如自然界本身就允满了神奇之处，像黑暗、梦境、他人、社会或未来等各种未知的领域就会给人带来严重的心理影响。但是还有一些不确定的意义对象就根源于人本身，如人的身体或意识活动等方面的状况。像人的七情六欲或生老病死等自然现象就是人的身体所具有的奇妙之处，总是给人们带来无穷无尽的各种心理纠缠。而意识领域内的活动形态就更为一般人所难以轻松地理解了，因为那里始终充满无法合理解释的心灵现象或意义冲突，如各种想象、思想或创意等心灵能力的作用，还有情感、信仰或意志等心理能量的影响，更有主体意识、主体地位或主体能力等人格因素的结果等。在这些意义状况中每一点可理解的部分背后似乎都潜伏着无限多种可能的不可理解部分或意义冲突，令人有时无比兴奋于某些意义冲突的解决，有时又难免会惊慌失措于某些意义冲突的加剧，而有时又会对无法调和或消解的意义冲突感到惴惴不安、疑虑重重。

内在的意义冲突所造成的恐惧或焦虑感也同样会促使人们形成一种内在的心理防御装置，如对某些内在不确定的意义对象采取忽略或敌视的态度，欲图尽可能远离它们，或者尽可能加以控制和支配它们，以使它们不至于带来对自己的伤害，或者缓解或消除潜在的威胁。而要做到这一点，就不可避免地产生对确定性意义的依赖和追求，即希望通过依靠某一个意义权威来克服自己的意义恐惧或焦虑心理，因此就要不遗余力地寻找或发现出这种意义权威，并以之为基础或框架来建立一个意义结构，企图消解各种意义冲突，形成内在良好的意义秩序。这样的意义结构就被人们视为解决意义恐惧或焦虑感的最佳办法。例如很多宗教观念、道德思想或哲学理论就可以说是这类内在的控制型意义结构，像犹太教、基督教、伊斯兰教、印度教或佛教等宗教观念中，就包含十分典型的这类心理结构，像斯多葛主义、道义论或儒家等等的道德思想中也同样如此，还有像柏拉图（Plato，公元前427—前347）、亚里士多德（Aristotle，公元前384—前322）、托马斯·阿奎纳（Thomas Aquinas，1225—1274）、笛卡尔（Rene Descartes, 1596—1650）、斯宾诺莎（B. de Spinoza, 1632—1677）、康德（Immanuel Kant, 1724—1804）、黑格尔（G. W. F. Hegel, 1770—1831）、尼采（Friedrich W. Nietzsche, 1844—1900）、罗素（Bertrand A. W. Russell, 1872—1970）、维特根斯坦（L. J. J. Wittgenstein, 1889—1951）、卡尔纳普（P. R. Carnap, 1891—1970）、海德格尔（Martin Heidegger, 1889—1976）或内格尔（Thomas Nagel, 1937—　）等人的哲学理论，也都以各种不同形式呈现出非常明显的附属型或等级制的意义结构，可以说都是某种以现实化策略为导向的心理防御装置，且是基于对某些内在不确定意义对象的恐惧或焦虑心理之上，属于意义恐惧—意义依赖—意义控制这一类型结构所形成的意义框架，以确定性的意义权威为结构性力量或动力机制，在意义空间中构造出了具有现实效力的意义控制体系。只是这些观念、思想或理论在心理恐惧或焦虑的程度上有所不同，而且受到各种不同社会情境因素的刺激或干扰，因而显现出相当不同的外在形态，并导致它们在社会生活中对一般人的影响也有着巨大的差异。不过，它们作为社会历史生活中著名的学说，还是意味着代表了许多人内心深处存在完全相似的心理结构，或者说他们都有大体一致的意义倾向，并沉浸于同一类型的精神氛围之中，纵容了某种人格缺陷。

　　不过，单单是出于对内在不确定意义对象的恐惧或焦虑感，还不至于产生过度的危害，因为人们总是能够在日常的经验生活中予以缓解或消除。像对待七情六欲或生老病死等身体的变化，人们早已有来自远古时代的生物性习惯，又能够在意义空间的丰富化之后进行更多的了解或把握，使自己生活得尽可能更加健康或顺畅，而不至于让身体变化始终困扰着自己的精神世界。同样，在自由状态下，人们也不会在心灵能力、心理能量或人格因素等方面产生过多的惊慌不安，而是能够顺其自然，逐步依据自己的意义赋予能力和生存环境而培养自己的心灵能力，提高自己的心理能量，并慢慢锻炼自己的人格强度，凝聚各种人格因素，成就自己的人格世界。

但是，现实生活的发展却难得会如此顺利，而总是会出现人们难以预料的状况。其中最主要的现实情况就是，在原始时代当人们的意义赋予能力还处于较弱的阶段时，那些心灵能力、心理能量或人格因素都还很不健全，不过是从萌芽期的状态逐步在成长而已，还远谈不上成熟或完善，因而在这种背景下，人们的意义空间在丰富或扩展的过程中难以顺畅，总是被那些不确定的意义对象所困扰，而热衷于去追求并依赖具有确定性的意义对象，并基于这些确定性意义对象来建立自己的意义空间，导致在自己的心灵世界中形成了越来越顽固的心理防御装置，成为后来对生命成长难以消除的精神障碍。

更为关键的是，当人们的这种意义追求或依赖过于强烈时，就会反映在自己的观念和行为倾向上，即形成个体的意义控制行为，进而形成某种社会性的行为倾向，即社会性的意义控制行为。这也就是说，个体的意义控制行为最终将会演变为社会性的意义控制行为。而这些意义控制行为都将造成人们之间的意义冲突，如个体的意义控制行为会在个体之间造成意义冲突，而社会性的意义控制行为则将会在社会群体之间造成意义冲突。当这些冲突达到足够严重的程度时，对身处其中的人们影响就巨大了。最致命的影响就是这些外在的意义冲突与人们内在的意义冲突两者之间形成共振，导致意义冲突的破坏作用被无限放大。在这种情况下，人们对外在意义冲突产生的恐惧或焦虑感，与对内在意义冲突产生的恐惧或焦虑这两者之间，也形成了共振，导致各种消极或负面的心理情绪也一样被无限放大。最终的结果就是对人们的整个身心都造成了非常严重的威胁或伤害，使人们的心灵世界甚至有彻底崩溃的可能，人格被彻底撕裂，人们陷于疯狂的相互摧残之中，完全谈不上生命成长得健康或顺畅了。可见，这种内、外世界之间的意义冲突及其所造成的恐惧或焦虑感在共振中的破坏作用或消极影响，是会很巨大或严重的。

正是因为这种内、外共振对人们的整个身心健康都存在不可估量的威胁或伤害，因此人们所采取的心理防御装置也就始终追求格外庞大、强固或持久。

一旦人们所感受到的内在意义冲突越严重时，或者当人们所面临的外在意义冲突越严重时，都会有意识再度去加强或稳固自己的心理防御装置，期待它能够抵制更加严峻的威胁或伤害。在这种历史情境因素汇聚的背景下，人们内在的心理结构与外在的社会结构是大体一致的，内在的意义冲突与外在的意义冲突也是完全类似的，因而它们就很容易形成共振现象，相互叠加作用或影响，在趋势性的强化过程中将破坏效果无限放大，以至于很可能最终造成大范围、长时期的灾难性结果，就像我们在 20 世纪看到的两次世界大战那样。这表明，在人类社会的历史发展中，这样的心理加固过程仿佛持续了数千年之久，甚至直到今日在许多地方的许多人身上仍然还遗留着这种心理习惯，难以改变或消除。

在社会的历史现实中，我们看到人们所建立的各种心理防御装置主要都是以某一种确定性的意义权威为核心结构的主导力量或动力来源，然后以此为基础结构、标准规范或最高原则观念，来对其他各种意义对象进行评估、判断或选择，形成一个包含着附属联结、功能结构、等级差异、层次排列或种类秩序的意义系统。这一系统本质上也可以说是附属型或等级制的系统，因为在这一意义系统中，那些原本是不确定的意义对象或意义领域，往往是被忽略、排斥或压制的，被完全贬低到边缘或底层，以此形成的等级差异也使意义权威的真理性得到无限的烘托或建构，成为一切事物的源泉，是不可缺少的核心，或具有无比的崇高性，就像金字塔给人的印象一样。这在那些宗教观念、道德思想或哲学理论的许多学说中表现得十分明显。不论是原始图腾信仰，还是后来制度性教会的宗教观念都是如此；不论是两千多年前古代的伦理思想，还是现代的道德思想也难得例外；不论是古希腊时期的柏拉图哲学，还是西方现代哲学，或者 20 世纪的海德格尔现象学、维也纳学派的逻辑实证主义、美国的逻辑经验主义或实用主义等哲学理论，几乎也无不如此。

| 第十章 |

意义权威与人格缺陷

以意义权威为核心观念或动力机制的心理防御装置在人的内部世界中造成了各种意义冲突，严重时甚至导致人的身心系统发生分裂或崩溃，且难以愈合。这种内部的意义冲突主要可以归纳为两类：一类是在意识活动领域内不同内容之间的冲突，另一类是意识活动的内容与无意识领域（如本能欲望、冲动或情感等）之间的冲突。前者大多是在不同观念之间的意义冲突，而后者是在生命机体不同功能之间的冲突。

不同观念之间的意义冲突这种心理现象至少在旧石器时代的克罗马农人身上，我们还不大能够看得到，因为他们毕竟只是刚刚才开始有了一些观念性的萌芽。这些观念萌芽虽然逐渐变得丰富起来，却还很稚嫩，还没有成长到可以与其他观念形成冲突的地步。即使是在克罗马农人的脑海里，这些萌芽性的观念也很可能只是一闪而过的念头而已，还不太容易确实地捕捉得到，无法很清晰地摆在心里加以细细地琢磨。或者，这个琢磨的过程即使有，也不过是刚刚开始而已，即使出现了某些意义冲突，也可能很快就被他们抛到脑后，不再为之焦灼了。所以，即使这种原始的意义冲突引起了一点意义恐惧，也还处于很弱的阶段，尚未能够导致个体的人格缺陷或社会性的困境。

但是当社会发展到了新石器时代中晚期的时候，情况就有了明显的变化，那就是人们头脑中的观念已经丰富到了那样一种程度，即形成了较为复杂的差异性排列、结构、层次、功能或秩序的意义系统。人们会力求将自己所了解到的各种观念都纳入这一系统中，而对那些无法被纳入的意义对象颇感困扰或焦虑，甚至还会达到恐慌畏惧的程度，如某些关于梦境、生死、未来、鬼神或自然界的变化等未知领域的意义对象那样。由于意象联结所涵盖的意义可以具有无限的可能性，因而当原始人刚刚掌握了一点意义赋予能力之时，对这种无限可能性还是难以适应的。在这种情况下，这些意义对象在每个人的心目中就很可能具有了很不相同的意义内容，或者即使是同一个意义对象在同一个人的心目中，也会在不同的情境条件影响下呈现出各种不同的意义内容。就像原始人对梦境中的景象有着无数的解释一样，他们对人的生死问题，对未来的可能变化问题，对鬼神的认识问题，或者对大自然中某些自然现象的神奇变化问题等，都会产生各种千奇百怪的想法。而这些想法之间自然会出现许多意义冲突，成为一直困扰原始人的心理障碍。这是我们从《吉尔伽美什》史诗、《圣经》或《奥义书》等原始经典作品中很容易就能够看出来的，也是从乌尔城塔庙、伊斯妲尔门、《拉马苏》或《控制狮子的英雄》等建筑或雕塑中能够感受得到的。实际上这种原始心理恐惧或焦虑感是较为普遍的，在古埃及、古印度或古华夏的许多早期历史遗迹中都有着十分相似的反映。

神灵的观念最早被用于意义空间中的解释系统。当原始人在梦境中看到那些缺乏经验特征的人物景象时，就开始将人的灵魂从身体中分离出来，而成为某种特殊的意义对象。当他们再将这些特殊的意义对象赋予一定的功能或具有一定的递归性质时，这些意义对象就有了相当的解释力量，成为其他意象联结的根据或基础。也就是说，在这种特殊意义对象的解释力量支配下，其他各种意象图案得以以某种方式进行联结，结成为某种意义网络系统，让各种观念相互之间形成一定的差异、排列、层次、功能或秩序等。

这种意义网络系统在原始时代的很多社会中是不会只有一个的，而呈现出无数个相似的、大大小小的意义网络系统，也就是有许多功能不同的神灵共同掌管着整个世界，如各种天神和魔鬼，还有凡间的各种神灵，像山河湖泊、森林土地、动物草木、祖先或所有已逝去者的灵魂，以及各种不同事物的掌管者，像战神、爱神、美神、母神、酒神、丰收神、正义之神、医药之神或智慧之神等。但是随着人们对这些神灵或魔鬼的解释力量增强或范围扩大，祂们相互之间的矛盾或冲突也逐渐出现，因而人们逐渐不再满足于简单或朴素的解释系统，而不断寻求着更为复杂或高级的解释系统，以期缓解或消除这些神灵或魔鬼相互之间的意义冲突。这就要求有一个最高的意义权威，就像我们在《圣经》或《古兰经》里看到的那样，所有的神灵或魔鬼都被归属到"上帝"或"安拉"的意义笼罩之下，成为最高意义权威所控制的对象。这同时也是原始图腾信仰从多神教逐步转向一神教的心理过程。例如，在大约三千五百年前，犹太教的教义还处于萌芽阶段。此时犹太人的宗教信仰与古埃及人的宗教信仰之间出现了严重的矛盾，双方也因此发生了几乎无法解决的冲突，即埃及人对犹太人的奴役和犹太人的反抗。在这种背景下，犹太人不得不全体逃离埃及，并在逃离的过程中完成了将犹太教教义一神化的过程①。

但是在另一方面，无论这一意义权威具有多么高不可攀的真理性（全知全能全善），或这一超然存在的"唯一性"和"至圣性"，也仍然难以解决人们心目中某些意义对象的不确定性，如关于梦境、生死、未来、鬼神或自然界的变化等未知领域的意义内容，不过是以转换的方式加以替代而已。也因此这种方式难以真正解决人们的意义恐惧或焦虑，就像即使是作为造物主的上帝也无法创造自己所不知不能或不善的事情，使得许多基督教信徒产生难以解开的疑

---

① 《圣经》，思高圣经学会译释，台北：思高圣经学会出版社1995年版。见《圣经·出谷记》，"出谷记"也译"出埃及记"，第81—136页。

惑。而且，麻烦的是，树立最高意义权威的做法，最终很有可能反而会加深人们的意义恐惧或焦虑感，因为如果无论怎样的意义权威都始终无法消解某些意义的不确定性，那么人们在内心深处恐怕就会产生更多或更为根深蒂固的负面心理，以至于几乎完全丧失像拉奥孔那样与神灵或命运搏斗的勇气和力量。

不仅如此，当树立最高意义权威的思想行为形成了人们的一种心理习惯之后，将使人们的精神气质始终处于某个意义权威的笼罩之中，难以自拔。例如，人们将想方设法，通过各种意义联结方式来使"上帝"、"安拉"、"梵"或"佛"等神灵观念具备更完全的意义内容，以使无物能逃遁于其涵盖的范围，彻天彻地笼罩一切，或者是将"上帝"的观念从《旧约》中犹太教的"上帝"转变为《新约》中基督教的"上帝"，再转变为新教式的"上帝"观念那样。无论这些权威观念是否真的能够做到如此地步，至少在信徒的心目中，他们是这样认为的。可是如此一来，这些信徒们就在自己的内部世界中，建立起了一个附属型或等级制的意义结构，将自己的灵魂置于最高意义权威的完全控制之下，使自己彻底屈服于这种权威的支配或奴役。在这种心理背景下，当外部现实世界中也有某个人（如祭司或君主）能够代表这种最高意义权威时，这类信徒就能够使自己也屈服于这个人（如祭司或君主）而不再感觉到特别压抑，能够有所适应这种受控制、支配或奴役的现实状况，而不再感觉到内心过度的冲突，或者对可能出现的内在冲突也不再感到那么恐惧或焦虑。这就是使自己在内、外世界中建立起了相同或相似的意义结构，并使其在特定情境条件之下发生共振或协调，从而同时产生出顺从的心理或行为，以免在自己所不得不接受的社会文化生态环境之中整个身心受到过于严重的伤害。

与此同时，每当一个最高意义权威树立起来之后，就意味着那些与此有冲突的意义内容成为将必须加以否定、排斥或消除的对象。因为这一最高意义权威的真理性越强大，那些与此有冲突的意义对象所具有的错误性就越荒谬。因而凡是这样的意义内容只要出现或存在，就等于是在质疑、蔑视或挑战这个最高意义权威的真理性。这就会让那些信徒们无论如何都难以忍受，导致他们在心理上对那些异质性观念或者持有那种异质性观念的人越来越不宽容，必欲除之而后快。我们可以很容易地看到，这种不宽容心理是在特定社会文化生态环境中的人们不断产生相互仇视或嫉恨心理现象的主要原因之一，也是人们在现实中不断进行相互摧残甚至屠杀行为这种社会性现象的主要原因之一。也就是说，人们这些不宽容的观念或行为大都源于自己所建立的这种心理防御装置本身所具有的特性，如最高意义权威的功能或属性，因为最高意义权威本身就意味着独一无二性，就具有排斥性或破坏性，甚至还具有强烈的毁灭性。这种毁灭性是说，最高意义权威自身的真理性，就等于否定了其他一切观念具有真理性，或者只具有非真理性；其自身的最高意义性，也等于否定了其他一切观念的意义性，或者只具有无意义性。或者，更缓和一点地说就是，其他一切观念如果想要具有一点点真理性或意义性的话，那么就必须是在这个最高意义权威的阴影笼罩之下，才有可能获得，也就是必须根据它或源自它，或者由它所赋予或授权，或者出于它的仁慈或恩惠。如果形象地比喻的话，就是其他各种观念的真理性取决于同这个最高意义权威之间的位置关系：距离越近，具有的真理性就越多，反之，真理性就越少，甚至没有；而如果站在了这个意义权威的对立面，那么就表明这些观念是错误的，是假的，是荒谬的，甚至是邪恶的。

这种类型的意义结构或树立最高意义权威的思想方式在许多哲学理论中也是屡见不鲜的。不过哲学的方式是在原始宗教以神灵为解释力量这种做法之后，也就是当人们逐渐不满意于神灵的解释模式时，就开始去寻求其他的模式了。这当然也是人们的意义空间变得越来越丰富或扩展的结果。但是在意义内容越来越丰富、复杂或范围广泛的同时，人们基于对意义不确定性的困惑或焦虑，对确定性意义内容的追求也变得越来越强烈或迫切了，从而使人们在自己的内心世界中意义控制结构也渐渐得到明确、强化或稳固。这一内在结果作为心理防御装置自然是效果显著的，但是在缓解某些现实的心理恐惧或焦虑的同时，却又在更深的层次或结构上，产生了更为无以名状的意义恐惧或焦虑。对此人们始终难以注意到，或者即使意识到，却总是不情愿给予足够的重视。

哲学性的意义控制结构大约是在两千五百年前的古希腊时期出现的。那正是人们已经逐渐消除了对神灵信仰或崇拜的阶段，就像是拉奥孔敢于以人性的力量去对抗神灵的暴力一样，或者将神灵想象成有着多重身份和面孔的命运女神那样。不过此时人性刚刚从祭司或君主的束缚中解脱出来，本身的力量还过于羸弱，人们需要寻求更有效的内在结构以作为人性的精神支撑。这就是基于理性的哲学探讨。当爱琴海东海岸米利都城（Miletus）的泰勒斯（Thales，约公元前 624—前 547）提出"世界的本原是什么"这种问题的时候，哲学式的意义控制结构就开始被建立起来了。他认为"水"是对这一问题的答案。他的学生阿那克西曼德（Anaximander，约公元前 610—前 545）看到水在形式上的不可限定性，就将这种"无限定"的实在之物视为比水更为根本的本原。可是他对不确定性的某种承认却不被自己的学生所认可，如阿那克西美尼（Anaximenes，约公元前 570—前 526）就说这种无限定的东西其实不过就是"气"而已。而爱琴海东海岸另一个著名古城以弗所（Ephesus）的赫拉克利特（Heraclitus，约公元前 544—前 480）却说这种无限定的实在之物不是气，而是"火"。此时在爱琴海中一个叫萨摩斯（Samos）的小岛上，毕达哥拉斯（Pythagoras，约公元前 580—前 500）主张"万物皆数"，即世界的本原就是数字中的"数"，从 1 到 10 的数字各具不同的意义，可以构成世界中的万事万物。

像水、气、火或数等这一类事物之所以能够受到人们最早的青睐，以作为万物的本原，很可能就是因为它们至少在形式上包含了无限的可能性。这对于原始人的心灵活动而言仍然是最重要或最直观的意义内容，甚至也可以说是他们最原初的心灵体验。可是，人们的思考并不会就此止步，如果可能的话还会无限地继续探究下去。例如，这些水、气、火或数之类的东西究竟是怎么变成其他事物的呢？这一点对那个时代的人们而言并不容易解决。于是阿那克西美尼的一个学生阿那克萨戈拉（Anaxagoras，公元前500—前428）就说，所有事物都是由"种子"生长而成的。这听起来似乎合理得多，只是这个"种子"到底又是什么东西呢？看来问题还在，并没有得到解决。而在希腊北部的一个色雷斯人德谟克里特（Democritus，约公元前460—前370）说这些种子应该叫"原子"，就是一种无法再被分割的细微粒子，自然万物都是由无数的原子在虚空中组合而成的。这些原子不生不灭，以各种方式组合出无限多样的事物。这一解释框架被沿用至今，还仍然有一定的效力。

那个时期在希腊西边的意大利地区也有很多希腊人，是由于各种原因逃到那里去的，像埃利亚学派（Eleatic School）的先驱人物克塞诺芬尼（Xenophanes）就是为了逃避波斯人的统治而从爱琴海东海岸一直向西逃去的。这些逃犯当中也同样有许多思想家很喜欢追求确定性意义的最终根据，如埃利亚学派的创始者巴门尼德（Barmenides，约公元前515—前450）就直截了当地将永恒不动的"一"作为世界的本原。世界被确定到这种程度也算是一种很奇特的观点了，因为他觉得那些感性事物有着太多的变化，因而是不可能作为本原一直存在的。但是西西里岛上的另一个希腊人恩培多克勒（Empedocles，约公元前495—前435）却不同意这种说法，而更喜欢以带有经验直观色彩的东西作为世界本原。他说世界万事万物都是由水、气、火、土这四种元素以不同的排列组合方式或不同的比例糅合起来的。这些元素结合起来的力量就像爱一样，而分离开来的力量就像斗争一样，爱和斗争作为两种不同的力量在拼命拉扯着各种元素，使它们在偶然或必然的概率支配下循环往复地构造出各种事物。

这些设想可以说是最早从哲学角度对终极性确定意义的直接探究。我们可以很清晰地从中看出他们的那种精神倾向，即力求构建一个完全性的意义结构，能够将几乎所有的意义对象（世界上的万事万物）都纳入其中，成为某种严密的差异性、等级性、因果性或功能性系统。这已经与普通的意义探究完全不同了，不再是对具体经验现象的解释性思考，而超出了具体的经验领域，延伸至涉及几乎所有领域的终极性意义结构的彻底探究了，其中无疑将包括所有的不确定意义对象。只有能够将所有的不确定意义对象都按照某种方式得到解释，他们才有可能感到满意。否则，他们在意识领域内的思想探索是不会放弃的。

尽管如此，他们的观点在那个时代都不容易得到完满的论证，只能说还处在很朴素的思考阶段而已。不过，当时的另一些希腊人则考虑得稍微深入一些，即开始思考这种思想性探究本身的可能性问题了。例如，普罗泰戈拉（Protagoras，约公元前480—前410）提出了"人是万物的尺度"。这是一个很有趣的观点，说明他对每个人意义空间的独特性已经有所意识。如果再进一步的话，就可以认识到每个人的独特个性和人格，以及个体独特的意义空间了。不过，他好像强调的是人的感觉的独特性。这并不要紧，因为感觉的独特性是最为直观的心灵活动，且还意味着心灵能力的独特性，是原始人最有可能首先了解的，也构成个体意义空间中的基本内容。只是很可惜普罗泰戈拉的思考被苏格拉底（Socrates，公元前469—前399）和柏拉图打断了。

由于苏格拉底"述而不作"，没有为我们留下任何著作，因此我们只能从其学生柏拉图笔下看到他的一些思想。不过其中有哪些是苏格拉底的，又有哪些是柏拉图自己的观点，恐怕我们不太容易分得很清楚。还好这两个人的思想倾向很可能是大体一致的，而这也是我们主要关注的意义对象，因此将他们两人合在一起来谈，也并无不可。

如果说我们前面提到的那些古希腊思想家大多还是在依据自己的感性直观或心灵直观思考自然的话，那么柏拉图的苏格拉底就可以说是在自觉地思考这些直观本身了，也就是究竟如何确定一个概念或现象的意义内容，或者说意象图案的联结究竟怎样才算是恰当的。例如，像"爱"、"勇气"、"友谊"、"公正"、"美德"、"知识"或"存在"这样的概念及其相应的现象，究竟应该以什么方式、标准、原则或根据来确定它的意义联结？是以个人的意见，还是以某种感性直观，或诉诸人的心灵直观，或按照神灵的启示，或遵循纯逻辑的推演，或用实指方式等，或者还有其他的途径，如某种特殊的或普遍性原则？[①] 在苏格拉底看来，这种普遍定义问题要比这些概念及其相应的现象本身都重要得多。如果一个人不"知道"（能够确定其意义内容）这些确定意义的方式、标准、原则或根据，那么就可以说他也并"不知道"这些概念或相应的现象，因此也谈不上会"使用"这些概念，即使嘴里说了这些概念或相应的现象，也不过是在胡乱或盲目地使用而已，或仅仅是"提到"而已。无疑，这些想法涉及个体意义空间的建构问题。

我们不能否认柏拉图的苏格拉底所做的这种思考帮助人们打开了意义空间一个很重要的大门，使意义对象的内容可以无限丰富或扩展开来，也对锻炼人们的心灵能力影响巨大。我们或许应该承认这种追求确定性的意义探究本来只是意识活动的一种自然倾向，而不会是意识领域内某种非正常的变异状态。因而就对确定性的意义探究本身来说，如果没有达到过度执着的地步，也就未必会产生意义控制的心理或行为。但是，在柏拉图的苏格拉底这里，情况似乎发生了某种变化：原本只是自然倾向的意义确定，变成了执着地对确定性意义进行探究。这种确定性的意义探究，是以"定义"的形式出现的。从此，定义化的探究过程，就成为人们一种习惯性的思考方式。而这又是与语言的发展相伴随而出现的，语言成为确定意义的工具，也是可以对任何意义对象作出"定义"的工具。因此，"真理"——最确定的意义——无疑也就存在于语言当中。

---

① ［古希腊］柏拉图：《柏拉图全集·第一卷》，王晓朝译，人民出版社2002年版；［古希腊］柏拉图：《柏拉图全集·第二卷》，王晓朝译，人民出版社2003年版；［古希腊］柏拉图：《柏拉图全集·第三卷》，王晓朝译，人民出版社2003年版；［古希腊］柏拉图：《柏拉图全集·第四卷》，王晓朝译，人民出版社2003年版。

当柏拉图的意义探究达到这一程度时，就不奇怪他的学生亚里士多德会在研究了各种自然现象之后，将"是之所以为是"视为一个最根本的哲学问题了①，也从此开启了西方哲学主流的探究思路。可是，这对于后来西方文化发展的影响，或者对于西方人和社会的影响，究竟意味着什么，还似乎并不那么容易得到清晰的了解。如果考虑到 20 世纪的两次世界大战与西方自古以来这种内在思维或心理结构的历史传统之间若隐若现的关联，那么从柏拉图的苏格拉底到笛卡尔和康德，再到海德格尔等思想家的哲学探究，恐怕都存在某些根深蒂固的缺陷尚待澄清。

从人的原始状态下意识活动的产生或意义空间的萌芽过程，我们可以了解到，任意一个概念都可以包含无限的意义内容，可以与无穷的意象图案进行联结。同时，这也意味着任意一个概念可根据人们的需要或爱好被确定为任意一种意义内容，还可以与任意一个意象图案或意义对象以任何方式进行联结，从中获得某一种或某一些意义关联。而任何一个意象图案的联结或意义内容在某些特定情境条件下都有一定的意义或价值，或者可以满足某个人或某些人的利益需要、个人偏好、群体要求、特殊或普遍的原则等。任意一个意义对象也可以包含无限丰富的意义内容，可以与任意一个概念相互联结，可以有无限可能的延伸变化。无论人们使用哪一种意义联结方式，如个人想法、感性直观、心灵直观、神灵启示、逻辑推演、实指定义或使用方式等，或者是某种特殊性或普遍性原则，都可以对任意一个概念联结出无限丰富的意义内容，或任意一个意义内容联结到无限多样的概念中去。因此，所有的意义对象，不论是人们可简单确定的，如感性直观或心灵直观对象，还是人们无论如何都难以确定的，如梦境、生死、未来、天堂、地狱、他人或他人

---

① ［古希腊］亚里士多德：《形而上学》，吴寿彭译，商务印书馆 1996 年版，卷四，第 56 页。亚里士多德的"是"源于古希腊语中的系动词，名词化之后在哲学中被作为一个特殊的概念使用，但在汉语中没有恰当的对应译法，也可以译为"存在"或"有"。

的心灵、自然或社会的特殊对象等所有的未知领域，就像人的本能冲动或欲望一样，都同样具有无限可能的意义内容，也同样可以依据某种方式加以简单或复杂地确定。这都是意义的无限丰富性、可分离性、开放性、独特性或创造性特征本身所蕴涵的状态。意义空间的这些特征并非某种奇异的偶然情况，也不是什么超自然的神迹。甚至我们即使将之看作为自然现象也都无妨，或者可能还更合理或恰当一些。然而我们却总是被其显示的某种奇特性所迷惑，而往往仅仅习惯于简单可确定的意义内容，而对那些似乎无法确定的意义对象畏之如虎、疑虑重重，对自己难以确定的意义内容或意义领域无比恐惧，始终为之焦虑或心神不安，以至于由此产生出意义控制的心理倾向并付之现实化行为而难以自觉，更难以摆脱。

就一般情况而言，除了大脑神经系统完全停止运作的人以外，几乎所有正常的人都自觉不自觉地在进行各种形式的意义探究。人们在各种形式的意义指定中进行无限多样的意义筹划，并获得无限丰富的意义内容，使自己或他人的意义空间能够始终处在无限扩展之中。在这种背景下，即使出现各种意义冲突也是很正常的，人们可以在具有无限可能的意义空间中寻找到无限多种消解方式，而不至于对此完全一筹莫展。但是当人们患上了意义焦虑或恐惧症之后，情况就发生了某种变化，那就是意义确定性的极度追求导致意义控制的强烈心理和行为倾向也随之产生，从而在人与人之间造成具有相当破坏力的意义威胁，也就是在群体的社会生活中形成了人际之间的意义控制关系，并由此出现相应的附属型或等级制的社会结构，引起身处其中的人们在精神或心理上发生扭曲的状况。特别是当人们的意义赋予能力还处在较为稚嫩的程度时，对这种意义威胁更加难以抵挡。于是从五六千年前的原始时代开始，处于意义控制中的人们就不得不为自己安装上各种心理防御装置，以缓和可能遭受的各种心灵伤害，以及可能延及的身体伤害。而在这些心理防御装置中，我们看到，大多都被建构成类似于附属型或等级制的心理结构，以某种意义权威为其核心动力或主导性力量，给予自己程度不同的意义依赖，使自己能够应对或者尽可能适应于同样的社会结构。从这个角度来看，柏拉图的苏格拉底所做的理性探究，就属于早期社会中对意义权威的自觉树立过程，或者是这种内在结构的心理防御装置的自觉建造阶段。与之相对的更为原始的宗教信仰，也可以说是意义权威的自然树立过程，或者是心理防御装置的自然建造阶段。

在古希腊出现苏格拉底和柏拉图这样的思想家以及他们的那些观念，很可能只是一个偶然的现象，但是在那个特定社会情境状况下，这种迫切的确定性意义依赖和追求现象可能就未必是偶然的了。在那一时期世界各地的社会文明发展过程中，我们几乎都能够观察到相似的心灵现象以各种方式出现。虽然由于历史情境因素的影响，各个社会的这种心灵状况所呈现出来的现象有很大区别，不过那种心理上的迫切性似乎大都一样。

尽管如此，即使说这种心灵状况或意义控制的心理倾向并非偶然出现的社会现象，但是要想在这一社会现象与其他的社会情境条件之间勾连出某种必然的关系，却也不是一件容易的事情。或者我们只能含蓄地说，所有这些社会性现象都是共同在一个长期社会历史发展过程中逐渐出现的，而并不能够很清晰地分辨出哪一个现象为因，而哪一个现象为果，或许它们都是某种结构性或基础性因素的影响结果。不过，我们更倾向于认为，这些社会现象相互之间在历史演化中促发了社会发展的特殊进程。

虽然伯利克里时代是古希腊雅典城邦的黄金时期，不过此时波斯王国对希腊的入侵很严重地破坏了爱琴海地区的文化生态环境，随后的伯罗奔尼撒战争和马其顿势力的笼罩可以说又将之彻底葬送。公元前 5 世纪的一个世纪里，希腊地区几乎都处于战争状态。前五十年是抵抗波斯大军的战争，后五十年是希腊内部的战争，即以雅典城邦为首的提洛同盟与以斯巴达为首的伯罗奔尼撒联盟之间的战争。这一百年的战争状态无疑在很大程度上恶化了古希腊人的精神状况，使他们的意义空间开始变得促狭起来，甚至最后不得不趋向于封闭状态。这恐怕也是马其顿的腓力和亚历山大能够完全终结古希腊社会自由状态的一个很重要原因。毕竟，意义恐惧导致了意义控制，让希腊人也产生了某种意义依赖感，由此自然地要努力给自己安装上心理防御装置，以在恶劣的社会文化生态环境中生存下来。这样，基于现实的迫切性，寻求最高的意义权威就成为思想或理论上的一件紧要之事。在这种背景下，柏拉图的苏格拉底就适时出现了。当亚里士多德作为亚历山大的老师开始全面阐述和总结自己的思想理论时，亚历山大就很自然地在潜意识中产生了要成为最高意义权威在人世间代表的念头，即"全亚洲之王"甚至"世界之主"。这对于他而言，难道不是一件十分顺理成章的事情吗？难道不是亚里士多德的"Being"在现实社会生活中的体现吗？

当然，这种心理倾向及其现实化行为作为一种社会性现象，是不会在短短几十年时间里突然就冒出来的，而一定有着更为长久的酝酿过程。或许更准确地说，实际上意义控制的心理倾向就始终潜伏在原始人的心底深处，恐怕从来就没有消失过。至少在五六千年前，当那些逃亡者从两河流域或尼罗河流域的社会控制中逃出来的时候，他们就已经有了某种心理防御装置。虽然他们后来从腓尼基、塞浦路斯岛或克里特岛，一路逃到了伯罗奔尼撒半岛和阿提卡地区，以至整个爱琴海沿岸，甚至到了意大利地区，但是在他们的内心中，自己的逃亡者身份大概还一直都在缠绕着他们的心灵，那种恐惧或焦虑心理是不会轻易完全消散的。因此，尽管他们在公元前5世纪之前似乎暂时脱离了危险，可以稍微安下心来经营自己的生活，享受着自由自在的逍遥日子（这一点我们从《荷马史诗》中能够很强烈地感受到），但是来自两河流域或尼罗河流域社会的阴影，虽然稍微淡化了一些，却并未彻底消除，而隐然还笼罩在他们的心底深处。在适当的时候，当有某些媒介因素刺激之时，就有可能又冒了出来，继续骚扰他们脆弱的灵魂，使他们始终无法摆脱某种慌乱或焦虑的情绪。

　　所以我们很可以理解，在迈锡尼时期，这些希腊盟军为什么会那么热衷于去进攻小亚细亚的特洛伊城①。一般人会以为，被特洛伊王子帕里斯（Paris）拐走的美女海伦（Helen），或者是特洛伊的财富引起了爱琴海地域迈锡尼时代的这场战争。不过，根据我们的看法，女人或财富之类的东西只不过是那时的他们能够说出来让自己或他人信服的理由而已，真实的理由实际上深深地埋在他们的内心深处，那就是两河流域或尼罗河流域社会几乎构成了这些逃亡者永远的梦魇。因此攻打小亚细亚的城市这件事情本身，就可以让他们得到极大的心理满足。从马其顿的亚历山大身上，我们也能够很明显地感受到征服了许多亚洲部族和埃及、被冠以"亚洲之王"的他是如何在这种心理满足中洋洋自得，深觉自己对希腊人的无尽恩惠完全可以平衡他们的自由被自己剥夺而产生的怨恨情绪。

　　公元前 5 世纪的一百年战争状态促发了古希腊人的恐慌心理。而从此时到马其顿的军事征服和统治结束又延续了四百年。这四百年的战争状态又引发了古罗马帝国的诞生，使几乎整个欧洲在军事和宗教统治之下接着度过了一千五百年左右，直到西方现代社会的建立。而另一方面两河流域或尼罗河流域社会却始终难以摆脱意义控制的状态，一直都处在祭司的宗教权力或君主的军事权力主宰之下。不过，两河流域社会的意义控制状况后来影响的不再只是古希腊人或古罗马人，还有北部那些日耳曼人，让他们也在不断逃亡的过程中始终不敢卸除自己的心理防御装置。所以我们看到，即使是在消除了君主军事暴力的现代社会生活中，那些日耳曼人也仍然不免感染上很强的意义控制倾向，有着结构紧密的心理防御装置，就像是"哥特式"建筑一样，高耸入云，竭力寻求绝对的意义权威（见图 10–1）。正是在对这一绝对意义

————————

① ［古希腊］荷马：《荷马史诗·伊利亚特》，赵越译，北方文艺出版社 2012 年版。

权威的意义依赖（基督宗教）中，他们在一定程度上缓解了来自两河流域君主们或古罗马帝国军事力量的威胁，从社会强制性政治力量的紧紧压制下逃脱出来。

不过，令人遗憾的是，在另一方面，他们这种哥特式意义依赖或意义控制的心理倾向并没有被削弱，反而得到极大的增强，即又被完全笼罩在"上帝"这一意义权威的阴影下，处于教士或神父们的意义控制之中。于是，为了得到再一次解脱，像笛卡尔清楚明白的"观念"① 就又适时地出现了，开始建造现代社会的心理防御装置。他的理性探究类似于苏格拉底、柏拉图或亚里士多德式的意义结构，都要寻求真理的最终根据或者最高真理本身，然后在此基础上再赋予所有其他观念以意义或价值。与笛卡尔的这种理性探究相呼应，斯宾诺莎的唯一"实体"②、康德的"纯粹理性"③ 或黑格尔的"绝对精神"④ 也都在同一条大道上疾驰而过，都渗透着浓厚的"哥特式"风格。

这种追求极端性或等级制意义结构的风格在德国人身上表现得非常突出，像 19 世纪尼采的"超人"或"权力意志"⑤，20 世纪维特根斯坦的"原子事实"或"基本命题"⑥，卡尔那普的"感觉材料"⑦，海德格尔的"存在"本身（或"是"

---

① ［法］笛卡尔：《第一哲学沉思集　反驳和答辩》，庞景仁译，商务印书馆 1986 年版；［法］笛卡尔：《谈谈方法》，王太庆译，商务印书馆 2002 年版。

② ［荷］斯宾诺莎：《伦理学》，贺麟译，商务印书馆 1997 年版。

③ ［德］康德：《纯粹理性批判》，邓晓芒译，人民出版社 2004 年版。

④ ［德］黑格尔：《精神现象学》（上、下卷），贺麟、王玖兴译，商务印书馆 1981 年版；［德］黑格尔：《逻辑学》（上、下卷），杨一之译，商务印书馆 2003 年版。

⑤ ［德］尼采：《查拉图斯特拉如是说：译注本》，钱春琦译，生活·读书·新知三联书店 2014 年版；［德］尼采：《权力意志——1885—1889 年遗稿》（上、下卷），孙周兴译，商务印书馆 2013 年版。

⑥ ［奥］维特根斯坦：《逻辑哲学论》，贺绍甲译，商务印书馆 2002 年版。

⑦ ［德］鲁道夫·卡尔那普：《世界的逻辑构造》，陈启伟译，上海译文出版社 1999 年版。

本身或"从本有而来的存有")① 也同样沉浸在"哥特式"氛围之中。只不过此时的这种"哥特式"风格已经显露出病态的特征，表明这些日耳曼人的心理结构及其社会结构也逐渐被扭曲到某种病态的程度，整个社会文化生态环境都陷入某种糟糕的状况之中，以至于两次世界大战的出现甚至都几乎可以被视为这种病态心理或社会文化生态环境所导致的一个必然性结果。尽管其中的关联似乎还十分隐微，并不容易被人们清晰地勾勒出来，不过如果我们了解意义控制的前因后果，那么对这种社会变化的状况就不会感觉到过于茫然。这说明德国现当代哲学的确是如其所愿地继承了古希腊柏拉图式的哲学传统，不过很遗憾的是，他们继承的恐怕也包括其中最醒龊的部分，即心理防御装置中树立意义权威式的等级结构，而对其创造性或开放式的意义探究则似乎置若罔闻。对此，德国当代学者哈贝马斯（Jürgen Habermas, 1929— ）仿佛也仍然处于这种茫然的意义依赖倾向之中，因为他仍然保持了对不确定性意义的原始恐惧或焦虑，同时又不敢直截了当地树立某一特定的意义权威，而只知道畏缩地去寻求尽可能与英美学者达成一点点共识，并将"意义权威"这一原始标签重新粘贴在交往双方的脸上，似乎这样一来就可以缓解或消除双方之间的意义冲突，而又不会有意义依赖或意义控制的嫌疑②。不过，很明显，对两次世界大战的恐惧或焦虑感一直萦绕在他的心头，始终令他难以释怀。只是他并没有因此而产生力图摆脱意义控制的欲望，而仍然在原始轨道上谨小慎微地滑过，以掩耳

---

① ［德］海德格尔：《存在与时间》（修订译本），陈嘉映、王庆节译，生活·读书·新知三联书店 1999 年版；［德］海德格尔：《形而上学导论》，熊伟、王庆节译，商务印书馆 2012 年版。［德］马丁·海德格尔：《哲学论稿（从本有而来）》，孙周兴译，商务印书馆 2012 年版。

② ［德］尤尔根·哈贝马斯：《交往行为理论：第一卷 行为合理性与社会合理化》，曹卫东译，上海人民出版社 2004 年版；［德］于尔根·哈贝马斯：《后形而上学思想》，曹卫东、付德根译，译林出版社 2012 年版；［德］尤尔根·哈贝马斯：《合法化危机》，刘北成、曹卫东译，上海人民出版社 2009 年版；［德］于尔根·哈贝马斯：《现代性的哲学话语》，曹卫东译，译林出版社 2011 年版。

图 10–1　科 隆 大 教 堂（Cologne Cathedral），建 于 1248—1880 年，高 度 157.3 米，位于德国科隆市

盗铃的方式对随时可能出现的意义冲突视而不见①。这表明德国当代学术仍然还处于哥特式意义结构的阴影笼罩之下，尚未从对意义不确定性的原始恐惧或焦虑中解脱出来，整体而言都处在一种很不成熟的状态之中。当然，类似于哈贝马斯的观念也是许多人会在无奈之中选择的现实性策略。否则，在阴影笼罩下的日子将如何打发呢？面对各种意义威胁，他们缺乏内在的勇气，而只希望以相互安慰的方式得过且过。

---

① ［德］哈贝马斯等：《希特勒，永不消散的阴云？——德国历史学家之争》，逄之、崔博等译，生活·读书·新知三联书店 2014 年版。

第十一章

让生命更流畅

观念之间的意义冲突源于心理防御装置中意义权威的排斥性力量。不过这种排斥性力量在附属型或等级制的意义结构中所主导的意义控制，其现实效果却并不仅仅如此，它在内在世界中还有着更深一层的影响，那就是引起了人们对自身的本能冲动、欲望或情感等领域的敌视心理倾向，导致人的身心很容易处于分裂状态，并由此削弱了心灵努力或心灵能力所能够达到的程度，也妨碍了人的主体意识、主体地位或主体能力的培养，使得个体或社会的意义空间都难免趋向萎缩或封闭状态，而最终的结果是使人很容易陷入人格无法形成或完善、生命成长也总是难以健康或顺畅的困境之中。这种意义冲突现象主要有两种原因：一方面是理论上的原因，另一方面是来自现实考虑的原因。

人们之所以会产生对自身的本能冲动、欲望、情感或审美等领域的敌视心理倾向，其理论上的原因是指意义空间本身的特性会导致处于心理防御装置中的人采取这种现实性策略。当人们在自己的意义空间中建立某种附属型或等级制的心理防御装置时，其内在意义结构一般是由某个意义权威作为其动力机制的主导性力量。而意义权威的本质是这样一种意义内容，即不仅是具有"唯一确定性"的意象联结，而且具有"最高普遍性"。至少，在尊奉这一"神圣"

意义对象的人们眼里，这一意义权威是被视为具有这些性质的。"唯一的确定性"是说这个意象图案的联结方式在意义空间所有的意象联结中是最确定无疑的，无论在什么具体的情境条件下这一联结都有效，因而人们应该在任何情况下都永远保持着这一意象联结的现实存在。"最高的普遍性"是说这一意义权威对所有其他的意象联结都有某种基础性、主导性、标准性、目的性、动力性、原则性或决定性等意义上的作用、影响或关系。有时，在人们眼里，这种意义权威甚至还具有"绝对的必然性"，即在任何情境条件下，都是必然会发生的一种意象联结，而无论人们是否自主地在意识领域中去作出这种意象联结。

但是，如果我们根据意义空间中意义的本身特性来看就知道，意义权威这样的性质恐怕是虚幻的。由于意义的无限可能性，意象联结的方式或意义内容也是无限可能的。而且意义本身具有差异性、可分离性、独特性、开放性或创造性等特征，意味着任何一种意象图案的联结方式都没有必然的确定性，也不可能会对所有其他意象联结具有普遍适用性。当人们将某种意义联结方式视为意义权威，即具有"唯一确定性"或"最高普遍性"时，实际上等于是在说处于这种意义权威之下意义空间可以是统一、全面或封闭的，还可以是恒常的，即只需要现有的意义内容就可应对一切可能的未来或未知领域的状况，而不再需要任何新的意义内容被创造出来了。因而，人们心目中这一执着性的意义幻觉无疑将会受到来自意义空间本身的特性所质疑、挑战、动摇或否定。但是，当人们的这种确定性信念过于执着时，其他的意义内容在人们的心目中只具有次要的、附属的、被动的或低级的地位，因而难以对那个高高在上的意义权威构成实质性的挑战，更无法凭借该意义内容自身的力量达到对意义权威的否定程度。所以，在人的意识领域内，人们很难找到能够真正威胁意义权威至高无上地位的因素或力量。而这种因素或力量只有在人的本能冲动、欲望、情感或审美等领域里才有可能找到。当人们在心理防御装置中对意义权威过于执迷时，意义权威以及这种心理防御装置本身就会对人的本能冲动、欲望或情感或审美等领域构成某种难以承受的压力，而对压力的反抗就可能通过无意识或潜意识反映出来，也可能会通过某种强烈的或奇特的情感或审美偏好反映出来。

那么，为什么人的本能冲动、欲望、情感或审美等领域里会出现动摇或消除对某种特定的意义联结方式过于执着或沉迷的因素或力量呢？对此我们从前面对原始心灵空间的描述中就可以看得出来，意象图案的联结是人的心灵能力（如想象、思想或创造能力）在发挥作用，进行各种的意义指定或意义筹划。心灵能力的运用是心灵努力的结果，而心灵努力又是人的整个身心机能运作下产生的，因而与人的本能冲动、欲望、情感或审美等领域有着几乎是直接的关联。人的本能冲动或欲望等因素很可能构成了心灵努力和心灵能力发挥作用的动力，而情感或审美等因素则很可能是心灵努力和心灵能力运作的价值导向或调解机制。当然，由于这些因素或力量大都处于无意识或潜意识领域之内，因而我们并不容易很清晰地了解它们的具体结构或运行的内部机理，而只能依据它们以某种方式表现出来的外部现象推测出可能存在的内在关联。

这样，当人们对某种意义内容过于执着或沉迷时，或者在显著地强化自己的心理防御装置时，也意味着他们将自己的心灵能力发挥到了很大甚至是极致的程度，而这同时又意味着他们在极力作出自己的心灵努力。可是如此一来，这就需要不断地积极调动出他们内在的本能冲动、欲望、情感或审美等因素或力量，才有可能达到这样的目的。而一旦这些因素或力量被调动出来，则它们将会按照自身的趋势或倾向发挥作用和影响，特别是很可能会按照其原有的或现有的条件或方式进行，而未必会遵守意识领域内的指令去做，也未必会仅仅以满足心理防御装置的要求为限，更未必会完全顺从意义权威的控制或支配。这些因素或力量本身已经蕴涵了意义无限可能性的特性，因为意义的无限可能性从意义空间的开始状态起，就是由这些因素或力量加以现实化的。同样，它们也是意义的差异性、可分离性、开放性、独特性或创造性得以现实化的原始根源。因此，当人们在尽力作出自己的心灵努力时，或者在尽力发挥自己的心灵能力时，就不可避免地会由内在的本能冲动、欲望、情感或审美因素或力量施加自己的影响或作用。而这些影响或作用很自然会导致意义联结趋向无限可能性，使意义内容趋向无限丰富或扩展。这当然就对那些固执的意象联结造成了冲击，特别是对意义权威的执着或沉迷构成了内在的威胁。例如，意义的独特性表明每个人的意义空间都具有独一无二的特殊内涵，是在无数的情境条件下所构成的特殊个体意义空间，并由此而形成了每个人独特的人格特征。因而个体意义空间或人格是任何个别的意象联结所无法完全覆盖的，无论这一意象联结具有多么普遍的适用性或有多么崇高的权威性。实际上个体意义空间或人格的特殊性本身就是对所谓"最高普遍性"的威胁或否定，因而也是对任何意义权威的权威性的威胁或否定。而在任何由意义权威所主导的心理防御装置中，个体意义空间或个体人格，以及与个人内在特殊本性相关的一切，往往都被视为对立的一面而要竭力加以贬低或压制，直至彻底消除。因而与意义的独特性是直接相矛盾的。

人的本能冲动、欲望、情感或审美等领域内的因素或力量对意义权威的威胁或冲击，是很容易被人们意识到的，例如通过无意识行为、潜意识感受、做梦、情感或审美偏好等渠道，或微弱或强烈地表现出来。而表现出来的这些现象往往都是与意义权威之间形成了难以消解的意义冲突。这自然会导致人们在内心深处产生恐惧或焦虑心理，因为人们一般都不清楚这些意义威胁或意义冲突究竟来源于哪里，又是什么原因造成的，并会导向何种结果，可是又在内心深处时时地涌现，且自己几乎完全无法抑制得住。这种恐惧或焦虑感对普通人而言是十分难以承受的，因为这种意义威胁或冲突并不仅仅是单纯的一种，而且附加在了原始的意义不确定性之上，即人的本能冲动、欲望、情感或审美等领域原本就属于意义不确定性的源泉之一，是自原始心灵阶段起就构成为人们一向所恐惧或焦虑的对象，而且其本身的意义不确定性就几乎是无法消除的。

因此，现在当这种原始的意义不确定性又叠加上了与意识领域内确定性意义权威之间的意义冲突时，就等于加剧了原有的恐惧或焦虑感，更加使人们难以承受了。这正是两种结构上相似的心理状态发生不和谐共振之后的效果，由此很可能导致了人们对这些本能冲动、欲望、情感或审美等领域内的因素或力量产生了莫名的敌视心理，并依靠其心理防御装置竭力加以排斥。

除了理论上的原因以外，人们之所以产生这种敌视心理还有来自现实的考虑，即出于某种现实性策略，因为这一方面很可能是被迫的结果，另一方面还有可能在一定程度上缓解或降低人们所受到的外部控制对自己整个身心造成的危害性。在现实的社会生活中，我们看到，意义控制的状况是很普遍的一个历史性现象。而在原始时代，意义控制的最初形式往往是对人身自由的限制，如战俘或犯人被捆绑或关押起来，后来又逐步发展到对人的生存资源的控制，如食物或居所等，再到性对象、土地或财富等的控制。社会性的意义控制还会对社会性资源和思想性资源进行控制，即控制某一个区域内社会群体的组织结构、管理程序、分配制度、伦理风俗、观念意识或生活方式等方面。这将包括一个社会的政治、经济、法律、教育、军事、宗教、伦理、哲学、科学技术或文学艺术等文化生活的几乎所有领域，也就是控制了整个社会文化生态环境，从而也就控制了在其中生存的所有人或整个社会。当身处其中的人们承受不了这种社会性强制力量的控制、支配或奴役时，就可能抵制或反抗，或者逃亡，就像原始时代人们从两河流域或尼罗河流域社会中逃到地中海沿岸地区那样。但是逃亡很可能仅仅是少数人才有机会能够做到的事情，而对那些社会中的绝大多数人而言，很可能就只好屈服于这种社会性强制力量以及掌握了这种力量的那些人。在这种情况下，这些屈服者就存在这样一个生存性难题，即如何在一个附属型或等级制的社会结构中，在被控制、支配或奴役的状态下生存下去。这也是心理防御装置之所以产生的社会性根源。

心理防御装置是为了使人们在各种意义威胁背景下避免自己受到过大的身

心伤害而建立的。对那些逃亡成功的人而言，心理防御装置算是获得了成功的应用，因而也容易导致这些人带有较强的进攻性，或进取意识，或冒险精神，就像我们在迈锡尼时期或古希腊时期的社会所看到的那样。但是对于那些无法逃亡的人而言，这一装置就更具防御性或保守意识，就像我们在两河流域、尼罗河流域、印度河和恒河流域，或者黄河领域等社会历史文化中所看到的那样。这种防御性主要是指，人们在心理上较为普遍地采取了一种现实性策略，即与外在的社会结构保持一致。当外在的社会结构属于附属型或等级制的意义结构时，其内部空间也同样采取了附属型或等级制的防御性意义结构。这种意义结构中最主要的就是以某种意义权威为核心动力或主导性力量，占据制高点或最关键的中心点，并掌握其他所有部分的控制或支配性权力。因此，当人们在外部的现实社会生活中处于被控制、支配或奴役的状态时，其内部的心理防御装置中，也同样会将与自己身体相关的一切视为次要、被动、附属或低级的意义对象。在这种情况下，人们在自己内心中会认为与自己身体相关的一切都是次要、被动、附属或低级的，应该服从或遵循某种最高或唯一的意义权威，那么，同样的道理，自己在外部社会生活中也是次要、被动、附属或低级的，也同样应该顺从于某种强大的社会性力量或神圣的意义权威。当内、外部世界都处于这种顺从状态之中时，相互之间就会发生协调性共振。这种协调性共振可能会让人感觉安慰、舒适或兴奋，也可能会导致麻木或感觉模糊。不过，即使是麻木或感觉模糊，比较起被控制、支配或奴役之初可能感受到的痛苦或恐惧而言，也已经好受多了，至少在表面上是缓和了那种痛苦或恐惧可能会对人所造成的心理伤害。

因此，我们就不难理解，处于这种生存困境中的人为什么会主动或有意识地将自己的某些内在领域视为次要、被动、附属或低级的，而这又意味着他将忽视或（更可能地）敌视与自己身体相关的一切，特别是自己的本能冲动、欲望、情感或审美等领域内的各个因素或力量。这也是为什么在原始时代，当意义控制或军事暴力盛行时，许多人在受支配或奴役的情况下，不得不采取这样的心理防御装置，贬低、压制或排斥自己的内在领域或与身体相关的一切，就如同一个人在经常忍饥挨饿却难以找到吃的东西时，就常常不得不设法尽力忍受，或安慰自己说饿一点没关系，甚至还可能会对自己无法抑制的饥饿感十分恼火一样。因此，像克制自己的本能冲动、欲望、情感或审美意识的道德观念或宗教意识在古代社会中是很流行的，甚至有的人还要尽力使自己的自然本性达到完全"寂灭"的程度才罢休，以为这样才能升入天堂，成为永恒的神、佛，或与天道合一，永远脱离黑暗而沐浴在光明之中，如斯多葛主义、犹太教、基督教、伊斯兰教、印度教、拜火教、佛教或儒教等都有相似的思想主张。而这种自我克制（"克己"）的观念与亚里士多德或孔子式的适可而止（"中道"或"中庸"）的观念已经有了稍许不同，因为那一般是指在自然状态下几乎任何人都可直观的行为自我调节方式，而并非某种特殊的道德观念或宗教意识。当然，其中的差别并非那么容易分辨清晰。

与人身体相关的内在领域，如本能的冲动、欲望、情感或审美偏好等这些自然本性对心理防御装置始终存在一定的威胁、冲击或否定，但是由于人所身处的外部社会文化生态环境对这些自然本性一直形成了某种限制关系，导致在人的内在世界或意义空间中不断出现各种意义冲突，并由此引发了许多个体性或社会性问题。例如，就个体性问题而言，对自然本性的贬低、压制或排斥毕竟总是在弱化个体心灵努力的程度，从而造成心灵能力也随之弱化，使得在个体意义空间中的意义赋予或意义流动难以畅达，导致意义空间出现贫乏、萎缩或封闭的趋势。而且，由于自然本性是构成个体人格的基础性因素和力量，因此对它的否定也意味着个体人格难以形成或完善，严重者甚至会造成人格的分裂或崩溃。这又进一步将影响到人的主体意识、主体地位或主体能力的培养或提高，使人在社会生活中更容易处于被控制、支配或奴役的状态，且更难以依靠自己的力量加以摆脱。或许我们还可以发现，对自然本性的持续性敌意最终也将反映在身体机能的弱化上。虽然这种态度是心理防御装置作为一种现实性策略而采取的，以防止自己在不利的社会文化生态环境中尽可能减缓所受到的伤害程度，但是从长期或最终的结果来看，这一方式毕竟没有彻底改变受限制的生存处境，且使这种生存困境往往成为终生的状况。因而弱化自身的结果，叠加上这种生存困境的长久持续，无疑将会导致人的整个身心都趋向于越来越弱化的状态，从而更严重地损伤了人的生命成长。这也是个体独立人格不能形成的后果之一。

对人自然本性的敌意所引起的社会性问题有很多，对此我们前面也不断地提到过。简要而言，这总是难免会造成人际之间的紧张关系，以至于使各种社会性关系都被扭曲变形。而当这种扭曲达到一定的程度时，就很可能导致发生严重的社会冲突，如大规模的战争、长时间大范围的贫困或社会整体性的不公正等现象。

紧张的社会关系对人的影响是很明显的，如使一般人逐渐丧失其真诚本性而变得虚伪，因为人的自然本性是无法消除的，所以在社会性舆论、宗教、伦理或政治等力量的压力下，人们不敢真实地表现自己，而只能将自己伪装起来，显得自己符合那些社会性要求、标准或原则，以使自己尽可能被社会所接受而不会被排斥或抛弃。而当所有人都以虚假的面目视人时，人际之间就会变得极不宽容，因为人们会形成监视他人的心理习惯，在自己不得不伪装的情况下就会十分嫉恨他人偶然显露出的真实本性。于是，当发现他人的真实本性外露时，就会极力加以谴责，并以此掩饰自己的伪装，防止被他人识破。而这又反过来进一步恶化了人际之间的社会性关系，使人们陷入一种恶性循环之中。

贪婪心理或行为也是这种紧张的社会性关系对人所造成的影响结果。不像一般人所以为的那样，贪婪并非源于人的自然本性，而恰恰是否定人的自然本性之后才有可能产生的结果，或者是在生存资源被控制或剥夺的状况下才会造成的心理或行为倾向。对人自然本性的敌视心态在意识领域里总是伴随着对功利的贬低或否定。这种心理防御装置的内部结构是与外部社会结构相一致的，因为在社会生活中，当人们的生存资源被控制起来，使一般的人处于生存资源被剥夺或缺乏的状态时，这种心理防御装置就会相应地产生对自然本性的敌意，以使人们能够在一定程度上有所适应这种缺乏状态。但是，心理防御装置的这种机制并不会真实地发生作用，不会真实地完全消除人们对这种缺乏状态的不适应感。因为这也是人的自然本性将会产生的自然要求，是无法摆脱的，除非生命完结，否则这种自然本性就将始终发生作用和影响。因此，在这种背景下，人的自然本性就必然会通过隐秘的方式（无意识）表现出来，即与心理防御装置所要求的原则或标准相反，呈现为一种逆反的心理或行为倾向，即贪婪。从这个意义上说，贪婪也可以被视为出于人的自然本性在某种特定社会文化生态环境中的一种自我保存倾向。因此，贪婪并非直接地就属于人的自然品性，而是与某种特定的社会文化生态环境的状况有着直接的关系，是在某种生存困境中的自我保存倾向或行为。因而这一心理或行为倾向也同时会出现在心理防御装置之中，成为人们采取心理防御的现实性策略之一。

贪婪心理或行为也可以说是人们内心深处存在一种极不安全感的外在表现。不仅是贪婪，当人们发现自己处在某种不安全的外部环境之中时，往往会产生各种特异的心理或行为状况，如焦虑和恐惧就是这样，虚伪或将自己伪装成社会所欣赏的样子也是这样，对他人缺乏善意而怀有敌意或嫉恨也同样如此，还有像很强的攻击性也是这种情况下的反应。而这些心理或行为可以说基本上都是心理防御装置中的一般性内容，因为这种防御装置本身就是人们身处不安全社会文化生态环境中的产物，是人们为了防止社会性的意义冲突对自己的身心造成过度伤害，而不得不采取的防御性现实策略。

尽管如此，人们在心理或行为上所采取的这些防御性现实策略并不能真正解决社会性意义冲突问题，而不过是在某些个别情况下稍有缓解而已。实际上当人们普遍性地都安装上这种心理防御装置之后，反而会导致普遍性地强化人们的意义控制倾向，因为这些防卫措施只会增加人们相互之间的敌意，而这种敌意又使各种意义不确定性变得更加扑朔迷离，从而恶化了社会文化生态环境。这反过来又强化了人们的恐惧或焦虑感以及不安全感，于是促使人们不得不再度加强心理防御装置，强化其隔离性或排斥性力量。这样，最终的结果是人们相互之间在社会生活中陷入一种恶性循环之中，在个人之间或个人与社会群体之间形成越来越严重的意义控制行为或意义冲突。这一点由古罗马帝国的出现、东罗马帝国的灭亡直到 20 世纪的两次世界大战等历史现象中都可以得到印证。

在这种社会性心理或行为的恶性循环中，通过追求更高或更普遍的意义确定性是毫无作用的。因为像那种哥特式的更高或更普遍的意义权威只会强化，而不会消除人们的意义控制心理或行为；只会封闭，而不会开放人们的意义空间；只会导致意义的流动和传递越来越滞涩甚至停顿，而不会让它趋向于越来越顺畅。因此我们不难理解，为什么在几千年的社会历史中，人们尝试了许多种不同的意义权威，却仍然无法解决社会性的意义冲突现象，反而在某些情境条件聚合碰撞之下，会引起更为严重的社会性灾难。这正是哥特式的意义结构本身就附带着的弊端。对此问题人们很有必要加以深思。

心理防御装置虽然在现实社会生活中对人们暂时有所帮助，但是它本质上仍然还属于意义空间中的障碍性设施，不会切实解决人们之间的意义冲突问题，也不可能真正解决糟糕的社会文化生态环境对人的生命成长所存在的不利氛围。因为这一内在设置毕竟源于意义控制的心理或行为，是在意义控制之下的防御性现实策略，所以，它并非为了解决意义控制倾向而设计的，而不妨说是为了尽可能有效地应对各种意义控制状况的某种适应性措施。要消除心理防御装置所带来的消极影响，当然首先是要解决意义控制心理或行为倾向才有可能做到的。然而，意义控制倾向是由意义本身的特性对人的心理所造成的几乎是必然的影响，根源之深，恐怕超出人们的想象，要想消除绝非易事。

　　心理防御装置是外界社会性强制力量进行意义控制之后在人们内心之中所产生的应对措施。而来自外界的意义控制是不会自行消失的，而只会在所有人都普遍取消心理防御装置，或者所有人都采取普遍有效的防御性措施之后才有可能得到根本性的改变。但是当人们的内在结构是以意义权威为主导性力量的附属型或等级制时，这种状况却很可能出现反方向的发展变化。就像我们前面所分析的那样，"哥特"式的意义结构一方面会诱使或迫使人们不断去寻求更为高等级或普遍化的意义权威，而另一方面这却又会造成人们受到更大、更严重的内在伤害，即由于对自身本能冲动、欲望、情感或审美领域的敌视越来越被强化，从而持续弱化了自己的心灵努力，变得越发意志薄弱、消沉或迷茫，心灵能力以及相应的主体意识、主体地位或主体能力都趋向被削弱的可能，结果是内在心灵世界处于人为的分裂状态，人格始终难以形成。

　　在这种情况下，人们的意义控制欲望或努力会变得更加强烈，不但使原来的那些控制者不断强化自己的意义控制，而且会促使那些原来的被控制者也产生更强烈的意义控制心理倾向，并在自己力所能及的范围内尽可能采取更强烈的意义控制行为。这种状况导致处于等级系统内越是底层的人将会受到越来越严重的意义控制，而顶部的人会看到自己的意义控制行为越来越有效，因而会更加稳固自己的意义控制地位。最终的结果是使整个社会文化生态环境中的意义控制倾向和控制状态也越加趋向严重化，几乎无法从这样的恶性循环中单单凭借自身的力量解脱出来。

　　因此，一个可能的解决途径是消除人们内在心理防御装置中的附属型或等级制的意义结构。如果人们能够意识到这种意义结构的危害性，而能够在自己的内在空间中自觉地主动加以消除，并同时也能够自觉地主动改变外在相似的社会结构，那么这种状况就有可能得到改善。而这种意义结构的消解意味着要首先消解作为主导性力量的各种意义权威的有效性，也就是使某种特定的意象联结方式不再被固执地一直确定住，成为一种教条式的意义内容，以至于构成了对意义流动或传递的阻碍或限制。就像在远古阶段，原始人心目中的"神灵"或"君主"，后来变成了最高神或至上神如"上帝"或上帝的代表"教皇"或"天子"等意义对象就是这样。还有像柏拉图的"理念"、笛卡尔"清楚明白的观念"、康德作为先天综合判断的"纯粹理性"、黑格尔的"绝对精神"、尼采的"权力意志"或海德格尔的"存在"或"是"本身等哲学范畴，无不具有这样的意义功能。甚至像逻辑实证主义式的"逻辑"、"所与"或"感觉材料"、内格尔式的"客观规律"或哈贝马斯式交往理性中的"共识"等各种变异后的意义权威，也同样都会构成为意义空间中的障碍性扭结，导致意义流动或传递的阻滞，潜在形成某种附属型或等级制的意义结构。

这些作为意义权威的观念或范畴都是在某种解释框架中才具有其解释效力的。而这些解释框架只有被置于整个意义空间中，才有可能得到其解释的价值或作用，才能够构成为其他意义对象之间的某种联系纽带。这意味着任何意义权威作为一种意义对象所具有的意义内容，要想具有任何基础性、中心性、有效性、决定性、本源性或普遍性等的某种特殊意义性质，就只能在与其他意义内容的相关性中才可能得到。我们也可以这样形容说，它的权威性是由其他意义对象所赋予或烘托出来的，而并非其本身就具有某种权威性，或者依据其本身的意义能量就能够产生任何基础性、中心性、有效性、决定性、本源性或普遍性等某种特殊意义性质。

但是意义空间的无限可能性很可能会使意义对象之间或许存在的某种特殊相关性不复有价值或作用。因为在无限可能的意义世界中，任何一项意义内容都可能具有这种相关性，也就是都可能具有或许存在的某种特殊意义性质，如基础性、中心性、有效性、决定性、本源性或普遍性等，都可能以某种方式被其他意义对象赋予或烘托出来。同样，意义的差异性、分离性、独特性、开放性或创造性等特征也表明任何一个意义对象都可以按照某种方式获得这样的身份地位。当我们在编织或筹划意义空间的结构或框架时，事实上可能有无限多样的方式可以被尝试或设计出来。尽管在实际生活中我们往往难以做到这一点，但是这并不否定无限可能性的存在，而不过是缺乏某些现实的情境条件，使相应的意义聚合暂时尚未能产生而已。

从中我们还可以看到，在无限可能的意义空间中，任何一项意义内容或任何一个意义对象，要想具有某种特殊的意义性质，如基础性、中心性、有效性、决定性、本源性或普遍性等，似乎都基于一个前提条件，那就是意义流动或传递的顺畅。意义流动或传递的顺畅不仅指的是在意识领域内所有观念之间可以相互联系沟通，而且指在人的整个世界中相互之间都了无窒碍，特别是在无意识或潜意识领域与意识领域之间，或者是在身体机能与心理机能之间也是如此。这也意味着在意义空间中的所有领域相互之间都了无窒碍，意义都可以消除各种阻碍而保持顺畅地流动或传递。从根本上说，意义的流畅也是意义或意义空间本身所具有的天然特性。

在这种情况下，意义空间中各个领域之间的敌意或隔阂是无法实质性持续存在的。而这种敌意或隔阂本来源于某些意义权威的排斥性特征，即对其他意义对象或领域的贬低、拒绝、抵制或否定，以达到进行意义控制的目的。当意义权威的权威性被消解在与其他意义对象或领域的相关性中，也就意味着它的那些特殊意义性质，如基础性、中心性、有效性、决定性、本源性或普遍性等，也被消解在无限可能的意义空间之中，从而也消解了它的排斥性。这同时也等于消解了任何意义对象或领域之间可能存在的各种敌意或排斥性。

人的身心整体构成人的人格整体。身心各领域也构成人格的各个领域。只有当各个人格领域相互之间不再存在无法消解的意义冲突或排斥性，而能够始终保持意义的流畅时，一个独立的人格才有可能形成或完整。这就需要在意义空间中，人们不再纠结于无意识或潜意识领域的不确定性特征，或其他任何领域可能存在的不确定性意义特征，而一味地去追求意识领域内的确定性。尽管人们无法以确定性的意义方式来刻画无意识或潜意识领域，但是人们实际上一直在使用"无意识"或"潜意识"等这种特殊的意义方式描述那些具有不确定性特征的状况。而将其与意识领域或意义世界对立或阻隔起来的态度或做法，不过是意义滞涩的一个表现而已。在意义流动或传递的顺畅状态中，这种实质性的对立或阻隔就不再会持续性地存在，而不过是在某种解释框架或描述模式中的偶然性现象而已。因而，意义的"确定性"或"不确定性"也同样只是在某种解释框架或描述模式中才有价值或影响，在意义流动或传递的顺畅状态中，这两者之间的对立或排斥也将不再是实质性的，而不过是情境下的偶然现象而已。

这意味着人类自有意识活动以来就一直受到的心理困扰，即对意义不确定领域的恐惧或焦虑，很可能并非实质性的，或只是意识活动本身所随附的一种现象，不过是一种情境条件下的偶像性表现，或者还可能是某种病理性幻觉而已。例如，人们随时可以将确定的意义与不确定的意义相互转换过来，或者说，在任何确定的意义之内都包含着不确定性，而在任何不确定性之中，也同样都包含着确定的意义，或者这两者之间构成相互的基础、条件、支撑或动力，等等。事实上，意义的无限可能性本身也已经说明了这种可能，而在意义的差异性、分离性、独特性、开放性或创造性等特征中也同样可以勾勒出这两类特征之间无法绝对隔绝的各种可能描述。这样一来，人类自原始时代就一直耿耿于怀的那些意义不确定性领域，如梦境、生死、神灵、未来、他人（他心）、天堂或地狱等未知的领域，也像自己的本能冲动、欲望、情感或审美偏好等无意识或潜意识领域一样，也就有了不同的意味，而未必具有绝对不可确定的意义特征。因为我们同样也可以说，那些具有确定性的意义领域，如人们的感知或理智世界等，也是在无限可能性的意义空间中才被确定的，而这本身就意味着这一切也基于某种不确定性，或更准确地说是，伴随或包含着无限可能性。

或许我们还不容易找到更彻底的方法来消除人们对意义不确定性的恐惧或

焦虑心理，因为在意识领域中那种不确定性总是会对人的心理有着一定的影响，而这种影响又很复杂，产生的心理状态可能交织着疑惑和好奇，也有害怕或不安，还有刺激与兴奋，或者惊讶和慌张等。在某些特定的情境条件下，人们对此产生某些恐惧或焦虑的心理现象也可能是正常的。不过，这样的心理现象往往较容易缓解或消除，一般而言也很快就能恢复原状，并不会对人们的身心造成什么伤害，或许有时候还可能给人们带了新的意义内容或愉快的感受，丰富人们的意义空间。但是，当这些恐惧或焦虑感源于某些未知的或被强制的原因，且长时间纠缠着人们的灵魂而无法摆脱时，对人们的身心影响就难得会是积极的，而往往是消极的了。正是在这个意义上，我们才会说这种恐惧或焦虑心理是很有害的或病态的。这也是我们寻求解决这一问题的出发点，否则，这一问题如果不能得到解决的话，那么处于这类生存状况中的人，是不大可能形成恰当的独立人格，其生命成长也不可能健康或顺畅。

如果人们能够了解任何一个意义对象或意义内容所具有的确定性意义本身也都包含或伴随着不确定性，那么或许人们就不至于对不确定性的意义特征产生过于负面或扭曲的心理状态，从而也就不至于过度执着于某些意义对象或意义内容的确定性。因为"意义执着"这种心理倾向正源于意义的确定性与不确定性之对立或排斥的关系成立。当这两者之间的对立或排斥的关系成立时，人们对确定性意义的过度依恋或热衷追求与对不确定性意义的负面心理，就是很容易同时产生的。而如果这种对立或排斥的关系不再成立时，那么相应的过度依恋或热衷追求以及相应的负面心理大概也将消失于无形，至少不至于达到过于严重的伤害程度。特别是那些作为意义权威的意象联结，无疑也交织着确定性与不确定性这两种意义特征，而并不存在不可置疑的唯一确定性、最高普遍性或绝对必然性，以及由此也就意味着它对那些不确定意义对象或内容的排斥或否定是不成立的。这对于消除人们对于意义权威的执着心理也有很重要的帮助。

执着式的心理倾向引起的结果是意义控制心理或行为倾向。只有破除这种执着的心理倾向，才有可能缓解或消除人们的意义控制心理和行为倾向，并因而也有可能缓解或消除在现实社会生活中经常性出现的类似社会结构及其意义控制现象。执着也等于是一种"意义郁结"，即人的心灵努力和心灵能力都被集中聚合在了某一个意义对象或内容之上，不再能够移动或转换，且由此很容易形成对其他意义对象或内容、其他意义领域的敌视，导致意义的冲突，使意义的流动或传递无法顺畅地进行，也使新的意义对象或内容难以呈现，而新的解释框架或描述模式就更是难以被创造出来了。这是意义空间趋向萎缩或贫乏的重要原因，因为这种对某一个意义对象或内容的执着，就等于是对心灵努力和心灵能力的限制或压抑，并造成意义空间开放性的破坏，也是在限制人们想象和思想能力的同时导致对意义创造性的破坏。这也是某些人或某些社会会始终处在一个封闭性意义空间中的原因，同时也是他们创造能力薄弱，甚至可能丧失创造性的根源。因而，如何破除这种意义执着或郁结，即破除这种执着的心理或行为倾向，消除对意义流动或传递的障碍，就成为任何个人或社会所要面对的一项十分重要的挑战。

破除意义执着的结果是促使意义能够顺畅地流动或传递。而意义的顺畅流动或传递是发生在整个意义空间中的，并不仅仅是在某些个别情境条件被满足之下才会出现的意义现象。这意味着人的整个身心以及与外部的社会文化生态环境之间也都能够洋溢在这种意义氛围之中，此时人们才有可能作出自己的心灵努力，产生出恰当的心理或行为，按照自己的天性顺畅发展，以创造出健康的独立人格。换句话说，只有使人的整个生命或意义空间都尽可能地处于流畅的天然状态之中，或许有可能在相当程度上改善由来已久的人格困境。

参考文献

一、中文文献

[美] 玛丽·安·考斯：《毕加索》，孙志皓译，北京大学出版社 2017 年版。

[美] 理查德·布雷特尔：《现代艺术 1851—1929》，诸葛沂译，世纪出版集团、上海人民出版社 2013 年版。

[英] 马丽娜·韦西主编：《艺术之书——西方艺术史上的 150 幅经典之作》，姚雁青等译，山东画报出版社 2010 年版。

[英] 修·昂纳、约翰·弗莱明：《世界艺术史》，吴介祯等译，北京出版集团公司、北京美术摄影出版社 2013 年版。

[美] 迈耶·夏皮罗：《现代艺术：19 与 20 世纪》，沈语冰、何海译，江苏凤凰美术出版社 2015 年版。

[英] E. H.贡布里希：《偏爱原始性——西方艺术和文学中的趣味史》，杨小京译，广西美术出版社 2016 年版。

[奥] 弗洛伊德：《梦的解析》，高申春译，中华书局 2014 年版。

[奥) 弗洛伊德：《精神分析引论》，高觉敷译，商务印书馆 2014 年版。

[奥] 弗洛伊德：《图腾与禁忌》，文良文化译，中央编译出版社 2015 年版。

［奥］西格蒙德·弗洛伊德：《自我与本我》，林尘等译，上海译文出版社 2011年版。

［奥］阿尔弗雷德·阿德勒：《自卑与超越》，吴杰、郭本禹译，中国人民大学出版社 2013 年版。

［瑞士］荣格等：《潜意识与心灵成长》，张月译，上海三联书店 2009 年版。

［瑞士］荣格：《心理类型》，吴康译，上海三联书店 2009 年版。

［瑞士］卡尔·古斯塔夫·荣格：《寻求灵魂的现代人》，黄奇铭译，上海译文出版社 2013 年版。

［瑞士］荣格：《荣格自传：回忆·梦·思考》，刘国彬、杨德友译，上海三联书店 2009 年版。

［瑞士］卡尔·古斯塔夫·荣格：《人格的发展》，胡清莹译，中华书局 2017 年版。

［瑞士］C.G.荣格：《自我与自性》，赵翔译，世界图书出版公司 2019 年版。

［美］卡伦·霍尼：《我们时代的神经症人格》，冯川译，译林出版社 2016 年版。

［奥］维克多·弗兰克尔：《追求意义的意志》，司群英、郭本禹译，中国人民大学出版社 2015 年版。

［美］艾里希·弗洛姆：《逃避自由》，刘林海译，上海译文出版社 2015 年版。

［美］艾·弗洛姆：《自我的追寻》，孙石译，上海译文出版社 2013 年版。

［美］艾里希·弗洛姆：《健全的社会》，孙恺祥译，上海译文出版社 2011 年版。

［美］罗洛·梅：《人的自我寻求》，郭本禹等译，中国人民大学出版社 2013 年版。

［美］戴维·迈尔斯：《社会心理学》（第 11 版），侯玉波等译，人民邮电出版社 2016 年版。

［美］Jerry M. Burger：《人格心理学》（第八版），陈会昌译，中国轻工业出版社 2014 年版。

［美］罗伯特·伍德沃斯：《动力心理学》，高申春、高冰莲译，中国人民大学出版社 2017 年版。

［美］爱德华·威尔逊：《人类存在的意义：社会进化的源动力》，钱静、魏薇译，浙江人民出版社 2018 年版。

［美］爱德华·O.威尔逊：《论人的本性》，胡婧译，新华出版社 2015 年版。

［美］亚伯拉罕·马斯洛：《寻找内在的自我：马斯洛谈幸福》，张登浩译，机械工业出版社 2018 年版。

［美］亚伯拉罕·马斯洛：《人性能达到的境界》，曹晓慧等译，世界图书出版公司 2019 年版。

［美］亚伯拉罕·马斯洛：《动机与人格》（第三版），许金声等译，中国人民大学出版社 2013 年版。

［美］迈克尔·托马塞洛：《人类沟通的起源》，蔡雅菁译，商务印书馆 2018 年版。

［德］瓦尔特·施瓦德勒：《论人的尊严——人格的本源与生命的文化》，贺念译，人民出版社 2017 年版。

［加］查尔斯·J.拉姆斯登、［美］爱德华·O.威尔逊：《基因、心灵与文化：协同进化的过程》，刘利译，上海科技教育出版社 2016 年版。

［美］罗杰斯：《论人的成长》（第二版），石孟磊等译，世界图书出版公司 2018 年版。

［美］卡尔·罗杰斯、杰罗姆·弗赖伯格：《自由学习》（第 3 版），王烨晖译，人民邮电出版社 2015 年版。

《吉尔伽美什》，赵乐甡译，辽宁人民出版社 2015 年版。

《奥义书》，黄宝生译，商务印书馆 2010 年版。

［古希腊］索福克勒斯等：《古希腊悲剧喜剧集》（上部），张竹明等译，译林出版社 2011 年版。

［古希腊］希罗多德：《希罗多德历史》（上、下册），王以铸译，商务印书馆 2016 年版。

［古希腊］修昔底德：《伯罗奔尼撒战争史》，谢德风译，商务印书馆 2017 年版。

［古希腊］色诺芬：《长征记》，崔金戎译，商务印书馆 1985 年版。

［古希腊］阿里安：《亚历山大远征记》，李活译，商务印书馆 1979 年版。

［古希腊］荷马：《荷马史诗》，赵越、刘晓菲译，北方文艺出版社 2012 年版。

［古希腊］赫西俄德：《工作与时日神谱》，张竹明、蒋平译，商务印书馆 1991 年版。

［古罗马］维吉尔：《埃涅阿斯纪》，杨周翰译，上海人民出版社 2016 年版。

［德］占斯塔夫·施瓦布：《古希腊神话与传说》，高中甫、关惠文、高翚译，中国友谊出版公司 2011 年版。

《圣经》，思高圣经学会译释，思高圣经学会出版社 1995 年版。

《古兰经注》（上、下），马仲刚译注，宗教文化出版社 2018 年版。

［古阿拉伯］安萨里：《心灵的揭示》，金忠杰译，商务印书馆 2016 年版。

［美］斯塔夫里阿诺斯：《全球通史：从史前史到 21 世纪》（上、下）（第 7 版修订版），吴象婴等译，北京大学出版社 2006 年版。

［英］约翰·博德曼等编：《牛津古希腊史》，郭小凌等译，北京师范大学出版社 2015 年版。

［法］德尼兹·加亚尔等：《欧洲史》，蔡鸿滨等译，海南出版社 2000 年版。

［英］J. G. 弗雷泽：《金枝——巫术与宗教之研究》（上、下册），汪培基、徐育新、张泽石译，商务印书馆 2013 年版。

［法］列维－布留尔：《原始思维》，丁由译，商务印书馆 2010 年版。

［法］爱弥尔·涂尔干：《宗教生活的基本形式》，渠敬东、汲喆译，商务印书馆 2011 年版。

［法］爱弥尔·涂尔干、马塞尔·莫斯：《原始分类》，汲喆译，商务印书馆 2012 年版。

［法］E. 迪尔凯姆：《社会学方法的准则》，狄玉明译，商务印书馆 2016 年版。

［英］马林诺夫斯基：《西太平洋上的航海者——美拉尼西亚新几内亚群岛土著人之事业及冒险活动的报告》，弓秀英译，商务印书馆 2016 年版。

［英］E. E. 埃文思－普里查德：《努尔人——对一个尼罗特人群生活方式和政治制度的描述》（修订译本），褚建芳译，商务印书馆 2014 年版。

［法］马塞尔·莫斯：《礼物——古式社会中交换的形式与理由》，汲喆译，商务印书馆 2017 年版。

［法］列维－斯特劳斯：《图腾制度》，渠敬东译，商务印书馆 2012 年版。

［法］克洛德·列维－斯特劳斯：《忧郁的热带》，王志明译，中国人民大学出版社 2009 年版。

［法］克洛德·列维－施特劳斯：《神话与意义》，杨德睿译，河南大学出版社 2016

年版。

[法] 克洛德·列维－斯特劳斯：《面对现代世界问题的人类学》，栾曦译，中国人民大学出版社 2017 年版。

[法] 克洛德·列维－斯特劳斯：《人类学讲演集》，张毅声等译，中国人民大学出版社 2007 年版。

[法] 克劳德·列维－斯特劳斯：《我们都是食人族》，廖惠瑛译，上海人民出版社 2016 年版。

[法] 克洛德·列维－斯特劳斯：《神话学：裸人》，周昌忠译，中国人民大学出版社 2007 年版。

[法] 克洛德·莱维－斯特劳斯：《结构人类学》，谢维扬、俞宣孟译，上海译文出版社 1995 年版。

[法] 列维－斯特劳斯：《野性的思维》，李幼蒸译，商务印书馆 1997 年版。

[英] 维克多·特纳：《象征之林——恩登布人仪式散论》，赵玉燕、欧阳敏、徐洪峰译，商务印书馆 2014 年版。

[美] 威廉·A.哈维兰等：《文化人类学：人类的挑战》（第 13 版），陈相超、冯然等译，机械工业出版社 2014 年版。

[英] 菲利普·威尔金森：《神话与传说：图解古文明的秘密》，郭乃嘉、陈怡华、崔宏立译，生活·读书·新知三联书店 2015 年版。

[德] 诺贝特·埃利亚斯：《文明的进程——文明的社会发生和心理发生的研究》，王佩莉、袁志英译，上海译文出版社 2013 年版。

[英] 迈克尔·曼：《社会权力的来源》，刘北成、李少军译，上海人民出版社 2015 年版。

[古希腊] 柏拉图：《柏拉图全集·第一卷》，王晓朝译，人民出版社 2002 年版。

[古希腊] 柏拉图：《柏拉图全集·第二卷》，王晓朝译，人民出版社 2003 年版。

[古希腊] 柏拉图：《柏拉图全集·第三卷》，王晓朝译，人民出版社 2003 年版。

[古希腊] 柏拉图：《柏拉图全集·第四卷》，王晓朝译，人民出版社 2003 年版。

[古希腊] 亚里士多德：《形而上学》，吴寿彭译，商务印书馆 1996 年版。

[法] 笛卡尔：《第一哲学沉思集　反驳和答辩》，庞景仁译，商务印书馆 1986

年版。

[法] 笛卡尔：《谈谈方法》，王太庆译，商务印书馆 2002 年版。

[英] 霍布斯：《利维坦》，黎思复、黎廷弼译，商务印书馆 2017 年版。

[荷] 斯宾诺莎：《伦理学》，贺麟译，商务印书馆 1997 年版。

[德] 康德：《纯粹理性批判》，邓晓芒译，人民出版社 2004 年版。

[德] 伊曼努尔·康德：《道德形而上学基础》，孙少伟译，中国社会科学出版社 2009 年版。

[德] 康德：《实践理性批判》，邓晓芒译，人民出版社 2003 年版。

[德] 黑格尔：《精神现象学》（上、下卷），贺麟、王玖兴译，商务印书馆 1981 年版。

[德] 黑格尔：《逻辑学》（上、下卷），杨一之译，商务印书馆 2003 年版。

[英] 约翰·密尔：《论自由》，许宝骙译，商务印书馆 2012 年版。

[德] 尼采：《悲剧的诞生：尼采美学文选》，周国平译，作家出版社 2012 年版。

[德] 尼采：《权力意志——1885—1889 年遗稿》（上、下卷），孙周兴译，商务印书馆 2013 年版。

[德] 尼采：《查拉图斯特拉如是说：译注本》，钱春绮译，生活·读书·新知三联书店 2014 年版。

[德] 尼采：《尼采著作全集　第五卷　善恶的彼岸　论道德的谱系》，赵千帆译，商务印书馆 2015 年版。

[奥] 维特根斯坦：《逻辑哲学论》，贺绍甲译，商务印书馆 2002 年版。

[英] 维特根斯坦：《维特根斯坦论伦理学与哲学》，江怡译，浙江大学出版社 2011 年版。

[德] 鲁道夫·卡尔那普：《世界的逻辑构造》，陈启伟译，上海译文出版社 1999 年版。

[德] 汉斯－格奥尔格·伽达默尔：《真理与方法——哲学诠释学的基本特征》（修订译本），洪汉鼎译，商务印书馆 2007 年版。

[德] 马克斯·舍勒：《伦理学中的形式主义与质料的价值伦理学——为一种伦理学人格主义奠基的新尝试》，倪梁康译，商务印书馆 2011 年版。

[德] 海德格尔：《存在与时间》（修订译本），陈嘉映、王庆节译，生活·读书·新知三联书店 1999 年版。

[德] 海德格尔：《形而上学导论》，熊伟、王庆节译，商务印书馆 2012 年版。

[德] 马丁·海德格尔：《哲学论稿（从本有而来)》，孙周兴译，商务印书馆 2012 年版。

[德] T. W. 阿多诺：《道德哲学的问题》，谢地坤、王彤译，人民出版社 2007 年版。

[加拿大] 查尔斯·泰勒：《自我的根源：现代认同的形成》，韩震等译，译林出版社 2012 年版。

[奥] 阿尔弗雷德·舒茨：《社会世界的意义构成》，游淙祺译，商务印书馆 2012 年版。

[英] 伯纳德·威廉斯：《羞耻与必然性》，吴天岳译，北京大学出版社 2014 年版。

[英] 伯纳德·威廉斯：《真理与真诚——谱系论》，徐向东译，上海译文出版社 2013 年版。

[德] 尤尔根·哈贝马斯：《交往行为理论：第一卷　行为合理性与社会合理化》，曹卫东译，上海人民出版社 2004 年版。

[德] 于尔根·哈贝马斯：《后形而上学思想》，曹卫东、付德根译，译林出版社 2012 年版。

[德] 尤尔根·哈贝马斯：《合法化危机》，刘北成、曹卫东译，上海人民出版社 2009 年版。

[德] 于尔根·哈贝马斯：《现代性的哲学话语》，曹卫东译，译林出版社 2011 年版。

[德] 哈贝马斯等：《希特勒，永不消散的阴云？——德国历史学家之争》，逢之、崔博等译，生活·读书·新知三联书店 2014 年版。

[美] 阿拉斯戴尔·麦金太尔：《追寻美德：道德理论研究》，宋继杰译，译林出版社 2011 年版。

[美] 阿拉斯代尔·麦金太尔：《伦理学简史》，龚群译，商务印书馆 2010 年版。

[英] 德里克·帕菲特：《理与人》，王新生译，上海译文出版社 2005 年版。

[美] 托马斯·内格尔：《本然的观点》，贾可春译，中国人民大学出版社 2010

年版。

[美] 托马斯·内格尔：《理性的权威》，蔡仲、郑玮译，上海译文出版社 2013 年版。

[美] 克里斯蒂娜·科斯嘉德：《创造目的王国》，向玉乔、李倩译，中国人民大学出版社 2013 年版。

[美] 克里斯蒂娜·M.科尔斯戈德：《规范性的来源》，杨顺利译，上海译文出版社 2010 年版。

[英] 艾里克斯·弗罗伊弗：《道德哲学十一讲：世界一流伦理学家说三大道德困惑》，刘丹译，新华出版社 2015 年版。

[美] 托马斯·斯坎伦：《我们彼此负有什么义务》，陈代东、杨伟清、杨选等译，人民出版社 2008 年版。

[美] 托马斯·斯坎伦：《道德之维：可允许性、意义与谴责》，朱慧玲译，中国人民大学出版社 2014 年版。

[美] 布瑞·格特勒：《自我知识》，徐竹译，华夏出版社 2013 年版。

[法] 路易·迪蒙：《论个体主义：人类学视野中的现代意识形态》，桂裕芳译，译林出版社 2014 年版。

[新西兰] 理查德·乔伊斯：《道德的演化》，刘鹏博、黄素珍译，译林出版社 2017 年版。

《唐君毅全集（卷 4）·道德自我之建立·智慧与道德》，九州出版社 2017 年版。

《唐君毅全集（卷 25、卷 26）·生命存在与心灵境界》，九州出版社 2017 年版。

《周辅成文集》，北京大学出版社 2011 年版。

《罗国杰自选集》，中国人民大学出版社 2007 年版。

万俊人：《寻求普世伦理》，北京大学出版社 2009 年版。

杨国荣：《伦理与存在——道德哲学研究》，北京大学出版社 2011 年版。

甘绍平：《伦理学的当代建构》，中国发展出版社 2015 年版。

樊浩：《伦理精神的价值生态》，中国社会科学出版社 2017 年版。

何怀宏：《生生大德》，北京大学出版社 2011 年版。

王海明：《人性论》，商务印书馆 2005 年版。

徐向东：《道德哲学与实践理性》，商务印书馆 2006 年版。

高兆明：《伦理学理论与方法》（修订版），人民出版社 2013 年版。

胡军：《儒学传统与现代社会的张力》，《孔子研究》2013 年第 2 期。

李忠伟：《现象学与分析哲学融合进路中的自我问题研究》，《中国社会科学》2018 年第 12 期。

李忠伟：《存在无意识的心灵状态吗？》，《自然辩证法通讯》2018 年第 11 期。

李忠伟：《意识哲学的自主性》，《哲学研究》2018 年第 6 期。

李忠伟：《异心与存在：胡塞尔论异心经验及其形而上学蕴含》，《学术研究》2018 年第 1 期。

李忠伟：《感受、构造与形而上学中立》，《哲学动态》2017 年第 3 期。

李忠伟：《胡塞尔的感受概念及其先验转向》，《世界哲学》2016 年第 3 期。

李忠伟：《论胡塞尔感受概念的经典图像及其困难》，《哲学分析》2015 年第 6 期。

李忠伟：《亚里士多德与布伦塔诺论意向性》，《中国现象学与哲学评论》2015 年第 2 期。

李忠伟：《意向性是意识的本质属性吗——胡塞尔式观点及对心灵哲学挑战的回应》，《学术研究》2014 年第 4 期。

李忠伟：《意向对象：从实质性的理解到现象学的理解》，《现代哲学》2013 年第 4 期。

陈代东：《道德的规范性问题及其解决方案》，《华南师范大学学报（社会科学版)》2017 年第 2 期。

陈代东：《循环与备胎：斯坎伦道德契约主义面临的论证难题》，《上饶师范学院学报》2017 年第 4 期。

陈代东：《略论托马斯·斯坎伦的契约主义》，《伦理学研究》2005 年第 3 期。

陈代东、张静一：《良序社会与正义的稳定性》，《石家庄经济学院学报》2009 年第 1 期。

陈代东等：《古希腊"功能—美德"伦理理论及其现代意义》，《石家庄经济学院学报》2007 年第 3 期。

韩立坤：《论现代哲学对传统伦理的分析性诠释》，《云南社会科学》2010 年第 6 期。

二、英文文献

Larry Alexander, Emily Sherwin, *The Rule of Rules: Morality, Rules, and the Dilemmas of Law*, Durham, North Carolina: Duke University Press, USA, 2001.

Julia Annas, *The Morality of Happiness*, N.Y.: Oxford University Press Inc. USA, 1995.

G. E. M. Anscombe, *Human Life, Action and Ethics*, Exeter: Imprint Academic, United Kingdom, 2005.

Alan Barnard, *History and Theory in Anthropology*, Oxford: Oxford University Press, United Kingdom, 2000.

Karol Berger, *A Theroy of Art*, N.Y.: Oxford University Press Inc, USA, 1999.

Robert Boyd (Editor), Peter J. Richerson (Editor), *The Origin and Evolution of Cultures (Evolution and Cognition)*, N.Y.: Oxford University Press, USA, 2004.

Natalie Brender (Editor), Larry Krasnoff (Editor), *New Essays on the History of Autonomy: A Collection Honoring J. B. Schneewind*, Cambridge: Cambridge University Press, United Kingdom, 2004.

William D. Casebeer, *Natural Ethical Fact: Evolution, Connection, and Moral Cognition*, Cambridge, Massachusetts: The MIT Press, USA, 2003.

Pauline Chazan, *The Moral Self (The Problems of Philosophy)*, NY: Routledge, USA, 1998.

Daidong Chen, "Analysis of Scanlon's Moral Motivation Theory", *Contemporary Social Science* 2016.2.

David Copp (edited), *The Oxford Handbook of Ethical Theory*, NY: Oxford University Press Inc, USA, 2006.

Harold Coward, *The Perfectibility of Human Nature in Eastern and Western Thought*, NY: State University of New York Press, USA, 2008.

John Danvers, *Picturing Mind: Paradox, Indeterminacy and Consciousness in Arts & Poetry*, NY: Editions Rodopi B. V., Amsterdam, USA, 2006.

John M. Doris, *Lack of Character: Personality and Moral Behavior*, Cambridge, Massachusetts: Harvard University Press, USA,2002.

Julia Driver, *Uneasy Virtue*, Cambridge, Massachusetts: Harvard University Press, USA, 2007.

Ovadia Ezra, *Moral Dilemmas in Real Life: Current Issues In Applied Ethics*, Berlin: Springer Press, Germany, 2006.

Brian Garrett, *Personal Identity and Self-Consciousness*, NY: Routledge, USA, 1998.

Berys Gaut, Art, *Emotion and Ethics*, N.Y.: Oxford University Press, USA, 2007.

David Gauthier, *Morals by Agreement*, N.Y.: Oxford University Press, USA,1987.

Bernard Gert, *Morality: Its Nature and Justification*, N.Y.: Oxford University Press, USA,2005.

Raymond Geuss, *Philosophy and Real Politics*, Princeton, New Jersey: Princeton University Press, USA, 2008.

Justin Gosling, *Weakness of the Will (The Problems of Philosophy Their Past and Present)*, NY: Routledge, USA, 1990.

James Griffin, *Well-Being, Its Meaning, Measurement and Moral Importance*, NY: Oxford University Press, USA, 1989.

Jukka Gronow, *The Sociology of Taste*, N.Y.: Routledge, USA, 1997.

David Heyd (edited), *Toleration: An Elusive Virtue*, Princeton, New Jersey: Princeton University Press, USA, 1996.

Jonathan Jacobs, *Dimensions of Moral Theory: An Introduction to Metaethics and Moral Psychology*, Malden, Massachusetts: Blackwell Publishers Ltd, a Blackwell Publishing company, USA, 2002.

Pau Johnston, *The Contradictions of Modern Moral Philosophy: Ethics After Wittgenstein*, NY: Routledge, USA, 1999.

Richard Joyce, *The Evolution of Morality (Life and Mind: Philosophical Issues in Biology and Psychology)*, Cambridge, Massachusetts: The MIT Press, USA, 2006.

Richard Joyce, *The Myth of Morality*, Cambridge, Massachusetts: Cambridge University

Press, USA, 2007.

Shelly Kagan, *The Limits of Morality*, New York, N.Y.: Oxford University Press, USA, 1991.

Shelly Kagan, *Normative Ethics*, Bolder, Colorado: Westview Press, USA, 1997.

Christine Korsgaard, *The Constitution of Agency: Essays on Practical Reason and Moral Psychology*, NY: Oxford University Press, USA, 2008.

Paisley Livingston, *Art and Intention: A Philosophical Study*, N.Y.: Oxford University Press, USA, 2007.

Alasdair MacIntyre, *Ethics and Politics: Selected Essays*, Volume 2, Cambridge: Cambridge University Press, United Kingdom, 2006.

David Matsumoto, Linda Juang, *Culture and Psychology*, Cambridge, Massachusetts: Wadsworth Publishing, USA, 2003.

Paul Mattick, *Art in Its Time: Theories and Practices of Modern Aesthetics*, NY: Routledge, USA, 2003.

John McDowell, *Mind, Value, and Reality*, Cambridge, Massachusetts: Harvard University Press, USA, 1998.

Mary Midgley, *Beast and Man: The Roots of Human Nature*, N.Y.: Routledge, USA, 2002.

Mary Midgley, *Heart and Mind: The Varies of Moral Experience*, N.Y.: Routledge, USA, 2003.

Jr. Moore, *Moral Purity and Persecution in History*, Princeton, New Jersey: Princeton University Press, USA, 2000.

Marcia Muelder Eaton, *Merit, Aesthetic and Ethical*, New York, N.Y.: Oxford University Press, USA, 2001.

Michael Munchow（Editor）, *Sonu Shamdasani（Editor）, Speculations After Freud: Psychoanalysis, Philosophy and Culture*, N.Y.: Routledge, USA, 1994.

Joanna Overing（Editor）, *Reason and Morality*, N.Y.: Routledge, USA, 1985.

Igor Primoratz, *Ethics and Sex*, N.Y.: Routledge, USA, 1999.

Jesse Prinz, *The Emotional Construction Morals*, N.Y.: Oxford University Press, USA, 2008.

Hilary Putnam, *Ethics without Ontology*, Cambridge, Massachusetts: Harvard University Press, USA, 2004.

Hilary Putnam, *The Collapse of the Fact / Value Dichotomy*, Cambridge, Massachusetts: Harvard University Press, USA, 2002.

Hilary Putnam, *Words and Life*, Cambridge, Massachusetts: Harvard University Press, USA, 1994.

Joseph Raz, *Value, Respect, and Attachment*, Cambridge, Massachusetts: Harvard University Press, USA, 2001.

David A. Reidy (Editor), Walter J. Riker (Editor), *Coercion and the State*, Berlin: Springer Press, Germany, 2008.

John M. Rist, *Real Ethics: Rethinking the Foundations of Morality*, Cambridge, Massachusetts: Harvard University Press, USA, 2001.

Jenefer Robinson, *Deeper than Reason: Emotion and Its Role In Literature, Music, and Art*, NY: Oxford University Press, USA, 2005.

Murray Newton Rothbard (Author), Hans-Hermann Hoppe (Editor), *The Ethics of Liberty*, NY: New York University Press, USA, 1998.

H. W. F. Saggs: *The Greatness that Was Babylon*, London, United Kingdom, 1962.

Arnaud Sales (Editor), Marcel Fournier (Editor), *Knowledge*, Communication and Creativity (*Sage Studies in International Sociology*), Thousand Oaks, CA: Sage Publications Ltd, USA, 2007.

T. M. Scanlon: *The Difficulty of Tolerance*, Cambridge: Cambridge University Press, United Kingdom, 2003.

Samuel Schaffer, *Human Moral*, N.Y.: Oxford University Press, USA, 1993.

Scott Schaffer, *Resisting Ethics*, N.Y.: Palgrave Macmillan, USA, 2004.

Russ Shafer-Landau, *Moral Realism: A Defence*, N.Y.: Oxford University Press, USA, 2005.

Michael Slote, *Moral from Motives*, NY: Oxford University Press, USA, 2001.

James Steele, *The Archaeology of Human Ancestry: Power, Sex and Tradition*, NY: Routledge, USA, 1995.

Sarah Stroud (Editor), Christine Tappolet (Editor), *Weakness of Will and Practical Irrationality*, NY: Oxford University Press, USA, 2003.

Christine Swanton, *Virtue Ethics: A Pluralistic View*, N.Y.: Oxford University Press, USA, 2005.

James Stacey Taylor (Editor), *Personal Autonomy: New Essays on Personal Autonomy and its Role in Contemporary Moral Philosophy*, Cambridge, Massachusetts: Harvard University Press, USA, 2005.

Michael Stocker, *Plural and Conflicting Values*, N.Y.: Oxford University Press, USA, 1992.

Helen Thomas (Editor), Jamilah Ahmed (Editor), *Culture Bodies: Ethnography and Theory*, Hoboken, New Jersey: Wiley-Blackwell, USA, 2003.

Ralph Wedgwood, *The Nature of Normativity*, Oxford: Oxford University Press, United Kingdom, 2007.

Nicholas White, *Individual and Conflict in Greek Ethics*, N.Y.: Oxford University Press, USA, 2005.

Bernard Williams, *Ethics and the Limits of Philosophy*, Cambridge, Massachusetts: Harvard University Press, USA, 1985.

Catherine Wilson, *Moral Animals: Ideals and Constraints in Moral Theory*, NY: Oxford University Press, USA, 2007.

Ernst F. Winter, *Discourse on Free Will*, NY: The Continuum Publishing Company, USA, 2002.

Boris Wiseman, *Levi-Strauss, Anthropology, and Aesthetics (Ideas in Context)*, Cambridge: Cambridge University Press, United Kingdom, 2007.

Nick Zangwill, *Aesthetic Creation*, N.Y.: Oxford University Press, USA, 2007.

后 记

本书由国家社科基金西部项目《道德实践的动力机制问题研究》的最终成果修改而成。四川省社会科学高水平研究团队《现代新儒学及其文化影响》也为此项研究提供了经费支持。

本书主题仍然基于原初的课题设计，不过在写作时具体的思路和内容都有了较大的改变。这主要是由于笔者受到近几年在课堂上与学生经常讨论的影响。他们思想的活跃和对人格束缚的敏感，构成了一道浓厚的意义氛围（用本书的语言来说），自始至终都萦绕在笔者的写作过程之中。如果这里的理论探讨对他们的人格成长能够有所帮助，那将是令人最感欣慰之事。

有几点需要借此机会向读者说明一下。一个是本书的概念范畴和写作方法都属于尝试性的使用，没有遵循通常的学术方式进行，还远不够成熟或规范，因而可能会在很多读者眼里看起来显得较为怪异，不太习惯，甚至不知所云。这是笔者深感抱歉之处，希望读者能够给予理解。

还有一点是最后《参考文献》中的一些书目并没有在正文或注释中出现，按照学术常规是大可不必列出的。不过这些文献对笔者从最初的思考到最后的完稿过程当中，都有着或大或小的影响，只是出于行文的考虑而没有特意提到他们而已。可是像迈克尔·曼、列维-斯特劳斯、涂尔干、马斯洛、麦克道尔、普特南和唐君毅等人的思想，都对本书写作思路和方法有着至关重要的影响，如果完全不提他们，那是笔者无论如何都难以原谅自己的，因此，为了表示对这些作者的敬意和感谢，还是决定将这些文献在《参考文献》中列出。或许有心的读者能够发现其中某些看起来似乎与本书完全无关的文献与笔者思路之间所存在的一丝联系，那么笔者的这一不合常规之举就可以得到一点谅解和补偿了。

再有一点是书中某些文献的外国作者，如弗洛伊德、荣格、弗洛姆、罗杰斯、涂尔干、列维-斯特劳斯、康德、海德格尔、哈贝马斯和麦金太尔等，在他们本人不同的著作中姓名的中文译名不一样。这是由于不同的译者采用了不同翻译的缘故。笔者为了尊重这些译者的工作，在注释或《参考文献》中保留了这些译本的译名原样，不过在正文中还是保持一致，以免读者产生误会。

另外，本书没有专门讨论中国社会相关的情况，从理论上来说是有所欠缺的，因为这应该是此项研究的一个自然延伸。这主要是由于笔者在另一部专著《文化心理与中国社会主体意识》（人民出版社，2017年）中已经对自仰韶文化时期至殷商之际的中国社会状况进行了分析，因而就不在这里重复这些内容了。不过对西周建立之后中国社会的问题确实还很有必要继续进行探讨。而这只能期待来日了。

感谢胡军博士、陈代东博士、韩立坤博士、李忠伟博士和常超博士作为原课题组成员对笔者的帮助和支持。也感谢何一博士和许多同事对笔者的研究所给予的理解和提供的诸多方便。

人民出版社编审曹春女士和她的团队为本书的编辑和出版作出了许多辛勤细致且出色的工作，在此深表谢意！

2020 年 8 月 8 日

责任编辑：曹　春　武丛伟
封面设计：汪　莹

图书在版编目（CIP）数据

让生命更流畅：人格问题研究／邵明 著 . —北京：人民出版社，2020.10
ISBN 978 - 7 - 01 - 021755 - 0

I. ①让…　II. ①邵…　III. ①人格 - 研究　IV. ① B825

中国版本图书馆 CIP 数据核字（2020）第 300804 号

让生命更流畅

RANG SHENGMING GENG LIUCHANG

——人格问题研究

邵　明　著

人民出版社 出版发行

（100706　北京市东城区隆福寺街 99 号）

北京盛通印刷股份有限公司印刷　新华书店经销

2020 年 10 月第 1 版　2020 年 10 月北京第 1 次印刷
开本：710 毫米 ×1000 毫米 1/16　印张：35.5
字数：502 千字

ISBN 978 - 7 - 01 - 021755 - 0　定价：138.00 元

邮购地址 100706　北京市东城区隆福寺街 99 号
人民东方图书销售中心　电话（010）65250042　65289539